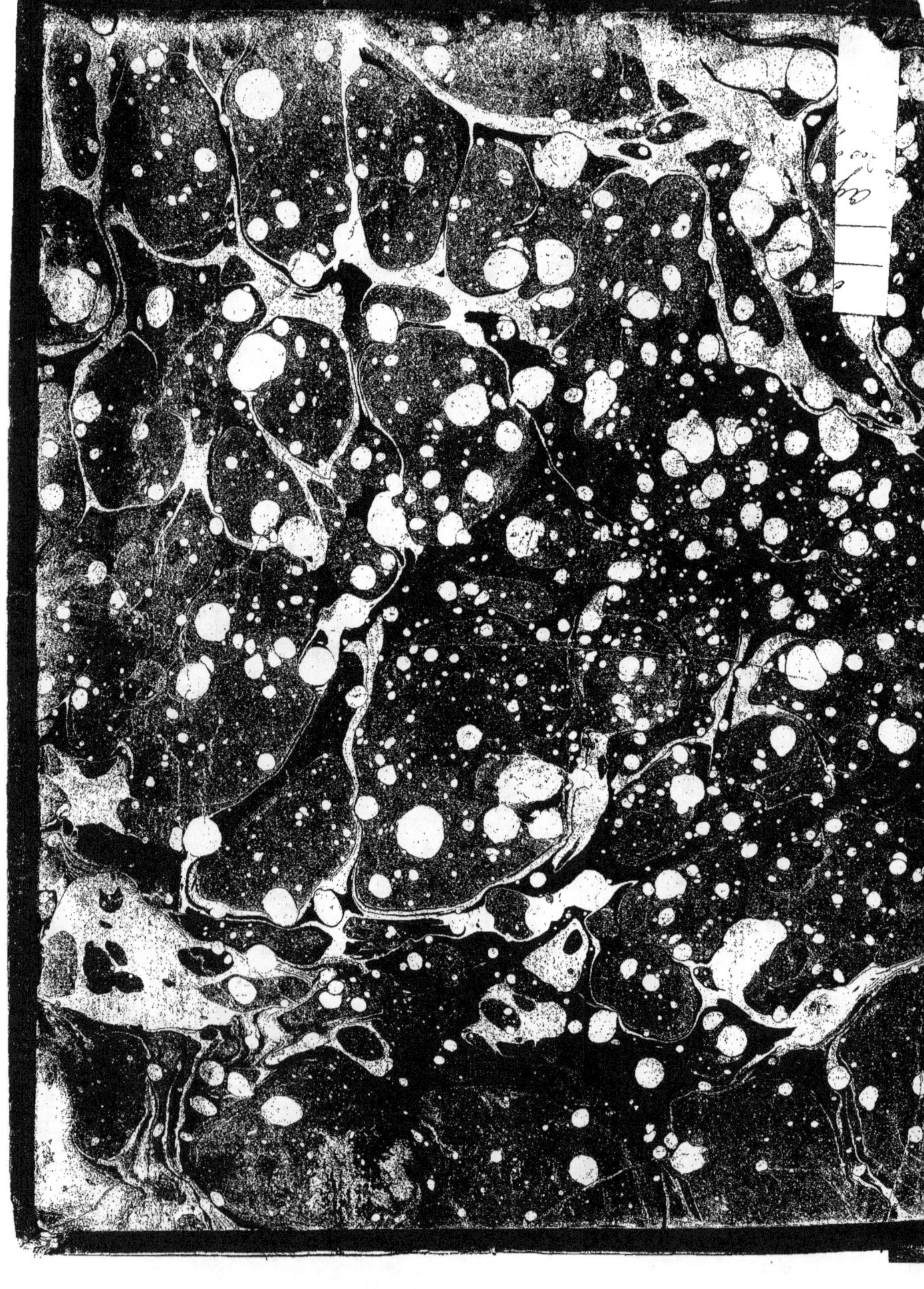

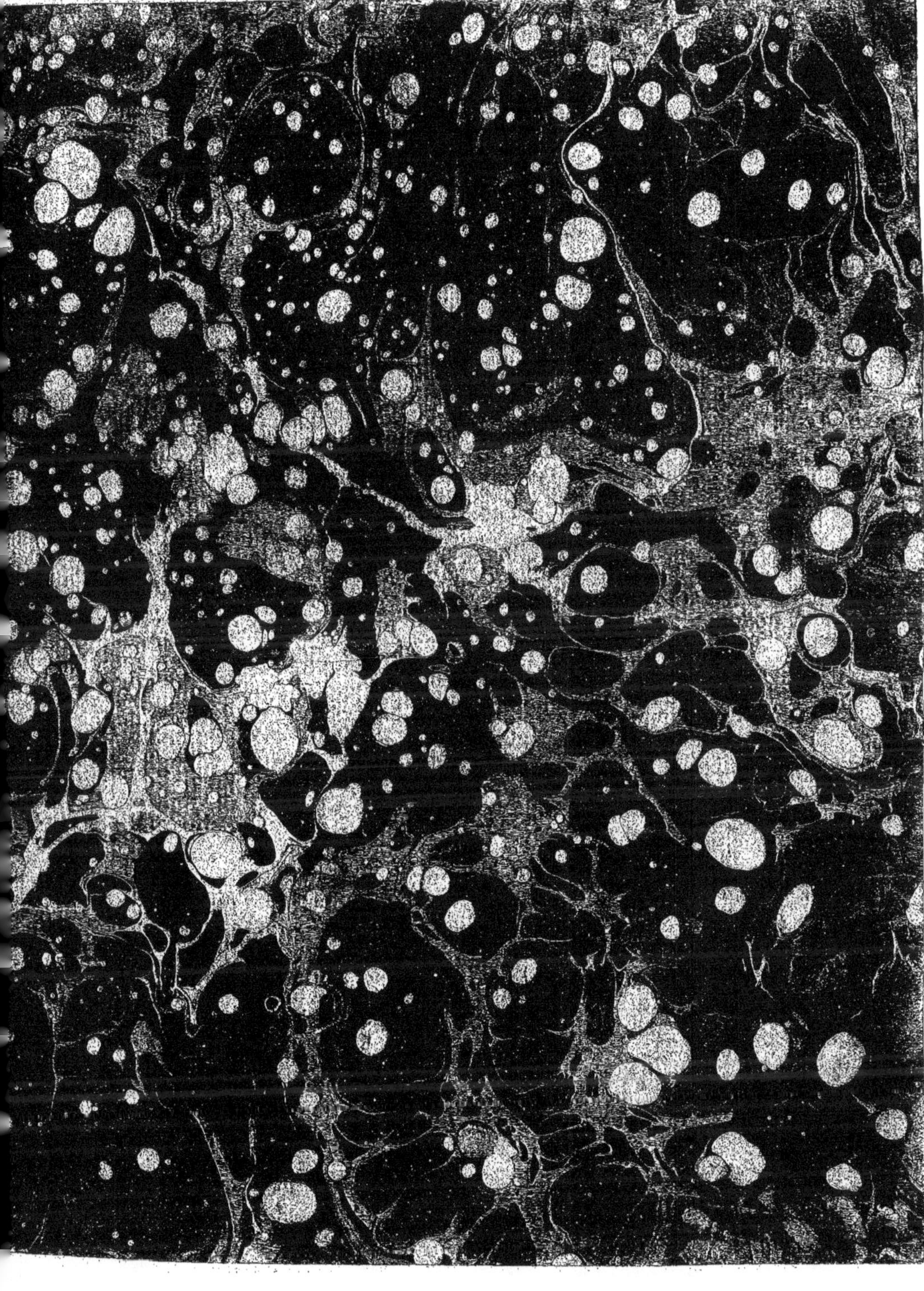

GÉOMÉTRIE

DE

POSITION.

GÉOMÉTRIE

DE

POSITION;

PAR L. N. M. CARNOT,

De l'Institut national de France, de l'Académie des Sciences, Arts et Belles-Lettres de Dijon, etc.

DE L'IMPRIMERIE DE CRAPELET.

A PARIS,

Chez J. B. M. DUPRAT, Libraire pour les Mathématiques, quai des Augustins.

AN XI — 1803.

DISSERTATION

PRÉLIMINAIRE *.

Le titre de cet ouvrage peut rappeler aux Géomètres, que l'illustre Leibnitz avoit conçu l'idée d'une *Analyse de situation ;* idée qui n'a point été suivie, quoiqu'elle mérite l'attention des Savans. « Il est certain, dit d'Alem- » bert, que l'analyse de situation est une chose qui man- » que à l'algèbre ordinaire : c'est le défaut de cette ana- » lyse qui fait qu'un problême paroît souvent avoir plus » de solutions qu'il n'en doit avoir dans les circons- » tances limitées où on le considère. Il est vrai que cette » abondance de l'algèbre, qui donne ce qu'on ne lui » demande pas, est admirable à plusieurs égards; mais » aussi elle fait souvent qu'un problême qui n'a réelle- » ment qu'une solution, en prenant son énoncé à la » rigueur, se trouve renfermé dans une équation de » plusieurs dimensions, et par-là, ne peut, en quelque » manière, être résolu. Il seroit à souhaiter que l'on » trouvât moyen de faire entrer la situation dans le cal- » cul des problêmes ; cela les simplifieroit extrêmement » pour la plupart ; mais l'état et la nature de l'analyse » algébrique ne paroissent pas le permettre ». (*Ency- clopédie*, art. Situation.)

L'objet de cet ouvrage diffère de celui de l'analyse de

* Cette dissertation doit être regardée comme faisant partie essentielle de l'ouvrage même.

situation dont on vient de parler; mais il lui est analogue. Leibnitz vouloit qu'on fît entrer dans l'expression des conditions d'un problême géométrique, la diversité de position des parties correspondantes des figures comparées, afin qu'en les séparant par un caractère bien distinctif, on pût les isoler plus facilement dans le calcul. Or cette diversité de positions s'exprime souvent par de simples mutations de signes; et c'est précisément la théorie de ces mutations qui fait l'objet essentiel des recherches que j'ai en vue, et que je nomme *Géométrie de position*.

La Géométrie de position est donc, à proprement parler, la doctrine des quantités dites positives et négatives, ou plutôt le moyen d'y suppléer; car cette doctrine y est entièrement rejetée. Il y a long-temps que l'on a reconnu que plusieurs formules algébriques, dont les termes ne diffèrent que par les signes + et —, expriment souvent, comme on vient de le dire, les propriétés analogues de diverses figures, dont la construction est essentiellement la même, et qui ne diffèrent entre elles que par la transposition des parties correspondantes. C'est à Descartes qu'on doit cette remarque ingénieuse; mais on s'est trompé, ce me semble, en voulant trop en généraliser les conséquences. Je me propose ici de remonter aux principes, et de montrer l'abus qui en peut résulter.

Rien n'est plus simple que la notion des quantités négatives précédées par des quantités positives plus grandes qu'elles; mais en algèbre, on est à chaque instant conduit à des expressions de formes négatives isolées, et lorsqu'on veut savoir au juste le sens de ces expressions, on manque de principes clairs, parce qu'elles sont amenées par des opérations qui ne sont claires elles-mêmes et exécutables, que pour les quantités positives ou plutôt absolues. Aussi les plus grands Géomètres n'ont-ils pu s'accorder sur la véritable signification de ces quantités négatives isolées : on en peut juger par la longue discussion qui s'est élevée d'abord entre Leibnitz et Bernouilli, et ensuite, entre Euler et d'Alembert, sur la question de savoir si les logarithmes de ces quantités sont réels ou imaginaires ; et quoique cette discussion soit aujourd'hui terminée, il reste ce paradoxe, savoir que quoiqu'on ait log. $(-2)^2 =$ log. $(2)^2$, on n'a cependant pas 2 log. $-2 = 2$ log. 2, comme semble l'exiger la théorie ordinaire des logarithmes. Mais au fond, si l'on ne s'accorde pas sur ce point, c'est qu'on parle de choses qui sont réellement inintelligibles par leur essence. Les opérations algébriques, telles que l'addition, la soustraction, la multiplication, etc. n'ont jamais été démontrées, et ne peuvent l'être véritablement que pour les cas où elles sont exécutables. Ainsi, par exemple, il est aisé de prouver que si $a > b$, on doit avoir $(a-b)c = ac - bc$; mais il est impossible de prouver la même chose lorsque $b > a$, parce qu'il est impossible de concevoir alors ce que c'est que $a - b$, ni $ac - bc$.

Pour obtenir réellement une quantité négative isolée, il faudroit retrancher une quantité effective de zéro, ôter quelque chose de rien : opération impossible. Comment donc concevoir une quantité négative isolée ?

D'Alembert, à qui l'on est redevable de s'être particulièrement occupé de la partie philosophique des sciences exactes, a traité cette question à l'article Négatif de l'*Encyclopédie*; il y est ensuite revenu à diverses reprises, particulièrement dans son *Mémoire sur les quantités négatives* insérées dans le huitième volume de ses *Opuscules mathématiques*; et il paroît qu'il avoit à cœur de résoudre les difficultés que présente ce sujet délicat. « Il seroit à souhaiter, dit-il, dans le mémoire » dont je viens de parler, que dans les traités élémen- » taires, on s'appliquât à bien éclaircir la théorie ma- » thématique de ces quantités, ou du moins qu'on ne la » présentât pas de manière à laisser dans l'esprit des » commençans, des notions fausses ».

Ce grand Géomètre démontre parfaitement dans ce mémoire, sur lequel je reviendrai bientôt, l'insuffisance et le faux des théories ordinaires; mais il ne propose rien pour en tenir lieu; et il se borne à quelques explications particulières dans un sens peu différent de la théorie même qu'il vient de renverser: aussi paroît-il n'être pas entièrement satisfait lui-même de ces explications, puisqu'il ajoute: « Je remarquerai, en finis- » sant, que toute cette théorie des quantités négatives » n'est pas encore bien éclaircie ». Le même auteur s'exprime comme il suit dans l'*Encyclopédie*, article Négatif.

« Il faut avouer, dit-il, qu'il n'est pas facile de fixer » l'idée des quantités négatives, et que quelques habiles » gens ont même contribué à l'embrouiller par les no- » tions peu exactes qu'ils en ont données. . . . . .

» Quand on considère l'exactitude et la simplicité des » opérations algébriques sur les quantités *négatives*, on » est bien tenté de croire que l'idée précise qu'on doit » attacher aux quantités *négatives*, doit être une idée

» simple, et n'être point déduite d'une métaphysique » alambiquée. Pour tâcher d'en découvrir la vraie no- » tion, on doit d'abord remarquer que les quantités » qu'on appelle *négatives*, et qu'on regarde faussement » comme au-dessous de zéro, sont très-souvent repré- » sentées par des quantités réelles, comme dans la géo- » métrie, où les lignes *négatives* ne diffèrent des posi- » tives, que par leur situation à l'égard de quelque ligne » ou point commun.....

» Les quantités *négatives* indiquent réellement, dans » le calcul, des quantités positives, mais qu'on a suppo- » sées dans une fausse position. Le signe — que l'on » trouve avant une quantité, sert à redreser et à corri- » ger une erreur que l'on a faite dans l'hypothèse....

» Il n'y a donc point réellement et absolument, de » quantité négative isolée; —3, pris abstraitement, ne » présente à l'esprit aucune idée : mais si je dis qu'un » homme a donné à un autre —3 écus; cela veut dire en » langage intelligible, qu'il lui a ôté 3 écus......

» Il n'est pas possible, dans un ouvrage de la nature » de celui-ci, de développer davantage cette idée; mais » elle est si simple, que je doute qu'on puisse lui en » substituer une plus nette et plus exacte; et je crois » pouvoir assurer que si on l'applique à tous les problê- » mes que l'on peut résoudre, et qui renferment des » quantités négatives, on ne la trouvera jamais en dé- » faut ».

Il semble, d'après ces expressions, que d'Alembert regardoit les quantités négatives comme réelles et prises dans un sens contraire à celui des quantités positives; notion qu'il combat lui-même victorieusement ailleurs, comme nous le verrons bientôt. Néanmoins ce peu de paroles laisse entrevoir une théorie juste, et l'on regrette qu'elle ne soit pas développée davantage dans cet article.

On ne peut douter qu'Euler, toujours clair autant que profond, qui mettoit en œuvre, avec tant de dextérité, les valeurs négatives et imaginaires, et qui même est celui qui, par la subtilité de son analyse, a mis fin à la discussion élevée sur la nature des logarithmes des quantités négatives; on ne peut, dis-je, douter qu'Euler ne fût guidé par une métaphysique sûre. Cependant, dans son *Introduction à l'Analyse infinitésimale, livre II, n°. 3*, il dit que les quantités négatives sont moindres que zéro. Mais il est à présumer que ne voulant pas, dans cet ouvrage, s'occuper spécialement de cet objet, il s'en est tenu à la notion qui se présente le plus naturellement, quoique dénuée d'exactitude. Au surplus, Newton lui-même avoit déjà adopté cette définition dans son arithmétique universelle, probablement par le même motif.

Les notions qu'on a données jusqu'ici des quantités négatives isolées, se réduisent à deux; celle dont nous venons de parler, savoir que ce sont des quantités moindres que zéro, et celle qui consiste à dire, que les quantités négatives sont de même nature que les quantités positives, mais prises dans un sens contraire : d'Alembert détruit l'une et l'autre de ces notions. Il repousse d'abord la première par un argument qui me paroît sans réplique.

Soit, dit-il, cette proportion 1 : — 1 :: — 1 : 1 ; si la notion combattue étoit exacte, c'est-à-dire, si — 1 étoit moindre que 0, à plus forte raison seroit-il moindre que 1; donc le second terme de cette proportion seroit moindre que le premier; donc le quatrième devroit être moindre que le troisième; c'est-à-dire, que 1 devroit être moindre que -1; donc -1 seroit tout ensemble moindre et plus grand que 1; ce qui est contradictoire.

Quant à la seconde des notions données ci-dessus, d'Alembert l'attaque avec le même succès dans son mémoire sur les quantités négatives dont j'ai parlé ci-dessus; et cependant, comme il n'a rien à mettre à la place, il semble adopter cette notion pour le fond, et vouloir montrer seulement qu'elle est sujette à diverses exceptions. *Il est*, dit-il, *d'autant plus nécessaire de démontrer cette position* (des quantités négatives en sens contraires des positives) *qu'elle n'a pas toujours lieu.* Mais d'Alembert ne donne pas le moyen de distinguer les cas où l'application de cette règle peut être exacte; et d'après les raisons et les exemples qu'il donne, il est clair qu'elle est tout-à-fait vague ou plutôt absolument fausse. Voici un de ces exemples, aussi simple que frappant, et qui seul suffit pour renverser toute cette doctrine. On en trouvera grand nombre d'autres dans le corps de cet ouvrage.

D'un point K pris hors d'un cercle donné, soit proposé de mener une droite Kmm', telle que la portion mm', interceptée dans le cercle soit égale à une droite donnée.

Du point K, et par le centre du cercle, menons une droite KAB, qui rencontre la circonférence en A et B. Supposons $KA = a$, $KB = b$, $mm' = c$, $Km = x$, on aura donc par les propriétés du cercle

$$ab = x(c + x) = cx + xx;$$

donc $xx + cx - ab = 0$, ou $x = -\frac{1}{2}c \pm \sqrt{\frac{1}{4}c^2 + ab}$.

x a donc deux valeurs : la première, qui est positive, satisfait sans difficulté à la question : mais que signifie la seconde, qui est négative ? Il paroît qu'elle ne peut répondre qu'au point m', qui est le second de ceux où Km coupe la circonférence : et en effet, si l'on cherche directement Km', en prenant cette droite pour l'inconnue x, on aura $x(x-c)=ab$, ou $x=\frac{1}{2}c\pm\sqrt{\frac{1}{4}c^2+ab}$, dont la valeur positive est précisément la même que celle qui s'étoit présentée dans le premier cas avec le signe négatif. Donc, quoique les deux racines de l'équation $x=-\frac{1}{2}c\pm\sqrt{\frac{1}{4}c^2+ab}$ soient l'une positive et l'autre négative, elles doivent être prises toutes les deux dans le même sens par rapport au point fixe K. Ainsi la règle qui veut que ces racines soient prises en sens opposés porte à faux. Si au contraire le point fixe K étoit pris sur le diamètre même AB et non sur le prolongement, on trouveroit pour x deux valeurs positives, et cependant elles devroient être prises en sens contraire l'une de l'autre. La règle est donc encore fausse pour ce cas.

Si l'on dit que ce n'est pas ainsi qu'il faut entendre ce principe, que les racines positives et négatives doivent être prises en sens opposés, je demanderai comment il faut l'entendre ? et j'en conclurai par-là même, qu'il faut une explication pour empêcher qu'il ne soit pris dans l'acception la plus naturelle, il suit que ce principe est obscur et vague.

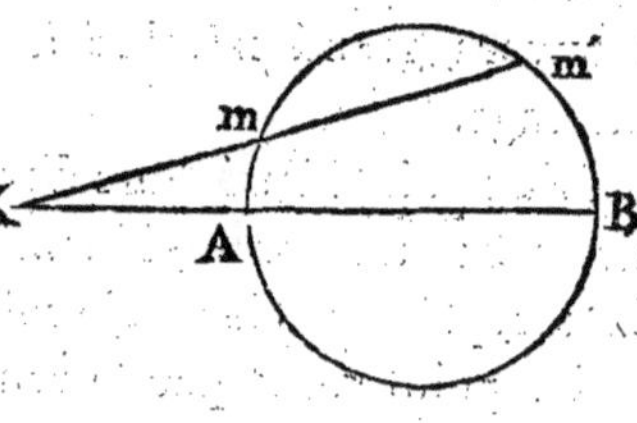

A ces argumens de d'Alembert contre l'une et l'autre des

des notions données ci-dessus, j'en ajouterai quelques autres qui me paroissent également devoir entraîner la conviction.

Je dis d'abord que la première de ces notions est absurde, et pour la détruire, il suffit de remarquer, qu'étant en droit de négliger dans un calcul les quantités nulles, par comparaison à celles qui ne le sont pas, à plus forte raison devroit-on être en droit de négliger celles qui se trouveroient moindres que o; c'est-à-dire, les quantités négatives; ce qui est certainement faux : donc les quantités négatives ne sont pas moindres que o.

Une multitude de paradoxes, ou plutôt d'absurdités palpables, résulteroient de la même notion; par exemple, — 3 seroit moindre que 2, cependant $(-3)^2$ seroit plus grand que 2^2; puisque $(-3)^2$ est 9, et que 2^2 n'est que 4; c'est-à-dire, qu'entre ces deux quantités inégales 2 et — 3, le carré de la plus grande seroit moindre que le carré de la plus petite, et réciproquement. Ce qui choque toutes les idées claires qu'on peut se former de la quantité.

Passons à la seconde notion, qui consiste à dire que les quantités négatives ne diffèrent des quantités positives qu'en ce qu'elles sont prises dans un sens opposé. Cette idée est ingénieuse, mais elle n'est pas plus juste que la précédente. En effet, si deux quantités, l'une positive, l'autre négative, étoient aussi réelles l'une que l'autre et ne différoient que par leurs positions, pourquoi la racine de l'une seroit-elle une quantité imaginaire tandis que celle de l'autre seroit effective ? Pourquoi $\sqrt{-a}$ ne seroit-elle pas aussi réelle que $\sqrt{+a}$? Conçoit-on une quantité effective dont on ne puisse tirer la racine carrée? et d'où viendroit le privilége que la première $-a$ auroit de donner son signe au produit $-a\times+a$ de l'une par l'autre? Cette expression de quantités prises en sens contraires l'une de l'autre, est donc au moins déjà très-vague, et mène à une confusion d'idées inextricable. Mais je vais plus loin; je démontre que la notion est complètement fausse, et que de son admission résulteroient les plus grandes absurdités.

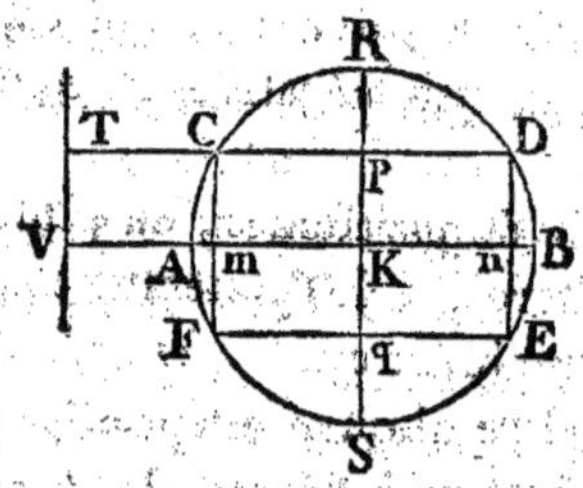

Soit une courbe quelconque, un cercle par exemple, ACRDBESF dans le plan duquel soient tracés deux axes AB, RS, perpendiculaires entre eux et se coupant au centre K pris pour origine des abscisses. D'un point quelconque C de cette courbe, soit menée l'appliquée Cp, et prolongeons-la jusqu'en D. Cela posé, d'après la notion précédente pD, par exemple, étant regardée comme positive, Cp sera négative; et l'on doit avoir $Cp=-p\mathrm{D}$; d'où je tire $Cp+p\mathrm{D}$, ou $\mathrm{CD}=0$; résultat absurde. Par la même raison, si du même point C on mène Cm perpendiculaire à AB, et qu'on prolonge cette droite jusqu'en F, on aura $m\mathrm{F}=-\mathrm{C}m$; donc $\mathrm{C}m+m\mathrm{F}$ ou $\mathrm{CF}=0$; résultat également absurde. De plus, puisqu'on auroit $\mathrm{CD}=0$, $\mathrm{CF}=0$, on auroit aussi $\mathrm{CD.CF}=0$;

c'est-à-dire, que l'aire du rectangle CDEF = o, d'où suivroit, par exemple, que le carré inscrit dans un cercle seroit o. Telles sont les erreurs qui dériveroient invinciblement de la notion précédente. Il est donc faux que Cp soit une quantité négative, et il est aisé de prouver, en effet directement, qu'elle est nécessairement positive; car si d'un point quelconque V de la droite AB prolongée au-delà de A, on mène une droite VT parallèle à KR, il est évident et avoué par ceux mêmes qui adoptent la notion précédente, que les trois droites TC, Tp, TD qui se trouvent toutes du même côté par rapport au nouvel axe VT, sont positives : or on a $Cp = Tp - TC$; donc puisque $Tp > TC$, $Tp - TC$, ou Cp, est une quantité positive.

On dira peut-être que Cp est positive par rapport à l'axe TV, et négative à l'égard de l'axe RS. Mais ce seroit une nouvelle énigme à deviner plus difficile encore que la première, et cela dans la science dont le caractère principal est l'évidence.

Pour démontrer d'une manière plus sensible encore, comment, par ce principe des quantités négatives prises en sens contraire des quantités positives, on est invinciblement conduit à l'erreur, je reprends l'argument qui précède, en lui donnant une nouvelle forme, comme il suit.

Soit d'abord décrit un cercle ARBS, soit K le centre de ce cercle, et menons un diamètre quelconque AB; nous aurons $AB = AK + KB$. (A)

Maintenant par le centre K je mène l'axe RS perpendiculaire à AB, puis par un point quelconque C de la circonférence, je mène la corde CD parallèle à AB, et que je suppose couper l'axe RS au point p. Je prends R pour origine des abscisses ; je nomme x l'abscisse Rp, y l'ordonnée pD, et a le rayon. J'aurai donc $yy = 2ax - xx$; donc $y = \pm \sqrt{2ax - xx}$; ce qui m'apprend, d'après la théorie admise des quantités négatives prises en sens contraire des quantités positives, que y a deux valeurs égales et directement opposées ; l'une pD représentée par la racine positive, l'autre Cp représentée par la racine négative, c'est-à-dire que nous avons

$$pD = + \sqrt{2ax - xx} \text{ et } Cp = - \sqrt{2ax - xx} ;$$

équations qui doivent avoir lieu quelle que soit la valeur de Rp ou x. Supposons donc Rp = RK ou $x = a$; pD deviendra KB, et Cp deviendra AK ; donc les équations deviendront KB $= + a$, et AK $= - a$. Substituant ces valeurs AK, KB dans l'équation (A) trouvée ci-dessus, on aura AB $= 0$; résultat absurde, quoique rigoureusement déduit, ou plutôt précisément parce qu'il est rigoureusement déduit de la théorie des quantités négatives prises en sens contraire des quantités positives. Cette théorie est donc complètement fausse. Il est possible peut-être d'opposer à cela des subtilités métaphysiques ; mais je ne crois pas qu'on puisse y répondre d'une manière claire et propre à satisfaire un esprit géométrique.

Les raisons sur lesquelles on a coutume d'appuyer les deux notions que je viens de combattre, sont d'ailleurs sans consistance par elles-mêmes. Soit, dit-on, une quantité A ; retranchons-en une quantité moindre a, la différence A $- a$ sera moindre que A. Supposons maintenant que a augmente, A $- a$ diminuera de plus en plus, elle deviendra 0 lorsque a deviendra égal à A ; donc, ajoutet-on, si a continue d'augmenter, A—a se trouvera moindre que o.

Mais pour montrer que ce raisonnement est vicieux il suffit de faire voir qu'on pourroit l'appliquer également à $\sqrt{A - a}$. En effet, A étant donné, $\sqrt{A - a}$ diminue graduellement à mesure que a augmente; elle devient o lorsque a devient égal à A; donc elle devroit devenir moindre que o, c'est-à dire, simplement négative et non imaginaire lorsque a devient plus grand que A. Ce qui est faux.

On peut opposer le même raisonnement à ceux qui disent que les quantités négatives sont prises en sens opposé aux positives; car par la même raison que A — a est prise, tantôt dans un sens, tantôt dans le sens contraire, suivant que a est moindre ou plus grande que A; on prouveroit que $\sqrt{A - a}$ doit être prise aussi tantôt dans un sens, tantôt dans l'autre, et n'être jamais imaginaire.

Tout cela vient de ce que le raisonnement suppose d'abord essentiellement $A > a$, on tombe donc ensuite en contradiction quand on suppose que a peut devenir $> A$; et la conséquence qu'on veut tirer est fausse, puisqu'elle suppose tout à-la-fois A plus grande et moindre que a.

Cette contradiction dans laquelle tombent ceux qui soutiennent l'existence réelle des quantités négatives, est manifeste, de quelque manière qu'on envisage la question. En effet, soient m, n, deux variables quelconques. Supposons d'abord $m > n$, et faisons $m - n = y$. Concevons maintenant que le système varie de manière que n devienne plus grand que m. Voici le raisonnement que font ceux qui soutiennent l'existence réelle des quantités négatives.

Puisque n, disent-ils, est devenue plus grande que m, il est clair que $m - n$ est devenue négative; donc $m - n$ étant y, y est aussi négative; donc on doit substituer $-y$ à $+y$ dans l'équation; donc cette équation doit devenir $m - n = -y$ ou $y = n - m$; donc la véritable valeur de y est $n - m$.

La réponse à ce raisonnement est simple; car n étant, par hypothèse, devenue plus grande que m, $n - m$ est positive; donc y qui vient d'être trouvée égale à $n - m$ est aussi positive, et non pas négative comme on l'avoit supposé.

Mais comment, dira-t-on, en partant comme on vient de faire, de la supposition que y est négative, parvient-on à un résultat tout contraire? C'est qu'il se trouve encore une contradiction dans le nouveau raisonnement. Car de ce que y est négative, on en a conclu qu'il falloit mettre dans l'équation $-y$ au lieu de $+y$; or cela n'est pas, car y en devenant négative, ne cesse pas pour cela d'être égale à $m - n$, qui est négative aussi. Si y est négative comme on le veut, $-y$ doit être positive. Donc en mettant $-y$ pour $+y$, on tombe encore en contradiction; car on obtient par-là $-y = m - n$, mais $m - n$ est négatif; et nous venons de voir que $-y$ est positif. Donc pour que l'équation pût avoir lieu, il faudroit qu'une quantité positive fût égale à une quantité négative; ce qui est absurde.

Mais, dira-t-on, qu'importe le vice du raisonnement, si le résultat qu'on en tire n'en est pas moins exact, et si c'est un moyen de simplification? Or il est certain que n devenant plus grande que m, le résultat obtenu $y=n-m$, est exact.

Cela est vrai. Mais ce résultat n'est exact qu'accidentellement, et parce qu'il existe dans le raisonnement, comme on l'a vu ci-dessus, plusieurs contradictions qui se détruisent l'une par l'autre. Mais comme cela n'arrive pas toujours, on parvient alors à de faux résultats, comme on l'a vu précédemment, et la notion une fois admise, on est d'autant plus sûr de se tromper, qu'on raisonne avec plus de justesse. Il faut donc renoncer à une notion si capable d'induire à erreur : et quant à la simplification dont on parle, elle n'est rien moins que réelle. Car ce n'est au contraire que par des détours que le raisonnement ci-dessus nous a conduits à ce résultat évident par lui-même ; savoir que la différence y de m à n, qui est $m-n$ lorsque m est plus grande que n, devient inverse, c'est-à-dire $n-m$ lorsqu'au contraire, c'est n qui se trouve plus grande que m.

Cette double erreur dont on vient de parler, est avouée par ceux qui admettent la notion des quantités négatives ; ce qu'ils expriment, en disant que le calcul *redresse* de lui-même les fausses hypothèses sur lesquelles on pourroit l'avoir établi. Mais si l'hypothèse d'où l'on est parti est fausse, voilà déjà une erreur commise, et si le calcul redresse cette erreur, ce ne peut être que par une autre ; car lorsqu'on part d'un principe faux, mieux on argumente ensuite, et plus on est sûr d'arriver à un résultat également faux ; il n'y a donc qu'une nouvelle erreur faite en sens contraire de la première qui puisse la réparer.

Par exemple, on a $\cos.(a+b)=\cos.a\cos.b-\sin.a\sin.b$;

mais cette formule ayant été établie pour le cas seulement où a, b et $a+b$ sont des angles moindres que le quart de circonférence, devient fausse dès qu'on suppose le contraire.

Cependant ceux qui admettent la notion des quantités négatives regardent cette formule comme générale et réellement applicable à tous les cas; mais comme cette supposition n'est pas juste, ils redressent l'erreur, en disant qu'alors cos. a et cos. $(a+b)$ deviennent négatifs l'un et l'autre; qu'il faut en conséquence changer leurs signes de + en —; ce qui donne pour résultat

$$\cos.(a+b) = \cos.a \cos.b + \sin.a \sin.b;$$

résultat vrai, mais qui, par-là même qu'il est vrai, prouve que la supposition de cos. a et cos. $(a+b)$ négatifs, est une nouvelle erreur; puisque si ce n'en étoit pas une, rien n'auroit compensé le résultat de la fausse hypothèse qu'on a faite d'abord, savoir que la formule étoit applicable à tous ces cas. La preuve qu'elle ne l'étoit pas, c'est qu'elle est réellement différente, comme on le voit pour le nouveau cas; et c'est ce dont il est facile de s'assurer d'ailleurs, en la cherchant directement suivant les méthodes ordinaires, et par simple synthèse, c'est-à-dire, sans employer la notion des quantités négatives; méthode qui est moins expéditive que l'analyse, mais dont les résultats ne sont du moins contestés par personne.

Ainsi ces formules, si fréquemment usitées,

$$\cos.(\varpi + a) = -\sin.a; \ \sin.(2\varpi + a) = -\sin.a,$$

et autres semblables, dans lesquelles ϖ exprime le quart de circonférence, sont des équations fausses, et qui ne

peuvent

peuvent être employées que comme de simples formes algébriques, propres, par-là même qu'elles sont fausses, à redresser une première erreur commise; elles la redressent en effet dans certains cas, en indiquant ce qu'il faut substituer à la place des véritables quantités cos. $(\varpi+a)$, sin. $(2\varpi+a)$, lorsque par une première erreur on a mis ces mêmes quantités cos. $(\varpi+a)$, sin. $(2\varpi+a)$, à la place de cos. a, sin. a, dans des formules qui n'avoient été trouvées que pour ces dernières quantités, et qui ne pouvoient être appliquées immédiatement et sans modifications, qu'à elles seules. Ces expressions, telles que — sin. a, sont ce que je nomme *les valeurs de corrélation* des quantités, à la place desquelles on doit les substituer dans les formules primitives. Ainsi ces valeurs de corrélation ne sont autre chose que des formes algébriques, qui, mises dans les formules primitives à la place des véritables quantités qu'elles représentent, rendent ces formules applicables à des cas d'abord imprévus, c'est-à-dire, autres que ceux sur lesquels les raisonnemens avoient été d'abord établis dans la mise en équation ou expression des conditions données. Considérées sous ce point de vue, ces formes algébriques sont très-utiles; il n'est question que de bien déterminer les cas où elles peuvent être employées sans inconvénient. C'est ce qui reste à examiner.

Maintenant donc que j'ai démontré combien sont obscures et fausses les notions communément admises des quantités dites négatives, il me reste à rechercher et établir les véritables principes de la théorie qui les concerne.

Pour cela, je reprends l'exemple ci-dessus. Soit donc,

en général, y l'appliquée d'un point quelconque, prise par rapport à RS; z l'appliquée du même point prise par rapport à VT, et nommons a la constante Tp. Les équations précédentes nous donneront donc pour le point D, $y = z - a$, et pour le point C, $y = a - z$; d'où l'on a cru pouvoir conclure que $a - z$ étant $z - a$ prise négativement, y devient en effet négative, lorsqu'on passe du point D au point C. Mais le parallogisme est facile à reconnoître. Pour que y fût négative lorsqu'elle devient $a - z$, il faudroit que z restât plus grande que a. Or z devient au contraire moindre que a. Donc $a - z$ est alors positive; donc y est toujours positive, soit qu'il s'agisse du point C, soit qu'il s'agisse du point D. Mais comme dans le premier cas on a $y = z - a$, et dans le second, $y = a - z$, on voit que pour passer de la considération du point D à celle du point C, il faut mettre dans l'équation $-(z-a)$ au lieu de $+(z-a)$, ou $-y$ au lieu de $+y$. Ce changement ne prouve donc point que y soit devenue une quantité négative; mais seulement, que des deux quantités a, z, dont elle est la différence, celle qui est la plus grande lorsque y répond à D, se trouve la plus petite lorsque y répond à C.

De-là je conclus, 1°. que *toute quantité négative isolée est un être de raison, et que celles qu'on rencontre dans le calcul, ne sont que de simples formes algébriques, incapables de représenter aucune quantité réelle et effective.* 2°. *Que chacune de ces formes algébriques étant prise, abstraction faite de son signe, n'est autre chose que la différence de deux autres quantités absolues, dont celle qui étoit la plus grande dans le cas sur lequel on a établi le raisonnement, se trouve la plus petite dans le cas auquel on veut appliquer les résultats du calcul.*

Ce principe répond à tout, et lève toute espèce de difficulté, sans qu'il soit besoin de faire intervenir ces notions abstraites sur lesquelles les Géomètres ne peuvent s'accorder. En effet, en revenant aux idées simples et intelligibles, ce qui se présentera naturellement à l'esprit, est qu'il ne peut exister réellement d'autres quantités que celles qu'on nomme absolues, et que les signes dont elles peuvent être précédées, n'indiquent point des quantités, mais des opérations. Ainsi ces signes, pris collectivement avec ces mêmes quantités, ne forment pas des quantités nouvelles, mais des formes algébriques complexes.

Dire d'une quantité qu'elle devient négative, c'est donc employer une expression impropre et capable d'induire en erreur, ainsi qu'on l'a vu ci-dessus; et le vrai sens qu'on doit attacher à cette expression, est que cette quantité absolue, n'appartient point au système sur lequel les raisonnemens ont été établis; mais à un autre qui se trouve avec le premier dans une certaine relation; telle que pour lui rendre applicables les formules trouvées pour ce premier système, il est nécessaire d'y changer de $+$ en $-$ le signe qui la précède.

Mais de ce qu'on est obligé de mettre $-y$, par exemple, à la place de $+y$, il ne s'ensuit pas que la quantité représentée par y, soit devenue négative; mais seulement, comme on vient de le prouver, qu'elle est la différence de deux autres quantités a, z, dont celle qui étoit la plus grande au système sur lequel les raisonnemens ont été établis et les formules trouvées, est devenue la plus petite dans le système auquel on veut faire l'application de ces formules. Car la quantité représentée par y étant constamment, par hypothèse, la différence des deux quantités a, z, sera tantôt $a-z$, tantôt $z-a$, suivant que z sera moindre ou plus grande que a; mais dans tous les cas, elle sera la plus grande de ces quantités, moins la plus petite, et par conséquent, toujours positive; et l'expression $-y$ ne sera jamais qu'une simple forme algébrique, insignifiante par elle-même, mais dont la propriété est, qu'étant substituée dans les formules trouvées à la place de $+y$, elle peut les rendre applicables à des cas imprévus d'abord, ou qui du moins n'étoient pas compris dans ceux sur lesquels les raisonnemens avoient été primitivement établis.

Si les quantités négatives, objecte-t-on, étoient des êtres absurdes, elles ne pourroient jamais donner la vraie solution du problème mis en équation. Or il est néanmoins constant, dit-on, que si y est une ligne inconnue, et qu'on trouve pour elle une valeur négative, la véritable solution du problème mis en équation, s'obtient en portant la valeur absolue trouvée en sens contraire de ce qu'on l'avoit supposée. Donc, conclut-on, cette quantité absolue, prise en sens contraire de ce qu'on l'avoit supposée, n'est autre chose que la valeur même négative donnée par l'équation.

A cela, je réponds que le fait allégué comme constant, est entièrement faux; que dans aucun cas, il n'arrive qu'on puisse obtenir la vraie solution du problème mis en équation, en portant les racines négatives en sens contraire de ce qu'on les avoit supposées; que ce qu'on obtient ainsi n'est jamais que la solution d'un autre problème plus ou moins analogue à celui qu'on a réellement mis en équation, mais qui en diffère toujours par quelque condition particulière. Ce qui trompe à cet égard, c'est qu'il arrive parfois, qu'en portant en sens contraire la racine négative, on obtient en effet une des solutions du problème *proposé*; et que confondant ce problème *proposé* avec le problème réellement *mis en équation*, on applique à ce dernier ce qui n'est vrai que pour le premier : c'est qu'en effet alors le problème *mis en équation* n'est pas le problème *proposé*; qu'il n'est qu'un cas particulier de celui-ci, et que c'est précisément ce cas particulier qui ne se trouve pas résolu par les racines négatives. Ainsi, en portant ces racines négatives en sens contraire, on ne résout point le problème mis en équation, mais d'autres cas particuliers d'un problème plus général.

L'erreur dont nous venons de parler, et qui naît de ce qu'on n'a pas soin de distinguer le problème réellement *mis en équation*, du problème *proposé*; cette erreur, dis-je, est d'autant plus importante à remarquer, qu'elle échappe facilement, et que c'est d'elle cependant que vient toute cette fausse théorie des quantités dites négatives.

C'est par suite de la même erreur, qu'on suppose gratuitement qu'une même équation peut s'appliquer, sans aucune modification, à toutes les régions de l'espace : que, par exemple, une équation donnée entre deux variables, peut se rapporter indistinctement, aux points qui sont à gauche comme à ceux qui sont à droite, au-dessous comme au-dessus des axes de la courbe dont elle exprime la nature. Cela est très-commode, mais n'est pas vrai : le poser en principe, c'est précisément supposer la chose en question. Il est bien clair que si l'on étoit en droit d'appliquer l'équation donnée à toutes les régions de la courbe sans aucune modification ; dès-lors les ordonnées prises à gauche de l'axe des abscisses, seroient $-y$, et les abscisses prises au-dessous de l'axe des ordonnées $-x$. Mais nous avons démontré que $-x$ et $-y$ sont des êtres de raison ; c'est-à-dire, de simples formes algébriques, qui ne peuvent représenter aucunes quantités effectives. Donc on n'est pas en droit d'appliquer, sans modifications, l'équation donnée à toutes les régions de la courbe.

On doit donc renoncer à toute notion des quantités négatives comme des êtres réels, et se borner à les considérer telles qu'elles sont en effet ; c'est à-dire, comme de simples formes algébriques propres à rendre applicables à des cas non compris dans l'expression des conditions, les formules qui expriment réellement ces conditions, et il ne faut pas croire qu'il doive résulter aucune complication dans les calculs de cette manière d'envisager les quantités dites négatives. Rien ne change pour cela dans les procédés ; tout se réduit à substituer une idée simple et juste, à une idée fautive et inutile : et tel est le but de cet ouvrage. Je crois l'avoir rempli, en substituant à la notion que je viens de combattre, des quantités positives et négatives, celle des quantités que je nomme *directes* et *inverses*.

Ces quantités, que je nomme directes et inverses, ne sont autre chose que les quantités ordinaires ou absolues, mais considérées chacune comme la différence variable de deux autres quantités qui deviennent alternativement tantôt plus grandes, tantôt plus petites l'une que l'autre. Lorsque celle qui étoit la plus grande d'abord, c'est-à-dire dans le système sur lequel on a établi les raisonnemens, demeure constamment la plus grande, la quantité qui exprime la différence de leurs valeurs absolues, se nomme *quantité directe ;* lorsqu'au contraire elle devient plus petite, cette différence se nomme *quantité inverse.* Ainsi disparoît toute la métaphysique des quantités positives et négatives. Il ne reste plus que des quantités directes et inverses, qui sont des quantités absolues comme toutes les autres quantités imaginables. Suivant les diverses circonstances où elles se trouvent, on doit conserver le signe qui les précède dans les formules où elles entrent, ou le changer ; et c'est la théorie de ces mutations que je nomme *géométrie de position*, parce qu'en effet c'est par elles qu'on exprime la diversité de position des parties correspondantes dans les figures de même genre. Ainsi, la géométrie que je nomme *de position*, n'est autre chose que la géométrie ordinaire, dans laquelle la théorie des quantités dites *positives* et *négatives*, est remplacée par celle des quantités que j'appelle *directes* et *inverses*.

Le cit. de Velay, professeur de mathématiques à Lausanne, dans son Introduction à l'Algèbre publiée en 1799, s'étoit déjà servi des dénominations de quantités *directes* et *inverses*. Je l'ignorois, lorsque je m'arrêtai à ces mêmes dénominations dans mon *Traité de la corrélation des figures*. Cette rencontre singulière, dont je suis flatté, prouve que ces expressions se présentent comme d'elles-mêmes dans la question dont il s'agit : au surplus, la théorie du cit. de Velay et la mienne, n'ont absolument rien de commun que ces dénominations, qui même ne sont pas tout-à-fait prises dans la même acception par lui et par moi.

C'est à développer ces notions, et à en déduire les conséquences les plus importantes, que j'ai consacré la première section de cet ouvrage. J'y donne de nouvelles preuves que la théorie ordinaire est, à cet égard, au moins très-vague; que le nombre des racines positives ou négatives d'une équation, n'indique d'une manière exacte, ni le nombre des solutions dont le problême est susceptible, ni le sens dans lequel elles doivent être prises; que tantôt il s'en trouve de surabondantes, tantôt d'autres supprimées, quoique réelles; souvent de négatives, qui doivent être prises dans la même direction que les positives, quelquefois même de positives, qui sont fausses ou insignifiantes. Que cependant toutes ces racines sont algébriquement exactes; que par des transformations, on peut les rendre utiles; et que c'est précisément et uniquement par l'emploi que fait l'analyse de ces formes négatives ou imaginaires, comme si c'étoit de véritables quantités, qu'elle diffère de la synthèse, et qu'elle a sur elle un si grand avantage.

A cette notion principale des quantités directes et inverses, et qui fait l'objet spécial de la première section, j'en réunis d'autres qui me paroissent justifier encore le titre de *Géométrie de position* que j'ai donné à cet ouvrage. J'y propose un mode pour exprimer, par des caractères particuliers, et par l'arrangement systématique des lettres prises pour désigner les points principaux d'une figure, les modifications qu'elle peut éprou-

ver

ver par le changement de position de ces points fondamentaux. Il en résulte une sorte de mécanisme que je crois propre à rendre plus sensible l'analogie qui lie entre elles les figures d'un même genre, et à rendre les formules trouvées pour l'une successivement applicables à toutes les autres; l'exposé de ce mode est l'objet de la seconde section, à laquelle je n'ai pas donné tout le développement dont elle seroit susceptible, et qu'elle recevra facilement, si les idées nouvelles que j'y propose sont accueillies par les savans.

Je sais qu'on doit être très-circonspect à introduire des expressions inusitées; mais lorsqu'elles sont si simples, qu'il suffit de les voir une seule fois pour ne pouvoir plus s'y tromper, qu'il en résulte beaucoup de brièveté et de netteté dans des locutions qu'on est obligé d'employer à chaque instant : on peut, ce me semble, les regarder comme avantageuses. J'en ai fait, au surplus, un usage très-sobre.

Parmi les différens exemples que je donne de ma théorie dans cette seconde section, se trouve un tableau général de la corrélation des quantités *linéo-angulaires*; c'est-à-dire, des sinus, cosinus, tangentes, etc. qui répondent aux diverses régions de la circonférence. Je crois y avoir donné la véritable théorie des variations de signes qu'éprouvent ces sortes de quantités. Ensuite je reviens au mode pratiqué par les anciens, de comparer les arcs immédiatement avec leurs cordes, au lieu de les comparer aux moitiés des cordes d'arcs doubles : ce qui est la même chose au fond, mais donne un moyen plus naturel, et souvent plus simple, d'établir les rapports de ces quantités. Je propose à cette occasion quelques formules qui, je crois, n'ont pas encore été données, pour représenter ces rapports par des expressions symétriques entre tous les arcs comparés.

Les autres sections sont destinées à l'application des principes développés dans les deux premières ; mais je m'y suis, de plus, proposé un autre but, qui m'a paru au moins aussi important ; c'est celui d'exposer une méthode propre à représenter, par des tableaux analytiques, l'ensemble des propriétés d'une figure quelconque proposée, et d'en faire en quelque sorte une énumération complète, ainsi que de celles de toutes les figures qu'on peut lui rapporter.

Pour cela, je considère d'abord cette figure proposée comme un terme de comparaison ou *figure primitive*, et je nomme *figures corrélatives*, celles qu'on se propose de lui comparer.

Dans la figure primitive elle-même, je prends parmi les quantités qui la composent, un certain nombre d'entre elles, suffisant pour qu'étant connues, toutes les autres soient déterminées. Ces nouvelles bases choisies, j'exprime toutes les autres parties de ce système primitif en valeurs de ces premières seules, et j'en forme le tableau général. Ce tableau renferme évidemment tous les rapports cherchés des diverses parties de cette figure primitive, puisqu'il donne le moyen de les comparer toutes deux à deux par l'intermédiaire des quantités primordiales prises pour leur servir de termes communs de comparaison.

Cette figure primitive étant supposée l'objet réel et existant sur lequel les raisonnemens ont été établis, les formules qui expriment les rapports de ses diverses parties, et qui composent le tableau général dont nous avons parlé, ne peuvent aussi contenir que des expressions réelles et intelligibles; et par conséquent, elles ne peuvent indiquer aucune opération inexécutable, aucune quantité absurde; il ne peut donc s'y rencontrer de quantités négatives isolées, puisqu'une pareille quantité est un être de raison, ni à plus forte raison, de quantités imaginaires; c'est-à-dire, que les signes + et — qui entrent dans ces formules, n'y expriment jamais que des opérations qu'on peut effectuer, et n'y peuvent être considérés que comme de simples abréviations.

Ce tableau des propriétés de la figure primitive une fois établi, il s'agit de savoir quelles modifications on doit y apporter, pour qu'il puisse représenter successivement de la même manière, les propriétés des figures qui lui sont corrélatives. La construction de chacune de celles-ci étant essentiellement la même que celle de la figure primitive, on sent que les formules qui en expriment les propriétés doivent avoir d'autant plus d'analogie avec celles de cette figure primitive, qu'il y a moins de disparité entre elles : les quantités correspondantes doivent s'y trouver combinées de la même manière quant à leurs valeurs propres ou absolues; il ne s'agit donc que d'exprimer la diversité des positions, et c'est ce qui s'opère par la mutation des signes qui affectent ces quantités ou les différens termes des formules du tableau.

Pour découvrir les mutations qui doivent en effet avoir lieu pour tel ou tel système corrélatif, je le regarde comme né du système primitif, en vertu d'une transformation opérée par degrés insensibles, qui ne change rien aux bases générales de la première construction, mais qui modifie seulement les positions respectives, en faisant passer au-dessus ce qui étoit au-dessous, ou à droite ce qui étoit à gauche. De ce mouvement graduel, il résulte, que telle quantité du système qui se trouvoit d'abord plus petite que telle autre, devient plus grande, et respectivement. Or c'est de-là uniquement, et non de ce que ces quantités seroient opposées l'une à l'autre, que naît le principe général de la mutation de signes, qui doit avoir lieu dans les formules du système primitif, pour qu'elles deviennent applicables au système transformé ou corrélatif.

Dans la troisième section, j'effectue sur diverses figures les tableaux dont j'ai parlé d'abord; c'est-à-dire, ceux qui sont propres à représenter l'ensemble des rapports qui existent entre les diverses parties de chacune d'elles; et j'applique ensuite à chacun de ces tableaux celui de corrélation par lequel on connoît les mutations qu'on doit faire à ce tableau primitif, pour le rendre applicable à chacun des systèmes qui lui sont corrélatifs.

La quatrième section contient de nouvelles applications des mêmes principes aux propriétés, qui dans les figures peuvent être trouvées sans l'intervention des quantités *linéo-angulaires*. Les quantités linéo-angulaires sont des intermédiaires qui servent à lier les lignes avec les angles, ou à établir les rapports des uns avec les autres. Mais dans cette section, j'examine séparément, d'une part, les rapports qui existent entre les angles seuls, et de l'autre, ceux qui existent entre les lignes seules: j'y donne la notion du centre des moyennes distances. Je remarque que ce point est le même que celui qu'on nomme en mécanique, *centre de gravité*. D'où je conclus, que la théorie de ce centre appartient à la géométrie, et qu'il seroit très-avantageux pour les progrès de cette science, de rétablir à cet égard l'ordre naturel des idées.

Dans la cinquième section, j'applique les principes établis auparavant, à une suite de questions particulières du genre de celles qui font le sujet de ce qu'on appelle application de l'algèbre à la géométrie ; ce qui me donne l'occasion de montrer, par beaucoup d'exemples, que la théorie communément admise sur les quantités dites positives et négatives, n'est point satisfaisante ; et que par la manière de choisir non-seulement les inconnues, mais encore les données, on réussit souvent à faire entrer, conformément à l'idée de Leibnitz, la position dans l'expression des conditions du problème, et à diminuer ainsi le degré naturel de l'équation finale. Ces diverses questions donnent lieu à quelques formules remarquables, comme l'équation de condition qui existe entre les six angles que forment entre elles les quatre faces d'une pyramide triangulaire.

Enfin, dans la sixième et dernière section, j'applique aux courbes la formation des tableaux propres à représenter l'ensemble des propriétés des signes : je développe l'idée lumineuse donnée par Godin dans son *Traité des propriétés communes à toutes les courbes*, que l'art de découvrir les propriétés des courbes est, à proprement parler, l'art de changer le système des coordonnées ; et je donne divers exemples de cette opération. Je n'ai pas eu l'intention d'écrire un traité suivi de la théorie des courbes ; mon but a été seulement de varier l'application de mes principes, et de faire voir que la formation des tableaux propres à représenter l'ensemble d'une figure, est applicable aux lignes et surfaces courbes, aussi bien qu'aux lignes droites et aux surfaces planes. On trouvera dans cette section plusieurs propriétés remarquables, et je crois non encore connues, des sections coniques; une théorie assez curieuse sur les points de concours de plusieurs droites, et de ceux qui au contraire se trouvent rangés sur une même ligne droite. Enfin diverses propriétés des courbes en général, dont le but principal est de rendre leur équation indépendante de tout point, ligne, plan ou objet fixe quelconque pris arbitrairement dans l'espace ou inhérent à la courbe.

La plupart des questions traitées dans cet ouvrage, appartiennent à la géométrie élémentaire; mais lorsqu'on pense que c'est cette géométrie qui fut si féconde entre les mains des Archimède, des Hypparque, des Appollonius; que c'est la seule qui fut connue des Néper, des Viette, des Fermat, des Descartes, des Galilée, des Pascal, des Huygens, des Roberval; que les Newton, les Halley, les Maclaurain, la cultivèrent avec une sorte de prédilection, on peut croire que cette géométrie a ses avantages. En effet, on convient assez généralement aujourd'hui, que la principale utilité des sciences exactes, poussées au-delà de ce qu'il y a de plus usuel pour la pratique des arts, est d'accoutumer l'esprit à la réflexion, à la justesse et à l'enchaînement des idées. Or cet objet est, par excellence, celui de la géométrie des anciens. Car si cette géométrie est dite élémentaire quant au sujet dont elle s'occupe, elle ne l'est nullement quant à la difficulté; et sous ce rapport, elle ne le cède point aux spéculations analytiques. D'ailleurs, la métaphysique des sciences n'en est pas la portion la moins intéressante, il est important d'en exclure les idées fausses ou obscures. Or certainement, pour quiconque veut approfondir le sujet dont il s'occupe, la notion des quantités dites négatives, porte ce caractère, et cependant elle sert de base aux principales opérations de l'algèbre, ou plutôt c'est sur elle que repose entièrement l'analyse algébrique. Les efforts qu'ont faits les plus grands Géomètres pour éclaircir ce point de doctrine, et les contestations auxquelles il a donné lieu, justifient assez une entreprise dont le but spécial a été de faire voir la fausseté comme l'inutilité absolue de cette notion, et d'y en substituer une autre aussi simple que rigoureuse, en revenant seulement aux idées naturelles, et qui se présentent les premières à tout le monde.

De plus, en considérant ce qu'on nomme aujourd'hui élémens de géométrie, on ne peut s'empêcher d'être étonné du sens restreint qu'on leur a donné. La science des projections, ou géométrie descriptive, n'y est pas comprise; elle forme encore une espèce de science à part. Et cependant, qu'y a-t-il de plus élémentaire, de plus utile à la pratique des arts, que l'art des projections sur des plans horizontaux et verticaux. On dira que ce ne sont point-là les principes de la géométrie, mais une partie de leur application. Cela peut être vrai, mais alors on pourroit dire la même chose d'une multitude de propositions que l'on comprend pour l'ordinaire dans les élémens. Il n'est point aisé, ou plutôt il est impossible, de séparer ce que dans ce sens on nomme principes de ce qu'on nomme applications. Il semble que ce qu'on nomme principes doit être la collection des vérités qui une fois bien connues, suffisent pour que l'application aux cas particuliers les plus communs devienne facile. Or, si cela est, je dis que les élémens ordinaires ne suffisent point, car le passage de ces élémens à la science des projections, exige de nouveaux préceptes, et des développemens considérables à étudier.

Ce que je viens de dire de la science des projections, doit s'entendre de la plupart des autres objets de la géométrie. Par exemple, la science des polygones et des polyèdres, y est à peine effleurée; il est vrai qu'elle est, si l'on veut, comprise dans la trigonométrie; mais c'est d'une manière si implicite, que le passage de l'une à l'autre, loin de pouvoir être considéré comme une application facile, exige au contraire une imagination très-exercée, et qu'une foule de propriétés aussi curieuses qu'utiles, n'ont pas même été remarquées. Il en est de même des propriétés du centre de gravité qui appartiennent réellement à la géométrie, et dont l'importance pratique est aussi étendue qu'incontestable.

Enfin ce que l'on comprend ordinairement sous le nom de *géométrie élémentaire*, n'est autre chose que le recueil méthodique des propriétés les plus simples et les plus usuelles des figures composées de lignes droites et de circonférences de cercle. Tout le monde convient, à la vérité, que dans ce sens seul, il y a un très-grand mérite à faire de bons élémens; c'est-à-dire, à recueillir, ordonner et démontrer ces propriétés de la manière la plus lumineuse et la plus profitable aux élèves. Cependant cette géométrie quelque bien rédigée qu'elle soit, ne présente en résultat, comme on vient de le dire, qu'une collection de propositions, qui est très-incomplète, même par

rapport

rapport à l'objet spécial qu'elle a en vue, savoir, la ligne droite et le cercle. Pour que cet objet soit complètement atteint, il faut, ce me semble, parvenir à la solution de ce problême général.

Dans un systême quelconque de lignes droites, tracées ou non dans un même plan, quelques-unes d'elles, ou des angles qui résultent de leur assemblage, soit entre elles-mêmes, soit entre les plans qui les contiennent, étant donnés en nombre suffisant pour que toute la figure soit déterminée, trouver tout le reste. Or il y a loin de ce qu'on appelle ordinairement élémens de géométrie, à ce problême général.

On voit par-là, qu'il ne s'agit pas de grossir les élémens ordinaires d'un grand nombre de nouvelles propositions, quelque curieuses et subtiles qu'elles puissent être, mais de parvenir à la solution d'un problême général qui les renferme toutes comme cas particuliers dans ses développemens, et d'où elles dérivent par une simple combinaison de formules. J'ai donné, ou plutôt indiqué, la solution de ce problême général dans la cinquième section : mais pour en rendre l'application plus facile à chaque figure particulière, j'ai imaginé et développé dans les sections précédentes, la formation d'un tableau, qui pût représenter l'ensemble des propriétés de cette figure ; qui mît sous un même point de vue tous ses rapports partiels : puis enfin prenant cette même figure pour terme de comparaison, j'ai imaginé d'y rapporter par des tableaux additionnels, que je nomme tableaux de corrélation, toutes celles dont la construction est essentiellement la même. Le premier de ces tableaux n'est autre chose que l'énumération complété des parties tant linéaires, qu'angulaires ou superficielles, etc. qui entrent dans la composition de la figure primitive, toutes exprimées en valeurs de quelques-unes seulement d'entre elles, prises en nombre suffisant, pour qu'étant supposées connues, tout le reste soit déterminé. Les autres, c'est-à-dire les tableaux de corrélation, indiquent les mutations qui doivent être faites à ce tableau primitif, lorsqu'on veut l'appliquer à telle ou telle figure du même genre, ou corrélative, c'est-à-dire, qui ne diffère pas essentiellement de la première, mais seulement par quelques modifications ou par la diversité de position des parties correspondantes. Or comme cette variété dans la position respective des parties correspondantes, s'exprime principalement par la variété des signes + et —; je me trouve engagé par la nature de mon sujet à traiter de ce qu'on nomme quantités positives et négatives. C'est ce que j'ai fait avec un détail qui seroit beaucoup trop étendu, si je n'avois eu à combattre sur ce point des idées reçues et tellement accréditées, qu'elles semblent être devenues des espèces d'axiomes. Comme cette théorie des mutations, résultantes de la diversité de positions dans les parties correspondantes des figures de même genre, est la base de ce traité, je lui ai donné le nom de géométrie de position, non pour indiquer qu'il ait un objet différent de celui qu'on se propose dans la géométrie ordinaire, mais pour caractériser le mode que je propose, tant pour exprimer l'ensemble des rapports de la figure primitive, que les changemens de positions qui peuvent y survenir.

Le principe fondamental de ma théorie est que la

notion des quantités négatives isolées est inadmissible ; ainsi, pour fixer les idées d'une manière précise, je dirai que *la géométrie de position est celle où la notion des quantités positives et négatives isolées, est suppléée par celle des quantités directes et inverses.*

Ces principes sont développés très-au long, tant dans la dissertation préliminaire, comme on l'a vu, que dans la première section. Dans le reste de l'ouvrage, je me suis resserré autant qu'il m'a été possible ; le plus souvent même je me suis contenté de mettre le lecteur sur la voie des démonstrations ; et cependant cet ouvrage sera beaucoup plus volumineux que je ne le voulois ; car je n'avois eu d'abord pour objet, que de faire une nouvelle édition de mon *Traité de la corrélation des figures.* Mais la manière de faire la géométrie par tableaux ouvre un champ si vaste et si fécond, qu'on auroit bientôt rempli plusieurs volumes des résultats au moins curieux qu'elle présente. Cependant ces résultats s'y trouvent très-serrés ; car chaque ligne d'un tableau est, à proprement parler, un théorême tout rédigé en formule ; il ne s'agit que de classer ces formules et de les ordonner de manière à trouver tout de suite celles dont on peut avoir besoin, comme on trouve par les tables de logarithmes, celui d'un nombre quelconque proposé. Je crois au surplus cette méthode très-susceptible d'être appliquée à toutes les autres branches des mathématiques, et je sens que je n'en donne ici qu'un essai extrêmement imparfait ; mais, si je ne me trompe, cet essai pourra servir d'ébauche à un travail utile.

La *géométrie de position* traitée dans cet ouvrage,

n'est pas ce que plusieurs Savans ont appelé *géométrie de situation*. On comprend ordinairement par la géométrie de *situation*, une certaine classe de questions qui, quoique du ressort de la géométrie, ne paroissent guère susceptibles d'être soumises à l'analyse algébrique ; tandis qu'au contraire, la géométrie de *position*, que je traite ici, n'est autre chose qu'un mode imaginé, pour rendre plus féconde l'application de l'algèbre à la géométrie ordinaire. La géométrie de situation n'a jamais été, que je sache, traitée d'une manière spéciale. On en trouve quelques exemples dans les récréations mathématiques d'Ozanam et de Montucla : c'est à elle que se rapporte un problême résolu par Euler dans les *Mémoires de l'académie de Pétersbourg*, et qui consiste à savoir par quel chemin on doit passer, pour traverser des ponts disposés sur une rivière qui serpente ; de manière qu'on ne passe jamais deux fois sur le même pont. C'est également à cette branche de géométrie, que se rapportent les ingénieuses recherches de feu Vandermonde sur la marche du fil qui forme successivement toutes les mailles d'un tricotage. L'on voit par ce dernier exemple, que cette branche de géométrie seroit très-propre à décrire d'une manière simple et uniforme les divers procédés des arts, et sous ce rapport, elle pourroit devenir infiniment utile. Mais il me semble que le nom de géométrie *de situation* lui convient moins que ne lui conviendroit, par exemple, celui de géométrie *de transposition* ; puisqu'en effet le mouvement ou la transposition des parties du système entre comme un élément essentiel dans toutes les questions de son ressort, et qu'elle est proprement, à la géométrie de position, ce qu'est le mouvement au repos. Au surplus, cette géométrie de situation ou de transposition, n'est elle-même que la moindre partie d'une science très-étendue, très-importante, et qui n'a jamais été traitée. Cette science est, en général, la théorie du mouvement, considéré, abstraction faite des forces qui le produisent ou le transmettent. Ainsi, par exemple, lorsque je me propose de faire parcourir au cavalier des échecs toutes les cases de l'échiquier, sans passer deux fois sur la même, il m'importe fort peu de savoir quelle est la masse de ce cavalier, et la force que j'emploie à le mouvoir. De même, lorsqu'un fil forme successivement les mailles d'un tricotage, il ne s'agit nullement des loix de l'action et de la réaction, ni de la force avec laquelle ce fil est tendu : il en est de même enfin de toutes les machines dont le but n'est pas d'économiser des forces, mais d'établir tels ou tels rapports entre les directions ou les vîtesses des différens points d'un systême. Je reviendrai dans un autre ouvrage sur la notion de ces mouvemens dont j'ai déjà nommé ailleurs les limites, *mouvemens géométriques*, et dont la théorie est le passage de la géométrie à la mécanique.

Quant à ce que je nomme ici *géométrie de position*, il n'y est point question de mouvement ni de transposition de parties, mais seulement, comme je l'ai dit ci-dessus, d'un nouveau mode pour donner plus d'extension aux applications de l'algèbre à la géométrie ordinaire : et j'ai cru devoir désigner ainsi, *une théorie dont l'objet spécial est d'exprimer en effet, par des tableaux comparatifs, dans des figures de même genre, la diver-*

sité de positions de leurs parties correspondantes, *après avoir préalablement formé le tableau général de leurs propriétés communes* ; ce qui est le véritable et unique but du présent ouvrage.

TABLE DES MATIÈRES.

FIN DE LA TABLE.

ERRATA.

Page 5, ligne 10, au lieu de porté ; *lisez* portée.
Page 15, ligne 5, au lieu de la retrouver ; *lis.* le retrouver.
Page 18, ligne 13, au lieu de petit ; *lis.* petite.
Page 20, ligne 19, au lieu de Soit pris ; *lis.* 22. Soit pris.
Page 31, lignes 6 et 5 de la fin, au lieu de ces nouveaux systêmes ; *lis.* ce nouveau systême.
Page 33, ligne 13, au lieu de proposée ; *lis.* mise en équation
Page 48, ligne 2 de la fin, au lieu de $\overline{P} =$; *lis.* $\frac{1}{P} =$.
Page 62, ligne 5, au lieu de proposée ; *lis.* mise en équation.
Page 92, ligne 6, au lieu de partant ; *lis.* parlant.
Page 98, ligne 7 de la fin, après, &c. ; *lis.* est.
Page 138, ligne 15 ; *lis.* lignes positives.
Page 140, lig. 8 de la fin, ayant et établissons ; *lis.* avec celui du premier quart.
Page 145, sixième ligne de la fin, au lieu de $= 0$; *lis.* $= -0$.
Page 146, quatrième ligne, au lieu de $= 0$; *lis.* $= -0$.
Page 152, ligne 4 de la fin, au lieu de ces premières ; *lis.* 123. De ces premières.
Page 157, ligne 4 de la fin, au lieu de devenue ; *lis.* devenu.
Page 163, ligne dernière, au lieu de ou point ; *lis.* au point.
Page 187, ligne 15, au lieu de droites ; *lis.* droits.
Page 221, ligne 2, au lieu de les valeurs ; *lis.* la valeur.
Page 286, ligne 6 de la fin, au lieu des n°s 208, 211, &c. *mettez les* n°s. 218, 219 ; &c.
Page 316, ligne 15, après des carrés ; *lis.* des distances.
Page 330, ligne 8 de la fin, au lieu de 2500 ; *lis.* 2520.
Page 344, ligne première, au lieu de 303 ; *lis.* 302.
Page 345, ligne 5, avant ces mots, Dans tout polygone ; *lis.* 303.
Page 346, ligne 13, après angles ; *lis.* consécutifs.
Page 349, lignes 7, 9, 11, au lieu de K *majuscule* ; lisez *k* minuscule.
Page 391, ligne 17, au lieu de 334 ; *lis.* 335.
Page 413, ligne 8 de la fin, au lieu de 335 ; *lis.* 355.
Page 455, ligne 10 de la fin, au lieu de circonférence d'un cercle ; *lis.* périmètre d'une section conique.

GEOMETRIE

GÉOMÉTRIE

DE POSITION.

1. La Géométrie de position a pour objet de rechercher spécialement la connexion qui existe entre les positions respectives des diverses parties d'une figure proposée, et leurs valeurs comparatives.

Il existe entre les diverses parties de toute figure géométrique, deux sortes de rapports : savoir, les rapports de grandeur et les rapports de position. Les premiers sont ceux qui ont lieu entre les valeurs absolues des quantités : les autres sont ceux qui expriment leurs situations respectives, en indiquant si tel point est placé au-dessus ou au-dessous de telle droite, à droite ou à gauche de tel plan, au dedans ou au dehors de telle circonférence, ou de telle surface courbe, &c. Or l'objet que je me propose particulièrement ici, est de rapprocher et de comparer ces deux manières d'envisager les rapports des quantités géométriques.

Le mode que je me propose de suivre, consiste à rapporter chaque figure dont on recherche les propriétés, à une autre figure dont les propriétés sont connues, et qu'on prend pour terme de comparaison : puis à l'aide des signes ordinaires de l'algèbre, ou de caractéristiques particulières, et de l'arrangement systématique des lettres employées pour désigner les points qui déterminent les diverses parties de ces figures, on exprime les modifications qui les distinguent : c'est ce que j'appelle *établir la corrélation des figures.*

Quand les figures dont on recherche les propriétés sont compliquées, on les décompose en plusieurs autres figures plus simples, et l'on rapporte chacune de celles-ci à une figure connue, prise pour terme de comparaison.

2. Pour donner de mon objet une idée un peu plus étendue, concevons un système quelconque de quantités, liées entre elles par des rapports quelconques. Il est évident qu'à l'aide de ces rapports, il suffira de connoître un certain nombre de ces quantités, pour que toutes les autres soient déterminées. Supposons donc, en effet, qu'ayant choisi pour termes de comparaison un certain nombre de ces quantités, suffisant pour que tout le reste soit déterminé, on exprime toutes les autres en valeurs de ces premières seules, et qu'on en forme un tableau général. Ce tableau sera l'expression analytique des rapports qui par hypothèse existent entre toutes les quantités du système proposé.

Supposons maintenant que ce système vienne à se transformer par degrés insensibles, suivant une loi quelconque : que cependant, si l'on veut, parmi les quantités qui le composent, quelques-unes demeurent constantes, pendant que les autres varient. Cela posé, il est évident qu'à mesure que la transformation du système fera des progrès, les formules du tableau qui expriment les rapports de ses diverses parties, devront éprouver des changemens analogues, et que ces changemens deviendront de plus en plus sensibles, suivant que le système transformé s'éloignera davantage de son état primitif.

3. Ce changement sera d'abord ce qu'on appelle infiniment ou indéfiniment petit, jusqu'à ce que le calculateur ait attribué à la mutation ou accroissement des variables, une valeur déterminée; c'est-à-dire, jusqu'à ce qu'il ait substitué aux quantités du système primitif prises pour limites, ou premières valeurs, d'autres valeurs déterminées d'après le changement qu'il supposera s'être effectué dans ce système. En effet, rien ne fixant jusqu'alors, parmi les quantités qui entrent dans les formules du tableau, la quotité de leur mutation, le calculateur

conserve la faculté de la supposer aussi petite qu'il le veut. Or cette indétermination de l'état du système donne lieu à une simplification accidentelle très-importante ; car c'est d'elle que naît la hiérarchie de ce qu'on nomme infiniment petits de différens ordres ; hiérarchie dont les développemens forment cette branche féconde de calcul, désignée sous le nom d'analyse infinitésimale, laquelle n'est véritablement qu'une vaste et heureuse application de la méthode des indéterminées.

4. Mais lorsque le calculateur en est venu à faire pour chacune des quantités du système primitif, une substitution telle que celle dont nous avons parlé ; c'est-à-dire, quand il a substitué dans les formules primitives, aux quantités qui y entrent, la valeur que chacune d'elles a reçue lorsque le système est arrivé à tel ou tel état déterminé de sa transformation, il peut se faire que cette transformation soit encore assez légère, pour que la forme du tableau qui représente à chaque instant l'état actuel du système, et qui doit par conséquent éprouver continuellement des changemens analogues à ceux de ce même système ; pour que cette forme, dis-je, n'ait encore éprouvé aucune mutation dans les signes, par lesquels sont liées les quantités qui entrent dans les formules, et qu'elle n'ait été altérée que dans les valeurs absolues de ces mêmes quantités. J'exprime cet état du système transformé, en disant qu'il est en *corrélation directe* avec le système primitif.

5. Mais si la transformation est poussée plus loin, il pourra se faire que les formules trouvées pour le système primitif, ne cadrent plus avec son nouvel état, malgré les changemens qu'on pourroit faire aux valeurs absolues des quantités qui entrent dans ces formules ; et que pour parvenir à les adapter au système ainsi transformé, il fût nécessaire de changer aussi le signe de l'une ou de plusieurs de ces quantités. J'exprime ce nouvel état du système transformé, en disant, qu'il est en *corrélation indirecte* avec le système primitif, toujours pris pour terme de comparaison.

6. Cette transformation du systême peut aller plus loin encore. Il peut se faire qu'il ne suffise plus de changer comme ci-dessus le signe d'une ou de plusieurs des quantités qui entrent dans le systême, mais qu'on soit obligé de multiplier ces quantités, ou quelques-unes d'entre elles, par telles ou telles de celles qui sont connues sous le nom de racines imaginaires de l'unité; car nous verrons que la transformation du systême peut être telle, que pour faire cadrer les nouvelles formules avec ce systême ainsi modifié, il soit nécessaire de multiplier telle des quantités qui entrent dans ces formules par $\sqrt{-1}$, telle autre par $\frac{-1+\sqrt{-3}}{2}$, &c. qui sont des racines imaginaires de l'unité. J'exprime ce nouvel état du systême transformé, en disant qu'il est en *corrélation imaginaire* avec le systême primitif.

Mais l'unité pouvant être considérée comme le coëfficient naturel de toute quantité, on voit que ses racines employées en qualité de coëfficiens, peuvent être considérées plutôt comme de simples signes que comme des quantités; car elles ne changent rien à la valeur absolue de ces mêmes quantités; elles ne font que leur imprimer le caractère d'absurdité qu'elles doivent avoir, et qu'on peut faire disparoître par une simple transformation algébrique. Par exemple, $\frac{-1+\sqrt{-3}}{2}a$, qui est une quantité imaginaire, devient a^3 en l'élevant au cube; c'est-à-dire, la même que s'il n'y avoit point eu de coëfficient. L'unité elle-même, qui joue le rôle de coëfficient pour toute espèce de quantités, peut, sous ce rapport, être plutôt considérée comme un signe que comme une quantité. C'est pourquoi dans la suite je comprendrai l'unité et toutes ses racines employées comme coëfficiens, sous la dénomination générale de signes algébriques, aussi bien que + et — qui ne sont eux-mêmes autre chose que les coëfficiens +1 et —1.

J'observerai en passant, à l'égard de ces racines, que le rapport de deux quelconques d'entre elles prises ou non dans le même degré, leur produit, les diverses puissances ou racines quelconques de chacune d'elles, &c., se retrouvent toujours parmi le nombre infini de ces mêmes racines de l'unité. Ainsi, par exemple, le produit de $\sqrt{-1}$, qui est une des racines quatrièmes de l'unité, multiplié par $\frac{-1+\sqrt{-3}}{2}$ qui est une des racines troisièmes, est aussi une des racines de l'unité du douzième ordre, puisqu'en élevant ce produit à la puissance douzième, on retrouve évidemment l'unité.

7. Enfin la transformation du système primitif peut être porté au point, qu'il ne suffise plus pour faire cadrer avec lui les formules du tableau, de changer les signes des quantités simples qui entrent dans sa composition; c'est-à-dire, de multiplier ces quantités, ou quelques-unes d'entre elles, par -1 ou par d'autres racines quelconques de l'unité; mais qu'il soit nécessaire d'opérer ce changement de signes, non sur les quantités simples qui entrent dans ce système, mais sur quelques-unes des fonctions de ces mêmes quantités. J'exprime ce nouvel état du système transformé, en disant qu'il est en *corrélation complexe* avec le système primitif.

8. Malgré toutes ces mutations, chacune des quantités du système transformé ne faisant que changer par dégrés insensibles, conserve toujours son existence réelle et sa correspondante dans le système primitif. L'analogie des deux systêmes subsiste continuellement : l'expression de ces quantités peut bien changer de signe dans les formules; mais leur nombre et la valeur de chacune d'elles demeurent. Or ce sont ces différens systêmes, ou plutôt c'est ce même systême considéré dans ses divers états successifs de transformation, que je nomme *systêmes corrélatifs*, en distinguant, comme je viens de le dire, par des expressions particulières, ses différens degrés plus ou moins éloignés de corrélation.

Il s'agit donc 1°. de former le tableau analytique des rapports qui ont lieu entre les diverses parties du systême primitif, en vertu de telles ou telles relations existantes entre elles. 2°. De former un second tableau qui marque tous les changemens que doit opérer dans les formules de ce premier tableau, la mutation du systême à mesure qu'il s'éloigne de son état primitif. Or tel est l'objet de cet ouvrage. Le titre annonce que j'ai particulièrement en vue le dernier de ces deux tableaux, qui est proprement celui de la corrélation des systêmes : mais comme la formation de celui-ci exige souvent la formation préalable du premier, ou que du moins on en tire un grand secours pour cet objet, et que d'ailleurs la méthode de représenter ainsi par un tableau général toutes les quantités d'un systême fondamental, en valeurs de quelques-unes seulement d'entre elles, me paroît offrir de grands avantages; je m'occuperai également de l'un et de l'autre de ces tableaux. Je développerai dans la première section des principes applicables à toutes les parties des mathématiques : dans les autres, j'en ferai diverses applications à la Géométrie élémentaire et à la théorie des Courbes.

SECTION PREMIÈRE.

Principes généraux.

9. Avant d'entrer en matière, j'établirai une distinction très-importante pour ce que j'ai à dire dans la suite : cette distinction porte sur les mots *valeur* et *quantité*.

Par l'expression de *valeur*, j'entends, en général, toute espèce de fonction algébrique. Ainsi a est une valeur absolue; $+a$, une valeur positive; $-a$, une valeur négative; $\sqrt{-a}$, une valeur imaginaire. Je réserve au contraire le nom de *quantité*, pour désigner uniquement la chose même dont on recherche les propriétés, ou sa valeur absolue, c'est-à-dire, abstraction faite du signe. Ainsi en adoptant cette définition, il n'y a ni quantités positives, ni quantités négatives, ni quantités imaginaires. Toute quantité est un objet réel que l'esprit peut saisir, ou du moins sa représentation dans le calcul d'une manière absolue; au lieu que les valeurs ou fonctions, peuvent n'être que des formes algébriques, des quantités prises collectivement avec leurs signes. Or ces signes indiquent des opérations qui souvent ne sont point exécutables. Par exemple, $-a$, seul, indique qu'il faut retrancher a de o; ce qui est absurde, puisqu'il n'y a rien au-dessous de o.

Ces formes algébriques peuvent, à la vérité, être employées dans le calcul comme véritables quantités; mais ce calcul n'offre de résultats intelligibles, qu'autant que ces formes sont ramenées à des combinaisons qui peignent des objets réels; c'est-à-dire, à des formules ou fonctions dans lesquelles les opérations indiquées peuvent être réellement exécutées. On peut bien, dans un calcul, indiquer la soustraction d'une quantité à retrancher d'une quantité plus petite; mais on ne peut pas l'effectuer. Cependant ce résultat, quoique absurde, étant exprimé algébriquement, peut, par des transformations, conduire à des résultats d'un autre genre, et qui n'indiquent plus que des opérations exécutables sur des quantités effectives. C'est alors seulement que ces résultats sont véritablement significatifs, et qu'on peut les appliquer utilement à l'objet qu'on s'est proposé.

Je suppose, par exemple, que l'expression des conditions d'un problême m'ait amené à cette équation, $x^2-2ax+a^2-b=0$, ou $(x-a)^2=b$; j'en tirerai $x-a=\pm\sqrt{b}$.

Le premier de ces résultats, c'est-à-dire, $x-a=\sqrt{b}$, n'offre rien que de clair à l'esprit; mais le second $x-a=-\sqrt{b}$, est inintelligible, puisque le second membre est une quantité absurde, ou une simple forme algébrique, qui n'exprime rien d'effectif. Cependant par la seule transposition de la quantité a, je rends ce résultat significatif et utile à mon objet, puisqu'il résoud la question que je m'étois proposée, aussi bien que le premier; car alors les deux résultats deviennent l'un $x=a+\sqrt{b}$, et l'autre, $x=a-\sqrt{b}$, lesquels sont également propres à résoudre le problême.

10. Lorsque les propriétés d'un système quelconque de quantités, sont exprimées par des équations ou formules ramenées à cet état primordial dont on vient de parler; c'est-à-dire, tel que toutes les opérations qui s'y trouvent indiquées par les signes, peuvent être réellement effectuées; je l'exprime, en disant que ces formules sont *immédiatement applicables*, au système proposé, et je les nomme *formules explicites* à l'égard de ce système. J'appelle au contraire *formules implicites*, celles qui ne peuvent lui être immédiatement appliquées, sans leur avoir fait préalablement subir quelque transformation.

Ainsi dans l'exemple précédent, $x-a=\sqrt{b}$, $x=a+\sqrt{b}$, $x=a-\sqrt{b}$, sont des formules *explicites*, parce qu'il n'y a dans ces équations aucune opération indiquée qui ne puisse réellement être exécutée; au lieu que l'équation $x-a=-\sqrt{b}$ est seulement *implicite*, parce qu'on ne peut la rendre significative,

sans

sans lui avoir préalablement fait subir une transformation, comme celle de transposer a, ce qui donnera $x=a-\sqrt{b}$, ou celle de changer les signes de tous les termes, ce qui donnera $a-x=\sqrt{b}$, formules qui sont l'une et l'autre *explicites*.

Le but qu'on doit remplir lorsqu'on n'a que des formules implicites, pour en tirer les rapports réels des quantités, est donc de les ramener à des formules explicites, par des transformations convenables, ou l'élimination des valeurs qui n'y représentent pas de véritables quantités.

11. Sous la dénomination générique de *grandeur*, je comprendrai également les véritables quantités, et les formes algébriques que j'ai nommées valeurs. Quelquefois aussi, pour me rapprocher autant que possible des locutions les plus usitées, j'emploierai le mot de quantité pour celui de valeur et réciproquement, mais seulement lorsqu'il ne pourra en résulter aucune équivoque.

12. On a vu par l'exemple rapporté ci-dessus, qu'on ne doit point rejeter comme inutiles les formules implicites ; c'est même proprement l'emploi de ces formules qui fait le caractère de l'analyse, et qui lui donne un si grand avantage sur la synthèse. Celle-ci est restreinte par la nature de ses procédés ; elle ne peut jamais perdre de vue son objet : il faut que cet objet s'offre toujours à l'esprit réel et net, ainsi que tous les rapprochemens et combinaisons qu'on en fait. Elle ne peut donc employer des formules implicites, raisonner sur des quantités absurdes, sur des opérations non exécutables : elle peut bien faire usage des signes, pour aider l'imagination et la mémoire; mais ces signes ne peuvent jamais être pour elle que de simples abréviations.

L'analyse, au contraire, a d'abord tous les moyens de la synthèse, et de plus, elle admet dans ses combinaisons des objets qui n'existent pas; elle les représente par des symboles, aussi bien que ce qui est effectif ; elle mélange les êtres réels avec les êtres de raison ; puis par des transformations méthodiques, elle parvient à éliminer ou chasser ces derniers du calcul, après s'en être servi comme d'auxiliaires. Alors ce qu'il y avoit d'inintelligible dans les formules disparoît, et il ne reste que ce qu'une synthèse subtile auroit sans doute pu faire découvrir : mais ce résultat, on l'a obtenu par une voie plus courte, plus facile, et presque par pur mécanisme, lorsqu'il eût fallu de grands efforts pour y parvenir autrement. Tel est l'avantage de l'analyse sur la synthèse, et par conséquent, celui des modernes sur les anciens.

Les anciens, à la vérité, n'usoient pas même comme abréviations, dans leur synthèse, des signes que les modernes emploient d'une manière plus générale dans l'analyse. Mais cela ne prouve pas que l'usage des signes appartienne exclusivement à celle-ci : cela prouve seulement, que les anciens n'avoient pas même, pour faire les admirables découvertes que nous leur devons, le secours de la synthèse poussée aussi loin qu'on peut la porter. Cependant ils faisoient usage très-habilement de la théorie des proportions, où l'on emploie une sorte de mécanisme très-analogue à celui de l'algèbre; mais ils ne s'en servoient jamais que pour indiquer des opérations exécutables. Les modernes ont franchi le pas, et c'est ce qui constitue le caractère de l'analyse, et produit ses étonnans résultats.

13. Toute autre distinction entre l'analyse et la synthèse me paroît illusoire. La synthèse est, dit-on, l'art de s'élever graduellement des vérités les plus simples aux plus composées par le rapprochement successif et la combinaison des premières; tandis que l'analyse est l'art de décomposer une vérité compliquée en ses principes élémentaires; c'est-à-dire, l'art de vérifier de proche en proche, si une vérité ou proposition éloignée que l'on suppose vraie, s'accorde avec ces principes ou axiômes, et s'en trouve une conséquence nécessaire. Mais il est évident que les raisonnemens à faire dans l'un et l'autre cas, sont toujours les mêmes, pris dans un ordre différent. Ce n'est donc pas une distinction essentielle entre les deux méthodes, et l'on ne voit pas-là ce qui donneroit à l'une un si grand avantage sur l'autre.

Les caractères algébriques ou signes qui sont familiers à l'analyse, tandis que la synthèse n'emploie communément que le langage ordinaire, n'établissent pas par eux-mêmes, ainsi qu'on l'a vu ci-dessus, une différence plus réelle; car dans la synthèse, on emploie souvent ces signes comme de simples abréviations, et l'on ne fait pas pour cela de l'analyse, et réciproquement, une formule analytique traduite en langage ordinaire, ne devient pas pour cela une proposition synthétique. Il est certain qu'on peut faire un très grand usage des signes algébriques, sans jamais sortir de la synthèse, et qu'il n'y a aucune recherche analytique à laquelle on ne puisse parvenir, sans employer un seul de ces mêmes signes : il ne s'agit que de substituer à ces signes un nombre suffisant de paroles.

Il est vrai que la synthèse procède en partant des axiômes, et s'élève par gradation aux vérités complexes. Mais cette marche ne lui est point particulière; c'est, dans tous les cas, la seule qu'il soit possible de tenir, et pour peu qu'on y réfléchisse, on verra que l'analyse n'en suit point d'autre. Elle raisonne bien sur les quantités inconnues comme si elles étoient données; mais c'est que ces quantités, quoique inconnues, ont des propriétés connues, et c'est uniquement à celles-ci que s'attache l'analyse; ce sont ces dernières qu'elle traduit, et dont en procédant toujours du connu à l'inconnu, aussi bien que la synthèse, elle déduit ce qu'elle vouloit découvrir. L'art de procéder de ce qu'on ignore à ce qu'on sait, est une opération interdite à l'intelligence humaine.

C'est de tout temps que les hommes ont cherché à seconder leurs facultés intellectuelles par le secours des symboles, qu'ils ont tâché de se créer une espèce de mémoire artificielle, d'agrandir leur imagination par le rapprochement des objets qui l'avoient frappée, de réduire les règles du raisonnement à une sorte de mécanisme. Cette idée fondamentale ou cet instinct, a été le principe des plus grandes découvertes dans tous les genres : c'est particulièrement celui des sciences exactes, de l'arithmétique, par exemple, qui n'est que l'art de suppléer en partie aux opérations de l'esprit par des opérations matérielles, sur un systême de caractères symboliques ; celui de l'algèbre, qui n'est qu'une espèce d'arithmétique indéterminée, c'est-à-dire, l'art d'indiquer à l'arithmétique numérale les opérations que celle-ci doit exécuter : l'une et l'autre sont des instrumens dont se sert l'analyse ; mais ces instrumens appartiennent également à la synthèse : c'est l'usage différent qu'en font ces deux méthodes qui les caractérise. Par eux, la synthèse exprime tous les rapports possibles d'existence entre les quantités ; mais l'analyse est parvenue, par leur moyen, à exprimer non-seulement tous les rapports d'existence, mais encore tous ceux d'incompatibilité : elle remplit cet objet, en représentant les premiers par l'indication d'opérations possibles ; les autres, par l'indication d'opérations non exécutables.

Qu'on forme la chaîne non interrompue des propositions, depuis l'axiôme jusqu'à une vérité éloignée, il sera facile d'intervertir de bien des manières l'ordre de ces propositions, sans que la série des raisonnemens perde rien de son évidence ; car les seules conditions qu'il y ait à remplir pour cela sont, 1°. que dans chacune de ces propositions on voie clairement l'identité des deux objets comparés ; 2°. que ces deux objets soient repris, l'un dans la proposition précédente, l'autre dans la proposition suivante. Or il est clair qu'il peut y avoir nombre de manières de satisfaire à ces conditions ; et que par conséquent, ce n'est pas le changement d'ordre dans la série de ces propositions qui constitue le changement de la méthode.

Ce qui constitue essentiellement le changement, c'est-à-dire, la différence de la synthèse à l'analyse, est que, la première ne parvient au résultat qu'elle cherche, qu'après avoir, en effet, établi cette chaîne de propositions dont nous venons de parler ; que l'analyse, au contraire, y arrive d'abord par un chemin rapide qui lui est propre, en formant sur sa route une autre chaîne, non d'objets réels comme la précédente, mais de hiéroglyphes, qui le plus souvent ne désignent que des êtres de raison. Une fois qu'elle a saisi la vérité cherchée, qu'elle l'a montrée à la synthèse, la fonction de celle-ci est d'établir sa chaîne d'objets réels : la grande difficulté est levée ; on sait le point où il faut arriver : le point de départ est connu ; il ne s'agit que de tracer la route la plus courte et la plus commode, pour remplir l'intervalle.

Mais cette route une fois établie, n'est ni moins sûre ni moins lumineuse, soit qu'on la parcoure dans un sens, soit qu'on la parcoure dans l'autre ; c'est toujours de la synthèse, comme la route hiéroglyphique dont nous avons parlé, demeure toujours analyse, tant que les objets désignés par ces symboles ne sont point devenus réels et appréhensibles par l'esprit. Dès qu'ils le deviennent, les hiéroglyphes ne sont plus qu'une écriture abrégée, qui ne conserve aucun caractère essentiellement différent de celui de la synthèse : l'une devient l'autre par une simple traduction.

S'il suffisoit d'une écriture abrégée pour faire de l'analyse, la sténographie auroit ce caractère ; ce seroit l'analyse appliquée aux usages ordinaires de la société. Cependant elle n'atteint point ce but ; ses avantages sont, de recueillir les paroles avec la rapidité de l'organe qui les prononce, d'en former un tableau qui les rapproche et les réunisse matériellement sous un même point de vue, et de produire enfin un effet assez approchant de celui des signes algébriques employés comme simples abréviations. Mais pour que la sténographie devînt une science analytique, il faudroit pouvoir lui adapter un mécanisme propre à transformer de toutes les manières possibles le discours qu'elle peint sans en altérer le sens, à en transposer les parties sans en changer la relation, ou du moins les résultats de leurs combinaisons ; alors les règles de ce mécanisme pourroient former une sorte d'analyse applicable à des objets de toute nature.

14. La multiplicité des succès de l'analyse, l'accord constant de ses résultats avec ceux qu'on pouvoit obtenir par la synthèse, et le sceau de l'évidence apposé successivement par celle-ci, à toutes les découvertes de la première, ont mis hors

de doute la certitude de ses procédés. Mais lors des premiers essais de cette méthode d'invention, on dut être fort circonspect, et l'on n'osa mettre au jour les découvertes opérées par son moyen, qu'après les avoir fait passer par l'épreuve de la synthèse. Voilà, je pense, pourquoi Newton ne regardoit ses sublimes travaux comme dignes d'être mis sous les yeux du monde savant, qu'après leur avoir donné la forme synthétique, après les avoir débarrassés des expressions symboliques qui auroient indiqué des quantités absurdes ou des opérations inexécutables; auxiliaires infiniment utiles à celui qui cherche, mais qui ne sauroient satisfaire entièrement celui qui ne souffre aucun nuage : il vouloit, en un mot, qu'après avoir établi la chaîne des vérités hiéroglyphiques, on rétablît la chaîne des vérités sensibles. On est devenu plus hardi à force de succès, et les résultats de l'analyse inspirent aujourd'hui la même confiance que ceux de la plus rigoureuse synthèse.

Si l'analyse n'étoit que l'art de suivre la chaîne des raisonnemens dans le sens opposé à celui qu'on suppose établi par la synthèse, les modernes ne pourroient s'en attribuer l'invention; car cette marche a été connue des anciens, pratiquée et formellement définie par eux : ils en attribuoient la découverte à Platon, et la réduction à l'absurde qu'ils employoient souvent dans leurs démonstrations, étoit regardée comme une application de cette méthode. Le livre des *Principes* de Newton contient une multitude de recherches faites par ce même procédé. Cependant on cite, avec raison, cet ouvrage comme un chef-d'œuvre de synthèse ; c'est qu'en effet il en a le véritable caractère; que les signes algébriques n'y sont employés que comme abréviations, et qu'on n'y rencontre jamais ni quantités négatives isolées, ni quantités imaginaires (1). Or c'est l'emploi de ces formes algébriques qui constitue véritablement la méthode analytique; c'est

---

(1) Dans tout le livre des *Principes*, je n'ai pas remarqué une seule quantité imaginaire ; il s'en rencontre quatre ou cinq de formes négatives, amenées pour la simplification des calculs.

entre les symboles qui peignent des objets réels, et ceux qui n'expriment que des êtres de raison, qu'est le passage de la synthèse à l'analyse, la ligne de démarcation qui existe entre elles : c'est-là que l'on change de guide, et que l'imagination perd son objet de vue, pour ne la retrouver qu'à l'extrémité de la chaîne où les deux méthodes se réunissent de nouveau, et se confondent dans leurs résultats.

15. La synthèse ne s'applique point exclusivement aux mathématiques : c'est en général l'art de raisonner avec justesse, quel que puisse être le sujet de l'argumentation. Elle ne diffère point de ce qu'on nomme dialectique : l'une et l'autre ne sont que la méthode de changer la forme d'un argument, sans changer l'argument lui-même, soit en transposant ses parties, soit en substituant à une expression ou passage clair de cet argument, un autre passage équivalent. C'est cette série de transformations appliquée rigoureusement au raisonnement en général, qu'il soit exprimé par des signes ou par le langage ordinaire, qu'on nomme synthèse ou dialectique. L'analyse prise généralement en diffère, en ce que la série des transformations s'opère sur des parties du discours tronquées et inintelligibles isolément prises, mais qui subordonnées comme les autres au mécanisme de l'argumentation, peuvent ramener par une nouvelle série de transformations, à des résultats clairs et précis, aussi bien que ceux qui ont été amenés par la synthèse. Je ne pense pas qu'il soit impossible d'appliquer ce mécanisme analytique à des objets même considérés comme absolument étrangers à ceux qu'on traite en mathématiques ; mais cette application doit devenir d'autant plus difficile, que les rapports existans entre ces objets sont moins susceptibles d'une évaluation précise, d'une échelle exacte de comparaison. Or la plupart des questions traitées, non-seulement dans le commerce de la société, mais même dans les ouvrages scientifiques, qui semblent donner plus de prise à l'exactitude du raisonnement, tels que ceux d'économie politique, tenant en partie au moral des

hommes, aux conjectures, aux faits vagues, à des accessoires très-multipliés; il est peu de circonstances où la science analytique proprement dite, puisse trouver son application. Cependant je ne doute pas qu'on ne parvienne à étendre beaucoup son domaine, en cherchant les règles du mécanisme qu'on pourroit appliquer aux discussions exactes, et particulièrement à l'écriture sténographique.

16. Cette digression, trop étendue peut-être, n'est cependant point étrangère au sujet que je traite; car c'est précisément à justifier cet emploi que fait l'analyse des quantités absurdes en elles-mêmes, qu'il paroît nécessaire de s'appliquer: c'est à faire voir comment ces quantités absurdes en indiquent d'autres qui sont réelles, et comment les signes qui les affectent font reconnoître les relations diverses, les positions respectives qu'elles doivent avoir. Cet ouvrage est un essai sur ces sortes de questions.

17. Ce qui fait en général qu'une opération indiquée ne sauroit s'exécuter, c'est l'emploi des quantités dites négatives prises isolément; c'est-à-dire des quantités à retrancher de o, ou de quantités moindres qu'elles; c'est donc, à proprement parler, un examen de la nature des grandeurs dites *positives* et *négatives* que nous avons à faire.

18. Concevons donc d'abord un système variable de quantités quelconques tirées ou non de la géométrie, et considérons ce système dans deux états différens; l'un que je prends pour terme de comparaison, et que je nomme *système primitif;* l'autre que je rapporte au premier, et que je nomme *système transformé* ou *corrélatif.*

19. Regardons chacune des quantités qui composent le système primitif, comme la limite de sa correspondante dans le système transformé, c'est-à-dire, comme sa première valeur, lorsque le système commence à passer de son état primitif à son

état

état de transformation, ou si l'on veut, comme sa dernière valeur, en supposant que le système transformé revienne à son état primitif. Il est clair que si l'on compare entre elles, deux des quantités du système transformé pour en connoître le rapport, ce rapport aura de même pour limite ou pour première ou dernière valeur, le rapport des limites de ces mêmes quantités; et c'est ce rapport des limites ou cette limite du rapport des deux quantités du système transformé, qu'on nomme première ou dernière raison de ces mêmes quantités.

L'état de transformation du système n'étant pas encore déterminé, si l'on prend la différence de chacune des quantités qui le composent à sa limite, ces différences sont ce que l'on désigne sous le nom *d'infiniment petits;* c'est-à-dire, qu'on nomme *infiniment petite* la différence d'une quantité quelconque indéterminée à sa limite, parce qu'en effet on peut rendre simultanément ces différences aussi petites qu'on veut, attendu qu'on peut rapprocher autant qu'on veut le système transformé du système primitif, et faire même évanouir toutes ensemble ces quantités, en poussant le rapprochement des deux systèmes jusqu'à leur coïncidence.

On voit donc que la limite de chacune de ces quantités appelées infiniment petites, est zéro : ainsi on peut les définir, en disant qu'*on nomme infiniment petite toute quantité qui a zéro pour limite.* Cette définition est rigoureusement exacte. Une quantité infiniment petite n'est point une quantité nulle, mais une quantité dont la limite est nulle, et cette simple notion fait disparoître toute la difficulté des principes de l'analyse infinitésimale.

En effet, nous avons dit ci-dessus, que la dernière raison de deux quantités variables, n'est autre chose que le rapport de leurs limites. Cela se conçoit parfaitement tant que ces limites ne sont pas o; c'est-à-dire, tant que les variables comparées ne sont pas de celles qu'on nomme infiniment petites; mais dans ce dernier cas, le rapport des limites se réduisant à $\frac{0}{0}$, la dernière raison de ces quantités prend, comme l'on voit, une forme indéterminée. Or quelle est la valeur de cette indéterminée? Voilà le point de la difficulté de l'analyse infinitésimale; mais cette difficulté cesse de suite, si l'on considère que cette dernière raison n'étant autre chose que le terme dont se rapproche de plus en plus le rapport de ces mêmes quantités, a mesure que le système transformé approche de sa coïncidence avec le système primitif, sa valeur lui est assignée par la loi de continuité, et qu'ainsi elle sort de son état d'indétermination.

20. Si dans une équation rigoureusement exacte, des quantités infiniment petites se trouvent mêlées avec d'autres quelconques qui ne le soient pas, et qu'on puisse réduire cette équation à deux termes dont le rapport soit lui-même une quantité infiniment petite. La méthode des indéterminées prouve que chacun des termes en particulier est nécessairement égal à o; car si l'on suppose que $X+Y=o$ soit cette équation exacte, et que $\frac{Y}{X}$ soit une quantité infiniment petite, je dis qu'il faut nécessairement que X et Y soient chacune en particulier égales à zéro. En effet, supposons que X ne fût pas o, je divise tout par X, et j'ai $1+\frac{Y}{X}=o$; mais par hypothèse $\frac{Y}{X}$ est une quantité infiniment petite; c'est-à-dire, qu'en rapprochant le système transformé du système primitif, on peut rendre $\frac{Y}{X}$ aussi petite qu'on le veut; donc si X n'est pas o, on pourra faire que 1 diffère aussi peu qu'on voudra de o; ce qui est absurde. Donc on a véritablement $X=o$, équation qui, retranchée de l'équation pareillement exacte par hypothèse $X+Y=o$, donne $Y=o$. Donc X et Y sont chacune en particulier, égales à o; et comme Y est aussi par hypothèse la réunion de tous les termes dont le rapport à X a été supposé infiniment petit, il suit qu'on peut négliger tous ces termes, pour ne laisser subsister que l'équation $X=o$. Et tel est le principe de l'analyse infinitésimale, qui, comme on le voit, n'est qu'une application de la méthode des indéterminées.

Ayant voulu suivre les variations du systême transformé depuis le moment où il se détache du systême primitif, j'ai dû jeter un coup-d'œil sur l'état d'indétermination où il demeure, jusqu'à ce que le calculateur ait changé ses premières limites; c'est-à-dire, jusqu'à ce qu'il lui ait assigné un autre état quelconque déterminé; mais il faudroit plus d'étendue pour développer convenablement les notions précédentes. J'ai tâché de le faire dans un autre ouvrage qui a été imprimé sous le titre de *Réflexions sur la métaphysique du calcul infinitésimal*, et qui doit par conséquent être regardé comme faisant partie de celui-ci. Je reprends donc la suite de l'article 18.

21. Au lieu de considérer, comme je viens de le faire, la différence de chacune des quantités du systême transformé à sa limite, je considère celle de deux quelconques des quantités du systême transformé entre elles, et je la compare avec celle des limites correspondantes de ces mêmes quantités. Cela posé :

La différence de deux quelconques des quantités du systême transformé, sera dite *en sens direct* ou simplement *directe*, lorsqu'en comparant ces deux quantités à leurs correspondantes dans le systême primitif, il arrive que celle des deux, qui est la plus grande dans le systême transformé, correspond, pendant tout le changement qui s'opère, à celle qui étoit aussi la plus grande dans le systême primitif, et la plus petite de l'une à la plus petite de l'autre, sans qu'aucune des deux ait cessé d'être finie; c'est-à-dire, sans qu'elle ait passé ni par o, ni par $\frac{1}{0}$ ou ∞.

Si au contraire celle qui étoit la plus grande dans le systême primitif, est devenue la plus petite dans le systême transformé et réciproquement, tandis que ces deux variables seront constamment demeurées finies l'une et l'autre; c'est-à-dire, n'ayant passé ni par o, ni par ∞, leur différence sera dite *en sens inverse* ou simplement *inverse*.

Quant aux quantités même dont la différence est dite *en sens direct*, on dira qu'elles sont respectivement demeurées *en ordre direct ;* et lorsque cette différence deviendra *inverse,* ou se trouvera *en sens inverse,* on dira de ces quantités dont elle est la différence, qu'elles ont passé *à l'ordre inverse.* Ainsi on nomme *directes,* les différences des quantités qui demeurent constamment *en ordre direct* l'une à l'égard de l'autre pendant la mutation du système, et *inverses,* les différences de celles qui passent *à l'ordre inverse* l'une à l'égard de l'autre, par l'effet de cette mutation, sans cependant que ni l'une ni l'autre ait cessé d'être finie, c'est-à-dire, sans qu'elle ait passé ni par o, ni par ∞.

Mais on ne doit pas oublier, que d'après les notions données ci-dessus, il ne s'agit jamais, dans ces définitions, que de véritables *quantités,* et non de ce que j'ai appelé *valeurs.* Ainsi, les différences en question ne peuvent être entendues que de l'excès de celle des quantités qui est intrinsèquement la plus grande sur celle qui est intrinsèquement la plus petite, et abstraction faite des signes; et que par conséquent ces différences ellesmêmes sont toujours de véritables quantités.

Soit pris pour exemple un triangle ABC (fig. 1) sur la base $\overline{BC}$ duquel soit abaissée de l'angle opposé A une perpendiculaire $\overline{AD}$, que je suppose tomber entre les points B, C; considérons la base $\overline{BC}$ avec ses deux segmens $\overline{BD}$, $\overline{CD}$, et concevons que le point C se meuve vers le point B, jusqu'à ce qu'il ait passé le point D. La base $\overline{BC}$ est donc variable, ainsi que le segment $\overline{CD}$, tandis que l'autre segment $\overline{BD}$ est constant.

Cela posé, prenons pour terme de comparaison la figure primitive, composée du triangle ABC, et de la perpendiculaire $\overline{AD}$, et pour système transformé, cette même figure après que le point C se sera rapproché du point D, sans cependant être arrivé jusqu'à lui : il est évident qu'alors, tant dans le système primitif que dans le système transformé, on aura constamment $\overline{BC} > \overline{BD}$, et que de plus, ces quantités seront demeurées finies pendant toute la mutation : donc ces quantités sont de celles que j'ai appelées *en ordre direct;* et leur différence $\overline{CD}$ est de celles que j'ai nommées *en sens direct* ou simplement *directes*.

Prenons ensuite pour système transformé, la même figure considérée lorsque le point C a passé au-delà du point D, le système primitif servant toujours de terme de comparaison. Il est clair qu'on aura alors $\overline{BD} > \overline{BC}$. Donc d'après les notions données ci-dessus, ces deux quantités ont passé à l'ordre inverse, et leur différence $\overline{CD}$ se trouve de celles que j'ai nommées *inverses* ou *en sens inverse ;* c'est-à-dire, en sens inverse de ce qu'elles étoient dans la figure primitive, toujours prise pour terme de comparaison.

Lors donc qu'on dit de deux quantités, qu'elles sont *en ordre direct* ou *en ordre inverse*, ou d'une quantité, qu'elle est directe ou inverse ; c'est par-là même rapporter, au moins tacitement, le système auquel appartiennent ces quantités, à un autre système pris pour terme de comparaison, ou pour système primitif, sans qu'il soit nécessaire de l'énoncer expressément.

23. Conformément aux premières notions déjà données (2 et suiv.), j'appellerai *systêmes corrélatifs* tous ceux qu'on peut rapporter à un même *système primitif ;* c'est-à-dire tous ceux qu'on peut considérer comme les différens états d'un même système variable qui se transforme par degrés insensibles.

Pour que deux systêmes soient corrélatifs, il n'est pas nécessaire qu'ils soient liés de fait entre eux ; c'est-à-dire, qu'ils soient réellement les diverses transformations d'un même système primitif : il suffit qu'ils puissent être considérés comme tels, ou ramenés l'un à l'autre au moyen d'une mutation que l'on imagineroit s'opérer par degrés insensibles. Les quantités qui se correspondent dans les deux systêmes corrélatifs, sont pareillement nommées *quantités corrélatives*.

Si deux systêmes corrélatifs de quantités sont tels, qu'on puisse leur appliquer exactement un même raisonnement, ou une série de raisonnemens absolument semblables, je dirai, eu égard à cette même série de raisonnemens qu'ils sont entre eux, *en corrélation directe* ou *directement corrélatifs*. D'où il suit évidemment, que si le résultat de ces raisonnemens est pour l'un de ces systêmes une certaine formule qui lui soit immédiatement applicable, cette même formule sera aussi immédiatement applicable à l'autre systême ; c'est-à-dire, que pour appliquer à celui-ci la formule trouvée pour le premier, il n'y aura d'autre changement à faire, que d'y substituer à la place des valeurs qui y entrent, les valeurs correspondantes de l'autre systême sans aucun changement dans les signes de la formule ; ce qui s'accorde avec la notion déjà donnée (4).

Mais si les raisonnemens à faire sur les deux systêmes comparés cessent d'être littéralement les mêmes, je dirai qu'ils sont entre eux en corrélation *indirecte, imaginaire*, ou *complexe*, suivant les modifications plus ou moins sensibles qu'on seroit obligé de faire subir aux signes des formules qui expriment les propriétés du systême primitif, pour les rendre applicables au systême transformé (5 et suiv.).

Par exemple, dans le systême primitif ABCD déjà considéré (fig. 1re), je puis faire ce raisonnement : le triangle ABD donne.................................. $\overline{AB}^2 = \overline{BD}^2 + \overline{AD}^2$,
et le triangle ACD donne .... $\overline{AC}^2 = \overline{CD}^2 + \overline{AD}^2$,
ôtant cette seconde équation de la première, il reste

$$\overline{AB}^2 - \overline{AC}^2 = \overline{BD}^2 - \overline{CD}^2;$$

de plus, on a .... $\overline{BD} = \overline{BC} - \overline{CD}$.
Substituant cette valeur de $\overline{BD}$ dans l'équation précédente, on aura.................... $\overline{AB}^2 - \overline{AC}^2 = \overline{BC}^2 - 2\overline{BC}.\overline{CD}$.

Il est clair que ce raisonnement est applicable, littéralement et dans son entier, au systême transformé, tant que le point D est placé entre B et C ; donc la formule précédente est immédiatement applicable à tous les cas, tant que $\overline{CD}$ sera en sens direct.

Mais lorsque C aura passé le point D, la première partie seule du raisonnement (*jusqu'à ces mots*, de plus &c.) aura encore lieu. La seconde, au contraire, ne pourra s'appliquer au nouveau cas, puisqu'on n'aura plus, comme précédemment,

$\overline{CD} = \overline{BC} - \overline{BD}$; mais au contraire, $\overline{CD} = \overline{BD} - \overline{BC}$; c'est-à-dire, que $\overline{CD}$ sera devenu inverse (22) : aussi l'équation finale sera-t-elle pour ce cas ...... $\overline{AB}^2 - \overline{AC}^2 = \overline{BC}^2 + 2\overline{BC}.\overline{CD}$, laquelle diffère de celle trouvée pour le premier cas, par le signe qui affecte le dernier terme; ce signe étant — pour le premier cas, et + pour le second.

24. Voyons donc ce qui a lieu en général, d'abord tant qu'il n'entre dans les formules qui expriment les propriétés du système que des quantités directes, et ensuite ce qui arrive, lorsque la mutation du système exige qu'on y introduise une ou plusieurs quantités inverses, afin qu'elles continuent à lui être immédiatement applicables.

Soient M, N, deux quelconques des quantités du système primitif; m, n, les quantités correspondantes du second système. Cela posé, d'après la définition, tant que les deux systèmes demeureront directement corrélatifs, m, n joueront dans les formules de ce second système, le même rôle exactement que leurs correspondantes M, N dans le premier.

De plus, en supposant $M > N$ par exemple, si l'on a pareillement $m > n$, ces dernières quantités seront *en ordre direct*, et leur différence $m - n$, *en sens direct*; c'est-à-dire, que si l'on nomme P la différence des deux premières M, N, et p la différence des deux dernières m, n, cette quantité p sera une quantité *directe*.

Or puisque $M > N$, et $m > n$, nous aurons

$$P = M - N \text{ et } p = m - n$$

ou

$$M = N + P \text{ et } m = n + p.$$

Substituons dans les formules dont nous venons de parler, ces valeurs respectives de M et m; il est clair que ces formules qui étoient semblables avant la transformation, le seront encore après, puisqu'à la place des quantités correspondantes M, m, qui y jouoient le même rôle, on y aura substitué des valeurs $N+P$, $n+p$, qui sont encore de mêmes formes.

Donc tant qu'il n'entrera dans le calcul que des quantités

directes, les formules correspondantes dans le système primitif et dans le système transformé, resteront semblables entre elles, parce qu'en effet les nouveaux raisonnemens qu'on aura ajoutés aux premiers, c'est-à-dire, à ceux qui avoient fait trouver les formules, auront encore été exactement les mêmes de part et d'autre.

Voyons maintenant ce qui arrivera, s'il doit entrer dans la formule une quantité inverse.

Supposons donc qu'ayant toujours $M>N$, on ait au contraire $n>m$, c'est-à-dire, que ces dernières soient en ordre inverse à l'égard des premières, leur différence p ne sera donc plus $m-n$ comme auparavant, mais $n-m$; c'est-à-dire, qu'on aura pour ce cas d'une part, $P=M-N$, et de l'autre $p=n-m$, ou $M=N+P$ et $m=n-p$.

Substituons ces valeurs respectives de M, m, dans les formules correspondantes jusqu'alors semblables pour les deux systêmes, elles cesseront de l'être après cette substitution; car dans l'une, on aura mis $N+P$ à la place de M, et dans l'autre, $n-p$ à la place de m : il y aura donc cette différence entre les nouvelles formules, que les valeurs des quantités P, p, s'y trouveront affectées de signes contraires. Donc, pour passer des formules du systême primitif à celles du systême transformé, il ne suffira plus, comme auparavant, de substituer dans les premières, aux valeurs absolues qui y entrent, les valeurs absolues correspondantes de l'autre systême; il faudra de plus, changer le signe de la quantité p devenue inverse.

Et comme on peut appliquer le même raisonnement à toutes les autres quantités devenues pareillement inverses, il est clair qu'on peut établir ce principe général.

25. *Pour rendre les formules d'un systême quelconque de quantités applicables à un autre systême qui lui soit indirectement corrélatif, il faut 1°. établir la corrélation des valeurs absolues, en substituant pour chacune de celles qui appartiennent au systême primitif, pris pour terme de comparaison, la valeur*

valeur absolue qui lui correspond dans l'autre système ; 2°. établir la corrélation des signes, en changeant dans les formules le signe de chacune des quantités qui se trouvent en sens inverse dans le second système, et laissant au contraire à chacune des autres, le signe qu'a sa correspondante dans le système primitif.

Concluons de-là que les signes + et — ont véritablement deux fonctions très-différentes dans le calcul; la première, d'indiquer l'addition ou la soustraction; la seconde, d'exprimer les mutations successives qui arrivent dans un système variable, et les divers degrés de conformité ou de non-conformité qu'il conserve dans ces différens états de transformation avec son premier état.

Ces deux fonctions ont lieu simultanément comme conséquences l'une de l'autre, et non en vertu de conventions distinctes. Si c'étoit comme on le suppose souvent, en vertu de conventions distinctes, il faudroit prouver que ces conventions n'ont rien d'incompatible entre elles, et qu'elles doivent conduire aux mêmes règles pour la combinaison des signes dans les opérations algébriques. Mais puisqu'elles sont, comme on vient de voir, suite nécessaire l'une de l'autre, l'identité des règles qui en dérivent en résulte évidemment.

26. Le nouveau signe que reçoit ainsi chaque valeur sera nommé son *signe de corrélation*, et cette quantité prise collectivement avec son signe de corrélation, sera nommée *sa valeur de corrélation.* Ainsi, en supposant que P soit la valeur absolue de l'une quelconque des quantités du système primitif, p la valeur absolue de la quantité correspondante dans le système transformé; si cette dernière quantité est inverse, — sera son signe de corrélation, et $-p$, sa valeur de corrélation.

27. Puisque d'après ces définitions, le signe de corrélation d'une quantité quelconque est celui qu'elle doit prendre, lorsqu'on veut rendre applicables au système indirectement corrélatif dont elle fait partie, les formules du système primitif, il suit évidemment du principe démontré ci-dessus, que toute

quantité qui reste directe dans ce système indirectement corrélatif a + pour signe de corrélation, et que réciproquement toute quantité du système indirectement corrélatif qui a + pour signe de corrélation, reste directe. Que pareillement toute quantité qui devient inverse dans le système indirectement corrélatif a — pour signe de corrélation, et que réciproquement, toute quantité du système indirectement corrélatif qui a — pour signe de corrélation, devient inverse.

Supposons, par exemple, que a étant une quantité constante, ou plus généralement une quantité directe, et x, une variable, on vienne à découvrir que ce qui étoit $a+x$ dans le système primitif devient $a-x$ dans le système transformé, sans qu'aucune autre quantité ait passé ni par o ni par ∞; on en conclura que x est devenue inverse, puisqu'elle a changé de signe dans une fonction où il n'entre d'ailleurs que des quantités qui n'en ont pas changé elles-mêmes; car si l'on fait pour le système primitif, $a+x=q$, cette équation deviendra par hypothèse, pour le système transformé, $a-x=q$; donc on aura pour le premier cas $x=q-a$, et pour le second, au contraire, $x=a-q$; donc a et q ont passé à l'ordre inverse; donc leur différence x est devenue inverse. Il en seroit de même, si ce qui étoit $a-x$ dans le système primitif, devenoit $a+x$ dans le système transformé.

Pareillement, dans un calcul quelconque, pour s'assurer si une variable x doit rester directe ou devenir inverse, il suffit de considérer ce que devient une fonction quelconque où x se trouve mêlée avec d'autres quantités toutes restées directes. Si dans cette fonction, on découvre que ni la variable, ni aucune des autres ne doit changer de signe; c'est une preuve que cette variable est aussi restée directe. Mais si l'on trouve que les autres devant toutes conserver leurs signes dans la fonction, la variable seule en doit changer, c'est une preuve qu'elle devient inverse; car si l'on représente cette fonction par X et qu'ayant fait $X=Q$, on tire de cette équation la valeur de x comme inconnue, elle aura pour les deux systèmes la même forme, si elle n'a pas changé de signe ; mais si son signe a changé, il faudra évidemment, pour obtenir le même résultat, le changer de nouveau : donc dans le premier cas, x sera restée directe, et dans le second, elle sera devenue inverse.

En général, pour reconnoître par les changemens qui surviennent aux signes des valeurs que prennent les diverses quantités dans le système transformé, si ces quantités restent directes ou deviennent inverses, il est clair, d'après ce qui a été dit (25), qu'il faut suivre la même règle que celle qui est établie en algèbre pour la combinaison des signes ; c'est-à-dire, que la somme de deux quantités restées directes chacune, doit rester elle-même directe ; que la somme de deux quantités inverses est elle-même inverse ; que celle d'une quantité directe et d'une quantité inverse, est elle-même directe ou inverse, suivant que la première est la plus grande ou la plus petite des deux ; que le produit de deux quantités, l'une et l'autre directes, ou l'une et l'autre inverses, est toujours lui-même direct, de même que leur quotient ; et qu'au contraire, celui d'une quantité directe par une quantité inverse, est lui-même toujours inverse.

Cela peut aussi se démontrer directement pour chaque cas particulier. Je suppose, par exemple, que p, q, soient deux quantités inverses ; je dis que $p\,q$ est une quantité directe. En effet, d'après les définitions, si l'on suppose que p, q, soient P, Q, au système primitif, il faudra que P soit la différence $M-N$ de deux quantités, dont la plus grande M devienne la plus petite au système transformé ; c'est-à-dire, que $p=n-m$ en supposant que m, n correspondent à M, N. Pareillement, il faudra que Q étant $M'-N'$ au système primitif, devienne $n'-m'$ au système transformé, en supposant que m', n' correspondent à M', N'. Il s'agit donc de prouver que $(n-m)\,(n'-m')$ ou $(mm'+nn')-(nm'+mn')$, est une quantité directe. Or cette quantité correspond à $(M-N)\,(M'-N')$ ou $(MM'+NN')-(NM'+MN')$; mais puisque, $M>N$, $M'>N'$, $n>m$, $n'>m'$, il est clair que $(M-N)\,(M'-N')$ et $(n-m)\,(n'-m')$ sont de véritables quantités ; donc $(MM'+NN')>(NM'+MN')$ et $(mm'+nn')$

$>(nm'+mn')$. Donc ces deux dernières quantités sont dans le même ordre au systême transformé, que leurs correspondantes au systême primitif; donc leur différence est une quantité directe; mais cette difference est $(n-m)$ $(n'-m')$ ou $p\times q$, donc pq est une quantité directe : ce qu'il falloit prouver.

28. Lorsque dans deux systêmes qui sont corrélatifs à un même systême primitif, il arrive que deux quantités correspondantes ont le même signe de corrélation, nous disons que ces quantités sont *entre elles en corrélation directe*, quand même ce signe de corrélation seroit —; c'est-à-dire, quand même chacune de ces quantités se trouveroit en corrélation inverse avec sa correspondante dans le systême primitif; parce que si l'on prenoit, comme on en est toujours le maître, l'un de ces nouveaux systêmes pour terme de comparaison, le signe de corrélation de la quantité appartenante à l'autre redeviendroit +: car les deux quantités correspondantes en question, sont bien l'une et l'autre inverses, à l'égard du systême pris actuellement pour terme de comparaison; mais elles sont en sens direct l'une à l'égard de l'autre.

29. Si deux systêmes corrélatifs sont regardés comme un seul et même systême variable dans deux positions différentes, tel que seroit, par exemple, le systême des coordonnées d'une même courbe : les quantités corrélatives étant alors représentées par les mêmes lettres; par exemple, les abscisses par x, et les appliquées par y : le premier objet du principe énoncé cidessus (25) se trouvant rempli; il n'y auroit plus pour rendre applicables à l'un des systêmes les formules trouvées pour l'autre, qu'à remplir le second objet, c'est-à-dire, à établir la corrélation des signes. Donc :

Pour rendre applicables à un systême de variables, lorsqu'il est parvenu à une situation quelconque déterminée, les formules trouvées pour une autre situation quelconque indirectement corrélative avec l'autre, il suffit d'y changer le signe de chacune des variables, qui par la mutation du systême sont devenues inverses.

30. Mais comme il est indifférent pour le résultat, de changer le signe d'une quantité quelconque, au commencement, au milieu ou à la fin; on pourra, comme c'est l'usage pour l'uniformité et la simplicité des calculs, n'employer pour le systême considéré dans toutes les positions possibles, que les seules formules du systême pris pour terme de comparaison; c'est-à-dire, sur lequel les raisonnemens ont été établis, pourvu que dans les applications qui en seront faites, on change le signe des quantités, qui dans chaque cas particulier se trouveront en sens inverse.

31. Lorsqu'on a opéré, comme on vient de le dire, le changement des signes, les formules deviennent propres au systême transformé; c'est-à-dire, identiques, avec celles qu'on auroit trouvées en établissant le raisonnement sur ce systême transformé lui-même, au lieu de l'établir sur le systême primitif. Nous pouvons donc nous résumer ainsi :

1°. *Dans les formules qui sont immédiatement applicables à un systême quelconque, les signes + et — n'indiquent jamais que des opérations exécutables sur les quantités absolues dont ils affectent les valeurs.*

2°. *Il n'y a aucun changement de signes à opérer dans les formules du systême primitif, pour les rendre immédiatement applicables à tous ceux qui sont avec lui en corrélation directe.*

3°. *Pour que les formules du systême primitif puissent devenir immédiatement applicables à un autre systême quelconque qui lui soit indirectement corrélatif, il faut changer dans ces formules le signe de chacune des quantités qui deviennent inverses dans ce systême indirectement corrélatif.*

32. On voit par-là, qu'ayant des formules immédiatement applicables à un systême quelconque de quantités, si l'on vient à changer le signe de l'une ou de plusieurs des quantités qui y entrent, ces formules pourront cesser d'être immédiatement

applicables à ce même systême, et que pour trouver celui pour lequel elles sont devenues explicites, il faut, parmi tous les systêmes indirectement corrélatifs possibles, chercher celui auquel satisfont les changemens opérés dans les signes, pour qu'ils n'indiquent plus dans les formules que des opérations exécutables.

Réciproquement, si ayant un systême quelconque, on lui fait éprouver divers changemens par mutation insensible, il faudra, pour trouver les formules qui lui sont immédiatement applicables dans son nouvel état, changer de toutes les manières possibles, les signes des quantités qui entrent dans la composition du systême primitif, et voir parmi tous ces changemens de signes, quels sont ceux qui peuvent satisfaire à la transformation du systême.

33. Mais il pourroit se faire qu'aucun changement de $+$ en $-$, opéré sur les signes des quantités qui entrent dans les formules du systême primitif, ne pût satisfaire à la transformation opérée dans ce systême; et qu'il fallût changer les signes ou quelques-uns d'entre eux de $+$ en $\sqrt{-1}$ ou autres racines imaginaires de l'unité. Dans ce cas, le systême transformé ne seroit plus ni directement, ni indirectement corrélatif avec le premier; et par conséquent, les principes donnés ci-dessus n'auroient plus leur application, parce qu'ils sont établis sur l'hypothèse, que les deux systêmes comparés sont en corrélation, soit directe, soit au moins indirecte. Mais le nouveau systême conserveroit encore avec le systême primitif, une sorte d'analogie que j'ai désignée sous le nom de corrélation imaginaire, et dont je parlerai avec détail plus loin.

34. Puisque pour rendre les formules d'un systême primitif, immédiatement applicables à un systême indirectement corrélatif, où il n'entreroit qu'une quantité inverse, il seroit nécessaire d'en changer le signe; il suit que réciproquement, si prenant pour inconnue dans ces formules, cette quantité devenue inverse, on en tire la valeur; ce qu'on obtiendra en résolvant l'équation ne sera pas la valeur même cherchée; mais cette

même valeur affectée du signe négatif : car n'ayant pas changé le signe de cette quantité dans les formules primitives, il faut absolument le changer dans le résultat, pour qu'il soit exact; c'est-à-dire, applicable au système transformé.

35. En supposant donc, qu'on ignorât d'abord si la quantité cherchée étoit directe ou inverse, on en conclura qu'elle est inverse, puisque sa valeur est négative (27), c'est-à-dire, que le système auquel elle appartient n'a avec le système primitif qu'une corrélation indirecte, et que pour connoître ce nouveau système, il faut parmi tous les systêmes corrélatifs possibles, chercher celui auquel pourront satisfaire les formules du système primitif, après qu'on y aura changé le signe de la quantité reconnue inverse.

36. Par conséquent, si en résolvant un problème on trouvoit pour l'inconnue une valeur négative, ce seroit une preuve, ou que le problème ne seroit pas soluble tel qu'il a été proposé, et qu'il faudroit, pour le rendre tel, en modifier l'énoncé; ou que ce problême n'auroit pas été mis exactement en équations, parce qu'on auroit supposé le systême autre qu'il n'est réellement, c'est-à-dire, qu'on auroit pris au lieu de systême sur lequel le raisonnement doit être établi, un autre systême qui n'auroit avec le premier qu'une corrélation indirecte; que pour rectifier ces équations et trouver le véritable systême auquel se rapporte la question si elle est soluble, il faut, dans toutes celles par lesquelles on est parvenu au résultat trouvé, et dans ce résultat lui-même, changer le signe de l'inconnue, et voir quel est le nouveau systême auquel ces équations et ce résultat deviennent immédiatement applicables; car c'est sur ces nouveaux systêmes que les raisonnemens devront être établis; c'est à lui que se rapporteront les équations ainsi rectifiées, et c'est par conséquent ce systême et ces équations rectifiées qui donneront la solution du problême.

Soit proposé par exemple, de trouver le segment $\overline{CD}$ dans le triangle ABC (fig. 1) en supposant les trois côtés connus, et tels qu'on ait $\overline{AC}=\overline{BC}=\frac{2}{3}\overline{AB}$.

Comme nous ignorons encore, si le point C doit se trouver placé entre B et D, ou si c'est le point D qui doit se trouver entre B et C, établissons d'abord le calcul sur cette dernière hypothèse.

Nous aurons (23) $\overline{AB}^2-\overline{AC}^2=\overline{BD}^2-\overline{CD}^2$.

De plus, puisque nous raisonnons dans l'hypothèse que D tombe entre B et C, nous aurons aussi $\overline{BD}=\overline{BC}-\overline{CD}$, ou $\overline{BD}^2=\overline{BC}^2+\overline{CD}^2-2\overline{BC}.\overline{CD}$. Substituant cette valeur de $\overline{BD}^2$ dans l'équation ci-dessus, on aura l'équation $\overline{AB}^2-\overline{AC}^2=\overline{BC}^2-2\overline{BC}.\overline{CD}$, qui, à cause de $\overline{AC}=\overline{BC}=\frac{2}{3}\overline{AB}$, donne en réduisant $\overline{CD}=-\frac{1}{12}\overline{AB}$.

C'est-à-dire, que le calcul donne pour l'inconnue $\overline{CD}$ une valeur négative. Donc le problême, s'il est soluble, n'a pas été mis exactement en équation, parce qu'on aura établi le raisonnement sur un systême autre qu'il n'est réellement; c'est-à-dire, sur un systême qui ne peut pas s'accorder avec les conditions proposées. Il faut donc rectifier ce systême et les équations qui nous ont conduits au résultat trouvé; en changeant dans ces équations et ce résultat, le signe de $\overline{CD}$, et cherchant quel nouveau systême pourra satisfaire à ce changement.

Or par ce changement, l'équation qui étoit $\overline{BD}=\overline{BC}-\overline{CD}$, devient $\overline{BD}=\overline{BC}+\overline{CD}$, laquelle ne peut avoir lieu, sans que le point C ne se trouve placé entre B et D. Tel est donc le nouveau systême auquel satisfait le changement du signe de $\overline{CD}$, c'est-à-dire, le véritable systême sur lequel on devoit établir le raisonnement. Changeant donc aussi le signe de $\overline{CD}$ dans le résultat ou équation finale, $\overline{CD}=-\frac{1}{12}\overline{AB}$ que nous avons trouvée, nous aurons pour ce résultat rectifié $\overline{CD}=\frac{1}{12}\overline{AB}$. Donc enfin le véritable systême qui satisfait aux conditions du problême est celui dans lequel on suppose que C tombe entre B et D, et la véritable

table valeur de $\overline{CD}$ est $\overline{CD} = \frac{1}{12}\overline{AB}$. C'est en effet celle que l'on trouve pour $\overline{CD}$, en recommençant le calcul dans cette dernière hypothèse.

37. Si l'équation avoit plusieurs racines, les unes positives, les autres négatives, les premières feroient voir que les conditions proposées conviennent véritablement au système de quantités sur lequel les raisonnemens avoient été faits, et chacune d'elles satisferoit réellement à la question proposée. Mais les racines négatives n'étant pas de véritables quantités, ne sauroient satisfaire à ces conditions, sans qu'elles fussent modifiées, ou sans qu'on modifiât les hypothèses sur lesquelles on auroit établi le raisonnement; d'où il suit que ces racines ne se rapportent pas précisément à la question proposée, mais qu'elles peuvent seulement indiquer d'autres questions qui lui sont analogues : que pour trouver quelles sont ces autres questions s'il en est, il faut changer le signe de l'inconnue, tant dans l'équation finale que dans celles qui y ont amené par le cours du calcul, et chercher quel est le nouveau système, ou les nouvelles conditions qui peuvent satisfaire à ce changement de signes.

Supposons par exemple, que l'objet du problême soit de trouver sur la droite indéfinie $\overline{FG}$ (fig. 2) un point M qui satisfasse à telles ou telles conditions, et qu'ayant pris sur cette droite un point fixe F, et réduit la question à trouver la distance $\overline{FM}$ prise pour inconnue, on ait trouvé pour cette même inconnue que je nomme x, deux valeurs, l'une positive, l'autre négative: la première donnera évidemment le point cherché M : mais que signifiera l'autre racine? Pour le découvrir, il faut observer, que la question étant en général de trouver sur la droite indéfinie, un point M qui satisfasse à telle ou telle condition, et le problême ayant été mis en équation dans la seule hypothèse que le point cherché M est à droite du point fixe F, on n'a exprimé que partiellement la condition proposée; car il peut arriver au contraire, que le point cherché soit à gauche du point F. Or je dis, que la valeur négative trouvée, est précisément celle qu'il faut porter à gauche du point F, pour répondre à cette seconde hypothèse, c'est-à-dire, qu'en supposant que les deux racines données par l'équation soient $x=m$, $x=-m'$, on aura pour première solution de la question générale, le point M, à droite du point F, comme on l'a supposé dans la mise en équation; et pour la seconde le point M', qu'on obtiendroit en portant m' à gauche du même point F.

En effet, puisque nous n'avons répondu par la racine $x=m$ qu'à la question partielle où l'on suppose le point M à droite de F, voyons ce qu'il faut faire, pour répondre au cas où l'on supposeroit le point demandé à gauche de ce même point F.

Pour cela, au lieu de prendre pour l'inconnue, comme ci-dessus, la distance du point F au point cherché; prenons à volonté un autre point K, au-delà du point M', qu'on obtiendroit en faisant $\overline{FM'}=m'$, et choisissons pour l'inconnue la distance de ce nouveau point K au point demandé; nommons y cette inconnue, et h la distance arbitraire $\overline{FK}$.

Il est clair que pour avoir le point M, qui donne la solution déjà obtenue ci-dessus, je n'ai qu'à mettre dans l'équation $x=m$ trouvée, $y-h$ à la place de x et réciproquement lorsque j'aurai l'équation en y, pour retrouver l'équation en x, je n'aurai qu'à y substituer $h+x$ à la place de y.

Maintenant, pour avoir l'autre point qui satisfasse à la question, s'il s'en trouve un second à la droite du point K comme le premier, j'observe que s'il en est un en effet, comme il se trouve alors du même côté que M, la mise en équation du nouveau problême ne peut différer en rien de la mise en équation du premier, qui avoit pour objet de trouver le point M; les deux systêmes étant en effet dans ce cas directement corrélatifs. Donc la même équation doit me donner les deux solutions, c'est-à-dire, que la distance du point K au nouveau point cherché, est la seconde valeur de y, que doit donner l'équation, où cette quantité y est prise pour inconnue.

Cela posé, s'il y a en effet deux points qui satisfassent à la question, il est clair que l'un doit être placé à droite et l'autre à gauche du point F; car s'ils avoient été tous deux à droite, il n'y auroit point de raison pour que l'équation trouvée en x eût donné l'une de préférence à l'autre; donc s'il y a un nouveau point à droite de K, qui satisfasse à la question proposée, il ne peut être placé qu'entre K et F. Donc nommant dans cette nouvelle question comme dans la première, x la distance de ce point cherché au point F, on aura à cause de $\overline{KF}=h$, $y=h-x$. Donc pour avoir x, il faut substituer dans l'équation trouvée en y, $h-x$, au lieu de cette quantité y. Mais comme on l'a vu ci-dessus, pour trouver le point M, il auroit fallu substituer $h+x$ à la place de y. Donc les deux équations qui doivent donner l'une la distance de M, l'autre celle de M', ne diffèrent que par le signe de l'inconnue. Donc il n'y a qu'à changer le signe de l'inconnue dans la première, pour avoir la seconde. Donc la racine qui donnera la nouvelle inconnue sera précisément celle qu'avoit donnée l'autre avec le signe négatif; donc en effet, il y a un nouveau point qui résoud la question, lequel est placé entre K et F, précisément au point M', puisque par hypothèse, pour avoir ce point M', on a porté de F en M', la quantité m' qui étoit la valeur que la première équation avoit donnée pour x, avec le signe négatif.

On voit que la raison pour laquelle il s'est trouvé une racine négative pour x, c'est qu'on n'avoit exprimé que partiellement les conditions du problême, en supposant dans la mise en équation, que le point demandé devoit se trouver à droite du point F; mais que les deux racines sont devenues toutes deux positives, du moment qu'en transportant le point fixe en K, on a cessé de restreindre l'hypothèse, et qu'on lui a donné l'étendue nécessaire, pour qu'elle pût comprendre les deux solutions dont la question étoit susceptible. Ainsi chacune des racines correspond à une question partielle, qu'on peut embrasser par une seule et même équation, dont les deux racines soient significatives et n'exigent aucune modification.

38. Pour donner un autre exemple, supposons que l'équation trouvée se rapporte à une courbe, dont l'appliquée considérée comme l'inconnue soit représentée par y ; et que pour une certaine valeur déterminée de l'abscisse, il y ait parmi celles de y, une ou plusieurs valeurs négatives.

Il suit de ce qui a été dit (37), que chacune des racines positives donne pour y, une valeur qui satisfait immédiatement aux conditions par lesquelles est déterminée la nature de la courbe, et aux hypothèses sur lesquelles le raisonnement a été établi. Ainsi, par exemple, si ce raisonnement a été établi dans la supposition que les appliquées seroient prises à droite de l'axe, chaque racine positive donne réellement un point de la courbe à droite de l'axe, mais aucune des racines négatives ne peut satisfaire à cette même supposition. Il faut donc, pour savoir ce que signifient ces racines négatives, en changer le signe, et voir quelles modifications l'on doit faire éprouver au système sur lequel le raisonnement a été établi, pour que l'équation ainsi changée y satisfasse, c'est-à-dire, exprime sur ce nouveau système, les conditions données par lesquelles est déterminée la nature de la courbe.

Or je dis que ce nouveau système auquel satisfera l'équation ainsi modifiée, n'est autre chose que la portion de courbe située de l'autre côté de l'axe, par rapport au système primitif, c'est-à-dire, par rapport à la portion de courbe sur laquelle le raisonnement a été établi et l'équation trouvée.

Car en prenant pour inconnue l'appliquée que je nomme y, on prouvera par le même raisonnement que ci-dessus, que si chaque racine positive de y désigne un point à droite de l'axe des abscisses, chaque racine négative doit désigner un point de l'autre côté ; d'où l'on voit que dans une même courbe, les branches situées des deux côtés différens par rapport à un axe quelconque, forment deux systèmes indirectement corrélatifs.

39. C'est sur de semblables exemples, fréquens à la vérité, qu'on a cru pouvoir conclure généralement, qu'en géométrie les racines négatives indiquoient toujours des quantités effectives,

prises seulement dans le sens opposé à celui des racines positives ; mais cette conclusion paroît sujette à bien des restrictions, car si le signe négatif qui affecte ces racines peut venir, comme on l'a vu ci-dessus, de ce que la question proposée renferme en elle-même des conditions incompatibles ou de ce qu'on auroit établi le raisonnement sur des hypothèses incompatibles avec ces mêmes conditions ; ce signe peut venir aussi, de ce que les transformations algébriques auroient amalgamé des racines insignifiantes avec les racines positives, les seules qui résolvent réellement et pleinement la question ; et il est aisé de faire voir par maints exemples, 1°. qu'il se trouve en effet souvent des racines négatives absolument insignifiantes ; 2°. que dans le cas même où elles sont significatives, elles ne doivent pas toujours être prises dans le sens opposé aux racines positives.

Il est clair, par exemple, qu'un cercle ne peut avoir deux rayons : cependant si l'on nomme a, b, c, les trois côtés d'un triangle proposé, et qu'on demande le rayon R du cercle circonscrit, on aura comme on sait

$$R = \frac{abc}{\sqrt{2a^2b^2 + 2a^2c^2 + 2b^2c^2 - (a^4 + b^4 + c^4)}};$$

ce qui feroit pour R deux valeurs, l'une positive, l'autre négative, si l'on donnoit le double signe au radical ; mais un cercle à rayon négatif est absurde ; la seconde racine est donc insignifiante.

Pour second exemple, proposons-nous la question suivante.

Deux points A, B, (fig. 3) étant donnés sur la circonférence d'un cercle, trouver sur cette circonférence un troisième point K, dont les distances respectives $\overline{AK}$, $\overline{BK}$, aux deux points proposés soient en raison donnée.

Je prends $\overline{BK}$ pour inconnue, et je suppose

l'inconnue $\overline{BK}$ = ... x

le rapport donné $\frac{\overline{AK}}{\overline{BK}}$ . . . . a

la droite donnée $\overline{AB}$ . . . . b

l'angle connu AKB = ... k.

Par les propriétés connues des triangles, nous aurons $\overline{AB}^2 = \overline{AK}^2 + \overline{BK}^2 - 2\,\overline{AK}.\overline{BK}.\cos.\overline{AKB}$; ou à cause de $\overline{AK} = a.\overline{BK}$, $b^2 = a^2x^2 + x^2 - 2\,ax^2 \cos.\, k$; d'où l'on tire

$$x = \frac{b}{\pm\sqrt{1 + a^2 - 2a\cos.k}}.$$

Voilà bien deux solutions algébriques, c'est-à-dire deux racines, l'une positive, l'autre négative; et il ne peut y avoir d'incertitude sur l'emploi de la première; mais que signifie la racine négative? quelle sera dans cet exemple l'application de ce principe qu'il faut prendre les racines négatives dans le sens opposé aux racines positives? dira-t-on qu'il faut du point B avec la valeur absolue trouvée pour x, décrire un arc KR, et que les points K, R donneront les deux solutions? Mais cela n'est pas; car il est visible que si, par exemple, on supposoit $\overline{AK}$ double de $\overline{BK}$, c'est-à-dire, $a = 2$, K et R ne pourroient remplir en même tems l'un et l'autre cette condition : et de plus $\overline{BK}$ et $\overline{BR}$ ne se trouveroient pas pris en sens opposés, comme on suppose que cela doit être; et comme d'un autre côté cette seconde racine ne peut être fausse, puisqu'elle est rigoureusement déduite d'une mise en équation exacte, il suit qu'elle est purement insignifiante.

Il y a plus, le problême a réellement deux solutions effectives; mais la racine négative trouvée ci-dessus, ne se rapporte à aucune des deux, et pour trouver la seconde, il faut mettre le problême en équation, en partant d'une nouvelle hypothèse.

En effet, nous avons supposé que le point cherché K étoit dans la partie AKB de la circonférence, et la solution trouvée s'adapte à cette hypothèse : mais il n'y a aucune raison de supposer que le point cherché est placé plutôt sur cette partie de la circonférence que sur l'autre. Supposons donc maintenant que le point cherché soit situé en K': l'angle AK'B étant supplément de l'angle donné k; il est clair qu'on aura cos. AK'B = — cos. k; donc l'équation trouvée ci-dessus devient pour le cas présent,

$$x = \frac{b}{\pm\sqrt{1 + a^2 + 2a\cos.k}};$$

équation dans laquelle la seconde racine est par les mêmes raisons que ci-dessus purement algébrique et insignifiante.

Les deux solutions effectives du problême peuvent être, comme on le voit, réunies sous cette même formule :

$$x=\frac{b}{\sqrt{1+a^2\pm 2a\cos.k}};$$

formule qui n'est ni l'une ni l'autre des équations trouvées ci-dessus.

40. Nous venons de voir que quoiqu'une équation ait deux racines, elles ne donnent pas pour cela deux solutions effectives pour la question proposée. Le même exemple nous servira à prouver, que quoiqu'un problême soit susceptible de deux solutions effectives, il ne s'ensuit pas que l'équation finale doive avoir deux racines; mais qu'on peut trouver séparément chacune d'elles, par une équation du premier degré. Cela dépend d'un choix convenable de l'inconnue.

En effet, abaissons la perpendiculaire $\overline{KD}$ sur $\overline{AB}$, prenons pour inconnue $\frac{\overline{AD}}{\overline{KD}}$, et nommons ce rapport z. Le triangle AKB nous donnera $\overline{BK}:\overline{AK}::\sin.KAB:\sin.KBA$ ou $\frac{\overline{AK}}{\overline{BK}}$; c'est-à-dire, $a=\frac{\sin.KBA}{\sin.KAB}$, ou $a\sin.KAB=\sin.KBA=\sin.(k+KAB)$ $=\sin.k.\cos.KAB+\cos.k.\sin.KAB$; divisant par $\sin.KAB$, on aura $a=\sin.k.\cot.KAB+\cos.k$.

Mais il est évident que le triangle rectangle AKD donne $\cot.KAB=\frac{\overline{AD}}{\overline{KD}}=z$; substituant donc dans l'équation précédente cette valeur de cot. KAB; on tirera $z=\frac{a-\cos.k}{\sin.k}$, équation qui n'est que du premier degré.

Cette solution répond comme ci-dessus à la portion AKB de la circonférence. Un raisonnement semblable fait sur l'autre partie donneroit pour la seconde solution $z = \frac{a + \cos. k}{\sin. k}$; et nous pourrons réunir ces deux solutions sous une seule et même formule $z = \frac{a \pm \cos. k}{\sin. k}$, quoique trouvées chacune séparément par une équation du premier degré.

Cela arrive ainsi, parce que, quoique le problême soit susceptible de deux solutions, et que par conséquent l'équation doive naturellement monter au second degré, les facteurs de cette équation se trouvant rationnels, elle se décompose en deux équations du premier degré; et la même chose a lieu pour les degrés supérieurs, lorsqu'on tombe sur un heureux choix des inconnues; car nous verrons que par une équation du second degré, on obtient quelquefois la solution d'une question qui a quatre, huit et même seize solutions effectives différentes.

41. Je conclus de-là, qu'on ne sauroit juger exactement du nombre des solutions effectives d'un problême, par celui des racines algébriques positives et négatives de l'équation, faisant même abstraction des racines imaginaires; que le nombre des racines algébriques positives et négatives peut être plus grand que celui des solutions effectives, parce que les diverses transformations qu'il a fallu faire subir à l'équation pour la rendre rationnelle, ont pu amalgamer des racines insignifiantes avec les racines effectives; que le nombre des solutions effectives peut aussi être plus grand que celui des racines algébriques, parce que l'équation a pu se décomposer en plusieurs facteurs rationnels, dont quelques-uns ne se trouvent plus dans l'équation finale. D'où il suit que la règle de porter les racines négatives, en sens contraire des racines positives, est au moins très-vague. Mais nous allons faire voir de plus qu'elle est fautive, et que même, lorsque les racines négatives indiquent des solutions effectives, ces racines ne doivent pas toujours être prise en sens opposé aux racines positives.

42. Proposons-nous cette question. Une corde $\overline{BC}$ étant tracée

tracée à volonté dans un cercle donné (fig. 4) mener du point A, où l'arc CAB est coupé par la perpendiculaire élevée sur le milieu de $\overline{BC}$, une nouvelle corde $\overline{AK}$, telle que la partie $\overline{HK}$ interceptée entre la corde donnée $\overline{BC}$ et l'autre extremité K de la corde $\overline{AK}$, soit égale à une ligne donnée.

Je prends $\overline{AH}$ pour l'inconnue, et je suppose,

l'inconnue $\overline{AH}$ = ... z

la corde donnée $\overline{BC}$. = ... a

la droite donnée $\overline{HK}$ = ... b

la perpendiculaire connue $\overline{AF}$ = ... c

Par la propriété des cordes qui se coupent dans le cercle, nous aurons $\overline{HK}.\overline{AH}$ ou $bz = \overline{BH}.\overline{CH} = (\overline{BF}+\overline{FH})(\overline{BF}-\overline{FH}) = \overline{BF}^2 - \overline{FH}^2 = \frac{1}{4}a^2 - \overline{FH}^2$.

Mais le triangle rectangle AFH donne $\overline{FH}^2 = \overline{AH}^2 - \overline{AF}^2 = z^2 - c^2$. Substituant cette valeur de $\overline{FH}^2$ dans l'équation précédente, nous aurons $bz = \frac{1}{4}a^2 - z^2 + c^2$, d'où l'on tire $z = -\frac{1}{2}b \pm \sqrt{c^2 + \frac{1}{4}a^2 + \frac{1}{4}b^2}$; ce qu'il falloit trouver.

De ces deux racines, l'une positive, l'autre négative; la première répond immédiatement à la question proposée, et à l'hypothèse sur laquelle le raisonnement a été établi; savoir que $\overline{KH}$ est placée sur l'aire même du cercle: la seconde répond à l'hypothèse où H tomberoit en dehors de $\overline{BC}$ sur son prolongement en H'; car il n'y a pas de raison pour supposer H sur $\overline{BC}$ plutôt que sur son prolongement. La condition étant seulement que la partie interceptée entre $\overline{BC}$ et la circonférence soit $= b$, on peut la prendre en dehors, de K' en H', aussi bien qu'en dedans, de K en H. Voilà donc la seconde solution effective qu'indique la racine négative. Or $\overline{AH}$ et $\overline{AH'}$ ne sont point prises en sens opposés. Donc, ainsi que nous l'avons avancé, les racines négatives, même lorsqu'elles expriment des solutions effectives, ne se trouvent pas toujours en sens contraire aux racines positives.

Cette solution confirme encore ce que nous avons dit ci-dessus ; savoir, que par un choix convenable des inconnues, il est possible d'obtenir une équation finale d'un degré moindre que le nombre des solutions effectives, dont le problême est susceptible ; car dans le cas présent, quoique l'équation ne monte qu'au second degré, le problême a réellement quatre solutions, savoir les deux qu'on vient de trouver à droite du point F, et deux autres pareilles à gauche, puisque la figure étant symétrique, il n'y a pas plus de raison pour que les points H, H', tombent à droite plutôt qu'à gauche du point F.

Il seroit facile d'obtenir ces quatre solutions par une seule et même équation du quatrième degré, en prenant une autre inconnue, par exemple $\overline{FH}$. Car en nommant y cette nouvelle inconnue, nous aurons par le triangle rectangle AFH, $\overline{FH}^2 = \overline{AH}^2 - \overline{AF}^2$, ou $y^2 = z^2 - c^2$, ou $y = \pm\sqrt{z^2 - c^2}$, ou

$$y = \pm\sqrt{(-\tfrac{1}{2}b \pm \sqrt{c^2 + \tfrac{1}{4}a^2 + \tfrac{1}{4}b^2})^2 - c^2};$$

équation qui donne les quatre solutions demandées ; les racines positives indiquant comme ci-dessus $\overline{FH}$, $\overline{FH'}$, et les racines négatives, les mêmes quantités prises dans le sens opposé.

43. Par tout ce qui vient d'être dit, on voit que la règle donnée ordinairement pour l'emploi des racines négatives en géométrie, n'est point exacte ; mais elle l'est, ainsi que nous l'avons démontré ci-dessus (37), pour un cas très général, (pourvu, comme on le verra (61), qu'il n'entre pas d'imaginaires dans ces racines), celui où la question est réduite à trouver, comme dans l'exemple précédent, la partie $\overline{FH}$ d'une droite $\overline{BC}$, déterminée de position, à partir d'un point donné F ; car alors les racines positives sont portées dans le sens $\overline{FH}$, conformément à l'hypothèse sur laquelle le raisonnement a été établi, et les racines négatives de l'autre ; et c'est ce qui fait, que dans les courbes dont l'équation exprime le rapport de l'abscisse et de l'appliquée respectivement parallèles à deux axes donnés, cette équation monte toujours au degré marqué par le nombre des

points d'intersection de la courbe avec chaque abscisse ou chaque appliquée. Mais cela n'auroit pas lieu ainsi, et l'équation monteroit tantôt à un degré plus haut, tantôt à un degré moindre, si l'on changeoit le système des coordonnées, en cessant de les prendre respectivement parallèles à deux axes donnés. Car par exemple, en prenant dans une section conique, pour coordonnées, les deux rayons vecteurs ou distances aux deux foyers, l'équation n'est plus que du premier degré, et elle monte au quatrième, si au lieu des foyers on prend, par exemple, les sommets de la courbe.

Ce qui a été démontré (37) pour la ligne droite, est visiblement applicable à la circonférence d'un cercle et à toute autre courbe. Si l'équation qui donne la solution d'un problême a pour racine un arc négatif; cet arc doit être pris positivement du côté opposé, pourvu qu'il n'entre point d'imaginaires dans cette racine.

44. De ce que la règle communément établie pour l'application des racines négatives en géométrie est sujette à exceptions, il ne s'ensuit nullement que ces racines doivent être rejetées comme inutiles. Car d'abord j'ai démontré (37) que la règle devoit avoir son application, lorsque la question est ramenée à trouver la distance d'un point cherché à un autre point donné sur une ligne donnée, pourvu que l'équation finale ne renferme point d'imaginaires, et il est évident que la même chose a lieu toutes les fois que la question se réduit à trouver les distances d'un point cherché à des axes ou plans fixes quelconques : ce qui est le cas le plus ordinaire. De plus, quoique les racines négatives et imaginaires ne soient que des formes algébriques, insignifiantes par elles-mêmes, nous avons vu que par leurs transformations elles peuvent ramener à des résultats réels et effectifs ; et nous avons fait observer que c'est précisément dans l'emploi de ces formes algébriques sous ce rapport, que consiste la nature même de l'analyse, et son avantage sur la la synthèse. Tout cela est parfaitement étranger à la fausse

application qu'on pourroit en faire dans la solution des quelques questions particulières de géométrie. Revenons à la discussion générale.

45. Nous avons vu (37) comment il est possible qu'une même formule réponde immédiatement et sans aucune modification, à deux questions différentes, et qui traitées autrement, auroient exigé deux solutions particulières. Une même formule peut également comprendre trois ou un plus grand nombre de questions, et l'on pourroit demander comment ayant la formule spéciale, propre à chaque question particulière, on pourroit trouver la formule générale qui les comprendroit toutes ; c'est-à-dire, qui seroit applicable à chacune d'elles, immédiatement et sans aucunes modifications. On peut y parvenir par divers moyens, et c'est ce qu'on obtiendroit d'une manière générale, si l'on pouvoit rapporter toujours ces diverses formules particulières à leur origine commune, c'est-à-dire, si l'on pouvoit éliminer de ces formules, les quantités respectivement inverses qui les rendent disparates, et remettre à leur place les quantités directes dont elles sont les différences (24).

En effet, puisque la quantité inverse p (24), n'a été introduite dans le système, que par la substitution de $n-p$ à la place de m, il est clair qu'on reviendra au premier ordre de choses, c'est-à-dire, à la formule qui ne contenoit pas de quantités inverses, et qui par conséquent étoit applicable aux deux systêmes, en remettant $n-m$ à la place de p ; et si l'on fait la même chose pour toutes les autres quantités respectivement inverses entre les deux systêmes, la formule deviendra immédiatement applicable à chacun d'eux, sans aucun changement de signes, et sera par conséquent la formule générale cherchée.

Par exemple, dans le triangle ABCD (fig. 1) cité plus haut, on a pour le systême primitif, c'est-à-dire, lorsque D tombe entre B et C, $\overline{AB}^2-\overline{AC}^2=\overline{BC}^2-2\overline{BC}.\overline{CD}$, et dans le systême transformé ; c'est-à-dire, lorsque C tombe entre B et D, $\overline{AB}^2-\overline{AC}^2=\overline{BC}^2+2\overline{BC}.\overline{CD}$.

Ces deux formules diffèrent, parce que dans le dernier cas, $\overline{CD}$ est inverse, attendu qu'on y a $\overline{CD}=\overline{BD}-\overline{BC}$; tandis que dans le premier, on avoit au contraire, $\overline{CD}=\overline{BC}-\overline{BD}$. Mais si l'on veut trouver une formule qui soit immédiatement applicable aux deux systêmes, il n'y a qu'à éliminer la quantité inverse $\overline{CD}$, en substituant sa valeur en quantités directes, laquelle est pour le second systême, par exemple, comme on vient de voir $\overline{CD}=\overline{BD}-\overline{BC}$: ce qui donnera $\overline{AB}^2-\overline{AC}^2=2\overline{BC}.\overline{BD}-\overline{BC}^2$. Equation qui a lieu, soit que le point C tombe entre B et D, soit que le point D tombe entre B et C.

Mais si le point C après être parvenu entre B et D, continuoit sa route et passoit au-delà du point B, la formule pourroit changer, parce que nous sortirions de la définition établie (24), en ce qu'elle suppose que les quantités M, N, demeurent toujours finies, c'est-à-dire, ne passent ni par o, ni par ∞, pendant toute la mutation du systême : or ici $\overline{BC}$ passeroit par o, au moment de la coïncidence de C avec B. Cette formule changeroit en effet, car prenant pour terme de comparaison ce systême, lorsque C est entre B et D, on a pour ce même systême $\overline{BC}=\overline{BD}-\overline{CD}$. Au lieu qu'après le passage de C au-delà de B, on a au contraire, $\overline{BC}=\overline{CD}-\overline{BD}$. Donc $\overline{BC}$ est inverse; donc il faut mettre $-\overline{BC}$ à la place de $\overline{BC}$, pour rendre la formule précédente immédiatement applicable à ce dernier cas. Donc la formule devient $\overline{AC}^2-\overline{AB}^2=\overline{BC}^2+2\overline{BC}.\overline{BD}$.

De même, soit AMBM' (fig. 5) une courbe rapportée à l'axe $\overline{AB}$; nous avons vu que les branches AMB, AM'B, situées des deux côtés de l'axe, forment deux systêmes indirectement corrélatifs, dans lesquels les appliquées correspondantes $\overline{FM}$, $\overline{FM'}$, sont inverses l'une à l'égard de l'autre; et en effet, si sur le prolongement de $\overline{MM'}$ on prend à volonté un point fixe K, on aura $\overline{FM}=\overline{KM}-\overline{KF}$, et au contraire, $\overline{FM'}=\overline{FK}-\overline{KM'}$: mais si l'on veut faire disparoître ces quantités respectivement inverses, afin d'avoir une équation qui donne les deux points M, M', sans aucun changement de signe, il n'y aura, en nommant $\overline{FM}$, y, $\overline{KM}$, z, et la constante $\overline{KF}$, a; il n'y aura, dis-je, qu'à substituer dans l'équation trouvée pour le point M rapporté à l'axe AB, $z-a$ à la place de y, car l'équation en z appartiendra alors, et sans aucun changement de signe, au point M' aussi bien qu'au point M.

46. Puisque les formules propres à deux systêmes indirectement corrélatifs, ne diffèrent entre elles que par les signes dont sont affectées les quantités qui composent ces systêmes, il suit que si ces formules ne renferment que ces mêmes quantités élevées au carré, les formules propres à l'un sont immédiatement applicables à l'autre; car pour rendre les formules de l'un immédiatement applicables à l'autre, il n'y a qu'à changer le signe des quantités qui sont inverses dans celui-ci; mais le changement du signe de la quantité simple ne changera pas celui de son carré. Donc la formule restera la même; c'est-à-dire, qu'elle sera immédiatement applicable au systême transformé comme au systême primitif.

C'est ainsi que l'équation $\overline{AB}^2-\overline{AC}^2=\overline{BD}^2-\overline{CD}^2$ appartient au triangle considéré ci-dessus, soit que le point D tombe entre B et C, soit que C tombe entre B et D; soit enfin que B tombe entre C et D.

47. Enfin toute formule du systême primitif à deux termes seulement, est aussi immédiatement applicable à chacun des systêmes qui lui sont, soit directement, soit indirectement corrélatifs. En effet, si elle ne l'étoit pas, il faudroit pour qu'elle le devînt, changer le signe des quantités qui deviendroient inverses; mais la formule ne changeroit pas pour cela, puisque si l'un des termes devient négatif, il faudra que l'autre le devienne aussi; car une valeur positive ne peut jamais se trouver égale à une valeur négative.

Par exemple, lorsque deux droites $\overline{AD}$, $\overline{BC}$ (fig. 6), se coupent au-dedans d'un cercle en un point K, on a, comme l'on sait, l'équation $\overline{AK}.\overline{DK} = \overline{BK}.\overline{CK}$ qui est à deux termes.

Concevons maintenant que le système change par degrés insensibles, de manière que le point K d'intersection sorte de l'aire du cercle, et qu'ainsi le système devienne tel qu'il est représenté (fig. 7), on aura également, dans ce système transformé, $\overline{AK}.\overline{DK} = \overline{BK}.\overline{CK}$. Cependant $\overline{CK}$ est devenue inverse; car dans le premier système on a, $\overline{CK} = \overline{CB} - \overline{BK}$, et dans le second, au contraire, on a, $\overline{CK} = \overline{BK} - \overline{CB}$: par conséquent $\overline{CK}$ doit changer de signe. Mais comme d'un autre côté, $\overline{DK}$ devient aussi inverse, puisque dans le premier cas, on a, $\overline{DK} = \overline{AD} - \overline{AK}$, et dans le second cas, au contraire,.... $\overline{DK} = \overline{AK} - \overline{AD}$; il suit que $\overline{DK}$ doit aussi changer de signe, et que par conséquent, l'équation finale doit se retrouver la même, que lorsque le point d'intersection K étoit au-dedans du cercle.

48. D'après ce qui a été dit (24), pour juger si une quantité reste directe ou devient inverse, pendant la mutation du système, il faut que les deux quantités, comme M, N dont elle est la différence, demeurent finies pendant cette même mutation; c'est-à-dire, qu'elles ne passent ni par o ni par ∞.

Supposons donc $M > N$ et soit $M - N = P$, concevons que le système varie, sans que ni M ni N passent par o ou par ∞, et que M devienne m; N, n; P, p, en ne considérant toujours que les valeurs absolues de ces quantités.

Supposons de plus, que pour ce changement, M et N aient commencé, la première allant en diminuant, la seconde en augmentant, à se rapprocher l'une de l'autre jusqu'à devenir égales, et par conséquent leur différence P égale à o; qu'ensuite ces deux quantités continuant, la première à diminuer, la seconde à augmenter, celle-ci devenue n, se trouve plus grande que m, valeur que l'autre est supposée avoir prise en même temps : leur différence p, qui étoit P dans le système primitif, sera devenue inverse, et l'on aura par conséquent $p=n-m$, au lieu de $P=M-N$, qui a lieu dans le système primitif.

Donc lorsqu'une quantité devient inverse par ce mode, il faut nécessairement que les deux quantités dont elle est la différence, aient passé par le rapport d'égalité, et que cette quantité elle-même ait passé par o.

49. Mais la quantité p peut aussi devenir inverse, par un mode autre que celui qu'on vient d'indiquer ; c'est en passant par ∞, au lieu de passer par o ; alors les deux quantités dont elle est la différence, peuvent être également considérées comme ayant passé par le rapport d'égalité, mais en devenant l'une et l'autre infinies.

En effet, je dis que si p est devenue inverse, $\frac{1}{p}$ l'est aussi devenue. Il est clair d'abord qu'au moment où p est devenue o, $\frac{1}{p}$ est devenue ∞. Il faut donc prouver que quand M est devenue m, et N, n ; $\frac{1}{p}$ est devenue inverse aussi bien que p.

Or puisqu'on a, $p=n-m$, on a aussi $\frac{1}{p}=\frac{1}{n-m}=\frac{n-m}{(n-m)^2}$ ou $\frac{1}{p}=\frac{n}{m^2+n^2-2mn}-\frac{m}{m^2+n^2-2mn}$, donc (25), l'équation primitive à laquelle celle-ci répond doit être telle, qu'en y remettant pour ces quantités leurs correspondantes, et changeant le signe de celles qui ont pu devenir inverses, elle s'accorde avec celle qui précède ; mais par hypothèse m et n n'ont passé ni par o ni par ∞ ; elles sont donc restées directes, et ne doivent pas changer de signes. p au contraire est devenue inverse par hypothèse, il faut donc que son signe ait changé. Donc l'équation primitive a dû être

$$\frac{1}{P}=\frac{M}{M^2+N^2-2MN}-\frac{N}{M^2+N^2-2MN};$$

donc $\frac{1}{p}$ est dans le nouveau système la différence de deux quantités

tités $\frac{n}{m^2+n^2-2mn}$, $\frac{m}{m^2+n^2-2mn}$ qui ont changé d'ordre; c'est-à-dire, dont la plus petite se trouvoit la plus grande dans le système primitif, et réciproquement. Donc $\frac{1}{p}$ est devenue inverse, comme nous l'avions annoncé; c'est-à-dire, qu'en général, lorsqu'une quantité quelconque devient inverse, l'unité divisée par cette même quantité, devient aussi une quantité inverse.

50. On voit par-là qu'une quantité peut devenir inverse, par deux modes différens; ou en passant par o, ou en passant par ∞. Cependant on ne sauroit en conclure, que réciproquement toute variable qui passe par o ou par ∞ devient pour cela nécessairement inverse; car en supposant que p devienne inverse, p^2, par exemple, ne le deviendra pas pour cela, quoiqu'elle ait évidemment passé par o ou par ∞ en même temps que p. En effet, si p^2 devenoit inverse, elle changeroit de signe; or c'est ce qui n'arrive pas, quoique p en change, puisque $(-p)^2$ fait toujours p^2. Donc cette quantité p^2 n'a pas changé de signe en passant par o ou par ∞; donc elle n'est pas devenue inverse.

51. Quant aux quantités constantes, c'est-à-dire celles qui restent les mêmes pendant toute la mutation, on peut les regarder comme faisant partie de chacun des systêmes corrélatifs en particulier; et puisqu'elles ne peuvent passer ni par o, ni par ∞, leur signe de corrélation avec le systême primitif est toujours $+$.

52. Les quantités qui composent le systême primitif ne sont que des quantités absolues, et les signes qui entrent dans l'expression de leurs rapports ne servent qu'à indiquer des opérations toujours exécutables (31); ainsi ces quantités n'ont, à proprement parler, aucun signe de corrélation. Cependant, comme parmi tous les systêmes qui sont en corrélation directe avec ce systême primitif, le premier en ordre est ce systême primitif lui-même, on peut regarder chacune des quantités qui le composent comme étant en corrélation directe, et par consé-

quent lui donner + pour signe de corrélation. C'est ainsi que nous en userons ordinairement.

53. En regardant tous les systêmes qui sont corrélatifs entre eux, comme les différens états du systême primitif qui varie par degrés insensibles, on pourra regarder les formules trouvées pour ce systême primitif, comme appartenant à tous les autres, en supposant qu'alors les quantités qui y entrent cessent de représenter ces quantités primitives; mais qu'elles y expriment les valeurs corrélatives qu'elles ont dans le systême auquel on voudra les appliquer. C'est dans ce sens que ces formules deviennent générales; mais alors l'application à chaque cas particulier ne peut réellement être effectuée, qu'en opérant cette substitution de la valeur corrélative, à la place de la quantité absolue correspondante dans le systême primitif. Il faut donc dans toute formule générale, regarder les lettres ou caractères quelconques, employés pour exprimer les quantités, non comme les quantités même sur lesquelles le raisonnement a été établi, mais comme les valeurs corrélatives de celles qui leur correspondent dans le systême particulier auquel on veut faire l'application de ces formules.

54. Ce que j'ai dit jusqu'à présent, ne concerne encore que le cas où la transformation du systême, est supposée n'avoir pas été jusqu'au point d'exiger une plus grande mutation dans les signes des formules contenues au tableau général (2) que celle de + en — pour les quantités simples qui entrent dans la composition du systême. Voyons maintenant ce qui arriveroit, si la transformation étoit poussée au point, que pour faire cadrer les formules du tableau avec le nouvel état du systême, il fût nécessaire de rendre imaginaire le signe d'une ou plusieurs de ces quantités.

Nous avons vu (24) qu'en laissant subsister les quantités primordiales M, N, dans les formules, elles demeurent applicables sans aucun changement de signes à tous les systêmes possibles; soit que M reste plus grande ou devienne moindre que N : qu'en nommant P leur différence, les formules demeurent encore applicables sans changement de signes au système transformé, aussi long-temps que M reste plus grande que N; mais que du moment qu'elle devient plus petite, ou que ces quantités passent à l'ordre inverse, il faut pour que les formules continuent d'être applicables au système transformé, changer le signe de cette différence P.

Donc si au lieu de faire $M-N=P$, nous eussions fait $M-N=P^2$, c'est de P^2 qu'il auroit fallu changer le signe, pour rendre propres au système transformé, les formules du système primitif; c'est-à-dire, que pour cela il auroit fallu mettre dans les formules du système primitif, $-P^2$ à la place de $+P^2$. Mais substituer $-P^2$ à $+P^2$, c'est la même chose que de mettre $P\sqrt{-1}$ à la place de P ou de $P\sqrt{+1}$; donc pour opérer le changement nécessaire, il suffit de donner à P le coëfficient ou plutôt (6) le signe $\sqrt{-1}$, au lieu du signe $\sqrt{+1}$ ou du coëfficient naturel 1; c'est-à-dire, qu'alors pour établir la corrélation des signes, ce n'est plus le signe — qu'il faut prendre pour signe de corrélation de la quantité absolue P, mais le signe imaginaire $\sqrt{-1}$.

De la même manière, on auroit pu faire $M-N=P^3$; et alors dans les formules du système transformé, ce seroit P^3 qui seroit devenue inverse, ou dont il auroit fallu changer le signe de + en —, au système primitif, pour les rendre propres à ce système transformé; et comme $-P^3$ est la même chose que $(-P)^3$ ou $\left(\frac{1\pm\sqrt{-3}}{2}P\right)^3$; il suit que pour rendre les formules du système primitif propres au système transformé, il n'y a qu'à substituer au signe +, de la valeur absolue P, l'un de ces trois signes -1, $\frac{1+\sqrt{-3}}{2}$, $\frac{1-\sqrt{-3}}{2}$, qui sont les trois racines cubiques de l'unité prises négativement.

On voit ce qu'il y auroit à dire, si l'on faisoit $M-N=P^4$, ou $M-N=P^5$, ou &c.; et par conséquent, comment pour appliquer les formules du système primitif au système transformé, il est possible qu'on soit obligé de changer le signe des quantités, ou de quelques-unes d'entre elles, non pas de + en —, mais de + en $\sqrt{-1}$ ou autre signe imaginaire.

55. On peut pousser la transformation plus loin; car au lieu de supposer M—N égale à P ou P^2 ou P^3 &c.; on pourroit la supposer égale à P—Q, par exemple, ou $P-Q^2$, ou $P-Q^2+R^3$, ou &c., de ces substitutions faites pour M—N dans le systême primitif, résulteroient dans le systême transformé, lorsque M deviendroit moindre que N, des variétés nombreuses dans les signes; car alors, ce seroient les signes de ces fonctions (P—Q), $(P-Q^2)$ &c., qu'il faudroit rendre négatifs, c'est-à-dire, que ce ne seroit plus les signes des quantités simples du systême primitif qu'il faudroit changer de + en —, pour établir la corrélation, ou pour rendre les formules de ce systême primitif identiques avec celles du systême transformé, ni même les signes de telle ou telle puissance de ces quantités; mais celui de telle ou telle fonction plus ou moins compliquée de ces quantités, prises seules ou combinées entre elles; c'est pourquoi, j'appelle cette espèce de corrélation, corrélation complexe.

56. Cependant malgré toutes ces substitutions, les formules du systême variable considéré dans ses différens états, resteroient évidemment toujours les mêmes aux signes près, qui deviendroient pour chacune des quantités, tantôt négatifs, tantôt imaginaires de tel ou tel degré; et comme il est facile de voir que par une suite de transformations, on peut non-seulement faire disparoître, les radicaux d'une formule ou équation, mais même tous les termes négatifs, il suit que toutes les formules correspondantes de plusieurs systêmes corrélatifs, soit que cette corrélation soit directe, indirecte, imaginaire ou complexe, peuvent être ramenées à la même forme, laquelle, par conséquent, appartiendra à tous les systêmes, et exprimera les propriétés qui leur sont communes.

D'où il suit qu'ayant les formules applicables à un systême

quelconque de quantités, on obtiendra les formules applicables à tous les systêmes corrélatifs possibles, en changeant de toutes les manières possibles les signes des quantités qui y entrent, pourvu que l'on comprenne sous le nom de signes toutes les racines possibles, soit réelles, soit imaginaires de l'unité.

57. D'après ce qui a été dit ci-dessus (54), on voit que les racines imaginaires d'une équation, sont encore plus éloignées de fournir la véritable solution d'un problême quelconque proposé, que ne le sont les racines simplement négatives; qu'elles annoncent des incompatibilités plus tranchantes encore, entre les conditions proposées et les hypothèses sur lesquelles le raisonnement a été établi. Mais de même qu'en changeant le signe des racines négatives, et faisant éprouver, soit aux données du problême, soit aux hypothèses sur lesquelles on établit le raisonnement, des modifications qui mettent d'accord ces données et ces hypothèses avec les équations ainsi altérées dans leurs signes; de même, en faisant des modifications plus ou moins sensibles, aux signes qui entrent dans les racines imaginaires de l'inconnue, en même temps qu'aux données, et aux hypothèses qui servent de bases à la mise en équation, on pourra rendre les unes immédiatement applicables aux autres. Il n'y a de différence qu'en ce que les modifications deviennent plus considérables, et que l'analogie du systême corrélatif avec le systême primitif est ordinairement plus difficile à saisir.

58. Proposons-nous, par exemple, cette question : une droite $\overline{AB}$ (fig. 8) étant donnée, trouver sur cette droite un point K, tel que le produit des deux segmens $\overline{AK}$, $\overline{BK}$, soit égal à une quantité donnée; par exemple, à la moitié du carré de $\overline{AB}$.

Comme je ne sais encore si le point K doit se trouver sur la droite même $\overline{AB}$ ou sur son prolongement, j'établis d'abord mon calcul, en supposant que c'est sur la droite même; c'est-à-dire, que K tombe entre A et B.

Cela posé, prenant $\overline{AK}$ pour l'inconnue, je la désigne par x, et je nomme a, la droite donnée $\overline{AB}$; la condition du problême me donnera donc $x(a-x)=\frac{1}{2}a^2$ ou $x^2-ax+\frac{1}{2}a^2=0$; d'où je tire $x=\frac{1}{2}a\pm\sqrt{-\frac{1}{4}a^2}$, c'est-à-dire que x est imaginaire.

Je ne conclus pas de-là que la solution du problême proposé soit impossible; mais seulement qu'elle l'est dans la supposition que j'ai faite, que le point K est placé entre A et B; c'est-à-dire, que le problême a pu être mal mis en équation, parce que j'aurai établi mes raisonnemens sur une figure qui n'étoit pas celle que je devois considérer, ou qui ne pouvoit satisfaire aux conditions du problême. J'établis donc de nouveau mon raisonnement, en partant d'une hypothèse, autre que celle que j'avois faite d'abord, c'est-à-dire, que je supposerai le point cherché, non sur $\overline{AB}$ comme je l'avois fait, mais sur un de ses prolongemens, par exemple, en K'.

Alors la condition du problême me donne $x(x-a)=\frac{1}{2}a^2$ ou $x^2-ax-\frac{1}{2}a^2=0$; d'où je tire $x=\frac{1}{2}a\pm\sqrt{\frac{3}{4}a^2}$; équation qui ne contenant plus d'imaginaires, résoud la question proposée.

Cette solution est double; l'une $x=\frac{1}{2}a+\sqrt{\frac{3}{4}a^2}$ étant positive, résoud sans difficulté la question, conformément à ma nouvelle hypothèse, c'est-à-dire, en supposant que le point cherché est sur le prolongement de $\overline{AB}$, au-delà du point B; ou que le point B se trouve entre A et le point cherché. Mais l'autre solution $x=\frac{1}{2}a-\sqrt{\frac{3}{4}a^2}$ étant négative, ne peut se rapporter à la même hypothèse, et d'après ce qui a été dit ci-dessus (37), il faut, pour en avoir la signification, changer le signe, et voir à quel systême corrélatif l'équation ainsi modifiée pourra satisfaire. Or de ce changement il résulte, que l'équation $x(x-a)=\frac{1}{2}a^2$, qui exprime la condition du problême, devient, $x(x+a)=\frac{1}{2}a^2$. Voyons donc à quel nouveau systême corrélatif peut satisfaire cette nouvelle expression de la condition du problême.

Or il est facile de voir que c'est en supposant que le point K tombe sur le prolongement de $\overline{AB}$, non du côté de B comme ci-dessus, mais du côté de A en K''. Et en effet, en partant de cette nouvelle hypothèse, x sera $\overline{AK''}$ et $\overline{BK''}$ sera $x+a$; d'où il suit que la condition du problême sera $x(x+a)=\frac{1}{2}a^2$, et cette équation donnera $x=-\frac{1}{2}a\pm\sqrt{\frac{3}{4}a^2}$, dont la racine positive est effectivement la même que celle qui s'étoit présentée négativement dans l'hypothèse précédente.

On voit que le signe imaginaire qui affecte la racine de l'équation, n'annonce pas plus que le simple signe négatif, l'impossibilité de résoudre le problême proposé; mais seulement l'impossibilité de concilier les conditions de ce problême avec les hypothèses sur lesquelles on a établi le raisonnement, et que ce signe indique également dans l'un et l'autre cas, mais seulement d'une manière plus ou moins difficile à saisir, les modifications qu'il faut faire, soit aux unes, soit aux autres, pour rendre la solution possible. L'équation est la traduction exacte des conditions proposées, réunies aux hypothèses sur lesquelles on a établi le raisonnement, elle devient absurde, dès qu'elles ne peuvent être conciliées : il faut alors indispensablement modifier les suppositions desquelles on étoit parti, pour arriver à une véritable solution. Ces modifications se manifestent dans la forme de l'équation, qui devenant la traduction des rapports entre lesquels il ne reste plus d'incompatibilités, ne renferme plus elle-même que des résultats possibles, des quantités effectives, et des opérations exécutables.

Il peut se faire néanmoins que les conditions proposées soient par elles-mêmes impossibles, qu'elles renferment des contradictions; et alors de quelque hypothèse qu'on parte, on arrivera toujours à un résultat absurde; mais la nature même des signes, soit négatifs, soit imaginaires qui entrent dans ce résultat, indique les modifications qu'il faudroit faire éprouver à ces conditions elles-mêmes, pour que le problême devînt possible.

Ce qui rend la solution d'un problême impossible étant l'incompatibilité des conditions proposées, soit entre elles, soit avec les hypothèses sur lesquelles on établit le raisonnement, on voit que ce problême devient alors trop déterminé; qu'il se trouve des conditions, qui étant incompatibles avec les autres, rendroient le problême possible par leur suppression; c'est-à-dire, qu'on a établi le calcul sur des bases trop restreintes, et qu'on ne doit considérer la question telle qu'elle a été résolue, que comme une question partielle, dont les racines réelles et positives donnent seules la véritable solution; mais dont les racines négatives et imaginaires indiquent d'autres questions partielles, plus ou moins analogues à la première, lesquelles pourroient être réunies à celles-ci dans un énoncé général, auquel l'équation qu'on trouveroit alors seroit toujours applicable immédiatement et sans aucune modification dans les signes. C'est ce qu'on a déjà vu (37), pour le cas des racines seulement négatives; et ce qu'on peut voir de même, pour le cas des racines imaginaires, sur l'exemple qu'on vient de traiter.

59. En effet, le problême a d'abord été mis en équation, dans l'hypothèse particulière, que le point cherché K étoit placé entre A et B; et cette hypothèse se trouvant incompatible avec les conditions du problême, les racines se sont trouvées absurdes, comme cela devoit être. Mais par la forme de ces racines, on a pu juger de la modification qu'il falloit faire à cette hypothèse; en conséquence, elle a été en effet modifiée, en supposant que le point cherché devoit se trouver à droite du point B. Cette nouvelle supposition pouvant s'accorder avec les conditions proposées, on a dû trouver une solution possible; c'est-à-dire, une racine réelle et positive pour l'inconnue, et c'est ce qui est arrivé. Mais il y avoit une seconde racine absurde, et cette racine indiquoit que l'hypothèse d'où l'on étoit parti en dernier lieu, quoique juste, étoit cependant trop restreinte, pour satisfaire dans toute leur étendue aux conditions proposées, et elle indiquoit en même temps par sa forme, la nouvelle modification dont elle étoit susceptible; cette modification consistoit à supposer le point cherché à gauche du point A; et cette dernière supposition nous a donné en effet une nouvelle solution.

On auroit donc eu tout à-la-fois les deux solutions dont le problême étoit susceptible, en établissant le calcul sur une hypothèse plus générale, comme il suit.

Au

Au lieu de prendre pour l'inconnue la distance x du point A au point cherché, prenons en F un nouveau point éloigné de A d'une quantité arbitraire g, plus grande que la valeur trouvée ci-dessus pour AK'', et prenons pour nouvelle inconnue la distance de ce point F au point cherché. Il est clair qu'en nommant y cette nouvelle inconnue, on aura pour le point K' qui donne la première solution, $x=y-g$; donc il n'y a qu'à substituer cette valeur de x dans l'équation trouvée ci-dessus (58), pour avoir celle qui doit donner $\overline{FK'}$ ou y. Or cette équation devient ainsi $y-g=\frac{1}{2}a\pm\sqrt{\frac{3}{4}a^2}$, ou $y=g+\frac{1}{2}a(1\pm\sqrt{3})$; $\overline{FK'}$ est donc l'une de ces deux racines. Mais K'' se trouvant par hypothèse à la droite de F aussi bien que K', il n'y a pas de raison pour que l'équation me donne plutôt l'une des solutions dont le problême est susceptible que l'autre, puisque les raisonnemens à faire dans les deux cas pour la mise en équation, doivent être absolument les mêmes. Donc la seconde racine est $\overline{FK''}$; donc la même hypothèse me donne alors les deux solutions cherchées, parce que je lui ai donné une extension suffisante, pour répondre dans les deux cas aux conditions proposées.

Je serois parvenu au même résultat, si au lieu de chercher $\overline{FK'}$, j'eusse cherché $\overline{FK''}$: car en nommant comme dans le premier cas, y, la distance du point fixe F au point cherché, et x la distance de A à ce même point, on auroit eu alors $x=g-y$, qui substituée dans l'équation $x=-\frac{1}{2}a\pm\sqrt{\frac{3}{4}a^2}$, relative à ce cas où l'on suppose le point cherché à gauche du point A, donne $g-y=-\frac{1}{2}a\pm\sqrt{\frac{3}{4}a^2}$, ou $y=g+\frac{1}{2}a(1\pm\sqrt{3})$ comme ci-dessus.

60. L'exemple précédent montre ce qui constitue la différence qu'il y a entre les racines positives, les racines négatives et les racines imaginaires. Les premières seules résolvent la question, immédiatement et sans qu'il soit fait aucune modification, ni aux conditions du problême, ni aux hypothèses sur lesquelles le raisonnement a été établi, ni aux équations qui expriment collectivement les conditions et les hypothèses. Pour que les

secondes résolvent la question, il faut en changer le signe, et faire éprouver en même temps, soit aux conditions, soit aux hypothèses sur lesquelles on a établi le raisonnement, des modifications convenables, pour que ces équations ainsi modifiées, en soient la traduction exacte. Enfin, pour que les racines imaginaires résolvent aussi la question, il ne suffit plus de changer le signe de l'inconnue de + en — dans l'équation, mais il faut le changer de + en un signe imaginaire, et chercher ensuite quel nouveau système peut satisfaire à ce changement ou plutôt, ce n'est plus de l'inconnue elle-même qu'il faut changer le signe, mais c'est d'une puissance ou même d'une fonction plus ou moins composée de cette même inconnue.

Dans le cas traité ci-dessus, par exemple, ce n'est pas x, mais x^2, qui doit changer de signe, pour que l'équation devienne $x(x+a)=\frac{1}{2}a^2$ comme elle doit l'être pour avoir la seconde solution, au lieu de $x(a-x)=\frac{1}{2}a^2$, comme on l'avoit d'abord supposé. Ce changement opéré, il faut voir quelle est la modification qu'on doit faire éprouver en même temps au systême sur lequel le raisonnement avoit été d'abord établi, pour qu'il puisse cadrer avec ce changement de l'équation. Or cette modification consiste à supposer le point cherché à gauche du point A.

Pour la première solution, ce n'est ni x, ni sa puissance x^2, mais la fonction $(a-x)$ dont il faut changer le signe, pour que l'équation $x(a-x)=\frac{1}{2}a^2$ trouvée d'abord, puisse devenir propre à exprimer véritablement les conditions du problême, et il faut voir ensuite, comme ci-dessus, quelle est la modification qu'on doit faire éprouver en même temps, au systême sur lequel on avoit établi le raisonnement, pour qu'il puisse cadrer avec le changement opéré dans l'équation. Or cette modification consiste à supposer le point cherché à droite du point B.

61. Un des principaux points de la doctrine que j'ai déjà essayé de réfuter (39 et suiv.) consiste à dire, que le calcul doit redresser de lui-même l'erreur qu'on pourroit avoir commise,

dans l'expression des conditions d'un problême ; en supposant un point cherché sur une ligne donnée, à droite, par exemple, d'un autre point donné sur cette ligne, lorsqu'il doit être à gauche. Selon cette doctrine, en prenant pour inconnue la distance du point donné au point cherché, on doit alors trouver pour cette inconnue sa valeur même, seulement avec un signe contraire ; de sorte qu'il n'y a plus alors qu'à porter cette valeur dans le sens contraire à celui qu'on avoit supposé, pour avoir le véritable point cherché.

Il suivroit de là que le point K″ satisfaisant véritablement à la question proposée, et $\overline{AK''}$ étant $-\frac{1}{2}a+\sqrt{\frac{3}{4}a^2}$, on auroit dû trouver, en commettant l'erreur de supposer que le point cherché étoit à droite de A en K, au lieu de le supposer à gauche en K″, comme il se trouve effectivement ; on auroit dû trouver, dis-je, pour $\overline{AK}$, la même valeur que ci-dessus prise négativement. Or cela n'est pas, puisqu'on trouve (58), par cette fausse supposition, pour $\overline{AK}$ une valeur imaginaire. Le calcul ne redresse donc pas toujours l'erreur qu'on pourroit avoir commise sur la position d'un point cherché. Elle ne le redresse, que lorsque les deux systêmes comparés sont seulement en corrélation inverse, comme nous le supposons (43), et non lorsqu'ils sont en corrélation imaginaire ou complexe, comme dans le cas présent.

62. Il suit de ce qui précède, que toutes les fois que l'expression des conditions d'un problême proposé ne conduit qu'à des racines qui ne se trouvent pas réelles et positives, on peut conclure, que les hypothèses sur lesquelles on a établi le raisonnement, ne s'accordent point avec les conditions du problême ; qu'il est impossible de satisfaire à ces conditions sans changer les hypothèses, ou de tenir aux mêmes hypothèses, sans changer les conditions. Dans tous les cas, les équations qui sont faites pour exprimer tout à-la-fois, et les conditions, et les hypothèses, présenteront nécessairement des résultats négatifs ou imaginaires, dès que les unes ne pourront s'accorder

avec les autres. Pour qu'elles n'offrent plus que des résultats significatifs, il faut donc absolument parvenir à concilier les hypothèses sur lesquelles sont établis les raisonnemens, avec les conditions du problême. Quelles que soient les modifications qu'il soit nécessaire de faire éprouver pour cela aux unes ou aux autres, les équations, qui ne sont toujours que la traduction des unes ou des autres collectivement, éprouvent nécessairement de leur côté des modifications analogues plus ou moins sensibles, suivant que les changemens faits soit aux conditions, soit aux hypothèses, sont elles-mêmes plus ou moins considérables.

Il y a plus encore : c'est qu'une racine, quoique réelle et positive, et quoique l'équation exprime bien exactement des conditions et des hypothèses d'accord entre elles, ne donne pas toujours une véritable solution ; car il ne suffit pas que les conditions et les hypothèses soient d'accord, et que l'équation générale satisfasse aux unes et aux autres ; il faut encore qu'en particulier la racine qu'on veut appliquer à la solution satisfasse à ces conditions et à ces hypothèses. Pour que l'équation générale y satisfasse, il suffit qu'une de ses racines y satisfasse effectivement ; mais si les transformations algébriques ont amalgamé à cette racine une autre racine qui n'y satisfait pas, celle-ci ne donnera point une véritable solution ; elle ne fera qu'indiquer, comme le font les racines négatives ou imaginaires, une question analogue à la première, dont elle donnera la solution ; mais elle ne satisfera point à la question telle qu'elle a été proposée.

On demandera, s'il est possible, que les transformations algébriques amalgament aux racines effectives d'autres racines qui ne le seroient pas, et qui cependant seroient réelles et positives. Il seroit facile d'en citer beaucoup d'exemples. En voici un qui est assez simple, je le tire de la géométrie de Bossut, à qui cette observation n'a point échappé. (*Voyez* son application de l'Algèbre à la Géometrie, n°. 23, édition de l'an VIII.) Le même exemple se trouve dans l'arithmétique universelle de Newton.

Supposons que ABC (fig. 1) soit un triangle rectangle dans

lequel on connoisse l'hypothénuse $\overline{BC}$, et la somme $\overline{AB}+\overline{AC}+\overline{AD}$, des deux petits côtés et de la perpendiculaire, on demande la valeur de cette perpendiculaire.

Nommons a l'hypothénuse donnée BC; b, la somme donnée $\overline{AB}+\overline{AC}+\overline{AD}$; x, la perpendiculaire cherchée $\overline{AD}$; y, le côté inconnu $\overline{AB}$.

Le triangle rectangle BAC donne $a^2=y^2+(b-x-y)^2$ ou $a^2=2y^2+b^2-2bx+x^2-2by+2xy$ (A).

De plus, à cause des triangles semblables BAC, ADC, on a $a:y::b-x-y:x$ ou $ax=by-xy-y^2$ (B).

Comparant les deux équations (A) et (B) pour éliminer y, et résolvant l'équation en x qui est du second degré, il vient $x=a+b\pm\sqrt{2a^2+2ab}$.

Voilà donc deux valeurs pour x, c'est-à-dire pour la perpendiculaire cherchée $\overline{AD}$, toutes les deux positives. Or il est clair que la première de ces deux solutions est fausse, puisqu'il est visiblement impossible que la perpendiculaire x soit plus grande que $a+b$.

Donc, il ne suffit pas que la racine d'une équation soit réelle et même positive, pour donner la solution du problême dont elle exprime les conditions; il faut de plus que cette racine soit d'accord tout-à-la-fois, avec ces conditions et les hypothèses sur lesquelles le raisonnement a été établi.

Concluons de tout ce qui précède, qu'en général,

1°. *Pour que la solution d'un probléme donnée par telle ou telle racine d'une équation soit effective, il faut que les conditions proposées, les hypothèses sur lesquelles le raisonnement est établi, et les constructions ou opérations quelconques qu'indique la racine de cette équation, soient toutes d'accord entre elles.*

2°. *Que s'il existe quelque incompatibilité entre les unes ou les autres, on ne doit plus regarder cette racine que comme la simple indication d'une autre question analogue avec la première, et que pour en avoir la véritable signification, il faut rétablir le calcul sur d'autres conditions ou d'autres hypothèses, jusqu'à ce qu'elles soient toutes d'accord, soit entre elles, soit avec les opérations qu'indiqueroit la racine de l'équation modifiée sur ces changemens.*

3°. *Que par conséquent, les racines négatives et imaginaires, ne sont jamais de véritables solutions de la question proposée, mais de simples indications de questions plus ou moins différentes des premières ; que souvent même elles ne sont que des formes algébriques absolument insignifiantes, que les transformations algébriques ont amalgamées avec les racines effectives.*

4°. *Que les racines réelles et positives n'expriment pas plus des solutions effectives que les racines négatives ou imaginaires, et ne sont, comme elles, que de simples indications de questions analogues, lorsque les constructions ou opérations quelconques auxquelles elles conduisent, ne se trouvent pas pleinement d'accord avec les conditions proposées et les hypothèses sur lesquelles on a établi le raisonnement.*

5°. *Qu'aucune équation ou racine d'équation ne peut donner de solution effective tant qu'elle contient des quantités absurdes, ou des opérations non exécutables ; à moins qu'elles ne se détruisent respectivement, comme il arrive dans les racines réelles des équations du troisième degré.*

6°. *Que cependant ces formes inintelligibles ne doivent point être négligées, et qu'on peut les employer comme les formes réelles, parce qu'il est possible de les faire disparoître par de simples transformations algébriques, et qu'alors il ne reste plus que des formules explicites et immédiatement applicables à l'objet qu'on s'est proposé, pourvu, ainsi qu'on l'a observé ci-dessus, que ces formules, les conditions proposées et les hypothèses sur lesquelles le raisonnement a été établi, soient toutes d'accord entre elles.*

63. Tant qu'on ne sort pas de la synthèse, c'est-à-dire, tant qu'on ne fait servir dans un calcul les signes + et — qu'à indiquer des opérations exécutables, il est impossible qu'il se rencontre des imaginaires, ni même des quantités négatives isolées ;

elles ne commencent à paroître, que parce qu'on sort de la méthode synthétique, en employant ces signes à indiquer des opérations inexécutables, ou parce qu'on veut appliquer des résultats auxquels cette synthèse a pu conduire, à des hypothèses qui ne s'accordent point avec les conditions primitivement exprimées par ces résultats. Les valeurs négatives viennent, parce que pour exécuter les opérations indiquées, il faudroit retrancher une quantité effective de o, ou en général, une quantité quelconque d'une autre quantité moindre; et les imaginaires, de ce qu'on veut faire de nouvelles opérations sur ces premiers résultats déjà impossibles. On peut donc regarder les équations ou formules, qui contiennent ces quantités négatives ou imaginaires, comme provenant d'autres formules primitivement possibles, parce que les quantités à retrancher s'y trouvoient moindres que celles dont on devoit les retrancher, et qui ensuite sont devenues impossibles en vertu d'un changement d'ordre qui s'est opéré entre les quantités par une mutation graduelle. En partant de là, on voit comment naissent successivement ces valeurs; et comme de toutes les opérations connues de l'algèbre, il n'en est qu'une qui fasse naître les quantités imaginaires, que cette opération est l'extraction de la racine carrée, et que cette opération place toujours les deux signes + et — devant le radical, il est aisé de pressentir, que toutes les valeurs imaginaires possibles sont réductibles à cette forme $\pm\sqrt{-B}$ ou $\pm B\sqrt{-1}$, et toutes les valeurs en partie réelles et en partie imaginaires, à la forme $A\pm B\sqrt{-1}$; que ces mêmes valeurs ne peuvent naître que deux à deux; et que par conséquent toute racine imaginaire dans une équation est nécessairement accompagnée d'une autre qui en diffère par le signe du radical qui exprime l'imaginaire. Mais les plus grands Géomètres s'étant occupés de ces vérités importantes, et les ayant démontrées rigoureusement, nous ne pourrions que répéter ce qu'ils ont dit à ce sujet.

64. En synthèse, il n'y a pas deux manières d'extraire la

racine d'une quantité donnée; en analyse, il y en a autant qu'il y a d'unités dans l'exposant du radical. Mais que sont toutes ces racines, excepté celle que donne la synthèse elle-même, sinon des formes algébriques, inintelligibles dans leur état actuel, et qui ne peuvent devenir utiles que par des transformations? Il est impossible de prouver d'une manière satisfaisante, que $(-a)^2$ donne a^2, à moins que $-a$ ne se trouve précédée d'une autre quantité absolue plus grande qu'elle; tous les raisonnemens par lesquels on prétendroit pouvoir établir ce principe pour d'autres cas, seroient vicieux, car pour prouver que $(-a)^2=a^2$, il faudroit commencer par pouvoir dire ce qu'est $-a$ isolé. Or cela ne se peut, puisque $-a$ est un être de raison. Ce qui est vrai et susceptible de démonstration, c'est seulement que la supposition de $(-a)^2=a^2$, dans un calcul ne peut conduire à des résultats faux, lorsque par des transformations quelconques, on peut parvenir à faire disparoître ce qu'il y a d'inintelligible dans les expressions. Il est à-peu-près ici comme dans l'analyse infinitésimale, en considérant les différentielles comme de véritables quantités. Dans celle-ci, on parvient à des résultats exacts, par compensation d'erreurs : dans la théorie des valeurs négatives et imaginaires, il n'y a point d'erreurs dans les équations, mais il y a des formes inintelligibles, qui s'éliminent les unes par les autres, et produisent ainsi des résultats exacts et susceptibles d'applications réelles.

65. Qu'on transforme d'une manière quelconque une équation qui a des racines positives, des racines négatives, des racines imaginaires, en conservant toujours la même inconnue. Comme il n'y a réellement que telles ou telles manières de résoudre la question proposée, on ne sauroit parvenir à augmenter, diminuer ou changer les racines réelles et positives, qui sont véritablement et pleinement applicables à la question. Ces valeurs réelles et positives, qui satisfont pleinement à la question, et qui mises dans un cas pour l'inconnue réduisent l'équation à $0=0$, la réduiront toujours à $0=0$ sous toutes les autres

autres formes possibles. Mais il n'en est pas de même des racines négatives ou imaginaires, ni même de celles qui ne résoudroient pas pleinement la question (63). Une transformation opérée sur une équation, peut faire naître ou disparoître un nombre indéfini de ces nouvelles racines, parce que les premières seules étant inhérentes à la question, et les seules qui la résolvent véritablement, ne peuvent jamais être éliminées, tandis que les autres ne faisant que mêler à la question principale d'autres combinaisons accessoires, on peut changer ou éliminer celle-ci de diverses manières.

Prenons, par exemple, l'équation $x=a$: en élevant au carré, j'ai $x^2=a^2$ ou $x^2-a^2=0$; voilà une transformation très-légitime, qui fait naître une racine négative qui n'existoit pas, savoir $x=-a$; mais la racine positive $x=a$, n'a pas changé. J'élève encore au carré $x^2=a^2$, j'ai $x^4=a^4$ ou $x^4-a^4=0$: nouvelle transformation, qui fait naître deux racines imaginaires qui n'existoient pas ; savoir, $x+\sqrt{-a}=0$, $x-\sqrt{-a}=0$, sans rien changer à la racine réelle et positive, $x=a$, qui demeure inaltérable, on voit donc comment les seules transformations peuvent amalgamer aux racines qui donnent la veritable solution d'une question proposée, des formes algébriques insignifiantes par elles-mêmes.

Puisque les racines réelles et positives, qui donnent seules la véritable solution d'une question sont inaltérables, quelques transformations qu'on puisse faire subir aux équations, on voit que quand même on feroit passer ces équations par des formes imaginaires, pourvu qu'on finisse par les ramener à des formes réelles et positives; c'est-à-dire, qu'elles ne renferment plus de quantités absurdes, ou d'opérations inexécutables, elles reproduiront toujours ces mêmes racines réelles et positives. Ainsi l'analyse a cet avantage, de prendre les voies de simplification qui peuvent s'offrir, quand même elles exigeroient que les équations fussent mises en passant sous des formes non significatives, pourvu que ces équations restent toujours algébriquement exactes; c'est-à-dire, que les transformations auxquelles on les soumet demeurent toujours conformes aux strictes règles de l'algèbre.

Une formule, quoique exacte, c'est-à-dire, quoique traduction exacte des données, peut contenir des valeurs absurdes; en effet, si elle exprime des conditions ou des hypothèses incohérentes et incompatibles, son exactitude consistera alors à manifester ces incompatibilités par des formes absurdes ou des opérations inexécutables; car la synthèse, comme nous l'avons déjà dit, n'exprime que les rapports d'existence entre les quantités; mais l'analyse exprime, et les rapports d'existence, et les rapports d'incompatibilité.

Dans le cas même où une formule exprimant des rapports impossibles, en manifeste la nature par l'indication de telles ou telles opérations inexécutables, elle peut néanmoins, par les transformations régulières de l'algèbre, être ramenée à une forme explicite; mais alors elle n'exprimera plus du systême, que les propriétés qui n'avoient entre elles aucune incompatibilité; et si ces propriétés sont communes à ce systême et à un ou plusieurs autres, cette formule appartiendra à tous à la fois, et par conséquent, la transformation aura dû la généraliser assez, pour la rendre applicable à chacun d'eux en particulier. Voilà pourquoi une équation qui avoit été faite pour exprimer telle ou telle propriété particulière, monte à un degré plus ou moins élevé, suivant que cette propriété appartient à un plus ou moins grand nombre de systêmes.

66. Il est aisé de voir qu'on peut aussi ramener à une forme commune, toutes les équations qui ne diffèrent entre elles que par les signes pris dans l'acception la plus générale; car on peut toujours, par les transformations ordinaires de l'algèbre, faire disparoître tous les radicaux, et ramener d'abord ainsi les formules à ne différer que par les signes + et — qui affecteroient les termes correspondans. Mais cette dernière différence disparoît également, en faisant passer dans un même membre tous les termes affectés du signe +, dans l'autre tous les termes affectés du signe —, et élevant ensuite tout au carré.

Si donc on changeoit à volonté les signes qui entrent dans une formule quelconque exacte, en substituant au signe $+$ le signe $-$, ou en général au coëfficient naturel 1 de chaque quantité, un autre coëfficient quelconque pris parmi les racines de l'unité, la formule ainsi altérée n'en seroit pas moins susceptible d'être ramenée à une formule exacte et explicite, par les simples transformations ordinaires de l'algèbre.

C'est par cette variété dans les signes, que se manifestent dans les formules propres à divers systêmes corrélatifs, les nuances qui les caractérisent; c'est en formant le tableau général de ces variétés, qu'on indique les moyens d'appliquer à l'un les formules qu'on auroit pu trouver en établissant le calcul sur un autre, et c'est en les ramenant par les transformations algébriques à l'identité, qu'on trouve les propriétés qui sont communes à plusieurs d'entre eux ou à tous ensemble.

67. Supposons, par exemple, qu'on ait deux systêmes de quantités, dont l'un soit composé de a, x, y, et tel qu'on ait la formule $x+y=a$, l'autre composé des quantités a, x', y', et tel qu'on ait $x'-y'=a$: ces deux systêmes sont évidemment en corrélation simple, mais indirecte, puisqu'ils prennent des formes identiques en changeant le signe de y'. Cela posé, faisons subir à ces deux formules différentes une transformation commune, en transposant d'abord dans la première y et a, et dans la seconde, les quantités correspondantes y' et a; ce qui donnera $x-a=-y$, $x'-a=y'$. Puis élevant l'une et l'autre de ces dernières équations au carré, ce qui donnera

$$x^2-2ax+a^2=y^2\ ; \qquad x'^2-2ax'+a^2=y'^2.$$

Formules absolument semblables, quoique tirées de formules premières différentes. Chacune de ces transformées peut donc être prise pour exprimer les proprietés qui sont communes aux deux systêmes indirectement corrélatifs proposés; tandis que les propriétés qui les distinguent l'un de l'autre, ne peuvent être tirées que des formules premières $x+y=a$; $x'-y'=a$.

Il est à remarquer que la première de ces équations est celle qui exprime la nature de l'ellipse rapportée à ses foyers, en prenant pour coordonnées x, y, les distances de chaque point de la courbe à ces deux foyers ; et que la seconde est celle qui exprime la nature de l'hyperbole également rapportée à ses foyers. Les propriétés communes à l'ellipse et à l'hyperbole, sont donc exprimées par l'équation commune à l'une et à l'autre $x^2-2ax+a^2-y^2=0$, tandis que les propriétés qui les distinguent ne peuvent sortir que directement des formules premières données ci-dessus.

Soient pareillement deux systêmes de quantités, l'un composé des quatre quantités a, b, x, y, entre lesquelles on ait l'équation $a^2y^2=a^2b^2-b^2x^2$; l'autre composé des quatre quantités a, b, x', y', entre lesquelles on ait l'équation $a^2y'^2=b^2x'^2-a^2b^2$. Il n'y a entre les quantités qui composent ces deux systêmes ni corrélation directe, ni corrélation indirecte, puisqu'en changeant leurs signes de quelque manière que ce soit, on ne peut ramener ces deux équations à la même forme ; car si l'on met $-x$, par exemple, à la place de x, le carré x^2 n'en conservera pas moins le même signe : mais il y a corrélation complexe entre les deux systêmes, c'est-à-dire, corrélation simple indirecte, non entre les quantités même dont nous venons de parler, mais entre des fonctions semblables de ces mêmes quantités ; car au lieu de considérer le premier systême comme composé des quantités a, b, x, y, nous n'avons qu'à le considérer comme composé des quantités a^2, b^2, x^2, y^2, qui sont les carrés des premières ; et le second, comme composé des quantités a^2, b^2, x'^2, y'^2, qui sont les carrés des quantités correspondantes ; nous verrons qu'il y a corrélation simple indirecte entre ces quantités a^2, b^2, x^2, y^2, du premier, et celles a^2, b^2, x'^2, y'^2, du second, puisqu'il n'y a qu'à changer le signe de cette dernière y'^2 pour rendre les deux formules absolument semblables.

Cela posé, faisons subir à ces deux formules une transformation commune, en élevant simplement tout au carré ; nous aurons $a^4y^4=a^4b^4-2a^2b^4x^2+b^4x^4$, et $a^4y'^4=a^4b^4-2a^2b^4x'^4+b^4x'^4$; équations qui sont absolument de mêmes formes, et qui expriment par conséquent les propriétés communes aux deux systèmes corrélatifs, quoique leur corrélation ne soit que complexe.

Il est à remarquer que la première des équations proposées, est celle de l'ellipse rapportée au grand axe, en prenant les abscisses du centre et les appliquées perpendiculaires; et que la seconde est celle de l'hyperbole également rapportée au premier axe.

Les dernières équations que nous venons de trouver renferment donc les propriétés communes à ces deux courbes, tandis que les propriétés qui les distinguent l'une de l'autre, ne peuvent être tirées que des premières équations $a^2y^2=a^2b^2-b^2x^2$, $a^2y'^2=b^2x'^2-a^2b^2$.

68. De même qu'en élevant au carré l'équation de l'ellipse et celle de l'hyperbole, on obtient un résultat commun, qui exprime par conséquent les propriétés communes à ces deux courbes; de même aussi chacune de ces premières équations, celle de l'ellipse, par exemple, renferme les propriétés communes aux deux branches de cette courbe, et qu'on peut séparer en tirant la racine carrée de cette même équation; car cette opération donne pour résultat $y=\pm\frac{b}{a}\sqrt{aa-xx}$, ou ces deux racines $y=\frac{b}{a}\sqrt{aa-xx}$, $y=-\frac{b}{a}\sqrt{aa-xx}$: or en supposant que la première racine exprime la valeur de l'appliquée prise à droite de l'axe, la seconde exprimera (38) la valeur d'une autre appliquée égale prise de l'autre côté de l'axe. Ainsi, ces deux racines exprimeront les propriétés distinctives de ces deux branches de la même courbe, de la même manière que les équations particulières de l'ellipse et de l'hyperbole, exprimeront les propriétés distinctives de ces deux courbes, tandis que leurs propriétés communes sont renfermées dans l'une ou l'autre de ces mêmes équations élevées au carré.

Cette distinction des deux branches de la même courbe peut

être rendue plus sensible si l'on veut, en rapportant la courbe à un autre axe parallèle au premier, et distant de lui, par exemple, de a; car alors l'équation de la première branche devient $y = a + \frac{b}{a}\sqrt{aa - xx}$, et celle de la seconde devient $y = a - \frac{b}{a}\sqrt{aa - xx}$; équations dont la différence de forme étant plus sensible, fait mieux appercevoir les propriétés distinctives qu'elles expriment des deux branches de la courbe.

69. Telle est, ce me semble, la véritable théorie des quantités dites improprement en analyse positives et négatives. Je dis improprement, car il est évident qu'il n'existe de fait ni quantités positives, ni quantités négatives par elles-mêmes; mais seulement des quantités absolues, aptes à être ajoutées à d'autres, ou à en être retranchées lorsqu'elles sont plus petites. Ces expressions de quantités positives, et quantités négatives, ne servent qu'à exprimer la conformité ou la non conformité de celles qu'on désigne ainsi, avec celles qui leur correspondent dans un système primordial, pris au moins tacitement pour terme de comparaison. Les propriétés de ce système primitif étant exprimées par des formules explicites, c'est-à-dire, qui ne renferment aucune quantité absurde, ou n'indiquent aucune opération inexécutable : si l'on veut appliquer ces formules à un autre système, les quantités dites positives seront celles dont il ne sera pas nécessaire de changer le signe; les quantités négatives, celles dont on sera obligé de changer le signe de + en —, et les imaginaires, celles qui changeront de signe de + en $\sqrt{-1}$, ou dont le carré, le cube, ou toute autre fonction quelconque devra changer de signe pour que les formules du système primitif continuent à pouvoir être appliquées immédiatement, et sans renfermer de quantités absurdes ou d'opérations inexécutables, au système considéré.

Ainsi, une quantité négative n'est pas celle qui a — pour signe propre, puisqu'aucune quantité ne peut avoir de signe qui lui soit propre, mais celle qui a — pour signe de corrélation. C'est la différence de deux quantités absolues dont celle qui étoit primitivement la plus grande est devenue la plus petite par le changement graduel du systême; et enfin les quantités positives, négatives, imaginaires en général, ne sont toutes autre chose que des formes algébriques, qui substituées dans les formules explicites du systême primitif, c'est-à-dire, dans des formules où les signes + et — n'ont d'autres fonctions que celle d'indiquer des opérations exécutables, qui, dis-je, substituées dans ces formules aux quantités absolues qu'elles représentent, rendent ces mêmes formules immédiatement applicables au systême considéré successivement dans tous ses états possibles de transformation, quoique le calcul n'eût été établi que pour la situation particulière prise pour terme de comparaison, et que nous avons appelée systême primitif.

Lorsqu'on dit, par exemple, que le cosinus d'un arc plus grand que le quart de circonférence est négatif, ou qu'en nommant ϖ ce quart de circonférence, on a $\cos.(\varpi+a) = -\sin. a$, cela signifie que la forme algébrique $-\sin. a$ substituée dans un calcul quelconque à la véritable quantité $\cos. a$ qu'elle représente, n'altère point l'exactitude du calcul, mais rend les résultats de ce calcul applicables au cas où l'angle est $\varpi+a$, quoique le raisonnement eût été établi sur l'hypothèse, que cet angle étoit seulement a.

De même, lorsqu'on dit que $\sin.(z\sqrt{-1}) = \frac{e^{-z}-e^{z}}{2\sqrt{-1}}$, e représentant le nombre dont le logarithme hyperbolique est 1, cela signifie que $z\sqrt{-1}$ et $\frac{e^{-z}-e^{z}}{2\sqrt{-1}}$ sont deux formes algébriques qui substituées respectivement dans un calcul quelconque établi entre les véritables quantités z, $\sin. z$, qu'elles représentent, n'altèrent point l'exactitude du résultat, mais en changent l'application, c'est-à-dire, qu'elles le rendent applicable à d'autres cas que celui sur lequel le raisonnement avoit d'abord été établi.

Pareillement Euler ayant démontré cette formule $\log. -a = \log. a \pm (2m+1)\varpi\sqrt{-1}$, où m représente un nombre entier quelconque, et ϖ la demi-circonférence. Nous apprenons que $-a$ et $\log. a \pm (2m+1)\varpi\sqrt{-1}$ sont deux formes algébriques, qui substituées dans un calcul quelconque établi entre les véritables quantités a, et $\log. a$, n'altèrent point l'exactitude du résultat, mais le rendent applicable à des cas imprévus dans les premières hypothèses.

Ces substitutions de formes algébriques négatives ou imaginaires, faites dans les formules du système primitif à la place des véritables quantités qui y entrent, semblent d'abord ne devoir conduire à rien, parce qu'elles introduisent dans le calcul des expressions inintelligibles; mais lorsqu'elles sont légitimes comme celles dont nous avons parlé ci-dessus, le seul développement de ces formules par les transformations ordinaires de l'algèbre suffit pour faire disparoître ce qui s'y trouvoit en effet d'inintelligible ou d'absurde, et c'est précisément, comme nous l'avons déjà dit, en cela que consistent les ressources qui appartiennent à l'analyse, et manquent à la synthèse.

70. En envisageant la question sous un autre point de vue, on peut, à la vérité, convenir de distinguer par les signes + et — les quantités toujours effectives prises en sens contraires les unes des autres; mais alors il faut expliquer ce qu'on entend par cette expression de quantités prises en sens contraires, et montrer qu'on a le droit d'opérer sur les signes par lesquels on est convenu de les distinguer, de la même manière qu'on le fait, lorsqu'on n'emploie ces mêmes signes qu'à indiquer des opérations exécutables. C'est là le point de la difficulté, et je crois qu'on ne sauroit la résoudre, qu'en attribuant à ces quantités dites en sens contraires, la signification de celles que j'ai appelées les unes directes, les autres inverses, et par conséquent, sans rapporter au moins tacitement le système examiné, à un autre système fondamental pris pour terme de comparaison. On n'est dispensé de ce rapprochement tacite, que lors-

qu'on

qu'on opère sur le système fondamental lui-même ; c'est-à-dire, lorsqu'on procède par synthèse, ou qu'on n'emploie les signes que par forme d'abréviations, et sans les faire servir à autre chose qu'à indiquer des opérations exécutables. Alors si ayant une formule trouvée pour ce système primitif, on veut l'étendre à un autre système pour lequel elle n'étoit pas faite, au lieu de chercher de nouveau la formule qui convient à ce dernier cas, on profite de la première, en y apportant seulement les modifications nécessaires ; et ces modifications consistent, ainsi que je l'ai montré ci-dessus, 1°. lorsque la corrélation est directe, à changer simplement suivant les cas les valeurs absolues des quantités; 2°. lorsque la corrélation est toujours simple, mais indirecte, à changer, outre les valeurs absolues de ces quantités, les signes d'un plus ou moins grand nombre d'entre elles. 3°. Enfin, lorsque la corrélation est seulement imaginaire ou complexe, à changer les signes, non des quantités simples qui entrent dans les formules, mais des fonctions plus ou moins composées de ces mêmes quantités.

Une fois le changement des signes opéré dans la formule examinée, elle devient immédiatement applicable au système transformé, de la même manière qu'elle l'étoit avant le changement au système primitif ; et ce système transformé peut lui-même, à son tour, servir de terme de comparaison pour d'autres, en faisant à la formule qui lui a été appropriée, les nouvelles modifications que pourroient exiger les changemens qui doivent avoir lieu, à mesure que le système éprouvera d'autres transformations.

Ainsi cette théorie dérive essentiellement d'un principe fondamental, qui ne s'applique pas seulement à la question ici traitée, mais à toutes les parties des mathématiques et de la dialectique en général, et qui consiste à rapporter toujours, les divers objets inconnus que l'on veut comparer à un même objet connu que l'on prend pour servir de terme de comparaison. Par ce moyen, on décompose la difficulté, on ramène la question compliquée d'établir le rapport qui existe entre deux choses l'une et l'autre inconnues, à ces deux autres simples, savoir, d'établir le rapport de chacune de ces choses inconnues en particulier à une même troisième chose connue. Telle est en tout la marche naturelle de l'esprit.

71. Tout l'artifice de la numération, par exemple, consiste à trouver le moyen d'arranger un petit nombre de chiffres dans un ordre méthodique, tel qu'avec ces seuls chiffres, on puisse représenter tous les nombres possibles, de manière à pouvoir opérer partiellement sur eux, et décomposer ainsi la difficulté, en convertissant les opérations qu'on peut avoir à exécuter sur des nombres considérables, en une série d'opérations partielles à faire sur de petits nombres ; c'est-à-dire, sur des nombres assez petits, pour qu'on puisse se faire de chacun d'eux une idée nette, ou les combiner immédiatement par l'attention et la mémoire, et qui forment le système primitif auquel tous les autres nombres sont rapportés.

72. De même, chacune des opérations de l'arithmétique, telles que l'addition, la soustraction, la multiplication, &c., n'est autre chose, que le procédé par lequel on parvient à opérer successivement sur les unités, les dixaines, les centaines, &c. des nombres proposés, lorsqu'ils sont trop considérables, pour que l'esprit puisse appercevoir directement le résultat entier de leur combinaison.

73. Il en est de même de l'algèbre. Son but est d'indiquer la série des opérations qui sont à faire, et que l'arithmétique doit exécuter pour obtenir un résultat cherché. On ne connoît pas toujours explicitement la valeur d'une quantité, quoiqu'on sache qu'elle dépend, et suivant quelle loi elle dépend d'une ou plusieurs des autres quantités données. Pour la trouver, on est obligé de décomposer la question principale, de la ramener à plusieurs opérations successives. Or c'est cette série d'opérations dont il faut connoître la nature, qu'il faut indiquer par des signes convenus, et c'est dans cette recherche et cette indication

que consiste l'algèbre ou plutôt l'analyse dont l'algèbre n'est, à proprement parler, que l'instrument ou la langue propre.

74. En géométrie, une figure composée de diverses lignes droites et courbes tracées dans différens plans, n'offre d'abord à l'esprit qu'une image confuse et des rapports vagues entre les parties ; mais en la décomposant en figures plus simples, en comparant successivement deux à deux, trois à trois les lignes et les angles qui y entrent, on parvient à découvrir tous les rapports partiels : on lie ensuite ces rapports, et de ces combinaisons successives, résulte la connoissance des diverses propriétés de la figure proposée.

75. Dans l'analyse infinitésimale, on prend un système fixe de quantités pour servir de terme de comparaison ; on conçoit ensuite, que ce système change par degrés insensibles : on regarde chacune des quantités qui composent ce système fixe, comme la limite de sa correspondante dans le système variable, et l'on nomme infiniment petite, la différence de chaque variable à sa limite. On cherche ensuite, au moyen des conditions du problême, des équations entre les variables, leurs limites, et leurs differences désignées sous le nom d'infiniment petites : on élimine ces dernières à l'aide d'une simplification accidentelle propre à ce calcul, et qui résulte de ce que ces quantités dites infiniment petites, peuvent décroître autant qu'on veut et s'évanouir simultanément par le rapprochement graduel, et finalement par la coïncidence du système variable avec le système fixe. Il reste les équations cherchées entre les variables et leurs limites ; c'est-à-dire, entre le système dont on recherche les propriétés et le système primitif pris pour terme de comparaison.

76. Enfin, la question que nous traitons ici des quantités directes et inverses, a beaucoup d'analogie avec ce que nous venons de dire de l'analyse infinitésimale : on prend également un système fixe pour servir de terme de comparaison ; on

regarde chacune des quantités qui composent celui-ci, comme la limite de sa correspondante dans le systême variable, ou le terme auquel on la rapporte constamment pendant la mutation : on prend la différence de deux quelconques des quantités du systême proposé, et l'on compare cette différence avec celle de leurs limites respectives, en ne considérant toujours que les valeurs absolues des unes et des autres. Tant que ces variables sont en ordre direct avec leurs limites; c'est-à-dire, tant que la plus grande de ces deux variables correspond à la plus grande des deux limites, la différence de ces variables est dite en sens direct; mais si ces variables passent à l'ordre inverse, c'est-à-dire, si celle qui correspond à la plus grande limite devient moindre que celle qui correspond à la plus petite, elle est dite en sens inverse. Alors pour trouver les propriétés du systême proposé, on commence par chercher celles du systême fixe pris pour servir de terme de comparaison, et lorsqu'on a trouvé les formules qui les expriment, on les approprie au systême corrélatif proposé, en y substituant aux quantités qui composent ce systême fixe, les valeurs de corrélation du nouveau systême; c'est-à-dire, en faisant subir aux premières, tant pour les valeurs absolues que pour les signes, les altérations qu'exige la différence de la manière d'être de ces deux systêmes.

77. Je terminerai cette première section par une observation qui me paroît très-importante. J'ai déjà dit que les règles établies pour la combinaison des signes dans les opérations algébriques, ne sont susceptibles de démonstration, que dans le cas où ces opérations sont exécutables; que par exemple, il n'est pas possible de prouver d'une manière satisfaisante, que $-a \times -a = a^2$. Dans ce cas donc, et dans tous ceux où les opérations qui doivent avoir lieu ne portent pas sur de véritables quantités, c'est-à-dire, sur des quantités réelles et positives, ces opérations ne sont employées que précairement : j'ajoute même qu'elles sont alors sujettes à exception, et que, par exemple, dans ces cas, *moins* multiplié par *moins* ne donne pas toujours *plus*.

En effet, soit $\sqrt{a-b}\times\sqrt{a-b}$, nous aurons par les règles établies pour la combinaison des signes, $\sqrt{a-b}.\sqrt{a-b}=\sqrt{a^2-2ab+b^2}$, équation qui doit avoir lieu, quelles que soient les valeurs de a et de b, tant que a sera plus grand que b; c'est-à-dire, tant que $a-b$ sera une véritable quantité. Si la règle étoit applicable aux quantités négatives comme aux quantités positives, la même équation subsisteroit lorsque a deviendroit moindre que b; or cela n'est pas : car en supposant, par exemple $a=0$, l'équation se réduiroit à $\sqrt{-b}.\sqrt{-b}=\sqrt{+b^2}=b$. Or cela est faux, car on a, comme chacun sait, $\sqrt{-b}.\sqrt{-b}=-b$, et non pas $=b$. La règle des signes est donc dans ce cas sujette à exception.

De même, on a $2\log.a=\log.a^2$ tant que a est une quantité effective. Si la règle étoit applicable aux quantités négatives, on auroit donc aussi $2\log.-a=\log.(-a)^2=\log.a^2$. Egalant donc ces deux valeurs de $\log.a^2$, on auroit $2\log.a=2\log.-a$, ou $\log.a=\log.-a$; ce qui est faux, et c'est cette erreur qui a fait naître la dispute sur les logarithmes des quantités négatives.

Donc les règles de l'algèbre sont sujettes à exception, lorsque l'opération n'a pas lieu sur de véritables quantités; donc il n'existe aucun moyen de démontrer *à priori* les règles de l'analyse, qui opère indistinctement sur les quantités positives, négatives ou imaginaires. Donc ses procédés ne peuvent être justifiés, que par la conformité de leurs résultats avec ceux de la synthèse, et par l'assurance que doit donner l'exactitude constante de ces résultats vérifiés. Voilà pourquoi les premiers Géomètres qui en ont fait usage, cherchoient toujours à rétablir la chaîne des vérités sensibles ou synthétiques, après avoir atteint leur objet, par la chaîne des vérités hiéroglyphiques ou analytiques.

SECTION II.

Mode proposé pour exprimer la corrélation des figures différentes, et les positions respectives des diverses parties d'une même figure.

78. Ce que j'ai dit dans la section première regarde toutes les espèces de quantités : je vais maintenant essayer d'appliquer ces principes généraux aux quantités géométriques en particulier.

Mon objet, dans cette section, est de chercher un mode propre à représenter, soit par les signes ordinaires de l'algèbre, soit par d'autres caractéristiques de convention, et l'arrangement systématique des lettres prises pour désigner les points remarquables d'une figure, tant la corrélation des figures différentes qui peuvent être rapportées à un même système primitif, que les positions respectives des points, des lignes, des angles, des aires, &c. qui entrent dans la composition de chacune d'elles.

Concevons deux systêmes quelconques de points en nombres égaux, mais arrangés diversement. Comparons chacun à chacun, et dans quel ordre on voudra les points du premier systême avec ceux du second, et nommons points correspondans, ceux qui sont ainsi comparés deux à deux, l'un dans le premier systême, l'autre dans le second.

Supposons que dans chacun de ces systêmes, on trace un même nombre de lignes droites, on décrive un même nombre de circonférences, on fasse passer un même nombre de plans, en menant toujours ces droites, ces circonférences, ces plans, par les points correspondans ; et qu'enfin tout ce qui est exécuté d'un côté, le soit pareillement de l'autre. Il est clair que deux pareils systèmes sont de ceux que j'ai nommés *systèmes corrélatifs*, ou *figures corrélatives* ; les points, les droites, les arcs, les angles, les aires, les volumes qui en résultent, menés ou établis de la même manière dans ces deux systèmes, seront également dits corrélatifs chacun à chacun. Enfin, j'appellerai fonctions, formules, équations corrélatives, celles qui expriment leurs propriétés analogues. Toutes ces notions cadrent évidemment avec celles que nous avons déjà développées dans la première section.

Les figures corrélatives ne sont pas pour cela des figures semblables, car quoique composées d'un même nombre de parties correspondantes, ces parties peuvent avoir des rapports différens. En effet, les points dits corrélatifs ne sont pas des points semblablement placés dans les deux systèmes, puisqu'ils sont disposés arbitrairement. Lorsque ces points sont semblablement placés, on peut dire qu'il y a entre les deux systèmes corrélation de similitude. On peut également distinguer la corrélation de symétrie, lorsque les figures comparées sont en effet symétriques (1); et enfin la corrélation d'identité ou de superposition, lorsque les deux figures sont absolument semblables et égales entre elles.

Puisque la base de chacun de ces systèmes est un assemblage de points qui sont en mêmes nombres dans l'un et dans l'autre, nous pouvons concevoir, que l'un de ces systèmes étant fixe et pris pour terme de comparaison, l'autre varie insensiblement, de manière que chacun de ses points approche graduellement du point corrélatif de l'autre système, et finisse par coïncider avec lui; alors ces deux systèmes se confondront et deviendront identiques. On peut également concevoir que deux systèmes étant d'abord identifiés, l'un des deux reste fixe, et que l'autre s'en éloigne insensiblement, en changeant de forme par degrés,

(1) La vraie notion des figures symétriques a été donnée par Legendre. *Voyez* sa *Géométrie*.

et chaque point prenant une position plus ou moins disparate avec celle qu'il avoit dans le systême primitif.

Je suppose donc que l'on connoisse les propriétés d'une figure quelconque que je prends pour terme de comparaison, et je cherche quelles modifications doivent éprouver les formules ou équations qui expriment ces propriétés connues, lorsqu'on veut les transférer, ou en faire l'application aux figures corrélatives.

En considérant toutes ces figures corrélatives comme les différens états du systême primitif qui varie par degrés insensibles, on pourra regarder les formules trouvées comme appartenant à toutes les autres, et il ne s'agira, pour l'application, que d'attribuer dans chaque cas particulier aux diverses variables, les valeurs absolues qui leur conviennent, et de faire les changemens de signes qu'exigent les modifications éprouvées par le systême.

Réciproquement, le systême primitif étant donné ainsi que les formules qui s'y rapportent, on peut demander quel est le systême corrélatif auquel se rapporteroient ces formules modifiées de telle ou telle manière.

Enfin, on peut demander quelles formules seroient en même temps applicables aux deux systêmes; c'est-à-dire, quelles formules générales contiendroient en même temps les formules applicables à chacun des systêmes en particulier.

79. La marche que je suivrai pour établir la corrélation de deux figures, sera d'établir d'abord, la corrélation des points, puis celles des lignes, des angles, des arcs, des aires, &c.

Je distingue pour les points, deux sortes de corrélations; savoir, la corrélation de construction, et la corrélation de position. La corrélation de construction est celle qu'on établit entre les points de deux figures considérées dans l'ordre de leurs constructions respectives; la corrélation de position est celle qu'on établit entre ces mêmes points, en les considérant dans l'ordre suivant lequel ils se trouvent rangés sur les lignes corrélatives qui les contiennent.

Soient

Soient, par exemple (fig. 9 et 10); deux triangles ABC, A'B'C', dans lesquels je prends A et A', B et B', C et C', pour respectivement corrélatifs. Abaissons des points corrélatifs A, A', les perpendiculaires $\overline{AD}$, $\overline{A'D'}$, sur les bases opposées : les points D et D' seront corrélatifs entre eux dans l'ordre de la construction. Mais supposons que dans le premier triangle ABC pris pour terme de comparaison, D tombe entre B et C, tandis que dans le second, le point C' se trouve entre B' et D', correspondans de B et D : la corrélation de position consistera dans l'expression de cette différence.

Pour établir la corrélation de construction, je me contente d'écrire la série des points qui déterminent chaque figure, en les plaçant dans un même ordre les uns sous les autres, chacun sous son correspondant, comme il suit.

Corrélation de construction.

1er système............ A B C D
2e système............ A' B' C' D',

par où je vois que dans l'ordre de la construction A' correspond à A; B' à B; C' à C; D' à D.

Etablissons maintenant la corrélation de position. Je vois que pour exprimer cette corrélation, il est nécessaire d'indiquer, que dans la première figure, D se trouve sur la droite $\overline{BC}$ entre les points B et C; au lieu que dans la seconde, D' se trouve sur $\overline{B'C'}$, de manière que c'est C' qui est placé entre B' et D'. Or il suffit pour indiquer cette modification d'écrire les deux séries des points correspondans, suivant l'ordre dans lequel ils se trouvent rangés sur les bases corrélatives $\overline{BC}$, $\overline{B'C'}$, comme il suit.

1er syst........... $\overline{B\ D\ C}$
2e syst........... $\overline{B'\ C'\ D'}$.

Les barres tirées au-dessus de ces séries de points servent à indiquer que ces points sont rangés sur des lignes droites.

J'exprime de la même manière la corrélation de position de deux séries de points placés sur des arcs corrélatifs de courbe, avec cette différence, qu'au lieu d'une barre droite tirée au-dessus, ce sera une barre courbée : de manière, que si A, B, C, D, par exemple, sont quatre points placés sur un arc de cercle dans l'ordre ABCD, tandis que leurs correspondans A', C', B', D', sont placés sur l'arc de cercle corrélatif au premier dans l'ordre A' C' B' D', on établira ainsi les corrélations de construction et de position.

Corrélation de construction.

1er syst........... A B C D
2e syst........... A' B' C' D'.

Corrélation de position.

1er syst........... $\overset{\frown}{ABCD}$
2e syst........... $\overset{\frown}{A'C'B'D'}$.

80. En général, pour indiquer une ligne droite, je tirerai une barre droite au-dessus des lettres prises pour en désigner les points; et pour indiquer un arc de courbe, je tirerai au-dessus des lettres prises pour en désigner les points, une barre courbée. Ainsi $\overline{AB}$, $\overline{CD}$, $\overline{EF}$, &c. signifient les droites AB, CD, EF, &c., et $\overset{\frown}{AB}$, $\overset{\frown}{CDE}$, $\overset{\frown}{BCDF}$, &c. signifient les arcs de courbe AB, CDE, BCDF, &c. Ces dernières expressions se rapporteront pour l'ordinaire à des arcs de cercle, comme étant la courbe la plus simple; celle qu'on prend pour servir de terme de comparaison aux autres, en l'employant comme une échelle pour mesurer leurs différentes courbures.

81. Comme dans l'ordre de la construction, les points corrélatifs sont les intersections des lignes corrélatives, nous aurons souvent besoin de dire que tel point est l'intersection de telle et telle lignes; ce que nous exprimons pour abréger comme il suit. Pour exprimer, par exemple, le point de concours de deux

lignes droites $\overline{AB}$, $\overline{CD}$, j'écrirai $\overline{AB}\cdot\overline{CD}$; c'est-à-dire, les deux lignes droites $\overline{AB}$, $\overline{CD}$, avec un point placé entre les deux barres mises au-dessus. Ainsi cette expression signifie par abréviation, *le point de concours des droites* $\overline{AB}$, $\overline{CD}$, *prolongées s'il est nécessaire.*

De même, pour exprimer le point de concours des deux arcs de courbe $\widehat{AB}$, $\widehat{CD}$, j'écrirai $\widehat{AB}\cdot\widehat{CD}$; pour exprimer le point de concours d'une droite $\overline{AB}$, avec un arc de courbe $\widehat{CD}$, j'écrirai $\overline{AB}\cdot\widehat{CD}$, ou $\widehat{CD}\cdot\overline{AB}$. Si deux droites ou deux arcs, ou une droite et un arc étoient exprimés par de simples lettres a, b, on exprimeroit leur point de concours simplement de cette manière $a\cdot b$.

On voit par-là que $\overline{F\,\overline{AB}\cdot\overline{CD}}$, par exemple, signifie la droite menée du point F au point de concours de $\overline{AB}$ et $\overline{CD}$; que $\overline{\overline{AB}\cdot\overline{CD}\;\widehat{FG}\cdot\widehat{HK}}$, signifie la droite menée du point de concours des droites $\overline{AB}$, $\overline{CD}$, au point où se croisent les deux arcs de courbe $\widehat{FG}$, $\widehat{HK}$. Que $\overline{\overline{AB}\cdot\overline{CD}\;\widehat{FG}\cdot\widehat{HK}}\cdot\widehat{LM}$, est le point où l'arc LM coupe la droite menée du point d'intersection des droites $\overline{AB}$, $\overline{CD}$, à celui où se coupent les arcs $\widehat{FG}$, $\widehat{HK}$. Ainsi des autres. Cette espèce de notation très-simple, abrège considérablement le discours.

82. Pour exprimer que deux points coïncident ou ne sont qu'un seul et même point considéré de deux manières, j'en écrirai la double expression par le signe $\mathrel{=\!\!\!\!\!\mid}$, que j'appellerai *signe d'équipollence.* Par exemple, si les droites $\overline{AB}$, $\overline{CD}$, concourent au point E, j'écrirai $\overline{AB}\cdot\overline{CD}\mathrel{=\!\!\!\!\!\mid}E$. Si deux droites $\overline{AB}$, $\overline{CD}$, concourent au même point que les deux arcs $\widehat{FG}$, $\widehat{HK}$, j'écrirai, $\overline{AB}\cdot\overline{CD}\mathrel{=\!\!\!\!\!\mid}\widehat{FG}\cdot\widehat{HK}$.

En général, je me servirai du signe d'équipollence $\mathrel{=\!\!\!\!\!\mid}$ pour exprimer l'identité de deux objets quelconques. Ainsi a ╪ b, signifiera que la valeur de a est la même que celle de b. Il exprimera donc dans ce cas la même chose que le signe $=$; mais le signe d'équipollence est en même temps applicable aux points et à tous les objets qui peuvent être substitués les uns aux autres.

83. J'ai dit comment je distingue les arcs des lignes droites en écrivant $\overline{AB}$ pour droite AB, et $\widehat{AB}$ pour arc AB. J'écrirai de même par forme d'abréviation $A\hat{B}C$ pour angle ABC. Pour marquer l'angle formé par deux droites $\overline{AB}$, $\overline{CD}$, j'écrirai $\overline{AB}{}^\wedge\overline{CD}$. Pareillement, pour exprimer l'angle formé par deux arcs $\widehat{AB}$, $\widehat{CD}$, à leur intersection, j'écrirai $\widehat{AB}{}^\wedge\widehat{CD}$.

Pour surface ou aire ABCD, j'écrirai $\overline{\overline{ABCD}}$. Pour exprimer l'angle formé par une droite $\overline{AB}$, et une surface $\overline{\overline{CDEFG}}$, j'écrirai $\overline{AB}{}^\wedge\overline{\overline{CDEFG}}$. Pour exprimer l'angle que forment deux surfaces, comme $\overline{\overline{ABC}}$, $\overline{\overline{DEFG}}$, j'écrirai $\overline{\overline{ABC}}{}^\wedge\overline{\overline{DEFG}}$.

Si ces lignes ou ces surfaces sont désignées par des lettres simples, comme a, b, c, d, &c., je désignerai les angles qu'elles formeront entre elles comme il suit $a{}^\wedge b$, $a{}^\wedge c$, $b{}^\wedge d$, &c.

Jê me bornerai à ce petit nombre d'abréviations, et ne les emploierai même qu'au besoin ; mais on verra que l'usage en est très-facile, qu'elles contribuent beaucoup à donner une idée nette des objets, et à rendre claire et sensible, par le moyen des tableaux de corrélation, la comparaison des objets tirés de systêmes différens.

84. Pour ce qui concerne les droites, les angles, les arcs, les aires, les volumes, et autres valeurs quelconques, on distinguera la corrélation des quantités ou valeurs absolues, et la corrélation des signes.

La corrélation des valeurs absolues s'établit, en écrivant

simplement l'une sous l'autre les quantités correspondantes. Ainsi, par exemple, si l'on a deux systêmes de quantités, l'un composé des quantités A, B, C, D, &c.; l'autre, des quantités corrélatives a, b, c, d, &c. chacune à chacune; on établira la corrélation des valeurs absolues comme il suit.

Corrélation des valeurs absolues.

1er syst............. A, B, C, D, &c.
2e syst............. a, b, c, d, &c.

Cette corrélation des quantités sera toujours très-facile à établir, dès qu'on aura la *corrélation de construction* expliquée ci-dessus, puisqu'il n'y aura qu'à prendre les points qui déterminent ces quantités suivant le même ordre de construction dans les deux systêmes comparés.

Soient, par exemple, ABCD, A'B'C'D' les triangles (fig. 9 et 10) déjà considérés ci-dessus; puisque nous avons cette corrélation de construction entre les points :

1er syst............. A B C D
2e syst............. A' B' C' D'.

On conclura sans difficulté qu'on a cette corrélation entre les valeurs absolues des lignes, des angles et des aires.

Corrélation des valeurs absolues.

$$\begin{array}{l} 1^{er}\text{ syst....} \\ 2^{e}\text{ syst....} \end{array}\left\{\begin{array}{l} \overline{AB},\ \overline{AC},\ \overline{BC},\ \overline{BD},\ \overline{CD},\ \overline{AD},\ B\hat{A}C, \\ \overline{A'B'},\ \overline{A'C'},\ \overline{B'C'},\ \overline{B'D'},\ \overline{C'D'},\ \overline{A'D'},\ B'\hat{A'}C', \end{array}\right.$$

$$\left\{\begin{array}{l} A\hat{B}C,\ A\hat{C}B,\ B\hat{A}D,\ C\hat{A}D,\ \overline{\overline{ABC}},\ \overline{\overline{ABD}},\ \overline{\overline{ACD}}. \\ A'\hat{B'}C',\ A'\hat{C'}B',\ B'\hat{A'}D',\ C'\hat{A'}D',\ \overline{\overline{A'B'C'}},\ \overline{\overline{A'B'D'}},\ \overline{\overline{A'C'D'}}. \end{array}\right.$$

Ce qui s'exécute en écrivant d'abord et de suite la série de toutes les quantités du premier systême que l'on veut comparer à celles du second; et ensuite sous chacune d'elles, la série des lettres correspondantes, lesquelles détermineront les quantités correspondantes du second système.

Ainsi les deux premières lettres A, B, prises dans la corrélation des points, étant écrites de suite, déterminent la droite $\overline{AB}$; les deux lettres correspondantes A′, B′, du second système écrites de suite, détermineront la droite $\overline{A'B'}$ corrélative avec $\overline{AB}$. Pareillement, la seconde, la première et la quatrième lettres du premier système écrites de suite, déterminant l'angle $B\hat{A}D$; la seconde, la première et la quatrième du second système écrites de suite, dans le même ordre, détermineront l'angle corrélatif $B'\hat{A'}D'$ de ce second système; c'est-à-dire, que $B\hat{A}D$ et $B'\hat{A'}D'$, seront des quantités corrélatives. Ainsi des autres.

On voit par-là, qu'en général la corrélation des quantités ou valeurs absolues, ne dépend que de la corrélation de construction.

85. La corrélation de construction établie, il faudra établir la corrélation des signes : celle-ci dépend de la corrélation de position.

Par exemple, dans les deux triangles comparés ci-dessus, la corrélation de position des points étant (79),

1er syst. . . . . $\overline{B\ D\ C}$

2e syst. . . . . $\overline{B'\ C'\ D'}$.

Je vois qu'il s'est fait une inversion entre les points D, C, et leurs corrélatifs D′, C′; c'est-à-dire, qu'ils ont changé d'ordre. J'en conclus que les deux systêmes ne sont qu'indirectement corrélatifs. On cherchera donc successivement quelles sont toutes les quantités restées directes, et quelles sont celles qui sont devenues inverses : on donnera aux premières + pour signe de corrélation, et aux autres —.

Quant au système pris pour terme de comparaison, j'ai déjà dit que les quantités qui le composent, n'ont par elles-mêmes aucun signe, puisque ce sont de simples valeurs absolues, mais qu'on peut leur donner le signe +, parce qu'on peut regarder le système primitif comme le premier des systêmes corrélatifs, et j'en userai ainsi (52).

86. La corrélation des signes établie, les valeurs de corrélation en dérivent de suite, puisqu'elles se composent des valeurs absolues prises collectivement avec leurs signes. Etablissons donc ces valeurs de corrélation successivement pour chacune des quantités qui composent les deux systêmes comparés. Voici d'abord quel doit être le résultat, ainsi que je le prouverai immédiatement après.

Tableau général de la corrélation des deux systêmes.

$$\begin{array}{l} 1^{\text{er}}\text{ syst...} \\ 2^{\text{e}}\text{ syst...} \end{array}\left\{\begin{array}{l} +\overline{AB},+\overline{AC},+\overline{BC},+\overline{BD},+\overline{CD},+\overline{AD},+B\hat{A}C, \\ +\overline{A'B'},+\overline{A'C'},+\overline{B'C'},+\overline{B'D'},-\overline{C'D'},+\overline{A'D'},+B'\hat{A'}C', \end{array}\right.$$

$$\left\{\begin{array}{l} +A\hat{B}C,+A\hat{C}B,+B\hat{A}D,+C\hat{A}D,+\overline{\overline{ABC}},+\overline{\overline{ABD}},+\overline{\overline{ACD}}. \\ +A'\hat{B'}C',+A'\hat{C'}B',+B'\hat{A'}D',-C'\hat{A'}D',+\overline{\overline{A'B'C'}},+\overline{\overline{A'B'D'}},-\overline{\overline{A'C'D'}}. \end{array}\right.$$

Pour démontrer ce tableau de corrélation, j'imagine que le triangle primitif ABCD se transforme en A′B′C′D′ par le mouvement du point C sur $\overline{CB}$, et en vertu duquel il vient se placer entre B et D. Cela posé, dans ce mouvement, je vois qu'aucune des quantités $\overline{AB}$, $\overline{AC}$, $\overline{BC}$, $\overline{BD}$, $\overline{AD}$, ne passe ni par o ni par ∞. Donc ces quantités sont directes dans le second systême (49); donc le signe de corrélation de chacune d'elles dans ce second systême est +, ainsi que le marque le tableau. Quant à $\overline{CD}$, au contraire, elle passe par o, pour devenir $\overline{C'D'}$, au moment où C coïncide avec D. Cette quantité peut donc devenir inverse, et le devient en effet; car dans le systême primitif on a $\overline{CD}=\overline{BC}-\overline{BD}$, et dans le systême transformé, on a au contraire, $\overline{C'D'}=\overline{B'D'}-\overline{B'C'}$. Donc le signe de corrélation de $\overline{C'D'}$ est —, comme le montre le tableau.

Pareillement, il est clair que pendant tout le mouvement du point C, aucune des quantités $B\hat{A}C$, $A\hat{B}C$, $A\hat{C}B$, $B\hat{A}D$, $\overline{\overline{ABC}}$, $\overline{\overline{ABD}}$, ne passe ni par o ni par ∞. Donc le signe de corrélation de chacune d'elles dans le système transformé est $+$; mais $C\hat{A}D$, $\overline{\overline{ACD}}$, se sont évanouis l'un et l'autre au moment de la coïncidence de C avec D : ces deux quantités peuvent donc être devenues inverses, et cela est ainsi; car dans le premier système, on a $C\hat{A}D = B\hat{A}C - B\hat{A}D$, et au contraire, on a dans le système transformé $C'\hat{A}'D' = B'\hat{A}'D' - B'\hat{A}'C'$. De même, on a dans le premier système $\overline{\overline{ACD}} = \overline{\overline{ABC}} - \overline{\overline{ABD}}$; et dans le second, on a au contraire, $\overline{\overline{A'C'D'}} = \overline{\overline{A'B'D'}} - \overline{\overline{A'B'C'}}$. Donc ces deux quantités $C'\hat{A}'D'$, $\overline{\overline{A'C'D'}}$ sont inverses; donc leur signe de corrélation est $-$, comme l'indique le tableau. Donc ce tableau représente exactement la corrélation des deux systêmes proposés.

Il suit de là, que si les propriétés du triangle primitif étoient exprimées d'une manière quelconque par des formules, proportions ou équations qui ne continssent que les quantités énumérées dans le tableau; il n'y auroit, pour rendre ces formules applicables au systême transformé, qu'à y substituer à la place de chacune des valeurs qui s'y trouvent, la valeur de corrélation qui lui correspond dans le systême transformé (25).

On sait, par exemple, que dans tout triangle où l'on a mené une perpendiculaire de l'un des angles sur le côté opposé, si cette perpendiculaire tombe sur le côté même, on a cette proportion.

Le côté sur lequel tombe la perpendiculaire, est à la somme des deux autres côtés, comme la différence de ces autres côtés est à la différence des segmens; et l'on veut savoir ce que devient cette proportion, lorsque la perpendiculaire tombe en dehors de l'aire du triangle, ou sur le prolongement de la base.

La proportion énoncée me donne pour le systême primitif, $\overline{BC}$

$\overline{BC} : \overline{AB} + \overline{AC} :: \overline{AB} - \overline{AC} : \overline{BD} - \overline{CD}$. Pour appliquer cette proportion au systême transformé, j'y substitue les valeurs corrélatives prises dans le tableau; elles ont toutes + pour signe de corrélation, excepté $\overline{C'D'}$. Je change donc seulement le signe de $\overline{C'D'}$, et ma proportion devient,

$$\overline{B'C'} : \overline{A'B'} + \overline{A'C'} :: \overline{A'B'} - \overline{A'C'} : \overline{B'D'} + \overline{C'D'};$$

c'est-à-dire, que quand la perpendiculaire tombe en dehors, on a cette proportion.

Le côté sur lequel tombe la perpendiculaire, est à la somme des deux autres côtés, comme la différence de ces autres côtés est à la somme des segmens.

Il en seroit de même d'un nouveau triangle quelconque auquel on voudroit appliquer les mêmes formules : il n'y auroit qu'à établir, comme on vient de le faire voir, la corrélation des deux systêmes, laquelle sera évidemment directe, si la perpendiculaire du nouveau triangle tombe sur la base même qui lui est opposée; et indirecte, si cette perpendiculaire tombe seulement sur le prolongement de cette base.

Dans ce dernier cas, on pourroit prendre pour systême primitif, celui que nous venons de regarder comme systême transformé; c'est-à-dire, prendre celui-ci pour terme de comparaison au nouveau triangle, et alors la corrélation seroit directe; c'est-à-dire, que les signes seroient les mêmes dans les formules du nouveau systême que dans celles qui auroient été préalablement trouvées pour le systême A'B'C'D' que nous venons de considérer.

87. Deux droites qui se coupent forment quatre angles différens, qu'il est très-essentiel de ne pas confondre lorsque l'on fait la comparaison de deux ou plusieurs figures corrélatives; c'est pourquoi je vais m'occuper ici de la manière d'indiquer la distinction de ces angles dans le calcul.

D'abord, j'indique la direction d'une droite, en nommant deux points quelconques de cette droite, et mettant pour premier en ordre, celui qu'on suppose avoir tracé la ligne par son mouvement. Ainsi (fig. 11) le point m étant supposé avoir décrit une droite par son mouvement, en allant de m vers n, $\overline{mn}$ indique ce que j'appelle la direction de cette droite, et m, ce que j'appelle son *premier point* ou *point générateur*. $\overline{nm}$, au contraire, désigne la direction diamétralement opposée.

Je dis que deux droites sont tracées dans le même sens, lorsqu'elles sont parallèles, et que de plus, on peut faire coïncider leurs directions, en imaginant que l'une des deux se meut parallèlement à elle-même de manière que son point générateur aille coïncider avec le point générateur de la seconde.

Par l'angle que forment deux droites quelconques partant d'un même point, j'entends le seul angle que forment réellement leurs directions, en prenant pour premier point ou point générateur de chacune d'elles, celui qui leur est commun. Ainsi en supposant que $\overline{nn'}$, $\overline{pp'}$, se croisent en un point m, et que je veuille désigner l'angle $n\hat{m}p$, je dirois l'angle formé par $\overline{mn}$, $\overline{mp}$, et non pas l'angle formé par $\overline{mn}$ et $\overline{pm}$; ni l'angle formé par $\overline{nm}$ et $\overline{mp}$; et je l'écrirai ainsi (83) $n\hat{m}p$, ou $\overline{mn}\,\hat{}\,\overline{mp}$.

Au moyen de cela, les quatre angles formés par les droites $\overline{nn'}$, $\overline{pp'}$, seront facilement distingués, puisque d'après la notion précédente, on aura $n\hat{m}p \mp \overline{mn}\,\hat{}\,\overline{mp}$, $n\hat{m}p' \mp \overline{mn}\,\hat{}\,\overline{mp'}$, $p'\hat{m}n' \mp \overline{mp'}\,\hat{}\,\overline{mn'}$, $p\hat{m}n' \mp \overline{mp}\,\hat{}\,\overline{mn'}$.

Puisque les angles opposés au sommet sont égaux, on a, par exemple, $n\hat{m}p = p'\hat{m}n'$, et par conséquent $\overline{mn}\,\hat{}\,\overline{mp} = \overline{mp'}\,\hat{}\,\overline{mn'}$. Ainsi ces deux angles sont identiques quant à leurs valeurs absolues, mais non quant à leurs positions.

Deux angles adjacens, au contraire, sont supplémens l'un de l'autre. Ainsi l'on a $\overline{mn}\,\hat{}\,\overline{mp'} = 2\varpi - \overline{mn}\,\hat{}\,\overline{mp}$, en nommant ϖ le quart de la circonférence ou l'angle droit.

Au lieu de désigner les angles précédens comme on vient de le dire, en partant toujours du point d'intersection m, on peut généraliser l'expression comme il suit. Pour désigner l'angle $n\hat{m}p$, on écrira en général $\overline{n'n}\,\hat{}\,\overline{p'p}$, en prenant n' à volonté sur la direction de $\overline{mn}$, et p' à volonté sur la direction de $\overline{mp}$; de manière cependant que les directions $\overline{n'n}$, $\overline{p'p}$ soient les mêmes que $\overline{mn}$, $\overline{mp}$. Ainsi les quatre angles formés par les deux droites $\overline{nn'}$, $\overline{pp'}$, seront distingués les uns des autres comme il suit :

$$\widehat{nmp} = \overline{n'n}\,\hat{}\,\overline{p'p};\ \widehat{nmp'} = \overline{n'n}\,\hat{}\,\overline{pp'},\ \widehat{p'mn'} = \overline{pp'}\,\hat{}\,\overline{nn'},\ \widehat{pmn'} = \overline{p'p}\,\hat{}\,\overline{nn'}.$$

J'étends ces notions au cas où les droites comparées ne seroient pas dans un même plan; alors j'appelle angle formé par ces deux droites, celui qui auroit lieu entre deux autres droites menées respectivement dans le sens de chacune des premières d'un point quelconque pris dans l'espace.

Ainsi, en général, deux droites quelconques tracées dans l'espace étant désignées par $\overline{AB}$, $\overline{CD}$, l'angle qu'elles formeront sera désigné par $\overline{AB}\,\hat{}\,\overline{CD}$, l'angle égal qui lui est opposé au sommet par $\overline{BA}\,\hat{}\,\overline{DC}$; et les deux angles supplémentaires qui sont aussi égaux entre eux, par $\overline{AB}\,\hat{}\,\overline{DC}$ et $\overline{BA}\,\hat{}\,\overline{CD}$; on aura donc toujours, en nommant ϖ l'angle droit : $\overline{AB}\,\hat{}\,\overline{CD} = \overline{BA}\,\hat{}\,\overline{DC}$; $\overline{AB}\,\hat{}\,\overline{DC} = \overline{BA}\,\hat{}\,\overline{CD}$; $\overline{AB}\,\hat{}\,\overline{CD} + \overline{AB}\,\hat{}\,\overline{DC} = 2\varpi$; $\overline{AB}\,\hat{}\,\overline{CD} + \overline{BA}\,\hat{}\,\overline{CD} = 2\varpi$.

Toutes ces équations se forment évidemment par un simple mécanisme dans l'arrangement systématique et la transposition des lettres, et ce mécanisme, lorsqu'il est devenu familier, dispense de porter si souvent les yeux sur le tracé de la figure : or l'on sait que c'est un des grands avantages de l'analyse, qu'une fois les quantités désignées par des lettres ou caractères quelconques, on n'a plus à s'occuper de la chose même représentée, mais seulement de son symbole.

Quant aux angles formés par des plans quelconques, il est clair qu'on peut leur appliquer encore les mêmes notions, en désignant ces plans par des droites menées dans ces mêmes plans respectifs, d'un point de leur intersection commune, perpendiculairement à cette même intersection.

88. Comme nous aurons souvent à parler des angles que forment les côtés d'un polygone entre eux ou avec des lignes fixes prises pour termes de comparaison, il est nécessaire de donner à ce sujet les explications convenables pour prévenir toute équivoque.

Il est reçu, qu'en partant simplement des angles d'un polygone, on entend toujours ceux que forment deux à deux les côtés adjacens, en prenant pour premier point de chacun d'eux, celui qui leur est commun. Ainsi dans le polygone ABCDE (fig. 12) les angles du polygone sont $\overline{AB}\hat{\ }\overline{AE}$, $\overline{BA}\hat{\ }\overline{BC}$, &c.

Mais il faut distinguer ces angles dits *du polygone* de ceux que nous appellerons angles *formés dans le sens du périmètre*, soit par ces côtés entre eux, soit par ces mêmes côtés avec une ligne fixe prise pour terme de comparaison.

Pour ceux-ci, il faut concevoir qu'un point mobile partant d'un des sommets du polygone comme A, décrive ce polygone en suivant toujours le même sens du périmètre, jusqu'à ce qu'il soit revenu au sommet d'où il étoit parti. Alors on attribue à chacun des côtés la direction du point décrivant; et l'angle que forment les directions de deux côtés quelconques, pris ainsi, s'appelle angle formé dans le sens du périmètre. Ainsi, par exemple, l'angle formé dans le sens du périmètre par les côtés qui se coupent au point B, n'est pas $A\hat{B}C$, qui est l'angle du polygone; mais celui $A'\hat{B}C$ qui est formé par les directions $\overline{AB}$, $\overline{BC}$, ou $\overline{AB}\hat{\ }\overline{BC} = 2\varpi - \overline{BA}\hat{\ }\overline{BC}$.

On voit donc que dans un polygone qui n'a point d'angles rentrans, l'angle formé dans le sens du périmètre est le supplément de l'angle du polygone, ou qu'il est ce qu'on nomme l'angle extérieur.

La distinction que nous venons de mettre entre l'angle du polygone, et l'angle formé dans le sens du périmètre, a lieu pour toutes les espèces de polygones; soit que les angles soient tous saillans, soit qu'il y en ait de rentrans, soit enfin que le polygone soit plan ou gauche, c'est-à-dire, que tous ses côtés soient ou ne soient pas dans un même plan. De plus, les angles, formés par deux côtés s'entendent également, soit des côtés adjacens, soit de ceux qui sont séparés par d'autres, et qui par conséquent peuvent n'être pas dans le même plan.

L'angle formé dans le sens du périmètre par les divers côtés du polygone, et une droite quelconque fixe prise pour terme de comparaison, s'entend de celui qui auroit lieu si l'on imaginoit par le premier point ou point générateur de cette droite fixe, une autre droite parallèle à ce côté et tracée dans le même sens que l'on suppose être celui du périmètre. Ce sens du périmètre est choisi à volonté; mais une fois déterminé, il doit être le même pour tous les côtés du polygone, de même que la ligne fixe prise pour terme de comparaison.

On peut prendre pour ligne fixe l'un quelconque des côtés même du polygone; mais alors, il faut toujours regarder comme distincte la direction de cette ligne considérée en tant qu'elle est prise pour terme de comparaison, d'avec cette même ligne considérée en tant qu'elle forme l'un des côtés du polygone; car on peut changer le sens du périmètre, sans changer celui de la ligne fixe, et réciproquement. Ainsi cette ligne fixe et le côté du polygone sur lequel elle est prise, peuvent se trouver à volonté, ou dans un même sens, ou dans des directions diamétralement opposées.

89. Lorsque nous parlerons dans la suite de l'angle formé par les côtés du polygone, soit entre eux, soit avec d'autres lignes fixes, nous entendrons toujours l'angle du polygone, c'est-à-dire, l'angle formé par ces deux lignes, en prenant leur point d'intersection pour le point générateur de chacune d'elles; et lorsque nous voudrons désigner l'angle formé par ces lignes dans le sens du périmètre, nous en avertirons expressément.

90. S'il s'agit des angles formés par deux faces consécutives d'un polyèdre, on concevra par un point quelconque de l'arrête commune, deux perpendiculaires tracées, l'une dans la pre-

mière face, l'autre dans la seconde. L'angle formé par ces deux droites en prenant le point d'intersection pour point générateur de chacune d'elles, sera *l'angle du polyèdre*, et son supplément sera l'angle formé par ces deux faces *dans le sens de l'aire du polyèdre.*

Ou ce qui revient au même, on distinguera la paroi intérieure du polyèdre de sa paroi extérieure. L'angle formé par les deux parois intérieures, en prenant pour ligne génératrice leur intersection commune, est l'angle du polyèdre, et son supplément est l'angle formé dans le sens de l'aire du polyèdre.

On peut rendre cela plus sensible à l'imagination, si l'on conçoit, par exemple, que la paroi intérieure du polygone est de couleur blanche, et les faces extérieures de couleur noire; que de plus, chaque face indéfiniment prolongée conserve la même couleur du même côté dans toute son étendue; car alors l'angle dit du polyèdre, est celui qui est formé par les faces blanches, en prenant leurs intersections communes pour ligne génératrice de l'une et de l'autre; et l'angle formé dans le sens de l'aire du polyèdre, est celui qui est formé par la face blanche de l'une et la face noire de l'autre, en supposant toujours que ces couleurs soient prises consécutivement et sans être interrompues par les plans, et que leurs intersections soient les lignes génératrices des surfaces comparées.

De cette manière, on concevra plus facilement ce que c'est que l'angle formé par deux faces non consécutives, soit celui du polyèdre, soit celui formé dans le sens de l'aire du polyèdre. Il en sera de même des angles formés par les faces du polyèdre et un plan fixe quelconque pris pour terme de comparaison. On attribuera à l'un quelconque des côtés de ce plan fixe indéfini la couleur blanche, et à l'autre la couleur noire : alors on entendra par les angles que forme chacune des faces avec le plan fixe, celui qui sera compris entre leurs surfaces blanches non interrompues par les plans, et en prenant leur intersection commune pour ligne génératrice, et les angles formés par ces faces avec le plan fixe dans le sens de l'aire du polyèdre, seront ceux compris entre la surface blanche du plan et les faces noires du polyèdre.

Au reste, de quelque manière qu'on explique ces distinctions, elles sont indispensables, pour éviter de confondre les angles dont on veut parler avec leurs supplémens.

Voyons maintenant sur quelques exemples, l'usage qu'on peut faire des caractéristiques ou signes de convention expliqués ci-dessus, à l'effet d'exprimer les rapports de position qui existent entre les diverses parties d'une même figure, et ceux de diverses figures corrélatives entre elles.

PROBLÊME I.

91. *Etablir les corrélations de construction et de position qui existent entre deux triangles quelconques* ABC, MNP, (fig 13 et 14) *de manière, qu'ayant les formules propres à l'une de ces figures, on puisse les modifier convenablement pour qu'elles deviennent applicables à l'autre.*

Prenons pour terme de comparaison le triangle ABC, par exemple, et écrivons de suite et dans un ordre quelconque, les trois points A, B, C, qui le déterminent. Ecrivons au-dessous, également dans un ordre quelconque, les trois points M, N, P, qui déterminent le second. Par exemple, comme il suit :

1er syst.................. A B C
2e syst.................. M N P.

Il est clair que la corrélation de construction se trouvera établie : d'où il suit évidemment, qu'on peut établir cette corrélation d'autant de manières différentes, qu'il y en a de faire correspondre les trois lettres M, N, P, aux trois lettres A, B, C; c'est-à-dire, six.

La corrélation de construction ainsi établie; celle des valeurs absolues s'ensuit sans difficulté : puisque pour trouver, par exemple, la droite qui dans le second système répond à la droite $\overline{AC}$ du premier, il n'y a qu'à prendre les deux points M, P, qui correspondent respectivement aux premiers A, C; c'est-à-dire, que $\overline{MP}$ correspond à $\overline{AC}$. De même l'angle $B\hat{A}C$ a pour correspondant l'angle $N\hat{M}P$. Ainsi des autres.

Il reste donc à établir la corrélation de position de laquelle dépend celle des signes; mais il est évident, que la corrélation de deux triangles quelconques, simples comme ceux que nous considérons, c'est-à-dire sans lignes accessoires; comme seroient, par exemple, les perpendiculaires menées des angles sur les côtés opposés; que cette corrélation, dis-je, est toujours directe, puisqu'un des triangles peut toujours se transformer en l'autre par degrés insensibles, sans qu'aucune des six choses à considérer passe ni par o ni par ∞; car pour opérer cette mutation, il n'y a évidemment qu'à augmenter ou diminuer convenablement les côtés.

Donc les formules que donne la trigonométrie pour le calcul d'un triangle quelconque, sont applicables à tous les triangles possibles sans aucun changement de signes, pourvu que dans le calcul on ne fasse réellement entrer que les six choses à considérer dans ce triangle simple, et non les perpendiculaires, par exemple, ou les angles que forment ces perpendiculaires avec les côtés adjacens.

On peut remarquer que tout triangle est comparable à lui-même de trois manières différentes, par voie de corrélation, car nous pouvons établir pour le triangle ABC les trois systêmes corrélatifs suivans :

1er syst.............. A B C
2e syst.............. B A C
3e syst.............. A C B.

PROBLÊME II.

92. *Etablir les corrélations de construction et de position qui existent entre deux triangles* ABCD, MNPQ, (fig 15 et 16) *dans chacun desquels est une perpendiculaire* $\overline{AD}$, $\overline{MQ}$, *abaissée de l'un des angles sur le côté opposé.*

Prenons pour terme de comparaison la figure ABCD, et écrivons

écrivons de suite dans l'ordre de la construction les quatre points A, B, C, D, qui déterminent la première figure; c'est-à-dire, d'abord dans un ordre quelconque, les trois sommets A, B, C, en commençant, par exemple, par le point A, puis B, puis C, et enfin le point D, où la perpendiculaire tombe sur le côté opposé $\overline{BC}$.

Ecrivons au-dessous les lettres correspondantes de la figure corrélative MNPQ; c'est-à-dire, en suivant le même ordre de construction, ou commençant par le point M duquel la perpendiculaire est abaissée, puis N, par exemple, puis P, et enfin Q, où la perpendiculaire tombe sur le côté opposé, comme dans la figure primitive.

Cet arrangement nous donnera évidemment la corrélation de construction des deux figures comme il suit :

1er syst.............. A B C D
2e syst.............. M N P Q

Au lieu de faire correspondre N à B et P à C, nous aurions évidemment pu faire correspondre P à B et N à C; ce qui donne deux manières d'établir cette corrélation de construction; et c'est au calculateur à choisir celle qui va le plus directement à son but dans chaque cas particulier.

La corrélation de construction ainsi établie, celle des valeurs absolues s'ensuit sans difficulté, puisque les parties corrélatives des deux figures sont évidemment déterminées par les points correspondans.

Il reste donc à établir la corrélation de position, ou ce qui revient au même, celle des signes; mais dans les deux figures comparées, il est clair que les points corespondans sont rangés dans le même ordre sur leurs lignes respectives. La corrélation est donc directe, et par conséquent, les formules qui exprimeroient les propriétés du premier système, seroient applicables sans aucun changement de signes au second, et il n'y auroit, pour effectuer cette application, qu'à substituer dans ces formules les valeurs absolues du second à leurs correspondantes du système primitif, pourvu que dans le calcul, on ne

13

fasse réellement entrer que les quantités qui font partie de chacun de ces systêmes.

Mais si dans le systême corrélatif, la perpendiculaire ne tomboit pas comme dans le systême primitif entre les points qui correspondent à B et C; si par exemple le systême corrélatif devenoit M′N′P′Q′ (fig. 17) les points correspondans ne seroient plus rangés dans le même ordre sur leurs lignes corrélatives, ainsi la corrélation seroit indirecte. Pour la trouver, j'établis d'abord la nouvelle corrélation de construction qui sera,

1re syst............... A B C D
2e syst............... M′ N′ P′ Q′.

Ensuite, pour faciliter mon opération, je trace une nouvelle figure (fig. 18) pareille à M′N′P′Q′, à laquelle j'adapte les mêmes lettres qu'à la figure primitive, seulement accentuées, pour conserver leur distinction, quoique sous mêmes dénominations. La corrélation de construction deviendra donc,

1re syst............... A B C D
2e syst............... A′ B′ C′ D′.

Et c'est entre ces deux systêmes qu'il s'agit maintenant d'établir la corrélation de position ou des signes; mais c'est ce qui a déjà été fait (86).

Il ne reste donc plus, pour achever l'opération, qu'à remettre dans le tableau trouvé (86) pour les lettres A′, B′, C′, D′, celles dont on leur a fait tenir la place, c'est-à-dire, M′, N′, P′, Q′; donc enfin la corrélation cherchée entre les triangles ABCD, M′N′P′Q′ &c.

$$\begin{array}{l} \text{1}^{\text{er}}\text{ syst....} \\ \text{2}^{\text{e}}\text{ syst....} \end{array} \left\{ \begin{array}{l} +\overline{AB},\ +\overline{AC},\ +\overline{BC},\ +\overline{BD},\ +\overline{CD},\ +\overline{AD},\ +B\hat{A}C, \\ +\overline{M'N'},+\overline{M'P'},+\overline{N'P'},+\overline{N'Q'},-\overline{P'Q'},+\overline{M'Q'},+N'\hat{M}'P', \end{array} \right.$$

$$\left\{ \begin{array}{l} +A\hat{B}C,\ +A\hat{C}D,\ +B\hat{A}D,\ +C\hat{A}D,\ +\overline{\overline{ABC}},\ +\overline{\overline{ABD}},\ +\overline{\overline{ACD}} \\ +M'\hat{N}'P'+M'\hat{P}'Q'+N'\hat{M}'Q'-P'\hat{M}'Q'+\overline{\overline{M'N'P'}}+\overline{\overline{M'N'Q'}}-\overline{\overline{M'P'Q'}}. \end{array} \right.$$

Ce tableau exprime donc les substitutions qu'il faut faire dans les formules qui donneroient les propriétés du systême primitif ABCD, pour les rendre applicables au système indirectement corrélatif M'N'P'Q'.

93. On voit par ce tableau, que parmi toutes les quantités qui composent le système M'N'P'Q', il n'y en a que trois qui deviennent inverses ou dont les valeurs changent de signes, savoir $\overline{P'Q'}$, $P'\hat{M}'Q'$, $\overline{\overline{M'P'Q'}}$; donc si l'on construit une nouvelle figure (fig. 19) absolument pareille à M'N'P'Q', et qu'on y place les mêmes lettres A, B, C, D que dans la figure primitive, chacune à la place de sa correspondante, il n'y aura, pour appliquer les formules de cette figure primitive ABCD (fig. 15) à la figure indirectement corrélative ABCD (fig. 19), qu'à changer dans ces formules les signes des trois quantités $\overline{CD}$, $C\hat{A}D$, $\overline{\overline{ACD}}$ (25).

Lorsqu'une fois on aura par le simple changement de signes de ces trois quantités, les formules applicables au second système ABCD (fig. 19), il sera facile de trouver celles du système M'N'P'Q', puisque celui-ci et ce second système ABCD (fig. 19) se trouvant alors en corrélation directe entre eux, il n'y aura pour appliquer les formules de l'un à l'autre, aucun changement de signes à faire, mais seulement à substituer les valeurs absolues du second à celles du premier, c'est-à-dire, les points de l'un aux points correspondans de l'autre, sans aucun changement dans les signes.

PROBLÊME III.

94. *Etablir les corrélations de construction et de position qui existent entre deux triangles* ABCDFG, MNPQRS (fig. 20, 21, 22), *dans chacun desquels se trouvent les perpendiculaires abaissées de deux quelconques des angles sur les côtés respectivement opposés.*

Prenons pour terme de comparaison la figure 20, ABCDFG, dans laquelle je suppose que le triangle ABC ait ses trois angles aigus, et écrivons de suite les points qui la déterminent dans l'ordre de la construction; c'est-à-dire, d'abord les trois sommets du triangle ABC dans un ordre quelconque, par exemple, A, B, C; puis le point D où se croisent les deux perpendiculaires; et enfin les points F, G, des côtés $\overline{AB}$, $\overline{AC}$, sur lesquels tombent les perpendiculaires menées des angles opposés.

Ecrivons au-dessous les lettres correspondantes de la figure corrélative, en commençant par M, qui doit évidemment correspondre au point A, et plaçant ensuite à volonté le point N ou le point P, le premier par exemple, pour correspondre au point B; ensuite le point P, pour correspondre au point C; puis le point Q, où se croisent les deux perpendiculaires, pour correspondre au point D où se croisent celles de la figure primitive; et enfin, les points R, S, pour correspondre aux points F, G. Car puisque dans la figure primitive on a $F \mathrel{+\!\!\!=} \overline{AB}\cdot\overline{CD}$, le point corrélatif de F, dans le nouveau système, doit être celui où concourent les deux droites corrélatives à $\overline{AB}$, $\overline{CD}$; mais par hypothèse, A correspond à M, B correspond à N; donc $\overline{AB}$ correspond à $\overline{MN}$. Pareillement, on voit que P correspondant à C, et Q à D, $\overline{PQ}$ correspond à $\overline{CD}$; donc $\overline{MN}\cdot\overline{PQ}$ ou R correspond à $\overline{AB}\cdot\overline{CD}$ ou F; donc R doit être écrit sous F, et par la même raison, S doit être écrite sous G.

Donc déjà la corrélation de construction des figures proposées est comme il suit :

1er syst.................. A B C D F G
2e syst.................. M N P Q R S.

La corrélation de construction ainsi établie, celle des valeurs absolues suit sans difficulté, puisque les parties corrélatives sont évidemment déterminées par les points correspondans. Il reste donc à établir la corrélation de position, ou ce qui revient au même, celle des signes.

Dans le système primitif, les trois angles sont supposés aigus, ainsi je n'examinerai point le cas où la même chose a lieu dans le système corrélatif MNP (fig. 21), puisqu'alors la corrélation est visiblement directe, et qu'ainsi l'opération n'a aucune difficulté. Mais il peut arriver, ou que l'angle $N\hat{M}P$ soit obtus, ou que ce soit l'un des deux autres $M\hat{N}P$, $M\hat{P}N$, desquels sont abaissées les perpendiculaires. J'examinerai ces deux cas successivement.

Je suppose donc d'abord, que $N\hat{M}P$ soit obtus (fig. 22); pour faciliter mon opération, je trace (fig. 23) une nouvelle figure pareille à la figure corrélative, et je lui adapte les lettres de la figure primitive accentuées; ou bien l'on peut écrire ces lettres accentuées dans la figure corrélative elle-même à côté de leurs correspondantes; c'est-à-dire A′ à côté de M, B′ à côté de N, &c. Il s'agit donc maintenant d'établir la corrélation des signes entre les deux systèmes suivans :

1er syst.............. A B C D F G
2e syst.............. A′ B′ C′ D′ F′ G′.

Pour cela, je fais d'abord l'énumération des quantités que je veux faire entrer dans le tableau de corrélation. Bornons-nous aux suivantes : $\overline{AB}$, $\overline{AC}$, $\overline{BC}$, $\overline{AF}$, $\overline{AG}$, $\overline{BF}$, $\overline{CG}$, $\overline{BG}$, $\overline{CF}$, $\overline{BD}$, $\overline{CD}$, $\overline{FD}$, $\overline{GD}$, $B\hat{A}C$, $A\hat{B}C$, $A\hat{C}B$, $B\hat{D}C$, $A\hat{B}D$, $A\hat{C}D$, $B\hat{C}D$, $C\hat{B}D$.

Cela fait, j'imagine un mouvement graduel, par lequel le système primitif se transforme dans le système corrélatif. Je conçois, par exemple, que cette transformation s'opère par un mouvement du point A vers D sur la droite $\overline{AD}$ qui les joint, de manière qu'après la coïncidence de ces deux points, le mouvement se continue, et qu'il y ait échange de positions entre eux. Après cela, il est clair qu'il n'y aura plus qu'à imaginer une mutation graduelle dans les valeurs absolues, pour que les deux figures puissent être superposées, ce qui ne change plus rien à la corrélation des signes.

Je suppose donc que ce changement soit opéré, et j'examine premièrement, quelles sont dans ce mouvement qui rend identique le système primitif avec le système corrélatif; quelles sont, dis-je, celles des quantités ci-dessus énumérées, qui n'ont passé ni par o ni par ∞, car celles-là seront restées directes, et l'on saura déjà que le signe de corrélation de chacune d'elles est +.

Or il est visible, d'après le mouvement de transformation supposé, que ces quantités qui n'ont passé ni par o ni par ∞, sont, $\overline{AB}$, $\overline{AC}$, $\overline{BC}$, $\overline{BF}$, $\overline{CG}$, $\overline{BG}$, $\overline{CF}$, $\overline{BD}$, $\overline{CD}$, $B\hat{A}C$, $A\hat{B}C$, $A\hat{C}B$, $B\hat{D}C$, $B\hat{C}D$, $C\hat{B}D$; de manière qu'il ne reste que les six quantités $\overline{AF}$, $\overline{AG}$, $\overline{FD}$, $\overline{GD}$, $A\hat{B}D$, $A\hat{C}D$, qui puissent être inverses.

Pour aider l'imagination dans l'opération qu'on vient d'indiquer, il n'y a qu'à considérer la figure dans une position infiniment proche de celle où le passage du premier système au second s'opère ; alors on verra facilement quelles sont celles de ces quantités que ce passage doit faire évanouir ou rendre infinies, et celles qui doivent rester finies. Ainsi, dans l'exemple présent, je considère la figure au moment où A est près de coïncider avec D (fig. 20). Soit alors a la position de A, et pareillement f et g celles qu'auront F, G; il est clair que les quantités qui se trouvent alors infiniment petites, et qui par conséquent doivent s'évanouir dans le passage; c'est-à-dire, au moment de la coïncidence de a qui représente A avec D, seront $\overline{af}$, $\overline{ag}$, $\overline{fD}$, $\overline{gD}$, $a\hat{B}D$, $a\hat{C}D$; remettant donc pour a, f, g, les lettres A, F, G, qu'elles représentent respectivement, on reconnoîtra que conformément à ce que nous venons de dire, les quantités qui peuvent devenir inverses par la mutation, sont $\overline{AF}$, $\overline{AG}$, $\overline{FD}$, $\overline{GD}$, $A\hat{B}D$, $A\hat{C}D$.

J'examine donc successivement ce que chacune d'elles en particulier est effectivement devenue.

1°. Dans le système primitif, on a. . . . . . $\overline{AF} = \overline{AB} - \overline{BF}$,
et dans le système transformé, au contraire, $\overline{A'F'} = \overline{B'F'} - \overline{A'B'}$;
donc $\overline{A'F'}$ est inverse, et son signe de corrélation —.

2°. Dans le système primitif, on a. . . . . . $\overline{AG} = \overline{AC} - \overline{CG}$,
et dans le système transformé, au contraire, $\overline{A'G'} = \overline{C'G'} - \overline{A'C'}$,
donc $\overline{A'G'}$ est inverse, et son signe de corrélation —.

3°. Dans le système primitif, on a...... $\overline{FD} = \overline{CF} - \overline{CD}$,
et dans le système transformé .... $\overline{F'D'} = \overline{C'D'} - \overline{C'F'}$;
donc $\overline{F'D'}$ est inverse, et son signe de corrélation —.

4°. Dans le système primitif, on a.... $\overline{GD} = \overline{BG} - \overline{BD}$,
et dans le système transformé.......... $\overline{G'D'} = \overline{B'D'} - \overline{B'G'}$;
donc $\overline{G'D'}$ est inverse, et son signe de corrélation —.

5°. Dans le système primitif, on a $A\hat{B}D = A\hat{B}C - D\hat{B}C$,
et dans le système transformé ..... $A'\hat{B'}D' = D'\hat{B'}C' - A'\hat{B'}C'$;
donc $A'\hat{B'}D'$ est inverse, et son signe de corrélation —.

6°. Dans le système primitif, on a $A\hat{C}D = A\hat{C}B - D\hat{C}B$,
et dans le système transformé ..... $A'\hat{C'}D' = D'\hat{C'}B' - A'\hat{C'}B'$;
donc $A'\hat{C'}D'$ est inverse, et son signe de corrélation —.

Voilà donc la corrélation des signes entièrement établie entre les deux systêmes ABCDFG, et A'B'C'D'F'G'. Substituant à celui-ci lettre pour lettre le systême MNPQRS, en les rapprochant d'abord, pour plus de facilité, comme il suit :

A' B' C' D' F' G'
M N P Q R S;

nous aurons le tableau général de corrélation suivant entre les deux figures proposées, ABCDFG, MNPQRS:

1er syst... $\{+\overline{AB}, +\overline{AC}, +\overline{BC}, +\overline{AF}, +\overline{AG}, +\overline{BF}, +\overline{CG}, +\overline{BG},$
2e syst... $\{+\overline{MN}, +\overline{MP}, +\overline{NP}, -\overline{MR}, -\overline{MS}, +\overline{NR}, +\overline{PS}, +\overline{NS},$

$\{+\overline{CF}, +\overline{BD}, +\overline{CD}, +\overline{FD}, +\overline{GD}, +B\hat{A}C, +A\hat{B}C, +A\hat{C}B,$
$\{+\overline{PR}, +\overline{NQ}, +\overline{PQ}, -\overline{RQ}, -\overline{SQ}, +N\hat{M}P, +M\hat{N}P, +M\hat{P}N,$

$\{+B\hat{D}C, +A\hat{B}D, +A\hat{C}D, +B\hat{C}D, +C\hat{B}D,$
$\{+N\hat{Q}P, -M\hat{N}Q, -M\hat{P}Q, +N\hat{P}Q, +P\hat{N}Q.$

Ce tableau exprime donc les substitutions qu'il faudroit faire dans les formules du systême primitif ABCDFG, pour les rendre applicables au systême corrélatif MNPQRS, lorsque les trois angles du triangle ABC étant aigus, l'angle $N\hat{M}P$ du triangle correspondant MNP est obtus.

Si l'on adapte au système corrélatif les mêmes lettres qu'au système primitif (fig. 23 *bis*), on verra que pour rendre les formules de celui-ci applicables à l'autre, il n'y a qu'à changer dans ces formules les signes des six quantités $\overline{AF}$, $\overline{AG}$, $\overline{FD}$, $\overline{GD}$, $A\hat{B}D$, $A\hat{C}D$; en supposant toutefois que dans ces formules il n'entre d'autres quantités que celles dont l'énumération a été faite au tableau général de corrélation.

95. Nous avons maintenant à examiner le second cas; c'est-à-dire, celui où ce seroit l'un des autres angles $M\hat{N}P$, $M\hat{P}N$, qui seroit obtus. Ce nouveau système est représenté (fig. 24), où l'on suppose $M'\hat{N'}P'$, par exemple, plus grand que le quart de la circonférence.

Je procède comme ci-dessus, jusqu'après l'énumération des quantités qui doivent entrer dans le tableau de corrélation.

Cela fait, j'imagine un mouvement graduel par lequel le système primitif vienne coïncider avec le système corrélatif. Je conçois, par exemple, que la droite $\overline{AB}$ tourne autour du point B, de manière que l'angle $A\hat{B}C$ aille en augmentant, jusqu'à ce qu'il devienne plus grand que le quart de circonférence. Il est clair que pendant ce mouvement, la droite $\overline{CF}$ qui reste par construction toujours perpendiculaire à $\overline{AB}$, se rapprochera continuellement de $\overline{CB}$, en tournant autour du point C; qu'au moment où l'angle $A\hat{B}C$ sera devenu droit, $\overline{CF}$ coïncidera avec $\overline{CB}$, et qu'enfin $A\hat{B}C$ devenant obtus, $\overline{CF}$ passera au-dessous de $\overline{CB}$; de sorte que le système prendra la forme que représentent les (fig. 24 et 25), il ne restera donc plus, pour parvenir à la superposition du système primitif avec le nouveau système, qu'à imaginer une mutation graduelle convenable dans

les

les valeurs absolues ; ce qui ne change plus rien à la corrélation des signes.

Je suppose donc ce changement opéré, et j'examine premièrement, quelles sont dans ce mouvement, qui a rendu identique le système primitif avec le système corrélatif; quelles sont, dis-je, celles des quantités énumérées qui n'ont passé ni par o, ni par ∞; car celles-ci seront restées directes, et l'on saura déjà que le signe de corrélation de chacune d'elles est +.

Or il est aisé de voir par la marche indiquée ci-dessus (94), que les quantités qui en vertu de ce mouvement de transformation n'ont passé ni par o ni par ∞, sont, $\overline{AB}$, $\overline{AC}$, $\overline{BC}$, $\overline{AF}$, $\overline{AG}$, $\overline{CG}$, $\overline{BG}$, $\overline{CF}$, $\overline{CD}$, $\overline{GD}$, $B\hat{A}C$, $A\hat{B}C$, $A\hat{C}B$, $B\hat{D}C$, $A\hat{B}D$, $A\hat{C}D$, $C\hat{B}D$; il ne reste donc que les quatre quantités $\overline{BF}$, $\overline{BD}$, $\overline{FD}$, $B\hat{C}D$, qui ayant passé par o, peuvent être inverses. J'examine donc successivement ce qu'est devenue chacune d'elles en particulier.

1°. Dans le système primitif, on a..... $\overline{BF} = \overline{AB} - \overline{AF}$,
et dans le système corrélatif............ $\overline{B'F'} = \overline{A'F'} - \overline{A'B'}$;
donc $\overline{B'F'}$ est inverse, et son signe de corrélation —.

2°. Dans le système primitif, on a.... $\overline{BD} = \overline{BG} - \overline{GD}$,
et dans le système corrélatif .... $\overline{B'D'} = \overline{G'D'} - \overline{B'G'}$;
donc $\overline{B'D'}$ est inverse, et son signe de corrélation —.

3°. Dans le système primitif, on a.... $\overline{FD} = \overline{CF} - \overline{CD}$,
et dans le système transformé.... ..... $\overline{F'D'} = \overline{C'D'} - \overline{C'F'}$;
donc $\overline{F'D'}$ est inverse, et son signe de corrélation —.

4°. Dans le système primitif, on a $B\hat{C}D = A\hat{C}B - A\hat{C}D$,
et dans le système corrélatif...... $B'\hat{C'}D' = A'\hat{C'}D' - A'\hat{C'}B'$;
donc $B'\hat{C'}D'$ est inverse, et son signe de corrélation —.

Voilà donc la corrélation des signes entièrement établie entre les systêmes ABCDFG et A'B'C'D'F'G'. Substituant donc à celui-ci, lettre pour lettre, le système M'N'P'Q'R'S', en les rapprochant d'abord, pour plus de facilité, comme il suit.

$$\begin{array}{c} A'\,B'\,C'\,D'\,F'\,G' \\ M'\,N'\,P'\,Q'\,R'\,S' \end{array}$$

nous aurons le tableau général de corrélation suivant, entre les deux systêmes ABCDFG, M'N'P'Q'R'S' (fig. 20 et 24):

$$\begin{array}{l} \text{1}^{\text{er}}\text{ syst.} \ldots \\ \text{2}^{\text{e}}\text{ syst.} \ldots \end{array}\left\{\begin{array}{l} +\overline{AB},\ +\overline{AC},+\overline{BC},+\overline{AF},\ +\overline{AG},+\overline{BF},\ +\overline{CG}, \\ +\overline{M'N'},+\overline{M'P'},+\overline{N'P'},+\overline{M'R'},+\overline{M'S'},-\overline{N'R'},+\overline{P'S'}, \end{array}\right.$$

$$\left\{\begin{array}{l} +\overline{BG},+\overline{CF},+\overline{BD},+\overline{CD},+\overline{FD},+\overline{GD},+B\hat{A}C,+A\hat{B}C, \\ +\overline{N'S'},+\overline{P'R'},-\overline{N'Q'},+\overline{P'Q'},-\overline{R'Q'},+\overline{S'Q'},+N'\hat{M}'P',+M'\hat{N}'P', \end{array}\right.$$

$$\left\{\begin{array}{l} +A\hat{C}B,\ +B\hat{D}C,\ +A\hat{B}D,\ +A\hat{C}D,\ +B\hat{C}D,\ +C\hat{B}D \\ +M'\hat{P}'N',+N'\hat{Q}'P',+M'\hat{N}'Q',+M'\hat{P}'Q',-N'\hat{P}'Q',+P'\hat{N}'Q' \end{array}\right.$$

Ce tableau exprime donc les substitutions qu'il faudroit faire dans les formules qui exprimeroient les propriétés du systême primitif ABCDFG, pour les rendre applicables au systême indirectement corrélatif M'N'P'Q'R'S', le premier ayant tous ses angles aigus, et le second ayant l'angle M'N'P' obtus.

Si l'on adapte à ce systême corrélatif les mêmes lettres qu'au systême primitif, on verra, que pour rendre les formules de celui-ci représenté (fig. 20), applicables à l'autre représenté (fig. 26), il n'y a qu'à changer dans ces formules les signes des quatre quantités $\overline{BF}$, $\overline{BD}$, $\overline{FD}$, $B\hat{C}D$.

Par les mêmes raisons, pour rendre les formules du même systême primitif applicables au systême indirectement corrélatif ABCDFG (fig. 27), où ce seroit l'angle ACB qui se trouveroit obtus, il n'y auroit qu'à changer dans les formules les signes des quatre quantités $\overline{CG}$, $\overline{CD}$, $\overline{GD}$, $C\hat{B}D$.

96. On peut donc établir entre les quatre systêmes représentés (fig. 20, 23, 26, 27), la corrélation suivante dans laquelle on a, pour abréger, supprimé les termes qui conservent le même signe dans les quatre systêmes, où celui de la (fig. 20),

pris pour système primitif, est supposé avoir ses trois angles aigus, le second (fig. 23 *bis*) a l'angle $B\hat{A}C$ obtus, le troisième (fig. 26) a l'angle $A\hat{B}C$ obtus, et le quatrième (fig. 27), l'angle $A\hat{C}B$ obtus.

Corrélation générale des quatre systèmes représentés (fig. 20, 23, 26, 27).

1er syst....	$+\overline{AF}, +\overline{AG}, +\overline{BF}, +\overline{CG}, +\overline{BD}, +\overline{CD}, +\overline{FD}, +\overline{GD}$,
2e syst....	$-\overline{AF}, -\overline{AG}, +\overline{BF}, +\overline{CG}, +\overline{BD}, +\overline{CD}, -\overline{FD}, -\overline{GD}$,
3e syst....	$+\overline{AF}, +\overline{AG}, -\overline{BF}, +\overline{CG}, -\overline{BD}, +\overline{CD}, -\overline{FD}, +\overline{GD}$,
4e syst....	$+\overline{AF}, +\overline{AG}, +\overline{BF}, -\overline{CG}, +\overline{BD}, -\overline{CD}, +\overline{FD}, -\overline{GD}$,

$$\begin{cases} +A\hat{B}D, +A\hat{C}D, +B\hat{C}D, +C\hat{B}D \\ -A\hat{B}D, -A\hat{C}D, +B\hat{C}D, +C\hat{B}D \\ +A\hat{B}D, +A\hat{C}D, -B\hat{C}D, +C\hat{B}D \\ +A\hat{B}D, +A\hat{C}D, +B\hat{C}D, -C\hat{B}D \end{cases}$$

Au moyen de ce tableau général de corrélation entre les quatre systêmes, les formules de l'un quelconque d'entre eux étant données, on verra de suite quelles sont les mutations à faire dans les signes pour les appliquer à un autre, puisqu'il n'y aura qu'à changer ceux des signes qui ne se trouvent pas les mêmes pour les deux systêmes comparés dans le tableau précédent.

Quelqu'autre triangle qu'on puisse proposer, il sera toujours facile d'établir sa corrélation directe avec l'un des quatre systêmes précédens, et par conséquent de trouver de suite les formules qui lui seront immédiatement applicables.

PROBLÊME IV.

97. *Etablir les corrélations de construction et de position qui existent entre deux triangles* ABCDFGH, MNPQRST, (fig. 28 et 29), *dans chacun desquels sont abaissées des perpendiculaires de chacun des angles sur le côté opposé.*

Je prends pour terme de comparaison la figure ABCDFGH, dans laquelle je suppose que le triangle proposé ABC a ses trois angles aigus. J'écris de suite les points qui déterminent cette figure dans un ordre quelconque; mais autant que possible, dans l'ordre de la construction la plus naturelle et la plus facile; c'est-à-dire, d'abord les trois sommets A, B, C, puis le point D, où se croisent les trois perpendiculaires (1); et enfin, les trois points F, G, H, des côtés $\overline{AB}$ $\overline{AC}$ $\overline{BC}$, sur lesquels tombent les perpendiculaires menées des angles opposés.

Au-dessous de ces premières lettres prises pour désigner la figure primitive, j'écris les lettres correspondantes de la figure corrélative, en commençant à volonté par M, N ou P; par exemple, par M, pour correspondre à A; continuant par N ou P à volonté; par N, par exemple, pour correspondre à B: ensuite je pose P, puis Q, puis R, puis S, puis T. Voici comment je prouve que ces lettres, P, Q, R, S, T doivent être posées ainsi.

MNP est par hypothèse la figure proposée corrélative à ABC; donc M ayant été prise pour correspondre à A, N à B; il faut que P corresponde à C.

Ensuite D étant dans la figure primitive le point où se croisent les trois perpendiculaires, et Q, celui où les perpendiculaires se croisent dans la figure corrélative; il faut que Q corresponde à D.

Cela posé, nous avons $F \mathrel{+\!\!\!=} \overline{AB} \cdot \overline{CD}$; donc le point qui doit

(1) On prouvera (129), qu'en effet les trois perpendiculaires se croisent toujours en un même point.

correspondre à F, est celui où se coupent les lignes correspondantes à $\overline{AB}$, $\overline{CD}$; c'est-à-dire, puisque M, N, P, Q correspondent à A, B, C, D, respectivement comme on vient de le voir, $\overline{MN} \cdot \overline{PQ}$; or ce point est R; donc R correspond à F. De même, puisque G$\doteq\overline{AC} \cdot \overline{BD}$, le point correspondant à G sera $\overline{MP} \cdot \overline{NQ}\doteq$S, et pareillement, puisque H$\doteq\overline{AD} \cdot \overline{BC}$, le point correspondant à H sera $\overline{MQ} \cdot \overline{NP}\doteq$T. Donc déjà la corrélation de construction est comme il suit :

1er syst.............	A B C D F G H
2e syst.............	M N P Q R S T

La corrélation de construction ainsi établie, celle des valeurs absolues suit sans difficulté, puisque les parties corrélatives des deux figures sont évidemment déterminées par les points correspondans : il reste donc à établir la corrélation de position ou celle des signes.

Or dans le système primitif, les trois angles sont supposés moindres chacun que l'angle droit ; ainsi je n'examinerai pas le cas où la même chose auroit lieu dans le triangle corrélatif MNP, puisqu'alors la corrélation est évidemment directe, et qu'ainsi l'opération n'a aucune difficulté ; mais il peut arriver que l'un quelconque des angles soit obtus. C'est pourquoi j'examinerai seulement le cas où l'un des trois angles $N\hat{M}P$, $M\hat{N}P$, $M\hat{P}N$ seroit obtus.

Je suppose donc, par exemple, que l'angle $N\hat{M}P$ soit obtus. Pour faciliter mon opération, je trace une nouvelle figure (fig. 30) pareille à la figure corrélative proposée, et je lui adapte les lettres de la figure primitive, accentuées pour les distinguer, quoique sous mêmes dénominations ; ou bien, ce qui est encore plus commode, on peut écrire ces mêmes lettres dans la figure corrélative elle-même, en les accolant à leurs correspondantes ; c'est-à dire, A' à côté de M, B' à côté de N, &c. Il s'agit donc maintenant d'établir la corrélation de position entre les deux systêmes suivans :

1er syst.............. A B C D F G H
2e syst............... A′ B′ C′ D′ F′ G′ H′.

Pour cela, je fais d'abord l'énumération des quantités que je veux faire entrer dans le tableau de corrélation. Bornons-nous aux suivantes : $\overline{AB}$, $\overline{AC}$, $\overline{BC}$, $\overline{AD}$, $\overline{BD}$, $\overline{CD}$, $\overline{AH}$, $\overline{BH}$, $\overline{CH}$, $\overline{DH}$, $\overline{AF}$, $\overline{BF}$, $\overline{CF}$, $\overline{DF}$, $\overline{AG}$, $\overline{BG}$, $\overline{CG}$, $\overline{DG}$, $B\hat{A}C$, $B\hat{A}D$, $C\hat{A}D$, $A\hat{B}C$, $A\hat{B}D$, $C\hat{B}D$, $A\hat{C}B$, $A\hat{C}D$, $B\hat{C}D$, $A\hat{D}B$, $A\hat{D}C$, $B\hat{D}C$.

Cela fait, j'imagine dans le système primitif un mouvement graduel, en vertu duquel ce système se transforme dans le systême corrélatif. Par exemple, j'imagine qu'il y ait échange de positions entre A et D, au moyen d'un mouvement de A vers H, ou de D en sens contraire. Après ce changement, il n'y a plus qu'à supposer une mutation opérée par degrés insensibles dans les valeurs absolues, pour que la figure primitive coïncide entièrement avec la figure corrélative, ce qui ne change plus rien à la corrélation des signes.

Je suppose donc, qu'en effet ce changement soit opéré de manière qu'il y ait superposition entre les deux systêmes, et j'examine premièrement, quelles sont dans ce moment celles des quantités ci-dessus énumérées, qui n'ont passé ni par o ni par ∞ ; car celles-là sont restées directes, et l'on saura déjà que le signe de corrélation de chacune d'elles est +.

Or il est facile de voir, d'après le mouvement de transformation supposé, que ces quantités qui n'ont passé ni par o ni par ∞ sont $\overline{AB}$, $\overline{AC}$, $\overline{BC}$, $\overline{BD}$, $\overline{CD}$, $\overline{AH}$, $\overline{BH}$, $\overline{CH}$, $\overline{DH}$, $\overline{BF}$, $\overline{CF}$, $\overline{BG}$, $\overline{CG}$, $B\hat{A}C$, $B\hat{A}D$, $C\hat{A}D$, $A\hat{B}C$, $C\hat{B}D$, $A\hat{C}B$, $B\hat{C}D$, $A\hat{D}B$, $A\hat{D}C$, $B\hat{D}C$. Il ne reste donc plus que les sept quantités $\overline{AD}$, $\overline{AF}$, $\overline{DF}$, $\overline{AG}$, $\overline{DG}$, $A\hat{B}D$, $A\hat{C}D$, qui ayant passé par o, puissent être inverses. J'examine donc successivement ce que devient chacune d'elles en particulier.

1°. Dans le système primitif, on a.... $\overline{AD} = \overline{AH} - \overline{DH}$,

et dans le système transformé.......... $\overline{A'D'} = \overline{D'H'} - \overline{A'H'}$;

donc $\overline{A'D'}$ est inverse, et son signe de corrélation —.

2°. Dans le système primitif, on a..... $\overline{AF} = \overline{AB} - \overline{BF}$,

et dans le système transformé........... $\overline{A'F'} = \overline{B'F'} - \overline{A'B'}$;

donc $\overline{A'F'}$ est inverse, et son signe de corrélation —.

3°. Dans le système primitif, on a.... $\overline{DF} = \overline{CF} - \overline{DC}$,

et dans le système transformé........... $\overline{D'F'} = \overline{D'C'} - \overline{C'F'}$;

donc D'F' est inverse, et son signe de corrélation —.

4°. Dans le système primitif, on a..... $\overline{AG} = \overline{AC} - \overline{GC}$,

et dans le système transformé.......... $\overline{A'G'} = \overline{G'C'} - \overline{A'C'}$;

donc $\overline{A'G'}$ est inverse, et son signe de corrélation —.

5°. Dans le système primitif, on a.... $\overline{DG} = \overline{BG} - \overline{BD}$,

et dans le système transformé.......... $\overline{D'G'} = \overline{B'D'} - \overline{B'G'}$;

donc D'G' est inverse, et son signe de corrélation —.

6°. Dans le système primitif, on a $A\hat{B}D = A\hat{B}C - C\hat{B}D$,

et dans le système transformé..... $A'\hat{B}'D' = C'\hat{B}'D' - A'\hat{B}'C'$;

donc $A'\hat{B}'D'$ est inverse, et son signe de corrélation —.

7°. Dans le système primitif, on a $A\hat{C}D = A\hat{C}B - B\hat{C}D$,

et dans le système transformé..... $A'\hat{C}'D' = B'\hat{C}'D' - A'\hat{C}'B'$;

donc A'C'D' est inverse, et son signe de corrélation —.

Voilà donc la corrélation des signes entièrement établie entre les systêmes ABCDFGH, et A'B'C'D'F'G'H'. Substituant donc à celui-ci lettre pour lettre le système proposé MNPQRST, en les rapprochant d'abord pour plus grande facilité comme il suit:

A' B' C' D' F' G' H'
M N P Q R S T

Nous aurons le tableau général de corrélation suivant entre les deux systêmes ABCDFGH, MNPQRST:

$$\begin{array}{l} 1^{er}\text{ syst.} \ldots \\ 2^{e}\text{ syst.} \ldots \end{array}\left\{\begin{array}{l} +\overline{AB},\ +\overline{AC},\ +\overline{BC},\ +\overline{AD},\ +\overline{BD},\ +\overline{CD},\ +\overline{AH}, \\ +\overline{MN},\ +\overline{MP},\ +\overline{NP},\ -\overline{MQ},\ +\overline{NQ},\ +\overline{PQ},\ +\overline{MT}, \end{array}\right.$$

$$\left\{\begin{array}{l} +\overline{BH},\ +\overline{CH},\ +\overline{DH},\ +\overline{AF},\ +\overline{BF},\ +\overline{CF},\ +\overline{DF},\ +\overline{AG},\ +\overline{BG}, \\ +\overline{NT},\ +\overline{PT},\ +\overline{QT},\ -\overline{MR},\ +\overline{NR},\ +\overline{PR},\ -\overline{QR},\ -\overline{MS},\ +\overline{NS}, \end{array}\right.$$

$$\left\{\begin{array}{l} +\overline{CG},\ +\overline{DG},\ +B\hat{A}C,\ +B\hat{A}D,\ +C\hat{A}D,\ +A\hat{B}C,\ +A\hat{B}D, \\ +\overline{PS},\ -\overline{QS},\ +N\hat{M}P,\ +N\hat{M}Q,\ +P\hat{M}Q,\ +M\hat{N}P,\ -M\hat{N}Q, \end{array}\right.$$

$$\left\{\begin{array}{l} +C\hat{B}D,\ +A\hat{C}B,\ +A\hat{C}D,\ +B\hat{C}D,\ +A\hat{D}B,\ +A\hat{D}C,\ +B\hat{D}C \\ +P\hat{N}Q,\ +M\hat{P}N,\ -M\hat{P}Q,\ +N\hat{P}Q,\ +M\hat{Q}N,\ +M\hat{Q}P,\ +N\hat{Q}P \end{array}\right.$$

Ce tableau exprime donc les substitutions qu'il faudra faire dans les formules du systême primitif ABCDFGH, où l'on suppose les trois angles moindres chacun que le quart de circonférence, pour rendre ces formules applicables au systême corrélatif MNPQRST, dans lequel des trois angles du triangle MNP correspondant à ABC, celui $N\hat{M}P$ qui correspond à $B\hat{A}C$ est supposé obtus.

98. Si l'on adapte au systême corrélatif les mêmes lettres qu'au systême primitif (fig. 31), on verra que pour rendre les formules de celui-ci applicables à l'autre, il n'y a qu'à changer dans ces formules les signes des sept quantités $\overline{AD}$, $\overline{AF}$, $\overline{DF}$, $\overline{AG}$, $\overline{DG}$, $A\hat{B}D$, $A\hat{C}D$.

Par les mêmes raisons, si c'étoit l'angle $A\hat{B}C$ qui devînt obtus (fig. 32), les quantités dont il faudroit changer le signe dans les formules du systême primitif, pour les rendre applicables au nouveau systême, seroient les sept suivantes, $\overline{BD}$, $\overline{BH}$, $\overline{DH}$, $\overline{BF}$, $\overline{DF}$, $B\hat{C}D$, $B\hat{A}D$.

Enfin, si c'étoit l'angle $A\hat{C}B$ qui devînt obtus (fig. 33), les quantités

quantités dont il faudroit changer le signe dans les formules du systême primitif pour les rendre applicables au nouveau systême, seroient les sept suivantes, $\overline{CD}$, $\overline{CG}$, $\overline{DG}$, $\overline{CH}$, $\overline{DH}$, $C\hat{A}D$, $C\hat{B}D$.

On peut donc établir entre les quatre systêmes représentés (fig. 28, 31, 32, 33), la corrélation suivante, dans laquelle on a, pour abréger, supprimé les termes qui conservent le même signe dans les quatre systêmes, où celui de la (fig. 28) pris pour systême primitif, est supposé avoir ses trois angles aigus; le second (fig. 31) a l'angle $B\hat{A}C$ obtus, le troisième (fig. 32) a l'angle $A\hat{B}C$ obtus, et le quatrième (fig. 33) a l'angle $A\hat{B}C$ obtus.

Corrélation générale des quatre systêmes représentés (fig. 28, 31, 32, 33).

$$\begin{array}{l} 1^{er}\text{ syst.} \ldots\ldots\ldots\ldots \\ 2^{e}\text{ syst.} \ldots\ldots\ldots\ldots \\ 3^{e}\text{ syst.} \ldots\ldots\ldots\ldots \\ 4^{e}\text{ syst.} \ldots\ldots\ldots\ldots \end{array} \left\{ \begin{array}{l} +\overline{AD}, +\overline{BD}, +\overline{CD}, +\overline{BH}, +\overline{CH}, +\overline{DH}, \\ -\overline{AD}, +\overline{BD}, +\overline{CD}, +\overline{BH}, +\overline{CH}, +\overline{DH}, \\ +\overline{AD}, -\overline{BD}, +\overline{CD}, -\overline{BH}, +\overline{CH}, -\overline{DH}, \\ +\overline{AD}, +\overline{BD}, -\overline{CD}, +\overline{BH}, -\overline{CH}, -\overline{DH}, \end{array} \right.$$

$$\left\{ \begin{array}{l} +\overline{AF}, +\overline{BF}, +\overline{DF}, +\overline{AG}, +\overline{CG}, +\overline{DG}, +B\hat{A}D, +C\hat{A}D, \\ -\overline{AF}, +\overline{BF}, -\overline{DF}, -\overline{AG}, +\overline{CG}, -\overline{DG}, +B\hat{A}D, +C\hat{A}D, \\ +\overline{AF}, -\overline{BF}, -\overline{DF}, +\overline{AG}, +\overline{CG}, +\overline{DG}, +B\hat{A}D, -C\hat{A}D, \\ +\overline{AF}, +\overline{BF}, +\overline{DF}, +\overline{AG}, -\overline{CG}, -\overline{DG}, +B\hat{A}D, -C\hat{A}D, \end{array} \right.$$

$$\left\{ \begin{array}{l} +A\hat{B}D, +C\hat{B}D, +A\hat{C}D, +B\hat{C}D \\ -A\hat{B}D, +C\hat{B}D, -A\hat{C}D, +B\hat{C}D \\ +A\hat{B}D, +C\hat{B}D, +A\hat{C}D, -B\hat{C}D \\ +A\hat{B}D, -C\hat{B}D, +A\hat{C}D, +B\hat{C}D \end{array} \right.$$

Au moyen de ce tableau général de corrélation entre les

quatre systêmes, les formules de l'un quelconque d'entre eux étant données, on verra de suite quelles sont les mutations à faire dans les signes pour les appliquer à un autre, puisqu'il n'y aura qu'à changer ceux des signes qui ne se trouvent pas les mêmes pour les deux systêmes comparés dans le tableau précédent.

Quelqu'autre triangle qu'on puisse proposer, il sera toujours facile d'établir sa corrélation directe avec l'un des quatre systêmes précédens, et par conséquent de trouver les formules qui lui seront immédiatement applicables.

PROBLÊME V.

99. *Quatre points quelconques* A, B, C, D, *étant placés sur un même plan* (fig. 34), *et joints deux à deux par des droites prolongées jusqu'à leurs rencontres respectives ; établir les corrélations de construction et de position qui existent entre toutes les figures qui résultent de l'assemblage de ces six lignes droites, suivant les diverses positions que peuvent prendre les quatre points* A, B, C, D.

Il est aisé de voir qu'on peut réduire à trois les figures proposées ; car les points ABCD peuvent être disposés, 1°. de manière que les quatre droites consécutives $\overline{AB}$, $\overline{BD}$, $\overline{DC}$, $\overline{CA}$ forment un quadrilatère à quatre angles saillans (fig. 34), et contenant entre elles un espace continu ; 2°. de manière qu'il y ait un angle rentrant (fig. 36) ; 3°. de manière que les quatre droites $\overline{AB}$, $\overline{BD}$, $\overline{DC}$, $\overline{CA}$, forment deux triangles ABG, CDG, opposés au sommet (fig. 38). Mais on peut toujours donner à ces figures le nom de quadrilatères, parce qu'elles sont toutes formées par l'assemblage de quatre droites, et qu'on peut passer de l'une à l'autre par le mouvement continu des quatre sommets A, B, C, D.

Cela posé, je prends l'un quelconque de ces trois quadrilatères ; par exemple, celui de la (fig. 34) pour terme de comparaison, et j'établis successivement sa corrélation avec chacun des deux autres. Commençons par le quadrilatère à angle rentrant (fig. 36). J'accentue (fig. 35) les lettres de ce système corrélatif, pour les distinguer de celles du système primitif ABCDFGH.

D'après ce qui a été dit dans les exemples précédens, il est aisé de voir que les mêmes lettres sont placées dans les deux figures aux points correspondans ; car, par exemple, on a dans le premier système $F \neq \overline{AB} \cdot \overline{CD}$, et pareillement on a dans le second $F' \neq \overline{A'B'} \cdot \overline{C'D'}$; de même $G \neq \overline{AC} \cdot \overline{BD}$, et $G' \neq \overline{A'C'} \cdot \overline{B'D'}$, &c. Nous avons donc déjà la corrélation de construction comme il suit :

1er syst .... A B C D F G H
2e syst............. A' B' C' D' F' G' H'.

La corrélation de construction ainsi établie, celle des valeurs absolues suit sans difficulté, puisque les parties corrélatives des deux figures sont évidemment déterminées par les points correspondans. Il reste donc à établir la corrélation de position ou celle des signes.

Pour cela, je fais d'abord l'énumération des quantités que je veux faire entrer dans le tableau de corrélation. Bornons-nous aux suivantes : $\overline{AB}$, $\overline{AC}$, $\overline{AD}$, $\overline{BC}$, $\overline{BD}$, $\overline{CD}$, $\overline{AF}$, $\overline{BF}$, $\overline{AG}$, $\overline{CG}$, $\overline{AH}$, $\overline{DH}$, $\overline{BH}$, $\overline{CH}$, $\overline{BG}$, $\overline{DG}$, $\overline{CF}$, $\overline{DF}$, $B\hat{A}C$, $B\hat{A}D$, $C\hat{A}D$, $A\hat{B}C$, $A\hat{B}D$, $C\hat{B}D$, $C\hat{B}F$, $D\hat{B}F$, $A\hat{C}B$, $A\hat{C}D$, $B\hat{C}D$, $B\hat{C}G$, $D\hat{C}G$, $B\hat{D}A$, $C\hat{B}A$, $B\hat{D}C$, $B\hat{D}F$, $C\hat{D}G$, $A\hat{D}F$, $A\hat{D}G$, $F\hat{D}G$, $A\hat{H}B$, $A\hat{H}C$, $A\hat{F}D$, $A\hat{G}D$.

Cela fait, j'imagine dans le système primitif un mouvement graduel en vertu duquel ce système se transforme dans le système corrélatif. Par exemple, j'imagine que le point D se meuve vers A jusqu'à ce qu'il ait passé le point H, les points A, B, C, restant fixes. Il est clair que F et G se mouveront en même temps vers A sur les droites respectives $\overline{FA}$, $\overline{GA}$, qu'ils coïncideront avec B, C, au moment où D se trouvera sur BC, et qu'enfin ils viendront se placer respectivement entre A, B, et A, C; après cela, il n'y a plus qu'à supposer une mutation graduelle dans les valeurs absolues, pour que la figure primitive coïncide entièrement avec la figure corrélative; ce qui ne change plus rien à la corrélation des signes.

Je suppose donc, en effet, ce changement opéré de manière qu'il y ait superposition entre les deux systêmes, et j'examine premièrement, quelles sont dans ce mouvement celles des quantités ci-dessus énumérées, qui n'ont passé ni par o ni par ∞; car celles-là seront restées directes, et l'on saura déjà que le signe de corrélation de chacune d'elles est $+$.

Or en suivant la marche indiquée dans les exemples précédens, il sera facile de voir que les quantités qui n'ont passé ni par o ni par ∞, au moment de la coïncidence de D sur $\overline{BC}$ sont: $\overline{AB}$, $\overline{AC}$, $\overline{AD}$, $\overline{BC}$, $\overline{BD}$, $\overline{CD}$, $\overline{AF}$, $\overline{AG}$, $\overline{AH}$, $\overline{BH}$, $\overline{CH}$, $\overline{BG}$, $\overline{DG}$, $\overline{CF}$, $\overline{DF}$, $B\hat{A}C$, $B\hat{A}D$, $C\hat{A}D$, $A\hat{B}C$, $A\hat{B}D$, $C\hat{B}F$, $D\hat{B}F$, $A\hat{C}B$, $A\hat{C}D$, $B\hat{C}G$, $D\hat{C}G$, $B\hat{D}A$, $C\hat{B}A$, $B\hat{D}C$, $A\hat{D}F$, $A\hat{D}G$, $F\hat{D}G$, $A\hat{H}B$, $A\hat{H}C$, $A\hat{F}D$, $A\hat{G}D$. Il ne reste donc que les sept quantités $\overline{BF}$, $\overline{CG}$, $\overline{DH}$, $C\hat{B}D$, $B\hat{C}D$, $B\hat{D}F$, $C\hat{D}G$ qui ayant passé par o, puissent être inverses dans le nouveau système. J'examine donc ce que devient chacune en particulier.

1°. Dans le systême primitif, on a .... $\overline{BF} = \overline{AF} - \overline{AB}$,
et dans le systême transformé .... $\overline{B'F'} = \overline{A'B'} - \overline{A'F'}$;
donc $\overline{B'F'}$ est inverse, et son signe de corrélation —.

2°. Dans le systême primitif, on a .... $\overline{CG} = \overline{AG} - \overline{AC}$,
et dans le systême transformé .... $\overline{C'G'} = \overline{A'C'} - \overline{A'G'}$;
donc $\overline{C'G'}$ est inverse, et son signe de corrélation —.

3°. Dans le systême primitif, on a.... $\overline{DH} = \overline{AD} - \overline{AH}$,
et dans le systême transformé .... $\overline{D'H'} = \overline{A'H'} - \overline{A'D'}$;
donc $\overline{D'H'}$ est inverse, et son signe de corrélation —.

4°. Dans le système primitif, on a $C\hat{B}D = A\hat{B}D - A\hat{B}C$,
et dans le système transformé...... $C'\hat{B}'D' = A'\hat{B}'C' - A'\hat{B}'D'$;
donc $C'\hat{B}'D'$ est inverse, et son signe de corrélation —.

5°. Dans le système primitif, on a $B\hat{C}D = A\hat{C}D - A\hat{C}B$,
et dans le système transformé...... $B'\hat{C}'D' = A'\hat{C}'B' - A'\hat{C}'D'$;
donc $B'\hat{C}'D'$ est inverse, et son signe de corrélation —.

6°. Dans le système primitif, on a $B\hat{D}F = A\hat{D}F - A\hat{D}B$,
et dans le système transformé...... $B'\hat{D}'F' = A'\hat{D}'B' - A'\hat{D}'F'$;
donc $B'\hat{D}'F'$ est inverse, et son signe de corrélation —.

7°. Dans le système primitif, on a $C\hat{D}G = A\hat{D}G - A\hat{D}C$,
et dans le système transformé...... $C'\hat{D}'G' = A'\hat{D}'C' - A'\hat{D}'G'$;
donc $C'\hat{D}'G'$ est inverse, et son signe de corrélation —.

Voilà donc la corrélation des signes entièrement établie entre les deux systêmes ABCDFGH (fig. 34) et A'B'C'D'F'G'H' (fig. 35); ainsi l'on aura sans difficulté le tableau général de corrélation cherché.

100. Si l'on adapte les mêmes lettres aux deux systêmes, ou qu'on supprime les accens du second, on verra, que pour rendre les formules du systême primitif (fig. 34) applicables au systême corrélatif (fig. 36), il n'y a qu'à changer dans ces formules les signes des sept quantités $\overline{BF}$, $\overline{CG}$, $\overline{DH}$, $C\hat{B}D$, $B\hat{C}D$, $B\hat{D}F$, $C\hat{D}G$.

101. J'ai maintenant à examiner le cas où les quatre côtés consécutifs du quadrilatère $\overline{AB}$, $\overline{BD}$, $\overline{BC}$, $\overline{CA}$, (fig. 38) forment deux triangles opposés au sommet.

Je procède comme ci-dessus, jusqu'après l'énumération des quantités qui doivent entrer dans le tableau de corrélation. Cela fait, j'imagine dans le systême primitif, un mouvement graduel en vertu duquel ce système se transforme dans le système corrélatif (fig. 37). Par exemple, j'imagine qu'il y a échange de position entre C et D par un mouvement continu de C vers F jusqu'au-delà du point D, les points A, B, D, F, restant fixes. Après cela, il n'y a plus qu'à supposer une mutation graduelle dans les valeurs absolues, pour que la figure primitive coïncide entièrement avec la figure corrélative; ce qui ne change plus rien à la corrélation des signes.

Je suppose donc en effet ce changement opéré de manière qu'il y ait superposition entre les deux systêmes, et j'examine dans ce mouvement quelles sont celles des quantités ci-dessus énumérées qui ont passé par o, ou par ∞; car ce sont les seules qui puissent être inverses. Et l'on saura déjà que le signe de corrélation de chacune des autres est +.

Or en suivant la marche indiquée dans les exemples précédens, il sera facile de voir que les seules quantités qui ayant passé par o ont pu devenir inverses sont les sept suivantes : $\overline{CD}$, $\overline{CG}$, $\overline{DH}$, $\overline{CH}$, $\overline{DG}$, $C\hat{A}D$, $C\hat{B}D$. J'examine donc ce que devient en particulier chacune d'elles.

1°. Dans le systême primitif, on a..... $\overline{CD}=\overline{CF}-\overline{FD}$,

et dans le systême transformé .... $\overline{C'D'}=\overline{F'D'}-\overline{C'D'}$;

donc $\overline{C'D'}$ est inverse, et son signe de corrélation —.

2°. Dans le systême primitif, on a ..... $\overline{CG}=\overline{AG}-\overline{AC}$,

et dans le systême transformé........... $\overline{C'G'}=\overline{A'C'}-\overline{A'G'}$;

donc $\overline{C'G'}$ est inverse, et son signe de corrélation —.

3°. Dans le systême primitif, on a .... $\overline{DH}=\overline{AD}-\overline{AH}$,

et dans le systême transformé.......... $\overline{D'H'}=\overline{A'H'}-\overline{A'D'}$;

donc $\overline{D'H'}$ est inverse, et son signe de corrélation —.

4°. Dans le systême primitif, on a...... $\overline{CH}=\overline{BC}-\overline{BH}$,

et dans le systême transformé........... $\overline{C'H'}=\overline{B'H'}-\overline{B'C'}$;

donc $\overline{C'H'}$ est inverse, et son signe de corrélation —.

5°. Dans le système primitif, on a..... $\overline{DG}=\overline{BG}-\overline{BD}$,
et dans le système transformé .... $\overline{D'G'}=\overline{B'D'}-\overline{B'G'}$;
donc $\overline{D'G'}$ est inverse, et son signe de corrélation —.

6°. Dans le système primitif, on a $C\hat{A}D=B\hat{A}C-B\hat{A}D$,
et dans le système transformé...... $C'\hat{A}'D'=B'\hat{A}'D'-B'\hat{A}'C'$;
donc $C'\hat{A}'D'$ est inverse, et son signe de corrélation —.

7°. Dans le système primitif, on a $C\hat{B}D=A\hat{B}D-A\hat{B}C$,
et dans le système transformé...... $C'\hat{B}'D'=A'\hat{B}'C'-A'\hat{B}'D'$;
donc $C'\hat{B}'D'$ est inverse, et son signe de corrélation —.

Voilà donc la corrélation des signes entièrement établie, entre les deux systêmes ABCDFGH (fig. 34) et A'B'C'D'F'G'H' (fig. 37), ainsi l'on aura sans difficulté le tableau général de corrélation cherché.

102. Si l'on adapte les mêmes lettres aux deux systêmes (fig. 34 et 38), ou qu'on supprime les accens du second, on verra que pour rendre les formules du système primitif (fig. 34) applicables au système corrélatif (fig. 38), il n'y a qu'à changer dans ces formules les signes des sept quantités $\overline{CD}$, $\overline{CG}$, $\overline{DH}$, $\overline{CH}$, $\overline{DG}$, $C\hat{A}D$, $C\hat{B}D$.

On peut donc établir entre les trois systêmes représentés (fig. 34, 36, 38) la corrélation suivante, dans laquelle on a, pour abréger, supprimé les termes qui conservent le même signe dans les trois systêmes.

Corrélation générale des trois systêmes représentés (fig. 34, 36, 38).

$$\begin{array}{l} 1^{er}\text{ syst. .....} \\ 2^{e}\text{ syst. .....} \\ 3^{e}\text{ syst. .....} \end{array}\left\{\begin{array}{l} +\overline{CD}, +\overline{BF}, +\overline{CG}, +\overline{DH}, +\overline{CH}, +\overline{DG}, \\ +\overline{CD}, -\overline{BF}, -\overline{CG}, -\overline{DH}, +\overline{CH}, +\overline{DG}, \\ -\overline{CD}, +\overline{BF}, -\overline{CG}, -\overline{DH}, -\overline{CH}, -\overline{DG}, \end{array}\right.$$

$$\left\{\begin{array}{l} +C\hat{A}D, +C\hat{B}D, +B\hat{C}D, +B\hat{D}F, +C\hat{D}G \\ +C\hat{A}D, -C\hat{B}D, -B\hat{C}D, -B\hat{D}F, -C\hat{D}G \\ -C\hat{A}D, -C\hat{B}D, +B\hat{C}D, +B\hat{D}F, +C\hat{D}G \end{array}\right.$$

Au moyen de ce tableau général de corrélation entre les trois systêmes; les formules de l'un quelconque d'entre eux, étant données, on verra de suite quelles sont les mutations à faire dans les signes pour les appliquer à un autre, puisqu'il n'y aura qu'à changer ceux des signes qui ne se trouvent pas les mêmes pour les deux systêmes comparés dans le tableau précédent.

Quelqu'autre quadrilatère qu'on puisse proposer, il sera toujours facile d'établir sa corrélation directe avec l'un des trois systêmes précédens, et par conséquent, de trouver de suite les formules qui lui sont immédiatement applicables.

103. Nous avons donné la dénomination commune de quadrilatères aux trois figures (fig. 34, 36, 38) formées chacune par l'assemblage des quatre mêmes droites $\overline{AB}$, $\overline{BD}$, $\overline{DC}$, $\overline{CA}$; parce qu'en effet ce sont trois figures corrélatives résultantes du mouvement graduel des quatre points A, B, C, D, et qui ont essentiellement les mêmes propriétés, puisqu'ainsi qu'on le vient de voir lorsque celles de l'un quelconque des trois sont exprimées par des formules, il suffit d'y changer le signe de quelques-unes des quantités qui y entrent, pour les rendre applicables à chacune des deux autres. J'appellerai quadrilatère complet la réunion de ces trois quadrilatères simples, c'est-à-dire l'assemblage des quatre droites $\overline{AB}$, $\overline{BD}$, $\overline{DC}$, $\overline{CA}$ prolongées jusqu'à leurs rencontres respectives.

En supposant donc quatre points quelconques A, B, C, D, et les prenant dans quel ordre on voudra, par exemple, A, B, D, C, si l'on joint le premier point A au second B, le second B au troisième D, le troisième D au quatrième C, le quatrième C au premier A; ABDC sera un quadrilatère simple, et la réunion des trois quadrilatères simples ABDC, AFDG, BFCG, formés par l'assemblage des quatre droites $\overline{AB}$, $\overline{BD}$, $\overline{DC}$, $\overline{CA}$, prolongées jusqu'à leurs rencontres respectives, sera le quadrilatère complet.

Chacun des quadrilatères simples a deux diagonales. Joignant le premier point avec le troisième, et le second avec le quatrième

trième, elles sont $\overline{AD}$, $\overline{BC}$, pour le premier ABDC; $\overline{AD}$, $\overline{FG}$, pour le second AFDG; et $\overline{BC}$, $\overline{FG}$, pour le troisième BFCG; mais chacune de ces diagonales étant commune à deux de ces trois quadrilatères, il en résulte en tout trois diagonales différentes pour le quadrilatère complet.

On peut appliquer les mêmes idées aux polygones d'un plus grand nombre de côtés. Par exemple, si l'on a cinq points, et qu'on les prenne dans un ordre quelconque, on aura un pentagone en joignant le premier au second, le second au troisième, le troisième au quatrième, le quatrième au cinquième, et le cinquième au premier, et comme le changement d'ordre qui peut avoir lieu entre ces cinq points est 4.3 ou 12, il suit que cinq lignes droites quelconques tracées dans un plan, forment douze pentagones différens, dont la réunion peut s'appeler pentagone complet; et en général, si l'on nomme n le nombre des lignes tracées, il résultera de leur assemblage $\frac{\overline{n-1}.\overline{n-2}\ldots1}{2}$ polygones d'un nombre n de côtés chacun, et dont la réunion formera le polygone complet de l'ordre n ou du nombre n de côtés.

104. On voit par les exemples donnés ci-dessus, comment on peut établir la corrélation de deux figures, *à priori*, c'est-à-dire, avant de connoître les formules du système primitif; car nous ne connoissons pas les propriétés des figures dont nous avons établi la corrélation, ou du moins nous n'avons fait aucun usage de ces propriétés pour établir cette corrélation; et cette même corrélation nous indique d'avance les changemens de signe qu'il sera dans chaque cas nécessaire de faire éprouver aux formules du système primitif, pour les rendre applicables au sytême transformé.

Mais la difficulté d'établir *à priori* la corrélation de position, augmente d'autant plus, que les figures deviennent plus compliquées; et la manière la plus simple d'obtenir les formules propres à chaque transformation particulière, est souvent de recommencer en entier la série des raisonnemens qui ont été faits sur le systême primitif, en les modifiant suivant que l'exigent les nuances qui caractérisent les deux systêmes. Mais pour saisir ces nuances, il est toujours très-avantageux d'établir d'abord la corrélation de construction; opération communément assez facile; car on a pu remarquer dans les exemples ci-dessus, que la principale difficulté consiste dans la recherche des changemens de signe, ou corrélation de position. La corrélation de construction qui détermine les valeurs absolues, est d'un grand secours pour diriger dans l'application des raisonnemens établis d'abord sur le systême primitif, lorsqu'on veut passer aux divers systêmes corrélatifs, sur-tout si l'on a soin, comme nous l'avons fait ci-dessus, d'appliquer les mêmes lettres différemment accentuées aux points qui se correspondent par cette corrélation de construction. Ce mécanisme n'est point indifférent: l'analyse en général n'étant elle-même, à proprement parler, qu'un mécanisme ingénieux adapté à la partie de la dialectique qui a pour objet la comparaison des grandeurs.

C'est sur-tout lorsque la corrélation devient imaginaire ou complexe, qu'il devient presque toujours très-difficile d'établir *à priori* la corrélation de position ou des signes, et qu'on est obligé de se borner à établir la corrélation de construction, en tirant ensuite de l'analogie indiquée par cette corrélation, les moyens de découvrir les modifications qui distinguent les systêmes comparés.

Soient pris pour exemple, le cercle et l'hyperbole équilatère entre lesquels il existe, comme on sait, un rapport très-intime, et qui sont en effet deux systêmes en corrélation complexe.

105. Soient donc BDCFM un cercle et BM'N'Cmn (fig. 39), une hyperbole équilatère construits sur les mêmes axes ou diamètres. Puisque l'équation du cercle est $yy = aa - xx$ en comptant les abscisses du centre et nommant a le rayon, x l'abscisse, y l'appliquée; et celle de l'hyperbole $y'y' = x'x' - aa$. Il est clair qu'en effet, la corrélation n'est simple qu'entre les fonctions aa,

xx, yy d'une part, et aa, $x'x'$, $y'y'$ de l'autre; mais qu'entre les quantités simples elles-mêmes a, x, y, d'une part, et a, x', y' de l'autre, elle est seulement imaginaire ou complexe, et qu'elle peut s'exprimer ainsi :

1er syst............ a, x, y.
2e syst............ a, x', $y'\sqrt{-1}$.

Soient A le centre commun des deux courbes, $\overline{BC}$ le diamètre au premier axe, M un point quelconque de la circonférence, $\overline{MP}$ l'appliquée de ce point, $\overline{AP}$ l'abscisse correspondante.

Par les points B, C, menons au point M des droites, et prolongeons $\overline{CM}$ jusqu'à ce qu'elle rencontre l'hyperbole en M'. De ce point M' menons l'appliquée $\overline{M'P'}$, et des points B, C, les droites $\overline{BM'}$, $\overline{CM'}$. Menons enfin du centre A les droites $\overline{AM}$, $\overline{AM'}$.

Cela posé, en prenant M, M' pour points correspondans dans les deux systêmes, il est clair que nous aurons la corrélation de construction suivante :

1er syst............ A B C M P
2e syst............ A B C M' P';

d'où l'on tire de suite la corrélation de construction comme il suit :

1er syst.... $\overline{AB}$, $\overline{AM}$, $\overline{BM}$, $\overline{CM}$, $\overline{AP}$, $\overline{BP}$, $\overline{CP}$, $C\hat{B}M$, $B\hat{C}M$, &c.
2e syst.... $\overline{AB}$, $\overline{AM'}$, $\overline{BM'}$, $\overline{CM'}$, $\overline{AP'}$, $\overline{BP'}$, $\overline{CP'}$, $C\hat{B}M'$, $B\hat{C}M'$, &c.

Le cercle ayant pour équation $\overline{MP}^2 = \overline{AB}^2 - \overline{AP}^2$ et l'hyperbole $\overline{M'P'}^2 = \overline{AP'}^2 - \overline{AB}^2$; voyons d'après la corrélation de construction de ces deux figures, jusqu'à quel point les propriétés de l'une sont applicables à l'autre.

Je décompose le second membre de chacune de ces équations en ses deux facteurs : ce qui donne,

pour la première, $\overline{MP}^2 = (\overline{AB} + \overline{AP})\ (\overline{AB} - \overline{AP})$
et pour la seconde, $\overline{M'P'}^2 = (\overline{AB} + \overline{AP'})\ (\overline{AP'} - \overline{AB})$;

d'où je vois que la quantité $\overline{AP'} - \overline{AB}$ ou $\overline{BP'}$ est devenue inverse à l'égard de sa correspondante $\overline{AB}-\overline{AP}$, tandis que $\overline{AB}+\overline{AP'}$ ou $\overline{CP'}$ correspondante de $\overline{AB}+\overline{AP}$ ou $\overline{CP}$, reste directe.

Puisqu'on a $\overline{AB}+\overline{AP}=\overline{CP}$, $\overline{AB}+\overline{AP'}=\overline{CP'}$, $\overline{AB}-\overline{AP}=BP$, $\overline{AP'}-\overline{AB}=\overline{BP'}$, les équations comparatives ci-dessus deviendront $\overline{MP}^2=\overline{BP}.\overline{CP}$, $\overline{M'P'}^2=\overline{BP'}.\overline{CP'}$; ce qui donne ces deux proportions correspondantes $\overline{CP}:\overline{MP}::\overline{MP}:BP$; et........ $\overline{CP'}:\overline{M'P'}::\overline{M'P'}:\overline{BP'}$, et par conséquent cette propriété commune, que dans chacune des courbes comparées, l'appliquée est moyenne proportionnelle entre les distances du point où elle coupe l'axe à ses deux extrémités.

Les triangles semblables CMP, CM'P' donnent.......... $\overline{CP}:\overline{MP}::\overline{CP'}:\overline{M'P'}$. En comparant cette proportion avec l'une quelconque des deux précédentes, on aura $\overline{MP}:\overline{BP}::\overline{CP'}:\overline{M'P'}$. Donc les deux triangles correspondans BMP, BM'P', ont leurs côtés adjacens à l'angle droit proportionnels; donc ces deux triangles sont semblables : ce qui est une nouvelle analogie entre les deux courbes.

Il suit de cette similitude, que $M'\hat{B}P'=M\hat{B}P$; c'est-à-dire, que les droites corrélatives $\overline{MB}$, $\overline{M'B}$ font le même angle avec l'axe $\overline{BC}$, mais dans des sens opposés.

Dans le cercle, l'angle $B\hat{M}C$ formé par les droites menées du point M aux deux sommets de la courbe est égal à la somme des deux autres $M\hat{B}C$, $M\hat{C}B$. Voyons ce qui a lieu pour l'angle correspondant $B\hat{M}'C$ de l'autre courbe. Or l'angle $M'\hat{B}P'$ extérieur au triangle M'BC, est égal à la somme des deux autres angles du même triangle; donc $B\hat{M}'C=M'\hat{B}P'-M'\hat{C}P'$, c'est-à-dire, que dans l'hyperbole équilatère l'angle formé par les deux droites menées d'un point quelconque aux deux sommets, est toujours la différence des angles que forme chacune de ces deux lignes avec l'axe, tandis que dans le cercle c'est la somme.

Cette propriété de la courbe hyperbolique nous donne, en nommant ϖ l'angle droit, $M'\hat{B}C - M'\hat{C}B = \varpi$; et par la même raison, si nous prenions sur cette courbe un nouveau point N', nous aurions aussi $N'\hat{B}C - N'\hat{C}B = \varpi$, ôtant de cette dernière équation la première, et transposant, on a $N'\hat{B}C - M'\hat{B}C = N'\hat{C}B - M'\hat{C}B$ ou $N'\hat{B}M' = N'\hat{C}M'$; c'est-à-dire, que dans l'hyperbole équilatère, ainsi que dans le cercle, les angles qui ayant leurs sommets respectifs aux extrémités de l'axe, sont appuyés sur un même arc, sont égaux entre eux.

Si des points correspondans M, M', on abaisse les perpendiculaires $\overline{Mp}$, $\overline{M'p'}$, sur le second axe $\overline{DF}$; il est clair que les deux trapèzes ABMp, p'M'BA, seront semblables et donneront $\overline{Mp} : \overline{BA} :: \overline{BA} : \overline{M'p'}$ ou $\overline{AP} : \overline{BA} :: \overline{BA} : \overline{AP'}$; c'est-à-dire, que le demi-axe commun BA est moyenne proportionnelle entre les deux abscisses correspondantes $\overline{AP}$, $\overline{AP'}$.

Enfin la propriété qu'a le cercle d'avoir tous ses rayons égaux, trouve aussi dans l'hyperbole équilatère une propriété, qui quoique différente, lui correspond évidemment. En effet, puisque les trapèzes ABMp, p'M'BA sont semblables, si l'on tire les diagonales $\overline{AM}$, $\overline{Bp'}$, on voit que dans le premier trapèze, la diagonale $\overline{AM}$ et le côté $\overline{AB}$ étant égaux, la diagonale $\overline{Bp'}$ de l'autre, et son côté $\overline{M'p'}$ doivent aussi être égaux entre eux; c'est-à-dire, que dans l'hyperbole équilatère, tout point du second axe est également éloigné du sommet de la courbe, et du point de cette même courbe qui correspond perpendiculairement au premier. Ce qui donne, comme on voit, un moyen très-simple de construire par points l'hyperbole équilatère.

Je n'ai fait ici qu'ébaucher un rapprochement qui pourroit être poussé beaucoup plus loin; mais mon objet étoit seulement de montrer, par un exemple, comment la seule corrélation de construction entre deux systêmes, peut faciliter la recherche des propriétés analogues des systêmes corrélatifs, lors même que la corrélation est seulement imaginaire ou complexe. Je reviens à ceux dont la corrélation est simple, soit directe, soit indirecte, afin d'appliquer encore à quelques nouveaux exemples les principes exposés ci-devant.

106. Une des applications les plus propres à faire sentir le jeu des quantités corrélatives en géométrie, est celle qui a lieu parmi les quantités *linéo-angulaires*, c'est-à-dire, les sinus, cosinus, tangentes, &c. Ces quantités ne sont ni des lignes, ni des angles, mais des nombres abstraits qui servent d'intermédiaires, pour établir la relation de ces quantités hétérogènes; car le sinus d'un arc n'est pas précisément la perpendiculaire abaissée d'une des extrémités de cet arc sur le rayon qui passe par son autre extrémité; mais le rapport de cette perpendiculaire au rayon: autrement un même arc pourroit avoir une infinité de sinus différens, suivant la grandeur du cercle, au lieu que le sinus dépend uniquement de la grandeur de l'angle, et nullement de celle du rayon : il ne marque autre chose que le nombre des parties du rayon que contient cette perpendiculaire, suivant que cet arc lui-même contient tant ou tant de parties de la circonférence entière.

PROBLÊME VI.

107. *Etablir les corrélations de construction et de position existantes entre les quantités linéo-angulaires qui répondent aux diverses régions de la circonférence.*

D'un point quelconque C (fig. 40) pris pour centre, soit décrite une circonférence AFA'F', et soient tracés dans cette circonférence deux diamètres $\overline{AA'}$, $\overline{FF'}$, perpendiculaires l'un à l'autre.

Sur le premier quart $\overset{\frown}{AF}$ de la circonférence, soit pris à volonté un point B, et de ce point soient menées les perpendiculaires $\overline{BD}$, $\overline{BE}$ sur les diamètres $\overline{AA'}$, $\overline{FF'}$ respectivement. Enfin, soient aussi menées, du point A une tangente indéfinie

$\overline{HAH'}$, du centre C par B, la sécante indéfinie $\overline{CH}$, et du point F la tangente indéfinie $\overline{FG}$.

Cela posé, prenant pour terme de comparaison ou systême primitif la figure ABCDEFGH, il s'agit d'établir la corrélation qui existe entre ce systême primitif et les divers systêmes corrélatifs qui peuvent avoir lieu, en supposant que le point B prenne successivement d'autres positions quelconques sur la circonférence tracée.

Imaginons d'abord que le point B se meut sur le premier quart de la circonférence, soit en se rapprochant du point A, soit en se rapprochant du point F, et que pour chacune de ses positions, on établisse le systême corrélatif à celui qu'on a pris pour terme de comparaison; c'est-à-dire, qu'on mène les lignes correspondantes à celles qui entrent dans la composition du systême ci-dessus; tous ces systêmes particuliers ne seront autre chose, que le premier systême transformé de diverses manières par degrés insensibles.

Mais il est évident que le point B n'étant pas sorti de ce premier quart de circonférence, et n'ayant par conséquent passé ni par A ni par F, aucune des quantités du systême n'aura passé ni par o, ni par ∞. Donc le systême transformé sera toujours demeuré en corrélation directe avec le systême primitif; donc tant que le point B ne sortira pas de ce premier quart de circonférence, aucune des valeurs du systême transformé ne deviendra inverse; donc les formules du systême primitif lui seront immédiatement applicables.

Voyons maintenant ce qui arrivera lorsque le point B ayant franchi le point F, se trouvera sur le second quart de circonférence.

Je le suppose arrivé en B', et j'établis le systême corrélatif, en suivant pas à pas la construction du systême primitif; c'est-à-dire, que du nouveau point B' je mène deux perpendiculaires $\overline{B'D'}$ $\overline{B'E'}$ sur les diamètres $\overline{AA'}$, $\overline{FF'}$ respectivement; qu'ensuite du point A, qui est toujours l'origine ou le premier point de l'arc, je mène la tangente indéfinie $\overline{HAH'}$, qui se confond pour le tracé avec celle du premier système; que du centre C par le point B′ correspondant au point B du premier système, je mène la sécante indéfinie $\overline{H'CG'}$, et qu'enfin du point F qui termine le premier quart de circonférence, je mène comme dans le premier système la tangente indéfinie $\overline{GFG'}$, qui se confond pour le tracé avec celle de ce premier système.

Cela posé, en concevant que le point B passe par F pour aller en B′, il est clair qu'au moment de sa coïncidence avec F, différentes lignes du système, telles que $\overline{BE}$, seront devenues o, et que d'autres, comme $\overline{AH}$, seront devenues ∞. Donc quelques-unes d'entre elles auront pu devenir inverses; et pour établir la corrélation cherchée, il faut les distinguer de celles qui sont restées directes.

Pour cela établissons d'abord la corrélation de construction, c'est-à-dire, la correspondance des points qui terminent les arcs et les droites respectivement tracés dans les deux systèmes.

La série des points du premier système, auxquels on peut d'ailleurs donner l'ordre qu'on veut, est, comme on le voit, ABCDEFGH, et celle des points du second pris dans le même ordre, en suivant la construction, est AB′CD′E′FG′H′. Donc la corrélation de construction s'établira de cette manière:

1er syst.............	A B C D E F G H
2e syst.............	A B′ C D′ E′ F G′ H′.

Cherchons maintenant la corrélation des *quantités*, c'est-à-dire, celle des valeurs absolues; après quoi nous viendrons à celle des signes.

Cette corrélation sera très-facile à établir d'après la corrélation de construction qu'on vient de donner. On commencera par faire l'énumération des quantités du premier système qu'on veut faire entrer dans la comparaison de ce premier système avec le second; et pour trouver dans ce second système chacune des valeurs correspondantes, il n'y aura qu'à voir les points qui les déterminent; car cette quantité correspondra évidemment avec celle

celle qui dans le système primitif est déterminée par les points correspondans.

Par exemple le point A étant le même pour les deux systêmes, et le point B′ du second répondant au point B du premier, il est évident que l'arc $\overset{\frown}{AB'}$ ou $\overset{\frown}{ABB'}$ correspond à l'arc $\overset{\frown}{AB}$ du premier.

Pareillement B′ correspondant à B et E′ à E, il est clair que $\overline{B'E'}$ correspondra à $\overline{BE}$, ainsi de suite. La corrélation des valeurs absolues, en prenant pour base la corrélation de construction établie ci-dessus sera donc comme il suit :

$$\begin{array}{ll} 1^{er}\text{ syst.}\ldots\ldots & \left\{\begin{array}{l} \overset{\frown}{AB},\ \overset{\frown}{AF},\ \overset{\frown}{BF},\ \overline{AC},\ \overline{FC},\ \overline{BC},\ \overline{BD},\ \overline{CE},\ \overline{AD}, \\ \overset{\frown}{ABB'},\ \overset{\frown}{AF},\ \overset{\frown}{B'F},\ \overline{AC},\ \overline{FC},\ \overline{B'C},\ \overline{B'D'},\ \overline{CE'},\ \overline{AD'}, \end{array}\right. \\ 2^{e}\text{ syst.}\ldots\ldots & \end{array}$$

$$\left\{\begin{array}{l} \overline{BE},\ \overline{CD},\ \overline{FE},\ \overline{AH},\ \overline{FG},\ \overline{CH},\ \overline{CG} \\ \overline{B'E'},\ \overline{CD'},\ \overline{FE'},\ \overline{AH'},\ \overline{FG'},\ \overline{CH'},\ \overline{CG'} \end{array}\right.$$

Etablissons maintenant la corrélation des signes. Pour cela j'examine premièrement quelles sont au moment où le systême primitif passe à l'état du second, c'est-à-dire, au moment où le point B passe en F ; quelles sont, dis-je, celles des quantités ci-dessus énumérées qui ne passent ni par o, ni par ∞ ; car celles-là seront restées directes, et l'on saura déjà que le signe de corrélation de chacune d'elles est $+$.

Or en suivant la marche indiquée dans les exemples précédens, c'est-à-dire, en considérant le systême au moment où le point B va passer ou vient de passer par F, et lorsqu'il en est encore supposé infiniment près, il est aisé de voir que celles de ces quantités qui n'ont passé ni par o ni par ∞, sont $\overset{\frown}{AB}$, $\overset{\frown}{AF}$, $\overline{AC}$, $\overline{FC}$, $\overline{BC}$, $\overline{BD}$, $\overline{CE}$, $\overline{AD}$, $\overline{CG}$. Il ne reste donc que les quantités $\overset{\frown}{BF}$, $\overline{BE}$, $\overline{CD}$, $\overline{FE}$, $\overline{AH}$, $\overline{FG}$, $\overline{CH}$, dont les unes ayant passé par o, les autres par ∞, puissent être inverses dans le nouveau systême ; j'examine donc ce que devient chacune d'elles en particulier.

1°. Dans le système primitif, on a...... $\widehat{BF} = \widehat{AF} - \widehat{AB}$,

et dans le système transformé........... $\widehat{B'F} = \widehat{AB'} - \widehat{AF}$;

donc $\widehat{B'F}$ est inverse, et son signe de corrélation —.

2°. Dans le système primitif, on a..... $\overline{BE} = \overline{AC} - \overline{AD}$,

et dans le système transformé........... $\overline{B'E'} = \overline{A'D'} - \overline{AC}$;

donc $\overline{B'E'}$ est inverse, et son signe de corrélation —.

3°. $\overline{CD'}$ par la même raison, est inverse et son signe de corrélation —.

4°. Dans le système primitif, on a....... $\overline{FE} = \overline{FF'} - \overline{EF'}$,

et dans le système transformé........... $\overline{FE'} = \overline{FF'} - \overline{E'F'}$;

donc $\overline{FE'}$ est directe, et son signe de corrélation +.

5°. $\overline{AH'}$ a passé par ∞ au moment de la coïncidence de B avec F; pour savoir ce qu'elle devient, je prends à volonté un point fixe K sur la direction de cette tangente et au-delà du point H. Cela posé,

dans le système primitif, on a.......... $\overline{AH} = \overline{AK} - \overline{HK}$,

et dans le système transformé........... $\overline{AH'} = \overline{H'K} - \overline{AK}$;

donc $\overline{AH'}$ est inverse, et son signe de corrélation —.

On peut démontrer la même chose sans recourir au point d'emprunt K; car les deux triangles semblables ACH', E'B'C, donnent $\overline{AH'} : \overline{AC} :: \overline{E'C} : \overline{E'B'}$ ou $\overline{AH'} = \dfrac{\overline{AC}.\overline{E'C}}{\overline{E'B'}}$.

Or ce dernier membre est inverse (27), puisque d'après les signes de corrélation trouvés ci-dessus pour $\overline{AC}$, $\overline{E'C}$ $\overline{E'B'}$, cette dernière seule est inverse.

6°. De la même manière, on prouvera, en prenant sur $\overline{FG}$ un point d'emprunt au-delà du point G ou par les triangles semblables FG'C, E'B'C que la quantité $\overline{FG'}$ doit être inverse et son signe de corrélation —.

7°. Les triangles semblables ACH', E'B'C, déjà considérés ci-dessus, donnent $\overline{CH'} = \dfrac{\overline{AC}.\overline{CB'}}{\overline{E'B'}}$. Or dans ce dernier membre, $\overline{E'B'}$ seule est inverse; donc $\overline{CH'}$ est aussi inverse, et son signe de corrélation —.

Voilà donc la corrélation des signes entièrement établie entre les deux systêmes ABCDEFGH, AB'CD'E'FG'; ainsi nous aurons le tableau général de corrélation entre ces deux systêmes comme il suit :

$$\begin{array}{l} \text{1}^{\text{er}}\text{ syst....} \\ \text{2}^{\text{e}}\text{ syst....} \end{array} \left\{ \begin{array}{l} +\widehat{AB},\ +\widehat{AF},+\widehat{BF},+\overline{AC},+\overline{FC},+\overline{BC},+\overline{BD},+\overline{CE}, \\ +\widehat{ABB'},+\widehat{AF},-\widehat{B'F},+\overline{AC},+\overline{FC},+\overline{B'C},+\overline{B'D'},+\overline{CE'}, \end{array} \right.$$

$$\left\{ \begin{array}{l} +\overline{AD},+\overline{BE},+\overline{CD},+\overline{FE},+\overline{AH},+\overline{FG},+\overline{CH},+\overline{CG} \\ +\overline{AD'},-\overline{B'E'},-\overline{CD'},+\overline{FE'},-\overline{AH'},-\overline{FG'},-\overline{CH'},+\overline{CG'} \end{array} \right.$$

De plus, ce que nous venons de dire du point B' lui est visiblement applicable tant qu'il ne sort pas du second quart de la circonférence, puisqu'aucune des quantités énumérées ne passant ni par o ni par ∞, ne change de signe de corrélation; donc ce tableau de corrélation a lieu pour tout le deuxième quart de la circonférence; et il exprime les substitutions qu'il faudroit faire dans les formules du systême primitif ABCDEFG, pour les rendre applicables au systême corrélatif AB'CD'E'FG'.

Je passe au troisième quart de circonférence, en prenant maintenant, pour lui servir de terme de comparaison, le second quart que nous venons d'examiner.

108. Je suppose donc que le point B' aille en B'', après avoir passé par le point A', et j'établis le nouveau systême, en suivant pas à pas la construction de chacun des premiers; c'est-à-dire, que du nouveau point B'', je mène les deux perpendiculaires $\overline{B''D''}$, $\overline{B''E''}$ sur les diamètres $\overline{AA'}$, $\overline{FF'}$ respectivement; que par le point A, qui est toujours l'origine de l'arc, je mène la tangente indéfinie $\overline{H'AH''}$, qui se confond, pour le tracé, avec les systêmes précédens; que par le centre C et le point B'' je

mène la sécante indéfinie $\overline{B''CG''}$, et qu'enfin, par l'extrémité F du premier quart de circonférence, je mène la tangente indéfinie $\overline{GFG'}$, qui se confond, pour le tracé, avec celle des systêmes précédens.

Cela posé, il est d'abord évident que la corrélation de construction s'établira comme il suit :

2ᵉ syst............. A B′ C D′ E′ F G′ H′
3ᵉ syst............. A B″ C D″ E″ F G″ H″

Et partant de cette base, nous établirons sans difficulté la corrélation des valeurs absolues comme il suit :

$$\begin{array}{l} 2^e \text{ syst....} \\ 3^e \text{ syst....} \end{array}\left\{\begin{array}{l} \widehat{ABB'},\ \widehat{AF},\ \widehat{FB'},\ \overline{AC},\ \overline{FC},\ \overline{B'C},\ \overline{B'D'},\ \overline{CE'},\ \overline{AD'}, \\ \widehat{ABB'B''},\widehat{AF},\ \widehat{FB'B''},\ \overline{AC},\ \overline{FC},\ \overline{B''C},\ \overline{B''D''},\ \overline{CE''},\ \overline{AD''}, \end{array}\right.$$

$$\left\{\begin{array}{l} \overline{B'E'},\ \overline{CD},\ \overline{FE'},\ \overline{AH'},\ \overline{FG'},\ \overline{CH'},\ \overline{CG'} \\ \overline{B''E''},\ \overline{CD''},\ \overline{FE''},\ \overline{AH''},\ \overline{FG''},\ \overline{CH''},\ \overline{CG''} \end{array}\right.$$

Il nous reste à établir la corrélation des signes. Pour cela, il faudra considérer séparément chacune des quantités du nouveau systême, et la comparer avec sa correspondante dans le systême précédent, pris maintenant pour terme de comparaison. Si les quantités ainsi comparées deux à deux sont demeurées directes entre elles, leurs valeurs conserveront le même signe de corrélation, c'est-à-dire, qu'il faudra donner à chacune de celles du troisième systême, le même signe de corrélation qu'à sa correspondante dans le second ; et si ces quantités sont devenues inverses l'une à l'égard de l'autre, il faudra donner à chacune des valeurs qui se trouvent dans le troisième systême, le signe de corrélation contraire à celui de sa correspondante dans le second. Ainsi $\widehat{ABB'}$ n'ayant passé ni par o ni par ∞ pour devenir $\widehat{ABB'B''}$, doit rester comme dans le second systême ; c'est-à-dire, que son signe de corrélation dans le troisième systême est aussi +.

$\widehat{FB'}$ n'ayant pareillement passé ni par o ni par ∞ pour devenir $\widehat{FB'B''}$, doit conserver le même signe de corrélation qu'il avoit dans le second systême, c'est-à-dire, —.

En procédant ainsi pour chacune des autres quantités, on établira, comme il suit, la corrélation des signes, pour le troisième systême.

3e syst.... $+\widehat{ABB'B''}, +\widehat{AF}, -\widehat{FB'B''}, +\overline{AC}, +\overline{FC}, +\overline{B''C}, -\overline{B''D''}, -\overline{CE''}, +\overline{AD''}, -\overline{B''E''}, -\overline{CD''}, +\overline{FE''}, +\overline{AH''}, +\overline{FG''}, -\overline{CH''}, -\overline{CG''}$.

De plus, ce que nous venons de dire du point B″ lui est visiblement applicable, tant qu'il ne sortira pas du troisième quart de la circonférence, puisqu'aucune des quantités énumérées n'aura passé ni par o ni par ∞. Donc les signes de corrélation trouvés ci-dessus, ont lieu pour tout le troisième quart de la circonférence, et indiquent les changemens qu'il faudroit faire aux formules du systême primitif, pour les rendre applicables à ce troisième quart de la circonférence. Il nous reste à examiner ce qui a lieu pour le quatrième quart.

109. Je prends maintenant pour terme de comparaison le troisième quart que nous venons d'examiner.

Supposons donc que B″ vienne se placer en B‴ après avoir passé par F″. Etablissons ce nouveau systême, en menant les perpendiculaires B‴ D‴, B‴ E‴ sur les diamètres $\overline{AA'}$, $\overline{FF'}$ respectivement; la tangente indéfinie $\overline{HAH''}$ par le premier point A de l'arc, la sécante $\overline{CB'''H'''}$, et enfin la tangente $\overline{GFG'''}$, par l'extrémité F du premier quart de la circonférence, de même que dans tous les systêmes précédens.

Le nouveau systême sera donc, en suivant l'ordre de la construction comme ci-dessus, AB‴ CD‴ E‴ F G‴ H‴; et procédant comme ci-dessus, on établira la corrélation des valeurs absolues et des signes pour ce quatrième systême comme il suit:

4ᵉ syst.... $+\overparen{ABB'B''B'''}$, $+\overparen{AF}$, $-\overline{FB'B''B'''}$, $+\overline{AC}$, $+\overline{FC}$, $+\overline{B'''C}$, $-\overline{B'''D'''}$, $-\overline{CE'''}$, $+\overline{AD'''}$, $+\overline{B'''E'''}$, $+\overline{CD'''}$, $+\overline{FE'''}$, $-\overline{AH'''}$, $-\overline{FG'''}$, $+\overline{CH'''}$, $-\overline{CG'''}$.

De plus, ce que nous venons de dire du point B‴ lui est visiblement applicable tant qu'il ne sortira pas du quatrième quart de la circonférence. Donc les signes de corrélation trouvés ci-dessus ont lieu pour tout ce quatrième quart, et indiquent les changemens qu'il faudroit faire aux formules du systême primitif, pour les rendre applicables à ce quatrième quart de la circonférence.

110. On pourroit former un cinquième systême en imaginant que le point B‴ revient à sa première position B en passant par le point A, puis un sixième, en imaginant qu'il va se replacer de nouveau au point B′ en passant encore par F, ainsi de suite; mais il est clair que les quantités qui entreroient dans la composition de ces nouveaux systêmes, ne différeroient des premières que par la valeur des arcs, qui deviendroient plus grands que la circonférence; c'est-à-dire, par exemple, que pour le cinquième systême, l'arc ne seroit plus $\overparen{AB}$ comme le premier, mais une circonférence entière plus ce même arc $\overparen{AB}$, tandis que toutes les droites tracées dans ce cinquième systême seroient les mêmes que dans le premier : il en seroit de même du sixième systême comparé au second, du septième comparé au troisième, du huitième comparé au quatrième; du neuvième comparé de nouveau au premier, &c. On peut donc ramener tous les systêmes possibles aux quatre que nous venons d'examiner.

Réunissons maintenant les quatre systêmes en un seul tableau, et puisque les corrélations ne changent pas, tant que les points B, B′, B″, B‴, restent chacun dans le quart de circonférence qui lui est assigné, nous pouvons supposer, pour plus de simplicité (fig. 41), que E et E′, coïncident, de même que E″ et E‴, D et D‴, D′ et D″ respectivement; ce qui nous donnera

$$\overline{BD} = \overline{B'D'} = \overline{B''D''} = \overline{B'''D'''}, \text{ et } \overline{BE} = \overline{B'E'} = \overline{B''E''} = \overline{B'''E'''}.$$

Le tableau général de corrélation des quatre systêmes sera donc établi comme il suit, en supprimant, pour simplifier, les constantes, comme $\widehat{AF}$, $\overline{AC}$, dont on sait que le signe de corrélation est toujours $+$, et l'une de celles qui comme $\overline{BD}$, $\overline{CE}$, se trouvent doubles.

Tableau général de la corrélation des quatre systêmes.

Syst. du 1er quart de circ...	$+\widehat{AB}$,	$+\widehat{FB}$,	$+\overline{BD}, +\overline{AD}, +\overline{BE}, +\overline{FE}$,
Syst. du 2e quart de circ...	$+\widehat{ABB'}$,	$+\widehat{FB'}$,	$+\overline{BD}, +\overline{AD'}, -\overline{BE}, +\overline{FE}$,
Syst. du 3[e] quart de circ...	$+\widehat{ABB'B''}$,	$-\widehat{FB'B''}$,	$-\overline{BD}, +\overline{AD'}, -\overline{BE}, +\overline{FE''}$,
Syst. du 4[e] quart de circ...	$+\widehat{ABB'B''B'''}$,	$-\widehat{FB'B''B'''}$,	$-\overline{BD}, +\overline{AD}, +BE, +FE''$,

$$\begin{cases} +\overline{AH}, +\overline{FG}, +\overline{CH}, +\overline{CG} \\ -\overline{AH}, -\overline{FG}, -\overline{CH}, +\overline{CG} \\ +\overline{AH}, +\overline{FG}, -\overline{CH}, -\overline{CG} \\ -\overline{AH}, -\overline{FG}, +\overline{CH}, -\overline{CG} \end{cases}$$

Au moyen de ce tableau comparatif, si les propriétés du systême primitif, c'est-à-dire du premier quart de circonférence, sont exprimées par des formules entre les quantités ci-dessus énumérées ; il n'y aura, pour rendre ces formules applicables à un autre point quelconque de la circonférence, qu'à y faire les changemens indiqués par les signes ; suivant que la seconde extrémité de l'arc dont l'origine est au point A, se trouve sur le second, le troisième ou le quatrième quart de la circonférence.

Il est évident qu'on appliquera de même à l'un quelconque des quatre systêmes, les formules propres à l'un quelconque des autres, en changeant les signes qui se trouvent différens dans les deux systêmes.

111. Les résultats de ce tableau peuvent se réduire à une règle fort simple, et qui s'accorde avec ce que nous avons dit (38) sur les racines de l'équation qui existe entre les coordonnées d'une même courbe. C'est 1°. que le signe de corrélation de $\overline{BD}$ est +, tant que le point B est au-dessus du diamètre $\overline{AA'}$ et —, lorsqu'il se trouve au-dessous; 2°. que le signe de corrélation de $\overline{BE}$ est +, tant que le point B est à la gauche de $\overline{FF'}$ et — , lorsqu'il passe à droite; 3°. que quant aux autres quantités du systême, comme elles sont toutes fonctions de ces premières $\overline{BD}$, $\overline{BE}$, et de constantes, on juge qu'elles sont directes ou inverses, suivant que leurs valeurs, ainsi exprimées, avec les changemens de signes qu'on vient d'indiquer, donnent un résultat positif ou négatif (27). Par exemple, lorsque le point circulant est en B'', si l'on veut avoir la sécante $\overline{CH''}$, on fera cette proportion que donnent les triangles semblables CH''A, CB''D''; $\overline{CH''} : \overline{AC} :: \overline{CB''} : \overline{CD''}$ ou $\overline{CH''} = \frac{\overline{AC}.\overline{CB''}}{\overline{CD''}}$. Mais d'après la seconde partie de la règle qu'on vient d'établir, $\overline{CD''}$ a — pour signe de corrélation, tandis que $\overline{AC}$, $\overline{CB''}$ ont l'une et l'autre + : donc le signe de corrélation de $\overline{CH''}$ est —, donc $\overline{CH''}$ est inverse; c'est-à-dire, que la sécante de tout arc plus grand que la demi-circonférence et moindre que les trois quarts, est inverse et sa valeur de corrélation négative.

112. Ceci est une nouvelle preuve, que la règle donnée ordinairement pour juger du signe que doit prendre une quantité, lorsque le systême général vient à changer, est vague et même peu exacte. Cette règle est que le signe doit changer seulement, lorsque les lignes se trouvent prises dans une direction contraire à celle qu'on leur avoit attribuée d'abord. Or ici la sécante du troisième quart de circonférence, se confond exactement tant

pour

pour sa grandeur que pour sa direction, avec celle qu'avoit cette même sécante dans le systême primitif; elle devroit donc avoir le signe +, et cependant il est certain qu'elle a le signe —.

Cette règle d'ailleurs est visiblement insuffisante, ainsi qu'on l'a déjà observé (42), pour le cas où les directions des lignes ne sont ni dans le sens primitif, ni dans le sens opposé. Comment juger, par exemple, si $\overline{CH}$ et $\overline{CH'}$ qui sont les sécantes correspondantes au premier et au second quart de la circonférence, ont ou n'ont pas le même signe? puisque ces droites faisant un angle, ne peuvent être dites ni dans le même sens ni dans des sens opposés.

113. Il s'élève encore d'autres difficultés; car par exemple, on peut demander si le rayon $\overline{CA}$ et le rayon $\overline{CA'}$ qui sont pris dans des sens opposés, doivent avoir le même signe dans les formules; ou si ayant donné le signe + à $\overline{CA}$, il faut donner le signe — à $\overline{CA'}$? Il est certain que $\overline{CA}$ étant une constante, son signe de corrélation est toujours +; cependant, d'après la règle, il semble qu'on devroit lui donner le signe — lorsqu'il devient $\overline{CA'}$, puisqu'alors il est pris en sens contraire de $\overline{CA}$, qui a le signe +. On dira peut-être, que la règle ne s'applique point aux constantes; mais la règle ne porte point d'exceptions, et en supposant qu'elle donnât celle-ci, on pourroit demander encore quelle seroit la raison de cette différence entre les variables et les constantes? puisque la règle est fondée, non sur la valeur absolue des lignes comparées, mais sur leurs positions respectives.

Enfin, on peut faire encore contre cette règle, l'objection suivante. $\overline{BE}$ est, dit-on, positif, et $\overline{B'E}$ négatif: donc puisque ces deux droites sont intrinséquement égales, on doit avoir $\overline{B'E} = -\overline{BE}$; donc $\overline{BB'}$, qui est $\overline{BE}+\overline{B'E}$ devient $\overline{BE}-\overline{BE}=0$ ou $\overline{BB'}=0$, ce qui répugne. Pareillement on auroit $\overline{BB'''} = \overline{BD}+\overline{B'''D}$, qui à cause de $\overline{B'''D}$ négatif deviendroit o; donc on auroit $\overline{BB'''}=0$; autre résultat que le bon sens repousse. En admettant néanmoins ces deux résultats de la règle, on auroit $\overline{BB'}.\overline{BB'''}=0$; d'où suivroit, par exemple, que le carré inscrit dans un cercle seroit o. On sent bien que si l'on admettoit de pareilles conclusions en mathématiques, cette science de l'évidence seroit bientôt tellement dénaturée, qu'on ne s'entendroit plus. Cette règle est donc véritablement peu exacte, et n'est pas même fondée sur des raisons plausibles. On la donne comme une simple convention faite pour distinguer les différentes positions des lignes; mais cela ne peut se faire par une convention, à moins qu'en prenant les signes + et — pour distinguer ces positions, on ne prouve en même temps qu'on a le droit alors de les employer de la même manière, que lorsqu'on s'en sert simplement pour exprimer l'addition et la soustraction : et en effet, puisqu'on est maître de fixer à son choix la direction des lignes positives et celle des lignes négatives, pourquoi tout n'est-il pas égal entre les unes et les autres, et pourquoi, en multipliant une ligne positive par une ligne négative, celle-ci a-t-elle le privilége de donner son signe au produit?

114. Supposons le rayon de la circonférence AFA'F' représenté par 1, le quart de circonférence par ϖ, et faisons $\widehat{AB}=a$, nous aurons donc

$$\widehat{AB}=a,\ \widehat{ABB'}=2\varpi-a,\ \widehat{ABB'B''}=2\varpi+a,\ \widehat{ABB'B''B'''}=4\varpi-a,$$
$$\widehat{BF}=\varpi-a,\ \widehat{FB'}=\varpi-a,\ \widehat{FB'B''}=\varpi+a,\ \widehat{FB'B''B'''}=3\varpi-a,$$
$$\overline{BD}=\sin.a,\ \overline{BE}=\cos.a,\ \overline{AD}=\sin.\text{v}.a,\ \overline{FE}=\cos.\text{v}.a,\ \overline{AD'}=2-\sin.\text{v}.a,$$
$$\overline{AH}=\text{tang}.a,\ \overline{FG}=\cot.a,\ \overline{CH}=\sec.\,a,\ \overline{CG}=\text{coséc}.a,\ \overline{FE''}=2-\cos.\text{v}.a.$$

En substituant ces valeurs dans le tableau général de corrélation ci-dessus, il prendra la forme suivante :

Syst. des arcs dont le dernier point tombe sur le 1er quart de la circonférence....	$+a$,	$+(\varpi-a)$,	$+\sin. a$,	$+\cos. a$,	$+\text{tang}. a$,	$+\cot. a$,	$+\text{séc}. a$,	$+\text{coséc}. a$,	$+\sin. \text{v}. a$,	$+\cos. \text{v}. a$.
Syst. des arcs dont le dernier point tombe sur le 2e quart de la circonférence....	$+(2\varpi-a)$,	$-(\varpi-a)$,	$+\sin. a$,	$-\cos. a$,	$-\text{tang}. a$,	$-\cot. a$,	$-\text{séc}. a$,	$+\text{coséc}. a$,	$+2-\sin. \text{v}. a$,	$+\cos. \text{v}. a$
Syst. des arcs dont le dernier point tombe sur le 3e quart de la circonférence....	$+(2\varpi+a)$,	$-(\varpi+a)$,	$-\sin. a$,	$-\cos. a$,	$+\text{tang}. a$,	$+\cot. a$,	$-\text{séc}. a$,	$-\text{coséc}. a$,	$+2-\sin. \text{v}. a$,	$+2-\cos. \text{v}. a$
Syst. des arcs dont le dernier point tombe sur le 4e quart de la circonférence....	$+(4\varpi-a)$,	$-(3\varpi-a)$,	$-\sin. a$,	$+\cos. a$,	$-\text{tang}. a$,	$-\cot. a$,	$+\text{séc}. a$,	$-\text{coséc}. a$,	$+\sin. \text{v}. a$,	$+2-\cos. \text{v}. a$

Ce tableau a lieu quelle que soit la valeur de a, pourvu qu'il soit moindre que le quart de circonférence. Supposant donc que b soit le complément de a, ce même tableau aura lieu en y mettant b à la place de a; donc puisque par hypothèse on a $b=\varpi-a$. Ce même tableau aura encore lieu, en substituant dans celui qui précède, $\varpi-a$ au lieu de a; et par conséquent $\cos. a$ pour $\sin. a$, $\sin. a$ pour $\cos. a$, $\cot. a$ pour $\text{tang}. a$, &c. Or par cette substitution le tableau devient :

Syst. des arcs dont le dernier point tombe sur le 1er quart de la circonférence....	$+(\pi - a) + a$,	$-\cos. a$,	$-\sin. a$	$+\cot. a$,	$+\text{tang}. a$,	$+\text{coséc}. a$,	$+\text{séc}. a$,	$+\cos. \text{v}. a$,	$+\sin. \text{v}. a$
Syst. des arcs dont le dernier point tombe sur le 2e quart de la circonférence....	$+(\pi + a) - a$,	$+\cos. a$,	$-\sin. a$	$-\cot. a$,	$-\text{tang}. a$,	$-\text{coséc}. a$,	$+\text{séc}. a$,	$+2-\cos. \text{v}. a$,	$+\sin. \text{v}. a$
Syst. des arcs dont le dernier point tombe sur le 3e quart de la circonférence....	$+(3\pi - a) - (2\pi - a)$,	$-\cos. a$,	$-\sin. a$	$+\cot. a$,	$+\text{tang}. a$,	$-\text{coséc}. a$,	$-\text{séc}. a$,	$+2-\cos. \text{v}. a$,	$+2-\sin. \text{v}. a$
Syst. des arcs dont le dernier point tombe sur le 4e quart de la circonférence....	$+(3\pi + a) - (2\pi + a)$,	$-\cos. a$,	$+\sin. a$	$-\cot. a$,	$-\text{tang}. a$,	$+\text{coséc}. a$,	$-\text{séc}. a$,	$+\cos. \text{v}. a$,	$+2-\sin. \text{v}. a$

115. Après avoir examiné ce qui a lieu lorsque le point B circule dans le sens BB'B''B''', examinons ce qui arrive lorsqu'il circule dans le sens contraire BB'''B''B'.

Pour cela, comparons le nouveau système AB'''CD''E'''FG'''H''' considéré comme produit par la circulation de B dans le sens BB'''B''B', et établissons la corrélation des valeurs absolues et des signes de ces deux systêmes, je dis qu'elle sera comme il suit :

Syst. prim... $+\widehat{AB}, +\widehat{FB}, +\overline{BD}, +\overline{AD}, +\overline{BE}, +\overline{FE}, +\overline{AH}, +\overline{FG}, +\overline{CH}, +\overline{CG}$

Syst. transf. $-\widehat{AB'''}, +\widehat{FAB'''}, -\overline{BD'''}, +\overline{AD'''}, +\overline{B'''E'''}, +\overline{FE'''}, -\overline{AH'''}, -\overline{FG'''}, +\overline{CH'''}, -\overline{CG'''}$

En effet $\widehat{AB}$ a passé par o pour devenir $\widehat{AB'''}$ au moment où le point B circulant par hypothèse dans le sens BB'''B''B' a coïncidé avec le point A. Donc $\widehat{AB}$ a pu devenir inverse en devenant

$\widehat{AB'''}$ et cela a lieu en effet; car dans le système primitif on avoit $\widehat{AB}=\widehat{AF}-\widehat{FB}$, et dans le système transformé, on a au contraire $\widehat{AB'''}=\widehat{FB'''}-\widehat{AF}$; donc le signe de corrélation de $\widehat{AB'''}$ est —, puisque ni $\widehat{FB}$ ni $\widehat{AF}$ n'ont passé ni par o ni par ∞. Donc aussi $\widehat{FB}$ n'ayant passé ni par o ni par ∞, doit avoir + pour signe de corrélation.

Dans le système primitif, on a $\overline{BD}=\overline{FC}-\overline{FE}$, et dans le système transformé, au contraire, $\overline{BD'''}=\overline{FE'''}-\overline{FC}$; donc $\overline{BD'''}$ est inverse, et son signe de corrélation —; ainsi des autres.

Si l'on suppose maintenant que B parvenu en B‴ continue à circuler dans le même sens, jusqu'à ce qu'il soit arrivé en B″, puis ensuite en B′, et qu'on lui applique toujours les mêmes raisonnemens que nous avons faits pour le cas où il circuloit dans le sens opposé, il est clair qu'on parviendra aux deux nouveaux tableaux suivans qui répondent à ceux que nous avons donnés ci-dessus, et par où l'on voit qu'en général les arcs dont la valeur de corrélation est affectée du signe —, désignent les arcs inverses pris dans le sens AB‴B″B′B.

Syst. des arcs dont le dernier point tombe sur le 1er quart de la circonférence....	$-(4\varpi-a)$, $+(5\varpi-a)$, $+\sin. a$, $+\cos. a$, $+\text{tang}. a$,
Syst. des arcs dont le dernier point tombe sur le 2e quart de la circonférence....	$-(2\varpi+a)$, $+(3\varpi+a)$, $+\sin. a$, $-\cos. a$, $-\text{tang}. a$,
Syst. des arcs dont le dernier point tombe sur le 3e quart de la circonférence....	$-(2\varpi-a)$, $+(3\varpi-a)$, $-\sin. a$, $-\cos. a$, $+\text{tang}. a$,
Syst. des arcs dont le dernier point tombe sur le 4e quart de la circonférence....	$-a$, $+(\varpi+a)$, $-\sin. a$, $+\cos. a$, $-\text{tang}. a$,

$$\left\{\begin{array}{lllll}
+\text{cot.}\,a, & +\text{séc.}\,a, & +\text{coséc.}\,a, & +\text{sin. v.}\,a, & +\text{cos. v.}\,a \\
-\text{cot.}\,a, & -\text{séc.}\,a, & +\text{coséc.}\,a, & +2-\text{sin. v.}\,a, & +\text{cos. v.}\,a \\
+\text{cot.}\,a, & -\text{séc.}\,a, & -\text{coséc.}\,a, & +2-\text{sin. v.}\,a, & +2-\text{cos. v.}\,a \\
-\text{cot.}\,a, & +\text{séc.}\,a, & -\text{coséc.}\,a, & +\text{sin. v.}\,a, & +2-\text{cos. v.}\,a
\end{array}\right.$$

Syst. des arcs dont le dernier point tombe sur le 1er quart de la circonférence....	$-(3\varpi+a),\ +(4\varpi+a),\ +\text{cos.}\,a,\ +\text{sin.}\,a,\ +\text{cot.}\,a,$
Syst. des arcs dont le dernier point tombe sur le 2e quart de la circonférence....	$-(3\varpi-a),\ +(4\varpi-a),\ +\text{cos.}\,a,\ -\text{sin.}\,a,\ -\text{cot.}\,a,$
Syst. des arcs dont le dernier point tombe sur le 3e quart de la circonférence....	$-(\varpi+a),\ +(2\varpi+a),\ -\text{cos.}\,a,\ -\text{sin.}\,a,\ +\text{cot.}\,a,$
Syst. des arcs dont le dernier point tombe sur le 4e quart de la circonférence....	$-(\varpi-a),\ +(2\varpi-a),\ -\text{cos.}\,a,\ +\text{sin.}\,a,\ -\text{cot.}\,a,$

$$\left\{\begin{array}{lllll}
+\text{tang.}\,a, & +\text{coséc.}\,a, & +\text{séc.}\,a, & +\text{cos. v.}\,a, & +\text{sin. v.}\,a \\
-\text{tang.}\,a, & -\text{coséc.}\,a, & +\text{séc.}\,a, & +2-\text{cos. v.}\,a, & +\text{sin. v.}\,a \\
+\text{tang.}\,a, & -\text{coséc.}\,a, & -\text{séc.}\,a, & +2-\text{cos. v.}\,a, & +2-\text{sin. v.}\,a \\
-\text{tang.}\,a, & +\text{coséc.}\,a, & -\text{séc.}\,a, & +\text{cos. v.}\,a, & +2-\text{sin. v.}\,a
\end{array}\right.$$

Le système primitif auquel se rapportent ces quatre tableaux, étant toujours le premier quart de circonférence, c'est-à-dire, celui des arcs, $\widehat{AB}$, $\widehat{AF}$, $\widehat{BF}$, et des droites $\overline{BD}$, $\overline{BE}$, $\overline{AD}$, &c., il suit que dans chacune des quatre lignes horizontales de chacun de ces tableaux, le premier terme exprime la valeur corrélative de l'arc correspondant à $\widehat{AB}$, le second la valeur corrélative de son complément, le troisième la valeur corrélative de son sinus, le quatrième la valeur corrélative de son cosinus, &c.; c'est-à-dire que toutes ces valeurs sont de simples formes algébriques, dont la propriété est, qu'étant substituées dans un calcul quelconque établi sur l'hypothèse, que les arcs étoient positifs et moindres que le quart de circonférence, à la place des véritables quantités qu'elles représentent, elles rendroient les résultats de ce calcul applicables à tous les autres arcs compris, soit dans un sens, soit dans le sens opposé depuis o jusqu'à la circonférence entière 4ϖ.

116. En réunissant ces quatre tableaux nous obtiendrons cette série d'équations.

$$1.\left\{\begin{array}{lcl}
\text{sin.} \pm a & = & \pm \text{sin.}\, a \\
\text{cos.} \pm a & = & + \text{cos.}\, a \\
\text{tang.} \pm a & = & \pm \text{tang.}\, a \\
\text{cot.} \pm a & = & \pm \text{cot.}\, a \\
\text{séc.} \pm a & = & + \text{séc.}\, a \\
\text{coséc.} \pm a & = & \pm \text{coséc.}\, a \\
\text{sin. v.} \pm a & = & + \text{sin. v.}\, a \\
\text{cos. v.} + a & = & + \text{cos. v.}\, a \\
\text{cos. v.} - a & = & + (2 - \text{cos. v.}\, a)
\end{array}\right.$$

$$2.\left\{\begin{array}{lcl}
\text{sin.} (\varpi \pm a) & = & + \text{cos.}\, a \\
\text{cos.} (\varpi \pm a) & = & \mp \text{sin.}\, a \\
\text{tang.} (\varpi \pm a) & = & \mp \text{cot.}\, a \\
\text{cot.} (\varpi \pm a) & = & \mp \text{tang.}\, a \\
\text{séc.} (\varpi \pm a) & = & \mp \text{coséc.}\, a \\
\text{coséc.} (\varpi \pm a) & = & + \text{séc.}\, a \\
\text{sin. v.} (\varpi + a) & = & + (2 - \text{cos. v.}\, a) \\
\text{sin. v.} (\varpi - a) & = & + \text{cos. v.}\, a \\
\text{cos. v.} (\varpi \pm a) & = & + \text{sin. v.}\, a
\end{array}\right.$$

$$3.\left\{\begin{array}{lcl}
\text{sin.} (2\varpi \pm a) & = & \mp \text{sin.}\, a \\
\text{cos.} (2\varpi \pm a) & = & - \text{cos.}\, a \\
\text{tang.} (2\varpi \pm a) & = & \pm \text{tang.}\, a \\
\text{cot.} (2\varpi \pm a) & = & \pm \text{cot.}\, a \\
\text{séc.} (2\varpi \pm a) & = & - \text{séc.}\, a \\
\text{coséc.} (2\varpi \pm a) & = & \mp \text{coséc.}\, a \\
\text{sin. v.} (2\varpi \pm a) & = & + (2 - \text{sin. v.}\, a) \\
\text{cos. v.} (2\varpi + a) & = & + (2 - \text{cos. v.}\, a) \\
\text{cos. v.} (2\varpi - a) & = & + \text{cos. v.}\, a
\end{array}\right.$$

$$4.\left\{\begin{array}{lcl}
\text{sin.}\,(3\varpi \pm a) & = & -\ \text{cos.}\,a \\
\text{cos.}\,(3\varpi \pm a) & = & \pm\ \text{sin.}\,a \\
\text{tang.}\,(3\varpi \pm a) & = & \mp\ \text{cot.}\,a \\
\text{cot.}\,(3\varpi \pm a) & = & \mp\ \text{tang.}\,a \\
\text{séc.}\,(3\varpi \pm a) & = & \pm\ \text{coséc.}\,a \\
\text{coséc.}\,(3\varpi \pm a) & = & -\ \text{séc.}\,a \\
\text{sin.v.}\,(3\varpi + a) & = & +\ \text{cos.v.}\,a \\
\text{sin.v.}\,(3\varpi - a) & = & +\ (2 - \text{cos.v.}\,a) \\
\text{cos.v.}\,(3\varpi \pm a) & = & +\ (2 - \text{sin.v.}\,a)
\end{array}\right.$$

$$5.\left\{\begin{array}{lcl}
\text{sin.}\,(4\varpi \pm a) & = & \pm\ \text{sin.}\,a \\
\text{cos.}\,(4\varpi \pm a) & = & +\ \text{cos.}\,a \\
\text{tang.}\,(4\varpi \pm a) & = & \pm\ \text{tang.}\,a \\
\text{cot.}\,(4\varpi \pm a) & = & \pm\ \text{cot.}\,a \\
\text{séc.}\,(4\varpi \pm a) & = & +\ \text{séc.}\,a \\
\text{coséc.}\,(4\varpi \pm a) & = & \pm\ \text{coséc.}\,a \\
\text{sin.v.}\,(4\varpi \pm a) & = & +\ \text{sin.v.}\,a \\
\text{cos.v.}\,(4\varpi + a) & = & +\ \text{cos.v.}\,a \\
\text{cos.v.}\,(4\varpi - a) & = & (2 - \text{cos.v.}\,a)
\end{array}\right.$$

Voici comment se forment ces équations. Je vois, par exemple, par la seconde ligne du premier tableau, que $(2\varpi - a)$ est une des valeurs corrélatives de l'arc a ; donc la valeur corrélative de son sinus est sin. $(2\varpi - a)$; mais d'un autre côté, je vois par le troisième terme de la même ligne, que $+$ sin. a, est aussi la valeur corrélative du sinus de ce même arc $(2\varpi - a)$. J'en conclus que sin. $(2\varpi - a) = +$ sin. a. Pareillement le premier terme étant la valeur corrélative à a, la valeur corrélative du cosinus de cet arc $(2\varpi - a)$ sera cos. $(2\varpi - a)$; mais d'un autre côté, je vois par le quatrième terme de la même ligne, que cette même valeur corrélative est $-$cos. a ; j'en conclus qu'on a cos. $(2\varpi - a) = -$ cos. a ; ainsi des autres.

Ces équations, comme on le voit, sont purement algébriques, c'est-à-dire, qu'elles n'existent point entre quantités effectives, mais entre leurs valeurs corrélatives, et signifient qu'on peut, dans un calcul quelconque, substituer ces valeurs corrélatives aux

aux quantités effectives du systême primitif qu'elles représentent, sans altérer l'exactitude du résultat ; et qu'elles rendent seulement ce résultat applicable à des cas non compris dans le systême primitif sur lequel les raisonnemens ont été établis.

117. Si dans ces équations on fait $a = 0$ elles se réduiront aux formules suivantes.

$$
1. \begin{cases}
\sin. 0 = 0 \\
\cos. 0 = 1 \\
\text{tang.}\, 0 = 0 \\
\cot. 0 = \infty \\
\text{séc.}\, 0 = 1 \\
\text{coséc.}\, 0 = \infty \\
\sin. \text{v}. 0 = 0 \\
\cos. \text{v}. 0 = 1
\end{cases}
$$

$$
2. \begin{cases}
\sin. \varpi = 1 \\
\cos. \varpi = 0 \\
\text{tang.}\, \varpi = \infty \\
\cot. \varpi = 0 \\
\text{séc.}\, \varpi = \infty \\
\text{coséc.}\, \varpi = 1 \\
\sin. \text{v}. \varpi = 1 \\
\cos. \text{v}. \varpi = 0
\end{cases}
$$

$$
3. \begin{cases}
\sin. 2\varpi = 0 \\
\cos. 2\varpi = -1 \\
\text{tang.}\, 2\varpi = 0 \\
\cot. 2\varpi = -\infty \\
\text{séc.}\, 2\varpi = -1 \\
\text{coséc.}\, 2\varpi = \infty \\
\sin. \text{v}. 2\varpi = 2 \\
\cos. \text{v}. 2\varpi = 1
\end{cases}
$$

$$4.\left\{\begin{array}{ll}\sin. 3\varpi & = -1\\ \cos. 3\varpi & = 0\\ \text{tang}. 3\varpi & = -\infty\\ \cot. 3\varpi & = 0\\ \text{séc}. 3\varpi & = \infty\\ \text{coséc}. 3\varpi & = -1\\ \sin.\text{v}. 3\varpi & = 1\\ \cos.\text{v}. 3\varpi & = 2\end{array}\right.$$

$$5.\left\{\begin{array}{ll}\sin. 4\varpi & = 0\\ \cos. 4\varpi & = 1\\ \text{tang}. 4\varpi & = 0\\ \cot. 4\varpi & = \infty\\ \text{séc}. 4\varpi & = 1\\ \text{coséc}. 4\varpi & = \infty\\ \sin.\text{v}. 4\varpi & = 0\\ \cos.\text{v}. 4\varpi & = 1\end{array}\right.$$

118. Les formules trouvées jusqu'à présent ne se rapportent encore qu'aux arcs, soit positifs, soit négatifs, compris depuis o jusqu'à 4ϖ; mais il est évident qu'on ne changera rien aux valeurs des quantités linéo-angulaires, en ajoutant à l'arc considéré une ou plusieurs circonférences entières, soit directes, soit inverses; c'est-à-dire, $+4m\varpi$, m exprimant un nombre entier quelconque positif ou négatif. Or il est aisé de voir, qu'alors les équations trouvées (116) peuvent être toutes comprises dans le tableau suivant.

$$1.\left\{\begin{array}{ll}\sin.\ (4m\varpi \pm a) = \ldots\ldots\ldots\ldots\ldots & \pm \sin. a\\ \sin.\ (\overline{4m+1}\,\varpi \pm a) = \ldots\ldots\ldots\ldots\ldots & + \cos. a\\ \sin.\ (\overline{4m+2}\,\varpi \pm a) = \ldots\ldots\ldots\ldots\ldots & \mp \sin. a\\ \sin.\ (\overline{4m+3}\,\varpi \pm a) = \ldots\ldots\ldots\ldots\ldots & - \cos. a\end{array}\right.$$

$$2.\left\{\begin{array}{ll}\cos.\ (4m\varpi \pm a) = \ldots\ldots\ldots\ldots\ldots & + \cos. a\\ \cos.\ (\overline{4m+1}\,\varpi \pm a) = \ldots\ldots\ldots\ldots\ldots & \mp \sin. a\\ \cos.\ (\overline{4m+2}\,\varpi \pm a) = \ldots\ldots\ldots\ldots\ldots & - \cos. a\\ \cos.\ (\overline{4m+3}\,\varpi \pm a) = \ldots\ldots\ldots\ldots\ldots & \pm \sin. a\end{array}\right.$$

$$3.\left\{\begin{array}{ll}
\text{tang.}\ (4m\varpi \pm a) = \ldots\ldots\ldots\ldots\ldots & \pm\ \text{tang.}\ a \\
\text{tang.}\ (\overline{4m+1}\,\varpi \pm a) = \ldots\ldots\ldots\ldots & \mp\ \text{cot.}\ a \\
\text{tang.}\ (\overline{4m+2}\,\varpi \pm a) = \ldots\ldots\ldots\ldots & \pm\ \text{tang.}\ a \\
\text{tang.}\ (\overline{4m+3}\,\varpi \pm a) = \ldots\ldots\ldots\ldots & \mp\ \text{cot.}\ a
\end{array}\right.$$

$$4.\left\{\begin{array}{ll}
\text{cot.}\ (4m\varpi \pm a) = \ldots\ldots\ldots\ldots\ldots & \pm\ \text{cot.}\ a \\
\text{cot.}\ (\overline{4m+1}\,\varpi \pm a) = \ldots\ldots\ldots\ldots & \mp\ \text{tang.}\ a \\
\text{cot.}\ (\overline{4m+2}\,\varpi \pm a) = \ldots\ldots\ldots\ldots & \pm\ \text{cot.}\ a \\
\text{cot.}\ (\overline{4m+3}\,\varpi \pm a) = \ldots\ldots\ldots\ldots & \mp\ \text{tang.}\ a
\end{array}\right.$$

$$5.\left\{\begin{array}{ll}
\text{séc.}\ (4m\varpi \pm a) = \ldots\ldots\ldots\ldots\ldots & +\ \text{séc.}\ a \\
\text{séc.}\ (\overline{4m+1}\,\varpi \pm a) = \ldots\ldots\ldots\ldots & \mp\ \text{coséc.}\ a \\
\text{séc.}\ (\overline{4m+2}\,\varpi \pm a) = \ldots\ldots\ldots\ldots & -\ \text{séc.}\ a \\
\text{séc.}\ (\overline{4m+3}\,\varpi \pm a) = \ldots\ldots\ldots\ldots & \pm\ \text{coséc.}\ a
\end{array}\right.$$

$$6.\left\{\begin{array}{ll}
\text{coséc.}\ (4m\varpi \pm a) = \ldots\ldots\ldots\ldots\ldots & \pm\ \text{coséc.}\ a \\
\text{coséc.}\ (\overline{4m+1}\,\varpi \pm a) = \ldots\ldots\ldots\ldots & +\ \text{séc.}\ a \\
\text{coséc.}\ (\overline{4m+2}\,\varpi \pm a) = \ldots\ldots\ldots\ldots & \mp\ \text{coséc.}\ a \\
\text{coséc.}\ (\overline{4m+3}\,\varpi \pm a) = \ldots\ldots\ldots\ldots & -\ \text{séc.}\ a
\end{array}\right.$$

$$7.\left\{\begin{array}{ll}
\text{sin. ver.}\ (4m\varpi \pm a) = \ldots\ldots\ldots\ldots & \text{sin. ver.}\ a \\
\text{sin. ver.}\ (\overline{4m+1}\,\varpi \pm a) = \ldots\ldots & \left\{\begin{array}{l} 2 - \text{cos. ver.}\ a \\ +\ \text{cos. ver.}\ a \end{array}\right. \\
\text{sin. ver.}\ (\overline{4m+2}\,\varpi \pm a) = \ldots\ldots & 2 - \text{sin. ver.}\ a \\
\text{sin. ver.}\ (\overline{4m+3}\,\varpi \pm a) = \ldots\ldots & \left\{\begin{array}{l} \text{cos. ver.}\ a \\ 2 - \text{cos. ver.}\ a \end{array}\right.
\end{array}\right.$$

$$8.\left\{\begin{array}{ll}
\text{cos. ver.}\ (4m\varpi \pm a) = \ldots\ldots\ldots & \left\{\begin{array}{l} \text{cos. ver.}\ a \\ 2 - \text{cos. ver.}\ a \end{array}\right. \\
\text{cos. ver.}\ (\overline{4m+1}\,\varpi \pm a) = \ldots\ldots & \text{sin. ver.}\ a \\
\text{cos. ver.}\ (\overline{4m+2}\,\varpi \pm a) = \ldots\ldots & \left\{\begin{array}{l} 2 - \text{cos. ver.}\ a \\ \text{cos. ver.}\ a \end{array}\right. \\
\text{cos. ver.}\ (\overline{4m+3}\,\varpi \pm a) = \ldots\ldots & 2 - \text{sin. ver.}\ a
\end{array}\right.$$

119. Enfin dans ce dernier tableau, l'arc a est encore supposé réel; mais (56) on peut maintenant changer à volonté son signe ou coëfficient naturel 1, en un autre signe quelconque pris parmi les racines, soit réelles, soit imaginaires de l'unité, sans que ces équations cessent d'être exactes algebriquement; et si par des transformations quelconques régulières on parvient à faire disparoître ce qu'elles pourront contenir d'inintelligible, les résultats seront alors significatifs, et immédiatement applicables aux quantités qu'ils contiendront.

Je me suis fort étendu sur cet exemple familier, pour développer davantage les principes exposés précédemment, et montrer combien il est essentiel de rapporter constamment le systême variable à un systême primordial, lorsqu'on ne veut jamais procéder que d'une manière claire et satisfaisante pour l'esprit; cette marche, au surplus, n'apporte aucunes nouvelles difficultés, et sert, au contraire, à en prévenir beaucoup.

L'invention des quantités linéo-angulaires doit sa naissance aux efforts qu'on a faits pour trouver la résolution des triangles. On a pu s'appercevoir bientôt que cette résolution, en général, peut toujours se ramener à celle des triangles rectangles. On a donc pris pour terme de comparaison un triangle rectangle d'une base donnée, dont l'hypothénuse, par exemple, étoit représentée par 1 : on a calculé ce triangle pour tous les cas possibles d'après cette hypothèse, et l'on a dressé des tables où ce calcul se trouve tout fait : ces tables sont précisément celles qu'on nomme tables des sinus. C'est l'idée très-juste et très-lumineuse qu'en donne depuis long-temps Lacroix dans ses cours, et sur laquelle il a formé le plan de sa trigonométrie.

120. Soit (fig. 42) une droite quelconque $\overline{BC}$ prise pour terme de comparaison; représentons cette droite par 1, et sur cette même droite, comme hypothénuse, construisons un triangle rectangle ABC, en attribuant successivement aux angles aigus toutes les valeurs possibles depuis o jusqu'à l'angle droit. Formons maintenant un tableau de tous ces triangles : inscrivons dans la pre-

mière colonne le nombre des degrés de l'un des angles ; dans la seconde, la valeur du petit côté qui lui est opposé, c'est-à-dire, le nombre abstrait qui le représente, lorsque l'hypothénuse est exprimée par 1, ainsi qu'on l'a supposé ; dans la troisième, la valeur de l'autre des petits côtés ; dans la quatrième, le rapport du premier de ces petits côtés au second ; dans la cinquième, le rapport du second au premier, et enfin, dans la sixième, le second des petits angles. Cela posé, les propriétés connues du triangle rectangle font voir que le nombre inscrit dans la seconde colonne, n'est autre chose que le sinus de l'angle inscrit dans la première ; que celui de la troisième en est le cosinus ; celui de la quatrième, la tangente ; celui de la cinquième, la cotangente, et qu'enfin le sixième ou dernier est le complément du premier. D'où il suit que la table qui résultera de ces diverses colonnes, n'est autre chose que la table ordinaire des sinus, cosinus, &c. Et que chacune des lignes horizontales de cette table n'est autre chose que le calcul tout fait d'un triangle rectangle : de celui dont les deux petits angles sont portés l'un à la première colonne, l'autre à la dernière ; qu'enfin cette ligne horizontale contient non-seulement sous les dénominations de *sinus* et *cosinus*, les valeurs des petits côtés du triangle, mais encore sous la dénomination de tangente, le rapport du premier au second, et sous celle de cotangente le rapport du second au premier ; de sorte que *la table des sinus, cosinus*, &c. *n'est autre chose que le calcul tout fait pour tous les cas possibles du triangle rectangle dont l'hypothénuse est exprimée par* 1.

Lors donc qu'on a un triangle rectangle à calculer, toute la difficulté se réduit à trouver la ligne horizontale des tables qui lui correspond ; car cette ligne est le calcul tout fait de ce triangle. Par exemple, si l'on connoissoit les deux petits côtés a, b d'un triangle rectangle, il n'y auroit qu'à diviser a par b, et le quotient $\frac{a}{b}$ représenteroit, d'après ce qui vient d'être dit, la tangente de l'angle opposé au petit côté a ; en cherchant donc ce nombre $\frac{a}{b}$, dans la quatrième colonne, la ligne horizontale des tables où il se trouvera, sera le calcul tout fait du triangle proposé : c'est-à-dire, que dans la première et la sixième colonne, seront les angles ; dans la seconde et la troisième, les valeurs des côtés respectivement opposés à ces angles, en supposant l'hypothénuse représentée par 1 ; et enfin dans la quatrième et la cinquième, les rapports de ces mêmes côtés entre eux ; savoir, dans la quatrième, celui du premier au second, et dans la cinquième, celui du second au premier ; et comme la valeur absolue des côtés est donnée par hypothèse, on aura par une simple proportion, la valeur absolue de l'hypothénuse.

C'est ainsi que les tables de sinus donnent la solution de tous les triangles rectangles possibles ; et comme il est facile de ramener au calcul des triangles rectangles celui de tous les autres, les tables de sinus suffisent au calcul de toute espèce de triangle.

121. Il paroîtroit plus naturel de comparer directement un arc à sa corde même, qu'à son sinus qui est la moitié de la corde d'un arc double ; c'est ainsi qu'on en a usé d'abord, et il seroit possible d'y revenir sans que la théorie perdît rien de sa simplicité ; je pense même qu'elle y gagneroit sous ce rapport, comme sous celui d'un enchaînement plus naturel.

Soit (fig. 42) sur l'hypothénuse $\overline{BC}$ d'un triangle rectangle BAC, prise pour diamètre décrite une circonférence, elle passera par ce sommet A de l'angle droit. Or je dis qu'en représentant l'hypothénuse par 1, le côté $\overline{AB}$ est le sinus de l'angle $A\hat{C}B$: car si du centre D on mène à $\overline{AC}$ la parallèle $\overline{DH}$, il est clair qu'elle tombera sur le milieu de $\overline{AB}$; donc (120) le sinus de $A\hat{D}H$ ou $A\hat{C}B$ est $\frac{\overline{AH}}{\overline{BD}} = \frac{\overline{AB}}{\overline{BC}}$ ou à cause de $\overline{BC} = 1$, sin.ACB $= \overline{AB}$; c'est-à-dire, que le sinus de l'angle ACB est égal à la corde sur laquelle il est appuyé, dans ce cercle dont le diamètre est 1 : et comme tout autre angle, tel que $A\hat{F}B$ appuyé sur la même corde, et ayant son sommet à la circonférence, a la même mesure, chacun d'eux aura de même pour sinus, la corde sur laquelle il est appuyé dans ce cercle. Donc, en général *dans le cercle dont l'hypothénuse est représentée par* 1, *le sinus de tout angle inscrit à la circonférence, est égal à la corde sur laquelle il est appuyé.* Et puisque dans des cercles de différens diamètres, ces diamètres sont entre eux comme les cordes sur lesquelles s'appuient des angles égaux inscrits à la circonférence, on peut dire qu'en général, *le sinus de tout angle inscrit dans un cercle quelconque, est égal à la corde sur laquelle il est appuyé, divisée par le diamètre.*

C'est sous ce rapport que j'envisagerai la théorie des quantités linéo-angulaires dans le problême suivant.

PROBLÊME VII.

122. *Former le tableau des principaux rapports qui existent entre les sinus et cosinus de deux angles proposés, les sinus et cosinus de leur somme, et les sinus et cosinus de leur différence.*

Soient m et n les deux angles proposés que je suppose d'abord chacun, ainsi que leur somme $m+n$, moindres que le quart de la circonférence; supposons de plus $m>n$ et nommons ϖ l'angle droit.

Traçons à volonté une droite $\overline{AD}$ (fig. 43), et faisons d'un côté de cette droite l'angle $B\hat{A}D=m$, et de l'autre, l'angle $C\hat{A}D=n$. Par un point E pris à volonté sur $\overline{AD}$ menons $\overline{BC}$ qui lui soit perpendiculaire; inscrivons le triangle ABC dans un cercle, et supposons, pour plus de simplicité, le diamètre de ce cercle représenté par 1; menons enfin les deux droites $\overline{BD}$, $\overline{CD}$, et faisons $\overline{EF}=\overline{CE}$, $\overline{EH}=\overline{DE}$. Cela posé, je dis qu'on aura les formules suivantes qui expriment les rapports demandés.

Tableau des principaux rapports qui existent entre les sinus et cosinus de deux angles quelconques, les sinus et cosinus de leur somme, les sinus et cosinus de leur différence.

1°.... $\overline{BD} = \sin. m$

2°.... $\overline{CD} = \sin. n$

3°.... $\overline{AC} = \cos. m$

4°.... $\overline{AB} = \cos. n$

5°.... $\overline{BC} \begin{cases} = \sin. (m+n) \\ = \sin. m. \cos. n + \sin. n \cos. m \end{cases}$

6°.... $\overline{AD} \begin{cases} = \cos. (m-n) \\ = \cos. m \cos. n + \sin. m \sin. n \end{cases}$

7°.... $\overline{BF} \begin{cases} = \sin. (m-n) \\ = \sin. m \cos. n - \sin. n \cos. m \end{cases}$

8°.... $\overline{AH} \begin{cases} = \cos. (m+n) \\ = \cos. m \cos. n - \sin. m \sin. n \end{cases}$

9°.... $\overline{BE} \begin{cases} = \sin. m. \cos. n \\ = \frac{1}{2} \sin. (m+n) + \frac{1}{2} \sin. (m-n) \end{cases}$

10°.... $\overline{CE} \begin{cases} = \sin. n. \cos. m \\ = \frac{1}{2} \sin. (m+n) - \frac{1}{2} \sin. (m-n) \end{cases}$

11°.... $\overline{DE} \begin{cases} \sin. m. \sin. n \\ = \frac{1}{2} \cos. (m-n) - \frac{1}{2} \cos. (m+n) \end{cases}$

12°.... $\overline{AE} \begin{cases} = \cos. m. \cos. n \\ = \frac{1}{2} \cos. (m-n) + \frac{1}{2} \cos. (m+n) \end{cases}$

De ces premières formules, les Géomètres en ont déduit une multitude d'autres aussi curieuses qu'importantes. Le tableau suivant en contient quelques-unes dont je pourrai avoir besoin dans la suite.

Tableau

Tableau des principaux rapports qui existent entre les quantités linéo-angulaires de deux angles quelconques.

1.

$$\sin.(m \pm n) = \sin.m \cos.n \pm \sin.n \cos.m$$

$$\cos.(m \pm n) = \cos.m \cos.n \mp \sin.m \sin.n$$

$$\text{tang.}(m \pm n) = \frac{\text{tang.}m \pm \text{tang.}n}{1 \mp \text{tang.}m.\text{tang.}n}$$

$$\cot.(m \pm n) = -\frac{1 \mp \cot.m.\cot.n}{\cot.m \pm \cot.n}$$

2.

$$\sin.m.\cos.n = \tfrac{1}{2}\sin.(m+n) + \tfrac{1}{2}\sin.(m-n)$$

$$\cos.m.\sin.n = \tfrac{1}{2}\sin.(m+n) - \tfrac{1}{2}\sin.(m-n)$$

$$\cos.m.\cos.n = \tfrac{1}{2}\cos.(m+n) + \tfrac{1}{2}\cos.(m-n)$$

$$\sin.m.\sin.n = \tfrac{1}{2}\cos.(m-n) - \tfrac{1}{2}\cos.(m+n).$$

$$\text{tang.}m.\text{tang.}n = \frac{\cos.(m-n) - \cos.(m+n)}{\cos.(m+n) + \cos.(m-n)}$$

$$\text{tang.}m.\cot.n = \frac{\sin.(m+n) + \sin.(m-n)}{\sin.(m+n) - \sin.(m-n)}$$

$$\cot.m.\text{tang.}n = \frac{\sin.(m+n) - \sin.(m-n)}{\sin.(m+n) + \sin.(m-n)}$$

$$\cot.m.\cot.n = \frac{\cos.(m+n) + \cos.(m-n)}{\cos.(m-n) - \cos.(m+n)}$$

3.

$$\sin.m + \sin.n = 2.\sin.\frac{m+n}{2}\cos.\frac{m-n}{2}$$

$$\sin.m - \sin.n = 2.\cos.\frac{m+n}{2}\sin.\frac{m-n}{2}$$

$$\cos.m + \cos.n = 2.\cos.\frac{m+n}{2}.\cos.\frac{m-n}{2}$$

$$\cos.n - \cos.m = 2.\sin.\frac{m+n}{2}\sin.\frac{m-n}{2}$$

$$\text{tang.}m + \text{tang.}n = \frac{\sin.(m+n)}{\cos.m.\cos.n}$$

$$\text{tang.}m - \text{tang.}n = \frac{\sin.(m-n)}{\cos.m.\cos.n}$$

$$\cot.m + \cot.n = \frac{\sin.(m+n)}{\sin.m.\sin.n}$$

$$\cot.n - \cot.m = \frac{\sin.(m-n)}{\sin.m.\sin.n}$$

$$4.\begin{cases} \sin. m^2 - \sin. n^2 = \sin. (m+n) \sin. (m-n) \\ \cos. m^2 - \sin. n^2 = \cos. (m+n) \cos. (m-n) \\ \operatorname{tang}. m^2 - \operatorname{tang}. n^2 = \dfrac{\sin. (m+n) \sin. (m-n)}{\cos. m^2 . \cos. n^2} \\ \cot. n^2 - \cot. m^2 = \dfrac{\sin. (m+n) \sin. (m-n)}{\sin. m^2 . \sin. n^2} \end{cases}$$

$$5.\begin{cases} \dfrac{\sin. m + \sin. n}{\sin. m - \sin. n} = \dfrac{\operatorname{tang}. \frac{1}{2}(m+n)}{\operatorname{tang}. \frac{1}{2}(m-n)} \\ \dfrac{\sin. m + \sin. n}{\cos. m + \cos. n} = \operatorname{tang}. \frac{1}{2}(m+n) \\ \dfrac{\sin. m + \sin. n}{\cos. n - \cos m} = \cot. \frac{1}{2}(m-n) \\ \dfrac{\sin. m - \sin. n}{\cos. m + \cos. n} = \operatorname{tang}. \frac{1}{2}(m-n) \\ \dfrac{\sin. m - \sin. n}{\cos. n - \cos. m} = \cot. \frac{1}{2}(m+n) \\ \dfrac{\cos. m + \cos. n}{\cos. n - \cos. m} = \dfrac{\cot. \frac{1}{2}(m-n)}{\operatorname{tang}. \frac{1}{2}(m+n)} = \dfrac{\text{séc}. m + \text{séc}. n}{\text{séc}. m - \text{séc}. n} \end{cases}$$

$$6.\begin{cases} \sin. 2m = 2 \sin. m . \cos. m \\ \cos. 2m = \cos. m^2 - \sin. n^2 \\ \operatorname{tang}. 2m = \dfrac{2 \operatorname{tang}. m}{1 - \operatorname{tang}. m^2} \\ \cot. 2m = \frac{1}{2} \cot. m - \frac{1}{2} \operatorname{tang}. m \end{cases}$$

$$7.\begin{cases} \sin. \frac{1}{2} m = \sqrt{\dfrac{1 - \cos. m}{2}} \\ \cos. \frac{1}{2} m = \sqrt{\dfrac{1 + \cos. m}{2}} \\ \operatorname{tang}. \frac{1}{2} m = \dfrac{\sin. m}{1 + \cos. m} \\ \cot. \frac{1}{2} m = \dfrac{\sin. m}{1 - \cos. m} \end{cases}$$

$$8.\left\{\begin{array}{l}\sin.m^2+\cos.m^2=1,\ \sin.m^2=\dfrac{\text{tang}.m^2}{1+\text{tang}.m^2},\ \cos.m^2=\dfrac{1}{1+\text{tang}.m^2}\\ \cos.m^4-\sin.m^4=\cos.m^2-\sin.m^2=\cos.2m\\ \sin.m^2.\sin.n^2+\cos.m^2\cos.n^2+\sin.m^2\cos.n^2+\sin.n^2.\cos.m^2=1.\end{array}\right.$$

Voici la démonstration des formules du premier tableau (122).

Le diamètre étant représenté par 1, d'après l'hypothèse, chacun des angles qui ont leur sommet à la circonférence, a (121) pour sinus, la corde sur laquelle il est appuyé; donc d'abord $\overline{BD}=\sin.m$, $\overline{CD}=\sin.n$, ainsi qu'il est porté au tableau; de plus, l'angle E étant droit, l'angle $A\hat{B}C$ est le complément de m, et $A\hat{C}B$ complément de n; donc aussi $\overline{AC}=\cos.m$, $\overline{AB}=\cos.n$.

Et par la même raison, l'angle $B\hat{A}C$ étant $m+n$, on a $\overline{BC}=\sin.(m+n)$, comme l'indique le tableau.

ϖ étant le quart de la circonférence, l'angle $A\hat{B}D$ ou $A\hat{B}C+C\hat{B}D$ sera $\varpi-m+n$ ou complément de $m-n$; donc $\overline{AD}=\cos.(m-n)$, comme on le voit au tableau.

Menons $\overline{AF}$ prolongée jusqu'à la circonférence en G, et tirons $\overline{BG}$, puisque par construction on a $\overline{FE}=\overline{EC}$, on aura $G\hat{A}D=D\hat{A}C=n$; donc $B\hat{A}G=m-n$; donc $\overline{BG}=\sin.(m-n)$.

Or il est facile de voir que le triangle BGF est isocèle, car l'angle $B\hat{F}G$ ou $A\hat{F}C$ est par construction, égal à $A\hat{C}B$, qui est appuyé sur le même arc que $B\hat{G}A$; donc $B\hat{F}G=B\hat{G}A$, donc $\overline{BF}=\overline{BG}$, donc $\overline{BF}=\sin.(m-n)$ comme l'indique le tableau; et par un raisonnement semblable, on verra que $\overline{AH}=\cos.(m+n)$.

La somme des deux segmens $\overline{BE}$, $\overline{CE}$ est $\overline{BC}$ ou $\sin.(m+n)$, et leur différence est $\overline{BF}$ ou $\sin.(m-n)$; dont le plus grand .... $\overline{BE}=\frac{1}{2}\sin.(m+n)+\frac{1}{2}\sin.(m-n)$,
et le plus petit......... $\overline{CE}=\frac{1}{2}\sin.(m+n)-\frac{1}{2}\sin.(m-n)$;

ainsi qu'il est porté au tableau; et par un raisonnement semblable, on verra que...... $\overline{AE} = \frac{1}{2}\cos.(m - n) + \frac{1}{2}\cos.(m + n)$
et .... $\overline{DE} = \frac{1}{2}\cos.(m - n) - \frac{1}{2}\cos.(m + n)$

D'un autre côté, le triangle ABE donne

$\overline{AB}$ ou $\cos.n : \overline{BE} :: 1 : \sin.m$. Donc $\overline{BE} = \sin.m.\cos.n$, et de la même manière les triangles ACE, BDE, DCE, donnent $\overline{CE} = \sin.n$, $\cos.m$, $AE = \cos.m.\cos.n$, $DE = \sin.m.\sin.n$, ainsi que l'indique le tableau.

Enfin ajoutant ensemble la première et la seconde de ces dernières équations, on a $\overline{BE} + \overline{CE}$ ou une nouvelle valeur de $\overline{BC}$, c'est-à-dire, qu'on a $\overline{BC} = \sin.m\cos.n + \sin.n\cos.m$, comme le porte le tableau. En retranchant, au contraire, $\overline{CE}$ de $\overline{BE}$, on a $\overline{BF} = \sin.m\cos.n - \sin.n\cos.m$.

Pareillement, en combinant successivement $\overline{AE}$ et $\overline{DE}$ par addition et soustraction, on aura les secondes valeurs de $\overline{AD}$, $\overline{AH}$, telles qu'elles sont portées au tableau. Toutes les formules portées dans ce tableau sont donc démontrées.

124. Quant au second tableau (127), les deux premières formules se démontrent, en égalant ensemble les doubles valeurs des cinquième, sixième, septième et huitième formules du premier; et ces deux formules suffisent pour démontrer facilement toutes les autres. Comme cela se trouve dans les traités ordinaires de trigonométrie; j'y renvoie, mon objet n'ayant pas été d'écrire un ouvrage suivi sur cette matière, mais seulement de présenter la question sur un nouveau point de vue.

Je me servirai pourtant de cette figure, pour démontrer, sans recourir à une autre la proposition fondamentale $\sin.m^2 + \cos.n^2 = 1$. En effet, l'angle $\widehat{AEC}$ étant droit, la somme des deux arcs $\overset{\frown}{AC}$, $\overset{\frown}{BD}$, dont la moitié lui sert de mesure, fait deux droits; donc la corde qui soutendroit la somme de ces deux arcs est un diamètre; donc les deux cordes feroient un angle droit;

donc la somme de leurs carrés est égale au carré du diamètre qui est 1 par hypothèse; donc $\sin. m^2 + \cos. m^2 = 1$.

A cause du triangle rectangle AEC, on a $\overline{AC}^2 = \overline{AE}^2 + \overline{CE}^2$, et $\overline{BD}^2 = \overline{BE}^2 + \overline{DE}^2$. Ajoutant ces deux équations, on a, à cause de $\overline{AC}^2 + \overline{BD}^2 = 1$, comme on vient de le voir, $\overline{AE}^2 + \overline{BE}^2 + \overline{CE}^2 + \overline{DE}^2 = 1$.

125. Le raisonnement a été établi sur l'hypothèse que les angles m, n, ainsi que leur somme $m+n$ sont moindres que le quart de circonférence. Maintenant il est facile d'étendre les formules à tous les angles possibles. Il n'y a pour cela (53) qu'à regarder les quantités qui y entrent comme de simples valeurs de corrélation, chercher ces valeurs de corrélation pour un autre état quelconque du système, et les substituer dans les formules.

Supposons, par exemple, que la droite $\overline{BC}$ se meuve parallèlement à elle-même, en se rapprochant du point A jusqu'au-delà du centre du cercle, l'angle $B\hat{A}C$ ou $m+n$ deviendra obtus; mais ni m, ni n n'auront passé ni par o ni par ∞; ainsi leurs signes de corrélation ne changeront pas dans les formules trouvées; donc les seconds membres de ces formules resteront les mêmes; mais parmi les premiers, $\overline{AH}$ deviendra négative, puisque $m+n$ devenant plus grande que ϖ, $\cos.(m+n)$ devient inverse.

Maintenant supposons que $\overline{BC}$ se meuve parallèlement à elle-même dans le sens opposé, c'est-à-dire, en s'éloignant du point A, et qu'ensuite la droite $\overline{AD}$ se meuve aussi parallèlement à elle-même en s'éloignant du centre, jusqu'à ce que le point E d'intersection de cette droite avec $\overline{BC}$ tombe hors du cercle (fig. 43 *bis*), je dis qu'alors l'angle n ou $C\hat{A}D$ sera devenue inverse. En effet, cet angle a évidemment passé par o au moment où le point E s'est trouvé sur la circonférence, et par conséquent en coïncidence avec C et D; et de plus, dans le système primitif on avoit $\widehat{CAE} = \widehat{CAB} - \widehat{BAE}$, tandis que dans le nouveau on a, au contraire, $\widehat{CAE} = \widehat{BAE} - \widehat{CAB}$. Quant à l'angle m, il reste direct, puisqu'il n'a passé ni par o ni par ∞.

Donc pour savoir dans ce cas ce que deviennent les formules, il n'y a qu'à changer dans le second membre de chacune le signe de n, et l'on trouvera la valeur de corrélation du premier membre; ainsi, par exemple, on verra que CD devient inverse puisque sa valeur devient sin. $-n$ ou $-$ sin. n (116), et qu'il en sera de même de $\overline{CE}$, $\overline{DE}$.

On peut voir aussi directement sur chacune des quantités qui entrent dans ce premier membre, celles qui deviennent inverses, en construisant la figure qui répond à cette seconde hypothèse, c'est-à-dire, au cas où n le devient. En effet, qu'on suive pas à pas la construction de la figure précédente, en faisant n inverse, c'est-à-dire, en supposant que cet angle diminue d'abord insensiblement jusqu'à o, ou que le point C se rapproche insensiblement du point D, jusqu'à coïncider avec lui, puis passe au-delà, et vienne se placer entre B et D, on aura la figure qui par sa comparaison avec la figure primitive fera connoître les quantités devenues inverses. Ainsi l'on voit comme ci-dessus que $\overline{DE}$ le sera, puisque dans le nouveau système on a $\overline{DE} = \overline{AE} - \overline{AD}$ tandis que dans le système primitif on avoit $\overline{DE} = \overline{AD} - \overline{AE}$. De même $\overline{CE}$ est inverse, puisque dans le premier système on avoit $\overline{CE} = \overline{BC} - \overline{BE}$, et que dans le second, on a............ $\overline{CE} = \overline{BE} - \overline{BC}$.

$\overline{CD}$ est également devenue inverse (116), puisqu'elle est le sinus de l'angle $\widehat{CAD}$ qu'on vient de voir être devenu inverse. Quant aux quantités $\overline{AB}$, $\overline{AC}$, $\overline{BD}$, $\overline{BC}$, $\overline{AD}$, $\overline{BE}$, $\overline{AE}$, aucune d'elles n'a passé ni par o ni par ∞; elles sont donc restées directes. Donc pour appliquer au nouveau cas les formules trouvées pour le système primitif, il suffit d'y changer le signe des quantités n, $\overline{CD}$, $\overline{CE}$, $\overline{DE}$, ou établir la corrélation avec le système primitif comme il suit :

$$\begin{array}{l}\text{Syst. prim.}\\ \text{Syst. transf.}\end{array}\left\{\begin{array}{l}+m,+n,+\overline{AB},+\overline{AC},+\overline{BD},+\overline{CD},+\overline{BC},+\overline{AD},+\overline{BE},+\overline{CE},+\overline{AE},+\overline{DE},\\ +m,-n,+\overline{AB},+\overline{AC},+\overline{BD},-\overline{CD},+\overline{BC},+\overline{AD},+\overline{BE},-\overline{CE},+\overline{AE},-\overline{DE}\end{array}\right.$$

ainsi pour rendre les formules du tableau primitif applicables au nouveau systême, il faut y faire les changemens de signes indiqués par la corrélation précédente. Il en seroit de même pour toute autre transformation.

La figure primitive elle-même sur laquelle le raisonnement a été établi, fournit huit systêmes corrélatifs au premier, celui-ci compris, puisque chacun des quatre angles A, B, C, D peut être placé le premier en ordre de deux manières différentes; mais ces formules se réduisent aux quatre suivantes :

Corrélation de construction.

1er syst.............	A B C D E
2e syst.............	A C B D E
3e syst.............	B D A C E
4e syst.............	B A D C E

Pour appliquer, par exemple, au quatrième de ces systêmes la formule $\sin.(m+n) = \sin.m \cos.n + \sin.n \cos.m$, qui convient au premier, il faut établir la corrélation des valeurs absolues, et des signes des quantités m, n, $(m+n)$ qui y entrent avec celles qui doivent les remplacer, comme il suit :

$$\begin{array}{l}\text{Syst. prim.}\ldots\ldots\\ \text{Syst. transf.}\ldots\ldots\end{array}\left\{\begin{array}{lll}+m, & +n, & +(m+n)\\ +(\varpi-m), & +n, & +\varpi-(m-n)\end{array}\right.$$

En effet, dans le premier systême, on a $m = B\hat{A}E$. Or on voit par la corrélation de construction formée ci-dessus, que pour le quatrième systême, l'angle qui correspond à $B\hat{A}E$ du premier, est $A\hat{B}E$ ou $\varpi - m$. Pareillement je vois que l'angle corrélatif a n ou $C\hat{A}D$, est pour le quatrième systême $D\hat{B}C$ ou n; et qu'enfin l'angle corrélatif à $B\hat{A}C$ ou $m+n$ est $A\hat{B}D$, ou $\varpi - m + n$, ou $\varpi - (m-n)$.

Voilà pour la corrélation des valeurs absolues quant à celle des signes; elle est directe, puisque le premier systême peut évidemment, par une transformation graduelle, devenir parfaitement pareil au second, sans qu'aucun des angles m, n, $m+n$, passe ni par o ni par ∞. Donc la corrélation est telle que nous l'avons établie ci-dessus; donc la formule que nous voulons appliquer au quatrième systême devient,

$\sin.(\varpi - [m-n]) = \sin.(\varpi - m)\cos.n + \sin.n.\cos.(\varpi - m)$ ou $\cos.(m-n) = \cos.m.\cos.n + \sin.n.\sin.m$; formule déjà démontrée par la huitième du premier tableau.

126. Nous venons de dire (124) que des quatre équations fondamentales trouvées ci-dessus (5, 6, 7, 8, formules du premier tableau), peuvent se tirer toutes celles du second. Il est de plus à remarquer que ces quatre équations se déduisent toutes elles-mêmes de l'une quelconque d'entre elles, de la première, par exemple, et qu'elles ne sont, à proprement parler, que la même exprimée de diverses manières. Car d'abord, la seconde (deuxième tableau) n'est autre chose que la première dans laquelle n devient négatif. De plus, chacune de ces deux premières formules devant avoir lieu, quelles que puissent être les valeurs de m et de n, subsisteront encore, en mettant, par exemple, $\varpi \pm m$ à la place de m, sans rien changer à n. Or si l'on fait successivement ces deux substitutions; c'est-à-dire, si l'on met successivement pour m, $\varpi + m$ et $\varpi - m$, il en naîtra les deux dernières formules. Ainsi la première renferme toutes les autres et réciproquement; on peut donc regarder chacune de ces quatre formules, comme exprimant les rapports qui existent, en général, entre les sinus et cosinus de deux angles quelconques, les sinus et cosinus de leur somme et les sinus et cosinus de leur différence.

127. Si dans les quatre formules fondamentales (5, 6, 7, 8 du premier tableau) on suppose d'abord $n = 0$ et ensuite successivement $m = 0$, $m = \varpi$, $m = 2\varpi$, $m = 3\varpi$, $m = 4\varpi$, on retrouvera

retrouvera les formules du tableau formé (117), et si faisant encore $n = 0$ on suppose successivement $m = a$, $m = \varpi \pm a$, $m = 2\varpi \pm a$, &c., on retrouvera celles du tableau formé (116), ainsi que cela doit être ; puisque ces premiers tableaux et le dernier (123) ont été établis sur le même système primitif, c'est-à-dire, d'après la même hypothèse, que les angles admis dans ces tableaux sont tous moindres que l'angle droit.

128. Le problême que nous venons de résoudre ne donne pas seulement les principaux rapports des quantités linéo-angulaires de deux angles proposés ; mais il renferme encore la solution du problême général de la trigonométrie, qui est celui-ci. *Trois quelconques des six choses qui sont à considérer dans un triangle étant données, qui ne soient pas les trois angles, trouver tout le reste.*

Car si l'on propose un triangle ABC à résoudre, il n'y aura qu'à l'inscrire dans un cercle ; abaisser de l'angle A une perpendiculaire sur le côté opposé $\overline{BC}$, et achever la construction telle qu'elle est dans la (fig. 43). Alors on pourra lui appliquer les formules portées au tableau, qui exprime les rapports de toutes les parties de cette figure, parmi lesquelles sont comprises les six choses à considérer. Mais je ne m'étendrai pas davantage ici sur cet objet ; mon but étant d'y revenir dans la section suivante. Je me bornerai, quant à présent, à quelques conséquences particulières qui dérivent naturellement de ce qui précède.

129. La figure 43 est, comme on le voit, un quadrilatère inscrit à diagonales orthogonales.

J'observe d'abord que la droite $\overline{AFG}$ coupe $\overline{BD}$ perpendiculairement en I, car dans le triangle IAD, l'angle $I\hat{A}D$ étant par hypothèse égal à $D\hat{A}C$ ou n, et $I\hat{D}A$ égal à $B\hat{C}A$ ou $\varpi - n$, il suit que la somme de ces deux angles fait le quart de la circonférence ; donc $A\hat{I}D$ fait aussi le quart de la circonférence, c'est-à-dire, que $\overline{AI}$ est perpendiculaire à $\overline{BD}$; donc réciproquement en menant du point A la perpendiculaire $\overline{AI}$ sur $\overline{BD}$, elle passera par le point F. Par la même raison, en menant du point D une perpendiculaire $\overline{DK}$ sur $\overline{AB}$, elle passeroit aussi par le point F. Donc dans le triangle ABD, les trois perpendiculaires $\overline{AI}$, $\overline{BE}$, $\overline{DK}$, menées des trois angles sur les côtés opposés, se croisent toutes au point F. On prouveroit de même que dans le triangle ABC les trois perpendiculaires abaissées des angles sur les côtés opposés se croiseroient toutes au point H, et comme les angles m, n sont pris à volonté, cette propriété appartient à tout triangle; c'est-à-dire, que *dans tout triangle, les trois perpendiculaires menées des angles sur les côtés opposés, se croisent toutes en un même point.*

Puisque l'angle $G\hat{A}D$ est par construction égal à l'angle $C\hat{A}D$, l'arc $\overset{\frown}{GD}$ sera égal à l'arc $\overset{\frown}{CD}$. Donc, en général, si d'un point D pris à volonté sur une circonférence, on mène deux cordes quelconques $\overline{DA}$, $\overline{DB}$, et que des autres extrémités A, B de ces cordes on leur mène les perpendiculaires $\overline{AG}$, $\overline{BC}$, prolongées jusqu'à la circonférence, les arcs $\overset{\frown}{DG}$, $\overset{\frown}{DC}$, compris entre le premier point D, et les nouveaux points d'intersection seront égaux. D'où il suit, par exemple, que si l'on menoit la corde $\overline{CG}$, elle seroit coupée perpendiculairement par le diamètre mené du point D, et que réciproquement, la droite menée du point D perpendiculairement à $\overline{CG}$ passeroit par le centre du cercle.

130. J'ai démontré (129) que les perpendiculaires menées des trois angles A, B, C (fig. 44) sur les côtés opposés doivent se croiser toutes en un même point D. Mais chacun des sommets A, B, C, est à cet égard dans le même cas que le point D; c'est-à-dire, que de même que le point D est celui où se croisent les perpendiculaires menées des angles du triangle ABC sur les côtés opposés, le point A, par exemple, comme on le verra facilement, est celui où se croisent les perpendiculaires menées des

trois angles du triangle BCD sur les côtés opposés, et de même des autres. Ainsi les quatre points A, B, C, D, forment trois à trois un triangle tel que les trois perpendiculaires menées des angles de ce triangle sur les côtés opposés, se croisent toutes au quatrième de ces points. La figure est donc un système de quatre points réunis deux à deux par des droites qui se trouvent telles, que chacune de celles qui passent par deux de ces points coupe perpendiculairement celle qui passe par les deux autres.

Cette figure a de plus la propriété, qu'en faisant passer par trois quelconques des quatre points A, B, C, D, par exemple, par A, B, C, une circonférence, si l'on prolonge les perpendiculaires abaissées des angles du triangle ABC, jusqu'à la circonférence en A', B', C', il en résultera trois quadrilatères inscrits à diagonales orthogonales, tels que celui que nous avons examiné dans le problême traité (122), savoir, ABA'C, BCB'A, CAC'B, dans lesquels on a les triangles parfaitement égaux et semblables deux à deux BDC et BA'C, ABD et AC'B, ADC et AB'C.

Ce que je viens de dire de la circonférence passant par les trois points A, B, C, auroit également lieu pour toute autre passant par trois quelconques des quatre points A, B, C, D, et il est à remarquer, que tous ces cercles ont le même diamètre, c'est-à-dire, par exemple, que la circonférence circonscrite au triangle BDC seroit égale à la circonférence ABA'C; ce qui est évident, puisque le triangle BDC est parfaitement égal et semblable au triangle BA'C, qui est lui-même inscrit dans cette circonférence ABA'C.

131. Si du centre L (fig. 43) du cercle on imagine une perpendiculaire sur $\overline{BC}$, il est facile de voir que le diamètre du cercle étant 1, cette perpendiculaire sera $\frac{1}{2}$ cos. BAC ou $\frac{1}{2}$ cos.$(m+n)$; mais le tableau (122) donne $\overline{AH}=$cos.$(m+n)$, qui est le double. Donc *dans tout triangle, la perpendiculaire abaissée du centre du cercle circonscrit sur l'un quelconque des côtés, est moitié de la distance de l'angle opposé ou point où se croisent*

les trois perpendiculaires menées des angles sur les côtés respectivement opposés.

Il suit de-là que si par le point milieu p de $\overline{BC}$ (fig. 45), on menoit une droite au point A, elle seroit coupée en o par la droite $\overline{LH}$, (H étant le point où se croisent les trois perpendiculaires) aux deux tiers de sa longueur à compter du point A ; car les deux triangles AHo, pLo, sont semblables ; d'où il suit que $\overline{Lp}$ étant moitié de $\overline{AH}$, $\overline{po}$ est moitié de $\overline{Ao}$. Cela étant, il est aisé de voir que ce point o est celui où se croiseront les trois droites menées de chacun des angles au point milieu du côté opposé, donc *dans tout triangle, le point où se croisent les trois droites menées de chacun des angles au point milieu du côté opposé, celui où se croisent les trois perpendiculaires menées des mêmes angles sur ces côtés opposés et le centre du cercle circonscrit, sont toujours placés sur une même ligne droite.*

132. Jusqu'ici, nous avons désigné par 1 le diamètre du cercle (fig. 43) ; mais si nous voulons avoir les valeurs effectives des lignes de la figure qui se règlent sur ce paramètre, il faudra commencer par rendre les équations homogènes, en remettant à la place de l'unité, là où elle représente le diamètre, la valeur effective de ce même diamètre. Supposons donc le rayon $=$ R ; le diamètre sera 2R ; et alors, pour rendre homogènes les équations trouvées (122), il faudra y mettre au lieu des quantités $\overline{AB}$, $\overline{AC}$, $\overline{BD}$, &c., celles-ci, $\frac{\overline{AB}}{2R}$, $\frac{\overline{AC}}{2R}$, $\frac{\overline{BD}}{2R}$, &c., qui par-là deviendront des nombres abstraits, ainsi que chacun des seconds termes de ces équations. Les formules ainsi transformées, pourront fournir plusieurs conséquences nouvelles. Par exemple,

nous avons (124) .... $\overline{AC}^2+\overline{BD}^2=1$,

cette équation devient donc .... $\overline{AC}^2+\overline{BD}^2=4R^2$.

Par la même raison, on a .... $\overline{AB}^2+\overline{CD}^2=4R^2$.

Ajoutant les deux équations, on a $\overline{AB}^2+\overline{AC}^2+\overline{BD}^2+\overline{CD}^2=8R^2$;

c'est-à-dire, que *dans tout quadrilatère inscrit à diagonales orthogonales, la somme des carrés des quatre côtés est double du carré du diamètre.*

133. Pareillement nous avons trouvé (124)

$$\overline{AE}^2+\overline{BE}^2+\overline{CE}^2+\overline{DE}^2=1.$$

Cette unité vaut ici $4R^2$; donc *dans tout quadrilatère inscrit à diagonales orthogonales, la somme des carrés des quatre segmens des diagonales est égale au carré du diamètre.*

134. Puisque $\overline{BC}=\overline{BE}+\overline{CE}$, on aura

$$\overline{BC}^2=\overline{BE}^2+\overline{CE}^2+2\overline{BE}\cdot\overline{CE},$$

et pareillement,

$$\overline{AD}^2=\overline{AE}^2+\overline{DE}^2+2\overline{AE}\cdot\overline{DE}.$$

Ajoutant les deux équations, et observant que par la proposition précédente on a

$$\overline{AE}^2+\overline{BE}^2+\overline{CE}^2+\overline{DE}^2=4R^2;$$

que de plus, par la propriété du cercle on a

$$\overline{BE}\cdot\overline{CE}=\overline{AE}\cdot\overline{DE},$$

il viendra

$$\overline{BC}^2+\overline{AD}^2=4R^2+4\overline{AE}\cdot\overline{DE}.$$

Cela posé, nommons r la distance du point E au centre du cercle, ou le rayon de la circonférence concentrique qui passeroit par le point E; les segmens formés par E sur le diamètre passant par ce point, seront $R+r$, $R-r$, et leur produit sera par conséquent, R^2-r^2. Donc par la propriété du cercle on aura

$$\overline{AE}\cdot\overline{DE}=R^2-r^2;$$

donc l'équation ci-dessus deviendra

$$\overline{BC}^2+\overline{AD}^2=4R^2-4r^2;$$

c'est-à-dire, que *si d'un point quelconque pris sur la surface d'un cercle on mène deux cordes quelconques orthogonales, la somme des carrés de ces deux cordes sera égale au carré du diamètre moins quatre fois le carré de la distance du point d'intersection des deux cordes au centre du cercle.*

Il est à remarquer (46) que ces propriétés ont lieu, soit que le point E soit au-dedans ou au-dehors de l'aire du cercle. Ces mêmes propriétés s'étendent à la sphère avec quelques modifications, comme il suit :

135. *Concevons qu'une sphère soit coupée par trois plans perpendiculaires entre eux, et soient* R *le rayon de cette sphère,* r *la distance de son centre au point où se croisent les trois axes qui forment les intersections de ces plans.*

1°. *La somme des carrés des trois cordes ou portion des axes dont on vient de parler, interceptées par la surface sphérique, sera* $12R^2 - 8r^2$.

2°. *La somme des trois produits formés, en multipliant ensemble les deux segmens de chacune de ces cordes, sera* $3R^2 - 3r^2$.

3°. *La somme des carrés des six segmens formés deux à deux sur ces trois cordes, sera* $6R^2 - 2r^2$.

4°. *La somme des carrés des douze droites qui joignent deux à deux les extrémités de chacune des cordes avec les extrémités des deux autres, sera* $24R^2 - 8r^2$.

5°. *La somme des quinze droites joignant deux à deux les six extrémités des trois cordes, sera* $36R^2 - 16r^2$.

6°. *La somme des carrés des rayons des trois cercles qui forment les intersections de la sphère par les trois plans, sera* $3R^2 - r^2$.

Chacune de ces six quantités sera donc toujours la même, quelle que soit la direction des axes, tant que le rayon R de la sphère et la distance *r* de son centre au point d'intersection de ces axes demeureront les mêmes, soit que le point d'intersection des axes soit pris au-dedans ou au-dehors du volume de la sphère, pourvu qu'elle soit effectivement traversée ou au moins touchée par ces trois axes ; car ces propositions cesseroient d'avoir lieu, si un ou deux de ces axes ne rencontroient point la sphère.

J'ajouterai, que puisque les surfaces des cercles sont comme les carrés des diamètres, il suit de la sixième des précédentes propositions, que

Si d'un point donné on imagine trois plans perpendiculaires entre eux qui coupent le volume d'une sphère, la somme des surfaces des trois cercles formant les intersections sera toujours la même, quelques directions qu'on donne à ces plans, pourvu qu'ils ne cessent pas de couper tous les trois la sphère. Cette quantité constante est les trois quarts de la surface sphérique donnée moins la surface sphérique entière, qui auroit pour diamètre la distance du centre de la sphère donnée au point d'intersection des trois axes.

136. On peut tirer de ces propositions diverses conséquences intéressantes. Par exemple, si l'on suppose que le point où se croisent les trois axes soit à la surface de la sphère, on aura $r = R$ et le systême se réduira à une pyramide triangulaire dont les trois faces sont perpendiculaires entre elles; et la troisième formule nous apprend que la somme des carrés des trois arêtes qui partent du sommet où se réunissent ces trois faces, est toujours égale au carré du diamètre de la sphère, quelle que soit la direction de ces arêtes. Ainsi, de même que si d'un point pris à la circonférence d'un cercle on mène deux cordes perpendiculaires entre elles, la somme des carrés de ces deux cordes sera toujours égale au carré du diamètre de ce cercle; de même, si d'un point pris à la surface d'une sphère on mène dans cette sphère trois cordes quelconques perpendiculaires entre elles, la somme des carrés de ces trois cordes sera toujours égale au carré du diamètre de la sphère.

D'où il suit encore que si l'on avoit à inscrire dans une sphère une pyramide triangulaire, ayant trois faces perpendiculaires entre elles, on auroit de suite le diamètre de cette sphère.

137. Du centre L du cercle circonscrit (fig. 46) soient abaissées des perpendiculaires $\overline{La}$, $\overline{Lb}$, $\overline{Lc}$, sur les côtés $\overline{BC}$, $\overline{AC}$, $\overline{AB}$, respectivement, et soient menées les droites $\overline{ab}$, $\overline{ac}$, $\overline{bc}$;

les points a, b, c, étant les points-milieux des côtés, ces dernières droites seront respectivement parallèles à ces mêmes côtés, et égales à leurs moitiés. Cela posé, le quadrilatère $aBcL$ qui a deux angles droits en a, c, est par conséquent inscriptible dans un cercle. Donc, par la propriété des quadrilatères inscrits, le produit de ses deux diagonales est égal à la somme des produits des côtés opposés, et les deux autres quadrilatères $bAcL$, $bCaL$, ont la même propriété. Donc on a ces trois équations

$$\overline{AL}.\overline{bc} = \overline{Ab}.\overline{cL}+\overline{Ac}.\overline{bL}$$
$$\overline{BL}.\overline{ca} = \overline{Bc}.\overline{aL}+\overline{Ba}.\overline{cL}$$
$$\overline{CL}.\overline{ab} = \overline{Ca}.\overline{bL}+\overline{Cb}.\overline{aL}$$

Ajoutant toutes ces équations, en observant que $\overline{AL}=\overline{BL}=\overline{CL}=R$, que $\overline{bc}+\overline{ca}+\overline{ab}$ est la moitié du périmètre, que je nommerai p, et qu'enfin $\overline{Ab}=\overline{Cb}$, $\overline{Ac}=\overline{Bc}$, $\overline{Ba}=\overline{Ca}$, on aura

$$\tfrac{1}{2}p.R = \tfrac{1}{2}p\,(\overline{aL}+\overline{bL}+\overline{cL}) - \tfrac{1}{2}\,(\overline{aL}.\overline{BC}+\overline{bL}.\overline{AC}+\overline{cL}.\overline{AB}).$$

Mais le dernier terme du second membre est évidemment l'aire du triangle ABC ; or si l'on nomme r le rayon du cercle inscrit, cette aire sera aussi $\frac{1}{2}pr$; substituant donc cette dernière valeur à la première, transposant et divisant tout par $\frac{1}{2}p$, on aura $R+r=\overline{aL}+\overline{bL}+\overline{cL}$. Donc

Dans tout triangle, la somme des trois perpendiculaires, abaissées du centre du cercle circonscrit sur les côtés, est égale à la somme faite du rayon du cercle inscrit, et du rayon du cercle circonscrit.

Nous avons supposé que le centre tomboit sur l'aire même du triangle ; s'il tomboit en dehors, il y auroit un angle obtus, et alors la perpendiculaire abaissée du centre sur le côté opposé à cet angle obtus deviendroit inverse ; ainsi sa valeur deviendroit négative.

Nous avons vu (131) que $\overline{AH}$ (fig. 43) est double de la perpendiculaire menée du centre L sur le côté $\overline{BC}$ opposé à l'angle A d'où part la perpendiculaire $\overline{AH}$. Donc la somme des distances du point H aux angles A, B, C, est elle-même double de la

somme

somme des trois perpendiculaires menées du centre sur les côtés. Or nous venons de voir que cette dernière somme est égale au rayon du cercle inscrit, plus au rayon du cercle circonscrit; donc, *dans tout triangle dont les angles sont aigus, la somme faite des distances du point où se coupent les trois perpendiculaires menées des angles sur les côtés opposés, est égale au diamètre du cercle inscrit, plus au diamètre du cercle circonscrit, et si l'un des angles est obtus, il faudra dans la somme ci-dessus énoncée, prendre négativement la distance de cet angle au point où se croisent les trois perpendiculaires.*

Il est clair qu'on a (fig. 46) $\overline{La} = R.\cos. A$, $\overline{Lb} = R.\cos. B$, $\overline{Lc} = R.\cos. C$. Ajoutant ces trois équations, et observant que $\overline{La}+\overline{Lb}+\overline{Lc} = R+r$, on aura $R+r = R(\cos.A+\cos.B+\cos.C)$ ou $\frac{r}{R} = \cos.A+\cos.B+\cos.C - 1$; c'est-à-dire, que *dans tout triangle, le rayon du cercle inscrit est au rayon du cercle circonscrit, comme la somme des cosinus des trois angles moins le sinus total, est au sinus total.*

138. On pourroit, en partant toujours des notions que nous avons données, rapporter la théorie des quantités linéo-angulaires, à un principe plus général, qui consiste dans cette proposition connue, que dans tout quadrilatère inscrit au cercle, le produit des deux diagonales est égal à la somme des produits des côtés opposés.

Car soit ABCD (fig. 47) un semblable quadrilatère; supposons l'arc $\widehat{AB} = 2a$, $\widehat{AC} = 2b$, $\widehat{DC} = 2c$, et par conséquent $\widehat{BD} = 2.(2\varpi - [a+b+c])$; nous aurons donc (121) $\overline{AB} = \sin.a$, $\overline{AC} = \sin.b$, $\overline{DC} = \sin.c$, $\overline{BD} = \sin.(a+b+c)$, $\overline{BC} = \sin.(a+b)$, $\overline{AD} = \sin.(b+c)$.

Substituant ces valeurs dans l'équation

$\overline{BC}.\overline{AD} = \overline{AB}.\overline{DC}+\overline{AC}.\overline{BD}$, nous aurons

$\sin.(a+b).\sin.(b+c) = \sin.a \sin.c+\sin.b.\sin.(a+b+c)$, formule qui aura lieu, quelles que soient les valeurs qu'on attribue aux angles a, b, c.

Supposons, par exemple, $b+c=\varpi$, on aura donc
$\sin.(b+c)=1, \sin.c=\cos.b, \sin.(a+b+c)=\sin.(\varpi+a)=\cos.a$;
donc la formule deviendra.

$$\sin.(a+b)=\sin.a\cos.b+\sin.b.\cos.a.$$

Supposons $b=\varpi$, nous aurons
$\sin.b=1, \sin.(a+b)=\cos.a, \sin.(b+c)=\cos.c, \sin.(a+b+c)=\cos.(a+c)$;
donc la formule deviendra

$$\cos.(a+c)=\cos.a\cos.c-\sin.a\sin.c.$$

Supposons $c=-a$, nous aurons
$\sin.(a+b+c)=\sin.b, \sin.c=-\sin.a, \sin.(b+c)=\sin.(b-a)$;
donc la formule deviendra

$$\sin.(b+a).\sin.(b-a)=\sin.b^2-\sin.a^2.$$

Soit $c=\varpi-a$, on aura
$\sin.c=\cos.a, \sin.(b+c)=\cos.(a-b), \sin.(a+b+c)=\cos.b.$
Donc la formule deviendra

$$\sin.(a+b)\cos.(a-b)=\sin.a\cos.a+\sin.b\cos.b.$$

Ainsi cette seule proposition renferme toute la théorie des quantités linéo-angulaires de deux angles donnés. Cette proposition sera démontrée et généralisée (210 et suiv.).

PROBLÊME VIII.

139. *Représenter par des formules générales les rapports qui existent entre les sinus et cosinus d'un nombre quelconque d'angles, les sinus et cosinus de leurs sommes et les sinus et cosinus de leurs différences.*

Sol. Dans le problême traité (122), nous n'avons considéré que deux angles m, n, et nous avons cherché les rapports qui existent entre les sinus et cosinus de ces angles, ceux de leur somme et ceux de leur différence. Il s'agit maintenant de généraliser ces formules, en les étendant à une suite quelconque d'angles a, b, c, d, &c.

Prenons-en d'abord trois seulement; je dis qu'on aura les deux équations suivantes réciproques entre les trois angles a, b, c; c'est-à-dire, où ces angles jouent tous trois le même rôle.

$$\sin. a . \sin. (b-c) + \sin. b . \sin. (c-a) + \sin. c . \sin. (a-b) = 0 \quad (A)$$
$$\cos. a . \sin. (b-c) + \cos. b . \sin. (c-a) + \cos. c . \sin. (a-b) = 0 \quad (B).$$

En effet nous avons (123),

$$\left.\begin{array}{l} \sin. (b-c) = \sin. b . \cos. c - \sin. c \cos. b \\ \sin. (c-a) = \sin. c . \cos. a - \sin. a \cos. c \\ \sin. (a-b) = \sin. a \cos. b - \sin. b . \cos. a \end{array}\right\} \quad (C)$$

Multipliant la première de ces équations par $\sin. a$, la seconde par $\sin. b$, la troisième par $\sin. c$, et ajoutant ensuite ces trois équations, le second membre se réduira à zéro, et le premier membre deviendra l'équation (A), qui est la première de celles qu'il falloit démontrer.

Multiplions maintenant la première des équations (C) par $\cos. a$, la seconde par $\cos. b$, la troisième par $\cos. c$, et faisons ensuite la somme de ces trois équations : le second membre se réduira encore à zéro, et le premier deviendra l'équation (B), qui est la seconde de celles qu'il falloit démontrer.

Cette dernière peut également se déduire de la première (A), car celle-ci devant avoir lieu, quelques valeurs qu'on substitue à a, b, c, sera encore vraie, en mettant à la place de ces angles leurs complémens, $\varpi - a$, $\varpi - b$, $\varpi - c$; or par cette substitution l'équation (A) se transforme en l'équation (B).

Dans ces formules, on peut supposer à volonté négatifs celui ou ceux qu'on voudra parmi les trois angles a, b, c; ce qui introduira les sommes des angles pris deux à deux au lieu de leurs différences.

Si l'on divise la première des formules ci-dessus (A), (B), par $\sin. a . \sin. b . \sin. c$, et la seconde par $\cos. a . \cos. b . \cos. c$, ces formules deviendront

$$\frac{\sin.(a-b)}{\sin.a.\sin.b}+\frac{\sin.(b-c)}{\sin.b.\sin.c}+\frac{\sin.(c-a)}{\sin.c.\sin.a}=0 \qquad \text{(D)}$$

$$\frac{\sin.(a-b)}{\cos.a.\cos.b}+\frac{\sin.(b-c)}{\cos.b.\cos.c}+\frac{\sin.(c-a)}{\cos.c.\cos.a}=0 \qquad \text{(E)}$$

formules également réciproques entre a, b, c.

Si dans les formules (A), (B), on fait successivement $c=0$, $c=\varpi$, et qu'on fasse aussi successivement b positif et négatif, on aura les formules fondamentales fournies par les cinquième et sixième formules du tableau formé (122) pour deux angles.

Si l'on suppose $c=a+b$, les formules (A) et (B) deviendront

$$\sin.(a+b)\ \sin.(a-b)=\sin.a^2-\sin.b^2$$
$$\cos.(a+b)\ \sin.(a-b)=\sin.a.\cos.a-\sin.b.\cos.b.$$

Si dans la formule (A) on fait $c=\varpi$, $b=-a$, elle deviendra $\sin.2a=2.\sin.a.\cos.a.$

Soit $c=\varpi$, $b=\frac{1}{2}a$, la formule deviendra $\dfrac{\sin.\frac{1}{2}a}{\cos.\frac{1}{2}a}$ ou $\text{tang.}\frac{1}{2}a=\dfrac{\sin.a}{1+\cos.a}$, ainsi des autres.

140. Supposons maintenant quatre angles a, b, c, d, dans le systême, je dis qu'on aura les deux formules suivantes :

$$\sin.a\ \sin.b.\sin.(c-d)+\sin.b\ \sin.c.\sin.(d-a)$$
$$+\sin.c.\sin.d.\sin.(a-b)+\sin.d\ \sin.a.\sin.(b-c)=0$$
$$\cos.a.\cos.b.\sin.(c-d)+\cos.b.\cos.c.\sin.(d-a)$$
$$+\cos.c.\cos.d.\sin.(a-b)+\cos.d.\cos.a.\sin.(b-c)=0$$

ou en divisant la première par le produit $\sin.a.\sin.b.\sin.c.\sin.d$, des quatre sinus, et la seconde par le produit $\cos.a.\cos.b.\cos.c.\cos.d$ des quatre cosinus

$$\frac{\sin.(a-b)}{\sin.a.\sin.b}+\frac{\sin.(b-c)}{\sin.b.\sin.c}+\frac{\sin.(c-d)}{\sin.c.\sin.d}+\frac{\sin.(d-a)}{\sin.d.\sin.a}=0$$

$$\frac{\sin.(a-b)}{\cos.a.\cos.b}+\frac{\sin.(b-c)}{\cos.b.\cos.c}+\frac{\sin.(c-d)}{\cos.c.\cos.d}+\frac{\sin.(d-a)}{\cos.d.\cos.a}=0;$$

Et en considérant l'analogie de ces formules avec celles qui ont été trouvées (139) pour trois angles seulement, nous conclurons qu'en général pour un nombre quelconque d'angles a, b, c, d,...p, on doit avoir les deux formules générales suivantes :

$$\frac{\sin.(a-b)}{\sin.a.\sin.b}+\frac{\sin.(b-c)}{\sin.b.\sin.c}+\frac{\sin.(c-d)}{\sin.c.\sin.d}\ldots+\frac{\sin.(p-a)}{\sin.p.\sin.a}=0 \quad (F)$$

$$\frac{\sin.(a-b)}{\cos.a.\cos.b}+\frac{\sin.(b-c)}{\cos.b.\cos.c}+\frac{\sin.(c-d)}{\cos.c.\cos.d}\ldots+\frac{\sin.(p-a)}{\cos.p.\cos.a}=0 \quad (G)$$

En effet nous avons (123)

$$\sin.(a-b)=\sin.a\ \cos.b-\sin.b\ \cos.a$$
$$\sin.(b-c)=\sin.b\ \cos.c-\sin.c\ \cos.b$$
$$\ldots\ldots\ldots\ldots\ldots\ldots\ldots\ldots\ldots\ldots$$
$$\sin.(p-a)=\sin.p\ \cos.a-\sin.a\ \cos.p;$$

Divisant la première de ces équations par $\sin.a\ \sin.b$, la seconde par $\sin.b\ \sin.c$, &c. et ajoutant ensuite toutes ces équations, le second membre se réduira à 0, et le premier membre deviendra l'équation (F), qui est la première de celles qu'il falloit démontrer.

La seconde équation (G) se démontre de même, en divisant chaque équation par le produit des cosinus, au lieu du produit des sinus, ou en mettant dans la première (G) $\varpi-a$, $\varpi-b$, $\varpi-c$, &c., au lieu de a, b, c, &c.

Dans ces formules, on peut supposer à volonté négatifs un ou plusieurs des angles, ce qui introduira dans le calcul les sommes de ces angles pris deux à deux au lieu de leur différence.

Les mêmes formules peuvent être variées d'une infinité de manières ; car elles doivent avoir lieu quels que soient les angles qu'on voudra substituer aux angles a, b, c, &c. Ainsi, par exemple, au lieu du système des angles a, b, c, &c., on peut substituer le système des angles $(a+b)$, $(b+c)$, $(c+d)$, &c. ou $(a-b)$, $(b-c)$, $(c-d)$, &c., ou $(a+b+c)$, $(b+c+d)$, &c., ou $(a+b-c)$, $(b+c-d)$, &c., ou les complémens de ces angles, ou ces angles pris négativement, &c.

141. La même méthode peut servir à trouver plusieurs autres formules du même genre, également simples et récipro-

ques entre tous ces angles. Par exemple, je dis qu'entre les angles quelconques $a, b, c, \ldots p$, on a les deux formules générales suivantes :

$$\sin.(a+b).\sin.(a-b)+\sin.(b+c)\ \sin.(b-c)$$
$$\ldots\ldots\ldots\ldots+\sin.(p+a)\ \sin.(p-a) = 0 \qquad (H)$$
$$\cos.(a+b).\sin.(a-b)+\cos.(b+c)\ \sin.(b-c)$$
$$\ldots\ldots\ldots\ldots+\cos.(p+a)\ \sin.(p-a) = 0 \qquad (K)$$

Car nous avons trouvé ci-dessus (123, 138),

$$\sin.(a+b)\ \sin.(a-b) = \sin.a^2 - \sin.b^2$$
$$\sin.(b+c)\ \sin.(b-c) = \sin.b^2 - \sin.c^2$$
$$\ldots\ldots\ldots\ldots\ldots\ldots$$
$$\sin.(p+a)\ \sin.(p-a) = \sin.p^2 - \sin.a^2$$

Ajoutant ensemble toutes ces équations, le second membre se réduit à o, et le premier se réduit à la formule (H), qui est la première de celles qu'il falloit démontrer.

Pareillement nous avons trouvé (123),

$$\cos.(a+b)\ \sin.(a-b) = \sin.a\ \cos.a - \sin.b\ \cos.b$$
$$\cos.(b+c)\ \sin.(b-c) = \sin.b.\cos.b - \sin.c.\cos.c$$
$$\ldots\ldots\ldots\ldots\ldots\ldots$$
$$\cos.(p+a)\ \sin.(p-a) = \sin.p\ \cos.p - \sin.a\ \cos.a$$

Ajoutant ensemble toutes ces équations, le second membre se réduit à o, et le premier devient la formule (K), qui est la seconde de celles qu'il falloit démontrer.

142. De même, les quatrièmes formules du tableau formé (123) donnent

$$\frac{\sin.(a+b)\ \sin.(a-b)}{\cos.a^2.\cos.b^2} = \text{tang.}a^2 - \text{tang.}b^2$$
$$\frac{\sin.(b+c)\ \sin.(b-c)}{\cos.b^2.\cos.c^2} = \text{tang.}b^2 - \text{tang.}c^2$$
$$\ldots\ldots\ldots\ldots\ldots\ldots$$
$$\frac{\sin.(p+a)\ \sin.(p-a)}{\cos.p^2.\cos.a^2} = \text{tang.}p^2 - \text{tang.}a^2.$$

Ajoutant toutes ces équations, le second membre se réduit à o, et le premier donne la formule

$$\frac{\sin.(a+b).\sin.(a-b)}{\cos.a^2.\cos.b^2}+\frac{\sin.(b+c)\ \sin.(b-c)}{\cos.b^3.\cos.c^2}$$
$$\ldots\ldots\ldots\ldots\ldots\ldots + \frac{\sin.(p+a)\ \sin.(p-a)}{\cos.p^2.\cos.a^2}=0$$

143. De même encore, les premières formules du tableau formé (123) donnent

$$\text{tang.}(a-b)=\frac{\text{tang.}\,a-\text{tang.}\,b}{1+\text{tang.}a\ \text{tang.}b},\ \text{ou}$$

$$\text{tang.}(a-b)\ (1+\text{tang.}a.\text{tang.}b)=\text{tang.}a-\text{tang.}b$$
$$\text{tang.}(b-c)\ (1+\text{tang.}b\ \text{tang.}c)=\text{tang.}b-\text{tang.}c$$
$$\ldots\ldots\ldots\ldots\ldots\ldots\ldots\ldots\ldots\ldots$$
$$\text{tang.}(p-a)+\text{tang.}p.\text{tang.}\,a=\text{tang.}p-\text{tang.}a.$$

Ajoutant toutes ces équations, le second membre se réduit à o, et le premier membre donne la formule suivante :

$$\text{tang.}(a-b)\ (1+\text{tang.}a\,\text{tang.}b)+\text{tang.}(b-c)\ (1+\text{tang.}b.\text{tang.}c)$$
$$\ldots\ldots\ldots\ldots+\text{tang.}(p-a)\ \ (1+\text{tang.}p.\text{tang.}a)=0.$$

Il est clair que par cette méthode, on peut trouver une infinité d'autres formules du même genre.

144. Si l'on suppose que les angles a, b, c,...p forment une progression régulière dont la loi soit connue, chacune des formules dont nous venons de parler formera aussi une série régulière dont la somme des termes est toute trouvée, puisqu'elle est o. Je suppose, par exemple, que a, b, c, &c. soient en progression arithmétique croissante, dont le premier terme et la raison soient a, et dont le nombre des termes soit m, on aura donc

$$a=a\ ,\ b=2a,\ c=3a,\ d=4a\ldots p=ma;$$

donc les deux formules (H), (K) trouvées (141) deviendront, en divisant tout par $-\sin.a$,

$$\sin.3a+\sin.5a+\sin.7a\ldots\ldots+\frac{\sin.(m+1)a.\sin.(m-1)a}{-\sin.a}=0,$$

ou

$$\sin.3a+\sin.5a+\sin.7a\ldots+\sin.(2m-1)a=\frac{\sin.(m+1)a.\sin.(m-1)a}{\sin.a}$$

$$\cos.3a+\cos.5a+\cos.7a\ldots+\cos.(2m-1)a=\frac{\cos.(m+1)a.\sin.(m-1)a}{\sin.a}$$

qui sont des formules connues.

Si l'on substitue ces valeurs dans les formules (F) (G) trouvées (140), et qu'on divise pareillement tout par — sin. a, elles deviendront,

$$\frac{1}{\sin.a.\sin.2a}+\frac{1}{\sin.2a.\sin.3a}+\&c.=\frac{\sin.(m-1)a}{\sin.a^2\ \sin.ma}$$

$$\frac{1}{\cos.a.\cos.2a}+\frac{1}{\cos.2a.\cos.3a}+\ldots\ldots=\frac{\sin.(m-1)a}{\sin.a\cos.a.\cos.ma}$$

ou parce que coséc. $a=\frac{1}{\sin.a}$, et séc. $a\ \frac{1}{\cos.a}$, on aura

$$\text{coséc}a.\text{coséc}2a+\text{coséc}2a.\text{coséc}3a\ldots=\sin(m-1)a.\text{coséc}a^2.\text{coséc}ma$$

$$\text{séc}a.\text{séc}2a+\text{séc}2a.\text{séc}3a+\ldots=\sin(m-1)a.\text{séc}a.\text{coséc}a.\text{séc}ma.$$

SECTION

SECTION III.

Formation de tableaux analytiques, propres à représenter l'ensemble des rapports, qui existent entre les diverses parties d'une même figure; et les modifications qui distinguent, soit de cette première figure, soit entre elles, les autres figures qui lui sont corrélatives.

145. Je me propose ici d'effectuer sur diverses figures géométriques, les tableaux de comparaison dont j'ai donné l'idée au commencement de cet ouvrage (2); c'est-à-dire, d'appliquer à plusieurs exemples, les principes développés dans les deux premières sections, en formant d'abord le tableau des rapports qui lient entre elles toutes les parties du système pris pour terme de comparaison, et recherchant ensuite quelles sont les mutations que doit éprouver l'expression de ces rapports, lorsque le système primitif passe lui-même à différens états de transformation; et de plus, je me propose de donner à ces tableaux une forme telle que ces mêmes rapports puissent être considérés dans leur ensemble, de manière que tous les rapports partiels y soient implicitement compris, et qu'on puisse en déduire celui qui existe spécialement entre telles ou telles de ces quantités, soit linéaires, soit angulaires, prises à volonté dans le système général.

Le nombre de ces rapports augmente à mesure que le système se compose d'un plus grand nombre de parties; car dans un triangle, par exemple, il n'y a que six choses à considérer, et déjà dans le quadrilatère simple dont les côtés seroient supposés prolongés jusqu'à leurs rencontres respectives, il y en a trente-trois : savoir, les quatre côtés, les deux diagonales, les douze segmens formés deux à deux sur chacun de ces côtés ou diagonales, et enfin les quinze angles compris entre ces six droites considérées deux à deux.

Mais le nombre des questions partielles à proposer sur chacune de ces figures, augmente bien plus rapidement que celui des parties de cette même figure ; car pour le triangle, la question générale étant celle-ci : trois des six choses à considérer dans un triangle, qui ne soient pas les trois angles, étant données, trouver les trois autres : il en résulte $\frac{6.5.4.3}{2.3}$, questions partielles, moins les trois cas exceptés ci-dessus, des trois côtés demandés quand les trois angles sont donnés. Mais pour le quadrilatère, la question générale étant celle-ci : des trente-trois choses qui sont à considérer dans un quadrilatère, cinq quelconques indépendantes les unes des autres étant données, trouver les vingt-huit inconnues, il en résulte $\frac{33.32.31.30.29.28}{2.3.4.5}$, questions partielles, sauf le petit nombre des cas ci-dessus exceptés. On peut juger par-là, du nombre de questions partielles que fourniroit un pentagone, et à plus forte raison, les polygones plus élevés ; et l'on voit qu'il est comme impossible de former des tableaux qui puissent répondre immédiatement à chacune de ces questions partielles. Il s'agit donc d'y suppléer par une forme particulière, de laquelle on puisse, à l'aide de quelques opérations algébriques, tirer celle des réponses dont on peut avoir besoin dans chaque cas particulier. Or c'est ce que je me propose ici.

Pour remplir cet objet, j'imagine qu'on établisse dans la figure proposée une chaîne de triangles, et que passant de l'un à l'autre par les règles ordinaires de la trigonométrie, en suivant la construction graphique, d'après laquelle on peut supposer que la figure auroit été construite, on calcule toutes les parties, tant angulaires que linéaires qui entrent dans sa composition. Que de plus, on les exprime toutes en valeurs de quelques-unes seulement d'entre elles, considérées comme connues, en nombre suffisant, pour que tout le reste soit déterminé. Le tableau qui en résultera, ne comprendra évidemment de formules, qu'autant qu'il y aura de quantités dans le système, or je dis que ce tableau supplée au tableau général dont nous avons parlé ci-dessus, et dont la confection est évidemment impraticable.

En effet, le nouveau tableau proposé devant contenir, par hypothèse, toutes les parties du système calculées en valeurs de quelques-unes seulement d'entre elles, on aura évidemment les rapports de ces quantités, et en général, les fonctions de toutes ces quantités combinées d'une manière quelconque, deux à deux, trois à trois, &c. en valeurs de ces mêmes quantités premières seules, prises pour termes de comparaison. On pourra donc, en éliminant ces dernières, trouver, au moyen de ce tableau fondamental, tous les rapports possibles existans entre les quantités du système général. L'objet des questions suivantes est de développer ces idées, et de faire l'application de chaque résultat aux systêmes corrélatifs, qui peuvent être rapportés à la figure primitive sur laquelle les raisonnemens seront établis, et les tableaux formés.

PROBLÊME IX.

146. *Un triangle étant proposé, et une perpendiculaire abaissée de chacun des angles sur le côté opposé ; on demande que toutes les parties tant angulaires que linéaires de cette figure, soient exprimées en valeurs de trois quelconques d'entre elles, indépendantes l'une de l'autre, prises pour termes de comparaison.*

Soit ABC (fig. 28) le triangle proposé, $\overline{AH}$, $\overline{BG}$, $\overline{CF}$, les perpendiculaires abaissées de chacun des angles sur le côté opposé, D le point où elles se croisent toutes. Il s'agit donc d'exprimer tous les angles et toutes les lignes qui entrent dans la composition de cette figure, en valeurs de trois seulement d'entre elles, parce que trois suffisent pour que tout le reste soit déterminé, pourvu que ces trois quantités prises pour termes de comparaison soient indépendantes l'une de l'autre. Ainsi ces quantités ne peuvent être ni trois angles, puisque deux d'entre eux détermineroient le troisième; ni l'une des lignes du systême avec les deux segmens formés sur elle, puisque deux quelconques de ces trois quantités linéaires étant données, la troisième, qui en est nécessairement la somme ou la différence, seroit aussi déterminée.

Cette question renferme évidemment comme cas particulier, le problême général de la trigonométrie, ainsi que nous l'avons dit (128), car les six choses à considérer dans le triangle ABC sont comprises parmi celles qui doivent entrer dans la formation du tableau. Mais pour que ce même tableau puisse répondre à un plus grand nombre de questions partielles, j'y comprendrai les trois droites $\overline{FG}$, $\overline{FH}$, $\overline{GH}$, le rayon du cercle circonscrit au triangle proposé ABC, celui du cercle inscrit, le périmètre, et l'aire de ce même triangle.

Je prendrai de même que dans le problême VII (122) pour servir de termes de comparaison les deux angles $B\hat{A}D$, $C\hat{A}D$, que je nommerai de même m, n, et le rayon du cercle circonscrit que je nommerai R. Je dois donc exprimer, comme cela est évidemment possible, toutes les quantités du systême général en valeurs des seules quantités m, n, R.

L'angle droit sera désigné par ϖ, le rayon du cercle inscrit par r, le périmètre par P et l'aire $\overline{\overline{ABC}}$ du triangle proposé par S; (ces dénominations R, r, P, S, seront conservées dans les six problêmes qui doivent suivre celui-ci) cela posé, je dis que le tableau suivant satisfait à la question.

Tableau général des rapports qui existent entre les angles et les côtés d'un triangle quelconque, les perpendiculaires abaissées de ces angles sur les côtés opposés, les segmens et les angles qui en résultent, &c. (fig. 28).

VALEURS DES ANGLES.

1ere..... $B\hat{A}D = m$

2e...... $C\hat{A}D = n$

3e...... $B\hat{A}C = m+n$

4e...... $C\hat{B}D = n$

5e...... $A\hat{B}D = \varpi - (m+n)$

6e...... $A\hat{B}C = \varpi - m$

7e...... $B\hat{C}D = m$

8e...... $A\hat{C}D = \varpi - (m+n)$

9e...... $A\hat{C}B = \varpi - n$

10e...... $A\hat{D}B = \varpi + n$

11e...... $A\hat{D}C = \varpi + m$

12e...... $B\hat{D}C = 2\varpi - (m+n)$

VALEURS DES LIGNES.

13e...... $\overline{BC} = 2R.\sin.(m+n)$

14e...... $\overline{AC} = 2R.\cos.m$

15e...... $\overline{AB} = 2R.\cos.n$

16e...... $\overline{AD} = 2R.\cos.(m+n)$

17e...... $\overline{BD} = 2R.\sin.m$

18e...... $\overline{CD} = 2R.\sin.n$

19e...... $\overline{AH} = 2R.\cos.m \cos.n$

20ᵉ......	$\overline{BH}$	$= 2R.\sin. m \cos. n$
21ᵉ......	$\overline{CH}$	$= 2R.\sin. n \cos. m$
22ᵉ......	$\overline{DH}$	$= 2R.\sin. m \sin. n$
23ᵉ......	$\overline{AF}$	$= 2R.\cos. m \cos. (m+n)$
24ᵉ......	$\overline{BF}$	$= 2R.\sin. m \sin. (m+n)$
25ᵉ......	$\overline{CF}$	$= 2R.\cos. m \sin. (m+n)$
26ᵉ......	$\overline{DF}$	$= 2R.\sin. m \cos. (m+n)$
27ᵉ......	$\overline{AG}$	$= 2R.\cos. n \cos. (m+n)$
28ᵉ......	$\overline{BG}$	$= 2R.\cos. n \sin. (m+n)$
29ᵉ......	$\overline{CG}$	$= 2R.\sin. n \sin. (m+n)$
30ᵉ......	$\overline{DG}$	$= 2R.\sin. n \cos. (m+n)$
31ᵉ......	$\overline{FG}$	$= 2R.\sin.(m+n) \cos. (m+n)$
32ᵉ......	$\overline{FH}$	$= 2R.\sin. m \cos. m$
33ᵉ......	$\overline{GH}$	$= 2R.\sin. n \cos. n$
34ᵉ......	R	$= R$
35ᵉ......	P	$= 2R\ [\cos. m+\cos. n+\sin. (m+n)]$
36ᵉ......	r	$= R\ [\sin. m+\sin. n+\cos. (m+n)-1]$
37ᵉ......	S	$= 2R^2.\cos. m \cos. n \sin. (m+n)$

La formation de ce tableau se tire évidemment de celui qui a été donné (122). On peut aussi le former immédiatement avec facilité; car d'abord les angles se trouvent tous par simples additions ou soustractions, en vertu du principe de l'égalité des trois angles de tout triangle à deux droits. Ensuite on obtient toutes les lignes par le seul principe de la proportionnalité des côtés dans tout triangle, avec les sinus des angles opposés. Puisque l'on sait déjà que $\overline{AB} = 2R.\cos. n$, $\overline{AC} = 2R.\cos. m$, $\overline{BC} = 2R.\sin.(m+n)$; (121).

La valeur de P se trouve en ajoutant les valeurs ci-dessus, des trois côtés $\overline{AB}$, $\overline{AC}$, $\overline{BC}$.

La valeur de r résulte évidemment de la proposition démontrée (137), en mettant dans l'équation $2R+2r=\overline{AD}+\overline{BC}+\overline{CD}$ les valeurs que donnent pour ces trois droites les 16ᵉ, 17ᵉ, 18ᵉ formules du tableau, et tirant ensuite la valeur de r.

Enfin l'aire S se trouve par ce principe connu, que l'aire de tout triangle est égale au produit de deux quelconques de ses côtés, multiplié par la moitié du sinus de l'angle compris. Ce qui donne $S=\frac{1}{2}\overline{AB}.\overline{AC}.\sin.(m+n)$, où substituant pour $\overline{AB}$, $\overline{AC}$, leurs valeurs tirées des 15ᵉ et 14ᵉ formules, on obtient la 37ᵉ.

On peut trouver de suite, par le même principe, l'aire de chacun des autres triangles qui entrent dans la composition de la figure examinée, comme $\overline{\overline{ADB}}$, $\overline{\overline{ADF}}$, $\overline{\overline{BCG}}$, &c.

Les seconds termes de ces formules se transforment au besoin, à l'aide de celles qui composent le tableau formé (123), pour exprimer les rapports des quantités linéo-angulaires en général.

147. Ce tableau n'est relatif qu'à la (fig. 28) prise pour systême primitif, et où le triangle proposé ABC a ses trois angles aigus. Il faut voir maintenant quelles modifications il doit éprouver, lorsqu'on veut le rendre applicable au cas où l'un des angles seroit obtus. On peut y parvenir de deux manières, ou en recommençant en entier le calcul sur la nouvelle figure; ou en examinant quelles sont dans le passage de l'une à l'autre, les quantités qui deviennent inverses, et changeant dans les formules du tableau le signe de chacune d'elles.

Supposons d'abord que ce soit l'angle $B\hat{A}C$ (fig. 31) qui devienne obtus, ce qui peut se faire en imaginant qu'il y a échange de positions entre A et D; alors parmi les trois quantités m, n, R, les seules qui entrent dans la composition des derniers membres, aucune n'aura passé ni par o, ni par ∞ : donc chacun de ces derniers membres restera tel qu'il est sans changement de signe. Voyons maintenant ce que deviennent les premiers membres.

$B\hat{A}C$ devenant obtus par hypothèse, ou $m+n>\varpi$, il résulte des cinquième et huitième formules, que $\widehat{ABD}$, $\widehat{ACD}$ deviennent inverses, et que par conséquent leur signe de corrélation doit être —.

De plus, le cosinus d'un angle obtus est inverse (116). Donc en vertu des 16ᵉ, 23ᵉ, 26ᵉ, 27ᵉ, 30ᵉ, 31ᵉ formules, les droites $\overline{AD}$, $\overline{AF}$, $\overline{DF}$, $\overline{AG}$, $\overline{DG}$, $\overline{FG}$ deviennent aussi inverses, et doivent prendre le signe —; donc si les rapports des 37 quantités qui composent les premiers termes de ces formules étoient exprimés par des équations quelconques, il n'y auroit, pour rendre ces équations applicables au cas où l'angle $\widehat{BAC}$ seroit obtus, qu'à changer dans ce premier tableau, les signes des huit quantités : $\widehat{ABD}$, $\widehat{ACD}$, $\overline{AD}$, $\overline{AF}$, $\overline{DF}$, $\overline{AG}$, $\overline{DG}$, $\overline{FG}$.

Ce résultat s'accorde avec celui qu'offre la seconde ligne horizontale du tableau de corrélation établi (98); car on voit de même, par ce tableau, que les quantités qui deviennent inverses, et dont par conséquent le signe doit être changé, sont comme ci-dessus, $\overline{AD}$, $\overline{AF}$, $\overline{DF}$, $\overline{AG}$, $\overline{DG}$, $\widehat{ABD}$, $\widehat{ACD}$; il n'y a que $\overline{FG}$ qui ne s'y trouve point, parce qu'elle n'étoit pas comprise dans le système dont il s'agit au tableau de corrélation.

Supposons maintenant que ce soit $\widehat{ABC}$ (fig. 32) qui devienne obtus; ce qui peut se faire en imaginant que le point B se meut sur $\overline{BC}$ jusqu'au-delà du point H; il est clair que parmi les trois quantités m, n, R, qui entrent dans la composition des seconds membres des formules, m seule deviendra inverse. Donc d'abord pour savoir ce que deviennent ces seconds membres, il suffit de mettre $-m$ à la place de m. Voyons maintenant ce que deviennent les premiers.

Puisque m devient inverse, ou que sa valeur prend le signe négatif, on voit par les première et septième formules, que $\widehat{BAD}$ et $\widehat{BCD}$ deviennent inverses.

De plus (116), sin. m devient aussi une quantité inverse; donc par les 17ᵉ, 20ᵉ, 22ᵉ, 24ᵉ, 26ᵉ, 32ᵉ formules, les quantités, $\overline{BD}$,

$\overline{BH}$,

$\overline{BH}$, $\overline{DH}$, $\overline{BF}$, $\overline{DF}$, $\overline{FH}$ doivent devenir inverses, et leur signe de corrélation —. Donc si les rapports existans entre les 37 quantités qui composent les premiers termes de ces formules étoient exprimés par des équations quelconques, il n'y auroit, pour rendre ces équations applicables à la nouvelle hypothèse, c'est-à-dire, au cas où l'angle $A\hat{B}C$ seroit obtus (fig. 32), qu'à y changer les signes des huit quantités suivantes $B\hat{A}D$, $B\hat{C}D$, $\overline{BD}$, $\overline{BH}$, $\overline{DH}$, $\overline{BF}$, $\overline{DF}$, $\overline{FH}$; ce qui s'accorde avec la troisième ligne horizontale du tableau de corrélation établi (98).

Par la même raison, on voit que si les rapports qui existent entre les 37 quantités qui composent les premiers termes des formules du tableau étoient exprimées par des équations quelconques, il n'y auroit, pour rendre ces équations applicables au cas où l'angle $A\hat{C}B$ deviendroit obtus (fig. 33), qu'à y changer les signes des huit quantités $C\hat{A}D$, $C\hat{B}D$, $\overline{CD}$, $\overline{CH}$, $\overline{DH}$, $\overline{CG}$, $\overline{DG}$, $\overline{HG}$; ce qui s'accorde avec la quatrième ligne du tableau de corrélation établi (98).

148. Concluons de là 1°. que les formules du tableau s'appliquent immédiatement au triangle ABC, lorsque les trois angles sont aigus (fig. 28); 2°. que pour le rendre tel qu'on l'auroit trouvé si le calcul avoit été établi sur l'hypothèse que l'angle $B\hat{A}C$ seroit obtus, il n'y a qu'à changer dans les premiers membres les signes des huit quantités $A\hat{B}D$, $A\hat{C}D$, $\overline{AD}$, $\overline{AF}$, $\overline{DF}$, $\overline{AG}$, $\overline{DG}$, sans rien changer aux seconds membres; 3°. que pour rendre ce même tableau tel qu'on l'auroit trouvé en établissant immédiatement le calcul sur l'hypothèse que $A\hat{B}C$ seroit obtus, il faut, dans les seconds membres des formules, mettre $-m$ à la place de m, et changer dans les premiers les signes des huit quantités $B\hat{A}D$, $B\hat{C}D$, $\overline{BD}$, $\overline{BH}$, $\overline{DH}$, $\overline{BF}$, $\overline{DF}$, $\overline{FH}$; 4°. qu'enfin pour rendre ce tableau tel qu'on l'auroit trouvé

en établissant immédiatement le calcul sur l'hypothèse que $\widehat{ACB}$ seroit obtus, il faut dans les seconds membres des formules mettre $-n$, à la place de n et changer dans les premiers les signes des huit quantités $\widehat{CAD}$, $\widehat{CBD}$, $\overline{CD}$, $\overline{CH}$, $\overline{DH}$, $\overline{CG}$, $\overline{DG}$, $\overline{HG}$.

Tirons maintenant quelques conséquences particulières de ce tableau général.

149. Si je compare $\overline{FG}$ avec $\overline{AD}$, je trouve

$$\frac{\overline{FG}}{\overline{AD}} = \sin.(m+n) \text{ ou } \overline{FG} : \overline{AD} :: \sin.(m+n) : 1;$$

c'est-à-dire, que dans un quadrilatère qui, comme AFDG, a deux angles droits opposés en diagonale, cette diagonale $\overline{FG}$, est à l'autre diagonale $\overline{AD}$, comme le sinus de l'un quelconque des angles joints par cette dernière diagonale est au sinus total. On voit la même chose par les quadrilatères du même genre BFDH, CGDH, et par celui AFCH, par exemple, qui forme un quadrilatère composé de deux triangles opposés au sommet AFD, CDH, et qui a deux angles droits $\widehat{AFC}$, $\widehat{AHC}$, car ses deux diagonales sont FH, AC; or par le tableau, on a $\frac{\overline{FH}}{\overline{AC}} = \sin. m$ ou $\overline{FH} : \overline{AC} :: \sin. m : 1$. Ainsi des autres.

150. Si l'on compare $\overline{BD}$ avec $\overline{CD}$, on trouvera

$$\overline{BD} : \overline{CD} :: \sin. m : \sin. n,$$

ou parceque m est complément de $\widehat{ABC}$, et n complément de $\widehat{ACB}$, on aura

$$\overline{BD} : \overline{CD} :: \cos. ABC : \cos. ACB;$$

c'est-à-dire, que de même qu'il y a proportionnalité entre les côtés d'un triangle et les sinus des angles opposés, il y a aussi proportionnalité entre les cosinus de ces mêmes angles, et les distances de leurs sommets, au point où se croisent les trois perpendiculaires menées de ces sommets sur les côtés opposés.

151. Si d'une part on divise $\overline{AF}$ par $\overline{AG}$, on aura $\frac{\cos. m}{\cos. n}$, et si d'une autre part on divise $\overline{AC}$ par $\overline{AB}$, on aura pareillement $\frac{\cos. m}{\cos. n}$; donc $\frac{\overline{AF}}{\overline{AG}}=\frac{\overline{AC}}{\overline{AB}}$ ou $\overline{AF} : \overline{AG} :: \overline{AC} : \overline{AB}$. Donc les triangles AGF, ABC ont un angle commun compris entre côtés proportionnels ; donc ils sont semblables, quoique $\overline{FG}$ ne soit point parallèle à $\overline{BC}$; mais elles sont ce qu'on nomme *anti-parallèles,* parce que les côtés analogues sont placés en sens opposés. On prouveroit de même, que les autres triangles BFH, CGH, sont aussi semblables chacun au triangle proposé ABC, et par conséquent aussi semblables entre eux.

152. Si sur $\overline{BC}$ comme diamètre on décrit un cercle, la circonférence passera par les points F, G, à cause des angles droites $B\hat{F}C$, $B\hat{G}C$; donc BFGC sera un quadrilatère inscrit, et aura par conséquent les propriétés connues de cette figure. Il en sera de même de AGHB, AFHC, BFDH, &c., et les formules donneront les mêmes résultats.

153. Si d'une part je multiplie $\overline{AH}$ par $\overline{DH}$, j'aurai $\sin. m \sin. n \cos. m \cos. n$ et si d'autre part je multiplie $\overline{BH}$ par $\overline{CH}$, j'aurai le même résultat. Donc $\overline{AH}.\overline{DH}=\overline{BH}.\overline{CH}$. On trouve de même $\overline{BG}.\overline{DG}=\overline{AG}.\overline{CG}$, et $\overline{CF}.\overline{DF}=\overline{AF}.\overline{BF}$.

154. Si je carre les 13e et 16e formules, et qu'ensuite je les ajoute, j'aurai $4R^2$, qui est le carré du diamètre du cercle circonscrit : la même chose a lieu, si je carre la 14e et la 17e, et que j'en fasse la somme, ou la 15e et la 18e; c'est-à-dire, qu'entre les quatre points A, B, C, D, la somme des carrés de la droite qui en joint deux quelconque, et de celle qui joint les deux autres,

est toujours la même et égale au carré du diamètre du cercle circonscrit.

155. Si j'ajoute ensemble les six carrés dont il s'agit dans l'article précédent; c'est-à-dire, $\overline{AB}^2$, $\overline{AC}^2$, $\overline{BC}^2$, $\overline{AD}^2$, $\overline{BD}^2$, $\overline{CD}^2$; la somme sera $12R^2$; c'est-à-dire, que la somme des carrés des distances des quatre points A, B, C, D, pris deux à deux, est égale à trois fois le carré du diamètre du cercle circonscrit.

156. Si d'une part on multiplie la 14e et la 15e formules, et d'une autre la 19e par 2R, on aura le même produit; donc $\overline{AC}.\overline{AB} = \overline{AH}.2R$, ou $\overline{AH} : \overline{AB} :: \overline{AC} : 2R$; c'est-à-dire, que dans tout triangle, la perpendiculaire abaissée de l'un quelconque des angles sur le côté opposé, est à l'un quelconque des côtés adjacens à cet angle, comme l'autre des côtés adjacens est au diamètre du cercle circonscrit : ce qui est bien connu.

157. Si l'on multiplie l'une par l'autre, les 15e et 18e formules d'une part, et d'une autre, la 33e par 2R, les résultats seront les mêmes. Donc $\overline{AB}.\overline{CD} = \overline{GH}.2R$.

158. Si l'on multiplie d'une part, les 20e, 23e et 29e formules, et de l'autre les 21e, 24e et 27e, on aura le même résultat. Donc $\overline{AF}.\overline{BH}.\overline{CG} = \overline{AG}.\overline{BF}.\overline{CH}$.

159. Si l'on multiplie d'une part les 14e, 26e, et 28e formules, et de l'autre, les 17e, 25e, et 27e, on aura le même résultat. Donc $\overline{AC}.\overline{BG}.\overline{DF} = \overline{AG}.\overline{BD}.\overline{CF}$.

Enfin ces combinaisons, qui peuvent se multiplier à l'infini, donnent, comme on le voit, une multitude de propositions qu'il seroit pénible de rechercher isolément; et comme le tableau contient toutes les quantités du système, il en renferme implicitement toutes les propriétés; de manière qu'on peut en tirer en particulier chacun des rapports dont on a besoin; ainsi qu'on va le voir par les autres tableaux que nous tirerons de ce premier dans les problêmes suivans.

PROBLÊME X.

160. *Etant donnés dans un triangle, deux quelconques des angles et le côté opposé à l'un d'eux, trouver* 1°. *le troisième angle et les deux autres côtés;* 2°. *les perpendiculaires abaissées des angles sur les côtés opposés;* 3°. *les segmens et les angles qui résultent des intersections respectives de toutes ces lignes;* 4°. *les trois droites qui joignent les pieds de ces perpendiculaires deux à deux*, &c.

Supposons que les deux angles donnés soient (fig. 28) $A\hat{B}C$, $A\hat{C}B$, et le côté connu $\overline{AC}$; il s'agit donc de trouver toutes les quantités énumérées au tableau formé ci-dessus, en valeurs des trois seules quantités $A\hat{B}C$, $A\hat{C}B$, $\overline{AC}$.

Mais puisque par le premier tableau toutes ces quantités se trouvent exprimées en valeurs des trois $B\hat{A}D$, $C\hat{A}D$, R, il ne s'agit plus que de substituer de nouvelles données aux premières.

Supposons, pour abréger, les expressions des seconds membres $A\hat{B}C = B$, $A\hat{C}B = C$, $\overline{AC} = b$; B, C, b seront les trois nouveaux termes de comparaison auxquels toutes les autres quantités du système devront être rapportées, et en valeurs desquelles seules elles devront être exprimées.

Pour cela, je cherche parmi les formules du tableau précédent, les trois qui expriment les nouvelles données $A\hat{B}C$, $A\hat{C}B$, $\overline{AC}$ en valeurs des trois premières m, n, R; ce sont les 6e, 9e et 14e formules. Je tire donc réciproquement de ces formules m, n, R, en valeurs des trois autres, et je les substitue dans toutes les formules du premier tableau. Il en résultera évidemment un nouveau tableau, où chacune des quantités du système sera exprimée comme on le demande en valeurs des seules quantités $A\hat{B}C$, $A\hat{C}B$, $\overline{AC}$, ou B, C, b.

Or les 6ᵉ, 9ᵉ, et 14ᵉ formules sont $B = \varpi - m$, $C = \varpi - n$, $b = 2R.\cos.m$, c'est donc de ces trois équations qu'il faut tirer les valeurs de m, n, R, comme inconnues, pour les substituer dans toutes les formules du tableau.

La première de ces équations me donne $m = \varpi - B$, et par conséquent, $\sin.m = \cos.B$, et $\cos.m = \sin.B$.

La seconde me donne $n = \varpi - C$, et par conséquent

$$\sin.n = \cos.C \text{ et } \cos.n = \sin.C.$$

La troisième me donne, en y substituant pour $\cos.m$ la valeur que nous venons de trouver, $2R = \frac{b}{\sin.B}$.

Il n'y a donc plus qu'à substituer au tableau ces valeurs de m, n, R, pour obtenir toutes les quantités qui y entrent exprimées, comme on veut les avoir en B, C, b.

De ces substitutions, résultera le tableau suivant, lequel par conséquent, satisfait à la question proposée.

Tableau par lequel connoissant dans un triangle ABC, *deux angles* $A\hat{B}C$, $A\hat{C}B$, *et le côté* $\overline{AC}$ *opposé à l'un d'eux, on peut trouver immédiatement* 1°. *les trois autres choses à considérer dans le triangle;* 2°. *les perpendiculaires abaisées de chacun des angles sur le côté opposé, tous les angles et segmens qui résultent de cette construction,* &c. *en supposant les trois données* $A\hat{B}C = B$, $A\hat{C}B = C$, $\overline{AC} = b$ (fig 28).

Valeurs des angles.

1ᵉʳᵉ..... $B\hat{A}D = \varpi - B$

2ᵉ..... $C\hat{A}D = \varpi - C$

3ᵉ..... $B\hat{A}C = 2\varpi - (B+C)$

4ᵉ..... $C\hat{B}D = \varpi - C$

5ᵉ..... $A\hat{B}D = (B+C) - \varpi$

6ᵉ..... $A\hat{B}C = B$

7e...... $\widehat{BCD} = \varpi - B$

8e...... $\widehat{ACD} = (B+C) - \varpi$

9e...... $\widehat{ACB} = C$

10e...... $\widehat{ADB} = 2\varpi - C$

11e...... $\widehat{ADC} = 2\varpi - B$

12e...... $\widehat{BDC} = B+C$

VALEURS DES LIGNES.

13e...... $\overline{BC} = b\,\frac{\sin.(B+C)}{\sin.B}$

14e...... $\overline{AC} = b$

15e...... $\overline{AB} = b\,\frac{\sin.C}{\sin.B}$

16e...... $\overline{AD} = -\,b\,\frac{\cos.(B+C)}{\sin.B}$

17e...... $\overline{BD} = b.\cot.B$

18e...... $\overline{CD} = b\,\frac{\cos.C}{\sin.B}$

19e...... $\overline{AH} = b.\sin.C$

20e...... $\overline{BH} = b.\sin.C.\cot.B$

21e...... $\overline{CH} = b.\cos.C$

22e...... $\overline{DH} = b.\cos.C.\cot.B$

23e...... $\overline{AF} = -\,b.\cos.(B+C)$

24e...... $\overline{BF} = b.\cot.B.\sin.(B+C)$

25e...... $\overline{CF} = b.\sin.(B+C)$

26e...... $\overline{DF} = -\,b.\cot.B\ \cos.(B+C)$

27e...... $\overline{AG} = -\,b\,\frac{\sin.C\ \cos.(B+C)}{\sin.B}$

28e...... $\overline{BG} = b\,\frac{\sin.C.\sin.(B+C)}{\sin.B}$

$$29^{e}\ldots\ldots\quad \overline{CG} = b\,\frac{\cos.C.\sin.(B+C)}{\sin.B}$$

$$30^{e}\ldots\ldots\quad \overline{DG} = -\,b\,\frac{\cos.C.\cos.(B+C)}{\sin.B}$$

$$31^{e}\ldots\ldots\quad \overline{FG} = -\,b\,\frac{\sin.(B+C).\cos.(B+C)}{\sin.B}$$

$$32^{e}\ldots\ldots\quad \overline{FH} = b.\cos.B$$

$$33^{e}\ldots\ldots\quad \overline{GH} = b\,\frac{\sin.C.\cos.C}{\sin.B}$$

$$34^{e}\ldots\ldots\quad R = \frac{b}{2.\sin.B}$$

$$35^{e}\ldots\ldots\quad P = b\,\frac{\sin.B+\sin.C+\sin.(B+C)}{\sin.B}$$

$$36^{e}\ldots\ldots\quad r = b\,\frac{\cos.B+\cos.C+\cos.(B+C)-1}{2.\sin.B}$$

$$37^{e}\ldots\ldots\quad S = \tfrac{1}{2}b^{2}.\sin.(B+C)\,\frac{\sin.C}{\sin.B}$$

Le tableau précédent n'est applicable qu'au triangle pris pour système primitif; c'est-à-dire, qui a ses trois angles aigus : ainsi l'on doit reprendre ici les observations déjà faites (147 et suiv.); d'où l'on voit, 1°. que dans aucun cas il n'y aura de changemens à faire aux seconds membres des formules pour les rendre applicables aux systêmes corrélatifs, puisque des trois quantités B, C, b, aucune ne passera ni par o ni par ∞.

2°. Que pour rendre ces formules propres au cas où l'angle $B\hat{A}C$ seroit obtus, et telles qu'on les auroit trouvées en établissant le raisonnement immédiatement sur cette hypothèse, il n'y a qu'à y changer les signes des huit quantités $A\hat{B}D$, $A\hat{C}D$, $\overline{AD}$, $\overline{AF}$, $\overline{DF}$, $\overline{AG}$, $\overline{DG}$, $\overline{FG}$.

3°. Que pour les rendre propres au cas où ce seroit l'angle $A\hat{B}C$ qui deviendroit obtus, il n'y auroit qu'à y changer les signes des huit quantités suivantes, $B\hat{A}D$, $B\hat{C}D$, $\overline{BD}$, $\overline{BH}$, $\overline{DH}$, $\overline{BF}$, $\overline{DF}$, $\overline{FH}$.

4°.

4°. Que pour les rendre propres au cas où ce seroit l'angle $A\hat{C}B$ qui deviendroit obtus, il n'y auroit qu'à y changer les signes des huit quantités suivantes, $C\hat{A}D$, $C\hat{B}D$, $\overline{CD}$, $\overline{CH}$, $\overline{DH}$, $\overline{CG}$, $\overline{DG}$, $\overline{GH}$.

PROBLÈME XI.

161. *Etant donnés dans un triangle deux angles quelconques, et le côté compris, trouver* 1°. *le troisième angle et les deux autres côtés ;* 2°. *les perpendiculaires abaissées des angles sur les côtés opposés ;* 3°. *les segmens et les angles qui résultent des intersections respectives de toutes ces lignes ;* 4°. *les trois droites qui joignent les pieds de ces perpendiculaires deux à deux*, &c.

Supposons que les deux angles donnés soient $A\hat{B}C$, $A\hat{C}B$ (fig. 28), et par conséquent $\overline{BC}$ le côté connu. Il s'agit donc de trouver toutes les quantités énumérées au premier tableau en valeurs des trois quantités $A\hat{B}C$, $A\hat{C}B$, $\overline{BC}$.

Soient pour abréger les expressions des seconds membres, $A\hat{B}C = B$, $A\hat{C}B = C$, $\overline{BC} = a$. Nous aurons à exprimer toutes les quantités du système en valeurs de B, C, a.

Pour cela, je cherche parmi les formules du tableau fondamental (146), les trois qui expriment ces nouvelles données en valeurs des trois premières m, n, R ; ce sont les 6ᵉ, 9ᵉ et 13ᵉ formules, qui sont $B = \varpi - m$, $C = \varpi - n$, $a = 2R.\sin.(m+n)$.

C'est donc de ces équations qu'il faut tirer m, n, R, comme inconnues, pour les substituer dans toutes les formules du tableau.

La première de ces équations me donne $m = \varpi - B$, et par conséquent $\sin.m = \cos.B$ et $\cos.m = \sin.B$.

La seconde me donne $n = \varpi - C$, et par conséquent $\sin.n = \cos.C$ et $\cos.n = \sin.C$.

La troisième me donne $a = 2R\sin.(B+C)$, ou.........
$R = \frac{a}{2\sin.(B+C)}$

Il n'y a donc plus qu'à substituer au tableau fondamental, ces trois valeurs de m, n, R, pour obtenir toutes les quantités qui y entrent, exprimées comme on le veut en B, C, a.

De ces substitutions, résultera le tableau suivant, lequel par conséquent, satisfait à la question proposée.

Tableau par lequel connoissant dans un triangle ABC *deux angles* $\widehat{ABC}$, $\widehat{ACB}$, *et le côté compris* $\overline{BC}$; *on peut trouver immédiatement* 1°. *les trois autres choses à considérer dans le triangle;* 2°. *les perpendiculaires abaissées de chacun des angles sur le côté opposé;* 3°. *les angles et segmens qui résultent de cette construction*, &c., *en supposant les trois données* $\widehat{ABC} = B$, $\widehat{ACB} = C$, $\overline{BC} = a$.

VALEURS DES ANGLES.

1ere..... $\widehat{BAD} = \varpi - B$

2e...... $\widehat{CAD} = \varpi - C$

3e...... $\widehat{BAC} = 2\varpi - (B+C)$

4e...... $\widehat{CBD} = \varpi - C$

5e...... $\widehat{ABD} = (B+C) - \varpi$

6e...... $\widehat{ABC} = B$

7e...... $\widehat{BCD} = \varpi - B$

8e...... $\widehat{ACD} = (B+C) - \varpi$

9e...... $\widehat{ACB} = C$

10e...... $\widehat{ADB} = 2\varpi - C$

11e...... $\widehat{ADC} = 2\varpi - B$

12e...... $\widehat{BDC} = B+C$

VALEURS DES LIGNES.

13e...... $\overline{BC} = a$

14e...... $\overline{AC} = a\dfrac{\sin. B}{\sin.(B+C)}$

15e...... $\overline{AB} = a\,\dfrac{\sin. C}{\sin. (B+C)}$

16e...... $\overline{AD} = -\,a \cot. (B+C)$

17e...... $\overline{BD} = a\,\dfrac{\cos. B}{\sin. (B+C)}$

18e...... $\overline{CD} = a\,\dfrac{\cos. C}{\sin. (B+C)}$

19e...... $\overline{AH} = a\,\dfrac{\sin. B\ \sin. C}{\sin. (B+C)}$

20e...... $\overline{BH} = a\,\dfrac{\sin. C\ \cos. B}{\sin. (B+C)}$

21e...... $\overline{CH} = a\,\dfrac{\sin. B\ \cos. C}{\sin. (B+C)}$

22e...... $\overline{DH} = a\,\dfrac{\cos. B\ \cos. C}{\sin. (B+C)}$

23e...... $\overline{AF} = -\,a \sin. B\ \cot. (B+C)$

24e...... $\overline{BF} = a \cos. B$

25e...... $\overline{CF} = a \sin. B$

26e...... $\overline{DF} = -\,a \cos. B\ \cot. (B+C)$

27e...... $\overline{AG} = -\,a \cos. C\ \cot. (B+C)$

28e...... $\overline{BG} = a \sin. C$

29e...... $\overline{CG} = a \cos. C$

30e...... $\overline{DG} = -\,a \cos. C\ \cot. (B+C)$

31e...... $\overline{FG} = -\,\frac{1}{2} a\,\dfrac{\sin. (2B+2C)}{\sin. (B+C)}$

32e...... $\overline{FH} = \frac{1}{2} a\,\dfrac{\sin. 2B}{\sin. (B+C)}$

33e...... $\overline{GH} = \frac{1}{2} a\,\dfrac{\sin. 2C}{\sin. (B+C)}$

34e...... $R = \dfrac{a}{2 \sin. (B+C)}$

35e...... $P = a\,\dfrac{\sin. B + \sin. C + \sin. (B+C)}{\sin. (B+C)}$

$$36^e \ldots\ldots r = a\frac{\cos.B+\cos.C-\cos.(B+C)-1}{2\sin.(B+C)}$$

$$37^e \ldots\ldots S = 2a^2\frac{\sin.B.\sin.C}{\sin.(B+C)}$$

Ce tableau n'est relatif qu'au triangle pris pour système primitif, c'est-à-dire, qui a tous ses angles aigus. Mais il est évident que pour le rendre applicable aux divers systêmes corrélatifs, il n'y a qu'à reprendre ici les mêmes observations, exactement que celles qui ont été faites à la fin du problême précédent, c'est-à-dire, que

1°. Dans aucun cas il n'y aura de changemens à faire aux seconds membres des formules pour les rendre applicables aux systêmes corrélatifs; puisque des trois quantités B, C, a, aucune ne passera ni par o ni par ∞;

2°. Que pour rendre ces formules applicables au cas où l'angle $B\hat{A}C$ seroit obtus, il n'y a qu'à y changer les signes des huit quantités $A\hat{B}D$, $A\hat{C}D$, $\overline{AD}$, $\overline{AF}$, $\overline{DF}$, $\overline{AG}$, $\overline{DG}$, $\overline{FG}$;

3°. Que pour rendre ces formules applicables au cas où ce seroit l'angle $A\hat{B}C$ qui deviendroit obtus, il n'y auroit qu'à y changer les signes des huit quantités $B\hat{A}D$, $B\hat{C}D$, $\overline{BD}$, $\overline{BH}$, $\overline{DH}$, $\overline{BF}$, $\overline{DF}$, FH;

4°. Que pour rendre ces formules applicables au cas où ce seroit l'angle $A\hat{C}B$ qui deviendroit obtus, il n'y auroit qu'à y changer les signes des huit quantités $C\hat{A}D$, $C\hat{B}D$, $\overline{CD}$, $\overline{CH}$, $\overline{DH}$, $\overline{CG}$, $\overline{DG}$, $\overline{GH}$.

PROBLÊME XII.

162. *Etant donnés dans un triangle deux côtés, et l'angle opposé à l'un d'eux, trouver* 1°. *le troisième côté et les deux autres angles ;* 2°. *les perpendiculaires abaissées des angles sur les côtés opposés ;* 3°. *les segmens et les angles qui résultent des*

intersections respectives de toutes ces lignes, les trois droites qui joignent les pieds de ces perpendiculaires deux à deux, &c.

Supposons que les deux côtés donnés soient $\overline{AB}$, $\overline{AC}$, (fig. 28), et l'angle donné $A\hat{B}C$, il s'agit donc de trouver toutes les quantités énumérées au tableau fondamental (146), en valeurs des trois quantités $\overline{AB}$, $\overline{AC}$, $A\hat{B}C$.

Soient pour abrégèr les expressions, $\overline{AB}=c$, $\overline{AC}=b$, $A\hat{B}C=B$, nous aurons à exprimer toutes les quantités du système en valeurs de c, b, B.

Pour cela, je cherche parmi les formules du tableau fondamental, les trois qui expriment ces nouvelles données en valeurs des trois premières m, n, R; ce sont les 14e, 15e et 6e, lesquelles donnent $b=2R.\cos.m$, $c=2R.\cos.n$, $B=\varpi-m$; c'est donc de ces équations qu'il faut tirer, m, n, R comme inconnues, pour les substituer ensuite dans toutes les formules du tableau.

En éliminant R entre les deux premières équations, j'ai $b\ \cos.n=c\ \cos.m$; or la dernière me donne $\cos.m=\sin.B$. Substituant dans la précédente, on a $b.\cos.n=c.\sin.B$ ou $\cos.n=\frac{c}{b}\sin.B$; substituant pareillement cette même valeur de $\cos.m$ dans l'équation $b=2R.\cos.m$, on aura $b=2R.\sin.B$ ou $R=\frac{b}{2\sin.B}$; donc pour déterminer m, n, R, nous avons les équations suivantes :

$$m=\varpi-B,\ \sin.m=\cos.B,\ \cos.m=\sin.B;\ \cos.n=\frac{c}{b}\sin.B,$$

$$\sin.n=\frac{c}{b}\sqrt{b^2-c^2\sin.B^2},\ R=\frac{b}{2\sin.B}.$$

Il n'y a donc qu'à substituer ces valeurs au tableau fondamental (146), pour obtenir toutes les quantités qui y entrent, exprimées comme on le veut, en b, c, B. De ces substitutions, résultera le tableau suivant, lequel par conséquent satisfait à la question proposée.

Tableau par lequel connoissant dans un triangle ABC *deux côtés* $\overline{AB}$, $\overline{AC}$, *et l'angle* B *opposé à l'un d'eux, on peut trouver immédiatement*, 1°. *les trois autres choses à considérer dans le triangle*; 2°. *les perpendiculaires abaissées de chacun des angles sur le côté opposé*; 3°. *les angles et segmens qui résultent de cette construction*, &c., *en supposant les trois données* $\overline{AB}=c$, $\overline{AC}=b$, $A\hat{B}C=B$.

VALEURS DES ANGLES.

1ere...... $B\hat{A}D = \varpi - B$

2e.... $\cos. CAD = \frac{c}{b}\sin. B$

3e.... $\sin. BAC = \frac{c}{b}\sin. B \cos. B + \frac{\sin. B}{b}\sqrt{b^2 - c^2 \sin. B^2}$

4e.... $\cos. CBD = \frac{c}{b}\sin. B$

5e.... $\cos. ABD = \frac{c}{b}\sin. B \cos. B + \frac{\sin. B}{b}\sqrt{b^2 - c^2 \sin. B^2}$

6e....... $A\hat{B}C = B$

7e....... $B\hat{C}D = \varpi - B$

8e.... $\cos. ACD = \frac{c}{b}\sin. B \cos. B + \frac{\sin. B}{b}\sqrt{b^2 - c^2 \sin. B^2}$

9e.... $\sin. A\hat{C}B = \frac{c}{b}\sin. B$

10e.... $\sin. ADB = \frac{c}{b}\sin. B$

11e....... $A\hat{D}C = 2\varpi - B$

12e.... $\sin. BDC = \frac{c}{b}\sin. B \cos. B + \frac{\sin. B}{b}\sqrt{b^2 - c^2 \sin. B^2}$

VALEURS DES LIGNES.

13e.... $\overline{BC} = c \cos. B + \sqrt{b^2 - c^2 \sin. B^2}$

14e.... $\overline{AC} = b$

15ᵉ.... $\overline{AB} = c$

16ᵉ.... $\overline{AD} = c \sin. B - \cot. B \sqrt{b^2 - c^2 \sin. B^2}$

17ᵉ.... $\overline{BD} = b \cot. B$

18ᵉ.... $\overline{CD} = \frac{1}{\sin. B} \sqrt{b^2 - c^2 \sin. B^2}$

19ᵉ.... $\overline{AH} = c \sin. B$

20ᵉ.... $\overline{BH} = c \cos. B$

21ᵉ.... $\overline{CH} = \sqrt{b^2 - c^2 \sin. B^2}$

22ᵉ.... $\overline{DH} = \cot. B \sqrt{b^2 - c^2 \sin. B^2}$

23ᵉ.... $\overline{AF} = c \sin. B^2 - \cos. B \sqrt{b^2 - c^2 \sin. B^2}$

24ᵉ.... $\overline{BF} = c \cos. B^2 + \cos. B \sqrt{b^2 - c^2 \sin. B^2}$

25ᵉ.... $\overline{CF} = c \sin. B \cos. B + \sin. B \sqrt{b^2 - c^2 \sin. B^2}$

26ᵉ.... $\overline{DF} = c \sin. B \cos. B - \cos. B \cot. B \sqrt{b^2 - c^2 \sin. B^2}$

27ᵉ.... $\overline{AG} = \frac{c^2}{b} \sin. B^2 - \frac{c}{b} \cos. B \sqrt{b^2 - c^2 \sin. B^2}$

28ᵉ.... $\overline{BG} = \frac{c^2}{b} \sin. B \cos. B + \frac{c}{b} \sqrt{b^2 - c^2 \sin. B^2}$

29ᵉ.... $\overline{CG} = \frac{c}{b} \cos. B \sqrt{b^2 - c^2 \sin. B^2} + b - \frac{c^2}{b} \sin. B^2$

30ᵉ.... $\overline{DG} = \frac{c}{b} \sin. B \sqrt{b^2 - c^2 \sin. B^2} - b \cot. B + \frac{c^2}{b} \sin. B \cos. B$

31ᵉ.... $\overline{FG} = (c \cos. B + \sqrt{b^2 - c^2 \sin. B^2}) \left(\frac{c}{b} \sin. B^2 - \frac{c}{b} \cos. B \sqrt{b^2 - c^2 \sin. B^2}\right)$

32ᵉ.... $\overline{FH} = b \cos. B$

33ᵉ.... $\overline{GH} = \frac{c}{b} \sqrt{b^2 - c^2 \sin. B^2}$

34ᵉ.... $R = \frac{b}{2 \sin. B}$

35ᵉ.... $P = b + c + c \cos. B + \sqrt{b^2 - c^2 \sin. B^2}$

36ᵉ.... $r = \frac{1}{2} c \sin. B - \frac{1 - \cos. B}{2 \sin. B} (b - \sqrt{b^2 - c^2 \sin. B^2})$

37ᵉ.... $S = \frac{1}{2} c^2 \sin. B \cos. B + \frac{1}{2} c \sin. B \sqrt{b^2 - c^2 \sin. B^2}$

Ce tableau n'est relatif qu'au triangle pris pour terme de comparaison, c'est-à-dire, qui a ses trois angles aigus; mais il est évident que pour le rendre applicable aux divers systêmes corrélatifs, il n'y a qu'à reprendre les mêmes observations exactement, que celles qui ont été faites à la fin du problême précédent.

PROBLÊME XIII.

163. *Etant donnés dans un triangle deux côtés et l'angle compris, trouver 1°. le troisième côté et les deux autres angles; 2°. les perpendiculaires abaissées des angles sur les côtés opposés; 3°. les segmens et les angles qui résultent des intersections respectives de toutes ces lignes; les trois droites qui joignent les pieds de ces perpendiculaires deux à deux*, &c.

Supposons que les deux côtés donnés soient $\overline{AB}$, $\overline{BC}$ (fig. 28), et par conséquent $A\hat{B}C$ l'angle donné. Il s'agit donc de trouver toutes les quantités énumérées au tableau fondamental (146) en valeurs des trois quantités $\overline{AB}$, $\overline{BC}$, $A\hat{B}C$.

Soient pour abréger les expressions, $\overline{AB}=c$, $\overline{BC}=a$, $A\hat{B}C=B$: nous aurons à exprimer toutes les quantités du systême en valeurs de c, a, B.

Pour cela, je cherche parmi les formules du tableau fondamental les trois qui expriment ces nouvelles données en valeurs des trois premières m, n, R; ce sont les 13ᵉ, 15ᵉ, 6ᵉ, lesquelles donnent,

$$a=2R.\sin.(m+n),\ c=2R.\cos.n,\ B=\varpi-m.$$

Cette dernière donne $m=\varpi-B$, $\sin.m=\cos.B$, $\cos.m=\sin.B$. En éliminant R entre les deux autres, j'ai $a\cos.n=c\ \sin.(m+n)$, ou $a\cos.n=c\ \sin.m\ \cos.n+c\ \sin.n\ \cos.m$. Mettant dans cette équation les valeurs de $\sin.m$, $\cos.m$, trouvées ci-dessus, on aura

$$a\cos.n=c\cos.B\ \cos.n+c\sin.n\ \sin.B,$$

$$\text{ou } \cos.n(a-c\cos.B)=c\sin.B\sqrt{1-\cos.n^2},$$

$$\text{ou } \cos.n^2(a^2+c^2-2ac\cos.B=c^2\sin.B^2,$$

ou

ou $\cos. n = \frac{c \sin. B}{\sqrt{a^2+c^2-2ac \cos. B}}$, et par conséquent,

$$\sin. n = \frac{a - \cos. B}{\sqrt{a^2+c^2-2ac \cos. B}}.$$

Substituant cette valeur de $\cos. n$ dans l'équation $c = 2R \cos. n$, nous aurons

$$R = \frac{1}{2 \sin. B} \sqrt{a^2+c^2-2ac \cos. B}.$$

Nous avons donc les valeurs qui doivent être substituées pour m, n, R, dans les formules du tableau, afin de les obtenir comme on les demande en a, c, B. De ces substitutions résultera le tableau suivant, lequel, par conséquent, satisfait à la question proposée.

Tableau par lequel connoissant dans un triangle ABC, *deux côtés* $\overline{AB}$, $\overline{BC}$, *et l'angle compris* $A\hat{B}C$, *on peut trouver immédiatement*, 1°. *les trois choses à considérer dans le triangle;* 2°. *les perpendiculaires abaissées de chacun des angles sur le côté opposé;* 3°. *les angles et segmens qui résultent de cette construction*, &c. *en supposant les trois données* $\overline{AB} = c$, $\overline{BC} = a$, $A\hat{B}C = B$.

Valeurs des angles.

1ère..... $B\hat{A}D = \varpi - B$

2e... $\cos. CAD = \frac{c \sin. B}{\sqrt{a^2+c^2-2ac \cos. B}}$

3e... $\cos. BAC = \frac{c - a \cos. B}{\sqrt{a^2+c^2-2ac \cos. B}}$

4e... $\cos. CBD = \frac{c \sin. B}{\sqrt{a^2+c^2-2ac \cos. B}}$

$$5^e\ldots\ \sin.\,ABD = \frac{c - a\ \cos.B}{\sqrt{a^2 + c^2 - 2ac\ \cos.B}}$$

$$6^e\ldots\ldots\ A\hat{B}C = B$$

$$7^e\ldots\ldots\ B\hat{C}D = \varpi - B$$

$$8^e\ldots\ \sin.\,ACD = \frac{c - a\ \cos.B}{\sqrt{a^2 + c^2 - 2ac\ \cos\ B}}$$

$$9^e\ldots\ \sin.\,ACB = \frac{c\sin.\,B}{\sqrt{a^2 + c^2 - 2ac\ \cos.B}}$$

$$10^e\ldots\ \sin.\,ADB = \frac{c\sin.\,B}{\sqrt{a^2 + c^2 - 2ac\ \cos.B}}$$

$$11^e\ldots\ldots\ A\hat{D}C = 2\varpi - B$$

$$12^e\ldots\ \sin.\,BDC = \frac{a\sin.\,B}{\sqrt{a^2 + c^2 - 2ac\ \cos.B}}$$

Valeurs des lignes.

$$13^e\ldots\ldots\ \overline{BC} = a$$

$$14^e\ldots\ldots\ \overline{AC} = \sqrt{a^2 + c^2 - 2ac\ \cos.B}$$

$$15^e\ldots\ldots\ \overline{AB} = c$$

$$16^e\ldots\ldots\ \overline{AD} = \frac{c - a\ \cos.B}{\sin.\,B}$$

$$17^e\ldots\ldots\ \overline{BD} = \cot.\,B\ \sqrt{a^2 + c^2 - 2ac\ \cos.B}$$

$$18^e\ldots\ldots\ \overline{CD} = \frac{a - c\ \cos.B}{\sin.\,B}$$

$$19^e\ldots\ldots\ \overline{AH} = c\sin.\,B$$

$$20^e\ldots\ldots\ \overline{BH} = c\cos.\,B$$

$$21^e\ldots\ldots\ \overline{CH} = c - c\cos.\,B$$

$$22^e\ldots\ldots\ \overline{DH} = a\cot.\,B - c\cos.B\ \cot.\,B$$

$$23^e\ldots\ldots\ \overline{AF} = c - a\cos.\,B$$

$$24^e\ldots\ldots\ \overline{BF} = a\cos.\,B$$

25e...... $\overline{CF} = a \sin. B$

26e...... $\overline{DF} = c \sin. C \cot. B - a \cos. B \cot. B$

27e...... $\overline{AG} = \dfrac{c^2 - ac \cos. B}{\sqrt{a^2 + c^2 - 2ac \cos. B}}$

28e...... $\overline{BG} = \dfrac{ac \sin. B}{\sqrt{a^2 + c^2 - 2ac \cos. B}}$

29e...... $\overline{CG} = \dfrac{a^2 - a \cos. B}{\sqrt{a^2 + c^2 - 2ac \cos. B}}$

30e...... $\overline{DG} = \dfrac{(a - c \cos. B)\,(c - a \cos. B)}{\sin. B \sqrt{a^2 + c^2 - 2ac \cos. B}}$

31e...... $\overline{FG} = \dfrac{ac - a^2 \cos. B}{\sqrt{a^2 + c^2 - 2ac \cos. B}}$

32e...... $\overline{FH} = \cos. B \sqrt{a^2 + c^2 - 2ac \cos. B}$

33e...... $\overline{GH} = \dfrac{ac - c^2 \cos. B}{\sqrt{a^2 + c^2 - 2ac \cos. B}}$

34e...... $R = \dfrac{1}{2 \sin B} \sqrt{a^2 + c^2 - 2ac \cos. B}$

35e...... $P = a + c + \sqrt{a^2 + c^2 - 2ac \cos. B}$

36e...... $r = \dfrac{ac \sin. B}{a + c + \sqrt{a^2 + c^2 - 2ac \cos. B}}$

37e...... $S = \frac{1}{2} ac \sin. B$

On doit faire ici la même observation que celle qui a déjà été faite (162).

PROBLÈME XIV.

164. *Etant donné dans un triangle les trois côtés, trouver* 1°. *les trois angles ;* 2°. *les perpendiculaires abaissées des angles sur les côtés opposés ;* 3°. *les segmens et les angles qui résultent des intersections respectives de toutes ces lignes, les trois droites qui joignent les pieds de ces perpendiculaires deux à deux*, &c.

Je suppose, pour abréger, les expressions des seconds membres, $\overline{BC}=a$, $\overline{AC}=b$, $\overline{AB}=c$; il s'agit donc de trouver toutes les autres quantités énumérées au tableau en valeurs de ces trois données (fig. 28).

Pour cela, je cherche parmi les formules de ce tableau, les trois qui expriment ces nouvelles données en valeurs des trois premières m, n, R, ce sont les 13e, 14e et 15e; et j'en tire réciproquement m, n, R en valeurs des trois autres, pour les substituer dans toutes les formules du même tableau; il en résultera donc un nouveau tableau, où chacune des quantités du système sera exprimée comme on le demande, en valeurs des trois côtés a, b, c.

Or les 13e, 14e et 15e formules du tableau fondamental sont:

$$a=2\text{R}.\sin.(m+n),\ b=2\text{R}.\cos.m,\ c=2\text{R}.\cos n;$$

il faut donc de ces trois équations tirer les valeurs de m, n, R, et les substituer dans les formules de ce tableau fondamental.

Pour cela, je développe d'abord $\sin.(m+n)$ par les formules ordinaires de la théorie des quantités linéo-angulaires (125), et j'ai pour mes trois équations

$$a=2\text{R}.\sin.m\cos.n+2\text{R}.\sin.n\cos.m;\quad b=2\text{R}.\cos.m,$$
$$c=2\text{R}.\cos.n.\quad (\text{A})$$

Substituant dans la première de ces équations pour $\cos.m$ sa valeur tirée de la seconde, et pour $\cos.n$ sa valeur tirée de la troisième, elle deviendra $a=c\sin.m+b\sin.n$; de plus, l'élimination de R entre les deux dernières donne $b\cos.n=c\cos.m$. Il faut donc de ces deux nouvelles équations tirer m et n.

Dans la première, je transpose $b\sin.n$, et j'élève au carré; il vient $a^2+b^2\sin.n^2-2ab\sin.n=c^2\sin.m^2$. J'élève pareillement la seconde au carré, et j'ai $b^2\cos.n^2=c^2\cos.m^2$. Ajoutant cette équation à la précédente, il vient à cause de $\sin.m^2+\cos.m^2=1$; et de $\sin.n^2+\cos.n^2=1$;

$$a^2+b^2-2ab\sin.n=c^2;\ \text{d'où je tire}\ \sin.n=\frac{a^2+b^2-c^2}{2ab}$$

$$\text{et par la même raison on a}\ldots\ldots\ \sin.m=\frac{a^2+c^2-b^2}{2ac}.$$

Voilà m, n, trouvés ; il faut maintenant trouver R. Or de la dernière, par exemple, des deux précédentes, je tire

$$\cos. m = \frac{1}{2ac}\sqrt{2a^2b^2+2a^2c^2+2b^2c^2-(a^4+b^4+c^4)}.$$

substituant donc dans la seconde des équations (A) et dégageant R, j'ai

$$\mathrm{R} = \frac{abc}{\sqrt{2ab+2ac+2bc-(a^4+b^4+c^4)}}.$$

Ayant donc ainsi les trois valeurs de m, n, R en a, b, c, il ne reste plus qu'à les substituer au tableau fondamental, pour obtenir celui qu'on cherche ; mais pour simplifier quelques unes des formules, on y a laissé R au lieu de sa valeur trouvée ci-dessus. Ainsi, pour appliquer ces formules, il faudra remettre d'abord dans celle qu'on voudra employer, au lieu de R, sa valeur telle qu'elle est donnée par la 34e.

Nous aurons donc pour opérer nos substitutions,

$$\cos. m = \frac{b}{2\mathrm{R}}, \qquad \cos. n = \frac{c}{2\mathrm{R}}, \qquad \sin. (m+n) = \frac{a}{2\mathrm{R}}$$

$$\sin. m = \frac{a^2+c^2-b^2}{2ac}, \ \sin. n = \frac{a^2+b^2-c^2}{2ab}, \ \cos. (m+n) = \frac{b^2+c^2-a^2}{2bc}.$$

Cela posé, le tableau suivant renferme le résultat de ces substitutions et satisfait par conséquent à la question proposée.

Tableau par lequel connoissant les trois côtés d'un triangle quelconque ABC (fig. 28), *on peut trouver immédiatement*, 1°. *les trois angles*, 2°. *les perpendiculaires abaissées de ces angles sur les côtés opposés, ainsi que tous les angles et segmens qui résultent de cette construction, les droites qui joignent les pieds de ces perpendiculaires, le rayon du cercle circonscrit, les trois côtés étant donnés.*

VALEURS DES ANGLES.

1ere..... $\sin. \mathrm{B\hat{A}D} = \frac{a^2+c^2-b^2}{2ac}$

2e..... $\sin. \mathrm{C\hat{A}D} = \frac{a^2+b^2-c^2}{2ab}$

3e..... $\cos. \mathrm{B\hat{A}C} = \frac{b^2+c^2-a^2}{2bc}$

4e..... $\sin. \mathrm{C\hat{B}D} = \frac{a^2+b^2-c^2}{2ab}$

5e..... $\sin. \mathrm{A\hat{B}D} = \frac{b^2+c^2-a^2}{2bc}$

6e..... $\cos. \mathrm{A\hat{B}C} = \frac{a^2+c^2-b^2}{2ac}$

7e..... $\sin. \mathrm{B\hat{C}D} = \frac{a^2+c^2-b^2}{2ac}$

8e..... $\sin. \mathrm{A\hat{C}D} = \frac{b^2+c^2-a^2}{2bc}$

9e..... $\cos. \mathrm{A\hat{C}B} = \frac{a^2+b^2-c^2}{2ab}$

10e..... $\cos. \mathrm{A\hat{D}B} = \frac{c^2-a^2-b^2}{2ab}$

11e..... $\cos. \mathrm{A\hat{D}C} = \frac{b^2-a^2-c^2}{2ac}$

12e..... $\cos. \mathrm{B\hat{D}C} = \frac{a^2-b^2-c^2}{2bc}$

VALEURS DES LIGNES.

13e...... $\overline{BC} = a$

14e...... $\overline{AC} = b$

15e...... $\overline{AB} = c$

16e...... $\overline{AD} = R\,\dfrac{b^2+c^2-a^2}{bc}$

17e...... $\overline{BD} = R\,\dfrac{a^2+c^2-b^2}{ac}$

18e...... $\overline{CD} = R\,\dfrac{a^2+b^2-c^2}{ab}$

19e...... $\overline{AH} = \dfrac{bc}{2R}$

20e...... $\overline{BH} = \dfrac{a^2+c^2-b^2}{2a}$

21e...... $\overline{CH} = \dfrac{a^2+b^2-c^2}{2a}$

22e...... $\overline{DH} = R\,\dfrac{(a^2+c^2-b^2)\ (a^2+b^2-c^2)}{2a^2bc}$

23e...... $\overline{AF} = \dfrac{b^2+c^2-a^2}{2c}$

24e...... $\overline{BF} = \dfrac{a^2+c^2-b^2}{2c}$

25e...... $\overline{CF} = \dfrac{ab}{2R}$

26e...... $\overline{DF} = R\,\dfrac{(b^2+c^2-a^2)\ (a^2+c^2-b^2)}{2c^2ab}$

27e...... $\overline{AG} = \dfrac{b^2+c^2-a^2}{2b}$

28e...... $\overline{BG} = \dfrac{ac}{2R}$

29e...... $\overline{CG} = \dfrac{a^2+b^2-c^2}{2b}$

$30^e \ldots\ldots \overline{DG} = R\frac{(a^2+b^2-c^2)(b^2+c^2-a^2)}{2b^2ac}$

$31^e \ldots\ldots \overline{FG} = \frac{a(b^2+c^2-a^2)}{2bc}$

$32^e \ldots\ldots \overline{FH} = \frac{b(a^2+c^2-b^2)}{2ac}$

$33^e \ldots\ldots \overline{GH} = \frac{c(a^2+b^2-c^2)}{2ab}$

$34^e \ldots\ldots R = \frac{abc}{\sqrt{2a^2b^2+2a^2c^2+2b^2c^2-(a^4+b^4+c^4)}}$

$35^e \ldots\ldots P = a+b+c$

$36^e \ldots\ldots r = \frac{1}{2}\sqrt{\frac{(a+b-c)(a+c-b)(b+c-a)}{a+b+c}}$

$37^e \ldots S = \sqrt{\left(\frac{a+b+c}{2}\right)\left(\frac{a+b+c}{2}-a\right)\left(\frac{a+b+c}{2}-b\right)\left(\frac{a+b+c}{2}-c\right)}$

On doit faire ici la même observation que celle qui a déjà été faite (162).

PROBLÈME XV.

165. *Etant donnée dans un triangle, la perpendiculaire abaissée de l'un quelconque des angles sur la base opposée, et les deux segmens qu'elle forme sur cette base, trouver, 1°. les trois côtés et les trois angles du triangle; 2°. les deux perpendiculaires abaissées des autres angles sur leurs bases opposées; 3°. les segmens et les angles qui résultent des intersections respectives de toutes ces lignes; les trois droites qui joignent les pieds de ces perpendiculaires deux à deux; le rayon du cercle circonscrit, &c.*

Je nomme x et x' les deux segmens $\overline{BH}$, $\overline{CH}$ (fig. 28) supposés donnés, et y la perpendiculaire $\overline{AH}$, aussi donnée. Il s'agit donc d'exprimer toutes les autres parties du systême en valeurs de x, x', y; et comme par le tableau fondamental (146) elles sont déjà exprimées en m, n, R, il ne s'agit plus que de trouver celles-ci

en

en valeurs de x, x', y : puis de les substituer dans toutes les formules de ce tableau fondamental.

Je prends donc dans ce tableau, les 19e, 20e et 21e formules, qui me donnent x, x', y, en valeurs de m, n, R, afin d'en tirer réciproquement m, n, R, en valeurs de x, x', y. Ces trois formules me donnent $y = 2\mathrm{R}.\cos.m \cos.n$, $x = 2\mathrm{R}.\sin.m \cos.n$, $x' = 2\mathrm{R}.\sin.n \cos.m$. (A)

En éliminant R entre les deux premières, j'ai $\frac{x}{y} = \frac{\sin.m}{\cos.m}$; en éliminant R entre la première et la troisième, j'ai $\frac{x'}{y} = \frac{\sin.n}{\cos.n}$.

La première de ces équations me donne $\frac{x^2}{y^2} = \frac{1 - \cos.m^2}{\cos.m^2}$, ou

$\cos.m = \frac{y}{\sqrt{x^2+y^2}}$; d'où je tire aussi $\sin.m = \frac{x}{\sqrt{x^2+y^2}}$.

Par la même raison, on a $\cos.n = \frac{y}{\sqrt{x'^2+y^2}}$, et $\sin.n = \frac{x'}{\sqrt{x'^2+y^2}}$.

Substituant ces valeurs de $\cos.m$, $\cos.n$, dans la première des équations (A), et tirant la valeur de R, on aura

$$\mathrm{R} = \frac{1}{2y}\sqrt{(x^2+y^2)\ (x'^2+y^2)}.$$

Voilà donc les trois quantités m, n, R trouvées en valeurs de x, x', y, il ne s'agit plus que d'en faire la substitution dans les formules du tableau fondamental qui deviendra tel qu'il suit, et satisfera ainsi à la question proposée.

Tableau par lequel connoissant dans un triangle ABC *la perpendiculaire abaissée de l'un* A *des angles sur le côté opposé, et les deux segmens formés sur ce côté par cette perpendiculaire, on peut trouver immédiatement,* 1°. *les trois angles et les trois côtés du triangle ;* 2°. *les perpendiculaires menées des autres angles sur les côtés opposés, ainsi que les segmens et les angles résultans de cette construction,* &c. *les trois données étant* $\overline{AH}=y$, $\overline{BH}=x$, $\overline{CH}=x'$, (fig. 28).

VALEURS DES ANGLES

1ere..... $\text{tang. } B\hat{A}D = \frac{x}{y}$

2e...... $\text{tang. } C\hat{A}D = \frac{x'}{y}$

3e...... $\text{tang. } B\hat{A}C = \frac{y\,(x+x')}{y^2 - x\,x'}$

4e...... $\text{tang. } C\hat{B}D = \frac{x'}{y}$

5e...... $\text{tang. } A\hat{B}D = \frac{y^2 - x\,x'}{y\,(x+x')}$

6e...... $\text{tang. } A\hat{B}C = \frac{y}{x}$

7e...... $\text{tang. } B\hat{C}D = \frac{x}{y}$

8e...... $\text{tang. } A\hat{C}D = \frac{y^2 - x\,x'}{y\,(x+x')}$

9e...... $\text{tang. } A\hat{C}B = \frac{y}{x'}$

10e...... $\text{tang. } A\hat{D}B = -\frac{y}{x'}$

11e...... $\text{tang. } A\hat{D}C = -\frac{y}{x}$

12e...... $\text{tang. } B\hat{D}C = \frac{y\,(x+x')}{x\,x' - y^2}$

VALEURS DES LIGNES.

13e...... $\overline{BC} = x + x'$

14e...... $\overline{AC} = \sqrt{x'^2 + y^2}$

15e...... $\overline{AB} = \sqrt{x^2 + y^2}$

16e...... $\overline{AD} = \dfrac{y^2 - xx^2}{y}$

17e...... $\overline{BD} = \dfrac{x}{y} . \sqrt{x' + y^2}$

18e...... $\overline{CD} = \dfrac{x'}{y} \sqrt{x^2 + y^2}$

19e...... $\overline{AH} = y$

20e...... $\overline{BH} = x$

21e...... $\overline{CH} = x'$

22e...... $\overline{DH} = \dfrac{xx'}{y}$

23e...... $\overline{AF} = \dfrac{y^2 - xx'}{\sqrt{x^2 + y^2}}$

24e...... $\overline{BF} = \dfrac{x\,(x + x')}{\sqrt{x^2 + y^2}}$

25e...... $\overline{CF} = \dfrac{y\,(x + x')}{\sqrt{x^2 + y^2}}$

26e...... $\overline{DF} = \dfrac{x}{y} . \dfrac{y^2 - xx'}{\sqrt{x^2 + y^2}}$

27e...... $\overline{AG} = \dfrac{y^2 - xx'}{\sqrt{x'^2 + y^2}}$

28e...... $\overline{BG} = \dfrac{y\,(x + x')}{\sqrt{x'^2 + y^2}}$

29e...... $\overline{CG} = \dfrac{x'\,(x + x')}{\sqrt{x^2 + y^2}}$

$$30^e\ldots\ldots\ \overline{DG} = \frac{x'(y^2 - xx')}{y\sqrt{x'^2+y^2}}$$

$$31^e\ldots\ldots\ \overline{FG} = \frac{(x+x')(y^2 - xx')}{\sqrt{(x^2+y^2)(x'^2+y^2)}}$$

$$32^e\ldots\ldots\ \overline{FH} = x\sqrt{\frac{x'^2+y^2}{x^2+y^2}}$$

$$33^e\ldots\ldots\ \overline{GH} = x'\sqrt{\frac{x^2+y^2}{x'^2+y^2}}$$

$$34^e\ldots\ldots\ R = \frac{1}{2y}\sqrt{(x^2+y^2)(x'^2+y^2)}$$

$$35^e\ldots\ldots\ P = x+x'+\sqrt{x^2+y^2}+\sqrt{x'^2+y^2}$$

$$36^e\ldots\ldots\ r = \frac{y(x+x')}{x+x'+\sqrt{x^2+y^2}+\sqrt{x'^2+y^2}}$$

$$37^e\ldots\ldots\ S = \tfrac{1}{2}y(x+x')$$

On doit faire ici la même observation que celle qui a déjà été faite (162).

166. Tous les tableaux ci-dessus formés (160, 161, 162, 163, 164, 165), sont déduits du même tableau fondamental formé (146), ainsi c'est toujours le même tableau mis sous différentes formes, et qui par ce moyen devient propre à résoudre différentes questions. Ces formes peuvent être variées d'un très-grand nombre de manières, en prenant successivement pour données trois à trois, toutes les quantités énumérées au tableau; en sorte néanmoins que ces trois données soient toujours indépendantes les unes des autres, que par exemple elles ne soient pas trois angles. Les cinq tableaux donnés (160, 161, 162, 163, 164), résolvent les cinq principaux problêmes de la trigonométrie, prise dans une généralité beaucoup plus grande qu'on ne le fait ordinairement, et l'on peut regarder le tableau fondamental, ou chacun de ceux qui en est dérivé, comme la mise en équation de ce problême général, qui renferme comme cas particulier la trigonométrie ordinaire. *Des trente-sept choses*

énumérées au tableau trois quelconques, indépendantes les unes des autres étant données, trouver les trente-quatre inconnues. Dans le problême suivant, qui n'est qu'une nouvelle extension du précédent, nous porterons à 101 le nombre des quantités énumérées au tableau qui doit en donner la solution.

PROBLÊME XVI.

167. *Etant donnés dans un triangle deux angles et le rayon du cercle circonscrit, trouver; 1°. le troisième angle et les trois côtés; 2°. les perpendiculaires menées des angles sur les côtés opposés; 3°. les droites qui joignent les pieds de ces perpendiculaires deux à deux; 4°. les segmens formés sur toutes ces droites prolongées jusqu'à leurs rencontres respectives, les angles formés par toutes ces droites, le rayon du cercle inscrit, le périmètre et l'aire du triangle proposé.*

Soit ABC (fig. 48) le triangle proposé, dans lequel je suppose d'abord les trois angles aigus et tels que A soit le plus grand des trois, et B le plus petit. Soient $\overline{AH}$, $\overline{BG}$, $\overline{CF}$, les perpendiculaires abaissées des angles sur les côtés opposés $\overline{FGL}$, $\overline{HFM}$, $\overline{HGN}$, les droites qui joignent les pieds de ces perpendiculaires deux à deux, l, m, n, les points où elles rencontrent ces perpendiculaires respectivement, L, M, N, ceux où ces mêmes droites prolongées rencontrent les côtés opposés aussi prolongés.

Il s'agit donc de trouver toutes les parties tant angulaires que linéaires de cette figure, en valeurs de deux quelconques des angles du triangle proposé, et du rayon R du cercle circonscrit.

J'observe d'abord que le troisième angle du triangle proposé étant le supplément de la somme des deux autres, est censé connu dès que les deux autres le sont; c'est pourquoi je le ferai entrer dans les formules afin de les rendre symétriques à l'égard de ces trois angles, et pour qu'on puisse plus facilement éliminer celui que l'on voudra en mettant à sa place 2ϖ moins la somme des deux autres.

Comme il y a neuf lignes droites tracées dans le système, et que sur chacune d'elles, il y a quatre points de division, et par conséquent six segmens, y compris la droite entière elle-même; il se trouve en tout dans la figure, 54 quantités linéaires à considérer, sans compter le rayon du cercle circonscrit, celui du cercle inscrit et le périmètre : c'est par conséquent en tout 57.

Toutes ces droites, au nombre de neuf, prises deux à deux, forment un angle, en ne comptant pas les supplémens; ce qui fait $\frac{9 \cdot 8}{2}$ ou 36 angles. C'est donc en tout 93 quantités à considérer; auxquelles j'ajouterai l'aire S du triangle ABC, celle du triangle FGH, et celles des six autres ADB, ADC, BDC, FDH, GDH, FDG, qui ont tous leur sommet au point D. Ce qui fait en tout 101 quantités à comprendre au tableau, et qu'il s'agit d'exprimer toutes en valeurs des seules quantités A, B, C, R, prises pour termes de comparaison.

Voici ce tableau dans lequel, pour éviter les expressions fractionnaires, j'ai mis, suivant le besoin, les sécantes des angles au lieu de l'unité divisée par le cosinus; et les cosécantes, au lieu de l'unité divisée par le sinus : ϖ représente à l'ordinaire l'angle droit, ou le quart de circonférence.

Tableau général des rapports qui existent entre les trois côtés d'un triangle quelconque, les perpendiculaires abaissées de chacun des angles sur le côté opposé, les trois droites qui joignent les pieds de ces perpendiculaires deux à deux, les segmens formés sur toutes ces lignes prolongées, par leurs intersections, les angles qu'elles comprennent deux à deux, &c., A, B, C, *étant ces trois angles, et* R *le rayon du cercle circonscrit.*

VALEURS DES ANGLES.

1ere..... $B\hat{A}C = A$

2e...... $A\hat{B}C = B$

3e...... $A\hat{C}B = C$

4e...... $\widehat{ABD} = \varpi - A$

5e...... $\widehat{ACD} = \varpi - A$

6e...... $\widehat{BAD} = \varpi - B$

7e...... $\widehat{BCD} = \varpi - B$

8^e...... $\widehat{CAD} = \varpi - C$

9^e...... $\widehat{CBD} = \varpi - C$

10^e...... $\widehat{BDC} = 2\varpi - A$

11^e...... $\widehat{CDA} = 2\varpi - B$

12^e...... $\widehat{ADB} = 2\varpi - C$

13^e ...... $\widehat{BDF} = A$

14^e...... $\widehat{CDH} = B$

15^e...... $\widehat{ADG} = C$

16^e...... $\widehat{BHF} = A$

17^e...... $\widehat{BFH} = C$

18^e...... $\widehat{CGH} = B$

19^e...... $\widehat{CHG} = A$

20^e...... $\widehat{AFG} = C$

21^e...... $\widehat{AGF} = B$

22^e...... $\widehat{DHF} = \varpi - A$

23^e...... $\widehat{DHG} = \varpi - A$

24^e...... $\widehat{DGH} = \varpi - B$

25^e...... $\widehat{DGF} = \varpi - B$

26^e...... $\widehat{DFG} = \varpi - C$

27^e...... $\widehat{DFH} = \varpi - C$

28^e...... $\widehat{FHG} = 2\varpi - 2A$

29^e...... $\widehat{FGH} = 2\varpi - 2B$

30^e...... $\widehat{GFH} = 2\varpi - 2C$

31^e...... $\widehat{AlF} = \varpi - (C - B)$

32^e...... $\widehat{BmH} = \varpi - (A - C)$

33^e...... $\widehat{CnG} = \varpi - (A - B)$

34^e...... $\widehat{AMH} = A - C$

35^e...... $\widehat{BNG} = A - B$

36^e...... $\widehat{CLF} = C - B$

VALEURS DES LIGNES.

37^e...... $\overline{BC} = 2R.\sin. A$

38^e...... $\overline{AC} = 2R.\sin. B$

39^e...... $\overline{AB} = 2R.\sin. C$

40^e...... $\overline{AD} = 2R.\cos. A$

41^e...... $\overline{BD} = 2R.\cos. B$

42^e...... $\overline{CD} = 2R.\cos. C$

43^e...... $\overline{AH} = 2R.\sin. B \sin. C$

44^e...... $\overline{BG} = 2R.\sin. A \sin. C$

45^e...... $\overline{CF} = 2R.\sin. A \sin. B$

46^e...... $\overline{DH} = 2R.\cos. B \cos. C$

47^e...... $\overline{DG} = 2R.\cos. A \cos. C$

48^e...... $\overline{DF} = 2R.\cos. A \cos. B$

49^e...... $\overline{FG} = 2R.\sin. A \cos. A$

50^e...... $\overline{HF} = 2R.\sin. B \cos. B$

51^e...... $\overline{GH} = 2R.\sin. C \cos. C$

52^e...... $\overline{AF} = 2R.\sin. B \cos. A$

53e...... $\overline{AG} = 2R.\sin. C \cos. A$

54^e

54e...... $\overline{BF} = 2R.\sin.A \cos.B$

55e...... $\overline{BH} = 2R.\sin.C \cos.B$

56e...... $\overline{CG} = 2R.\sin.A \cos.C$

57e...... $\overline{CH} = 2R.\sin.B \sin.C$

58e...... $\overline{Al} = 2R.\sin.B \sin.C \cos.A\ \text{séc.}(C - B)$

59e...... $\overline{Bm} = 2R.\sin.A \sin.C \cos.B\ \text{séc.}(A - C)$

60e...... $\overline{Cn} = 2R.\sin.A \sin.B \cos.C\ \text{séc.}(A - B)$

61e...... $\overline{Dl} = 2R.\cos.A \cos.B \cos.C\ \text{séc.}(C - B)$

62e...... $\overline{Dm} = 2R.\cos.A \cos.B \cos.C\ \text{séc.}(A - C)$

63e...... $\overline{Dn} = 2R.\cos.A \cos.B \cos.C\ \text{séc.}(A - B)$

64e...... $\overline{Fl} = 2R.\sin.B \cos.B \cos.A\ \text{séc.}(C - B)$

65e...... $\overline{Gl} = 2R.\sin.C \cos.C \cos.A\ \text{séc.}(C - B)$

66e...... $\overline{Hm} = 2R.\sin.C \cos.C \cos.B\ \text{séc.}(A - C)$

67e...... $\overline{Fm} = 2R.\sin.A \cos.A \cos.B\ \text{séc.}(A - C)$

68e...... $\overline{Gn} = 2R.\sin.A \cos.A \cos.C\ \text{séc.}(A - B)$

69e...... $\overline{Hn} = 2R.\sin.B \cos.B \cos.C\ \text{séc.}(A - B)$

70e...... $\overline{lB} = 2R.\sin.A \sin.C \cos.B\ \text{coséc.}(C - B)$

71e...... $\overline{LC} = 2R.\sin.A \sin.B \cos.C\ \text{coséc.}(C - B)$

72e...... $\overline{LH} = R.\sin.2B \sin.2C\ \text{coséc.}(C - B)$

73e...... $\overline{LF} = R.\sin.A \sin.2B\ \text{coséc.}(C - B)$

74e...... $\overline{LG} = R.\sin.A \sin.2C\ \text{coséc.}(C - B)$

75e...... $\overline{Ll} = 2R.\sin.2B \sin.2C\ \text{coséc.}(2C - 2B)$

76e...... $\overline{MA} = 2R.\sin.B \sin.C \cos.A\ \text{coséc.}(A - C)$

77e...... $\overline{MC} = 2R.\sin.A \sin.B \cos.C\ \text{coséc.}(A - C)$

78e...... $\overline{MG} = R.\sin.2A \sin.2C\ \text{coséc.}(A - C)$

79e...... $\overline{MF} = R.\sin.B \sin.2A\ \text{coséc.}(A - C)$

80e...... $\overline{MH} =$ R.sin.B sin.2C coséc. (A — C)
81e...... $\overline{Mm} =$ 2R.sin.2A sin.2C coséc. (2A — 2C)
82e...... $\overline{NB} =$ 2R.sin.A sin.C cos.B coséc. (A — B)
83e...... $\overline{NA} =$ 2R.sin.B sin.C cos.A.coséc. (A — B)
84e...... $\overline{NF} =$ R.sin.2A sin.2B coséc. (A — B)
85e...... $\overline{NH} =$ R.sin.C sin.2B coséc. (A — B)
86e...... $\overline{NG} =$ R.sin.C sin.2A coséc. (A — B)
87e...... $\overline{Nn} =$ 2R.sin.2A sin.2B coséc. (2A — 2B)
88e...... $\overline{lH} =$ R.sin.2B sin.2C séc. (C — B)
89e...... $\overline{mG} =$ R.sin.2A sin.2C séc. (A — C)
90e...... $\overline{nF} =$ R.sin.2A sin.2B séc. (A — B)
91e...... R = R
92e...... r = R.(cos.A+cos.B+cos.C—1)
93e...... P = 2R.(sin.A+sin.B+sin.C)

VALEURS DES AIRES.

94e...... S = 2R^2.sin.A sin.B sin.C
95e...... $\overline{\overline{ADB}} =$ 2R^2.sin.C cos.A cos.B
96e...... $\overline{\overline{ADC}} =$ 2R^2.sin.C cos.A cos.C
97e...... $\overline{\overline{BDC}} =$ 2R^2.sin.A cos.B cos.C
98^e...... $\overline{\overline{FDH}} =$ R^2.sin.2B cos.A cos.B cos.C
99e...... $\overline{\overline{GDH}} =$ R^2.sin.2C cos.A cos.B cos.C
100e...... $\overline{\overline{FDG}} =$ R^2.sin.2A cos.A cos.B cos.C
101e...... $\overline{\overline{FGH}} =$ $\frac{1}{2}$R^2.sin.2A sin.2B sin.2C

On ne peut trouver aucune difficulté à former ce tableau; car tous les angles se déterminent par la seule propriété des trois angles de tout triangle égaux à deux droits; toutes les lignes par le seul principe de la proportionnalité des sinus des angles avec les côtés opposés; et les aires par celui que l'aire de tout triangle est égale à la moitié du produit de deux quelconques de ses côtés par le sinus de l'angle compris. Quant au rayon r du cercle inscrit, il se détermine par la proposition démontrée (137) qui donne $2R+2r=\overline{AD}+\overline{BD}+\overline{CD}$.

Les formules de ce tableau ne se rapportent qu'à l'hypothèse d'où l'on est parti, savoir que les trois angles du triangle proposé ABC, sont aigus, et que de plus, A est le plus grand, et B le plus petit des trois. Mais il est aisé de voir les mutations qui doivent avoir lieu pour chaque cas particulier; car si l'on suppose, par exemple, que A devienne obtus; les quantités $\varpi-A$, $2\varpi-2A$, cos. A, sec. A, sin. 2 A, deviendront inverses; on verra donc tout de suite quels sont les premiers termes des formules qui devront changer de signe, lorsqu'on voudra appliquer ces formules à la nouvelle hypothèse. Quant aux seconds membres, il n'y a rien à changer, puisqu'aucune des quatre quantités A, B, C, R, qui y entrent ne passe ni par o ni par ∞. On voit ce qu'il y auroit à dire, si l'un des autres angles B, C, devenoit obtus.

Pareillement si B, par exemple, devenoit plus grand que C, $C-B$ deviendroit inverse, par-là on jugeroit des changemens de signe qui devroient avoir lieu pour les premiers membres des formules. On verroit, par exemple, par la 26e formule que l'angle $C\hat{L}F$ doit prendre le signe $-$, de même que $\overline{AI}$, $\overline{DI}$, $\overline{FI}$, &c. (58e, 64e, 65e, &c. formules). Mais il n'y auroit encore rien à changer aux derniers termes, parce qu'aucune des quantités A, B, C, R qui y entrent n'auroit passé ni par o ni par ∞.

Il est donc facile d'appliquer les formules du tableau précédent à quelque triangle que ce puisse être.

168. Les conséquences particulières qu'on peut tirer de ce tableau sont nombreuses; je ne m'y arrêterai pas : on les obtient, en comparant ces formules deux à deux, trois à trois, &c.; mais nous ferons voir comment de ce tableau on déduit la solution

de ce problême général. *Trois quelconques des* 101 *quantités portées au tableau, étant données et indépendantes les unes des autres, trouver les* 98 *inconnues.* Il n'y a pour cela qu'à chercher les données actuelles A, B, C, R en valeurs des trois nouvelles données, et les substituer dans toutes les formules du tableau précédent.

Supposons, par exemple, que ces trois nouvelles données soient $\overline{AD}$, $A\hat{D}C$, $A\hat{D}B$.

Soient pour abréger $\overline{AD} = K$, $A\hat{D}C = f$, $A\hat{D}B = g$, les 11e, 12e, et 40e formules me donneront donc ces trois équations $f = 2\varpi - B$, $g = 2\varpi - C$ $m = 2R . \cos. A$. Il s'agit donc de tirer de ces trois équations les valeurs de A, B, C, R, pour les substituer dans les formules du tableau. Il ne se trouve que trois équations pour déterminer les quatre inconnues; mais il ne faut pas oublier que nous n'avons introduit les trois angles A, B, C dans le calcul, que pour rendre les formules plus simples (167), et qu'on peut toujours trouver la troisième dès qu'on connoît les deux autres au moyen de l'équation $A + B + C = 2\varpi$.

La première des équations ci-dessus me donne $B = 2\varpi - f$; la seconde $C = 2\varpi - g$; et par conséquent $A = f + g - 2\varpi$. Donc la troisième équation ci-dessus donnera $K = 2R \cos.(f+g)$ ou $R = \frac{K}{2\cos.(f+g)}$; donc pour obtenir le nouveau tableau cherché, il n'y a qu'à substituer dans celui qui précède pour A, B, C, R, ces quantités respectives, $f + g - 2\varpi$, $2\varpi - f$, $2\varpi - g$, $\frac{K}{2\cos.(f+g)}$.

PROBLÊME XVII.

169. *Le triangle* ABC (fig. 49) *étant inscrit dans un cercle, supposons que de chacun des angles on abaisse une perpendiculaire sur le côté opposé, et qu'on prolonge ces perpendiculaires jusqu'à la rencontre de la circonférence; ce qui fera, en comptant les sommets du triangle proposé, six points d'intersection* A, B, C, f, g, h, *sur cette circonférence. Cela posé, soient*

joints ces six points d'intersection deux à deux par une corde. On demande 1°. *les valeur de chacune de ces cordes;* 2°. *la valeur de chacun des angles formés par ces cordes deux à deux aux six points d'intersection, toutes exprimées en valeurs des mêmes quantités* A, B, C, R, *prises déjà pour termes de comparaison dans le probléme précédent.*

Il est clair que ce nouveau problême n'est qu'une extension du précédent, et qu'il s'agit seulement d'exprimer les quantités ajoutées au système déjà considéré, telles que $\overline{Af}$, $\overline{Ah}$, $\overline{Ag}$, $\overline{Bf}$, &c. en valeurs des mêmes données A, B, C, R; c'est pourquoi dans le tableau qui va suivre, j'excepterai celles qui sont déjà au tableau précédent, telles que $\overline{AB}$, $\overline{AC}$, $\overline{BC}$, $B\hat{A}C$, $B\hat{A}D$, &c., et qui sont au nombre de quinze; savoir trois droites et douze angles; et quant aux autres, je les numéroterai en suivant les nombres du problême précédent, puisque celui-ci n'en est que la suite; c'est-à-dire, en commençant par 102.

D'après cela, il est facile de voir que le nouveau tableau doit contenir soixante-trois quantités nouvelles, savoir 51 angles et 12 cordes, ces angles étant formés 10 par 10 à chacun des points d'intersection, ce qui fait 60 angles; sur quoi à déduire les 9 déjà contenus au précédent, et les cordes partant 5 par 5 de chacun des mêmes points d'intersection; ce qui fait en tout 30 cordes, dont il faut prendre la moitié, parce que chacune réunit deux des points d'intersection, reste 15 cordes; sur quoi à déduire les trois côtés du triangle, déjà portés au tableau précédent.

Cela posé, le tableau suivant satisfera à la question proposée.

VALEURS DES ANGLES.

102e...... $f\hat{A}B = \varpi - B$

103e...... $f\hat{A}h = 2\varpi - 2B$

104e...... $f\hat{A}C = \varpi + (A - B)$

105e...... $f\hat{A}g = 2A$

106e...... $B\hat{A}g = \varpi + (A - C)$

107e...... $h\hat{A}g = 2\varpi - 2C$

106e...... $C\hat{A}g = \varpi - C$

109e...... $h\hat{B}C = \varpi - C$

110^e...... $h\hat{B}g = 2\varpi - 2C$

111^e...... $h\hat{B}A = \varpi - (C - B)$

112^e...... $h\hat{B}f = 2B$

113^e...... $C\hat{B}f = \varpi - (A - B)$

114^e...... $g\hat{B}F = 2\varpi - 2A$

115^e...... $A\hat{B}f = \varpi - A$

116^e...... $g\hat{C}A = \varpi - A$

117^e...... $g\hat{C}f = 2\varpi - 2A$

118^e...... $g\hat{C}B = \varpi - (A - C)$

119^e...... $g\hat{C}h = 2C$

120^e...... $A\hat{C}h = \varpi + (C - B)$

121^e...... $f\hat{C}h = 2\varpi - 2B$

122^e...... $B\hat{C}h = \varpi - B$

123^e...... $A\hat{f}g = \varpi - A$

124^e...... $A\hat{f}C = B$

125^e...... $A\hat{f}h = \varpi - (C - B)$

126^e...... $A\hat{f}B = 2\varpi - C$

127^e...... $g\hat{f}C = \varpi - C$

128^e...... $g\hat{f}h = 2\varpi - 2C$

129^e...... $g\hat{f}B = \varpi + (A - C)$

130^e...... $C\hat{f}h = \varpi - C$

131^e. .... $C\hat{f}B = A$

132e...... $\widehat{hfB} = \varpi - B$

133e...... $\widehat{Bhf} = \varpi - B$

134e...... $\widehat{BhA} = C$

135e...... $\widehat{Bhg} = \varpi - (A - C)$

136e...... $\widehat{BhC} = 2\varpi - A$

137e...... $\widehat{fhA} = \varpi - A$

138e...... $\widehat{fhg} = 2\varpi - 2A$

139e...... $\widehat{fhC} = \varpi - (A - B)$

140e...... $\widehat{Ahg} = \varpi - A$

141e...... $\widehat{AhC} = B$

142e...... $\widehat{ghC} = \varpi - C$

143e...... $\widehat{Cgh} = \varpi - C$

144e...... $\widehat{CgB} = A$

145e...... $\widehat{Cgf} = \varpi + (A - B)$

146e...... $\widehat{CgA} = 2\varpi - B$

147e...... $\widehat{hgB} = \varpi - B$

148e...... $\widehat{hgf} = 2\varpi - 2B$

149e...... $\widehat{hgA} = \varpi + (C - B)$

150e...... $\widehat{Bgf} = \varpi - B$

151e...... $\widehat{BgA} = C$

152e...... $\widehat{fgA} = \varpi - A$

Valeurs des lignes.

153e...... $\overline{Af} = 2R.\cos. A$

154e...... $\overline{Ah} = 2R.\cos. (C - B)$

155e...... $\overline{Ag} = 2R.\cos. A$

156ᵉ...... $\overline{Bh} = 2R.\cos.B$

157ᵉ...... $\overline{Bg} = 2R.\cos.(A-C)$

158ᵉ...... $\overline{Bf} = 2R.\cos.B$

159ᵉ...... $\overline{Cg} = 2R.\cos.C$

160ᵉ...... $\overline{Cf} = 2R.\cos.(A-B)$

161ᵉ...... $\overline{Ch} = 2R.\cos.C$

162ᵉ...... $\overline{fg} = 2R.\sin.2A$

163ᵉ...... $\overline{gh} = 2R.\sin.2C$

164ᵉ...... $\overline{fh} = 2R.\sin.2B$

Le problême qu'on vient de résoudre n'étant que la suite du précédent, on doit lui appliquer les mêmes réflexions qui ont été faites sur le premier (168 et suiv.).

PROBLÊME XVIII.

170. *Le triangle* ABC *étant inscrit dans un cercle* (fig. 50), *supposons que de chacun des angles on mène au centre du cercle une droite, et qu'on prolonge cette droite jusqu'à la circonférence; ce qui fera, en comptant les trois sommets du triangle, six points d'intersection*, A, B, C, f′, g′, h′, *sur cette circonférence. Cela posé, soient joints ces six points d'intersection deux à deux par une corde; on demande* 1°. *la valeur de chacune de ces cordes;* 2°. *la valeur de chacun des angles formés par ces cordes deux à deux aux six points d'intersection; toutes exprimées en valeurs des mêmes quantités* A, B, C, R, *prises déjà pour termes de comparaison dans les problêmes précédens.*

Il est clair que ce nouveau problême n'est qu'une suite des deux précédens, et qu'il s'agit seulement d'exprimer les quantités ajoutées au système déjà considéré; telles que $\overline{Af'}$, $\overline{Ah'}$, $\overline{Ag'}$, $\overline{Bf'}$, &c. en valeurs des mêmes données A, B, C, R; c'est pourquoi je continuerai les numéros des formules, en commençant

çant par 165, et exceptant du tableau les six quantités $\overline{AB}$, $\overline{AC}$, $\overline{BC}$, $B\hat{A}C$, $A\hat{B}C$, $A\hat{C}B$ déjà portées aux tableaux précédens.

D'après cela, il est facile de voir que le nouveau tableau doit contenir 69 quantités nouvelles ; savoir, 57 angles et 12 cordes. Ces angles sont formés 10 par 10 à chacun des six points d'intersection ; ce qui fait 60 angles, sur quoi doivent être déduits les trois angles du triangle proposé déjà portés aux tableaux précédens. Les cordes partant 5 par 5 de chacun des points d'intersection, il en résulte 30 cordes qui se réduisent à 15, parce qu'elles joignent chacune deux de ces points d'intersection, sur quoi il faut déduire les trois côtés du triangle proposé, déjà portés aux tableaux précédens.

Cela posé, le tableau suivant satisfera à la question proposée.

VALEURS DES ANGLES.

165°...... $f'\hat{A}B = \varpi - A$

166°...... $f'\hat{A}h' = B$

167°...... $f'\hat{A}C = \varpi$

168°...... $f'\hat{A}g' = 2\varpi - A$

169°...... $B\hat{A}h' = \varpi - C$

170°...... $B\hat{A}g' = \varpi$

171°...... $h'\hat{A}C = \varpi - B$

172°...... $h'\hat{A}g' = C$

173°...... $C\hat{A}g' = \varpi - A$

174°...... $h'\hat{B}C = \varpi - B$

175°...... $h'\hat{B}g' = C$

176°...... $h'\hat{B}A = \varpi$

177°...... $h'\hat{B}f' = 2\varpi - B$

178°...... $C\hat{B}g' = \varpi - A$

179°...... $C\hat{B}f' = \varpi$

180°...... $g'\hat{B}A = \varpi - C$

181°...... $g'\hat{B}f' = A$

182°...... $A\hat{B}f' = \varpi - B$

183°...... $g'\hat{C}A = \varpi - C$

184°...... $g'\hat{C}f' = A$

185°...... $g'\hat{C}B = \varpi$

186°...... $g'\hat{C}h' = 2\varpi - C$

187°...... $A\hat{C}f' = \varpi - B$

188°...... $A\hat{C}h' = \varpi$

189°...... $f'\hat{C}B = \varpi - A$

190°...... $f'\hat{C}h' = B$

191°...... $B\hat{C}h' = \varpi - C$

192°...... $A\hat{f'}g' = \varpi - C$

193°...... $A\hat{f'}C = B$

194°...... $A\hat{f'}h' = \varpi$

195°...... $A\hat{f'}B = 2\varpi - C$

196°...... $g'\hat{f'}C = \varpi - A$

197°...... $g'\hat{f'}h' = C$

198°...... $g'\hat{f'}B = \varpi$

199°...... $C\hat{f'}h' = \varpi - B$

200°...... $C\hat{f'}B = A$

201°...... $h'\hat{f'}B = \varpi - C$

202°...... $B\hat{h'}f' = \varpi - A$

203°...... $B\hat{h'}A = C$

204°...... $B\hat{h'}g' = \varpi$

205°...... $B\widehat{h'}C = 2\varpi - A$

206°...... $f'\widehat{h'}A = \varpi - B$

207°...... $f'\widehat{h'}g' = A$

208°...... $f'\widehat{h'}C = \varpi$

209°...... $A\widehat{h'}g' = \varpi - C$

210°...... $A\widehat{h'}C = B$

211°...... $g'\widehat{h'}C = \varpi - A$

212°...... $C\widehat{g'}h' = \varpi - B$

213°...... $C\widehat{g'}B = A$

214°...... $C\widehat{g'}f' = \varpi$

215°...... $C\widehat{g'}A = 2\varpi - B$

216°...... $h'\widehat{g'}B = \varpi - C$

217°...... $h'\widehat{g'}f' = B$

218°...... $h'\widehat{g'}A = \varpi$

219°...... $B\widehat{g'}f' = \varpi - A$

220°...... $B\widehat{g'}A = C$

221°...... $f'\widehat{g'}A = \varpi - B$

VALEURS DES LIGNES.

222°...... $\overline{Af'} = 2R.\cos. B$

223°...... $\overline{Ah'} = 2R$

224°...... $\overline{Ag'} = 2R.\cos. C$

225°...... $\overline{Bh'} = 2R.\cos. C$

226°...... $\overline{Bg'} = 2R$

227°...... $\overline{Bf'} = 2R.\cos. A$

228°...... $\overline{Cg'} = 2R.\cos. A$

229°...... $\overline{Cf'} = 2R$

230°...... $\overline{Ch'} = 2\,R.\cos.B$

231°...... $\overline{f'g'} = 2\,R.\sin.A$

232°...... $\overline{g'h'} = 2\,R.\sin.C$

233°...... $\overline{f'h'} = 2\,R.\sin.B$

Le problême qu'on vient de résoudre, n'étant que la suite des précédens, on doit lui appliquer les réflexions qui ont été faites sur le premier (163 et suiv.).

PROBLÊME XIX.

171. *Le triangle* ABC *étant inscrit dans un cercle* (fig. 51), *supposons que de chacun des angles on mène au côté opposé une transversale, qui divise cet angle en deux parties égales, et qu'on prolonge cette transversale jusqu'à la circonférence; ce qui fera, en comptant les trois sommets du triangle, six points d'intersection* A, B, C, f″, g″, h″ *sur cette circonférence. Cela posé, soient joints ces six points d'intersection deux à deux par une corde. On demande* 1°. *la valeur de chacune de ces cordes;* 2°. *la valeur de chacun des angles formés par ces cordes deux à deux aux six points d'intersection; toutes exprimées en valeurs des mêmes quantités* A, B, C, R, *prises déjà pour terme de comparaison dans les problêmes précédens.*

Il est clair que ce nouveau problême n'est qu'une suite des deux précédens, et qu'il s'agit seulement d'exprimer les quantités ajoutées au système déjà considéré, telles que $\overline{Af''}$, $\overline{Ah''}$, $\overline{Ag''}$, $\overline{Bf''}$, &c. en valeurs des mêmes données A, B, C, R. C'est pourquoi je continuerai les numéros des formules, en commençant par 234, et exceptant du tableau les six quantités $\overline{AB}$, $\overline{AC}$, $\overline{BC}$, $B\hat{A}C$, $A\hat{B}C$, $A\hat{C}B$, déjà portées aux tableaux précédens.

D'après cela, il est facile de voir que le nouveau tableau doit contenir, comme le précédent, 69 quantités nouvelles. Savoir 57 angles et 12 quantités linéaires. Voici ce tableau.

VALEURS DES ANGLES

234°...... $f''\hat{A}B = \frac{1}{2}C$
235°...... $f''\hat{A}h'' = \varpi - \frac{1}{2}B$
236°...... $f''\hat{A}C = \varpi + \frac{1}{2}(A - B)$
237°...... $f''\hat{A}g'' = \varpi + \frac{1}{2}A$
238°...... $B\hat{A}h'' = \frac{1}{2}A$
239°...... $B\hat{A}g'' = \varpi + \frac{1}{2}(A - C)$
240°...... $h''\hat{A}C = \frac{1}{2}A$
241°...... $h''\hat{A}g'' = \varpi - \frac{1}{2}C$
242°...... $C\hat{A}g'' = \frac{1}{2}B$
243°...... $h''\hat{B}C = \frac{1}{2}A$
244°...... $h''\hat{B}g'' = \varpi - \frac{1}{2}C$
245°...... $h''\hat{B}A = \varpi - \frac{1}{2}(C - B)$
246°...... $h''\hat{B}f'' = \varpi + \frac{1}{2}B$
247°...... $C\hat{B}g'' = \frac{1}{2}B$
248°...... $C\hat{B}f'' = \varpi - \frac{1}{2}(A - B)$
249°...... $g''\hat{B}A = \frac{1}{2}B$
250°...... $g''\hat{B}f'' = \varpi - \frac{1}{2}A$
251°...... $A\hat{B}f'' = \frac{1}{2}C$
252°...... $g''\hat{C}A = \frac{1}{2}B$
253°...... $g''\hat{C}f'' = \varpi - \frac{1}{2}A$
254°...... $g''\hat{C}B = \varpi - \frac{1}{2}(A - C)$
255°...... $g''\hat{C}h'' = \varpi + \frac{1}{2}C$
256°...... $A\hat{C}f'' = \frac{1}{2}C$
257°...... $A\hat{C}h'' = \varpi + \frac{1}{2}(C - B)$

258°...... $f''\widehat{C}B = \frac{1}{2}C$

259°...... $f''\widehat{C}h'' = \varpi - \frac{1}{2}B$

260°...... $B\widehat{C}h'' = \frac{1}{2}A$

261°...... $A\widehat{f''}g'' = \frac{1}{2}B$

262°...... $A\widehat{f''}C = B$

263°...... $A\widehat{f''}h'' = \varpi - \frac{1}{2}(C - B)$

264°...... $A\widehat{f''}B = 2\varpi - C$

265°...... $g''\widehat{f''}C = \frac{1}{2}B$

266°...... $g''\widehat{f''}h'' = \varpi - \frac{1}{2}C$

267°...... $g''\widehat{f''}B = \varpi + \frac{1}{2}(A - C)$

268°...... $C\widehat{f''}h'' = \frac{1}{2}A$

269°...... $C\widehat{f''}B = A$

270°...... $h''\widehat{f''}B = \frac{1}{2}A$

271°...... $B\widehat{h''}f'' = \frac{1}{2}C$

272°...... $B\widehat{h''}A = C$

273°...... $B\widehat{h''}g'' = \varpi - \frac{1}{2}(A - C)$

274°...... $B\widehat{h''}C = 2\varpi - A$

275°...... $f''\widehat{h''}A = \frac{1}{2}C$

276°...... $f''\widehat{h''}g'' = \varpi - \frac{1}{2}A$

277°...... $f''\widehat{h''}C = \varpi - \frac{1}{2}(A - B)$

278°...... $A\widehat{h''}g'' = \frac{1}{2}B$

279°...... $A\widehat{h''}C = B$

280°...... $g''\widehat{h''}C = \frac{1}{2}B$

281°...... $C\widehat{g''}h'' = \frac{1}{2}A$

282°...... $C\widehat{g''}B = A$

283°...... $C\widehat{g''}f'' = \varpi + \frac{1}{2}(A - B)$

284°...... $C\widehat{g''}A = 2\varpi - B$

285°...... $h''\widehat{g''}B = \frac{1}{2}A$

286°...... $h''\widehat{g''}f'' = \varpi - \frac{1}{2}B$

287°...... $h''\widehat{g''}A = \varpi + \frac{1}{2}(C - B)$

288°...... $B\widehat{g''}f'' = \frac{1}{2}C$

289°...... $B\widehat{g''}A = C$

290°...... $f''\widehat{g''}A = \frac{1}{2}C$

VALEURS DES LIGNES.

291°...... $\overline{Af''} = 2R.\sin.\frac{1}{2}C$

292°...... $\overline{Ah''} = 2R.\cos.\frac{1}{2}(C - B)$

293°...... $\overline{Ag''} = 2R.\sin.\frac{1}{2}B$

294°...... $\overline{Bh''} = 2R.\sin.\frac{1}{2}A$

295°...... $\overline{Bg''} = 2R.\cos.\frac{1}{2}(A - C)$

296°...... $\overline{Bf''} = 2R.\sin.\frac{1}{2}C$

297°...... $\overline{Cg''} = 2R.\sin.\frac{1}{2}B$

298°...... $\overline{Cf''} = 2R.\cos.\frac{1}{2}(A - B)$

299°...... $\overline{Ch''} = 2R.\sin.\frac{1}{2}A$

300°...... $\overline{f''g''} = 2R.\cos.\frac{1}{2}A$

301°...... $\overline{g''h''} = 2R.\cos.\frac{1}{2}C$

302°...... $\overline{f''h''} = 2R.\cos.\frac{1}{2}B$

172. Les quatre derniers problêmes ne forment, comme on le voit, tous ensemble, qu'un seul et même problême général, qui est celui-ci :

Dans un triangle ABC *des* 302 *choses énumérées aux quatre tableaux précédens, trois quelconques indépendantes l'une de l'autre étant données, trouver les* 299 *inconnues.*

Il faut considérer ces quatre tableaux comme n'en formant qu'un seul; chercher dans la première colonne de ce tableau général, les trois quantités données, et des trois formules qui les expriment en A, B, C, R, tirer chacune de celles-ci comme inconnue, puis substituer ces valeurs de A, B, C, R, dans toutes les formules du tableau général. Il y a quatre inconnues à déterminer, et seulement trois équations; mais il ne faut pas oublier, que c'est seulement pour simplifier que nous avons introduit dans les formules les trois angles A, B, C, et qu'on peut toujours faire disparoître celui qu'on veut par l'équation $A+B+C=2\varpi$.

On voit par-là quel prodigieux nombre de formes on peut donner à ce tableau, et chacune de ces formes répond à 299 questions.

Toutes les quantités énumérées dans ce tableau général étant rapportées aux mêmes termes de comparaison, c'est-à-dire, exprimées par les mêmes quantités, on peut facilement les comparer deux à deux, trois à trois, &c., et en déduire un nombre infini de propriétés.

Il est à remarquer, que les mutations de signes qui doivent avoir lieu, lorsque le systême auquel elles se rapportent vient à changer, se trouvent de suite, par la théorie, développées au chapitre précédent sur les quantités linéo-angulaires. Car on voit d'abord par cette théorie, que puisqu'aucune des quatre quantités A, B, C, R qui entrent dans la composition des seconds membres ne passe ni par o ni par ∞, il n'y a aucun changement à faire à ces seconds membres. Mais par la nature de ces angles, on voit quels sont parmi les premiers membres, ceux qui doivent prendre le signe —, pour que les formules du tableau général puissent devenir applicables aux diverses hypothèses qui peuvent avoir lieu, sans qu'il soit nécessaire de former pour ce cas un tableau particulier de corrélation; ou plutôt, ce tableau de corrélation se trouve ainsi facilement, par la théorie, développée au chapitre précédent sur les quantités linéo-angulaires.

173. Les quatre figures (48, 49, 50, 51) qui se rapportent aux quatre problêmes précédens, doivent pareillement n'être considérées que comme une seule et même figure, dont on a séparé les parties pour ne pas l'embrouiller trop.

En les imaginant toutes réunies en une seule (fig. 52), il y aura sur la circonférence douze points de division, savoir les trois sommets du triangle proposé; les trois points où elle est coupée par les perpendiculaires abaissées de ces sommets sur les côtés opposés; les trois points où cette même circonférence est coupée par les diamètres menés des mêmes sommets; enfin les trois points où elle est coupée par les transversales qui, menées de ces mêmes sommets, coupent les angles en deux parties égales. Ces douze points de division étant joints deux à deux par des cordes, chacune de ces cordes, et les angles que forment entre elles toutes celles qui se réunissent à chacun des douze points d'intersection dont nous venons de parler, seront connues par le tableau général ci-dessus.

Si l'on conçoit maintenant que toutes ces cordes soient indéfiniment prolongeés, il en résultera une grande quantité de nouvelles intersections de ces lignes entre elles, et par conséquent de nouveaux angles et de nouveaux segmens formés sur elles. Or on peut demander la valeur de chacun de ces nouveaux angles et segmens, et il est facile de les trouver tous au moyen du tableau général ci-dessus.

En effet, soit ABCDE (fig. 53) un polygone quelconque inscrit, dont les côtés, les diagonales et les angles formés à chacun des sommets A, B, C, D, E, par ces droites deux à deux soient connus : je dis qu'on aura facilement chacun des angles, comme $A\hat{H}C$, $A\hat{p}C$, formés ailleurs qu'aux sommets, par le croisement de ces droites, et chacun des segmens comme $\overline{EH}$, $\overline{pq}$, déterminés par ce croisement, soit au-dedans soit au-dehors du cercle.

Car, par hypothèse, on connoît les angles $C\hat{E}D$, $A\hat{D}E$; donc dans le triangle $E\hat{p}D$, on connoît les deux angles adjacens à la base $\overline{ED}$; donc le troisième $E\hat{p}D$, qui est l'angle cherché, sera connu par la seule propriété des angles de tout triangle égaux à deux droits. Le même raisonnement s'applique à l'angle $E\hat{H}D$ et à tous les autres.

Maintenant, pour avoir le segment $\overline{pq}$, on observera que dans le triangle $E\hat{p}D$ on connoît la base $\overline{ED}$, et tous les angles, comme on vient de le voir; donc on aura $\overline{Ep}$. Alors dans le triangle $E\hat{p}q$ on connoîtra la base $\overline{Ep}$, qui vient d'être trouvée, et tous les angles, comme on l'a expliqué ci-dessus, donc on connoîtra $\overline{pq}$. Par la simple proportionnalité des sinus avec les côtés opposés, il ne s'agit donc, en général, que d'établir une chaîne de triangles entre les données et les inconnues.

174. Si par l'un A des sommets on mène un diamètre $\overline{AK}$, l'angle formé par ce diamètre, et chacune des autres lignes du système sera connu. Car en menant $\overline{BK}$, on voit que l'angle $A\hat{B}K$ est droit, et que par conséquent l'angle $B\hat{A}K$ est le complément de $A\hat{K}B$: mais $A\hat{K}B$ est connu, puisqu'il est égal à tout autre angle comme $A\hat{D}B$, ayant son sommet à la circonférence et appuyé sur la corde $\overline{AB}$. Or cet angle $A\hat{D}B$ est par hypothèse au nombre des quantités données. L'angle formé par $\overline{AB}$ et $\overline{AK}$ étant ainsi trouvé, on aura, comme on l'a expliqué ci-dessus, tous les angles formés par ce même diamètre $\overline{AK}$, et chacune des autres lignes du système; ainsi que tous les segmens formés sur cette droite indéfiniment prolongée, ou déterminée par elle sur les autres lignes du système.

Enfin si par le même sommet A on mène une tangente $\overline{At}$, l'angle $B\hat{A}t$ sera égal à l'angle $A\hat{D}B$ qui est au nombre des données. Donc on connoîtra aussi tous les angles formés par cette tangente, et chacune des autres droites du système, ainsi que tous les segmens déterminés sur elle, ou par elle sur les autres droites; et toutes ces quantités se trouveront, d'après le tableau, savoir, tous les angles par ce seul principe que dans tout triangle, la somme des trois angles vaut deux droits, et ensuite toutes les quantités linéaires, par le seul principe de la proportionnalité des sinus avec les côtés opposés. On pourroit donc comprendre toutes ces quantités tant angulaires que linéaires au tableau général. Mais pour éviter la confusion, on s'est borné aux 302 quantités énumérées; les autres étant, comme on vient de voir, faciles à retrouver au besoin chacune en particulier.

175. Il est facile également de trouver l'aire de chacun des triangles formés par le croisement de ces droites dans tous les sens, puisque les angles et les côtés de chacun d'eux sont connus d'après ce qui vient d'être dit : car pour avoir l'un quelconque d'entre eux, il n'y a qu'à multiplier deux quelconques de ses côtés par la moitié du sinus de l'angle compris.

PROBLÊME XX.

176. *Un triangle* ABC *étant inscrit dans un cercle* (fig. 54), *supposons que de chacun des angles* A, B, C, *on mène une tangente à la circonférence, et que ces trois tangentes, ainsi que les trois côtés du triangle soient prolongés jusqu'à leurs rencontres respectives. Cela posé, on demande toutes les parties tant angulaires que linéaires qui entrent dans la composition de cette figure, exprimées en valeur du rayon du cercle et des trois angles du triangle proposé* ABC.

Soient A, B, C les trois angles du triangle ABC, et R le rayon du cercle circonscrit; il s'agit donc d'exprimer toutes les parties tant angulaires que linéaires de la figure proposée, en valeurs des seules quantités A, B, C, R.

Cette figure contient quarante-deux quantités à considérer, savoir quinze angles formés par les six droites de la figure combinées deux à deux et vingt-sept quantités linéaires déterminées par les points d'intersection; savoir trois sur chacun des côtés, et six sur chacune des tangentes. Il s'agit donc d'exprimer ces quarante-deux quantités en valeurs des quatre A, B, C, R, prises pour termes de comparaison : sur quoi il faut observer, que des trois A, B, C, on peut toujours en éliminer une à volonté, par l'équation $A+B+C = 2\varpi$, ϖ étant le quart de la circonférence. Le tableau suivant satisfait à la question proposée.

Tableau général des rapports qui existent entre les trois côtés d'un triangle inscrit, ABK *les trois côtés du triangle circonscrit,* A'B'C' *ayant leurs points de contingence aux sommets du triangle inscrit; les angles formés par ces droites prolongées jusqu'à leurs rencontres respectives, et les segmens déterminés sur elles par leurs points d'intersection.*

VALEURS DES ANGLES.

1ere..... $B\hat{A}C = A$

2e...... $A\hat{B}C = B$

3e. .... $A\hat{C}B = C$

4e...... $B\hat{A'}C' = 2\varpi - 2A$

5e...... $A'\hat{B'}C' = 2\varpi - 2B$

6e...... $A'\hat{C'}B' = 2\varpi - 2C$

7e...... $C\hat{A''}B' = C - B$

8e...... $A\hat{B''}C' = A - C$

9e...... $B\hat{C''}A' = A - B$

10e...... $C'\hat{A}B = C$

11e...... $C'\hat{B}A = C$

12e...... $A'\hat{B}C = A$

13e...... $A'\hat{C}B = A$

14e...... $B'\hat{A}C = B$

15e...... $B'\hat{C}A = B$

VALEURS DES LIGNES.

16^e...... $\overline{AB} = 2R.\sin.C$

17^e...... $\overline{AC} = 2R.\sin.B$

18^e...... $\overline{BC} = 2R.\sin.A$

19^e...... $\overline{A'B} = 2R.\text{tang}.A$

20e...... $\overline{A'C} = 2R.\text{tang}.A$

21e...... $\overline{B'A} = 2R.\text{tang}.B$

22e...... $\overline{B'C} = 2R.\text{tang}.B$

23e...... $\overline{C'B} = 2R.\text{tang}.C$

24e...... $\overline{C'A} = 2R.\text{tang}.C$

25e...... $\overline{A''A} = 2R.\sin.B\ \sin.C\ \text{coséc}.(C-B)$

26e...... $\overline{A''B} = 2R.\sin.C^2\ \text{coséc}.(C-B)$

27e...... $\overline{A''C} = 2R.\sin.B^2\ \text{coséc}.(C-B)$

28e...... $\overline{B''B} = 2R.\sin.A\ \sin.C\ \text{coséc}.(A-C)$

29e...... $\overline{B''C} = 2R.\sin.A^2\ \text{coséc}.(A-C)$

30e...... $\overline{B''A} = 2R.\sin.C^2\ \text{coséc}.(A-C)$

31e...... $\overline{C''C} = 2R.\sin.A\ \sin.B\ \text{coséc}.(A-B)$

32e...... $\overline{C''B} = 2R.\sin.A^2\ \text{coséc}.(A-B)$

33e...... $\overline{C''A} = 2R.\sin.B^2\ \text{coséc}.(A-B)$

34e...... $\overline{A''B'} = 2R.\sin.A\ \text{tang}.B\ \text{coséc}.(C-B)$

35e...... $\overline{A''C'} = 2R.\sin.A\ \text{tang}.C\ \text{coséc}.(C-B)$

36e...... $\overline{B'C'} = 2R.(\text{tang}.B + \text{tang}.C)$

37e...... $\overline{B''A'} = 2R.\sin.B\ \text{tang}.A\ \text{coséc}.(A-C)$

38e...... $\overline{B''C'} = 2R.\sin.B\ \text{tang}.C\ \text{cosés}.(A-C)$

39e...... $\overline{C'A'} = 2R.(\text{tang}.A + \text{tang}.C)$

40°...... $\overline{C''A'} = 2R.\sin.C\ \text{tang}.A\ \text{coséc}.(A-B)$

41°...... $\overline{C''B'} = 2R.\sin.C\ \text{tang}B\ \text{coséc}.(A-B)$

42°...... $\overline{A'B'} = 2R.(\text{tang}.A + \text{tang}.B)$

177. Dans ce tableau, l'on suppose les trois angles aigus, et de plus, A le plus grand des trois et B le plus petit; mais il est facile de trouver les mutations de signes qui doivent avoir lieu, si l'on suppose que l'un des angles comme A (fig. 56), devient obtus, ou si B, par exemple, devenoit plus grand que C (fig. 55); car on voit d'abord, que puisqu'aucune des quantités A, B, C, R, qui entrent dans la composition des seconds membres, ne passe ni par o ni par ∞, il n'y a aucun changement à faire à ces seconds membres. Mais par la nature de ces angles, on voit facilement quels sont parmi les premiers membres, ceux qui doivent prendre le signe —, pour que les formules du tableau général puissent devenir applicables aux diverses hypothèses qui peuvent avoir lieu, sans qu'il soit nécessaire de former, pour ce cas, un tableau particulier de corrélation.

Ce problême n'est encore, comme on le voit, qu'une suite des quatre précédens, puisque les quantités qui y entrent sont toutes exprimées en valeurs des mêmes quatre A, B, C, R prises pour termes de comparaison.

Il est à remarquer que les trois points A″, B″, C″ se trouvent nécessairement en ligne droite; comme il est aisé de le voir.

PROBLÊME XXI.

178. *Le quadrilatère* ABDC (fig. 57) *étant inscrit dans un cercle, supposons qu'on mène les deux diagonales* $\overline{AD}$, $\overline{BC}$ *et qu'on prolonge les côtés opposés jusqu'à leurs rencontres respectives en* F, G, *et soit* E *le point d'intersection des deux diagonales. Cela posé, on demande toutes les parties tant linéaires qu'angulaires de cette figure, exprimées en valeurs du rayon du cercle, et des trois angles* $B\hat{A}D$, $C\hat{A}D$, $A\hat{E}B$ *formés par l'une* AD *des deux diagonales, avec chacun des côtés* $\overline{AB}$, $\overline{AC}$, *et avec l'autre diagonale* $\overline{BC}$.

Soient $B\hat{A}D = m$, $C\hat{A}D = n$, $A\hat{E}C = k$, et le rayon du cercle $= R$; il s'agit donc d'exprimer en valeurs des seules quantités m, n, k, R, toutes les autres quantités tant angulaires que linéaires du système. Le tableau suivant satisfait à cette question.

Tableau général des rapports qui existent entre toutes les parties d'un quadrilatère inscrit au cercle, les quatre données étant supposées, $B\hat{A}D = m$, $C\hat{A}D = n$, $A\hat{E}C = k$, *le rayon du cercle circonscrit* $= R$.

VALEURS DES ANGLES.

1ère..... $B\hat{A}D = m$

2e...... $C\hat{A}D = n$

3e...... $A\hat{E}C = k$

4e...... $A\hat{E}B = 2\varpi - k$

5e...... $B\hat{A}C = m+n$

6e...... $A\hat{B}C = k-m$

7e...... $A\hat{C}B = 2\varpi - (k+n)$

8e...... $C\hat{B}D = n$

9e...... $B\hat{C}D = m$

10e...... $B\hat{D}C = 2\varpi - (m+n)$

11e...... $B\hat{D}F = m+n$

12e...... $C\hat{D}G = m+n$

13e...... $A\hat{D}B = 2\varpi - (k+n)$

14e...... $A\hat{D}C = k-m$

15e...... $A\hat{B}D = k+n-m$

16e...... $A\hat{C}D = 2\varpi - (k+n-m)$

17e...... $D\hat{B}F = 2\varpi - (k+n-m)$

18e...... $D\hat{C}G = k+n-m$

19^e...... $\widehat{ADF} = 2\varpi - (k - m)$

20^e...... $\widehat{ADG} = k+n$

21^e...... $\widehat{FBC} = 2\varpi - (k - m)$

22^e...... $\widehat{GCB} = k+n$

23^e...... $\widehat{BFD} = k - 2m$

24^e...... $\widehat{CGD} = 2\varpi - (k+2n)$

VALEURS DES LIGNES.

25^e...... $\overline{BC} = 2\,R.\sin.(m+n)$

26e...... $\overline{AC} = 2\,R.\sin.(k - m)$

27e...... $\overline{AB} = 2\,R.\sin.(k+n)$

28e...... $\overline{AD} = 2\,R.\sin.(k+n-m)$

29e...... $\overline{BD} = 2\,R.\sin.\,m$

30e...... $\overline{CD} = 2\,R.\sin.\,n$

31e...... $\overline{AE} = 2\,R.\sin.(k+n)\ \sin.(k - m)\ \text{coséc.}\ k$

32e...... $\overline{BE} = 2\,R.\sin.(k+n).\sin.\,m.\text{coséc.}\ k$

33e...... $\overline{CE} = 2\,R.\sin.(k - m).\sin.\,n.\text{coséc.}\ k$

34e...... $\overline{DE} = 2\,R.\sin.\,m.\sin.\,n.\text{coséc.}\ k$

35e...... $\overline{AF} = 2R.\sin.(k-m)\sin.(k+n-m)\,\text{coséc.}(k-2m)$

36e...... $\overline{BF} = 2\,R.\sin.\,m.\sin.(m+n)\ \text{coséc.}\ (k-2m)$

37e...... $\overline{CF} = 2\,R.\sin.(k-m).\sin.(m+n).\text{coséc.}(k-2m)$

38e...... $\overline{DF} = 2\,R.\sin.\,m.\sin.\,(k+n-m)\ \text{coséc.}\ (k-2m)$

39e...... $\overline{AG} = 2\,R.\sin.(k+n)\ \sin.(k+n-m)\text{coséc.}(k+2n)$

40e...... $\overline{BG} = 2\,R.\sin.(k+n).\sin.(m+n)\ \text{coséc.}(k+2n)$

41e...... $\overline{CG} = 2\,R.\sin.\,n.\sin.(m+n)\ \text{coséc.}(k+2n)$

42e...... $\overline{DG} = 2\,R.\sin.\,n.\sin.(k+n-m)\ \text{coséc.}(k+2n)$

43e...... $R = R$

179.

179. Les formules du tableau précédent ne sont relatives qu'à la figure sur laquelle le raisonnement a été établi; c'est-à-dire, où les points, A, B, C, D, sont disposés dans l'ordre ABDC. Maintenant, si l'on veut les rendre applicables au cas où elles seroient disposées dans l'ordre ABCD (fig. 58), il n'y a qu'à imaginer que la première figure passe à ce nouvel état, par le mouvement du point C sur l'arc $\widehat{CDB}$, jusqu'à ce qu'il ait passé le point D; alors il est clair que n devient inverse : et comme c'est la seule des quatre termes de comparaison m, n, k, R, qui passe par o, il suit qu'il n'y aura, pour rendre les formules propres à ce nouveau cas, qu'à y substituer $-n$ à la place de n, et changer en même temps les signes des premiers membres que ce changement de signe de n rend inverses.

Par la même raison, si les points se trouvoient rangés sur la circonférence dans l'ordre ADCB, (fig. 59), il n'y auroit d'autre changement à faire, que de substituer dans les formules $-m$ à la place de m, et de changer les signes des premiers membres que ce changement de signe de m rend pareillement inverses.

Ces trois dispositions embrassent évidemment tous les cas possibles; et par conséquent, il est facile d'appliquer le tableau ci-dessus, à tout quadrilatère inscrit de quelque forme qu'il soit.

Toutes les parties tant angulaires que linéaires qui entrent dans la composition du quadrilatère inscrit au cercle étant comprises au tableau précédent, il sera facile aussi d'y comprendre, si l'on veut, les aires des triangles qui le composent; puisque chacun d'eux est égal au produit de deux quelconques de ces côtés, multipliés par la moitié du sinus de l'angle compris.

180. Le tableau précédent donne donc la solution de ce problême général *parmi les quantités, tant linéaires qu'angulaires ou superficielles qui entrent dans la composition du quadrilatère inscrit au cercle, quatre quelconques indépendantes les unes des autres étant données, trouver tout le reste.* Car il n'y aura qu'à chercher, par le tableau, l'expression de chacune des quatre nouvelles données, en valeurs des premières m, n,

k, R; en tirer celles-ci comme inconnues, et substituer leurs valeurs dans toutes les formules du tableau.

Supposons, par exemple, qu'on donne les quatre côtés du quadrilatère, et qu'on demande tout le reste.

Nommons a, b, c, d, ces quatre côtés $\overline{AB}$, $\overline{AC}$, $\overline{BD}$, $\overline{CD}$ respectivement : les 26e, 27e, 29e et 30e formules donneront

$b = 2R.\sin.(k - m)$, $a = 2R.\sin.(k + n)$, $c = 2R.\sin.m$, $d = 2R.\sin.n$.

Il n'y a donc qu'à tirer de ces quatre équations les valeurs de m, n, k, R comme inconnues, et substituer ces valeurs dans toutes les formules du tableau. Je ne m'arrêterai point à ce calcul ; mon projet étant de revenir sur cette question particulière dans la section suivante.

181. Si l'on suppose, comme cela se rencontre souvent, que dans ce quadrilatère il y ait deux angles opposés droits, par exemple $\widehat{ABD}$, $\widehat{ACD}$, nous aurons $\widehat{ABD} = \varpi$, ou $k + n - m = \varpi$ ou $k = \varpi + (m - n)$. Substituant cette valeur de k au tableau précédent, il deviendra tel qu'il suit.

Tableau général des rapports qui existent entre toutes les parties tant angulaires que linéaires du quadrilatère inscrit au cercle, et ayant deux angles droits opposés en diagonale.

VALEURS DES ANGLES.

1ere..... $\widehat{BAD} = m$

2e...... $\widehat{CAD} = n$

3e...... $\widehat{AEC} = \varpi + (m - n)$

4e...... $\widehat{AED} = \varpi - (m - n)$

5e...... $\widehat{BAC} = m + n$

6e...... $\widehat{ABC} = \varpi - n$

7e...... $\widehat{ACB} = \varpi - m$

8e...... $\widehat{CBD} = n$

9e...... $\widehat{BCD} = m$

10e...... $\widehat{BDC} = 2\varpi - (m+n)$

11e...... $\widehat{BDF} = m+n$

12e...... $\widehat{CDG} = m+n$

13e...... $\widehat{ADB} = \varpi - m$

14e...... $\widehat{ADC} = \varpi - n$

15e...... $\widehat{ABD} = \varpi$

16e...... $\widehat{ACD} = \varpi$

17e...... $\widehat{BDF} = \varpi$

18e...... $\widehat{DCG} = \varpi$

19e...... $\widehat{ADF} = \varpi - (2m - n)$

20e...... $\widehat{ADG} = k + m$

21e...... $\widehat{FBC} = \varpi - (2m - n)$

22e...... $\widehat{GCB} = \varpi + m$

23e...... $\widehat{BFD} = \varpi - (m+n)$

24e...... $\widehat{CGD} = \varpi - (m+n)$

VALEURS DES LIGNES.

25e...... $\overline{BC} = 2R.\sin.(m+n)$

26e...... $\overline{AC} = 2R.\cos.n$

27e...... $\overline{AB} = 2R.\cos.m$

28e...... $\overline{AD} = 2R$

29e...... $\overline{BD} = 2R.\sin\ m$

30e...... $\overline{DC} = 2R.\sin.n$

31ᵉ...... $\overline{AE} = 2R.\cos. m \cos. n \text{ séc.} (m - n)$

32ᵉ...... $\overline{BE} = 2R.\sin. m \cos. m \text{ séc.} (m - n)$

33ᵉ...... $\overline{CE} = 2R.\sin. n \cos. n \text{ séc.} (m - n)$

34ᵉ...... $\overline{DE} = 2R.\sin. m \sin. n \text{ séc.} (m - n)$

35ᵉ...... $\overline{AF} = 2R.\cos. n \text{ séc.} (m + n)$

36ᵉ...... $\overline{BF} = 2R.\sin. m. \text{tang.} (m + n)$

37ᵉ...... $\overline{CF} = 2R.\cos. n \text{ tang.} (m + n)$

38ᵉ...... $\overline{DF} = 2R.\sin. m \text{ séc.} (m + n)$

39ᵉ...... $\overline{AG} = 2R.\cos. m \text{ séc.} (m + n)$

40ᵉ...... $\overline{BG} = 2R.\cos. m \text{ tang.} (m + n)$

41ᵉ...... $\overline{CG} = 2R.\sin. n \text{ tang.} (m + n)$

42ᵉ...... $\overline{DG} = 2R.\sin. n \text{ séc.} (m + n)$

43ᵉ...... $R = R$

PROBLÈME XXII.

182. *Les quatre côtés d'un trapèze* ABDC (fig. 60) *étant donnés, trouver* 1°. *les deux diagonales et leurs segmens ;* 2°. *les segmens formés sur les côtés opposés et non parallèles prolongés jusqu'à leur rencontre ;* 3°. *tous les angles formés par les intersections de ces droites deux à deux.*

Soit H le point d'intersection des deux diagonales, E celui des côtés opposés et non parallèles $\overline{AB}$, $\overline{CD}$. Je mène par le point A la droite $\overline{Am}$ parallèle à $\overline{ED}$, et par le point C, la droite $\overline{Cn}$ parallèle à $\overline{EB}$; et je suppose $\overline{AB} = a$, $\overline{CD} = b$, $\overline{AC} = c$, $\overline{BD} = d$. Cela posé,

Il est clair que j'aurai $\overline{Am} = b$, $\overline{Bm} = d - c$; donc à cause de la proportion $\overline{Bm} : \overline{AB} :: \overline{BD} : \overline{BE}$, j'aurai d'abord $\overline{BE} = \frac{ad}{d-c}$;

pareillement j'ai $\overline{DE} = \frac{bd}{d-c}$; donc $\overline{BE} - \overline{AB}$, ou $\overline{AE} = \frac{ac}{d-c}$;
et $\overline{DE} - \overline{CD}$ ou $\overline{CE} = \frac{bc}{d-c}$: voyons maintenant comment nous trouverons les diagonales et leurs segmens.

Le triangle ABD me donne

$$\overline{AD}^2 = \overline{AB}^2 + \overline{BD}^2 - 2\overline{AB}.\overline{BD}.\cos. ABD,$$

$$\text{ou } \overline{AD}^2 = a^2 + d^2 - 2ad \cos. ABD;$$

pareillement le triangle ABm donne $\overline{Am}^2$ ou

$$b^2 = a^2 + (d-c)^2 - 2a\,(d-c)\cos. ABD;$$

multipliant la première de ces équations par $d-c$, la seconde par d, puis retranchant l'une de l'autre pour éliminer cos. ABD, on aura en réduisant......... $\overline{AD}^2 = \frac{b^2d - a^2c + cd\,(d-c)}{d-c}$

Par un semblable calcul, on aura $\overline{BC}^2 = \frac{a^2d - b^2c + cd\,(d-c)}{d-c}$

Voilà les diagonales trouvées, il faut maintenant chercher leurs segmens. Or les triangles semblables BDH, ACH donnent

$$\overline{BH} : \overline{CH} :: \overline{BD} : \overline{AC}, \text{ ou } \overline{BC} : \overline{BH} :: \overline{BD} + \overline{AC} : \overline{BD};$$

donc $\overline{BH} = \frac{\overline{BC}.\overline{BD}}{\overline{BD}+\overline{AC}}$, ou $\overline{BH} = \frac{d}{d+c}\sqrt{\frac{a^2d - b^2c + cd\,(d-c)}{d-c}}$

Pareillement on aura.... $\overline{CH} = \frac{c}{d+c}\sqrt{\frac{a^2d - b^2c + cd\,(d-c)}{d-c}}$

$$\overline{AH} = \frac{c}{d+c}\sqrt{\frac{b^2d - a^2c + cd(d-c)}{d-c}}$$

$$\overline{DH} = \frac{d}{d+c}\sqrt{\frac{b^2d - a^2c + cd(d-c)}{d-c}}$$

Toutes les quantités linéaires étant ainsi trouvées, on aura sans difficulté toutes les quantités angulaires, puisque les trois côtés de tout triangle étant donnés, on a chacun des angles par ce principe général que dans tout triangle ABC, dont les angles sont représentés par A, B, C, et les côtés respectivement opposés par a, b, c, on a toujours

$$\cos. A = \frac{b^2+c^2-a^2}{2bc}, \cos. B = \frac{a^2+c^2-b^2}{2ac}, \cos. C = \frac{a^2+b^2-c^2}{2ab}.$$

Ce principe donnant toujours de suite, le cosinus de chacun des angles d'un triangle dont les côtés sont connus, je ne comprendrai dans le tableau suivant que les quantités linéaires de la figure proposée.

Tableau général des rapports qui existent entre les diverses parties d'un trapèze dont les quatre côtés $\overline{AB}$, $\overline{CD}$, $\overline{AC}$, $\overline{BD}$, *sont respectivement représentés par* a, b, c, d.

1ere..... $\overline{AB} = a$

2e...... $\overline{CD} = b$

3e...... $\overline{AC} = c$

4e...... $\overline{BD} = d$

5e...... $\overline{BE} = \dfrac{ad}{d-c}$

6e...... $\overline{DE} = \dfrac{bd}{d-c}$

7e...... $\overline{AE} = \dfrac{ac}{d-c}$

8e...... $\overline{CE} = \dfrac{bc}{d-c}$

9e...... $\overline{AD} = \sqrt{\dfrac{b^2d-a^2c+cd(d-c)}{d-c}}$

10e...... $\overline{BC} = \sqrt{\dfrac{a^2d-b^2c+cd(d-c)}{d-c}}$

11e...... $\overline{BH} = \dfrac{d}{d+c}\sqrt{\dfrac{a^2d-b^2c+cd(d-c)}{d-c}}$

12e...... $\overline{CH} = \dfrac{c}{d+c}\sqrt{\dfrac{a^2d-b^2c+cd(d-c)}{d-c}}$

$$13^e \ldots\ldots \overline{AH} = \frac{c}{d+c}\sqrt{\frac{b^2d - a^2c + cd(d-c)}{d-c}}$$

$$14^e \ldots\ldots \overline{DH} = \frac{d}{d+c}\sqrt{\frac{b^2d - a^2c + cd(d-c)}{d-c}}$$

Les formules de ce tableau ne se rapportent qu'à la figure sur laquelle le raisonnement a été établi; c'est-à-dire, au cas où $\overline{BD}$ est plus grande que $\overline{AC}$. Pour savoir maintenant les modifications qui devront avoir lieu lorsque $\overline{AC}$ devient plus grand que $\overline{BD}$, il faut concevoir que le premier système prend insensiblement la forme du second. On peut faire cela, en imaginant que $\overline{AC}$ (fig. 61) s'alonge par un mouvement progressif de A et C sur cette même droite $\overline{AC}$ en sens contraire l'un de l'autre, tandis que $\overline{BD}$ restera la même, ainsi que la distance de $\overline{AC}$ à $\overline{BD}$. Il est d'abord clair que par ce mouvement aucune des quatre quantités $\overline{AB}$, $\overline{CD}$, $\overline{AC}$, $\overline{BD}$, prises pour termes de comparaison, ne passera ni par o ni par ∞ : donc aucune d'elles ne deviendra inverse; donc d'abord il n'y aura aucun changement à faire dans les seconds termes. Il est pareillement clair qu'aucune des quantités $\overline{AD}$, $\overline{BC}$, $\overline{BH}$, $\overline{CH}$, $\overline{AH}$, $\overline{DH}$, ne passera ni par o ni par ∞. Donc toutes ces quantités resteront directes et garderont le signe $+$.

Il n'y a donc que les quatre quantités $\overline{AE}$, $\overline{BE}$, $\overline{CE}$, $\overline{DE}$, qui ayant passé par ∞, puissent devenir inverses; et elles le deviennent en effet; car chacune d'elles, $\overline{AE}$ par exemple, a une valeur $\frac{ac}{d-c}$ qui devient inverse, puisque c devient plus grand que d. Donc pour rendre les formules trouvées applicables au cas où $\overline{AC}$ seroit plus grande que $\overline{BD}$, il n'y a d'autre chose à faire, que de changer le signe des quatre quantités $\overline{AE}$, $\overline{BE}$, $\overline{CE}$, $\overline{DE}$.

On peut aussi trouver les formules relatives à la figure 58, en établissant sa corrélation directe avec la figure primitive qui existe évidemment comme il suit :

syst. prim. . . . . A B D C E H,
syst. transf. . . . . B A C D E H,

Ainsi pour appliquer les formules trouvées ci-dessus à la figure 58, il n'y a qu'à y remettre d'abord pour *a*, *b*, *d*, *c* les quatre quantités $\overline{AB}$, $\overline{CD}$, $\overline{AC}$, $\overline{BD}$ qu'elles représentent ; ensuite par la corrélation précédente on substituera à chacun des points, le point qui lui correspond, c'est-à-dire, B à la place de A ; A à la place de B ; D pour C, et C pour D ; sans rien changer aux signes. Alors on aura les nouvelles formules, où l'on pourra remettre pour $\overline{AB}$, $\overline{CD}$, $\overline{AC}$, $\overline{BD}$, les quantités *a*, *b*, *c*, *d*, qui les représentent dans les formules. C'est-à-dire, donc que pour obtenir ces nouvelles formules, il suffit de mettre dans les premiers membres B pour A ; A pour B, D pour C ; C pour D, et dans les derniers membres, *a* pour *a* ; *b* pour *b* ; *d* pour *c* ; *c* pour *d*, sans rien changer aux signes.

La même méthode peut s'appliquer à tous les cas semblables.

183. En comparant ces formules deux à deux, trois à trois, &c., on peut en tirer diverses conséquences. Par exemple, si l'on fait le carré de la neuvième, celui de la dixième et qu'ensuite on fasse l'addition et la soustraction, on aura

$$\overline{AD}^2 + \overline{BC}^2 = a^2 + b^2 + 2bc, \quad \overline{AD}^2 - \overline{BC}^2 = (b^2 - a^2)\,\frac{d+c}{d-c}$$

ainsi des autres.

La première de ces équations nous fait voir que *dans tout trapèze, la somme des carrés des diagonales est égale à la somme des carrés des côtés non parallèles plus deux fois le produit des côtés parallèles.* Ce qui est une généralisation de la propriété connue des parallélogrames, sur les carrés de leurs diagonales et de leurs côtés.

La seconde nous donne cette proportion

$$\overline{AD}^2 - \overline{BC}^2 : b^2 - a^2 :: d+c : d-c ;$$

c'estc'est-à-dire que *dans tout trapèze, la différence des carrés des deux diagonales, est à la différence des carrés des côtés non parallèles, comme la somme des côtés parallèles est à leur différence.*

Ce même tableau donne la solution de ce problême général. *Parmi toutes les quantités tant linéaires qu'angulaires, qui entrent dans la composition d'un trapèze, quatre quelconques étant données qui soient indépendantes les unes des autres, trouver le reste.* Car il n'y aura qu'à chercher par le tableau l'expression de chacune des nouvelles données en valeurs des premières a, b, c, d, en tirer celles-ci comme inconnues, et substituer leurs valeurs dans toutes les formules du tableau.

PROBLÊME XXIII.

184. *Parmi toutes les quantités tant linéaires qu'angulaires qui sont à considérer dans un quadrilatère simple avec ses deux diagonales, cinq quelconques indépendantes les unes des autres étant données, trouver tout le reste.*

Soit ABDC (fig. 62) le quadrilatère proposé, H le point d'intersection des deux diagonales. Il y a dans cette figure vingt-trois choses à considérer; savoir dix quantités linéaires seulement, parce qu'on ne considère pas les prolongemens des côtés, et treize angles, en comptant pour un seul les quatre angles formés par les deux diagonales. Il s'agit donc d'exprimer ces vingt trois quantités en valeurs de cinq quelconques d'entre elles indépendantes les unes des autres. Prenons, par exemple, pour les cinq termes de comparaison les quatre segmens formés sur les diagonales, et l'angle qu'elles comprennent. Supposons donc

$$\overline{AH}=a,\quad \overline{BH}=b,\quad \overline{CH}=c,\quad \overline{DH}=d,\quad A\hat{H}C=k;$$

nous avons par conséquent à exprimer toutes les quantités du système en valeurs de a, b, c, d, k. Le tableau suivant satisfait à cette question.

Tableau général des rapports qui existent entre toutes les parties tant linéaires qu'angulaires qui entrent dans la composition d'un quadrilatère simple avec ses deux diagonales.

1ere.... $\overline{AH} = a$

2e..... $\overline{BH} = b$

3e..... $\overline{CH} = c$

4e..... $\overline{DH} = d$

5e..... $A\hat{H}C = k$

6e..... $\overline{AD} = a+d$

7e..... $\overline{BC} = b+c$

8e..... $\overline{AB} = \sqrt{a^2+b^2+2ab\ \cos. k}$

9e..... $\overline{AC} = \sqrt{a^2+c^2-2ac\ \cos. k}$

10e..... $\overline{BD} = \sqrt{b^2+d^2-2bd\ \cos. k}$

11e..... $\overline{CD} = \sqrt{c^2+d^2+2cd\ \cos. k}$

12e..... $\sin. ABH = \frac{a}{\sin. k}\sqrt{a^2+b^2+2ab\ \cos. k}$

13e..... $\sin. BAH = \frac{b}{\sin. k}\sqrt{a^2+b^2+2ab\ \cos. k}$

14e..... $\sin. DBH = \frac{d}{\sin. k}\sqrt{b^2+d^2-2bd\ \cos. k}$

15e..... $\sin. BDH = \frac{b}{\sin. k}\sqrt{b^2+d^2-2bd\ \cos. k}$

16e..... $\sin. DCH = \frac{d}{\sin. k}\sqrt{b^2+d^2+2bd\ \cos. k}$

17 ..... $\sin. CDH = \frac{c}{\sin. k}\sqrt{b^2+d^2+2bd\ \cos. k}$

18e..... $\sin. CAH = \frac{c}{\sin. k}\sqrt{a^2+c^2-2ac\ \cos. k}$

19e..... $\sin. ACH = \frac{a}{\sin. k}\sqrt{a^2+c^2-2ac\ \cos. k}$

$$20^e\ldots\ldots \cos.\mathrm{BAC} = \frac{a^2 - bc + (ab - ac)\cos.k}{\sqrt{(a^2+b^2+2ab\cos.k)(a^2+c^2-2ac\cos.k)}}$$

$$21^e\ldots\ldots \cos.\mathrm{ABD} = \frac{b^2 - ad + (ba - bd)\cos.k}{\sqrt{(a^2+b^2+2ab\cos.k)(b^2+d^2-2bd\cos.k)}}$$

$$22^e\ldots\ldots \cos.\mathrm{BDC} = \frac{d^2 - bc + (dc - db)\cos.k}{\sqrt{(b^2+d^2-2bd\cos.k)(c^2+d^2+2cd\cos.k)}}$$

$$23^e\ldots\ldots \cos.\mathrm{ACD} = \frac{c^2 - ad + (cd - ca)\cos.k}{\sqrt{(a^2+c^2-2ac\cos.k)(c^2+d^2+2cd\cos.k)}}$$

La démonstration des formules de ce tableau est facile. Les cinq premières ne sont que l'expression des données; les 6e et 7e sont évidentes; les 8e, 9e, 10e et 11e se tirent immédiatement du principe déjà cité (163), en observant que les angles $\mathrm{A\hat{H}B}$, $\mathrm{C\hat{H}D}$ étant supplémens de $\mathrm{A\hat{H}C}$, on doit avoir

$$\cos.\mathrm{AHB} = \cos.\mathrm{CHD} = -\cos.\mathrm{AHC} = -\cos.k.$$

Les 12e, 13e, 14e, 15e, 16e, 17e, 18e, 19e, se démontrent par la proportionnalité des sinus des angles avec les côtés opposés. Par exemple, le triangle AHB donne $\overline{\mathrm{AB}} : \overline{\mathrm{AH}} :: \sin.\ k : \sin.\ \mathrm{ABH}$ ou $\sin.\mathrm{ABH} = \frac{\overline{\mathrm{AH}}}{\overline{\mathrm{AB}}} \sin.\ k$. Mettant dans cette équation les valeurs de $\overline{\mathrm{AH}}$, $\overline{\mathrm{AB}}$, données par les 1ere et 8e formules, on a la 12e, ainsi des autres.

Enfin les 20e, 21e, 22e et 23e se démontrent par le principe déjà cité (163). Par exemple, le triangle ABC donne, en vertu de ce principe, $\cos.\mathrm{BAC} = \frac{\overline{\mathrm{AB}}^2 + \overline{\mathrm{AC}}^2 - \overline{\mathrm{BC}}^2}{2\,\overline{\mathrm{AB}}.\overline{\mathrm{AC}}}$. Substituant dans cette équation pour $\overline{\mathrm{AB}}$, $\overline{\mathrm{AC}}$, $\overline{\mathrm{BC}}$, leurs valeurs données par les 8e, 9e et 7e formules, on aura la 20e, ainsi des autres.

Les formules de ce tableau ne sont relatives qu'à la figure sur laquelle le raisonnement a été établi; c'est-à-dire, au cas où le quadrilatère ABDC a ses quatre angles saillans et renferme un espace continu. Mais d'après le tableau de corrélation formé (102), entre cette figure primitive et les deux figures qui lui sont corrélatives, il ne faut, pour appliquer ces formules au cas où il y a un angle rentrant (fig. 63), que changer les signes des trois quantités suivantes $\overline{BF}$, $\overline{CG}$, $\overline{DH}$, et pour les rendre applicables au cas où le quadrilatère forme deux triangles opposés par le sommet (fig. 64), il n'y a qu'à y changer les signes des cinq quantités $\overline{CD}$, $\overline{CG}$, $\overline{DH}$, $\overline{CH}$, $\overline{DG}$. On peut donc appliquer facilement les formules du tableau précédent à un quadrilatère de figure quelconque.

185. Ce même tableau résout le problème général suivant. *Des vingt-trois choses qui sont à considérer dans un quadrilatère avec ses deux diagonales, en y comprenant leurs quatre segmens, cinq quelconques indépendantes l'une de l'autre étant données, trouver les dix-huit inconnues.* Car il n'y aura qu'à chercher par le tableau l'expression de chacune des nouvelles données en valeurs des premières a, b, c, d, k; en tirer celles-ci comme inconnues, et substituer leurs valeurs dans toutes les formules du tableau.

186. La méthode de représenter l'ensemble des rapports qui existent entre toutes les parties d'une figure, par des formules analytiques, et d'y rapporter les figures corrélatives, me paroît suffisamment développée dans les exemples précédens; je ne doute pas qu'on ne puisse en tirer beaucoup d'avantage; que cette méthode étendue à un grand nombre de figures diverses ne fournisse le moyen le plus fécond pour en découvrir les propriétés, et les lier par leurs analogies, et qu'on ne puisse même l'appliquer avec succès aux autres parties des mathématiques.

SECTION IV.

Des rapports qui dans un systême de lignes droites peuvent être trouvés sans l'intervention des quantités linéo-angulaires. Recherches trigonométriques sur les figures tracées, soit dans un même plan, soit sur la surface de la sphère; diverses propriétés des polygones et des polyèdres.

187. Les quantités linéo-angulaires ont été imaginées, comme nous l'avons déjà observé, afin de pouvoir établir la comparaison des angles avec les lignes. Les angles et les lignes étant des quantités hétérogènes, ne pourroient être directement comparés : il a donc fallu trouver des quantités intermédiaires qui ne fussent ni des angles ni des lignes, mais qui pussent servir de terme de comparaison entre les uns et les autres; ce sont les quantités linéo-angulaires. Ces quantités sont celles qui expriment le nombre des parties du diamètre que contient la corde sur laquelle est appuyé chaque angle inscrit à la circonférence, suivant le nombre des parties de la même circonférence que contient l'arc qui sert de mesure à cet angle; de sorte que le calcul est ramené à des comparaisons de nombres abstraits.

Il suit de-là, que l'intervention des quantités linéo-angulaires n'est indispensable que dans le cas où l'on a réellement à conclure la valeur d'un angle de la valeur d'une ou plusieurs lignes; ou réciproquement, de trouver les rapports de celles-ci par la connoissance des premiers. Or je me propose ici de rechercher les cas où les données sont telles, qu'on puisse trouver les angles sans recourir aux lignes, ou les lignes sans recourir aux angles. Cette question intéresse, parce que le calcul des quantités linéo-angulaires, quoiqu'aussi exact qu'on puisse le désirer pour la pratique, n'est cependant, comme on le sait, qu'un calcul d'approximation sous le rapport de la théorie. Or voici le principe général.

Dans toute figure qui peut être construite avec la règle et le compas seuls, sans employer le cercle gradué, toutes les lignes peuvent être calculées sans l'intervention des angles; et dans toute figure, au contraire, qui peut être marquée avec la règle et le cercle gradué seuls, sans employer le compas, tous les angles peuvent être calculés sans l'intervention des lignes. Ainsi, dans le premier cas, on peut avoir tous les côtés de la figure, et dans le second, tous les angles, sans l'intervention des quantités linéo-angulaires.

Car il est évident que ce qu'on peut obtenir par une opération graphique, on peut l'obtenir aussi par le raisonnement, d'après les données. Ainsi puisque dans le premier cas les données sont toutes des lignes, et dans le second, toutes des angles, il suit que dans le premier cas, on peut avoir toutes les lignes sans recourir aux angles; et dans le second, tous les angles sans recourir aux lignes.

188. Une figure étant tracée, supposons qu'on ne connoisse aucun des angles; mais que parmi les côtés ou quantités linéaires on ait assez de données pour que toutes les autres quantités linéaires de cette même figure soient déterminées, on trouvera chacune d'elles par les règles de la trigonométrie; en exprimant d'abord par des équations, les rapports qui existent entre les angles et les côtés de la figure, puis combinant ces équations par les règles ordinaires de l'algèbre, afin d'éliminer celles de ces inconnues qui doivent disparoître. Mais par hypothèse, dans le cas proposé, toutes les quantités angulaires sont au nombre des inconnues : donc elles doivent toutes disparoître de l'équation finale qui donnera chacune des quantités linéaires cherchées. Donc cette équation finale ne renfermera que des quantités linéaires. Or ce sont ces équations finales que je me

propose de rechercher directement, c'est-à-dire, sans l'intervention des quantités angulaires; lesquelles, en effet, ne figurent qu'auxiliairement dans le calcul, puisqu'après les y avoir introduites, on est obligé de les éliminer, pour parvenir au résultat cherché.

Réciproquement, si l'on ne connoissoit aucune des lignes de la figure proposée; mais que parmi les angles on eût assez de données pour que toutes les autres quantités angulaires de cette même figure fussent déterminées, on pourroit trouver chacune d'elles par les règles de la trigonométrie, en exprimant d'abord par des équations, les rapports qui existent entre les angles et les côtés de la figure; puis combinant toutes ces équations pour faire disparoître les quantités linéaires, lesquelles sont toutes par hypothèse, au nombre des inconnues. Ces équations finales ne renfermeroient donc plus que des quantités angulaires : or ce sont ces équations finales qu'il s'agit de trouver directement, comme nous l'avons dit ci-dessus pour les quantités linéaires.

Ainsi, mon but est de trouver séparément les rapports qui n'existent qu'entre les quantités linéaires d'une part, et de l'autre ceux qui n'existent qu'entre les quantités angulaires d'une figure quelconque. Ces réflexions se trouvent déjà en partie dans ma lettre à Bossut, imprimée à la fin de la nouvelle édition de sa Géométrie : je me propose ici de leur donner plus de développement.

Examinons d'abord les cas où les angles peuvent être déterminés sans recourir aux lignes, et proposons-nous la question suivante.

PROBLÊME XXIV.

189. *Trois droites quelconques étant tracées dans un même plan, et connoissant les angles que forment les directions de deux quelconques d'entre elles, chacune avec la direction de la troisième, trouver l'angle que forment entre elles les deux premières directions.*

Prolongeons, s'il est nécessaire, les trois droites proposées jusqu'à ce qu'elles forment un triangle. Il est facile de voir, que chacun des angles de ce triangle sera égal, ou à l'un des angles formés par les deux directions qui se croisent à son sommet, ou à son supplément : c'est ce qu'il faudra d'abord bien reconnoître, d'après les directions indiquées par l'arrangement des lettres prises pour les désigner (87). En égalant donc la somme de ces trois angles à deux droits, et mettant dans cette équation pour chacun d'eux suivant le cas particulier, ou bien l'angle formé par les directions qui se croisent à son sommet, ou bien son supplément; on aura l'équation du premier degré qui donnera l'angle cherché.

Supposons, par exemple, que les directions des trois droites proposées, soient $\overline{mn}$, $\overline{pq}$, $\overline{rs}$ (fig. 65, 66), et que connoissant les angles $\overline{mn\,\hat{}\,rs}$, $\overline{pq\,\hat{}\,rs}$, formés respectivement par les deux premières avec la troisième, on veuille trouver l'angle $\overline{mn\,\hat{}\,pq}$ formé par ces deux premières directions entre elles.

Je considère le triangle ABC formé par les trois directions proposées, et je reconnois 1°. que l'angle $B\hat{A}C$ est l'angle formé par les deux directions $\overline{mn}$, $\overline{pq}$; c'est-à-dire l'angle cherché : donc $B\hat{A}C = \overline{mn\,\hat{}\,pq}$; 2°. que l'angle $A\hat{B}C$ est le supplément de l'angle $n\hat{B}C$, formé par la direction $\overline{mn}$ avec la direction $\overline{rs}$; donc $A\hat{B}C = 2\varpi - \overline{mn\,\hat{}\,rs}$. 3°. qu'enfin l'angle $A\hat{C}B$ est l'angle opposé au sommet, et par conséquent égal à celui $s\hat{C}q$, qui est formé par les directions de $\overline{pq}$, $\overline{rs}$; donc $A\hat{C}B = \overline{pq\,\hat{}\,rs}$.

Ajoutant ces trois équations, et observant que la somme des trois premiers membres de ces équations fait deux droits, ou 2ϖ, on aura $2\varpi = \overline{mn\,\hat{}\,pq} + 2\varpi - \overline{mn\,\hat{}\,rs} + \overline{pq\,\hat{}\,rs}$, laquelle donne $\overline{mn\,\hat{}\,pq} = \overline{mn\,\hat{}\,rs} - \overline{pq\,\hat{}\,rs}$; ce qu'il falloit trouver.

190. Par un point quelconque A pris dans le plan de trois directions proposées, menons une droite parallèle à chacune d'elles et dans le même sens : cette construction achevée, rien ne sera plus facile que de voir quelle sera l'expression de l'angle cherché en valeurs des deux autres, et l'on verra qu'il est nécessairement toujours, ou la somme de ces deux autres, ou leur différence, ou la somme de leurs supplémens.

En effet, supposant que les trois directions soient (fig. 67, 68, 69) $\overline{AB}$, $\overline{AC}$, $\overline{AD}$, et que $B\hat{A}C$ soit l'angle cherché, il y aura trois cas possibles. 1°. Celui où la droite $\overline{AD}$ passe dans l'angle même $B\hat{A}C$ (fig. 67), et alors celui-ci est la somme des deux autres $\overline{AB}\hat{\ }\overline{AD}$, $\overline{AC}\hat{\ }\overline{AD}$; 2°. celui où ce n'est point la droite $\overline{AD}$ mais son prolongement $\overline{AD'}$ qui passe dans l'angle cherché $B\hat{A}C$ (fig. 68), et alors celui-ci est $B\hat{A}D' + C\hat{A}D'$, c'est-à-dire, la somme des supplémens des deux autres angles. 3°. Enfin celui où ni la droite $\overline{AD}$ ni son prolongement $\overline{AD'}$ ne passent dans l'angle $B\hat{A}C$ (fig. 69), et alors cet angle est évidemment la différence des deux angles donnés. Donc en général,

THÉORÊME PREMIER.

Les angles que forment entre elles les directions de trois lignes droites quelconques tracées dans un même plan sont telles, que chacun d'eux est toujours égal, ou à la somme des deux autres, ou à leur différence, ou à la somme de leurs supplémens.

191. Concevons maintenant un système quelconque de lignes droites tracées dans un même plan. Supposons qu'on mène encore dans ce plan une nouvelle droite ou transversale quelconque qui coupe toutes les autres, et qu'on connoisse tous les angles formés par la direction de cette transversale, et celle de chacune des autres droites du système : on demande les angles que forment entre elles deux à deux les directions de toutes ces droites.

On considérera successivement tous les triangles formés par la transversale prise pour objet de comparaison, et les autres lignes du système prises deux à deux; et l'on trouvera, comme dans le problême ci-dessus, l'angle formé par les directions de ces deux dernières lignes.

Il en seroit de même, si connoissant tous les angles formés par les directions des côtés d'un polygone, et celle d'une base ou transversale fixe, on demandoit chacun des angles de ce polygone.

On considéreroit le triangle formé par cette base fixe, et les deux côtés consécutifs du polygone qui comprennent entre eux l'angle cherché, et l'on trouveroit ensuite cet angle par la même marche que ci-dessus.

192. Si l'on a un nombre n de droites tracées dans un même plan, elles formeront entre elles deux à deux $\frac{n.\overline{n-1}}{2}$ angles, en comptant pour un seulement les quatre que forment autour de leur point d'intersection deux droites qui se croisent. Sur ces $\frac{n.\overline{n-1}}{2}$ angles, je suppose qu'on en connoisse $n-1$, indépendans les uns des autres; tels par conséquent qu'il n'y en ait jamais deux qui soient opposés au sommet, ou supplémens l'un de l'autre; ni trois qui appartiennent à un même triangle. Cela posé, je dis qu'on pourra trouver tous les autres angles du systême, sans faire intervenir les quantités linéo-angulaires, mais par de simples additions et soustractions. Pour cela, on prolongera indéfiniment toutes les lignes du systême, et dans les triangles qui résulteront du croisement de ces lignes, on formera, par la propriété de la somme des trois angles du triangle égale à deux droits, autant d'équations indépendantes les unes des autres, qu'il en faudra pour compléter le nombre $\frac{n.\overline{n-1}}{2}$, des angles du systême. Par exemple, si l'on a un quadrilatère, le nombre des lignes tracées sera de 4, on aura donc $n=4$, $n-1=3$; il faudra donc que trois des angles soient connus pour trouver tous les autres. Le nombre total $\frac{n.\overline{n-1}}{2}$

des angles du systême, sera 6. Sur ces 6, trois étant connus, il faudra trois équations indépendantes les unes des autres, pour trouver ceux qui restent inconnus; c'est-à-dire, que le nombre des équations indépendantes à former par le principe, que la somme des trois angles de tout triangle vaut deux droits, sera de 3.

Si l'on avoit un pentagone, on auroit $n = 5$: le nombre des angles donnés devroit donc être 4; le nombre total $\frac{n.\overline{n-1}}{2}$ des angles du systême seroit 10. Par conséquent le nombre des équations indépendantes à former par la propriété du triangle dont nous venons de parler seroit $\frac{n.\overline{n-1}}{2} - \overline{n-1} = 6$, ainsi des autres, suivant la progression des nombres triangulaires.

Toutes ces équations sont du premier degré, et donnent évidemment tous les angles cherchés, par de simples additions et soustractions.

193. Il suit de là que si dans deux figures corrélatives formées chacune par l'assemblage d'un nombre n de lignes droites, il y a un nombre $n - 1$ d'angles correspondans égaux chacun à chacun, tous les autres angles correspondans de ces mêmes figures seront aussi égaux chacun à chacun; car on aura de part et d'autre les mêmes équations pour déterminer les angles de chaque systême.

Cette observation peut être mise à profit, pour résoudre facilement une classe assez étendue des problêmes qui sont l'objet de l'application de l'algèbre à la géométrie. Cet objet, en général, est de trouver l'opération graphique à exécuter pour satisfaire à telles ou telles conditions proposées. Si ces conditions sont assez simples, pour qu'on puisse facilement, par la seule synthèse, construire la figure cherchée, on pourra se passer du secours de l'analyse. Mais si sans pouvoir construire la figure cherchée, elle-même, on pouvoit en construire une qui lui fût semblable, il seroit facile de ramener le problême au précédent;

car on connoîtroit d'abord par la figure semblable qu'on auroit construite, sinon les valeurs absolues des lignes qui entrent dans la composition même de la figure cherchée, au moins leurs rapports deux à deux. Il suffiroit donc de connoître l'une quelconque d'entre elles, pour avoir toutes les autres : mais par les conditions du problême proposé, l'une au moins des lignes qui entrent dans la composition de la figure cherchée, doit être donnée, puisqu'il faut évidemment au moins un paramètre ou base linéaire connue, pour que les dimensions absolues d'une figure soient déterminées. Donc on aura par une simple proportion chacune des autres lignes de la figure cherchée.

194. Soit proposé, par exemple, d'inscrire un carré dans un triangle donné.

Soit ABC (fig. 70, 71) le triangle donné; MNOP le carré cherché. Quoique je ne puisse pas construire immédiatement la figure ABCMNOP qui satisferoit à la condition proposée, il est clair que j'en connois tous les angles, puisque par hypothèse, $\overline{MN}$ est parallèle, et $\overline{MO}$, $\overline{NP}$, perpendiculaires à la droite donnée $\overline{BC}$; et comme je sais aussi par les conditions du problême, que $\overline{MO} = \overline{OP}$, il est évident que je puis construire une figure semblable à la figure cherchée, en commençant par tracer un carré *mnop* de grandeur arbitraire, et menant ensuite du point m la droite $\overline{ab}$ qui fasse avec $\overline{bc}$, l'angle $a\hat{b}c$ égal à l'angle connu $A\hat{B}C$. Soit donc *abcmnop*, cette figure semblable à la figure cherchée. Cela posé, pour trouver $\overline{MO}$, par exemple, je n'aurai que cette proportion à faire $\overline{MO} : \overline{mo} :: \overline{BC} : \overline{bc}$ dans laquelle les trois derniers termes sont connus. Je trouverois de même toutes les autres droites du systême comme $\overline{AM}$, $\overline{MB}$, $\overline{BO}$, &c.

La même méthode s'appliqueroit évidemment au cas où la figure MOPN à inscrire au triangle ne seroit pas un carré, mais un quadrilatère quelconque de figure donnée MOPK;

c'est-à-dire, dont les angles et le rapport des côtés seroient donnés.

Elle s'appliqueroit également au cas où l'on se proposeroit d'inscrire un cube dans une pyramide triangulaire donnée. Dans la cinquième section, nous donnerons plusieurs autres exemples susceptibles de solutions de ce genre.

195. Lorsque dans une figure formée par l'assemblage d'un nombre n de droites, on connoît suffisamment d'angles pour que tous les autres puissent être déterminés sans l'intervention des quantités linéo-angulaires, c'est-à-dire, $n - 1$ angles indépendans les uns des autres : si l'on vient à tracer dans cette même figure de nouvelles droites parallèles ou perpendiculaires aux premières, ou formant avec elles des angles donnés, il est évident que par le problême énoncé (190) on pourra trouver tous les angles des figures qui résulteront de ces nouveaux tracés, sans l'intervention des quantités linéo-angulaires, mais par de simples additions et soustractions. Il n'en seroit pas de même, si l'on traçoit les diagonales de ces figures : les angles que formeroient ces diagonales entre elles ou avec les premières lignes, ne pourroient se trouver que par le calcul des quantités linéo-angulaires. Voilà pourquoi dans la résolution des problêmes d'application de l'algèbre à la géométrie, on prend ordinairement autant que possible les lignes auxiliaires de construction, parallèles ou perpendiculaires aux lignes déjà connues, ou formant avec elles des angles connus.

Ce que je viens de dire concerne les angles qui peuvent être déterminés dans les figures sans l'intervention des lignes. Passons à ce qui regarde les lignes qu'on peut déterminer sans l'intervention des angles.

196. Concevons un systême quelconque de lignes droites tracées dans un même plan ; et supposons que sans connoître aucun des angles de la figure, on ait assez de données parmi ces droites ou les segmens qui résultent de leurs mutuelles intersections, pour que toutes les parties de cette figure soient déter-

minées. Il est clair que toutes les autres lignes ou segmens de ligne de cette figure pourront être trouvés sans l'intervention des angles, puisqu'ils sont construits ou déterminés graphiquement, sans que ces angles soient donnés. Il s'agit donc de les trouver en effet dans chaque cas particulier. Commençons par la plus simple des figures, le triangle.

Soit BGA (fig. 72) un triangle quelconque : du sommet B de l'un des angles soit menée une transversale $\overline{BC}$ à un point donné C de la base : on demande la valeur de cette droite $\overline{BC}$ sans faire intervenir les angles dans le calcul, puisqu'en effet la construction s'opère sans en connoître aucun.

J'abaisse du point B la perpendiculaire $\overline{Bm}$ sur $\overline{GA}$, et du point A la perpendiculaire $\overline{An}$ sur $\overline{BG}$. Cela posé, le triangle rectangle BCm donne

$\overline{BC}^2 = \overline{Bm}^2 + \overline{Cm}^2 = \overline{Bm}^2 + (Gm - GC)^2 = \overline{Bm}^2 + \overline{Gm}^2 + \overline{GC}^2$ $- 2.\overline{Gm}.\overline{GC}$, équation qui à cause de $\overline{Bm}^2 + \overline{Gm}^2 = \overline{BG}^2$, se réduit à

$$\overline{BC}^2 = \overline{BG}^2 + \overline{GC}^2 - 2\,\overline{Gm}.\overline{GC} \qquad \text{(A)}$$

par la même raison, on doit avoir

$$\overline{BA}^2 = \overline{AG}^2 + \overline{BG}^2 - 2.\overline{Gn}.\overline{BG}.$$

Mais les triangles semblables AGn, BGm donnent

$$\overline{GA} : \overline{Gn} :: \overline{BG} : \overline{Gm}, \text{ ou } \overline{GA}.\overline{Gm} = \overline{Gn}.\overline{BG}$$

Substituant cette valeur de $\overline{Gn}.\overline{BG}$ dans l'équation précédente, elle devient

$$\overline{BA}^2 = \overline{AG}^2 + \overline{BG}^2 - 2\,\overline{GA}.\overline{Gm} \qquad \text{(B)}$$

Multipliant maintenant l'équation (A) par $\overline{GA}$, et l'équation (B) par $\overline{GC}$; puis retranchant celle-ci de la première pour éliminer $\overline{Gm}$, on aura, en transposant et réduisant,

$$\overline{BC}^2.\overline{GA} = \overline{BG}^2.\overline{CA} + \overline{BA}^2.\overline{GC} - \overline{GA}.\overline{GC}.\overline{AC} \qquad \text{(C)};$$

d'où divisant tout par $\overline{GA}$, on tire $\overline{BC}$. Ce qu'il falloit trouver. Donc nous avons la proposition suivante.

THÉORÈME II.

Dans tout triangle, si du sommet de l'un quelconque des angles on mène une transversale à la base opposée (de manière qu'elle coupe cette base même et non son prolongement), le carré de cette transversale, multiplié par cette base, est égal à la somme des carrés des deux autres côtés, multipliés chacun par le segment opposé de cette base, moins cette même base multipliée par le produit de ses deux segmens.

Cet énoncé n'est en effet que la traduction de l'équation (C).

Ce théorême est très-utile pour trouver les rapports des quantités linéaires d'une figure sans faire intervenir dans le calcul les quantités linéo-angulaires. Nous aurons souvent l'occasion d'en faire usage, et l'on doit le regarder comme fondamental.

Supposons, par exemple, que la transversale $\overline{BC}$ coupe $\overline{GA}$ en deux parties égales, on aura $\overline{CG} = \overline{CA} = \frac{1}{2}\overline{GA}$. Donc la formule se réduira à

$$4\overline{BC}^2 = 2\,\overline{BG}^2 + 2\,\overline{AB}^2 - \overline{GA}^2.$$

Supposons pour second exemple, que la transversale $\overline{BC}$ divise l'angle $G\hat{B}A$ en deux parties égales, on sait qu'alors les segmens de la base sont entre eux comme les côtés adjacens; c'est-à-dire que $\overline{CG} : \overline{CA} :: \overline{GB} : \overline{BA}$. Donc $\overline{CA}.\overline{GB} = \overline{CG}.\overline{BA}$. Substituant cette valeur dans le second terme de la formule (C), elle se réduit à

$$\overline{BC}^2.\,\overline{GA} = \overline{CG}.\overline{BA}.(\overline{BG}+\overline{BA}) - \overline{GA}.\overline{CG}.\overline{AC}.$$

Mais la proportion ci-dessus donne aussi,

$$\overline{CG}.\overline{CA}, \text{ ou } \overline{GA} : \overline{CG} :: \overline{GB}+\overline{BA} : \overline{GB}.$$

Tirant de cette équation la valeur de $\overline{CG}$, et les substituant dans le second terme de l'équation ci-dessus, on aura en divisant tout par $\overline{GA}.\overline{BC}^2 = \overline{GB}.\overline{BA} - \overline{CG}.\overline{CA}$. Formule connue.

197. Soit ABC un triangle (fig. 73). Supposons que l'angle $B\hat{A}C$ soit divisé en deux parties égales par la transversale $\overline{AH}$; on aura, comme on sait, $\overline{BH} : \overline{CH} :: \overline{AB} : \overline{AC}$. Soit maintenant $\overline{AH'}$ perpendiculaire à $\overline{AH}$, il est facile de voir qu'on aura aussi, $\overline{BH'}\ \overline{CH'} :: \overline{AB} : \overline{AC}$. Donc on aura $\overline{BH} : \overline{CH} :: \overline{BH'} : \overline{CH'}$. Proportion assez remarquable.

198. Nous venons de voir (196) qu'on a

$$\overline{AH}^2 = \overline{AB}.\overline{AC} - \overline{BH}.\overline{CH}.$$

Je dis qu'on aura au contraire,

$$\overline{AH'}^2 = \overline{BH'}.\overline{CH'} - \overline{AB}.\overline{AC}.$$

En effet, par la proposition démontrée (196), on a

$$\overline{AC}^2.\overline{BH'} = \overline{AB}^2.\overline{CH'} + \overline{AH'}^2.\overline{BC} - \overline{BH'}.\overline{CH'}.\overline{BC}.$$

Or nous venons de voir que $\overline{BH'} : \overline{CH'} :: \overline{AB} : \overline{AC}$, ou $\overline{BH'} = \frac{\overline{CH'}.\overline{AB}}{\overline{AC}}$. Substituant dans le premier terme de l'équation ci-dessus, et transposant, on aura

$$\overline{CH'}.\overline{AB}(\overline{AC} - \overline{AB}) + \overline{BH'}.\overline{CH'}.\overline{BC} = \overline{AH'}^2.\overline{BC}.$$

De plus, la même proportion ci-dessus $\overline{BH'} : \overline{CH'} : \overline{AB}.\overline{AC}$ donne

$$\overline{BH'} - \overline{CH'} : \overline{CH'} :: \overline{AB} - \overline{AC} : \overline{AC},\ \text{ou}\ \overline{CH'} = \frac{\overline{AC}.\overline{BC}}{\overline{AB} - \overline{AC}}.$$

Substituant cette valeur de $\overline{CH'}$ dans le premier terme de l'équation précédente, et divisant tout par $\overline{BC}$, on a

$$\overline{AH'}^2 = \overline{BH'}.\overline{CH'} - \overline{AB}.\overline{AC}.$$

Ce qu'il falloit prouver.

199. Puisque d'une part nous avons $\overline{AH}^2 = \overline{AB}.\overline{AC} - \overline{BH}.\overline{CH}$, et de l'autre................ $\overline{AH'}^2 = \overline{BH'}.\overline{CH'} - \overline{AB}.\overline{AC}$. En ajoutant ces deux équations, on

on aura $\overline{AH}^2 + \overline{AH'}^2$, ou à cause de l'angle droit $H\hat{A}H'$, $\overline{HH'}^2 = \overline{B'H'}.\overline{CH'} - \overline{BH}.\overline{CH}$.

200. $\overline{AH'}$ étant par hypothèse perpendiculaire sur $\overline{AH}$, si sur $\overline{HH'}$ comme diamètre on décrit une circonférence (fig. 74), elle passera par le point A. Donc réciproquement, si sur une droite quelconque $\overline{HH'}$ comme diamètre, on décrit une circonférence, et si d'un point quelconque A pris sur cette circonférence ayant mené les droites $\overline{AH}$, $\overline{AH'}$ aux extrémités de ce diamètre, on fait les angles $B\hat{A}H = C\hat{A}H$, les deux points B, C seront tels, qu'on aura

$$\overline{AB} : \overline{AC} :: \overline{BH} : \overline{CH} :: \overline{B'H'} : \overline{CH'}.$$

201. Donc deux points fixes ou foyers B, C étant donnés, si l'on proposoit de trouver le lieu géométrique de tous les points dont les distances à ces deux foyers B, C fussent en raison donnée, on satisferoit à la question en partageant d'abord la droite $\overline{BC}$ dans la raison donnée au point H, et cherchant ensuite sur le prolongement de cette droite un autre point H' tel que $\overline{BH'}$, $\overline{CH'}$ fussent aussi dans la même raison donnée. Car en décrivant sur $\overline{HH'}$ comme diamètre une circonférence HAH', cette circonférence seroit évidemment, d'après ce qui vient d'être dit, le lieu géométrique cherché. Propriété connue.

La même propriété appartiendroit évidemment à tous les points de la surface d'une sphère qui auroit $\overline{HH'}$ pour diamètre.

202. Puisque les angles $B\hat{A}H$, $C\hat{A}H$ sont égaux par construction, il suit que la circonférence HAH' est aussi le lieu géométrique de tous les points, qui comme A sont tels qu'en menant de chacun d'eux aux trois points fixes B, H, C, les droites $\overline{AB}$, $\overline{AH}$, $\overline{AC}$, l'angle $B\hat{A}H$ est constamment égal à $H\hat{A}C$, ou l'angle $B\hat{A}C$ constamment partagé en deux parties égales par la droite $\overline{AH}$.

203. Revenons au théorême énoncé ci-dessus (196).

On voit que pour trouver la transversale cherchée $\overline{BC}$, nous n'avons point employé les quantités linéo-angulaires, parce qu'en effet les données étant toutes des quantités linéaires, il n'étoit pas nécessaire de faire intervenir les angles dans le calcul.

Cependant il eût été possible, et il est souvent plus commode de les employer comme auxiliaires, même lorsqu'à la rigueur on peut s'en passer. Ainsi dans l'exemple précédent, nous avons d'une part, par les propriétés connues du triangle,

$\overline{BC}^2 = \overline{BG}^2 + \overline{GC}^2 - 2\overline{BG}.\overline{GC}.\cos. BGC$; et d'autre part .....
$\overline{BA}^2 = \overline{AG}^2 + \overline{BG}^2 - 2\overline{BG}.\overline{GA}.\cos. BGC.$

multipliant comme ci-dessus la première équation par $\overline{GA}$, la seconde par $\overline{GC}$; puis retranchant la seconde de la première, et réduisant, on obtient le même résultat que précédemment.

204. D'après les principes que nous avons développés sur la corrélation des figures, il est clair que si le point C, au lieu de tomber entre G et A comme dans la figure sur laquelle nous venons d'établir le raisonnement, tomboit au-dehors du côté du point G, comme en C', $\overline{GC}$ deviendroit inverse : car on a dans le système primitif, $\overline{GC} = \overline{GA} - \overline{CA}$, et dans le système transformé, $\overline{GC'} = \overline{C'A} - \overline{GA}$; c'est-à-dire, que pour rendre la formule (C) applicable au nouveau cas, il faudroit mettre dans cette formule $-\overline{GC}$, au lieu de $+\overline{GC}$.

Si au contraire le point C tomboit en dehors de $\overline{GA}$ du côté du point A comme en C'', ce seroit $\overline{AC}$ qui deviendroit inverse : c'est-à-dire, que pour rendre la formule (C) applicable à ce nouveau cas, il faudroit y substituer $-\overline{AC}$ au lieu de $+\overline{AC}$.

205. La formule contenant les trois côtés du triangle et les deux segmens de la base, parmi lesquels on peut en faire disparoître un, en substituant à sa place la base moins l'autre; il

suit que par cette formule on peut résoudre la question suivante.

De ces six choses, les trois côtés d'un triangle, la transversale menée d'un des angles sur le côté opposé, et les deux segmens formés sur ce même côté, par cette transversale, quatre quelconques étant données indépendantes les unes des autres, trouver les deux inconnues.

Mais nous pouvons par la même marche, résoudre le cas plus général où la transversale, au lieu de partir d'un angle partiroit d'un autre point quelconque, D comme il suit.

PROBLÈME XXV.

206. *Des six côtés qui composent deux triangles qui ont un angle commun ou égal, cinq quelconques étant donnés, trouver le sixième.*

Supposons que ces deux triangles (fig. 72) qui ont un angle commun ou égal soient BGA, DGC; du point D menons sur $\overline{GC}$ la perpendiculaire $\overline{Dm'}$, et du point A la perpendiculaire $\overline{An}$. Le triangle rectangle DC m' donnera

$$\overline{DC}^2 = \overline{Dm'}^2 + \overline{Cm'}^2 = \overline{Dm'}^2 + (GC - Gm')^2 = \overline{Dm'}^2 + \overline{Gm'}^2 + \overline{GC}^2 - 2\overline{Gm'}.\overline{GC};$$

équation qui à cause de $\overline{Dm'}^2 + \overline{Gm'}^2 = \overline{DG}^2$ se réduit à

$$\overline{DC}^2 = \overline{DG}^2 + \overline{GC}^2 - 2\overline{Gm'}.\overline{GC} \qquad (A)$$

Par la même raison, on doit avoir

$$\overline{BA}^2 = \overline{AG}^2 + \overline{BG}^2 - 2\overline{GB}.\overline{Gn};$$

mais les triangles semblables DGm', AGn donnent

$$\overline{GA} : \overline{Gn} :: \overline{DG} : \overline{Gm'}, \text{ ou } \overline{Gn} = \frac{\overline{GA}.\overline{Gm'}}{\overline{DG}}.$$

Substituant cette valeur de $\overline{Gn}$ dans l'équation précédente, elle devient

$$\overline{BA}^2 = \overline{AG}^2 + \overline{BG}^2 - \frac{2\overline{GA}.\overline{Gm'}.\overline{BG}}{\overline{DG}}, \qquad (B)$$

Multipliant l'équation (A) par $\overline{GA}.\overline{BG}$, et l'équation (B) par $\overline{DG}.\overline{GC}$; puis retranchant celle-ci de l'autre pour éliminer $\overline{Gm}$, on aura, en transposant et réduisant,

$$\left(\overline{BG}^2+\overline{GA}^2-\overline{BA}^2\right)\overline{GD}.\overline{GC}=\left(\overline{DG}^2+\overline{GC}^2-\overline{DC}^2\right)\overline{GB}.\overline{GA};$$

équation qui renferme les six côtés des deux triangles proposés BGA, DGC, et au moyen de laquelle par conséquent, cinq de ces six côtés étant donnés, on trouvera le sixième. Ce qu'il falloit prouver.

207. De plus, il est évident qu'ayant $\overline{AC}=\overline{GA}-\overline{CA}$, $\overline{BD}=\overline{GB}-\overline{GD}$, les segmens $\overline{AC}$, $\overline{BD}$, seront connus, si les six autres quantités du systême le sont; et réciproquement, ces deux quantités étant données, avec trois des premières, on trouvera les autres au moyen des deux équations précédentes et de la formule trouvée ci-dessus. Donc, en général, dans un triangle BGA coupé par une transversale quelconque $\overline{DC}$, des huit quantités linéaires qui entrent dans la composition du systême, cinq quelconques étant données indépendantes l'une de l'autre, on trouvera les trois autres par la formule précédente.

208. En appliquant des raisonnemens du même genre au cas où les angles $B\hat{G}A$, $B\hat{G}C$, au lieu d'être égaux, seroient supplémens l'un de l'autre, on trouvera que la formule devient

$$\left(\overline{BG}^2+\overline{GA}^2-\overline{BA}^2\right)\overline{GD}.\overline{GC}=\left(\overline{DC}^2-\overline{DG}^2-\overline{GC}^2\right)\overline{GB}.\overline{GA}.$$

209. D'après les principes que nous avons développés sur la corrélation des figures, il est clair que si le point C, au lieu de tomber entre G et A, comme dans la figure sur laquelle nous avons établi le raisonnement, tomboit au-dehors du côté de G comme en C', $\overline{GC}$ deviendroit inverse; et que par conséquent, il faudroit dans la formule ci-dessus trouvée, substituer $-\overline{GC}$ au lieu de $+\overline{GC}$; car dans le systême primitif, on a....

.... $\overline{GC}=\overline{GA}-\overline{CA}$,

et dans le systême transformé.......... $\overline{GC'}=\overline{C'A}-\overline{GA}$;

Si au contraire le point C tomboit en dehors de $\overline{GA}$ du côté de A, en C″ par exemple, ce seroit $\overline{CA}$ qui deviendroit inverse, et par conséquent $-\overline{CA}$ qu'il faudroit substituer à $+\overline{CA}$ dans la formule ci-dessus trouvée.

Par la même raison, si le point D, au lieu de tomber entre B et G tomboit en dehors de cette ligne, du côté du point G comme en D′, $\overline{GD}$ deviendroit inverse, et il faudroit mettre $-\overline{DG}$ dans la formule, au lieu de $+\overline{DG}$; et si c'étoit en dehors de $\overline{BG}$, mais du côté de B, comme en D″, ce seroit $\overline{BD}$ qui deviendroit inverse, et par conséquent il n'y auroit rien à changer, puisque $\overline{BD}$ n'entre pas dans la formule.

Enfin, si en même temps C tomboit en C′, par exemple, et D en D′, il faudroit mettre tout à-la-fois $-\overline{GC}$ au lieu de $+\overline{GC}$ et $-\overline{DG}$ au lieu de $+\overline{DG}$ dans la formule. Si D tomboit en D′, et C en C″; ce seroient $-\overline{DG}$ et $-\overline{CA}$ qu'il faudroit substituer au lieu de $+\overline{DG}$ et $+\overline{CA}$. Ainsi du reste.

210. Soient, pour exemple de ce qui précède, deux triangles ABD, ACD, (fig. 75) inscrits dans un même cercle, et ayant pour base la même corde $\overline{AD}$. Les deux angles $A\hat{C}D$, $A\hat{B}D$ étant égaux, nous pouvons leur appliquer la formule trouvée par le théorême précédent; c'est-à-dire, qu'on aura

$$(\overline{BA}^2+\overline{BD}^2-\overline{AD}^2)\,\overline{CA}.\overline{CD}=(\overline{CA}^2+\overline{CD}^2-\overline{AD}^2)\,\overline{BA}.\overline{BD}.$$

Tirant de cette équation la valeur de $\overline{AD}^2$, nous aurons

$$\overline{AD}^2=\frac{(\overline{AB}.\overline{AC}-\overline{BD}.\overline{CD})\,(\overline{AC}.\overline{BD}-\overline{AB}.\overline{CD})}{\overline{AB}.\overline{BD}-\overline{AC}.\overline{CD}} \qquad (A)$$

Si l'on mène la droite $\overline{BC}$, les deux triangles BAC, BDC ayant un angle égal opposé à la base commune $\overline{BC}$ seront dans le même cas que les précédens; donc on aura de même

$$\overline{BC}^2=\frac{(\overline{AB}.\overline{BD}-\overline{AC}.\overline{CD})\,(\overline{AC}.\overline{BD}-\overline{AB}.\overline{CD})}{\overline{AB}.\overline{AC}-\overline{BD}.\overline{CD}} \qquad (B)$$

Au moyen de ces équations, si dans le quadrilatère inscrit ABCD, on connoît les deux diagonales $\overline{AC}$, $\overline{BD}$, et deux côtés opposés AB, CD, on aura immédiatement les deux autres côtés $\overline{AD}$, $\overline{BC}$.

211. Ces formules ne s'appliquent qu'au quadrilatère ABCD (fig. 75) sur lequel le raisonnement a été établi : mais on peut les rendre applicables au quadrilatère de la (fig. 76), en imaginant que dans la première figure, le point D se meuve vers C, en suivant la circonférence, jusqu'à ce qu'il ait passé au-delà. Car alors CD devient inverse, et par conséquent il n'y a qu'à mettre —CD au lieu de CD dans les formules, pour les rendre immédiatement applicables au nouveau cas. C'est-à-dire que pour la (fig. 76) on a

$$\overline{AD}^2 = \frac{(\overline{AB}.\overline{AC}+\overline{BD}.\overline{CD})\ (\overline{AC}.\overline{BD}+\overline{AB}.\overline{CD})}{\overline{AB}.\overline{BD}+\overline{AC}.\overline{CD}} \qquad (C)$$

$$\overline{BC}^2 = \frac{(\overline{AB}.\overline{BD}+\overline{AC}.\overline{CD})\ (\overline{AC}.\overline{BD}+\overline{AB}.\overline{CD})}{\overline{AB}.\overline{AC}+\overline{BD}.\overline{CD}} \qquad (D)$$

formules qui donnent les deux diagonales du quadrilatère inscrit, lorsqu'on connoît les quatre côtés.

212. En multipliant et divisant successivement ces deux formules l'une par l'autre, et tirant la racine quarrée, on a

$$\overline{AD}.\overline{BC} = \overline{AC}.\overline{BD}+\overline{AB}.\overline{CD} \qquad (E)$$

$$\frac{\overline{AD}}{\overline{BC}} = \frac{\overline{AB}.\overline{AC}+\overline{BD}.\overline{CD}}{\overline{AB}.\overline{BD}+\overline{AC}.\overline{CD}} \qquad (F)$$

formules très-connues, qu'on exprime ordinairement comme il suit.

1°. *Dans tout quadrilatère inscrit le produit des deux diagonales est égal à la somme des produits des côtés opposés.*

2°. *Les deux diagonales d'un quadrilatère inscrit sont entre elles comme les sommes des produits des côtés qui aboutissent à leurs extrémités.*

Pour compléter ce que j'ai à dire sur les quadrilatères et les autres polygones inscrits, je placerai ici deux autres propositions qui y sont relatives.

THÉORÊME III.

213. *Dans tout quadrilatère inscrit au cercle, les deux segmens formés sur la même diagonale sont entre eux comme les produits des côtés qui leur sont adjacens.*

Soit ABDC (fig. 76) le quadrilatère proposé, H le point d'intersection des deux diagonales; il s'agit donc de prouver qu'on aura

$$\overline{AH} : \overline{DH} :: \overline{AB}.\overline{AC} : \overline{BD}.\overline{DC}$$

Or les triangles ABH ∽ DCH, ACH ∽ BDH donnent

$\overline{AH} : \overline{CH} :: \overline{AB} : \overline{CD}$

$\overline{CH} : \overline{DH} :: \overline{AC} : \overline{BD}$

Multipliant ces deux proportions, on a

$$\overline{AH} : \overline{DH} :: \overline{AB}.\overline{AC} : \overline{BD}.\overline{CD};$$

ce qu'il falloit démontrer.

Il faut remarquer que cette proposition s'applique immédiatement à chacun des quadrilatères ABDC, ABCD, ACDB, qui sont tous trois inscrits au cercle; car ces trois figures sont corrélatives, et comme la proposition ci-dessus trouvée donne une équation qui n'a que deux termes, il suit (47) qu'elle est immédiatement applicable à tous les systêmes corrélatifs. Ainsi le quadrilatère ABCD ayant pour diagonales AC, BD, dont le point du concours est supposé G, on doit avoir

$$\overline{AG} : \overline{CG} :: \overline{AB}.\overline{AD} : \overline{BC}.\overline{CD}.$$

Puisqu'alors $\overline{AG}$, $\overline{CG}$ sont les deux segmens de la diagonale $\overline{AC}$ et $\overline{AB}.\overline{AD}$, $\overline{BC}.\overline{CD}$, les produits des côtés respectivement adjacens à ces segmens. C'est aussi ce qu'on peut démontrer immédiatement comme pour le premier cas. En effet, les trois triangles ADG ∽ BCG, ABG ∽ BCG donnent

$\overline{AG} : \overline{BG} :: \overline{AD}\ \overline{BC}$

$\overline{BG} : \overline{CG}\quad \overline{AB} : \overline{CD}$

Multipliant les deux proportions, on a

$$\overline{AG} : \overline{CG} :: \overline{AB}.\overline{AD} : \overline{BC}.\overline{CD};$$

ce qu'il falloit prouver.

On peut donc aussi exprimer le théorême, en disant que, *dans tout quadrilatère inscrit, les deux segmens formés sur chacun des côtés prolongés jusqu'à la rencontre du côté opposé, sont entre eux comme les produits respectifs du côté et de la diagonale qui leur sont respectivement adjacens.*

Puisqu'on a $\overline{AH} : \overline{DH} :: \overline{AB}.\overline{AC} : \overline{BD}.\overline{CD}$, on aura

$$\overline{AH}+\overline{DH}, \text{ ou } \overline{AD} : \overline{AH} :: \overline{AB}.\overline{AC}+\overline{BD}.\overline{CD} : \overline{AB}.\overline{AC},$$

$$\text{ou } \overline{AH} = \overline{AD}.\frac{\overline{AB}.\overline{AC}}{\overline{AB}.\overline{AC}+\overline{BD}.\overline{CD}},$$

ce qui donne la valeur de chacun des segmens formés sur les diagonales, lorsqu'on connoît les côtés et ces diagonales; c'est-à-dire, que les côtés et les diagonales du quadrilatère étant connus, on trouvera chacun des segmens formés sur ces diagonales. On trouvera de même ceux qui sont formés sur les côtés prolongés. Car, par exemple, la proportion trouvée ci-dessus

$\overline{AG} : \overline{CG} :: \overline{AB}.\overline{AD}.\overline{BC}.\overline{CD}$

donne

$$\overline{AG}-\overline{CG}, \text{ ou } \overline{AC} : \overline{AG} :: \overline{AB}.\overline{AD}-\overline{BC}.\overline{CD} : \overline{AB}.\overline{AD};$$

ce qui donne

$$\overline{AG} = \overline{AC}\ \frac{\overline{AB}.\overline{AD}}{\overline{AB}.\overline{AD}-\overline{BC}.\overline{CD}};$$

ainsi des autres.

214. Donc si l'on a un polygone quelconque (fig. 77) inscrit dans un cercle, et qu'on en connoisse tous les côtés et toutes les diagonales,

diagonales, on trouvera par la proposition précédente tous les segmens formés sur ces diagonales et sur les côtés prolongés indéfiniment, par leurs intersections communes.

Car s'il s'agit, par exemple, de trouver $\overline{Bq}$, on considérera le quadrilatère ABDE, dont par hypothèse on connoît les quatre côtés et les deux diagonales; on en tirera donc $\overline{Bq}$ par la proposition précédente.

Si l'on veut avoir $\overline{mq}$, on cherchera d'abord $\overline{Bq}$, comme on vient de le dire; ensuite on considérera le quadrilatère ABCE, qui fera connoître $\overline{Bm}$; on retranchera $\overline{Bm}$ de $\overline{Bq}$, et l'on aura $\overline{mq}$; ce qu'il falloit trouver.

Supposons que R soit le rayon du cercle, nous aurons (121)

$$\overline{AE} = 2R.\sin.\tfrac{1}{2}\widehat{AE} \quad \overline{AB} = 2R.\sin.\tfrac{1}{2}\widehat{AB}, \&c.$$

Donc puisqu'on peut avoir tous les segmens formés, tant sur les côtés que sur les diagonales en valeurs de ces côtés et de ces diagonales, on peut aussi les avoir tous, en valeur du rayon du cercle et des sinus des arcs soutendus par les côtés du polygone.

THÉORÊME IV.

215. *Soit* (fig. 78) BCDEFG *un polygone quelconque inscrit dans un cercle. D'un point quelconque* A *pris à volonté sur la circonférence, menons aux deux angles* G, B, *les plus voisins l'un à droite, l'autre à gauche, les cordes* $\overline{AG}$, $\overline{AB}$. *Cela posé, je dis que le quotient de la corde* $\overline{BG}$ *qui joint ces deux points* B, G, *divisée par le produit des deux droites* $\overline{AB}$, $\overline{AG}$, *menées du point* A *à ces mêmes points* B, G, *est égal à la somme des quotiens de chacun des autres côtés du polygone proposé, divisé par le produit des deux cordes menées du point* A *à ses extrémités. C'est-à-dire, qu'on aura*

$$\frac{\overline{BG}}{\overline{AB}.\overline{AG}} = \frac{\overline{BC}}{\overline{AB}.\overline{AC}} + \frac{\overline{CD}}{\overline{AC}.\overline{AD}} + \frac{\overline{DE}}{\overline{AD}.\overline{AE}} + \frac{\overline{EF}}{\overline{AE}.\overline{AF}} + \frac{\overline{FG}}{\overline{AF}.\overline{AG}}$$

Du point B, je mène les diagonales $\overline{BD}$, $\overline{BE}$, $\overline{BF}$. Cela posé, par la propriété des quadrilatères inscrits, j'ai pour le quadrilatère ABCD dont les deux diagonales sont $\overline{AC}$, $\overline{BD}$;

$$\overline{AC}.\overline{BD} = \overline{BC}.\overline{AD} + \overline{AB}.\overline{CD},$$

ou divisant tout par $\overline{AB}.\overline{AC}.\overline{AD}$, j'ai

$$\frac{\overline{BD}}{\overline{AB}.\overline{AD}} = \frac{\overline{BC}}{\overline{AB}.\overline{AC}} + \frac{\overline{CD}}{\overline{AC}.\overline{AD}}$$

En appliquant successivement la même opération aux quadrilatères ABDE, ABEF, ABFG, j'aurai cette suite d'équations, en commençant par celle que nous venons de trouver

$$\frac{\overline{BD}}{\overline{AB}.\overline{AD}} = \frac{\overline{BC}}{\overline{AB}.\overline{AC}} + \frac{\overline{CD}}{\overline{AC}.\overline{AD}}$$

$$\frac{\overline{BE}}{\overline{AB}.\overline{AE}} = \frac{\overline{BD}}{\overline{AB}.\overline{AD}} + \frac{\overline{DE}}{\overline{AD}.\overline{AE}}$$

$$\frac{\overline{BF}}{\overline{AB}.\overline{AF}} = \frac{\overline{BE}}{\overline{AB}.\overline{AE}} + \frac{\overline{EF}}{\overline{AE}.\overline{AF}}$$

$$\frac{\overline{BG}}{\overline{AB}.\overline{AG}} = \frac{\overline{BF}}{\overline{AB}.\overline{AF}} + \frac{\overline{FG}}{\overline{AF}.\overline{AG}}$$

Ajoutant toutes ces équations, et observant que le premier membre de chacune, excepté la dernière, étant égal au premier terme du second membre de l'équation suivante, ils se détruisent l'un l'autre dans l'addition, on aura l'équation exprimée dans l'énoncé du théorême, qui n'est, comme l'on voit, qu'une extension et une application à tous les polygones inscrits de la propriété connue des quadrilatères inscrits; savoir, que le produit des deux diagonales est égal à la somme des produits des côtés opposés.

216. Supposons le diamètre du cercle représenté par 1, et faisons $\widehat{AB} = 2a$, $\widehat{ABC} = 2b$, $\widehat{ABCD} = 2c$, $\widehat{ABCDE} = 2d$, &c.

Nous aurons $\widehat{BC}=2(b-a)$, $\widehat{CD}=2(c-b)$, $\widehat{DE}=2(d-c)$, &c.

De plus (121), AB = sin. a, AC = sin. b, AD = sin. c, &c. Donc l'équation démontrée par le théorême deviendra

$$\frac{\sin.(f-a)}{\sin.a.\sin.f}=\frac{\sin.(b-a)}{\sin.a.\sin.b}+\frac{\sin.(c-b)}{\sin.b.\sin.c}+\frac{\sin.(d-c)}{\sin.c.\sin.d}+\frac{\sin.(e-d)}{\sin.d.\sin.e}$$

$+\dfrac{\sin.(f-e)}{\sin.e.\sin.f}$; formule qui s'accorde avec celle qui a déjà été trouvée (139).

Cette équation devant avoir lieu quelles que soient les valeurs de a, b, c, d, &c., nous pouvons mettre à leurs places les complémens $\varpi-a$, $\varpi-b$, $\varpi-c$, &c. de ces angles. Et alors l'équation deviendra

$$\frac{\sin.(f-a)}{\cos.a.\cos.f}=\frac{\sin.(b-a)}{\cos.a.\cos.b}+\frac{\sin.(c-b)}{\cos.b.\cos.c}+\&c.$$

217. L'équation trouvée par le théorême ayant toujours lieu, quelle que soit la position du point A sur l'arc $\widehat{BG}$, on peut en conclure que *dans tout polygone* BCDEFG *inscrit au cercle, la somme des quotiens de chacun de ses côtés, par le produit des deux droites menées à ses extrémités d'un point* A *pris arbitrairement sur la circonférence, est toujours la même, quel que soit ce point* A, *pourvu qu'il soit le même pour tous les côtés du polygone, et qu'on prenne négativement le côté* $\overline{BG}$, *dont le revers répond à ce point* A.

218. Revenons à notre théorie générale (fig. 72). Je prolonge la transversale $\overline{CD}$, jusqu'à ce qu'elle rencontre en F le côté $\overline{AB}$ du triangle BGA; et je me propose de trouver les rapports existans entre les quantités linéaires du nouveau système; lequel est, comme l'on voit, l'assemblage de quatre lignes droites $\overline{AB}$, $\overline{AC}$, $\overline{BD}$, $\overline{CD}$ tracées dans un même plan, et prolongées jusqu'à leurs rencontres respectives, ou un quadrilatère complet sans diagonales.

Pour cela, par l'un B des angles du triangle proposé BGA, je mène une droite $\overline{Bb}$ parallèle au côté opposé $\overline{GA}$, et je la prolonge jusqu'à la transversale $\overline{CDF}$ au point b. Cela posé, les deux triangles semblables DBb, DGC, donnent

$$\overline{Bb} : \overline{GC} :: \overline{BD} : \overline{DG},$$

et pareillement les triangles FBb, FAC donnent

$$\overline{AC} : \overline{Bb} :: \overline{AF} : \overline{BF}.$$

Multipliant ensemble ces deux proportions, nous aurons en effaçant $\overline{Bb}$ de part et d'autre,

$$\overline{AF}.\overline{BD}.\overline{GC} = \overline{AC}.\overline{BF}.\overline{GD}.$$

Nous sommes arrivés à cette formule sans l'intervention des quantités linéo-angulaires : nous aurions également pu l'obtenir par le secours de celles-ci ; car les triangles BDF, DGC, FCA, donnent

$$\overline{BD} : \overline{BF} :: \sin. BFD : \sin. BDF$$

$$\overline{GC} : \overline{DG} :: \sin. GDC : \sin. DCG$$

$$\overline{AF} : \overline{AC} :: \sin. ACF : \sin. AFC$$

Multipliant ces trois proportions et réduisant, à cause des angles qui se trouvent deux à deux égaux dans les deux derniers termes, nous aurons comme ci-dessus,

$$\overline{AF}.\overline{BD}.\overline{GC} = \overline{AC}.\overline{BF}.\overline{GD}.$$

Cette équation peut se traduire en langage ordinaire par la proposition suivante.

THÉORÊME V.

219. *Les trois côtés d'un triangle quelconque, prolongés s'il le faut, étant coupés par une même transversale ; les six segmens formés deux à deux sur chacun de ces côtés, entre chacun des angles qui le termine et la transversale, sont tels, que le produit de trois d'entre eux comme facteurs, est égal au produit des trois autres ; en prenant ces facteurs de manière qu'il n'en entre jamais deux dans le même produit, qui aient*

pour extrémités un même angle du triangle, ou un même point de la transversale.

En effet, on voit que les six segmens formés deux à deux sur les côtés du triangle, BGA entre chacun des angles du triangle et la transversale, sont $\overline{BD}$, $\overline{GD}$, pour le côté $\overline{BG}$; $\overline{GC}$, $\overline{AC}$ pour le côté $\overline{GA}$; $\overline{AF}$, $\overline{BF}$, pour le côté $\overline{AB}$; que dans la formule trouvée $\overline{AF}.\overline{BD}.\overline{GC} = \overline{AC}.\overline{BF}.\overline{GD}$. Ces segmens entrent trois par trois comme facteurs dans chacun des deux produits, et qu'enfin, aucun des six points B, G, A, F, D, C, qui terminent ces segmens, ne se trouve répété deux fois dans le même produit. Or le même raisonnement peut s'appliquer à tout autre triangle coupé par une transversale quelconque : donc la proposition est vraie généralement; soit que la transversale coupe l'aire même du triangle, soit qu'elle passe au-dehors et ne coupe que les prolongemens des côtés (fig. 79, 80, 81, 82).

220. Puisque le système général est composé de quatre lignes droites tracées dans le même plan, et que ces quatre droites prises trois à trois forment un triangle, auquel sert de transversale la quatrième droite, il y a dans ce système général quatre triangles BGA, BFD, FCA, DGC, à chacun desquels on peut appliquer le théorême précédent : ou ce qui revient au même, ces quatre triangles forment quatre systêmes corrélatifs, auxquels on peut appliquer immédiatement la formule trouvée pour le systême primitif. Je dis immédiatement, parce que la formule n'ayant que deux termes, il n'y a aucun changement de signes à opérer. Nous aurons donc d'abord entre ces quatre systêmes la corrélation de construction suivante (fig. 72, 79, 80, 81, 82).

1er syst...... BGADFC
2e syst...... BFDAGC
3e syst...... FCADBG
4e syst...... DGCBFA

En appliquant donc à chacun de ces systêmes la formule trouvée ci-dessus pour le premier d'entre eux, ou le théorême précédent qui en est la traduction, on aura les quatre équations suivantes :

$$\overline{AF}.\overline{BD}.\overline{GC} = \overline{AC}.\overline{BF}.\overline{GD}$$
$$\overline{DG}.\overline{BA}.\overline{FC} = \overline{DC}.\overline{BG}.\overline{FA}$$
$$\overline{AB}.\overline{FD}.\overline{CG} = \overline{AG}.\overline{FB}.\overline{CD}$$
$$\overline{CF}.\overline{DB}.\overline{GA} = \overline{CA}.\overline{DF}.\overline{GB}$$

Ces quatre formules se réduisent à trois ; car en multipliant la première par la seconde, et divisant par la troisième, on a la quatrième.

221. Ces trois équations, jointes aux quatre évidentes, qui résultent de la comparaison de chaque ligne avec ses segmens; savoir, $\overline{BG} = \overline{BD} + \overline{GD}$, $\overline{BA} = \overline{FA} - \overline{FB}$, $\overline{GA} = \overline{GC} + \overline{CA}$, $\overline{CD} = \overline{CF} - \overline{FD}$, forment les sept équations nécessaires pour trouver dans la figure proposée, parmi les douze quantités linéaires qui y entrent, les sept inconnues, lorsque les cinq autres choses sont données; pourvu que ces cinq choses soient indépendantes les unes des autres. Or cette figure est, comme nous l'avons déjà observé, un quadrilatère complet, considéré sans ses diagonales ; c'est-à-dire, que le théorême ci-dessus (219), résoud la question suivante.

Parmi les douze quantités linéaires qui entrent dans la composition d'un quadrilatère complet considéré sans ses diagonales, cinq quelconques indépendantes les unes des autres étant données, trouver les sept inconnues.

222. En multipliant la première de ces formules par la seconde ; la première en croix avec la troisième, la première en croix avec la quatrième, on a les trois formules suivantes ;

$$\overline{BA}.\overline{BD}.\overline{CF}.\overline{CG} = \overline{BF}.\overline{BG}.\overline{CA}.\overline{CD}$$
$$\overline{AF}.\overline{AG}.\overline{DB}.\overline{DC} = \overline{AB}.\overline{AC}.\overline{DF}.\overline{DG}$$
$$\overline{GB}.\overline{GC}.\overline{FA}.\overline{FD} = \overline{GA}.\overline{GD}.\overline{FB}.\overline{FC}$$

lesquelles peuvent être mises sous la forme de proportions comme il suit :

$$\overline{BF}.\overline{BG} : \overline{CF}.\overline{CG} :: \overline{BA}.\overline{BD} : \overline{CA}.\overline{CD}$$

$$\overline{AB}.\overline{AC} : \overline{DB}.\overline{DC} :: \overline{AF}.\overline{AG} : \overline{DF}.\overline{DG}$$

$$\overline{GA}.\overline{GD} : \overline{FA}.\overline{FD} :: \overline{GB}.\overline{GC} : \overline{FB}.\overline{FC}$$

Ces trois proportions expriment la même propriété ; la première pour le quadrilatère ordinaire BDCA ; la seconde, pour le quadrilatère à angle rentrant AFDG ; la troisième, pour le quadrilatère formant deux triangles opposés au sommet GCFB, et peuvent être traduites en langage ordinaire par la proposition suivante.

THÉORÈME VI.

Dans tout quadrilatère simple, le produit des deux distances de l'un quelconque des angles aux points de concours des côtés partant de ce même angle, avec les côtés respectivement opposés, est au produit des deux distances de l'angle opposé en diagonale, aux mêmes points de concours ; comme le produit des deux côtés du quadrilatère adjacens au premier de ces angles est au produit des deux autres côtés.

Car, par exemple, pour la première des trois proportions ci-dessus, $\overline{BF}.\overline{BG}$ est le produit des deux distances de l'angle B du quadrilatère BDCA aux points de concours F, G, des côtés $\overline{BA}$, $\overline{BD}$, partant de ce même angle B avec les côtés respectivement opposés $\overline{CD}$, $\overline{CA}$; $\overline{CF}.\overline{CG}$, est le produit des deux distances de l'angle C opposé en diagonale à l'angle B, aux mêmes points de concours F, G ; $\overline{BA}.\overline{BD}$ est le produit des deux côtés du quadrilatère adjacens au premier angle B : et enfin, $\overline{CA}.\overline{CD}$ est le produit des deux autres côtés. Il en est de même des deux autres proportions. Ainsi la proposition a toujours lieu, de quelque forme que soit le quadrilatère.

223. Maintenant soient menées (fig. 83, 84, 85) les trois diagonales $\overline{AD}$, $\overline{BC}$, $\overline{FG}$, du quadrilatère complet. On verra facilement que la proposition précédente peut aussi s'exprimer comme il suit.

Dans tout quadrilatère complet, si l'on mène une des diagonales, et que l'on compare ensemble les deux quadrilatères simples auxquels cette diagonale est commune : le produit des deux côtés de l'un de ces quadrilatères et partants de l'une quelconque des extrémités de cette diagonale, est au produit des deux autres côtés de ce même quadrilatère, comme le produit des deux côtés de l'autre quadrilatère partants de la première extrémité de cette diagonale, est au produit des deux autres côtés de ce second quadrilatère.

Car si l'on compare, par exemple, les deux quadrilatères simples ABDC, FDGA, qui ont pour diagonale commune $\overline{AD}$, on voit par la seconde des trois proportions ci-dessus, que le produit $\overline{AB}.\overline{AC}$ des deux côtés qui partent de l'extrémité A de cette diagonale, est au produit $\overline{DB}.\overline{DC}$ des deux autres côtés de ce même quadrilatère, comme le produit $\overline{AF}.\overline{AG}$ des deux côtés du second quadrilatère partant du premier point A de la diagonale, est au produit $\overline{DF}.\overline{DG}$ des deux autres côtés de ce second quadrilatère.

224. Supposons que la diagonale $\overline{AD}$ coupe les deux autres $\overline{BC}$, $\overline{FG}$ aux points H, K; et comparons les deux triangles AFK, AGK, formés sur la même diagonale $\overline{FG}$, séparés par l'une $\overline{AD}$ des deux autres, et coupés respectivement par les transversales $\overline{BG}$, $\overline{FC}$. Le théorême nous donnera donc les deux équations suivantes :

$$\overline{AB}.\overline{DK}.\overline{GF} = \overline{AD}.\overline{BF}.\overline{GK}$$
$$\overline{AD}.\overline{GC}.\overline{FK} \quad \overline{DK}.\overline{AC}.\overline{GF}$$

Multipliant ces deux équations et réduisant, on a

$$\overline{AB}.\overline{FK}.\overline{GC} = \overline{AC}.\overline{FB}.\overline{GK};$$

formule qui peut se traduire par la proposition suivante.

THÉORÊME

THÉORÊME VII.

Si d'un point quelconque pris dans le plan d'un triangle, on mène aux trois angles des droites ou transversales, et qu'on prolonge chacune d'elles jusqu'à ce qu'elle rencontre le côté opposé, il en résultera sur chacun de ces côtés, deux segmens, compris entre chacun des angles qui le terminent et la transversale qui le coupe : or le produit de trois de ces segmens comme facteurs, est égal au produit des trois autres : en prenant ces segmens de manière que dans chacun de ces produits, il n'en entre pas deux qui aient pour extrémités un même angle du triangle ou un même point de la transversale.

En effet, on voit que les six segmens formés deux à deux sur les côtés du triangle FGA entre chacun des angles de ce triangle, et les transversales $\overline{DF}$, $\overline{DG}$, $\overline{DA}$, partant du même point D, et prolongées, sont $\overline{FK}$, $\overline{GK}$; $\overline{GC}$, $\overline{AC}$; $\overline{AB}$, $\overline{FB}$. que dans la formule $\overline{AB}.\overline{FK}.\overline{GC} = \overline{AC}.\overline{FB}.\overline{GK}$ trouvée ci-dessus, ces segmens entrent trois par trois comme facteurs dans chacun des deux produits, et qu'enfin, aucun des six points F, G, A, K, C, B, qui terminent ces segmens, ne se trouve répété deux fois dans le même produit. Or le même raisonnement peut s'appliquer à tout autre triangle. Donc la proposition est vraie généralement, soit que le point D d'où partent les trois transversales soit pris sur l'aire même du triangle ou au-dehors ; pourvu que ce soit toujours dans le même plan.

225. Appliquons ce principe au triangle BDA, qui a pour ses trois sommets trois des angles du quadrilatère BDCA, et pour l'un de ses côtés, l'une $\overline{DA}$ des trois diagonales de ce même quadrilatère. Du point C aux trois angles de ce triangle sont menées des transversales $\overline{CB}$, $\overline{CD}$, $\overline{CA}$; donc en lui appliquant le théorême précédent, nous aurons

$$\overline{AF}.\overline{BG}.\overline{DH} = \overline{AH}.\overline{BF}.\overline{DG}.$$

Mais le même triangle BDA coupé par la transversale $\overline{FG}$ qui ne passe par aucun de ses angles, donne

$$\overline{AK}.\overline{BF}.\overline{DG} = \overline{AF}.\overline{BG}.\overline{DK}.$$

Multipliant ces deux équations et réduisant, on a

$$\overline{AK}.\overline{DH} = \overline{AH}.\overline{DK}, \text{ ou } \overline{AH} : \overline{DH} :: \overline{AK} : \overline{DK}.$$

proportion qu'on peut traduire par la proposition suivante.

THÉORÊME VIII.

Dans tout quadrilatère complet ayant ses trois diagonales, chacune de ces diagonales est coupée par les deux autres en segmens proportionnels.

Car $\overline{AH}$, $\overline{DH}$, sont les segmens formés sur la diagonale $\overline{AD}$ du quadrilatère BDCA par la diagonale $\overline{BC}$, et $\overline{AK}$, $\overline{DK}$, sont les segmens formés sur la même première diagonale $\overline{AD}$ par la troisième $\overline{FG}$.

226. Les aires des triangles BAC, BDC qui ont pour base commune $\overline{BC}$, sont évidemment entre elles comme les segmens $\overline{AH}$, $\overline{DH}$ de la diagonale qui joint les autres sommets de ces triangles; c'est-à-dire qu'on a

$$\overline{\overline{ABC}} : \overline{\overline{DBC}} :: \overline{AH} : \overline{DH}.$$

Pareillement les aires des triangles AFG, DFG qui ont pour base commune $\overline{FG}$ sont entre elles comme les segmens $\overline{AK}$, $\overline{DK}$ de la même diagonale $\overline{AD}$; c'est-à-dire qu'on a

$$\overline{AK} : \overline{DK} :: \overline{\overline{AFG}} : \overline{\overline{DFG}}.$$

De plus, par le théorême précédent, on a

$$\overline{AH} : \overline{DH} :: \overline{AK} : \overline{DK}.$$

Multipliant ensemble ces trois proportions et réduisant, on a

$$\overline{\overline{ABC}} : \overline{\overline{AFG}} :: \overline{\overline{DBC}} : \overline{\overline{DFG}};$$

proportion qu'on peut traduire par la proposition suivante.

THÉORÈME IX.

Dans tout quadrilatère complet, les aires des deux triangles qui ont pour sommet commun l'une des extrémités de l'une des trois diagonales, et pour bases respectives les deux autres diagonales, sont entre elles comme les aires des deux triangles qui, appuyés respectivement sur les mêmes bases, ont pour sommet commun l'autre extrémité de la première diagonale.

Car dans la proportion précédente, les triangles ABC, AFG, ont pour sommet commun l'extrémité A de la diagonale $\overline{AD}$, et pour bases respectives les deux autres diagonales $\overline{BC}$, $\overline{FG}$; et pareillement les triangles DBC, DFG ont respectivement les même bases, et pour sommet commun, l'autre extrémité D de la première diagonale.

227. Le quadrilatère complet avec ses trois diagonales que nous venons d'examiner, nous offre dans sa décomposition onze quadrilatères complets sans leurs diagonales, c'est-à-dire, onze figures différentes formées chacune par l'assemblage de quatre droites prolongées jusqu'à leurs rencontres respectives; car il y a en tout sept lignes droites tracées : savoir les quatre côtés du quadrilatère ABDC et ses trois diagonales. Or ces sept droites combinées quatre à quatre donnent $\frac{7.6.5.4}{1.2.3.4}$ ou 35 combinaisons. Il y auroit donc 35 quadrilatères complets sans diagonales, si plusieurs de ces lignes ne se croisoient trois à trois aux mêmes angles. Mais chacun de ces croisemens diminue de quatre le nombre de ces quadrilatères. Donc puisqu'il y a six de ces croisemens, le nombre des quadrilatères est diminué de 24. Donc il se réduit à onze. Mais comme chacun de ces quadrilatères complets sans diagonales comprend lui-même (103) trois quadrilatères simples, il suit que le quadrilatère complet, avec ses trois diagonales, renferme dans sa composition 33 quadrilatères simples. De plus, chacun des onze quadrilatères complets sans diagonales dont nous venons de parler, fournit quatre formules en

vertu du théorême v, qui est celui d'où dérivent tous les autres trouvés (222, 223, 224, 225); donc il y aura 44 de ces formules qui se trouveront toutes différentes les unes des autres, et toutes applicables au quadrilatère complet avec ses trois diagonales. Voici le tableau général de corrélation de ces 33 quadrilatères simples et des 44 formules qui en résultent (fig. 83, 84, 85).

Tableau général de la corrélation de construction des trente-trois quadrilatères simples qui entrent dans la composition du quadrilatère complet avec ses trois diagonales, et des quarante-quatre formules qui en résultent en vertu du théorême v.

Les quatre angles du quadrilatère primitif sont exprimés par A, B, D, C, et l'on suppose $\overline{AB}\ \overline{DC} \mathrel{=\!\!\!\!|} F$, $\overline{AC}\ \overline{DB} \mathrel{=\!\!\!\!|} G$, $\overline{AD}\ \overline{BC} \mathrel{=\!\!\!\!|} H$, $\overline{AD}\ \overline{FG} \mathrel{=\!\!\!\!|} K$, $\overline{BC}\ \overline{FG} \mathrel{=\!\!\!\!|} L$.

Chaque quadrilatère a été désigné par ses quatre angles d'abord, et ensuite par les points de concours des côtés respectivement opposés deux à deux.

	Quadrilatères.	Formules.
1er syst.	ABDCFG	$\overline{AF}.\overline{BD}.\overline{GC} = \overline{AC}.\overline{BF}.\overline{GD}$
	AFDGBC	$\overline{AG}.\overline{CD}.\overline{FB} = \overline{AB}.\overline{CG}.\overline{FD}$
	BFCGAD	$\overline{BG}.\overline{DC}.\overline{FA} = \overline{BA}.\overline{DG}.\overline{FC}$
		$\overline{CF}.\overline{DB}.\overline{GA} = \overline{CA}.\overline{DF}.\overline{GB}$
2e syst.	FGCBLA	$\overline{FL}.\overline{GC}.\overline{AB} = \overline{FB}.\overline{GL}.\overline{AC}$
	FLCAGB	$\overline{FA}.\overline{BC}.\overline{LG} = \overline{FG}.\overline{BA}.\overline{LC}$
	GLBAFC	$\overline{GA}.\overline{CB}.\overline{LF} = \overline{GF}.\overline{CA}.\overline{LB}$
		$\overline{BL}.\overline{CG}.\overline{AF} = \overline{BF}.\overline{CL}.\overline{AG}$
3e syst.	FDHBCA	$\overline{FC}.\overline{DH}.\overline{AB} = \overline{FB}.\overline{DC}.\overline{AH}$
	FCHADB	$\overline{FA}.\overline{BH}.\overline{CD} = \overline{FD}.\overline{BA}.\overline{CH}$
	DCBAFH	$\overline{DA}.\overline{HB}.\overline{CF} = \overline{DF}.\overline{HA}.\overline{CB}$
		$\overline{BC}.\overline{HD}.\overline{AF} = \overline{BF}.\overline{HC}.\overline{AD}$

	Quadrilatères.	Formules.
4ᵉ syst.	FKDBGA	$\overline{FG}.\overline{KD}.\overline{AB} = \overline{FB}.\overline{KG}.\overline{AD}$
	FGDAKB	$\overline{FA}.\overline{BD}.\overline{GK} = \overline{FK}.\overline{BA}.\overline{GD}$
	KGBAFD	$\overline{KA}.\overline{DB}.\overline{GF} = \overline{KF}.\overline{DA}.\overline{GB}$
		$\overline{BG}.\overline{DK}.\overline{AF} = \overline{BF}.\overline{DG}.\overline{AK}$
5ᵉ syst.	LGDCFB	$\overline{LF}.\overline{GD}.\overline{BC} = \overline{LC}.\overline{GF}.\overline{BD}$
	LFDBGC	$\overline{LB}.\overline{CD}.\overline{FG} = \overline{LG}.\overline{CB}.\overline{FD}$
	GFCBLD	$\overline{GB}.\overline{DC}.\overline{FL} = \overline{GL}.\overline{DB}.\overline{FC}$
		$\overline{CF}.\overline{DG}.\overline{BL} = \overline{CL}.\overline{DF}.\overline{BG}$
6ᵉ syst.	GCHDAB	$\overline{GA}.\overline{CH}.\overline{BD} = \overline{GD}.\overline{CA}.\overline{BH}$
	GAHBCD	$\overline{GB}.\overline{DH}.\overline{AC} = \overline{GC}.\overline{DB}.\overline{AH}$
	CADBGH	$\overline{CB}.\overline{HD}.\overline{AG} = \overline{CG}.\overline{HB}.\overline{AD}$
		$\overline{DA}.\overline{HC}.\overline{BG} = \overline{DG}.\overline{HA}.\overline{BC}$
7ᵉ syst.	GCDKAF	$\overline{GA}.\overline{CD}.\overline{FK} = \overline{GK}.\overline{CA}.\overline{FD}$
	GADFCK	$\overline{GF}.\overline{KD}.\overline{AC} = \overline{GC}.\overline{KF}.\overline{AD}$
	CAKFGD	$\overline{CF}.\overline{DK}.\overline{AG} = \overline{CG}.\overline{DF}.\overline{AK}$
		$\overline{KA}.\overline{DC}.\overline{FG} = \overline{KG}.\overline{DA}.\overline{FC}$
8ᵉ syst.	LKDCFH	$\overline{LF}.\overline{KD}.\overline{HC} = \overline{LC}.\overline{KF}.\overline{HD}$
	LFDHKC	$\overline{LH}.\overline{CD}.\overline{FK} = \overline{LK}.\overline{CH}.\overline{FD}$
	KFCHLD	$\overline{KH}.\overline{DC}.\overline{FL} = \overline{KL}.\overline{DH}.\overline{FC}$
		$\overline{CF}.\overline{DK}.\overline{HL} = \overline{CL}.\overline{DF}.\overline{HK}$
9ᵉ syst.	FKHBLA	$\overline{FL}.\overline{KH}.\overline{AB} = \overline{FB}.\overline{KL}.\overline{AH}$
	FLHAKB	$\overline{FA}.\overline{BH}.\overline{LK} = \overline{FK}.\overline{BA}.\overline{LH}$
	KLBAFH	$\overline{KA}.\overline{HB}.\overline{LF} = \overline{KF}.\overline{HA}.\overline{LB}$
		$\overline{BL}.\overline{HK}.\overline{AF} = \overline{BF}.\overline{HL}.\overline{AK}$

	Quadrilatères.	Formules.
10ᵉ syst........	LGDHKB	$\overline{LK}.\overline{GD}.\overline{BH} = \overline{LH}.\overline{GK}.\overline{BD}$
	LKDBGH	$\overline{LB}.\overline{HD}.\overline{KG} = \overline{LG}.\overline{HB}.\overline{KD}$
	GKHBLD	$\overline{GB}.\overline{DH}.\overline{KL} = \overline{GL}.\overline{DB}.\overline{KH}$
		$\overline{HK}.\overline{DG}.\overline{BL} = \overline{HL}.\overline{DK}.\overline{BG}$
11ᵉ syst........	KGCHLA	$\overline{KL}.\overline{GC}.\overline{AH} = \overline{KH}.\overline{GL}.\overline{AC}$
	KLCAGH	$\overline{KA}.\overline{HC}.\overline{LG} = \overline{KG}.\overline{HA}.\overline{LC}$
	GLHAKC	$\overline{GA}.\overline{CH}.\overline{LK} = \overline{GK}.\overline{CA}.\overline{LH}$
		$\overline{HL}.\overline{CG}.\overline{AK} = \overline{HK}.\overline{CL}.\overline{AG}$

Ces formules sont applicables sans aucun changement de signes à tout quadrilatère complet ayant ses trois diagonales; quelle que soit d'ailleurs sa forme; parce que toutes ces formules sont à deux termes seulement (47).

228. Nous résumerons les théorêmes (v, vi, vii, viii, ix) par la proposition suivante.

Soient A, B, C, D, (fig. 83, 84, 85) *quatre points pris à volonté dans un même plan, et tel qu'il ne s'en trouve pas trois en ligne droite. Supposons*

$$\overline{AB}\;\overline{CD} \mathrel{+\!\!\!\!=} F \qquad \overline{AD}\;\overline{FG} \mathrel{+\!\!\!\!=} K$$
$$\overline{AC}\;\overline{BD} \mathrel{+\!\!\!\!=} G \qquad \overline{BC}\;\overline{FG} \mathrel{+\!\!\!\!=} L$$
$$\overline{AD}\;\overline{BC} \mathrel{+\!\!\!\!=} H$$

On aura les cinq formules suivantes (208, 211, 212, 213, 214).

1ʳᵉ..... $\overline{AF}.\overline{BD}.\overline{GC} = \overline{AC}.\overline{BF}.\overline{GD}$

2ᵉ...... $\overline{BA}.\overline{BD} : \overline{CA}.\overline{CD} :: \overline{BF}.\overline{BG}.\overline{CF}.\overline{CG}$

3ᵉ...... $\overline{AB}.\overline{FK}.\overline{GC} = \overline{AC}.\overline{FB}.\overline{GK}$

4ᵉ...... $\overline{AH} : \overline{DH} :: \overline{AK} : \overline{DK}$

5ᵉ...... $\overline{\overline{ABC}} : \overline{\overline{AFG}} :: \overline{\overline{DBC}} : \overline{\overline{DFG}}$

229. Je reprends la théorie des figures coupées par des transversales dans divers sens. Soit (fig. 86) un triangle quelconque ABC; d'un point D pris à volonté dans le plan de ce triangle, soit sur l'aire même, soit en dehors; menons aux angles A, B, C, les trois transversales $\overline{\mathrm{AD}a}$, $\overline{\mathrm{BD}b}$, $\overline{\mathrm{CD}c}$; puis par les points b, c menons la transversale $\overline{bcp}$. Cette droite, avec les six précédentes, formera le quadrilatère complet avec ses trois diagonales, tel que celui de la fig. 72. Ajoutons maintenant à cette figure les deux nouvelles droites $\overline{abn}$, $\overline{acm}$: il en résultera un triangle abc, inscrit dans un autre ABC, et ayant ses angles a, b, c, aux points d'intersection des côtés de l'autre avec les transversales menées du point D aux angles de ce dernier. Cela posé, nous avons (223) dans le triangle ABC

$$\overline{\mathrm{A}c}.\overline{\mathrm{B}a}.\overline{\mathrm{C}b} = \overline{\mathrm{A}b}.\overline{\mathrm{B}c}.\overline{\mathrm{C}a}$$

mais d'un autre côté, nous avons aussi (224)

$$\overline{\mathrm{B}c}.\overline{\mathrm{A}n} = \overline{\mathrm{A}c}.\overline{\mathrm{B}n}$$

$$\overline{\mathrm{A}b}.\overline{\mathrm{C}m} = \overline{\mathrm{C}b}.\overline{\mathrm{A}m}$$

$$\overline{\mathrm{C}a}.\overline{\mathrm{B}p} = \overline{\mathrm{B}a}.\overline{\mathrm{C}p}$$

Multipliant ces quatre équations toutes ensemble, nous aurons

$$\overline{\mathrm{A}m}.\overline{\mathrm{B}n}.\overline{\mathrm{C}p} = \overline{\mathrm{A}n}.\overline{\mathrm{B}p}.\overline{\mathrm{C}m} \qquad (\mathrm{A})$$

De même, en marquant par a', b', c' les points d'intersection des côtés $\overline{cb}$, $\overline{ca}$, $\overline{ab}$, par les transversales, $\overline{\mathrm{A}a}$, $\overline{\mathrm{B}b}$, $\overline{\mathrm{C}c}$ respectivement, le triangle abc donne (223)

$$\overline{ac'}.\overline{ba'}.\overline{cb'} = \overline{ab'}.\overline{bc'}.\overline{ca'}$$

et d'un autre côté, nous avons (224)

$$\overline{bp}.\overline{ca'} = \overline{cp}.\overline{ba'}$$

$$\overline{cm}.\overline{ab'} = \overline{am}.\overline{cb'}$$

$$\overline{an}.\overline{bc'} = \overline{bn}.\overline{ac'}$$

multipliant ces quatre équations toutes ensemble, nous aurons

$$\overline{an}.\overline{bp}.\overline{cm} = \overline{am}.\overline{bn}.\overline{cp} \qquad (\mathrm{B})$$

Les deux équations (A) et (B) peuvent être ainsi traduites.

THÉORÊME X.

230. *Si par un point* (D) *pris à volonté dans le plan d'un triangle* (ABC) (fig. 86), *on mène à chacun des angles, une transversale prolongée jusqu'au côté opposé, et si ayant joint deux à deux ces points d'intersection pour former un triangle* (abc) *inscrit au premier, on prolonge chacun des côtés de ce triangle inscrit jusqu'à la rencontre du côté opposé du triangle circonscrit* (*en* m, n, p).

1°. *Ces trois points d'intersection formeront sur les côtés du triangle circonscrit, six segmens, deux sur chacun. Or de ces six segmens, le produit de trois comme facteurs, sera égal au produit des trois autres, en les prenant de manière que dans chaque produit, il n'en entre jamais deux qui aient une extrémité commune.*

2°. *Ces mêmes points d'intersection formeront également sur les côtés du triangle inscrit six segmens, deux sur chacun. Or de ces six segmens, le produit de trois comme facteurs sera égal au produit des trois autres, en les prenant de manière que dans chaque produit, il n'en entre jamais deux, qui aient une extrémité commune.*

231. Maintenant je suppose (fig. 87) les points a, b, c, pris à volonté sur les côtés du triangle ABC, ou leurs prolongemens, et non comme on l'a supposé précédemment, aux points d'intersection des côtés de ce triangle ABC avec des transversales partant d'un point commun D. Cela posé ;

Le triangle ABC coupé successivement par les trois côtés $\overline{ab}$, $\overline{bc}$, $\overline{ca}$, du triangle inscrit comme transversales, donne

$$\overline{An}.\overline{Ba}.\overline{Cb} = \overline{Ab}.\overline{Bn}.\overline{Ca}$$
$$\overline{Ab}.\overline{Bc}.\overline{Cp} = \overline{Ac}.\overline{Bp}.\overline{Cb}$$
$$\overline{Ac}.\overline{Ba}.\overline{Cm} = \overline{Am}.\overline{Bc}.\overline{Ca}$$

Multipliant ces trois proportions toutes ensemble et de toutes les

les manières, soit directement, soit en croix, et réduisant, on a

$$\overline{Ba}^2.\overline{An}.\overline{Cm}.\overline{Cp} = \overline{Ca}^2.\overline{Am}.\overline{Bn}.\overline{Bp}$$
$$\overline{Ab}^2.\overline{Bn}.\overline{Cp}.\overline{Cm} = \overline{Cb}^2.\overline{Bp}.\overline{An}.\overline{Am}$$
$$\overline{Ac}^2.\overline{Cm}.\overline{Bn}.\overline{Bp} = \overline{Bc}^2.\overline{Cp}.\overline{Am}.\overline{An}$$

Beaucoup d'autres combinaisons du même genre peuvent être faites au moyen des formules données (228).

232. Mais on peut généraliser encore cette théorie en cessant de prendre les points a, b, c, sur les côtés même du triangle ABC. En effet :

Soient ABC, abc, (fig. 88) deux triangles quelconques tracés dans un même plan, et prolongeons les côtés de ces triangles jusqu'à ce qu'ils se rencontrent tous respectivement, aux points m, n, p, sur BC, m', n', p' sur AC, m'', n'', p'' sur AB. Cela posé,

Le triangle abc, coupé successivement par les trois côtés $\overline{BC}$, $\overline{AC}$, $\overline{AB}$ de l'autre, comme transversales, donnera (219)

$$\overline{am}.\overline{bp}.\overline{cn} = \overline{an}.\overline{bm}.\overline{cp}$$
$$\overline{am'}.\overline{bp'}.\overline{cn'} = \overline{an'}.\overline{bm'}.\overline{cp'}$$
$$\overline{am''}.\overline{bp''}.\overline{cn''} = \overline{an''}.\overline{bm''}.\overline{cp''}$$

Multipliant ces trois équations, nous aurons

$$\overline{am}.\overline{am'}.\overline{am''} \times \overline{bp}.\overline{bp'}.\overline{bp''} \times \overline{cn}.\overline{cn'}.\overline{cn''}$$
$$= \overline{an}.\overline{an'}.\overline{an''} \times \overline{bm}.\overline{bm'}.\overline{bm''} \times \overline{cp}.\overline{cp'}.\overline{cp''}$$

formule qu'on peut traduire comme il suit.

THÉORÈME XI.

233. *Si deux triangles quelconques* abc, ABC, (fig. 88) *sont tracés dans un même plan, et leurs côtés prolongés jusqu'à leurs rencontres respectives ; qu'ensuite on fasse*

1°. *Le produit des trois segmens interceptés sur* $\overline{\text{ab}}$ *entre le point* a *et les trois côtés du triangle* ABC;

2°. *Le produit des trois segmens interceptés sur* $\overline{\mathrm{bc}}$ *entre le point* b *et les trois côtés du même triangle* ABC;

3°. *Le produit des trois segmens interceptés sur* $\overline{\mathrm{ca}}$ *entre le point* c *et les trois côtés du même triangle* ABC.

Le produit de ces neuf facteurs sera égal au produit de ces neuf autres facteurs.

1°. *Le produit des trois segmens interceptés sur* $\overline{\mathrm{ac}}$ *entre le point* a *et les trois côtés du triangle* ABC;

2°. *Le produit des trois segmens interceptés sur* $\overline{\mathrm{cb}}$ *entre le point* c *et les trois côtés du même triangle* ABC;

3°. *Le produit des trois segmens interceptés sur* $\overline{\mathrm{ba}}$ *entre le point* b *et les trois côtés du même triangle* ABC.

Cette proposition devant avoir lieu quelque part que soient pris *a*, *b*, *c*, dans le plan du triangle A, B, C, soit au-dedans, soit au-dehors de l'aire de ce triangle, doit être réciproque entre les deux triangles, *abc*, ABC; c'est-à-dire, que nous avons aussi l'équation

$$\overline{\mathrm{A}m'}.\overline{\mathrm{A}n'}.\overline{\mathrm{A}p'} \times \overline{\mathrm{C}m}.\overline{\mathrm{C}n}.\overline{\mathrm{C}p} \times \overline{\mathrm{B}m''}.\overline{\mathrm{B}n''}.\overline{\mathrm{B}p''}$$
$$= \overline{\mathrm{A}m''}.\overline{\mathrm{A}n''}.\overline{\mathrm{A}p''} \times \overline{\mathrm{B}m}.\overline{\mathrm{B}n}.\overline{\mathrm{B}p} \times \overline{\mathrm{C}m'}.\overline{\mathrm{C}n'}.\overline{\mathrm{C}p'}$$

234. Si au lieu du triangle ABC, nous supposons un polygone d'un plus grand nombre de côtés tous coupés par les trois côtés prolongés du triangle *abc*, le principe énoncé par le théorême sera encore applicable. Car en comparant successivement ce triangle *abc* à chacun des côtés du nouveau polygone comme transversale, nous aurons autant d'équations pareilles aux trois premières trouvées (232) qu'il y a de côtés dans ce nouveau polygone; et multipliant toutes ces équations ensemble, nous aurons une formule semblable à la quatrième, mais dont chacun des termes aura trois fois autant de facteurs, qu'il y a de côtés dans ce nouveau polygone; ce qu'on peut exprimer par la proposition suivante.

THÉORÊME XII.

Si dans un même plan, ayant tracé un triangle abc, *et un autre polygone, on prolonge indéfiniment les côtés de l'un et de l'autre jusqu'à leurs rencontres respectives, et qu'on fasse*

1°. *Le produit de tous les segmens interceptés sur* $\overline{ab}$ *entre le point* a, *et chacun des côtés du polygone ;*

2°. *Le produit de tous les segmens interceptés sur* $\overline{bc}$ *entre le point* b, *et chacun des côtés du polygone ;*

3°. *Le produit de tous les segmens interceptés sur* $\overline{ca}$ *entre le point* c, *et chacun des côtés du polygone ;*

Et qu'ensuite on multiplie ensemble ces trois produits particuliers pour avoir un produit général. Ce produit général sera égal à celui qui résultera des trois autres produits particuliers suivans.

1°. *Le produit de tous les segmens interceptés sur* $\overline{ac}$ *entre le point* a, *et chacun des côtés du polygone ;*

2°. *Le produit de tous les segmens interceptés sur* $\overline{cb}$ *entre le point* c, *et chacun des côtés du polygone ;*

3°. *Le produit de tous les segmens interceptés sur* $\overline{ba}$ *entre le point* b, *et chacun des côtés du polygone.*

Si le nombre des côtés du polygone devient infini, c'est-à-dire une courbe, le principe sera encore applicable, et nous pourrons l'énoncer comme il suit.

THÉORÊME XIII.

235. *Un triangle quelconque* abc *étant tracé dans le plan d'une courbe quelconque géométrique, et ses côtés indéfiniment prolongés. Si l'on fait les trois produits suivans ; savoir,*

1°. *Le produit de tous les segmens interceptés sur* $\overline{ab}$ *entre le point* a, *et les différentes branches de la courbe ;*

2°. *Le produit de tous les segmens interceptés sur* $\overline{bc}$ *entre le point* b, *et les différentes branches de la courbe ;*

3°. *Le produit de tous les segmens interceptés sur* $\overline{ca}$, *entre le point* c, *et les différentes branches de la courbe ;*

Qu'ensuite on multiplie ensemble ces trois produits particuliers pour avoir un produit général. Ce produit général sera égal à celui qui résultera des trois produits particuliers suivans.

1°. *Le produit de tous les segmens interceptés sur* $\overline{ac}$ *entre le point* a, *et les différentes branches de la courbe ;*

2°. *Le produit de tous les segmens interceptés sur* $\overline{cb}$ *entre le point* c, *et les différentes branches de la courbe ;*

3°. *Le produit de tous les segmens interceptés sur* $\overline{ba}$ *entre le point* b, *et les différentes branches de la courbe.*

En effet, soit (fig. 89) $mm'n'$ une courbe quelconque géométrique, et abc un triangle tracé dans le plan de cette courbe que l'on suppose coupée par chacun des côtés de ce triangle prolongé au besoin.

Par chacun des points d'intersection de cette courbe avec les côtés du triangle, imaginons une tangente indéfinie, soit $\overline{mp}$ celle de ces tangentes passant par le point m et n, p, les points d'intersection de cette tangente avec les côtés $\overline{ab}$ $\overline{ac}$.$\overline{bc}$, en considérant le triangle proposé abc comme coupé par la transversale $\overline{mp}$, nous aurons

$$\overline{am}.\overline{cn}.\overline{bp} = \overline{bm}.\overline{an}.\overline{cp}, \text{ ou } \frac{\overline{am}}{\overline{bm}} = \frac{\overline{an}}{\overline{cn}}.\frac{\overline{cp}}{\overline{bp}}$$

Considérons de même successivement toutes les tangentes dont nous avons parlé comme transversales par rapport au même triangle abc, nous aurons autant d'équations du même genre que la précédente qu'il y aura de points de contingence. Multipliant donc ensemble toutes ces équations, la formule résultante aura pour premier membre une fraction dont le numérateur sera le premier produit général mentionné dans le théorême énoncé, et dont le dénominateur sera le second de ces produits généraux. Il s'agit donc de prouver que cette fraction est égale à 1 ; ou ce qui revient au même, il s'agit de prouver que le numérateur et le dénominateur de la fraction qui forme le second membre de la formule sont égaux. Mais c'est précisément ce qu'exprime le théorême XIII démontré (235), puisque les segmens du numérateur composent le premier produit général mentionné dans ce théorême, et ceux du dénominateur, le second.

236. Supposons, par exemple, que la courbe soit une section conique (fig. 89 *bis*). Chacun des côtés du triangle coupera cette courbe en deux points; ainsi nous aurons en tout douze segmens interceptés entre les points a, b, c, et les branches de la courbe. Et supposant que les six points d'intersection soint m, m', n, n', p, p', la formule deviendra

$$\overline{am}.\overline{am'}.\overline{bp}.\overline{bp'}.\overline{cn}.\overline{cn'} = \overline{an}.\overline{an'}.\overline{cp}.\overline{cp'}.\overline{bm}.\overline{bm'}$$

Les points a, b, c sont pris à volonté, soit au-dedans, soit au-dehors de la courbe, et par conséquent les transversales $\overline{mm'}$, $\overline{nn'}$, $\overline{pp'}$, peuvent être dirigées comme l'on voudra, pourvu qu'elles rencontrent toujours toutes trois la courbe.

237. Supposons qu'elles lui deviennent tangentes (fig. 90). Soit donc abc le triangle, et A, B, C, les points de contingence; les deux points m, m' de la figure précédente coïncideront donc avec le point C, les deux points n, n', avec le point B, et les deux points p, p', avec le point A, et la formule deviendra ... $\overline{aC}^2.\overline{bA}^2.\overline{cB}^2 = \overline{aB}^2.\overline{cA}^2.\overline{bC}^2$, ou en tirant la racine quarrée, $\overline{aC}.\overline{bA}.\overline{cB} = \overline{aB}.\overline{cA}.\overline{bC}$; propriété bien remarquable des sections coniques.

238. Traçons les trois transversales $\overline{aA}$, $\overline{bB}$, $\overline{cC}$, des points où se coupent deux à deux les tangentes, au point de contingence de la troisième. Il suit (223) de l'équation précédente, que ces trois transversales coïncideront en un même point D, autre propriété également curieuse.

239. Enfin, si l'on joint deux à deux les points de contingence A, B, C, pour avoir le triangle inscrit ABC, et qu'on prolonge les côtés de ce nouveau triangle jusqu'à la rencontre

des côtés du premier, il en naîtra une figure pareille à la figure qui a été considérée (216), et par-là on appliquera aux courbes du second degré en général, les nombreuses propriétés que nous avons vu être propres à un système de transversales ainsi disposées.

240. Si le point a s'éloigne à une distance infinie (fig. 91), les côtés $\overline{ab}$, $\overline{ac}$ deviendront parallèles, les segmens $\overline{am}$, $\overline{am'}$, $\overline{an}$, $\overline{an'}$ deviendront infinis, et leur dernière raison sera une raison d'égalité. Donc la formule trouvée (236) deviendra

$$\overline{bp}.\overline{bp'}.\overline{cn}.\overline{cn'} = \overline{cp}.\overline{cp'}.\overline{bm}.\overline{bm'},$$

d'où l'on tire cette proportion

$$\overline{bm}.\overline{bm'} : \overline{cn}.\overline{cn'} :: \overline{bp}.\overline{bp'} : \overline{cp}.\overline{cp'};$$

c'est-à-dire que les produits des appliquées $\overline{bm}$, $\overline{bm'}$ correspondantes aux abscisses $\overline{pb}.\overline{p'b}$ est au produit des appliquées $\overline{cn}$, $\overline{cn'}$ correspondantes aux abscisses $\overline{pc}$, $\overline{p'c}$, comme le produit des premières abscisses est au produit des dernières. Ce qui est une propriété bien connue des sections coniques.

Cette même démonstration étant applicable à toutes les courbes au moyen du théorême XIII, on peut en conclure que si ayant mené dans une courbe quelconque géométrique un axe qui la coupe en plusieurs points, on mène aussi plusieurs appliquées parallèles entre elles, et faisant un angle quelconque avec la ligne des abscisses, les produits des segmens interceptés par la courbe sur la ligne des abscisses à différens points de l'axe sont entre eux comme les produits des appliquées correspondantes, propriété donnée par Newton dans son énumération des lignes du troisième ordre, et qui est l'une des plus fécondes de la théorie des courbes.

Mais mon objet n'est pas de rechercher dans cette section les propriétés des courbes, j'ai seulement voulu montrer jusqu'où pouvoit être poussée la théorie des transversales. Je renvoie donc pour plus grands détails, à la section VI, et je reviens à la théorie d'un système quelconque de lignes droites.

La propriété que nous avons vu (129) appartenir au triangle coupé par une transversale quelconque, est applicable aux autres polygones, quel que soit le nombre de leurs côtés ; et nous verrons bientôt qu'elle a également lieu pour les polygones gauches, en les rapportant à un plan transversal, au lieu de les rapporter à une ligne droite. Nous établirons donc d'abord la proposition suivante.

THÉOREME XIV.

241. *Un polygone quelconque étant tracé dans un plan, si l'on mène une transversale qui coupe tous ses côtés, prolongés au besoin, le produit de la moitié des segmens comme facteurs, formés deux à deux sur les côtés de ce polygone, entre la transversale et les angles qui terminent ces mêmes côtés, est égal au produit de tous les autres segmens comme facteurs : en prenant tous ces segmens de manière qu'il n'y en ait jamais deux dans le même produit, qui aient pour extrémités un même angle du polygone ou un même point de la transversale.*

Supposons, par exemple, qu'on ait un pentagone. Concevons une droite ou transversale tracée dans le même plan : prolongeons chacun des côtés du polygone jusqu'à la rencontre de cette transversale : il en résultera dix segmens, deux sur chacun des côtés : or je dis que le produit formé par cinq de ces segmens comme facteurs, est égal au produit formé des cinq autres, en les prenant de manière qu'aucune des lettres prises pour désigner, soit les angles du polygone, soit les points d'intersection de la transversale par ses côtés prolongés, n'entre deux fois dans le même produit.

Si l'on considère séparément quatre des côtés de ce pentagone, prolongés jusqu'à leurs rencontres respectives, et le cinquième comme une transversale coupant tous les côtés du quadrilatère, formé par ces quatre côtés du pentagone, on pourra appliquer à ce quadrilatère le même principe ; et il en résultera une équation encore à deux termes, mais dont chaque terme aura quatre facteurs seulement.

En effet, soit ABCDE (fig. 92) le polygone proposé, et $\overline{MN}$ la transversale quelconque menée dans le plan de ce polygone. D'un de ses angles comme B, menons des diagonales à tous ceux E, D, qui ne lui sont pas déjà joints par les côtés même du polygone. Prolongeons tous ces côtés et ces diagonales jusqu'à la rencontre de la transversale en f, g, p, h, k, r, s. Cela posé, considérons successivement les triangles BAE, BED, BDC coupés par la transversale $\overline{MN}$. En vertu du théorême (219) nous aurons

$$\overline{Af}.\overline{Ek}.\overline{Br} = \overline{Bf}.\overline{Ak}.\overline{Er}$$
$$\overline{Er}.\overline{Bs}.\overline{Dh} = \overline{Br}.\overline{Ds}.\overline{Eh}$$
$$\overline{Ds}.\overline{Bg}.\overline{Cp} = \overline{Bs}.\overline{Cg}.\overline{Dp}$$

Multipliant toutes ces équations les unes par les autres, et réduisant, on a, $\overline{Af}.\overline{Bg}.\overline{Cp}.\overline{Dh}.\overline{Ek} = \overline{Ak}.\overline{Bf}.\overline{Cg}.\overline{Dp}.\overline{Eg}$; ce qu'il falloit démontrer.

242. Maintenant, il nous est facile de voir que la même démonstration peut s'appliquer au cas où le polygone seroit gauche et coupé par un plan transversal quelconque.

Car en considérant alors la figure que nous venons d'examiner, comme une projection de la nouvelle sur un plan perpendiculaire au plan transversal proposé, ce plan transversal sera représenté par $\overline{MN}$, et les droites $\overline{Af}$, $\overline{Df}$, $\overline{Bg}$, $\overline{Cg}$, &c. seront les projections des segmens que nous avons à considérer ; donc en nommant A', f', D', B', g', C', &c. les véritables points qui se trouvent projetés en A, f, D, B, g, C, &c., et par conséquent $\overline{A'f'}$, $\overline{D'f'}$, $\overline{B'g'}$, &c. les véritables segmens, nous avons à prouver l'équation suivante

$$\overline{A'f'}.\overline{B'g'}.\overline{C'p'}.\overline{D'h'}.\overline{E'k'} = \overline{A'k'}.\overline{B'f'}.\overline{C'g'}.\overline{D'p'}.\overline{E'h'}.$$

Or en appliquant le théorême v (219) successivement aux triangles $B'A'E'$ coupé par la transversale $\overline{f'r'}$, $B'E'D'$ coupé par la transversale

transversale $\overline{s'r'}$, B'C'D' coupé par la transversale $\overline{g'p'}$, nous trouvons les trois équations suivantes,

$$\overline{A'f'}.\overline{E'k'}.\overline{B'r'} = \overline{B'f'}.\overline{A'k'}.\overline{E'r'}$$
$$\overline{E'r'}.\overline{B's'}.\overline{D'h'} = \overline{B'r'}.\overline{D's'}.\overline{E'h'}$$
$$\overline{D's'}.\overline{B'g'}.\overline{C'p'} = \overline{B's'}.\overline{C'g'}.\overline{D'p'}$$

lesquelles multipliées toutes ensemble, donnent l'équation ci-dessus qu'il falloit démontrer.

La même démonstration étant visiblement applicable, quel que soit le nombre des côtés du polygone, nous pouvons en conclure la proposition suivante.

THÉORÊME XV.

Si un polygone quelconque, plan ou gauche, est coupé par un plan transversal quelconque, le produit de la moitié des segmens comme facteurs, formés deux à deux sur chacun des côtés de ce polygone entre ce plan transversal et chacun des angles qui terminent ce côté, sera égal au produit de tous les autres segmens comme facteurs, en les prenant de manière que dans chacun de ces produits, il n'y en ait jamais deux qui ayent pour extrémités un même angle du polygone, ou un même point du plan transversal.

243. Pareillement, nous pouvons étendre le théorême XII à tous les polygones tracés dans un plan, comme il suit.

THÉORÊME XVI.

Soit (fig. 93) *un systême quelconque de lignes droites indéfinies* $\overline{AB}$, $\overline{BC}$, $\overline{CD}$, &c. *tracées dans un même plan et formant un polygone. Formons dans ce même plan un autre polygone quelconque* abcde, *et prolongeons ses côtés indéfiniment : désignons par* (a'b') *le produit des segmens interceptés sur* $\overline{ab}$ *entre le point* a *et les différentes lignes* $\overline{AB}$, $\overline{BC}$, &c. *prolongées du sys-*

tême ; par (b'a') *le produit des segmens interceptés sur la même droite entre le point* b *et les droites* $\overline{\mathrm{AB}}$, $\overline{\mathrm{BC}}$, &c. ; *désignons pareillement par* (b'c') *et* (c'b') *les produits des segmens de la droite* $\overline{\mathrm{bc}}$, *interceptés respectivement entre les points* b, c, *et les droites* $\overline{\mathrm{AB}}$, $\overline{\mathrm{BC}}$, &c. *par* (c'd') et (d'c') *les produits des segmens de la droite* $\overline{\mathrm{cd}}$ *interceptés à partir des points* c, d, *respectivement*, &c. *Cela posé, on aura la formule suivante* (a'b').(b'c').(c'd'), &c. = (b'a').(c'b').(d'c'), &c.

En effet, si l'on mène la diagonale $\overline{ac}$, et qu'adoptant la même notation que ci-dessus on désigne par $(a'c')$ et $(c'a')$, les produits des segmens interceptés sur $\overline{ac}$ à partir des points a, c, respectivement par les droites $\overline{\mathrm{AB}}$, $\overline{\mathrm{BC}}$, &c. on aura par le théorême XII, $(a'b')\,(b'c')\,(c'a') = (a'c')\,(c'b')\,(b'a')$. Pareillement en menant la diagonale $\overline{ad}$, on aura, suivant la même notation $(a'c')\,(c'd')\,(d'a') = (a'd')\,(d'c')\,(c'a')$, et enfin, $(a'd')\,(d'e')\,(e'a') = (a'e')\,(e'd')\,(d'a')$.

Multipliant ensemble ces trois équations, et réduisant, on a $(a'b')\,(b'c')\,(c'd')\,(d'e')\,(e'a') = (a'e')\,(e'd')\,(d'c')\,(c'b')\,(b'a')$; ce qu'il falloit démontrer ; et il est évident que la même démonstration a lieu quel que soit le nombre des côtés du polygone proposé *abcde*, et celui des transversales $\overline{\mathrm{AB}}$, $\overline{\mathrm{BC}}$, $\overline{\mathrm{CD}}$, &c.

244. Il est également clair que la même démonstration s'appliqueroit au cas où les points a, b, c, d, e, ne seroient pas dans un même plan ; en regardant alors $\overline{\mathrm{AB}}$, $\overline{\mathrm{BC}}$, $\overline{\mathrm{CD}}$, &c. non comme des lignes droites, mais comme des plans. C'est-à-dire qu'en général nous pouvons établir la proposition suivante.

THÉORÊME XVII.

Soit un polyèdre quelconque ; formons dans l'espace un polygone quelconque plan ou gauche, et prolongeons les côtés de ce polygone jusqu'à la rencontre des faces du polyèdre, supposons que a, b, c, d, &c. *soient les sommets des angles de ce poly-*

gone, et représentons par (a′b′) *le produit de tous les segmens interceptés sur* $\overline{ab}$ *à partir du point* a *par les faces du polyèdre, par* (b′a′) *le produit des segmens interceptés sur la même droite à partir du point* b; *ainsi des autres. On aura* $(a'b')\ (b'c')\ (c'd')$, &c. $= (b'a')\ (c'b')\ (d'c')$ &c.

245. Il résulte de toute cette théorie sur les quantités linéaires, considérées seules et sans l'intervention des quantités angulaires, que toutes les fois qu'une figure peut être construite avec la règle et le compas seuls, sans qu'il soit besoin du cercle gradué, il sera possible de trouver l'expression analytique de toutes les lignes qui entreront dans la composition du système, en valeurs des quantités données, sans faire intervenir dans le calcul les quantités linéo-angulaires; car en menant toutes les diagonales de cette figure, on en formera une chaîne de triangles coupés en différens sens par des transversales. Or la théorie précédente donne le moyen d'exprimer les rapports existans entre toutes les lignes et segmens de lignes qui entrent dans un pareil assemblage.

246. Cette même théorie des transversales s'étend aux triangles sphériques et autres polygones formés sur la surface de la sphère, par des arcs de grands cercles, en substituant aux droites dont nous avons parlé, les sinus des arcs correspondans.

En effet, soit (fig. 94) un triangle sphérique AFG coupé par l'arc de grand cercle $\widehat{CBL}$. Les trois triangles ABC, FLB, GLC, qui ont leurs sommets respectifs aux angles A, F, G, du triangle proposé et leurs bases opposées sur l'arc transversal donnent

$$\begin{aligned} \sin. AB &: \sin. AC :: \sin. ACB : \sin. ABC \\ \sin. FL &: \sin. BF :: \sin. ABC : \sin. BLG \\ \sin. CG &: \sin. GL :: \sin. BLG : \sin. ACB. \end{aligned}$$

Multipliant ces trois proportions; les deux derniers termes deviennent égaux : donc on a

$$\sin. AB . \sin. FL . \sin. GC = \sin. AC . \sin. FB . \sin. GL$$

formule qui répond au théorême v (219).

247. Par la même raison, en prenant ABC pour le triangle à considérer, et $\widehat{LG}$ pour arc transversal, nous aurons

$$\sin. AG.\sin. BF.\sin. CL = \sin. AF.\sin. BL.\sin. CG.$$

Multipliant cette équation par la précédente, et réduisant, on aura

$$\sin.AB.\sin.AG.\sin.LC.\sin.LF = \sin.AC.\sin.AF.\sin.LB.\sin.LG,$$

formule qui répond au théorême VI (222).

248. Menons les deux arcs de grand cercle $\widehat{BG}$, $\widehat{CF}$; par le point D où ils se croisent, et par le sommet A, menons l'arc $\overline{AHDK}$. Appliquons maintenant aux deux triangles AFK, AGK formés par cette dernière transversale, et coupés respectivement par les deux autres $\widehat{GDB}$, $\widehat{FDC}$, le principe que nous venons de trouver : nous aurons ces deux équations :

$$\sin. AB.\sin. DK.\sin. FG = \sin. AD.\sin. BF.\sin. KG$$
$$\sin. AD.\sin. GC.\sin. FK = \sin. DK.\sin. AC.\sin. FG.$$

Multipliant ces deux équations, et réduisant, on a

$$\sin. AB.\sin. GC.\sin. KF = \sin. AC.\sin. KG.\sin. BF,$$

formule qui répond au théorême VII (223).

249. Enfin en appliquant le principe trouvé dans l'article précédent au triangle ADG, ayant pour sommets de deux de ses angles, deux de ceux du triangle proposé AFG, et le troisième au point D où se croisent les trois transversales, on aura

$$\sin. AC.\sin. BG.\sin. DK = \sin. AK.\sin. BD.\sin. CG.$$

De plus, comparant ce même triangle à sa transversale $\widehat{LBC}$, on aura, $\sin. AH.\sin. BD.\sin. CG = \sin. AC.\sin.BG.\sin. DH.$ Multipliant ces deux équations, on a

$$\sin. AH.\sin. DK = \sin. AK.\sin. DH,$$

formule qui répond au théorême VIII (224).

On voit ce qu'il y auroit à dire sur l'application des autres théorêmes donnés concernant les polygones rectilignes, à ceux qui sont composés d'arcs quelconques de grands cercles tracés sur la sphère.

Nous reviendrons sur ce sujet dans la section suivante.

THÉORÊME XVIII.

250. *Si d'un point quelconque on mène des droites ou rayons à tous les angles d'un polygone proposé, chacun des angles de ce polygone se trouvera coupé par le rayon correspondant en deux autres angles; de sorte que le nombre de ces nouveaux angles sera double du nombre des angles du polygone. Cela posé, le produit des sinus de la moitié de ces nouveaux angles comme facteurs, est égal au produit des sinus de tous les autres, en les prenant de manière qu'il n'en entre jamais dans le même produit, deux qui aient le même sommet.*

Soit ABCDF le polygone proposé (fig. 95), G le point ou foyer d'où partent tous les rayons. Il faut donc démontrer qu'on aura

sin. ABG. sin. BCG. sin. CDG. sin. DEG. sin. EFG. sin. FAG = sin. CBG. sin. DCG. sin. EDG. sin. FEG. sin. AFG. sin. BAG.

Or les triangles ABG, BCG, CDG, &c. donnent

$$\overline{AG} : \overline{BG} :: \text{sin. } ABG : \text{sin. } BAG$$
$$\overline{BG} : \overline{CG} :: \text{sin. } BCG : \text{sin. } CBG$$
$$\overline{CG} : \overline{DG} :: \text{sin. } CDG : \text{sin. } DCG$$
&c., &c.

Multipliant ensemble toutes ces proportions, les deux premiers termes seront identiques, donc les deux autres seront égaux; ce qu'il falloit prouver.

La même démonstration a lieu évidemment lorsque ce foyer est pris hors du plan du polygone, et lorsque ce polygone est gauche. Ainsi, par exemple, dans une pyramide triangulaire, des six angles formés par les trois arêtes partant du sommet avec les côtés de la base, le produit des sinus de trois est égal au produit des sinus des trois autres, en prenant ces angles alternativement.

251. Toute la trigonométrie se ramène facilement à un seul et même principe, celui de la proportionnalité des côtés dans un triangle quelconque, avec les sinus des angles opposés. Car d'abord ce principe résout immédiatement tous les cas, excepté deux; celui où les trois côtés étant donnés, on demande l'un des angles, et celui où deux côtés et l'angle compris étant donnés, on demande le reste. Or ces deux cas se ramènent facilement aux autres. En effet, soit ABC (fig. 9) le triangle à résoudre; du point A, soit menée une perpendiculaire $\overline{AD}$ sur le côté opposé $\overline{BC}$ le principe de la proportionnalité des côtés avec les sinus des angles opposés appliqué au triangle rectangle ABD, donne

$$\overline{BD} : \overline{AB} :: \sin.BAD : 1, \text{ ou } \overline{BD} = \overline{AB}.\sin.\overline{BAD};$$

mais l'angle $B\hat{A}D$ est complément de $A\hat{B}C$; donc

$$\overline{BD} = \overline{AB}.\cos.ABC.$$

Par la même raison, on a............... $\overline{CD} = \overline{AC}\cos.ACD$

ajoutant ces deux équations, on a............ $\overline{BD}+\overline{CD}$, ou

$$\overline{BC} = \overline{AB}.\cos.ABC+\overline{AC}.\cos.ACB.$$

Une semblable équation devant avoir lieu pour chacun des deux autres côtés $\overline{AB}$, $\overline{AC}$, il est clair que si l'on nomme A, B, C, les trois angles du triangle proposé, a, b, c, les côtés respectivement opposés à ces angles; on aura les trois équations suivantes,

$$\left.\begin{aligned} a &= b.\cos.C+c.\cos.B \\ b &= a.\cos.C+c.\cos.A \\ c &= a.\cos.B+b.\cos.A \end{aligned}\right\} \quad (A)$$

Multipliant la première de ces équations par a, la seconde par b, la troisième par c; puis retranchant la première de ces équations ainsi transformées de la somme des deux autres, et réduisant, on aura $b^2+c^2-a^2 = 2bc.\cos.A$. Equation qui résout les deux cas qui échappoient à l'application immédiate du principe de la proportionnalité des côtés avec les sinus des angles opposés, mais qui s'en déduisent aisément, comme on vient de le voir.

252. Les trois équations (A) trouvées ci-dessus nous apprennent que *dans tout triangle, chacun des côtés est égal à la somme des deux autres, multipliés chacun par le cosinus de l'angle qu'il forme avec le premier.*

De ce principe seul on pourroit réciproquement tirer celui de la proportionnalité des côtés avec les sinus des angles opposés, et par conséquent toute la trigonométrie; car nous venons d'en tirer l'équation $b^2+c^2-a^2=2bc.\cos.A$. Mettant dans celle-ci pour cos. A sa valeur $\sqrt{1-\sin.A^2}$, et tirant ensuite la valeur de sin. A, on aura $\sin.A=\frac{1}{2bc}\sqrt{2a^2b^2+2a^2c^2+2b^2c^2-(a^4+b^4+c^4)}$. Représentons, pour abréger, la quantité radicale par K, nous

aurons donc .... $\sin.A=\frac{K}{2bc}$

par la même raison .... $\sin.B=\frac{K}{2ac}$

et .... $\sin.C=\frac{K}{2ab}$

équations qui divisées les unes par les autres, donnent le principe de la proportionnalité des côtés avec les sinus des angles opposés.

253. On déduit avec la même facilité de ce principe, celui qui sert de base à la théorie des quantités linéo-angulaires. Ce dernier consiste, comme on le sait, en ce que B et C étant deux angles quelconques, on a

$$\sin.(B+C)=\sin.B\ \cos.C+\sin.C.\cos.B.$$

Or, puisqu'on a, comme on l'a trouvé ci-dessus, $a=b\cos.c+c\cos.B$; que de plus, par la proportionnalité des côtés avec les sinus des angles opposés, nous avons $b=a\frac{\sin.B}{\sin.A}$, $c=a\frac{\sin.C}{\sin.A}$, on aura, en substituant ces valeurs de b et c dans l'équation précédente, et réduisant $\sin.A=\sin.B.\cos.C+\sin.C.\cos.B$. Mais puisque dans tout triangle la somme des trois angles vaut deux droits, l'angle A est supplément de B + C; donc $\sin.A=\sin.(B+C)$;

donc l'équation devient $\sin.(B+C)=\sin.B.\cos.C+\sin.C.\cos.B$; ce qu'il falloit prouver.

Cette formule devant avoir lieu, quelque valeur qu'on attribue à B et à C, nous pouvons mettre à la place de l'un d'eux B, par exemple, son complément $\varpi - B$, en nommant ϖ le quart de circonférence; et alors cette formule devient $\cos.(B-C) = \cos. B.\cos. C+\sin. B \sin. C$. Ces deux formules donnent le sinus de la somme et le cosinus de leur différence. En y supposant C négatif, on trouve celles qui donnent le sinus de la différence, et le cosinus de la somme.

Mais ce principe que chacun des côtés est égal à la somme des autres, multipliés chacun par le cosinus de l'angle qu'il forme avec le premier, ne s'applique pas seulement au triangle; il a lieu pour tous les polygones, soit plans, soit gauches, et même pour tous les polyèdres, et on peut le regarder comme le principe fondamental de toute leur théorie. Nous établirons donc d'abord cette proposition importante.

THÉORÊME XIX.

254. 1°. *Dans tout polygone plan ou gauche, chacun des côtes est égal à la somme de tous les autres, multipliés chacun par le cosinus de l'angle qu'il forme avec le premier.*

2°. *Dans tout polyèdre, chacune des faces est égale à la somme de toutes les autres multipliées chacune par le cosinus de l'angle qu'elle forme avec la première.*

En effet, prenons pour système primitif un polygone ACDFGB (fig. 96), tel qu'en prenant l'un des côtés $\overline{AB}$ pour base, et abaissant de tous les autres angles C, D, F, G, des perpendiculaires $\overline{Cc}$, $\overline{Dd}$, $\overline{Ff}$, $\overline{Gg}$, sur cette base, toutes ces perpendiculaires tombent entre le point A et le point B; je dis que cette base $\overline{AB}$ sera égale à la somme des côtés $\overline{AC}$, $\overline{CD}$, $\overline{DF}$, $\overline{FG}$, $\overline{GB}$, multipliés chacun par le cosinus de l'angle qu'il forme avec cette même base $\overline{AB}$, en les prolongeant, ainsi que la base, jusqu'à ce qu'elle soit coupée par eux tous.

En

En effet, on a évidemment $\overline{AB} = \overline{Ac} + \overline{cd} + \overline{df} + \overline{fg} + \overline{gB}$. Or le triangle CAc donne $\overline{Ac} = \overline{AC} . \cos . CAc$.

Pareillement, en prolongeant $\overline{CD}$ jusqu'au point m de la base $\overline{AB}$, on a, à cause des triangles semblables, mCc, mDd, $\overline{cd} = \overline{CD} \frac{\overline{mc}}{\overline{MC}}$. Or il est clair que $\frac{\overline{mc}}{\overline{mC}} = \cos . Cmc$. Donc $\overline{cd} = \overline{CD} . \cos . Cmc$.

Le même raisonnement ayant visiblement lieu pour tous les autres côtés $\overline{DF}$, $\overline{FG}$, $\overline{GB}$, la proposition avancée, s'ensuit nécessairement, pour le cas considéré, où toutes les perpendiculaires menées des angles sur la base $\overline{AB}$, tombent entre les points A et B, quel que soit le nombre des côtés du polygone.

Concevons maintenant que ce système primitif vienne à se transformer d'une manière quelconque par degrés insensibles; tous les nouveaux polygones qui en résulteront seront autant de systèmes corrélatifs; et pour leur rendre immédiatement applicable la proposition que nous venons d'établir sur le système primitif, il suffit de substituer à chacun des côtés et des angles dont il s'agit, sa valeur de corrélation.

Supposons donc que ACDFGB (fig. 97) représente le système transformé; nous avons à comparer cette figure avec la première; mais il est clair que cette transformation a pu s'opérer, sans qu'aucune des quantités dont il s'agit ait passé ni par o ni par ∞, seulement les angles et les côtés qui sont les seules quantités considérées dans la proposition, auront pu s'agrandir ou diminuer dans la mutation, mais non jusqu'à o ou à ∞ : donc la proposition est immédiatement applicable à tous les systêmes corrélatifs possibles, soit que tous les points A, C, D, F, G, B, restent ou non dans un même plan; donc la première partie de la proposition est vraie généralement; c'est-à-dire, que le polygone soit plan ou gauche.

Pour démontrer la seconde partie, on se souviendra que la projection d'une surface plane sur une base avec laquelle elle fait un angle quelconque, est égale à cette surface multipliée par le cosinus de l'angle d'inclinaison. Si donc dans un polyèdre quelconque on prend l'une des faces pour base; que de tous les angles de ce polyèdre on mène sur cette base des perpendiculaires, et que ces perpendiculaires tombent toutes sur l'aire de cette même base, il est clair qu'elle sera égale à la somme des projections de toutes les autres faces; donc chacune de ces projections partielles étant égale à la face correspondante, multipliée par le cosinus de l'angle d'inclinaison, la face prise pour base sera égale à la somme de toutes les autres multipliées chacune par le cosinus de l'angle qu'elle forme avec cette base. Donc la proposition est démontrée pour le cas où toutes les perpendiculaires abaissées des angles sur la base tombent effectivement sur l'aire de cette base.

Supposons maintenant que ce système primitif se transforme d'une manière quelconque par degrés insensibles; tous les nouveaux polyèdres qui en résulteront seront des systêmes corrélatifs; soit que les perpendiculaires abaissées des angles sur la base continuent ou non à tomber sur l'aire même de cette base. Donc la proposition est vraie généralement pour les polyèdres, comme elle l'est pour les polygones (1).

---

(1) Cette partie de mon ouvrage étoit à l'impression, lorsque j'appris qu'il existoit depuis long-temps, sur le même sujet, un Mémoire manuscrit de Simon Lhuilier de Genève. Ce Mémoire, déposé au secrétariat de l'Institut national, contient en effet le principe fondamental énoncé ci-dessus, ainsi que diverses conséquences importantes que l'auteur en a déduites avec sa sagacité ordinaire. Il est de la nature des vérités mathématiques d'être souvent découvertes à-peu-près en même temps, par différens moyens et par différentes personnes; et je ne puis qu'être flatté de m'être rencontré avec le cit. Lhuilier, justement célèbre par un grand nombre d'excellens ouvrages. Celui que je viens de citer est en quelque sorte la suite d'un autre, que le même auteur publia en 1789 sous le nom de Polygonométrie. Plusieurs Savans s'étoient déjà occupés de la Tetragonométrie rectiligne, ou Calcul du quadrilatère. Le célèbre Lambert s'étoit attaché à en faire sentir l'importance, et en avoit donné le plan. Ce plan fut exécuté par Biorsen, habile mathématicien danois. Mayer, à Gottingue, s'en occupa aussi avec succès; et Lexell approfondit ce même sujet, dans deux

255. On peut évidemment regarder le point qui forme le sommet de chacun des angles d'un polygone comme un côté infiniment petit. Un pentagone, par exemple, peut être considéré comme un hexagone, dont l'un des côtés seroit infiniment petit. On peut de plus attribuer à ce côté infiniment petit une direction quelconque ; et comme les angles, que d'après les notions données (87 et suiv.) formera cette direction avec tous les autres côtés du polygone, sont les mêmes que ceux que formeroit avec ces mêmes côtés toute autre droite parallèle à la première, on pourra conclure la proposition suivante.

THÉORÊME XX.

La somme des côtés d'un polygone quelconque, soit plan, soit gauche, multipliés chacun par le cosinus de l'angle que forme sa direction prise dans le sens du périmètre avec une droite quelconque tracée dans l'espace et dans un sens donné, est égale à zéro.

256. Pareillement on peut regarder chacun des sommets des angles solides du polyèdre, comme une face infiniment petite, et de plus, lui attribuer une direction quelconque. Donc la proposition énoncée (254) fait voir que pour ce cas, la somme

---

excellentes dissertations que l'on trouve dans les dix-neuvième et vingtième volumes des Mémoires de l'Académie de Pétersbourg.

L'objet que je me suis proposé ici, est tout différent de celui qu'ont eu ces illustres Géomètres. Il ne consiste pas à donner, comme eux, la résolution des polygones dans chaque cas particulier; la seule énumération de ces cas montre, comme je l'ai déjà observé, qu'il est presque impossible d'entrer dans ces détails, dès que le polygone surpasse le quadrilatère, et même pour le quadrilatère complet, avec ses trois diagonales indéfiniment prolongées. Mon but a donc été de suppléer à ces mêmes détails, tant pour les polygones rectilignes que pour les polygones sphériques et pour les polyèdres, par la formation d'un tableau général, tel que celui que j'ai donné (146 et suiv.) pour la trigonométrie ordinaire. Je n'ai fait, au surplus, qu'indiquer ici cette formation, mes autres occupations ne me permettant pas, quant à présent, de l'exécuter.

des produits de toutes les faces du polyèdre multipliées chacune par le cosinus de l'angle qu'elle forme avec cette face infiniment petite, est égale à zéro; et comme les angles formés par un plan quelconque avec deux autres plans parallèles entre eux sont visiblement égaux, nous pouvons établir la proposition suivante.

THÉORÊME XXI.

La somme des faces d'un polyèdre multipliées chacune par le cosinus de l'angle qu'elle forme avec une surface quelconque plane donnée dans l'espace, est égale à o.

257. Soient a, b, c, d, &c. les côtés d'un polygone quelconque; $\hat{a\,b}$, $\hat{a\,c}$, $\hat{b\,c}$, &c. les angles formés par ces côtés deux à deux dans le sens du périmètre.

En prenant successivement pour bases ces côtés a, b, c, &c. nous aurons par le théorême

$$a = b.\cos.\hat{a\,b}+c.\cos.\hat{a\,c}+d.\cos.\hat{a\,d} + \text{\&c.}$$
$$b = a.\cos.\hat{a\,b}+c.\cos.\hat{b\,c}+d.\cos.\hat{b\,d} + \text{\&c.}$$
$$c = a.\cos.\hat{a\,c}+b.\cos.\hat{b\,c}+d.\cos.\hat{c\,d} + \text{\&c.}$$
&c., &c.

Multipliant la première de ces équations par a, la seconde par b, la troisième par c, &c. Puis ajoutant ensemble toutes équations, on aura :

$$a^2+b^2+c^2+ \text{\&c.} = 2ab.\cos.\hat{a\,b}+2ac.\cos.\hat{a\,c}+ \text{\&c.}$$

donc nous pouvons établir la proposition suivante.

THÉORÊME XXII.

Dans tout polygone plan ou gauche, la somme des carrés des côtés est égale au double de la somme des produits de ces côtés multipliés deux à deux, et par le cosinus de l'angle qu'ils comprennent.

258. Si dans la démonstration que nous venons de donner de cette proposition, au lieu d'ajouter ensemble toutes les équations, on retranche la première de la somme de toutes les autres, on aura en transposant

$$a^2 = b^2 + c^2 + d^2 + \&c. - 2(bc.\cos.\widehat{b\,c} + bd.\cos.\widehat{b\,d} + \&c.)$$

C'est-à-dire, que *dans tout polygone, le carré de l'un quelconque des côtés est égal à la somme des carrés de tous les autres moins deux fois la somme des produits de tous ces autres côtés, multipliés deux à deux, et par le cosinus de l'angle qu'ils comprennent.*

Par exemple, dans un triangle dont les angles sont A, B, C, et les côtés respectivement opposés, a, b, c; $\widehat{b\,c}$ devient A, $\widehat{a\,c}$ devient B, $\widehat{a\,b}$ devient C; donc la formule devient

$$a^2 = b^2 + c^2 - 2bc.\cos.A.$$

259. Si dans la démonstration du même théorême, au lieu d'ajouter ensemble toutes les équations, on en ajoute seulement un certain nombre à volonté d'une part, et de l'autre part toutes les autres; qu'ensuite on retranche cette dernière somme de la première, on en conclura qu'en général,

Dans tout polygone plan ou gauche la somme des carrés d'un nombre quelconque de côtés, moins deux fois la somme des produits de ces côtés multipliés deux à deux, et par le cosinus de l'angle qu'ils comprennent, est égale à la somme des carrés de tous les autres côtés, moins deux fois la somme des produits de ces autres côtés, multipliés deux à deux et par le cosinus de l'angle qu'ils comprennent.

260. Si le polygone vient à changer de forme, les côtés restant néanmoins toujours les mêmes, de manière qu'il n'y ait de changement que dans les angles, la somme des carrés des côtés restera la même: donc la valeur que nous avons trouvée (257) être égale à cette somme de carrés, demeurera aussi la même. Donc en général,

Si un polygone plan ou gauche se transforme d'une manière

quelconque en demeurant néanmoins toujours fermé, et en conservant toujours chacun de ces côtés de même grandeur, la somme des produits de tous ces côtés, multipliés deux à deux et par le cosinus de l'angle compris, sera une quantité constante.

Cette théorie des polygones s'applique aux polyèdres, c'est-à-dire, que nous avons aussi pour les polyèdres la proposition suivante.

THÉORÊME XXIII.

261. *Dans tout polyèdre, la somme des carrés des faces qui le terminent est égale au double de la somme des produits de toutes ces faces multipliées deux à deux et par le cosinus de l'angle qu'elles comprennent.*

Car si l'on nomme a, b, c, &c. les faces de ce polyèdre, c'est-à-dire, les aires des polygones qui forment ces faces, nous aurons par le théorême XIX (254)

$$a = b.\cos.\widehat{a\,b} + c.\cos.\widehat{a\,c} + \&c.$$

$$b = a\ \cos.\widehat{a\,b} + c\ \cos.\widehat{b\,c} + \&c.$$

&c., &c.

Multipliant la première de ces équations par a, la seconde par b, la troisième par c, &c. puis ajoutant ensemble toutes ces équations, on aura :

$$a^2 + b^2 + c^2 + \&c. = 2ab.\cos.\widehat{a\,b} + 2ac.\cos.\widehat{a\,c} + \&c.$$

Ce qu'il falloit démontrer.

Si au lieu d'ajouter toutes les équations trouvées ci-dessus, on retranche l'une d'entre elles, la première, par exemple, de la somme de toutes les autres; on en conclura que

262. *Le carré de l'une quelconque des faces qui terminent un polyèdre est égal à la somme des carrés de toutes les autres faces, moins le double de la somme des produits de toutes ces autres faces, multipliées deux à deux, et par le cosinus de l'angle qu'elles comprennent.*

Supposons, par exemple, que le polyèdre se réduise à une

pyramide triangulaire, et que les trois faces qui partent du sommet soient perpendiculaires entre elles, les cosinus des angles que formeront ces trois faces entre elles seront tous zéro; donc le carré de la base de cette pyramide sera égal à la somme des carrés des trois autres faces; c'est-à-dire que

263. *Dans toute pyramide triangulaire dont trois faces sont perpendiculaires entre elles, le carré de la quatrième face est égal à la somme des carrés des trois premières. Propriété connue.*

Imaginons dans l'espace trois autres plans parallèles aux trois faces qui partent du sommet de la pyramide proposée chacune à chacune; ces trois plans seront par conséquent aussi perpendiculaires entre eux, et les trois projections de la base sur ces nouveaux plans seront évidemment parfaitement égales respectivement aux trois autres faces de la pyramide chacune à celle de ces faces qui lui est parallèle. Donc puisque le carré de cette base est égal à la somme des carrés des trois autres, il sera aussi égal à la somme des carrés de ses trois projections.

De plus, il est évident que des surfaces égales tracées dans un même plan, ont des projections aussi égales en surface sur tout autre plan donné. Donc si l'on substitue à la place de la base de la pyramide en question, un polygone de forme quelconque qui lui soit égal en surface, les projections de ce polygone seront respectivement égales aux projections correspondantes du triangle, qui est la base de la pyramide. Donc ce triangle pouvant être de grandeur quelconque, on peut en conclure ce principe connu.

264. *Le carré de l'aire d'un polygone quelconque tracé sur un plan, est égal à la somme des carrés de ses projections sur trois plans quelconques perpendiculaires entre eux.*

Il est à remarquer que dans la pyramide triangulaire ci-dessus considérée, chacune des trois faces qui sont supposées perpendiculaires entre elles, est la projection même de la base sur le plan qui contient cette face, et que de plus, cette base est à son tour la somme des trois triangles que forment sur elle les projections des trois autres faces de la pyramide, c'est-à-dire, que cette base est la somme des trois projections de projections de cette même base. Et comme d'après ce qui vient d'être dit, le même raisonnement est applicable à tout autre polygone, on peut en conclure qu'en général,

265. *La surface d'un polygone est égale à la somme des trois projections de projections formées, en projetant d'abord le polygone proposé sur trois plans quelconques perpendiculaires entre eux, et projetant ensuite de nouveau chacune de ces projections sur le plan du polygone proposé.*

266. Soit donc S l'aire d'un polygone quelconque p, q, r, les trois angles que forme ce polygone avec trois plans quelconques perpendiculaires entre eux; les projections de S sur ces trois plans seront donc S $\cos. p$, S $\cos. q$, S $\cos. r$; et les trois projections de projections seront S $\cos. p^2$, S $\cos. q^2$, S $\cos. r^2$. Donc la somme de ces trois projections de projections étant égale à l'aire même du polygone, on aura

$$S = S.\cos. p^2 + S \cos. q^2 + S \cos. r^2 ;$$

ou divisant par S, on aura

$$\cos. p^2 + \cos. q^2 + \cos. r^2 = 1 ;$$

c'est-à-dire, que *la somme des carrés des cosinus des angles que fait une surface plane avec trois plans perpendiculaires entre eux, est toujours égale au carré du sinus total. Propriété connue.*

Et comme on a $(\sin. p^2 + \cos. p^2) = 1$, $\sin. q^2 + \cos. q^2 = 1$, $\sin. r^2 + \cos. r^2 = 1$, on aura, en ajoutant ces trois équations et retranchant de leur somme l'équation trouvée ci-dessus,

$$\sin. p^2 + \sin. q^2 + \sin. r^2 = 2.$$

Ces équations s'appliquent évidemment aux trois angles formés sur la base d'une pyramide triangulaire par ses trois autres faces, lorsque celles-ci sont perpendiculaires entre elles.

267. Au lieu du carré de l'aire d'un polygone, on peut prendre le produit des surfaces de deux autres polygones égaux chacun à ce premier. Si l'on suppose qu'ensuite l'un de ces nouveaux

veaux polygones devienne double, triple, quadruple, &c. l'autre demeurant le même, le produit de ces deux polygones deviendra également double, triple, quadruple. De même, chacune des projections du polygone supposé variable deviendra aussi double, triple, quadruple, &c.; c'est-à-dire, qu'en général,

Le produit des aires de deux polygones tracés dans un même plan est égal à la somme des trois produits formés, en multipliant les projections des deux polygones faites sur chacun de trois plans quelconques perpendiculaires entre eux.

268. Si au lieu d'ajouter ensemble toutes les équations trouvées (261), on en ajoute seulement un certain nombre d'une part, et d'une autre part toutes les autres; qu'ensuite on retranche cette dernière somme de la première, on trouvera qu'en général,

Dans tout polyèdre, la somme des carrés d'un nombre quelconque des faces qui le terminent, moins deux fois la somme des produits de toutes ces faces multipliées deux à deux, et par le cosinus de l'angle qu'elles comprennent, est égale à la somme des carrés de toutes les autres faces, moins deux fois le produit de ces faces multipliées aussi deux à deux, et par le cosinus de l'angle qu'elles comprennent.

269. Concevons que d'un point ou foyer quelconque pris dans l'espace, on fasse partir autant de droites qu'il y a de côtés dans un polygone plan ou gauche, et que ces droites soient égales et parallèles, chacune à chacun de ces côtés, et menées dans le même sens qu'eux; concevons de plus, par le même point, une autre droite ou transversale indéfinie menée suivant une direction quelconque, il suit de ce qui a été dit (255), que dans ce système de lignes, la somme de toutes celles qui le composent, sauf la transversale, multipliées chacune par le cosinus de l'angle qu'elles forment avec cette dernière, est égale à zéro.

Soient (fig. 98) F, le foyer en question; $\overline{FA}$, $\overline{FB}$, $\overline{FC}$, &c les droites ou rayons parallèles et égaux aux côtés du polygone proposé, chacun à chacun, et dans le même sens. Formons un nouveau polygone ABCDGH, en joignant les extrémités de ces rayons. Enfin par le point ou foyer F qui réunit toutes les autres extrémités, menons à volonté une droite $\overline{LFK}$, et concevons un plan MFN qui lui soit perpendiculaire.

Suivant ce qui vient d'être dit, la somme des rayons du polygone ABCDGH, multipliés chacun par le cosinus de l'angle qu'il forme avec $\overline{LK}$, est égale à zéro.

Or chacun de ces rayons multiplié par la *valeur absolue* du cosinus de l'angle qu'il forme avec $\overline{LK}$, est évidemment égal à la perpendiculaire abaissée de son autre extrémité sur le plan $\overline{MN}$. Mais il est facile de voir que *la valeur de corrélation* de ces cosinus étant positive pour les points A, B, C, qui se trouvent d'un quelconque des côtés du plan $\overline{MN}$, sera négative pour les points H, C, D qui se trouvent de l'autre côté. Donc les perpendiculaires qui répondent à cet autre côté sont inverses; donc la somme totale des perpendiculaires abaissées des extrémités des rayons ou des angles du polygone ABCDGH sur le plan $\overline{MN}$ est égale à zéro, en prenant positivement celles qui tombent sur un des côtés du plan, et négativement celles qui tombent sur l'autre.

Concevons maintenant un autre plan quelconque *hKc* parallèle à $\overline{MN}$, et mené hors du polygone; je dis que la droite $\overline{FK}$ sera égale à la somme des perpendiculaires menées de tous les angles du polygone ABCDGH sur ce nouveau plan, divisée par leur nombre, ou par le nombre des angles. En effet, chacune d'elles est évidemment égale à $\overline{FK}$, plus ou moins la perpendiculaire menée du même angle sur le plan $\overline{MN}$, suivant que ce point est au-dessous ou au-dessus de ce dernier plan par rapport à l'autre *hKc* : donc la somme de toutes les perpendiculaires menées sur *hKc* est égale à autant de fois $\overline{FK}$ qu'il y a d'angles; plus une somme que nous venons de prouver être égale à zéro. Donc $\overline{FK}$ est réellement, comme on vient de le dire, égale à cette somme des perpendiculaires menées de tous les angles sur hKc, divisée par le nombre de ces angles. $\overline{FK}$ est donc la distance moyenne de tous ces angles au plan hKc : et comme nous avons pris $\overline{LK}$ à volonté, il suit que la distance du foyer K à un plan quelconque, est la distance moyenne entre celles de tous les points du polygone au même plan. Appelons donc ce foyer *centre des moyennes distances* : chacune des droites qui, comme $\overline{LFK}$, passe par ce point, *ligne* ou *axe des moyennes distances* ; et chacun des plans qui comme $\overline{MN}$ passe par ce même point, *plan des moyennes distances*. Nous pourrons établir cette proposition.

THÉORÊME XXIV.

270. *Dans tout polygone plan ou gauche, il y a un centre des moyennes distances dont la propriété est que sa distance à un plan quelconque, est effectivement moyenne entre celles de tous les angles de ce polygone au même plan, c'est-à-dire égale à la somme de toutes ces dernières divisées par leur nombre, en prenant négativement celles qui se trouvent du côté de ce plan où la somme est la plus petite.*

D'où il suit que si ce plan passe par le centre même des moyennes distances, la somme des distances de ce plan aux angles qui se trouvent d'un même côté, est égale à la somme des distances de ce même plan aux angles qui se trouvent de l'autre.

271. Comme les distances d'un point à trois plans donnés suffisent pour déterminer la position de ce point dans l'espace, il est clair que dans chaque polygone, il ne peut y avoir qu'un seul centre des moyennes distances.

272. Soit dans l'espace un système quelconque de points. On pourra toujours les concevoir réunis par une suite de lignes droites formant le périmètre d'un polygone, soit plan, soit gauche, dont ces points peuvent être par conséquent considérés comme les sommets des angles. Donc la proposition précédente

ayant lieu pour toute espèce de polygone, soit plan, soit gauche, on peut l'appliquer à un système quelconque de points pris à volonté dans l'espace.

THÉORÊME XXV.

273. *Si par le centre des moyennes distances des angles d'un polygone plan ou gauche on imagine une droite ou transversale indéfinie quelconque, et que du même centre à chacun des angles du polygone on mène aussi un rayon, la somme des produits de chacun de ces rayons par le cosinus de l'angle qu'il forme avec la direction de la transversale est égale à zéro.*

Cette proposition est une suite évidente des articles 254 et 269.

THÉORÊME XXVI.

274. *Dans tout polygone plan ou gauche, la somme des carrés des distances de tous les angles à un point quelconque pris dans l'espace, est égale à la somme des carrés de ces mêmes angles au centre des moyennes distances; plus au carré de la distance du premier point pris dans l'espace à ce centre des moyennes distances, multiplié par le nombre des angles du polygone.*

Soit en effet ABCD (fig. 99), un polygone quelconque, F le centre des moyennes distances, K un autre point quelconque pris dans l'espace, et soient menées de chacun des angles A, B, C, D, deux droites, l'une au point F, l'autre au point K. Cela posé dans le triangle AFK, nous aurons

$$\overline{AK}^2 = \overline{AF}^2 + \overline{FK}^2 - 2\,\overline{AF}.\overline{FK}.\cos.AFK$$
$$\overline{BK}^2 = \overline{BF}^2 + \overline{FK}^2 - 2\,\overline{BF}.\overline{FK}.\cos.BFK$$
&c. &c.

Ajoutant ensemble toutes ces équations, et nommant n le nombre des angles du polygone; nous aurons

$$\overline{AK}^2 + \overline{BK}^2 + \overline{CK}^2 + \&c. = \overline{AF}^2 + \overline{BF}^2 + \overline{CF}^2 + \&c. + n.\overline{FK}^2 - 2\overline{FK}\left(\overline{AF}.\cos.AFK + \overline{BF}.\cos.BFK + \&c.\right)$$

Mais la valeur qui multiplie $2\overline{FK}$ dans le dernier terme du second membre, est égale à zéro (273). Donc l'équation se réduit à

$$\overline{AK}^2+\overline{BK}^2+\overline{CK}^2=\overline{AF}^2+\overline{BF}^2+\overline{CF}^2+\text{\&c.}+n.\overline{FK}^2;$$

ce qu'il falloit prouver.

275. Il suit de-là, que la somme des carrés des distances, de tous les angles d'un polygone quelconque, au centre de leurs moyennes distances, est un *minimum ;* c'est-à-dire, moindre que la somme des carrés des distances de ces mêmes angles à tout autre point quelconque pris dans l'espace ; car il est clair que le cas où $\overline{AK}^2+\overline{BK}^2+\overline{CK}^2$ &c. est la plus petite possible, est celui où $\overline{FK}=0$, puisque $\overline{FK}^2$ étant un carré, ne peut jamais devenir négative.

276. Nous avons déjà remarqué qu'on peut appliquer à un système quelconque de points, ce qui a lieu pour les angles d'un polygone quelconque plan ou gauche. On peut donc regarder le théorême précédent comme exprimant une propriété d'un système quelconque de points. On peut par la même raison en conclure la proposition suivante.

277. *Si ayant dans l'espace un systême quelconque de points, on imagine une surface sphérique d'un diamètre quelconque dont le centre soit celui des moyennes distances de tous les points du systême proposé, la somme des carrés des distances de ces mêmes points, à un autre point quelconque pris sur la surface de la sphère, sera égale à la somme des carrés des distances de ces mêmes points du systême proposé, au centre de la sphère ou des moyennes distances, plus au carré du rayon de cette sphère, multiplié par le nombre de ces mêmes points pris dans l'espace.* Ainsi cette somme sera la même pour tous les points de la surface sphérique.

Si tous ces points pris dans l'espace se trouvent dans un même plan, on pourra appliquer à une circonférence tracée dans ce plan, et ayant pour centre celui des moyennes distances de tous ces points, ce que nous venons de dire en général de la surface sphérique.

Supposons que ces points forment les sommets d'un polygone régulier quelconque, on en pourra conclure la proposition suivante.

278. *La somme des carrés des distances de tous les angles d'un polygone régulier, à l'un quelconque des points d'une circonférence, dont le centre est le même que celui du polygone, et le rayon à volonté, est égale à la somme faite du carré du rayon du polygone, et du carré du rayon de la circonférence ; à cette somme, dis-je, multipliée par le nombre des côtés du polygone.*

Cette conséquence particulière du théorême précédent est remarquable, parce qu'on peut la regarder comme une extension de la proposition du carré de l'hypothénuse.

En effet, soit AKB (fig. 100) une circonférence dont je suppose le centre au point o, soient pris sur cette circonférence deux points A, B, diamétralement opposés, et qui par conséquent la divisent en deux parties égales, si de chacun des points A, B, on mène les droites $\overline{AK}$, $\overline{BK}$, à un troisième point K, pris à volonté sur la circonférence, le triangle AKB sera rectangle; et nous aurons $\overline{AK}^2 + \overline{BK}^2$ égal le carré du diamètre, ou quatre fois le carré du rayon, et par conséquent une quantité constante; c'est-à-dire, la même, quel que soit le point K.

Soit divisée cette même circonférence en trois parties égales aux points A, B, C (fig. 101), de manière que ABC soit un triangle équilatéral; il suit de la proposition précédente, que si l'on mène de ses angles les trois droites $\overline{AK}$, $\overline{BK}$, $\overline{CK}$ à un quatrième point K pris sur la circonférence, la somme des carrés de ces trois droites sera six fois le carré du rayon; et par conséquent aussi une quantité constante; c'est-à-dire, toujours la même, quel que soit le point K.

Soit maintenant divisée cette même circonférence en quatre parties égales, puis en cinq, puis en six; enfin en un nombre quelconque de parties égales (fig. 102, 103) par les points A, B, C, D, &c.; de manière que ABCD, &c. soit un polygone régulier. Il suit de la proposition que si l'on prend à volonté sur la circonférence un nouveau point K, la somme des carrés des droites menées de tous les angles de ce polygone à ce point K sera encore une quantité constante, et égale au carré du rayon multiplié par deux fois le nombre des côtés du polygone.

Si l'on décrit une autre circonférence MNK (fig. 103) concentrique à la première, d'un rayon plus grand ou plus petit que celui de cette première circonférence; il suit de la même proposition, que si l'on prend à volonté sur cette nouvelle circonférence un point K, et que de tous les angles de ce polygone on mène à ce point des droites, la somme des carrés de ces droites sera encore une quantité constante ou la même pour tous les points de la circonférence où l'on voudra placer le point K : et cette quantité sera la somme faite des carrés des rayons des deux circonférences concentriques multipliée par le nombre des côtés du polygone. La même chose a lieu pour les polygones inscrits qui seroient seulement symétriques.

Enfin on peut dire la même chose des polyèdres réguliers ou symétriques rapportés à une surface sphérique dont le centre coïncide avec celui du polyèdre, et cela n'est encore évidemment qu'une nouvelle extension de la même proposition du carré de l'hypothénuse.

De ce que nous venons de dire, on peut conlure encore, que si dans le plan d'un cercle on prend à volonté un point fixe soit au-dedans soit au-dehors de l'aire; la somme des carrés des distances de ce point aux deux extrémités d'un diamètre quelconque est toujours la même; c'est-à-dire, deux fois le carré du rayon, plus deux fois le carré de la distance du point en question au centre du cercle. La même proposition a lieu également, pour tout point pris, soit au-dedans, soit au-dehors d'une sphère. La somme des carrés des distances de ce point aux deux extrémités d'un diamètre quelconque est pareillement égale à deux fois le carré du rayon, plus deux fois le carré de la distance du point en question au centre de la sphère.

Si l'on conçoit un cercle tracé, et qu'ayant pris à volonté un point dans l'espace, on inscrive un polygone régulier dans ce cercle, la somme des carrés des distances de ce point à tous les angles de ce polygone, sera toujours la même, quelle que soit la position de ce polygone dans le cercle, pourvu qu'il lui demeure toujours inscrit.

La même chose a lieu pour les polygones réguliers circonscrits, et en général pour les polygones qui ont un centre de figure placé au centre du cercle.

Il en est de même des polyèdres réguliers ou ayant un centre de figure, inscrits ou circonscrits à la sphère; la somme des carrés des distances de tous les angles solides à un point quelconque de l'espace est toujours la même, quelle que soit la position du polyèdre au-dedans ou autour de la sphère, pourvu qu'il lui demeure toujours inscrit ou circonscrit.

279. Si l'on conçoit que d'un point quelconque donné dans le plan d'une section conique, on mène quatre droites aux extrémités de deux diamètres conjugués quelconques, la somme des carrés de ces quatre droites sera toujours la même quels que soient ces diamètres, et égale à deux fois le carré du demi grand axe, plus deux fois le carré du demi petit axe, plus quatre fois le carré de la distance du point en question au centre de la courbe; car ce centre de la courbe est aussi le centre des moyennes distances des quatre points qui forment les extrémités des diamètres conjugués : donc la somme des carrés des quatre distances de ces points au point proposé est égale à la moitié de la somme des carrés des deux diamètres conjugués, plus quatre fois la distance du point proposé au centre de la section conique. Mais on sait que la somme des carrés des diamètres conjugués est toujours la même. Donc, &c.

On prouveroit de même que la somme des carrés des distances du point donné aux quatre angles du parallélogramme circonscrit à à la section conique, est toujours la même, quel que soit ce parallélogramme, le point proposé restant fixe; et que cette somme est égale à la somme des carrés des deux axes de la courbe, plus quatre fois le carré de la distance du point donné au centre de cette courbe.

Il est aisé, comme on voit, de multiplier les applications du principe.

280. En rapportant tous les points du système à l'un quelconque d'entre eux, on voit que la somme des carrés des distances de ce point à tous les autres, est égale à la somme des carrés des distances de tous ces autres points, au centre des moyennes distances du système général; plus le carré de la distance du premier à ce centre des moyennes distances, multiplié par le nombre des points du système général.

Si l'on dit la même chose successivement pour tous les points du système, et qu'on ajoute toutes les équations qui en résultent, on en conclura la proposition suivante :

THÉORÊME XXVII.

Si l'on a dans l'espace un nombre quelconque de points, et qu'on les joigne tous deux à deux par des droites, la somme des carrés de toutes ces droites sera égale à la somme des carrés des distances de tous les points du système proposé, au centre des moyennes distances, multipliée par le nombre de ces points.

281. Par exemple, dans un triangle, il est facile de voir que le centre des moyennes distances, est le point où se croisent les trois droites menées de chacun des angles au point milieu du côté opposé. Et en vertu de la proposition précédente, la somme des carrés des distances de ce point aux trois angles du triangle, est le tiers de la somme des carrés des trois côtés de ce même triangle.

282. Dans une pyramide triangulaire, on voit aisément que le centre des moyennes distances des quatre sommets, étant celui où se croisent les quatre droites ou transversales menées

de chacun de ces sommets au centre des moyennes distances des sommets de la base opposée, doit se trouver éloigné de ce sommet d'une quantité égale aux trois quarts de la transversale, qui part de ce même sommet. Donc en vertu de la proposition précédente, la somme des carrés des distances de chacun des sommets de la pyramide triangulaire à ce centre de leurs moyennes distances, est le quart de la somme des carrés des six arêtes de la pyramide.

283. Il est clair que quand un polygone, un polyèdre, ou un systême quelconque de points a un centre de figure, ce centre est aussi celui des moyennes distances de tous ces points. Ainsi, par exemple, le centre des moyennes distances d'un parallélogramme, d'un parallélipipède, est le point où se croisent les diagonales.

284. On sait que dans tout parallélogramme, *la somme des carrés des deux diagonales est égale à la somme des carrés des quatre côtés*. Cette proposition se déduit visiblement du théorême précédent, puisque chaque diagonale est coupée en deux parties égales par le centre des moyennes distances. Car par ce théorême, la somme des carrés des quatre côtés, plus la somme des carrés des deux diagonales, est égale à quatre fois la somme des carrés des quatre demi-diagonales, ou deux fois la somme des carrés des deux diagonales entières. Otant donc de part et d'autre, la somme des carrés de ces diagonales entières, il reste l'égalité qu'il falloit démontrer.

285. Legendre a fait voir dans ses Elémens de géométrie, que *dans tout parallélipipède, la somme des carrés des quatre diagonales est égale à la somme des carrés des douze arêtes.* Nous pouvons également nous servir du théorême précédent pour établir cette proposition. Car chaque diagonale étant coupée en deux parties égales par le centre des moyennes distances, il suit de ce théorême, que la somme des carrés des douze arêtes, plus la somme des carrés des douze diagonales des faces, plus la somme des carrés des quatre diagonales qui traversent le solide, $=$ 8 fois la somme des carrés des huit demi-diagonales qui traversent le solide ou quatre fois la somme des carrés des quatre

diagonales entières. Mais (284) la somme des carrés des douze diagonales des faces est double de la somme des carrés des douze arrêtes. Donc 3 fois la somme des carrés des arêtes, plus la somme des carrés des diagonales = 4 fois la somme des carrés de ces diagonales. Otant de part et d'autre la somme des carrés des diagonales, et divisant par 3, il reste l'égalité qu'on avoit à démontrer.

286. On peut étendre ces propositions à tous les polygones et polyèdres qui ont un centre de figure, et dont le nombre des angles est pair. Soit, par exemple, ABCDEF (fig. 104) un hexagone, dont le centre de figure soit K; c'est-à-dire tel que les trois diagonales $\overline{AD}$, $\overline{BE}$, $\overline{CF}$ soient toutes coupées au même point K en deux parties égales : je dis que la somme des carrés de ces trois diagonales est égale à deux fois la somme faite des carrés des six côtés, et des carrés des six diagonales qui ne passent point par le centre K.

En effet, par le théorème précédent, la somme des carrés des six côtés, plus la somme des carrés des neuf diagonales, est égale à six fois la somme des carrés des six demi-diagonales comprises entre le point K et chacun des angles.

Faisons donc la somme des carrés des six côtés du polygone, plus la somme des carrés des six diagonales qui ne passent point par le centre K, = ... C

La somme des carrés des trois diagonales qui passent par le centre K, = ... D

La somme des carrés des six demi-diagonales sera par conséquent $\frac{D}{2}$. Donc par le théorême, nous aurons $C+D = 6.\frac{D}{2}$, ou $C = 2D$. Ce qu'il falloit prouver.

Le même raisonnement appliqué à tout autre polygone ou polyèdre, ayant un centre de figure et un nombre pair de sommets exprimé par $2n$, prouvera qu'en général, on a $C=(n-1)D$. C'est-à-dire que la somme des carrés des côtés ou arêtes, plus la somme des carrés des diagonales qui ne passent pas par le centre de figure, est égale à la somme des carrés des diagonales passant par le centre, prise un nombre de fois marqué par la moitié du nombre des côtés, moins l'unité.

Ainsi, par exemple, *dans tout octaèdre qui a un centre de figure, c'est-à-dire, dont les trois diagonales se croisent en un même point et sont divisées par ce point chacune en deux parties égales, la somme des carrés de ces trois diagonales est la moitié de la somme des carrés des douze arêtes de l'octaèdre.*

287. C'est encore une propriété connue, que dans tout parallélogramme rectangle, sa somme des carrés des distances d'un point quelconque de la surface, à deux quelconques des angles opposés en diagonale, est égale à la somme des carrés des distances du même point, aux deux autres angles : soit que ce point soit pris sur l'aire même du parallélogramme, soit qu'il soit pris au dehors. Cela se démontre facilement par la considération des centres de moyennes distances; car le centre des moyennes distances des deux angles de ce rectangle placés aux extrémités de chaque diagonale, est le point où se croisent ces deux diagonales. Donc la somme des carrés des distances du point proposé à ces angles, est égale à la moitié du carré de cette diagonale, plus deux fois le carré de la distance de ce même point, au point où se croisent les diagonales. Donc puisque ces diagonales sont égales entre elles, la somme des carrés des distances du point en question, aux deux extrémités de l'une, est égale à la somme des carrés des distances de ce même point aux deux extrémités de l'autre. Il est clair que la même démonstration s'appliqueroit au cas où le point proposé seroit pris hors du plan du polygone, c'est-à-dire un point quelconque pris dans l'espace.

Cette proposition s'étend aux parallélipipèdes rectangles, et se démontre de même; c'est-à-dire, que *si d'un point quelconque pris dans l'espace, soit au-dedans soit au-dehors d'un parallélipipède rectangle, on mène deux droites aux extrémités de l'une des diagonales qui traversent le solide, la somme des carrés de ces deux droites sera la même pour chacune des quatre diagonales*, lesquelles sont nécessairement toutes égales entre elles. Il est aisé de voir que dans tous les cas, soit que le point soit pris au-dedans ou au-dehors, la somme des deux carrés dont on vient de parler est égale à la somme des carrés des six perpendiculaires abaissées de ce point sur les six faces du parallélipipède.

288. Nous avons vu ci-dessus (280) comment ayant les distances respectives d'un nombre quelconque de points, comparés deux à deux, on peut trouver la somme des carrés de leurs distances, au centre général de leurs moyennes distances. Proposons-nous maintenant de trouver en particulier la distance de chacun de ces points à ce même centre général.

Concevons donc un système quelconque de points dans l'espace. Soit K (fig. 105) le centre général des moyennes distances, A l'un quelconque d'entre eux, N le nombre total de ces points, P la somme des carrés des distances du point A à chacun des autres, Q la somme des carrés des distances de tous les points du système comparés deux à deux : il s'agit donc de trouver $\overline{AK}$, en valeurs de N, P, Q; or je dis qu'on a $\overline{AK}^2 = \frac{NP - Q}{N^2}$.

En effet, en nommant R la somme des carrés des distances de tous les points du système au centre général des moyennes distances, nous aurons (274) $R = P - N.\overline{AK}^2$ et (280) $R = \frac{Q}{N}$. Egalant ces deux valeurs de R, nous aurons $Q = NP - N^2\overline{AK}^2$, ou $\overline{AK}^2 = \frac{NP - Q}{N^2}$; ce qu'il falloit prouver. Donc nous avons la proposition suivante.

THÉORÈME XXVIII.

289. *Dans un système de points donnés, le carré de la distance de l'un quelconque d'entre eux, au centre général des moyennes distances, est égal à la somme des carrés des distances de ce point à tous les autres, multipliée par le nombre total des points du système, moins la somme des carrés des distances*

de tous les points de ce même système, comparés deux à deux, le tout divisé par le carré du nombre total des points.

Je suppose, par exemple, que dans le triangle ABC je veuille avoir en particulier la distance $\overline{AD}$ du point A au centre des moyennes distances D, j'aurai

$$\overline{AD}^2 = \frac{3(\overline{AB}^2 + \overline{AC}^2) - (\overline{AB}^2 + \overline{AC}^2 + \overline{BC}^2)}{9}$$

$$\text{ou } \overline{AD}^2 = \tfrac{1}{9}\left(2\,\overline{AB}^2 + 2\,\overline{AC}^2 - \overline{BC}^2\right)$$

De même, dans une pyramide triangulaire, *le carré de la distance de l'un quelconque des sommets au centre général des moyennes distances, est égal à trois fois la somme des carrés des trois arrêtes partant de ce sommet, moins la somme des carrés des trois arêtes de la base; le tout divisé par* 16.

On peut étendre cette théorie, en décomposant le système général en systêmes partiels, et cherchant les rapports qui existent entre les distances respectives des centres particuliers de ces systêmes partiels.

Si comme on a coutume de le faire dans la géométrie analytique, on rapporte le systême des points proposés à trois plans perpendiculaires entre eux, il y auroit, ce me semble, d'après la proposition précédente, un grand avantage à choisir le centre des moyennes distances pour origine des coordonnées. Car en imaginant trois plans perpendiculaires entre eux passant par le point K, et nommant x, y, z les distances du point A à ces trois plans, on aura $\overline{AK}^2 = x^2 + y^2 + z^2$. Substituant dans l'équation trouvée ci-dessus (288), on a $x^2 + y^2 + z^2 = \frac{NP - Q}{N^2}$, équation qui peut être considérée comme n'étant que du premier degré; parce que les carrés x^2, y^2, z^2, et les autres carrés des distances des points du systême considérés deux à deux, ne s'y trouvent point mêlés avec les autres puissances des mêmes quantités.

THÉORÊME XXIX.

290. *Dans tout quadrilatère plan ou gauche, la somme des carrés des deux diagonales est double de la somme des carrés des deux droites qui joignent les points-milieux des côtés opposés.*

Soit ABDC (fig. 107) le quadrilatère proposé; soient m, n, p, q, les points-milieux des côtés respectifs $\overline{AB}$, $\overline{CD}$, $\overline{AC}$, $\overline{BD}$; il s'agit donc de prouver qu'on a, $\overline{AD}^2+\overline{BC}^2 = 2\left(\overline{mn}^2+\overline{pq}^2\right)$.

En effet, menons les quatre droites $\overline{mp}$, $\overline{pn}$, $\overline{nq}$, $\overline{qm}$; il est clair que ces quatre droites formeront un parallélogramme; que de plus, les côtés $\overline{mp}$, $\overline{nq}$, seront parallèles à la diagonale $\overline{BC}$, et égaux chacun à la moitié de cette diagonale; que pareillement $\overline{mq}$, $\overline{np}$, seront parallèles et égales chacune à la moitié de la diagonale $\overline{AD}$.

Donc on aura $\overline{BC}^2 = 4\,\overline{mp}^2 = 2\,\overline{mp}^2+2\,\overline{nq}^2$; et de même, $\overline{AD}^2 = 2\overline{mq}^2+2\overline{pn}^2$. Donc $\overline{BC}^2+\overline{AD}^2 = 2\left(\overline{mp}^2+\overline{nq}^2+\overline{mq}^2+\overline{pn}^2\right)$, ou à cause de la propriété des parallélogrammes,............ $\overline{BC}^2+\overline{AD}^2 = 2\left(\overline{mn}^2+\overline{pq}^2\right)$. Ce qu'il falloit démontrer.

Comme dans cette équation il n'entre que des quantités élevées au carré, il suit qu'elle est applicable à tous les systèmes corrélatifs; c'est-à-dire, à toutes les formes de quadrilatères : donc elle a encore lieu en prenant pour côtés opposés ce que nous avons pris d'abord pour diagonales, et pour diagonales, ces côtés opposés. Donc le théorême peut également s'énoncer comme il suit.

Dans tout quadrilatère plan ou gauche, la somme des carrés de deux quelconques des côtés opposés est double du carré de la droite qui joint les points-milieux des deux autres côtés, et du carré de la droite qui joint les points-milieux des deux diagonales.

Donc si l'on nomme, par exemple, m, m', deux quelconques des côtés opposés d'un quadrilatère plan ou gauche, et d'une forme quelconque m'' la droite qui joint leurs points-milieux ; n, n', n'', les deux autres côtés opposés et la droite qui joint leurs points-milieux ; p, p', p'', les deux diagonales et la droite qui joint leurs points-milieux, on aura ces trois équations,

$$m^2+m'^2 = 2(n''^2+p''^2), \ldots\ldots \quad (A)$$
$$n^2+n'^2 = 2(m''^2+p''^2), \ldots\ldots \quad (B)$$
$$p^2+p'^2 = 2(m''^2+n''^2), \ldots\ldots \quad (C)$$

Ajoutons ensemble ces trois équations, nous aurons

$$m^2+m'^2+n^2+n'^2+p^2+p'^2 = 4(m''^2+n''^2+p''^2).$$

C'est-à-dire, que *dans tout quadrilatère plan ou gauche, la somme des carrés des quatre côtés et des deux diagonales est quadruple de la somme des carrés des deux droites qui joignent deux à deux les points-milieux des côtés opposés, et de celle qui joint les points-milieux des deux diagonales.*

Si l'on ajoute ensemble les équations (A) et (B), et qu'on en retranche la troisième (C), on aura

$$m^2+m'^2+n^2+n'^2 = p^2+p'^2+4p''^2;$$

c'est-à-dire, que *dans tout quadrilatère, la somme des carrés des quatre côtés, est égale à la somme des carrés des deux diagonales, plus le quadruple du carré de la droite, qui joint les points-milieux de ces deux diagonales.*

Cette proposition élégante a été donnée par Euler dans les Mémoires de l'Académie de Pétersbourg; mais il faut observer qu'ici elle est étendue aux quadrilatères plans ou gauches, et à toutes les formes de quadrilatères dont il y a trois classes. Cela suit de ce que dans l'équation précédente, il n'entre que des quantités élevées au carré, et peut aussi se déduire immédiatement des trois équations (A), (B), (C); en ajoutant, par exemple, la première avec la troisième, et retranchant la seconde; ou ajoutant les deux dernières, et retranchant la première. On peut donc également énoncer comme il suit la proposition précédente. *Dans tout quadrilatère, la somme des carrés de deux quelconques des côtés opposés, plus la somme des carrés des deux diagonales, est égale à la somme des carrés des deux autres côtés, plus*

le

le quadruple du carré de la droite qui joint les points-milieux de ces deux autres côtés.

291. Non-seulement la proposition dont nous venons de parler, s'applique aux quadrilatères de toutes les formes, et même aux quadrilatères gauches; mais on peut l'étendre aux solides dont toutes les faces sont des quadrilatères quelconques plans ou gauches; par exemple, à une pyramide quadrangulaire tronquée parallèlement ou obliquement à sa base, ou en général à l'hexaèdre régulier, ou irrégulier, comme il suit.

THÉORÊME XXX.

Dans tout hexaèdre régulier ou non, la somme des carrés des douze arêtes, plus la somme des carrés des douze diagonales des faces est égale à trois fois la somme des carrés des quatre diagonales qui traversent le solide, plus quatre fois la somme des carrés des six droites qui joignent deux à deux les points-milieux de ces quatre dernières diagonales.

La somme des carrés des diagonales de chacune des faces étant égale (291), au double de la somme des carrés des deux droites qui joignent les côtés opposés deux à deux, il suit que la proposition précédente peut s'exprimer ainsi :

Dans tout hexaèdre régulier ou non, le triple de la somme des carrés des quatre diagonales qui traversent le solide, plus quatre fois la somme des carrés des six droites qui joignent deux à deux les quatre points-milieux de ces diagonales, est égal à la somme des carrés des douze arêtes, plus deux fois la somme des carrés des douze droites qui joignent deux à deux les points-milieux des côtés opposés de chacune des faces.

Cette proposition est, comme il est aisé de le voir, une extension de celle qu'a donnée Legendre sur le parallélipipède, et que j'ai rapportée (n°. 285), les parallélipipèdes n'étant autre chose que des hexaèdres dont les faces opposées sont parallèles et sont des parallélogrammes; telles, par conséquent, que les droites qui joignent dans chacune de ces faces les points-milieux des côtés opposés, sont égales à chacun des deux autres côtés de la même face.

292. Si l'on observe que dans les énoncés de ces propositions il n'est question que de quantités élevées au carré, on conclura qu'elles sont applicables à tous les systêmes corrélatifs possibles; c'est-à-dire, que ce qui vient d'être dit des arêtes et diagonales d'un hexaèdre quelconque, doit s'entendre des distances de huit points quelconques pris à volonté dans l'espace; ou ce qui revient au même, en prenant pour côtés ce que nous avons pris pour diagonales, et pour diagonales, ce que nous avons pris pour côtés; ce qui peut se faire de 2520 manières différentes. Ainsi le seul théorême XXX appliqué à un hexaèdre quelconque, donne 2520 équations, toutes différentes les unes des autres.

En effet, on peut appliquer aux polyèdres ce que nous avons dit des quadrilatères. Nous avons observé pour ceux-ci, que les quatre sommets étant donnés, on peut former avec les lignes qui les joignent deux à deux, trois quadrilatères, en prenant cette expression de quadrilatère dans le sens le plus général. De même, en prenant le nom de polyèdre dans le sens le plus général, nous pouvons, avec un nombre n de points ou sommets, faire un nombre $\frac{(n-1)\,(n-2)\ldots 1}{2}$ polyèdres. Et par conséquent, si $n=8$, le nombre de polyèdres qui seront alors des hexaèdres, que l'on pourra former sera, $7.6.5.4.3 = 2520$. Or à chacun de ces polyèdres, on pourra appliquer le théorême ci-dessus; ce théorême fournira donc seul 2500 équations différentes entre les distances de ces huit points comparés deux à deux, et celles de leurs points-milieux.

293. Que les huit sommets proposés soient A, B, C, D, E, F, G, H; prenons pour terme de comparaison l'hexaèdre qui auroit, par exemple (fig. 108), ABCD pour l'une de ses faces, EFGH, pour la base opposée, et $\overline{AE}$, $\overline{BF}$, $\overline{CG}$, $\overline{DH}$, pour les quatre arêtes qui séparent ces deux bases opposées. Les quatre

diagonales qui traversent le solide seront donc $\overline{AG}$, $\overline{BH}$, $\overline{CE}$, $\overline{DF}$,

Donc en représentant, pour abréger par $\overline{\tfrac{1}{2}AG, \tfrac{1}{2}GH}$ par exemple, la droite qui joint les points milieux de $\overline{AG}$, $\overline{GH}$, et par une semblable notation toutes les droites du même genre, le théorême XXX pourra s'exprimer par l'équation suivante.

$$\overline{AB}^2 + \overline{AD}^2 + \overline{AE}^2 + \overline{BC}^2 + \overline{BF}^2 + \overline{CD}^2 + \overline{CG}^2 + \overline{DH}^2 + \overline{EF}^2 + \overline{EH}^2 + \overline{FG}^2 + \overline{GH}^2 + \overline{AC}^2 + \overline{BD}^2 + \overline{AH}^2 + \overline{DE}^2 + \overline{AF}^2 + \overline{BE}^2 + \overline{BG}^2 + \overline{CF}^2 + \overline{CH}^2 + \overline{DG}^2 + \overline{EG}^2 + \overline{FH}^2 = 3\overline{AG}^2 + 3\overline{BH}^2 + 3\overline{CE}^2 + 3\overline{DF}^2 + 4.\left(\overline{\tfrac{1}{2}AG, \tfrac{1}{2}BH}\right)^2 + 4\left(\overline{\tfrac{1}{2}AG, \tfrac{1}{2}CE}\right)^2 + 4\left(\overline{\tfrac{1}{2}AG, \tfrac{1}{2}DF}\right)^2 + 4\left(\overline{\tfrac{1}{2}BH, \tfrac{1}{2}CE}\right)^2 + 4\left(\overline{\tfrac{1}{2}BH, \tfrac{1}{2}DF}\right)^2 + 4\left(\overline{\tfrac{1}{2}CE, \tfrac{1}{2}DF}\right)^2$$

Cette équation primitive étant trouvée, on aura toutes les équations corrélatives que fournit le même système, en substituant de toutes les manières possibles dans cette équation primitive, les lettres A, B, C, D, E, F, G, H, les unes à la place des autres, sans rien changer aux signes. Ce qui peut se faire, comme on l'a vu ci-dessus, de 2520 manières, l'équation primitive comprise. Ces 2520 équations différentes appartiendront donc toutes à l'hexaèdre proposé.

THÉORÊME XXXI.

294. *Dans tout polygone plan ou gauche, et dans tout polyèdre, la somme des carrés des droites qui joignent deux à deux les points-milieux tant des côtés que des diagonales, est le quart de la somme des carrés de ces côtés et diagonales, multipliée par le nombre des sommets du polygone ou polyèdre, diminué de deux unités.*

C'est-à-dire que si l'on nomme n le nombre des sommets du polygone ou polyèdre, D la somme des carrés tant des côtés que des diagonales; d la somme des carrés des droites, qui joignent deux à deux les points-milieux, tant des côtés que des diagonales; on aura toujours, $d = \frac{1}{4}(n - 2)$ D.

Par exemple, s'il s'agit du triangle, on aura $n = 3$, et l'équation se réduira à $d = \frac{1}{4}$ D, comme il est évident que cela doit être.

Si l'on a $n = 4$, l'équation se réduira à $d = \frac{1}{2}$ D, c'est-à-dire que dans le quadrilatère, la somme d des carrés des quinze droites qui joignent deux à deux les points-milieux tant des côtés que des diagonales, est la moitié de la somme D des carrés de ces côtés et de ces diagonales.

La vérité de cette proposition est facile à appercevoir, après ce qui a été dit ci-dessus. *Voyez* ci-après le n°. 296.

295. Cette théorie peut être encore généralisée, et fournir nombre de conséquences curieuses.

Soit un systême quelconque de points désignés par A, B, C, D, &c. et dont le nombre soit n.

Nommons a'', b'', c'', &c. les centres de moyenne distance de tous ces points A, B, C, D, &c. considérés deux à deux, c'est-à-dire, les points-milieux de toutes les droises $\overline{AB}$, $\overline{AC}$, $\overline{BC}$, $\overline{CD}$, &c.

Nommons a''', b''', c''', &c. les centres de moyenne distance de tous ces points considérés trois à trois, c'est-à-dire, les centres de moyenne distance des systêmes (A, B, C), (A, B, D), (B, C, D), &c.

Nommons a^{iv}, b^{iv}, c^{iv}, &c. les centres, &c.

Nommons enfin K le centre général des moyennes distances de tous les points A, B, C, D, &c.

Représentons maintenant par x, chacune des distances telles que $\overline{AK}$, $\overline{BK}$, $\overline{CK}$, &c.; par x'', chacune des distances telles que $\overline{a''K}$, $\overline{b''K}$, $\overline{c''K}$, &c.; par x''' chacune des distances telles que $\overline{a'''K}$, $\overline{b'''K}$, $\overline{c'''K}$, &c. ainsi de suite.

Représentons de même par X, chacune des distances telles

que $\overline{AB}$, $\overline{AC}$, $\overline{BC}$, &c.; par X'', chacune des distances telles que $\overline{a''b''}$, $\overline{a''c''}$, $\overline{b''c''}$, &c.; par X''', chacune des distances telles que $\overline{a'''b'''}$, $\overline{a'''c'''}$, &c., ainsi de suite.

Prenons enfin la caractéristique $\int$ pour exprimer *somme de.* Cela posé,

Il est aisé de voir d'abord que le centre général K des moyennes distances de A, B, C, &c. est le même que celui de tous les points a'', b'', c'', &c., le même que celui des points a''', b''', c''', &c. le même, &c.

Il est également facile de voir que le nombre des points A, B, C, D, &c. étant n, celui des droites $\overline{AB}$, $\overline{AC}$, &c., et par conséquent celui des points a'', b'', c'', &c. sera $\frac{n.\overline{n-1}}{2}$; celui des systêmes à trois points, (A, B, C), (A, B, D), &c., et par conséquent celui de leurs centres a''', b''', c''', &c. sera $\frac{n.\overline{n-1}.\overline{n-2}}{2.3}$, ainsi de suite. Cela posé,

Il est clair que nous aurons les formules suivantes (280),

$$\left.\begin{array}{l}
\int X^2 = n\int x^2 \\
\int X''^2 = \dfrac{n.\overline{n-1}}{2}\int x''^2 \\
\int X'''^2 = \dfrac{n.\overline{n-1}.\overline{n-2}}{2.3}\int x'''^2 \\
\int X^{\text{IV}2} = \dfrac{n.n-1.n-2.n-3}{2.3.4}\int x^{\text{IV}2} \\
\text{\&c., \&c., \&c.}
\end{array}\right\} \text{(A)}$$

296. Nous avons

$$(\overline{AK}^2+\overline{BK}^2) = (\overline{Aa''}^2+\overline{Ba''}^2)+2\overline{a''K}^2,$$

$$\text{ou } (\overline{AK}^2+\overline{BK}^2) = \tfrac{1}{2}\overline{AB}^2+2\overline{a''K}^2.$$

Imaginons une semblable équation pour tous les points du systême comparés deux à deux, et faisons la somme de toutes ces équations dont le nombre sera évidemment $\frac{n.\overline{n-1}}{2}$. Il est aisé de voir que chacune des quantités $\overline{AK}$, $\overline{BK}$, &c. étant représentée par x, chacune des quantités comme $\overline{AB}$, par X, et chacune des quantités comme $\overline{a''K}$ par x''; l'équation résultante de la somme ci-dessus indiquée sera : $\overline{n-1}\int x^2 = \frac{1}{2}\int X^2 + 2\int x''^2$.

De même nous avons

$$\left(\overline{AK}^2+\overline{BK}^2+\overline{CK}^2\right) = \left(\overline{Aa'''}^2+\overline{Ba'''}^2+\overline{Ca'''}^2\right)+3\overline{a'''K}^2;$$

$$\text{ou } \left(\overline{AK}^2+\overline{BK}^2+\overline{CK}^2\right) = \tfrac{1}{3}\left(\overline{AB}^2+\overline{AC}^2+\overline{BC}^2\right)+3\overline{a'''K}^2$$

Imaginons une semblable équation pour tous les points du système comparés trois à trois, et faisons la somme de toutes ces équations, dont le nombre sera évidemment $\frac{n.\overline{n-1}.\overline{n-2}}{2.3}$; il est aisé de voir que la formule résultante sera

$$\frac{\overline{n-1}.\overline{n-2}}{2}\int x^2 = \frac{n-2}{3}\int X^2 + 3\int x'''^2.$$

De même en considérant les points A, B, C, D, &c. quatre à quatre, on a

$$\left(\overline{AK}^2+\overline{BK}^2+\overline{CK}^2+\overline{DK}^2\right)$$
$$= \tfrac{1}{4}\left(\overline{AB}^2+\overline{AC}^2+\overline{AD}^2+\overline{BC}^2+\overline{BD}^2+\overline{CD}^2\right)+4\overline{a^{\text{iv}}K}^2;$$

d'où l'on tire comme ci-dessus,

$$\frac{\overline{n-1}.\overline{n-2}.\overline{n-3}}{2.3}\int x^2 = \frac{\overline{n-2}.\overline{n-3}}{2.4}\int X^2+4\int x^{\text{iv}2};$$

ainsi de suite. Nous aurons donc cette série de formules,

$$\left.\begin{array}{l}
\overline{n-1}\int x^2 = \frac{1}{2}\int X^2+2\int x''^2 \\
\frac{\overline{n-1}.\overline{n-2}}{2}\int x^2 = \frac{n-2}{3}\int X^2+3\int x'''^2 \\
\frac{\overline{n-1}.\overline{n-2}.\overline{n-3}}{2.3}\int x^2 = \frac{\overline{n-2}.\overline{n-3}}{2.4}\int X^2+4\int x^{\text{iv}2} \\
\frac{\overline{n-1}.\overline{n-2}.\overline{n-3}.\overline{n-4}}{2.3.4}\int x^2 = \frac{\overline{n-2}.\overline{n-3}.\overline{n-4}}{2.3.5}\int X^2+5\int x^{\text{v}2} \\
\text{\&c., \&c., \&c.}
\end{array}\right\}(B)$$

La loi de ces formules est facile à saisir. Il n'y a que le coëfficient de $\int X^2$ qui souffre quelque embarras. Pour le trouver, on forme la suite des nombres triangulaires 1, 3, 6, 10, &c. On les divise par la suite des nombres naturels, 2, 3, 4, 5, &c.; ce qui donne cette série de fractions $\frac{1}{2}, \frac{3}{3}, \frac{6}{4}, \frac{10}{5}$, &c. On multiplie la première par $\frac{n.\overline{n-1}}{2}$, la seconde par $\frac{n.\overline{n-1}.\overline{n-2}}{2.3}$; la troisième par $\frac{n.\overline{n-1}.\overline{n-2}.\overline{n-3}}{2.3.4}$, ainsi de suite; ce qui donne la série suivante,

$$\tfrac{1}{2}.\frac{n.\overline{n-1}}{2},\quad \frac{3}{3}\,\frac{n.\overline{n-1}.\overline{n-2}}{2.3},\quad \&c.$$

On divise enfin tous les termes de cette série par le facteur commun $\frac{n.\overline{n-1}}{2}$, et l'on a cette nouvelle série,

$$\frac{1}{2},\ \frac{\overline{n-2}}{3},\ \frac{\overline{n-2}.\overline{n-3}}{2.4},\ \frac{\overline{n-2}.\overline{n-3}.\overline{n-4}}{2.3.5},\ \&c.$$

qui est précisément la série des coëfficiens de $\int X^2$.

Nous avons $\int X^2 = n\int x^2$; substituant dans les formules précédentes cette valeur de $\int X^2$, on aura

$$\left.\begin{aligned}
2\int x''^2 &= \left(\overline{n-1} - \frac{n}{2}\right)\int x^2 \\
3\int x'''^2 &= \left(\frac{\overline{n-1}.\overline{n-2}}{2} - \frac{n.\overline{n-2}}{3}\right)\int x^2 \\
4\int x^{\text{IV}2} &= \left(\frac{\overline{n-1}.\overline{n-2}.\overline{n-3}}{2.3.4} - \frac{n.\overline{n-2}.\overline{n-3}}{2.4}\right)\int x^2 \\
\&c.,\ \&c.,\ \&c.
\end{aligned}\right\}\ (C)$$

Au moyen de ces formules et de celles trouvées (289), on a évidemment le rapport immédiat, et par une simple équation du premier degré, à deux termes seulement, de toutes les quantités $\int x^2$, $\int X^2$, $\int x''^2$, $\int X''^2$, $\int x'''^2$, $\int X'''^2$, &c. considérées deux à deux. La première de ces formules (C) n'est autre chose que l'expression algébrique du théorême XXXI (nº. 294).

297. Il est facile de reconnoître dans tout ce que nous venons de dire du *centre des moyennes distances*, les propriétés de ce qu'on appelle en mécanique *centre de gravité*, et en effet, ces deux points sont les mêmes. C'est donc à la géométrie qu'appartient la notion de ce point, et ses propriétés mécaniques devroient être simplement déduites de celles qu'il est possible d'établir par la seule géométrie.

On sait d'ailleurs depuis long-temps, par plusieurs propositions importantes, et particulièrement par le théorême du père Guldin, pour la quadrature des surfaces et la cubature des solides, l'avantage que peut tirer la géométrie elle-même de la considération des centres de gravité; mais cette marche n'est point naturelle. C'est donc une véritable lacune dans les traités de géométrie, que l'omission de ses propriétés fondamentales; et je pense que ce seroit faire une chose utile que de rétablir à cet égard l'ordre naturel des idées, en développant dans la géométrie même les propriétés du centre des moyennes distances, qui ne devient réellement *centre de gravité*, qu'en mécanique. Les ressources de la géométrie élémentaire, qui est la plus usuelle, seroient beaucoup plus considérables, et une multitude de propositions très-utiles dans la pratique, et que cette géométrie ne sauroit atteindre que fort difficilement, se démontreroient avec une extrême simplicité.

298. Il me semble même que la géométrie ne devroit point se borner là, et qu'elle pourroit embrasser les mouvemens, qui ne résultent pas de l'action et de la réaction des corps les uns sur les autres; car la mécanique n'est pas proprement la science des mouvemens, mais la science de la communication des mouvemens. L'idée du mouvement est aussi simple que celle de dimensions, et peut-être en est-elle inséparable. Les premières notions de la géométrie enseignent à regarder la ligne comme la trace d'un point qui se meut, et cette notion s'accorde avec l'opération matérielle, par laquelle on trace effectivement une ligne sur le papier, avec une plume ou un crayon; elles enseignent de même à regarder la surface, comme produite par le mouvement d'une

d'une ligne, et le solide, comme produit par le mouvement de la surface. Pourquoi n'iroit-on pas plus loin, en considérant ce que produit à son tour le mouvement du solide dans l'espace? ce n'est pas ce mouvement en lui-même qui fait l'objet de la mécanique; mais l'effet des modifications qu'il éprouve par le choc des autres solides placés sur sa route.

Deux corps peuvent avoir, l'un à l'égard de l'autre, trois manières d'être; ils peuvent se trouver ou entièrement séparés l'un de l'autre, et sans communication quelconque, ou bien agissant l'un sur l'autre par choc, pression ou *traction;* ou bien enfin, en simple contact ou juxta-position, sans aucune action de l'un sur l'autre.

Le premier de ces trois états appartient exclusivement à la géométrie; le second appartient à la mécanique; le troisième est en quelque sorte l'état mitoyen, qui est comme le passage d'une de ces deux sciences à l'autre. On peut le considérer comme un développement de la première, servant d'introduction à la seconde.

Concevons un système quelconque de corps, entre lesquels il y ait divers points de contact, mais sans action quelconque de ces corps les uns sur les autres. On peut demander, quelles sont les conditions auquelles devroit être assujéti ce système dans ses mouvemens, pour que les corps qui le composent restassent en contact, sans cependant acquérir aucune influence l'un sur l'autre, sans se gêner dans ces mouvemens respectifs, et néanmoins sans se séparer; de manière que la juxta-position ait toujours lieu sans pression et sans solution de continuité. Or ce problême est absolument indépendant des règles de la communication des mouvemens, puisque, par hypothèse, il n'y a aucun mouvement communiqué ni détruit, les mouvemens qui ont lieu alors peuvent donc être appelés *mouvemens géométriques,* et leur recherche n'appartient point à la mécanique proprement dite; elle est du ressort de la géométrie, et je crois que pour compléter cette dernière science, il faudroit que les propriétés de ces mouvemens y fussent développées. Ces propriétés, ainsi que je l'ai remarqué ailleurs, sont toutes comprises dans un principe fondamental, qui consiste en ce que, lorsqu'un pareil mouvement existe dans un systême du corps, le mouvement contraire à chaque instant est toujours possible; ce qui n'a pas lieu lorsque le mouvement n'est pas géométrique. Deux globes en contact, par exemple, qui se meuvent d'un mouvement géométrique, c'est-à-dire sans cesser de rester en contact, sont tels qu'à chaque instant ils peuvent prendre l'un et l'autre des vîtesses diamétralement opposées à celles qui les animent; ce qui ne pourroit avoir lieu, si leurs mouvemens n'étoient pas géométriques, c'est-à-dire si ces vîtesses opéroient leur éloignement, puisqu'alors pour prendre le mouvement contraire, il faudroit qu'il y eût pénétration des deux corps.

Si la théorie de ces mouvemens géométriques étoit approfondie, la mécanique et l'hydraulique seroient infiniment simplifiées; elles se réduiroient au développement du principe général de la communication des mouvemens, qui n'est autre chose que celui de l'action toujours égale et contraire à l'action. Les grandes difficultés analytiques qu'on rencontre dans la science de l'équilibre et du mouvement, viennent principalement de ce que la théorie des mouvemens géométriques n'est point faite; elle mérite donc toute l'attention des savans.

THÉORÊME XXXII.

299. *Si d'un point ou foyer quelconque pris dans l'espace, on mène des droites ou rayons égales et parallèles, chacune à chacun des côtés d'un polygone plan ou gauche, et menées dans le sens du périmètre; et que d'un autre point quelconque pris dans l'espace, on abaisse une perpendiculaire sur chacun de ces rayons; la somme des produits de chacun d'eux par le segment de ce même rayon, compris entre le foyer et le point où tombe la perpendiculaire abaissée sur lui, est égale à zéro, en prenant en sens inverse, ceux de ces segmens qui tombent, non sur les rayons même auxquels ils appartiennent, mais sur leurs prolongemens dans le sens opposé.*

Soient en effet (fig. 106), F le foyer en question, $\overline{FA}$, $\overline{FB}$, $\overline{FC}$, &c. les rayons partans de ce foyer, qui sont respectivement parallèles et égaux aux côtés d'un polygone donné, et dans le même sens qu'eux. Soit K le point d'où sont abaissées des perpendiculaires $\overline{Ka}$, $\overline{Kb}$, $\overline{Kc}$, &c. sur ces différens rayons. Abaissons aussi des points A, B, C, des perpendiculaires $\overline{AA'}$, $\overline{BB'}$, $\overline{CC'}$, &c. sur $\overline{FK}$. Les triangles semblables $\overline{AFA'}$, $\overline{KFa}$ donnent $\overline{FA} : \overline{FK} :: \overline{FA'} : \overline{Fa}$; donc..............................

$\overline{FA}.\overline{Fa} = \overline{FK}.\overline{FA'}$. Par la même raison on a..............

$\overline{FB}.\overline{Fb} = \overline{FK}.\overline{FB'}$

$\overline{FC}.\overline{Fc} = \overline{FK}.\overline{FC'}$

&c., &c.

Ajoutant ensemble toutes ces équations on a

$$\overline{FA}.\overline{Fa}+\overline{FB}.\overline{Fb} + \&c. = \overline{FK}\left(\overline{FA'}+\overline{FB'} + \&c.\right);$$

mais il est clair que les triangles rectangles FAA', FBB', &c. donnent, $\overline{FA'} = \overline{FA}$ cos. AFK, $\overline{FB'} = \overline{FB}$.cos. BFK, &c. donc (255)

$$\overline{FA'}+\overline{FB'}+\overline{FC'} + \&c. = 0$$

en prenant négativement celles de ces valeurs auxquelles répondent des cosinus négatifs ou des angles obtus. Donc le second membre de notre équation s'évanouit; donc nous avons

$$\overline{FA}.\overline{Fa}+\overline{FB}.\overline{Fb}+\overline{FC}.\overline{Fc} + \&c. = 0$$

en prenant négativement ceux de ces segmens $\overline{Fb}$, &c. qui comme $\overline{Fb}$, $\overline{Fc}$, répondent aux angles obtus dont nous venons de parler, ou qui tombent, non sur les rayons même auxquels ils appartiennent, mais sur leurs prolongemens dans le sens contraire. Ce qu'il falloit démontrer (1).

(1) Cette proposition est encore très-analogue à la théorie des vîtesse virtuelles en mécanique; et cela vient de ce que plusieurs forces qui se font

THÉORÊME XXXIII.

300. *Si par un point quelconque pris dans l'espace, on fait passer plusieurs polygones égaux et parallèles, chacun à chacune des faces d'un polyèdre quelconque, et tourné vers le même côté qu'elle, la somme des produits des surfaces de ces polygones, multipliées chacune par la perpendiculaire abaissée sur lui, d'un point quelconque donné dans l'espace, en prenant négativement celles de ces perpendiculaires qui tombent sur le revers de ces polygones, est égale à zéro.*

Pour le prouver, concevons que d'un point quelconque m pris dans l'intérieur d'un polyèdre, on mène une droite à chacun des angles solides, le polyèdre se trouvera partagé en autant de

---

équilibre en tirant un mobile en différens sens, peuvent toujours être représentées par les côtés d'un polygone plan ou gauche; c'est-à-dire, qu'on peut toujours imaginer un polygone, dont les côtés soient tels, que les forces qui sont supposées se faire équilibre, soient parallèles et égales chacune à chacun de ces côtés, et dirigée dans le même sens; de sorte que $\overline{FA}$, $\overline{FB}$, $\overline{FC}$, $\overline{FD}$, &c. peuvent représenter des forces qui se font équilibre autour du point F, comme il est aisé de s'en assurer par le parallélogramme des forces. Cela étant, si l'on conçoit que F se meuve, et que sa vîtesse soit représentée par $\overline{FK}$, tant pour sa grandeur que pour sa direction, les droites $\overline{Fa}$, $\overline{Fb}$, $\overline{Fc}$, &c., exprimeront cette même vîtesse estimée dans le sens des différentes forces $\overline{FA}$, $\overline{FB}$, &c. qui lui sont appliquées. Donc l'équation trouvée apprend que la somme des produits de chacune des forces en équilibre autour d'un mobile F, multipliée par la vîtesse de ce mobile estimée dans le sens de cette force, est égale à zéro. Ce qui est en effet le principe général de l'équilibre.

J'ai supposé que toutes les forces étoient rassemblées autour d'un même nœud. S'il y en avoit plusieurs comme dans une machine funiculaire, on pourroit appliquer le même raisonnement à chacun d'eux, et les tensions des cordons qui les unissent deux à deux, étant les mêmes pour chaque nœud, ainsi que la vîtesse de chacune de ses extrémités, estimée dans le sens de ce cordon; ces tensions n'entreroient pas dans le calcul: d'où il suit que le principe est général pour un système quelconque de forces appliquées à une machine funiculaire; et comme toute machine peut être ramenée à la machine funicu-

pyramides qu'il y a de faces, toutes ayant leur sommet au même point m, et la solidité de ce polyèdre sera égale au tiers de la somme de ces faces, multipliées chacune par la hauteur de la pyramide correspondante, c'est-à-dire, par la perpendiculaire abaissée du point m sur cette face. Si l'on fait la même chose d'un autre point m', pris aussi dans l'intérieur du polyèdre, on obtiendra une somme semblable, qui sera pareillement égale au solide du polyèdre. Donc si l'on retranche ces deux sommes l'une de l'autre, la différence sera zéro ; donc le triple de cette différence sera aussi zéro. Donc *si dans l'intérieur d'un polyèdre on prend deux points quelconques* m, m', *la somme des produits de chacune des faces du polyèdre, par la perpendiculaire abaissée sur elle du premier* m *de ces points, moins la somme des pro-*

---

laire, ce même principe est général pour un système quelconque des forces. J'ai donné de ce principe une démonstration complète, dans mon Essai sur les machines en général, imprimé en 1781.

Si les droites $\overline{FA}$, $\overline{FB}$, &c. étoient dans un même plan, ou représentoient les projections sur un même plan, d'un système de forces en équilibre autour d'un mobile F ; on trouveroit, en comparant les autres côtés des triangles considérés ci-dessus :

$$\overline{FA}.\overline{Ka} + \overline{FB}.\overline{Kb} + \overline{FC}.\overline{Kc} + \&c. = 0.$$

En prenant en sens direct celles de ces quantités ou forces, $\overline{FA}$, $\overline{FB}$, $\overline{FC}$, &c. qui tendent à faire tourner dans un sens autour du point F ou de l'axe qu'il représente, et en sens inverse, celles qui tendent à faire tourner en sens contraire ; ce qui est le principe de la théorie des momens.

Je termine cette note, en observant que si un corps partant d'un point donné, se meut uniformément pendant le temps t, sur une direction donnée avec une vîtesse v, puis pendant le même temps t, avec une vîtesse v' sur une autre direction, en partant du point où il étoit arrivé, ainsi de suite ; il arrivera après tous ces mouvemens partiels, au même point où il seroit arrivé, s'il s'étoit mu pendant le même temps t, avec la seule vîtesse résultante de toutes ces vîtesses particulières ; c'est-à-dire que cette résultante est le dernier des côtés du polygone formé par ces autres vîtesses. On sent par-là combien la théorie des polygones, et la recherche de leurs propriétés, peuvent être utiles en mécanique.

duits de chacune de ces mêmes faces, par la perpendiculaire abaissée sur elle du second point m', *sera zéro.*

Si l'on conçoit maintenant que ce système primitif change en vertu d'un mouvement quelconque des points m, m', il est évident que les perpendiculaires resteront directes à l'égard du système primitif, tant que ces points ne sortiront pas de l'intérieur du polyèdre ; mais s'ils en sortent, les perpendiculaires qui viendront à tomber sur le revers des faces ou sur leurs côtés extérieurs, auront passé par o, et seront devenues inverses. Donc le principe que nous venons d'établir aura encore lieu, en prenant négativement les valeurs des perpendiculaires qui tomberont sur le revers des faces. Ainsi cette proposition peut être regardée comme générale ; quelle que soit la position des points au-dedans ou au-dehors du polygone.

Imaginons maintenant qu'une des faces se meut parallèlement à elle-même : tant que les deux points m, m' seront du même côté de cette face, le produit de cette même face, par chacune des perpendiculaires abaissées de ces points sur elle, augmentera ou diminuera de la même quantité, soit que cette face s'éloigne ou qu'elle se rapproche de ces points : donc la différence des produits ci-dessus restera encore la même. Si les points m, m', sont au contraire de différens côtés à l'égard de cette face, le produit de cette même face par la perpendiculaire abaissée sur elle du point m, augmentera évidemment autant que le produit de cette même face par la perpendiculaire abaissée sur elle du point m' diminuera ; ou réciproquement, le premier produit diminuera autant que l'autre augmentera. Mais comme l'un de ces produits a lieu en sens inverse, puisqu'il répond à la perpendiculaire qui tombe sur le revers de la face, il suit que sa valeur doit être prise négativement, ainsi que les augmentations ou diminutions qu'il éprouve ; tandis que l'autre produit, ainsi que les augmentations ou diminutions qu'il éprouve, devront être pris positivement : donc la différence de ces produits restera encore la même, puisque si l'un augmente positivement d'une certaine quantité, l'autre diminuera de la même quantité, mais négativement; c'est-à-dire, que ces produits, ou plutôt leurs valeurs de corrélation, augmentent ou diminuent toujours de la même quantité; donc la proposition continuera d'avoir lieu, quel que soit le mouvement de cette face; et comme on peut dire la même chose de toutes les autres faces, la même proposition aura lieu, quel que soit le mouvement de chacune des faces du polyèdre parallèlement à elle-même, et celui des points m, m', soit au-dedans soit au-dehors du polyèdre. Cela posé concevons que ces faces se meuvent ainsi parallèlement à elles-mêmes jusqu'à ce qu'elles viennent toutes se croiser en un point donné K; nous pourrons conclure que si par un point donné K, l'on fait passer autant de polygones qu'il y a de faces dans un polyèdre proposé, lesquels soient égaux et parallèles chacun à chacune de ces faces, et tourné dans le même sens qu'elle, et qu'on prenne à volonté dans l'espace deux autres points quelconques m, m'; la somme des produits de chacune de ces faces par la perpendiculaire abaissée sur elle du point m, en prenant négativement, celles de ces perpendiculaires qui tombent sur le revers des faces, moins la somme des produits de même nature relatifs au point m', sera égale à zéro.

Supposons maintenant que le point m' aille coïncider avec le point K par où passent tous les polygones, les perpendiculaires abaissées de ce point sur les polygones qui s'y croisent seront égales chacune à zéro; donc la somme des produits relatifs à ce point m' sera égale à zéro; donc la somme des produits relatifs au point m qui lui est constamment égale, sera aussi zéro. Ce qu'il falloit démontrer.

301. La projection sur un plan quelconque de tout polygone fermé, étant elle-même un polygone fermé, tout ce que nous avons démontré pour un polygone fermé quelconque, est applicable à chacune de ses projections. Ainsi, par exemple, si l'on rapporte le systême à trois plans perpendiculaires entre eux, on pourra appliquer à chacun des polygones qui forment les trois projections du polygone proposé ce que nous avons dit de ce polygone lui-même.

303. *Définition.* Soit un polygone quelconque ABCDEF (fig. 109), je dirai de chacun des angles comme $B\hat{A}F$, par exemple, qu'il est opposé à la portion de polygone BCDEF; de même $A\hat{B}C$ est l'angle opposé à la portion de polygone CDEFA, ainsi des autres.

Si l'on mène les diagonales $\overline{BF}$, $\overline{AC}$, je dirai pareillement que les angles $B\hat{A}F$, $A\hat{B}C$, sont respectivement opposés aux diagonales $\overline{BF}$, $\overline{AC}$.

De même l'angle $C\hat{A}F$ sera dit opposé à la portion CDEF du polygone, ainsi qu'à la diagonale $\overline{CF}$; l'angle $C\hat{A}E$ sera dit opposé à la portion CDE du polygone, ainsi qu'à la diagonale $\overline{CE}$; l'angle $C\hat{A}D$ sera dit opposé au côté $\overline{CD}$; ainsi des autres.

Si des points C, D, on mène à un autre angle du polygone comme F, les diagonales $\overline{CF}$, $\overline{DF}$, l'angle $C\hat{F}D$ devra, par la définition précédente, être dit opposé au côté $\overline{CD}$ aussi bien que l'angle $C\hat{A}D$. Ainsi à chaque côté du polygone, il y a autant d'angles opposés qu'il y a de côtés dans ce polyogne moins deux. Par exemple, à chacun des côtés de l'hexagone, il y a quatre angles opposés; il en est de même de chaque diagonale ou portion quelconque du polygone.

Si le polygone est inscrit ou susceptible d'être inscrit au cercle, il est clair que tous les angles opposés au même côté comme $C\hat{A}D$, $C\hat{F}D$, sont égaux entre eux; ainsi, par l'angle opposé au côté $\overline{CD}$, on peut entendre l'un quelconque des angles appuyés sur $\overline{CD}$ et ayant son sommet à l'un quelconque des angles B, A, F, E, ou en général à l'un quelconque des points de la portion $\overset{\frown}{CBAFE}$ de la circonférence. Donc nous pouvons poser en principe que :

Dans tout polygone inscrit ou susceptible d'être inscrit au cercle, tous les angles opposés à l'un quelconque des côtés sont égaux entre eux.

Maintenant

Maintenant nous pouvons établir la proposition suivante, qui est une extension du principe de la porportionnalité dans tout triangle, des côtés avec les sinus des angles opposés.

THÉORÊME XXXIV.

Dans tout polygone inscrit ou susceptible d'être inscrit au cercle, les côtés sont entre eux comme les sinus des angles qui leur sont respectivement opposés.

C'est-à-dire, que nous aurons, par exemple,

$$\overline{CD} : \overline{EF} :: \sin.CAD : \sin.ECF.$$

En effet, si l'on nomme R le rayon du cercle, on a (121)

$$\sin.CAD = \frac{\overline{CD}}{2R},\ \sin.ECF = \frac{\overline{EF}}{2R}.\ \text{Donc}$$

$$\sin.CAD : \sin.ECF :: \overline{CD} : \overline{EF}.$$

Ce qu'il falloit prouver.

304. Pour qu'un polygone soit susceptible d'être inscrit dans un cercle; il doit nécessairement exister une certaine relation entre ses angles. Par exemple, dans le quadrilatère, il faut pour qu'il puisse être inscrit au cercle, que les angles opposés deux à deux soient supplémens l'un de l'autre. Il est évident que chaque polygone susceptible d'être inscrit, doit avoir une propriété analogue à celle dont on vient de parler pour ce quadrilatère. Or c'est cette propriété que je me propose de trouver.

Supposons d'abord que le nombre des côtés du polygone inscrit en question soit de six, et soit ABCDEF (fig. 109) ce polygone. Je mène la diagonale $\overline{BE}$. Dans le quadrilatère BAFE, les angles opposés deux à deux sont, d'après ce qui vient d'être dit, supplémens l'un de l'autre : donc leur somme vaut deux droits. Donc

$$B\hat{A}F + B\hat{E}F = E\hat{F}A + E\hat{B}A,$$

par la même raison, le quadrilatère BCDE donne

$$B\hat{C}D + B\hat{E}D = E\hat{D}C + E\hat{B}C.$$

Ajoutant ces deux équations, et observant que ....

$$A\hat{B}E+E\hat{B}C = A\hat{B}C;\ B\hat{E}F+B\hat{E}D = F\hat{E}D, \text{ on aura}$$

$$B\hat{A}F+B\hat{C}D+F\hat{E}D = E\hat{F}A+E\hat{D}F+ABC.$$

C'est-à-dire qu'en désignant les angles par 1er, 2e, 3e, 4e, 5e, 6e, en partant de l'un quelconque d'entre eux, la somme de tous les angles de numéro impair sera égal à la somme de tous les angles du numéro pair.

Or il est aisé de voir que le même raisonnement peut s'appliquer à un octogone, à un décagone, enfin à tout polygone inscrit d'un nombre pair de côtés. Donc en général,

THÉORÊME XXXV.

Dans tout polygone inscrit ou susceptible d'être inscrit au cercle, et d'un nombre pair des côtés, si l'on distingue les angles par 1er, 2e, 3e, &c. *la somme de tous les angles de numéros pairs est toujours égale à la somme de tous les angles de numéros impairs.*

Lorsque le nombre des côtés est impair, on peut regarder le sommet de l'un quelconque des angles comme une corde infiniment petite, et considérer alors le polygone comme étant d'un nombre pair de côtés, parmi lesquels cette corde infiniment petite compte pour un, et l'on pourra ainsi lui appliquer la règle précédente. Soit, par exemple, ABCDE (fig. 110) un pentagone inscrit, menons par l'un quelconque des angles comme D, une tangente $\overline{mDn}$ dont le point D pourra être considéré comme une corde infiniment petite formant le sixième côté du polygone. En appliquant à ce polygone la règle précédente, nous aurons,

$$A+C+E\hat{D}m = B+E+C\hat{D}n.$$

Maintenant soit mené le rayon $\overline{KD}$, et nommons ϖ l'angle droit; nous aurons $E\hat{D}m = \varpi+E\hat{D}K$, $C\hat{D}n = \varpi+C\hat{D}K$; substituant ces valeurs dans l'équation précédente, et réduisant, on aura, $A+C+E\hat{D}K = B+E+C\hat{D}K$.

Donc en regardant les segmens $C\hat{D}K$, $E\hat{D}K$, de l'angle D, comme étant eux-mêmes angles du polygone, et désignant comme ci-devant les six angles, y compris ces deux-là, et non l'angle D par 1er, 2e, 3e, 4e, 5e, 6e; la somme des angles de numéro pair sera égale à la somme des angles de numéros impairs; et comme on peut appliquer le même raisonnement à tous les polygones inscrits d'un nombre impair de côtés, nous pouvons conclure en général que,

Dans tout polygone inscrit d'un nombre impair de côtés, si l'on divise l'un quelconque des angles en deux segmens par un rayon, et que regardant ces deux segmens comme deux des angles consécutifs du polygone, qui composent par conséquent avec les autres un nombre pair d'angles, on distingue tous ces angles par 1er, 2e, 3e, &c. *à partir de l'un quelconque d'entre eux, la somme de tous les angles de numéros pairs sera égale à la somme de tous les angles de numéros impairs.*

THÉORÊME XXXVI.

305. *Trois circonférences étant tracées dans un même plan, je les distingue par* 1ere, 2e, 3e, *et je suppose que les deux premières se coupent aux deux points* a, a′, *que la première coupe la troisième aux points* b, b′, *et qu'enfin la seconde coupe la troisième aux points* c, c′, *je dis que les trois droites*, $\overline{aa'}$, $\overline{bb'}$, $\overline{cc'}$, *se couperont toutes trois au même point.*

En effet, supposons (fig. 111) que aAb soit la circonférence désignée pour première; aBc, celle qui est désignée pour seconde, et bCc, celle qui est désignée pour troisième. Considérons chacun de ces cercles comme la coupe d'une sphère ayant son centre dans le plan proposé. Il est clair que $\overline{aa'}$ représentera sur ce plan l'intersection commune de la première et de la seconde surface sphériques; $\overline{bb'}$, celle de la première et de la troisième; $\overline{cc'}$, celle de la seconde et de la troisième. Donc le point qui représente l'intersection commune des trois surfaces sphériques est en même temps dans chacune de ces trois droites.

Donc ces trois droites se coupent nécessairement toutes en un même point. Ce qu'il falloit prouver.

On peut démontrer cette proposition d'une manière plus directe sans recourir aux sphères : mais celle-ci m'a paru si simple, que je l'ai préférée.

Donc (fig. 112) *si deux circonférences* AFBG, ACBD, *tracées dans un même plan se coupent aux points* A, B, *et qu'ayant mené la droite* $\overline{AB}$, *on mène par un point* K *pris à volonté sur cette droite deux cordes* $\overline{FG}$, $\overline{CD}$, *l'une à la circonférence* AFBG, *l'autre à la circonférence* ACBD, *les quatre extrémités* F, G, C, D, *de ces deux cordes, se trouveront nécessairement tous dans une même circonférence.*

THÉORÊME XXXVII.

306. *Dans tout polygone plan ou gauche* ABCDE (fig. 151), *si d'un point quelconque* K *pris dans l'espace, on mène à tous ses angles des droites ou rayons* $\overline{KA}$, $\overline{KB}$, $\overline{KC}$, &c., on aura

$$\overline{AB}.\overline{AK}.\cos.BAK+\overline{BC}.\overline{BK}.\cos.CBK+\overline{CD}.\overline{CK}.\cos.DCK+\&c.$$
$$=\overline{AB}.\overline{BK}.\cos.ABK+\overline{BC}.\overline{CK}.\cos.BCK+\overline{CD}.\overline{DK}.\cos.CDK+\&c.$$

En effet, par les propriétés connues, chacun des triangles ABK, BCK, CDK, &c. donne deux équations, comme il suit,

$$\overline{AK}^2 = \overline{AB}^2 + \overline{BK}^2 - 2\overline{AB}.\overline{BK}.\cos.ABK$$
$$-\overline{BK}^2 = -\overline{AB}^2 - \overline{AK}^2 + 2\overline{AB}.\overline{AK}.\cos.BAK$$
$$\overline{BK}^2 = \overline{BC}^2 + \overline{CK}^2 - 2\overline{BC}.\overline{CK}.\cos.BCK$$
$$-\overline{CK}^2 = -\overline{BC}^2 - \overline{BK}^2 + 2\overline{BC}.\overline{BK}.\cos.CBK$$
&c., &c., &c.

Ajoutant ensemble toutes ces équations, et réduisant, on aura la formule qu'il falloit démontrer.

A chacun des deux membres de cette équation, ajoutons le second : la formule se réduira à

$$\overline{AB}\left(\overline{AK}.\cos.BAK + \overline{BK}.\cos.ABK\right)$$
$$+\overline{BC}\left(\overline{BK}.\cos.CBK + \overline{CK}.\cos.BCK\right) + \&c.$$
$$= 2\overline{AB}.\overline{AK}.\cos.BAK + 2\overline{BC}.\overline{BK}.\cos.CBK + 2\overline{CD}.\overline{CK}.\cos.DCK + \&c.$$

Mais les termes du premier membre se réduisent à $\overline{AB}^2$, $\overline{BC}^2$, $\overline{CD}^2$, &c. (251). Donc la formule se réduit à

$$\overline{AB}^2 + \overline{BC}^2 + \overline{CD}^2 + \&c.$$
$$= 2\overline{AB}.\overline{AK}.\cos.BAK + 2\overline{BC}.\overline{BK}.\cos.CBK + \&c.$$

Si le nombre des côtés devient infini, le polygone sera une courbe, dont $\overline{AB}$, $\overline{BC}$, &c. seront les élémens, $\overline{AK}$, $\overline{BK}$, &c. les rayons vecteurs, et $B\hat{A}K$, $C\hat{B}K$, &c. les angles formés aux points A, B, &c. par les tangentes et les rayons vecteurs. Ainsi tous les termes du premier membre s'évanouissent comme infiniment petits du second ordre; ce qui conduit à des conséquences très-intéressantes sur les courbes fermées, soit planes, soit à double courbure. Mais ces recherches sont étrangères à l'objet dont je m'occupe en ce moment.

Rapportons ce système à deux axes perpendiculaires entre eux, lorsqu'il est tout entier dans un même plan, et en général, à trois axes perpendiculaires entre eux, lorsqu'il est quelconque. Pour cela, concevons que de chacun des angles A, B, C, &c. et du point K on abaisse des perpendiculaires sur chacun de ces trois axes, désignons par a, b, c, d,...K, les points où l'un quelconque de ces axes sera rencontré par ces perpendiculaires abaissées sur lui; par a', b', c'...K', ceux où l'un quelconque des deux autres sera rencontré par les perpendiculaires abaissées sur lui, et enfin par a'', b'', c''...K'', ceux où le troisième axe sera rencontré par les perpendiculaires abaissées sur lui. Cela posé, nous aurons, comme on sait :

$$\overline{AB}.\overline{AK}.\cos.BAK = \overline{ab}.\overline{ak} + \overline{a'b'}.\overline{a'k'} + \overline{a''b''}.\overline{a''k''}$$
$$-\overline{AB}.\overline{BK}.\cos.ABK = -\overline{ab}.\overline{bk} - \overline{a'b'}.\overline{b'k'} - \overline{a''b''}.\overline{b''k''}$$
$$\overline{BC}.\overline{BK}.\cos.CBK = \overline{bc}.\overline{bk} + \overline{b'c'}.\overline{b'k'} + \overline{b''c''}.\overline{b''k''}$$
$$-\ \&c.\ \&c.$$

Ajoutant toutes ces équations, et observant que par la proposition précédente le premier membre de l'équation générale se réduit à o, on aura

$$\overline{ab}\left(\overline{ak}-\overline{bk}\right)+\overline{a'b'}\left(\overline{a'k'}-\overline{b'k'}\right)+\overline{a''b''}\left(\overline{a''k''}-\overline{b''k''}\right)$$
$$+\overline{bc}\left(\overline{bk}-\overline{ck}\right)+\overline{b'c'}\left(\overline{b'k'}-\overline{c'k'}\right)+\&c.=0.$$

Formule très-remarquable, qui appartient à tout polygone plan ou gauche, quel que soit le nombre des côtés, et qui donne un moyen facile de mettre ce polygone en équation pour être traité suivant les procédés de la géométrie analytique. Au surplus, cette proposition n'est qu'une conséquence particulière d'un principe beaucoup plus général, que je me propose de développer ailleurs, et dont je donnerai seulement ici l'énoncé comme il suit.

Concevons dans l'espace un système quelconque de points que je désigne par 1er, 2e, 3e, &c. *et qui changent de positions respectives en vertu d'une transformation opérée par degrés insensibles ; de manière cependant que le premier demeure toujours à la même distance du second, le second du troisième, le troisième du quatrième.... le dernier, du premier ; et faisons sur un plan quelconque les projections de toutes ces distances ou du système général.*

Cela posé, je dis : qu'au bout d'un temps infiniment court la somme de ces projections multipliées chacune par la somme des perpendiculaires abaissées des deux extrémités de sa nouvelle direction, sur sa direction première, sera égale à zéro ; en prenant au positif celles de ces perpendiculaires qui tombent sur les faces intérieures des côtés du polygone formé par ces projections, et prolongées au besoin ; et au négatif, celles qui tombent sur le revers de ces mêmes côtés.

SECTION V.

Application de la théorie précédente à diverses questions de géométrie élémentaire.

307. On peut procéder à la solution d'une question proposée de diverses manières. Je les réduis à quatre ; la méthode synthétique, la méthode trigonométrique, la géométrie analytique, et la méthode mixte.

1°. La méthode synthétique ou graphique consiste à résoudre les questions proposées sans le secours de l'analyse, en cherchant par les propriétés connues des figures qui se présentent, la construction la plus propre à satisfaire aux conditions proposées. Les résultats de cette méthode ne peuvent avoir la précision du calcul numérique à cause de l'imperfection des instrumens qu'on est obligé d'employer ; mais dans la pratique des arts, de ceux sur-tout qui tiennent à l'architecture, c'est la plus utile, parce qu'elle est ordinairement la plus expéditive. Elle a d'ailleurs l'avantage de n'offrir aux yeux et à l'imagination que des tableaux réels, et elle est très-propre à exercer d'une manière agréable la sagacité des Géomètres qui s'en occupent, auxquels elle fournit souvent des solutions plus courtes et plus élégantes que toutes celles qu'on peut obtenir par le secours de l'analyse. On a donné à cette méthode graphique le nom de géométrie descriptive, lorsque les diverses parties des figures considérées se trouvent dans des plans différens, et on l'a réduite en principes généraux, au moyen des projections faites sur trois plans perpendiculaires entre eux. C'est à Monge principalement, qu'on doit les nouveaux progrès de cette importante doctrine, connue auparavant sous le nom de *stéréotomie*.

2°. La méthode trigonométrique. Elle consiste à former une chaîne non interrompue de triangles entre les données et les inconnues de la figure proposée, et à passer de l'une à l'autre par les formules algébriques de la trigonométrie.

On sait qu'il faut distinguer la trigonométrie analytique de la trigonométrie numérique, et que leurs procédés ne sont pas toujours les mêmes. Car si l'on proposoit, par exemple, de trouver chacun des angles d'un triangle dont les trois côtés seroient donnés : en nommant A, B, C, ces trois angles; a, b, c, les côtés respectivement opposés ; la formule analytique la plus simple pour obtenir l'angle A, par exemple, seroit, $\cos. A = \frac{b^2+c^2-a^2}{2bc}$. Mais s'il étoit question d'obtenir la valeur numérique, il seroit plus simple, principalement pour faciliter l'emploi des logarithmes, de ramener le problême au calcul des triangles rectangles, par cette propriété connue, que, dans tout triangle, chacun des côtés est à la somme des deux autres, comme la différence de ces deux autres côtés, est à la différence des segmens formés sur le premier, par la perpendiculaire abaissée sur lui de l'angle opposé.

De même, dans la trigonométrie sphérique, on a des formules algébriques très-élégantes, pour exprimer les rapports de toutes les parties d'un triangle; mais l'application de ces formules au calcul numérique, n'est pas toujours aussi commode que les méthodes qui ont été trouvées pour chaque cas particulier.

Ainsi la trigonométrie numérique, ou proprement dite, est plus avantageuse, lorsqu'il s'agit du calcul de tel ou tel triangle dont les données sont évaluées en nombres, et la trigonométrie algébrique est plus propre à faire découvrir les propriétés générales des figures.

3°. La méthode analytique consiste à traiter les questions proposées par les seuls moyens que fournit l'analyse, en ne tirant de la géométrie que ce qui est absolument indispensable pour l'expression des conditions de chaque problême.

Pour cela, on a imaginé de rapporter par des abscisses et des ordonnées, non-seulement les courbes, mais encore toutes les figures formées par un assemblage de lignes droites et de plans, à à deux axes communément perpendiculaires entre eux, lorsque la figure est toute entière dans un même plan, ou à trois plans perpendiculaires entre eux, lorsque la figure est quelconque dans l'espace. On a donné à ce procédé le nom de *géométrie analytique* proprement dite ; ce qui la distingue particulièrement, est qu'en ramenant tout à des abscisses et des ordonnées, qui sont des quantités linéaires, les angles de la figure ne peuvent être admis immédiatement dans le calcul, mais seulement par l'intermédiaire des sinus, cosinus, &c.

Cette géométrie, admirable par la simplicité et l'uniformité de ses principes, me paroît cependant, pour la raison qui vient d'être dite, moins avantageuse en bien des circonstances que la trigonométrie, qui opère au besoin directement sur les angles. Car si dans une figure plane, par exemple, composée d'un nombre n de lignes droites, l'on connoissoit $n - 1$ angles indépendans les uns des autres, et qu'on demandât les angles inconnus ; on les trouveroit tous par de simples additions et soustractions, en vertu de la seule propriété des triangles, que la somme de leurs angles vaut deux droits ; tandis qu'en cherchant ces mêmes angles par l'intermédiaire des abscisses et des ordonnées, on seroit souvent conduit à des calculs très-compliqués.

4°. La méthode mixte consiste à employer simultanément les ressources de la géométrie graphique, de la trigonométrie et de la géométrie analytique, pour arriver plus facilement au résultat qu'elle veut obtenir. Si cette méthode n'a pas l'avantage d'une certaine uniformité dans ses procédés, elle a plus de moyens pour profiter des diverses propriétés déjà connues des figures, et des simplifications accidentelles, qu'offre dans chaque cas particulier la nature de la question. Aussi fournit-elle des solutions très-élégantes : comme elle ne reprend pas les choses de si haut que les méthodes purement analytiques, puisqu'elle profite de ce qui est déjà fait, c'est-à-dire, des propriétés déjà connues, elle est souvent plus expéditive qu'aucune autre, et jusqu'à présent elle a été la plus usitée. Les ouvrages de Newton, l'Hopital, Bossut, &c. en fournissent un grand nombre d'exemples; c'est aussi celle que je suivrai ici, comme la plus propre à remplir l'objet spécial que je me propose, qui est de faire conoître sur des cas particuliers l'application dont sont susceptibles les propriétés qui ont été trouvées dans les sections précédentes, ainsi que la théorie qui y a été développée sur la corrélation des figures ou mutation des signes. Plusieurs des exemples que je donnerai, sont tirés d'ouvrages connus, mais résolus à ma manière; j'en donnerai aussi beaucoup d'autres qui, je crois, n'ont point encore été traités. Mon projet, au surplus, n'est point d'écrire un ouvrage suivi, sur l'application de l'Algèbre à la Géométrie..

308. Avant tout, et quelque méthode qu'on applique à chaque cas particulier, il est essentiel de se bien pénétrer du véritable objet qu'on doit se proposer quand on entreprend la solution d'un problême; cet objet est toujours, comme nous l'avons déjà dit plusieurs fois, de décomposer la difficulté, en ramenant la question proposée, à une autre question, ou à une série d'autres questions qu'on sache déjà résoudre.

Ainsi les élémens de géométrie, enseignant à mener une perpendiculaire ou une parallèle d'un point donné à une droite donnée; à inscrire ou circonscrire un cercle à un triangle donné, à couper une droite donnée en raison donnée ou en moyenne et extrême raison, &c. la méthode appelée graphique, consiste à ramener sans calcul la question proposée quelle qu'elle soit, à quelques-uns des problêmes précédens, ou à une série de problêmes partiels, tous compris parmi ceux dont on vient de parler.

De même la méthode trigonométrique consiste à ramener le problême proposé à celui-ci; des six choses qui entrent dans la composition d'un triangle, trois quelconques étant données qui ne soient pas les trois angles, trouver le reste: ou à une série de problêmes semblables.

Pareillement dans la géométrie analytique, on a commencé par trouver la solution de quelques problêmes fondamentaux auxquels il s'agit toujours de ramener celui que l'on propose: ces problêmes élémentaires ou fondamentaux sont ceux-ci. Les coordonnées de deux points quelconques rapportés à deux droites tracées dans un plan ou à trois plans perpendiculaires entre eux étant données, trouver la distance comprise entre ces deux points. Les mêmes choses étant données, trouver l'angle que fait avec chacun des axes ou plans donnés la droite qui passe par les deux points proposés. Les mêmes choses étant données encore, et de plus, la distance d'un des autres points de la droite en question à l'un des axes, trouver la distance de ce même point à l'autre axe. Connoissant les coordonnées de trois points quelconques à l'égard de ces axes ou des trois plans, trouver les angles que font entre elles deux à deux les droites qui joignent ces points respectivement, &c. Ainsi l'objet de la géométrie analytique est de ramener les nouvelles questions qu'on peut proposer, à ces premières, dont la solution est connue.

Il est clair que plus on sait résoudre de ces problêmes élémentaires, plus il est facile d'en trouver parmi eux auxquels on puisse rappeler les nouveaux qui peuvent être proposés. Ainsi, par exemple, lorsque la tétragonométrie ou résolution du quadrilatère sera devenue aussi familière que l'est actuellement la trigonométrie, on aura une grande facilité à résoudre beaucoup de problêmes, difficiles dans l'état actuel des choses. Car il faut actuellement ramener la question proposée à celle-ci, des six choses qui entrent dans la composition d'un triangle, trois étant données qui ne soient pas les trois angles, trouver les trois autres; tandis qu'alors il suffiroit de ramener la question proposée à celle-ci, des trente-trois choses qui sont à considérer dans un quadrilatère avec ses diagonales; cinq quelconques indépendantes les unes des autres étant données, trouver les vingt-huit autres. Or comme ce problême renferme la trigonométrie, et une infinité d'autres questions que la trigonométrie n'atteint que d'une manière éloignée et implicite, il suit qu'on pourroit ramener de suite à ce problême principal une multitude d'autres problêmes qui ne peuvent être actuellement traités que difficilement par la trigonométrie. C'est ce qui avoit déterminé plusieurs grands géomètres, ainsi que je l'ai déjà observé, à exécuter cette théorie du quadrilatère, et même celle des polygones en général. Mais comme les formules nécessaires deviennent presque innombrables dès que le nombre des côtés passe quatre, je me suis proposé ici d'y suppléer par la formation des tableaux de toutes les parties du polygone, tels que ceux qui ont été formés dans la troisième section pour le triangle; car un pareil tableau fournit, sinon immédiatement toutes les formules possibles, au moins tout ce qui est nécessaire pour en déduire, par de simples transformations algébriques, celles de ces formules dont on peut avoir besoin dans chaque cas particulier.

On peut étendre cette méthode des tableaux, aux polygones gauches, aux polygones sphériques, et même aux polyèdres d'un nombre quelconque d'angles solides. On trouvera dans cette section la solution, ou plutôt l'apperçu de la solution des problêmes nécessaires pour remplir cet objet qui d'après les explications données ci-dessus, donneroit le moyen de ramener à des problêmes tous résolus en forme de tableaux, tous ceux qu'il est possible d'atteindre par l'analyse finie.

PROBLÊME XXVI.

309. *Un triangle* ABC *rectangle en* A (fig. 113) *étant donné, mener entre ses petits côtés* $\overline{AB}$, $\overline{AC}$, *une droite* $\overline{FG}$ *de grandeur donnée, et qui soit divisée en deux parties égales au point* m *par l'hypothénuse.*

Je prends pour inconnue la droite $\overline{Am}$, que je nomme x, et je suppose la droite donnée $\overline{FG} = b$.

Décrivons du point m comme centre une circonférence, qui ait pour rayon $\overline{mF}$, puisque par hypothèse $\overline{mF} = \overline{mG}$, cette circonférence passera par le point G; et puisque l'angle $F\hat{A}G$ est droit, elle passera aussi par le point A, donc $\overline{Am} = \overline{mF} = \frac{1}{2}b$, ou $x = \frac{1}{2}b$; ce qu'il falloit trouver.

Si l'on proposoit cette autre question, *le triangle rectangle* ABC *étant donné, mener entre ses petits côtés prolongés, une droite*, FG′ *de grandeur donnée, et qui soit divisée en deux parties égales au point* m′ *par l'hypothénuse prolongée.* On trouveroit par le même raisonnement que ci-dessus $\overline{Am'} = \frac{1}{2}b$; c'est-à-dire que le point m' seroit le second point d'intersection de l'hypothénuse BC prolongée, avec la circonférence décrite du centre A et du rayon $\frac{1}{2}b$.

Donc les points, m, m', résolvent cette question générale, qui renferme les deux problêmes partiels ci-dessus. *Un triangle* ABC *rectangle en* A *étant donné, mener entre les directions de ses petits côtés une droite de grandeur donnée, et qui soit divisée en deux parties égales par la direction de l'hypothénuse.*

Cette question générale ayant deux solutions, doit naturellement mener à une équation du second degré. Mais par le choix que nous avons fait de $\overline{Am}$ pour inconnue, elle se réduit à une du premier, parce que cette inconnue $\overline{Am}$ a la même valeur dans les deux problêmes partiels. Il faut donc, autant que possible, prendre pour inconnues des quantités qui restent les mêmes dans toutes les solutions qu'on peut prévoir, ou dans le plus grand nombre possible d'entre elles.

Si l'on eût pris $\overline{Bm}$, par exemple, pour l'inconnue, on n'auroit point eu cet avantage; l'équation eût été du second degré, les deux racines eussent été positives, et eussent donné $\overline{Bm}$, $\overline{Bm'}$.

Si l'on eût pris $\overline{AF}$ pour inconnue, l'équation eût été de même du second degré, l'une des racines eût été positive, l'autre négative : la première eût donné le point F, et l'autre portée dans le sens contraire, eût donné F′. Il ne suit cependant pas de-là que $\overline{AF'}$ soit une quantité négative; mais seulement de celles que j'ai nommées inverses.

Cette racine négative portée en sens contraire, ne peut être considérée comme une seconde solution du problême partiel réellement mis en équation, c'est au contraire celle de l'autre problême partiel, qui n'a point été mis en équation, mais qui est compris avec le premier dans l'énoncé du problême général. Car dans le problême partiel réellement mis en équation, le point cherché m est placé sur l'hypothénuse même $\overline{BC}$: or il n'y a que la racine positive qui réponde à cette hypothèse ; l'autre racine n'est donc que la simple indication du problême partiel qui lui est analogue, mais qui ne peut être confondu avec lui. Et il en est de même dans tous les cas : jamais racine négative portée dans quelque sens que ce soit, ne peut répondre à la question, telle précisément qu'elle a été mise en équation, ni par conséquent en être considérée comme une seconde solution. Elle est à cet égard, comme les racines imaginaires elles-mêmes, ni les unes ni les autres ne répondent véritablement à la question mise en équation ; mais les unes et les autres indiquent d'autres questions analogues ou problêmes partiels, qu'on peut résoudre par leur moyen. Il n'y a de différence, qu'en ce que cette analogie entre les questions, est ordinairement plus difficile à saisir lorsque les racines sont imaginaires, que lorsqu'elles sont simplement négatives.

Il faut aussi remarquer que dans le problême qu'on vient d'examiner, ce n'est qu'accidentellement que les points F, F′ doivent être pris en sens contraires l'un de l'autre à l'égard du point A ; car dans une multitude d'autres problêmes, c'est obliquement aux racines positives, et quelquefois dans le même sens qu'elles, que doivent être prises les racines négatives ; en sorte qu'il n'y a point de règles fixes à cet égard, et que c'est la nature seule de la question qui détermine cette position dans chaque cas particulier, ainsi que cela doit être, d'après les principes que nous avons développés dans la première section.

PROBLÊME XXVII.

310. *Deux droites* $\overline{B'B'''}$, $\overline{CC''}$, (fig. 114) *se croisant sous un angle donné* $B\hat{K}C$, *mener d'un point* H *donné dans le plan de cet angle, et placé sur la droite* $\overline{KH}$ *qui divise ce même angle en*

deux parties égales, une droite $\overline{BC}$ *de grandeur donnée, et qui soit comprise entre les deux autres* $\overline{B'B'''}$, $\overline{CC'}$.

Je prends pour inconnue l'angle $K\hat{H}B$, et je suppose

l'inconnue $K\hat{H}B$ = ... x

la droite donnée $\overline{BC}$ = ... a

la droite donnée $\overline{KH}$ = ... b

l'angle donné $B\hat{K}H$ ou $\frac{1}{2} B\hat{K}C$ = ... m

Le triangle BKH donne $\overline{BH} : \overline{KH} :: \sin.BKH : \sin.HBK$, ou $\overline{BH} : b :: \sin.m : \sin.(m+x)$; donc $\overline{BH} = \dfrac{b \sin.m}{\sin.(x+m)}$.

Par la même raison, le triangle CKH donne $\overline{CH} = \dfrac{b.\sin.m}{\sin.(x-m)}$.

Ajoutant ces deux équations, on aura à cause de $\overline{BH}+\overline{CH}=a$,

$$a = \frac{b \sin.m}{\sin.(x+m)} + \frac{b \sin.m}{\sin.(x-m)}, \text{ ou}$$

$$a \sin.(x+m) \sin.(x-m) = b \sin.m [\sin.(x+m) + \sin.(x-m)]$$

mais (123, formules 2 et 4) nous avons

$$\sin.(x+m) + \sin.(x-m) = 2 \sin.x \cos.m,$$

$$\text{et } \sin.(x+m) \sin.(x-m) = \sin.x^2 - \sin.m^2 ;$$

donc l'équation précédente devient

$$a \sin.x^2 - a \sin.m^2 = 2b \sin.m \cos.m \sin.x,$$

qui à cause de $2 \sin.m \cos.m = \sin.2m$ devient

$$\sin.x^2 - \frac{b}{a} \sin.2m.\sin.x = \sin.m^2 ; \text{ d'où l'on tire}$$

$$\sin.x = \frac{b}{2a} \sin.2m \pm \frac{1}{2a} \sqrt{4a^2 \sin.m^2 + b^2 \sin.2m^2}.$$

ce qu'il falloit trouver.

Si l'on suppose l'angle $B\hat{K}C$ droit ce qui est le cas ordinairement examiné, on aura $\sin.2m = 1$, $\sin.m^2 = \frac{1}{2}$; donc l'équation se réduira à $\sin.x = \dfrac{b}{2a} \pm \dfrac{1}{2a} \sqrt{2a^2 + b^2}$.

Quoique l'équation trouvée ne soit que du second degré, on peut en tirer les quatre solutions dont le problême est susceptible : car la figure étant symétrique des deux côtés de la droite $\overline{KH}$, les deux solutions $K\hat{H}B$, $K\hat{H}B''$, qu'elle donne pour un des côtés, sont applicables à l'autre, et donnent par conséquent deux nouvelles solutions $K\hat{H}C'''$, $K\hat{H}C'$; de sorte que les quatre positions possibles de la droite $\overline{BC}$, sont $\overline{BC}$, $\overline{B'C'}$, $\overline{B''C''}$, $\overline{B'''C'''}$.

L'équation trouvée fournit aussi directement ces quatre solutions, puisque le sinus d'un angle étant le même que celui de son supplément, chacune des deux valeurs de sin. x, répond à deux angles supplémens l'un de l'autre.

PROBLÊME XXVIII.

311. *Une circonférence* BDC *et deux tangentes* $\overline{AB}$, $\overline{AC}$, *menées à cette circonférence étant données, mener entre ces deux tangentes une troisième tangente* $\overline{EF}$ *égale à une droite donnée* (fig. 115).

Prenons pour inconnues les segmens $\overline{DE}$, $\overline{DF}$ de la tangente cherchée, et supposons

le segment inconnu $\overline{DE}$ ou $\overline{BE}$ = ... x

le segment inconnu $\overline{DF}$ ou $\overline{CF}$ = ... y

la droite donnée $\overline{EF}$ = ... a

la droite connue $\overline{AB}$ ou $\overline{AC}$ = ... b

l'angle connu $B\hat{A}C$ = ... k

Nous aurons donc par la condition du problême, $x+y=a$.

De plus, par les propriétés des triangles, on a

$$\overline{EF}^2 = \overline{AE}^2 + \overline{AF}^2 - 2\overline{AE}\,\overline{AF}.\cos. BAC,$$

ou à cause de $\overline{BE} = \overline{DE}$, $\overline{CF} = \overline{DF}$;

$$a^2 = (b+x)^2 + (b+y)^2 - 2(b+x)(b+y)\cos. k,$$

ou à cause de $x+y=a$,

$$a^2 = 2(b^2+ab)(1-\cos. k)+x^2+y^2-2xy\cos. k,$$

substituant

substituant dans cette équation pour y sa valeur $a - x$, on aura

$$(x^2 - ax)(1 + \cos. k) + (b^2 + ab)(1 - \cos. k) = 0, \text{ ou}$$

$$x^2 - ax + (b^2 + ab)\frac{1 - \cos. k}{1 + \cos. k} = 0$$

d'où l'on tire

$$x = \tfrac{1}{2}a \pm \sqrt{\tfrac{1}{4}a^2 - (b^2 + ab)\frac{1 - \cos. k}{1 + \cos. k}}.$$

ce qu'il falloit trouver.

Cette équation a deux racines positives qui donnent les deux tangentes $\overline{EF}$ $\overline{E'F'}$ symétriquement placées comme il est évident que cela doit être à l'égard des deux droites données $\overline{AB}$, $\overline{AC}$, ou de la droite qui seroit menée du point A au centre du cercle.

Mais il est visible que le problême a quatre solutions; car dans la mise en équation, nous avons supposé que le point F tomboit sur le prolongement de $\overline{AC}$; or il n'y a point de raison pour qu'il tombe de ce côté plutôt que de l'autre en F″. En mettant donc le problême en équation dans cette nouvelle hypothèse, on aura

$$x^2 + ax + (b^2 - ab)\frac{1 - \cos. k}{1 + \cos. k} = 0;$$

d'où l'on tire

$$x = -\tfrac{1}{2}a \pm \sqrt{\tfrac{1}{4}a^2 - (b^2 - ab)\frac{1 - \cos. k}{1 + \cos. k}}$$

équation qui donne les deux nouvelles solutions symétriques $\overline{E''F''}$, $\overline{E'''F'''}$; la première en portant la racine positive de B en E″, et l'autre en portant la racine négative de B en E‴, comme il est facile de s'en assurer, en établissant de nouveau le calcul sur l'hypothèse que le point cherché est sur $\overline{BA}$ au-delà du point A.

PROBLÊME XXIX.

312. *Deux diamètres étant tracés à volonté dans un cercle donné* (fig. 116) *et prolongés indéfiniment, mener à ce cercle une tangente* $\overline{EF}$ *telle que les parties* $\overline{DE}$, $\overline{DF}$, *de cette tangente interceptées entre le point de contingence* D, *et chacun de ces diamètres* $\overline{EE''}$, $\overline{FF''}$, *soient en raison donnée.*

Soit A le centre du cercle, et soit mené le rayon $\overline{AD}$ au point de contingence. Je prends pour inconnues les deux angles $E\hat{A}D$, $F\hat{A}D$, et je suppose

l'angle cherché $E\hat{A}D$ = ... u

l'angle cherché $F\hat{A}D$ = ... z

l'angle donné $E\hat{A}F$ = ... k

le rapport donné des deux segmens $\overline{ED}$, $\overline{DF}$ = ... a

Il est clair que les segmens $\overline{ED}$, $\overline{DF}$, sont proportionnels aux tangentes des angles $E\hat{A}D$, $F\hat{A}D$: donc on aura par la condition du problême $\frac{\text{tang.}\, u}{\text{tang.}\, z} = a$, ou tang. u = a tang. z.

De plus, on a évidemment $k = u + z$. Donc

$$\text{tang.}\, k = \frac{\text{tang.}\, u + \text{tang.}\, z}{1 - \text{tang.}\, u \ \text{tang.}\, z}, \text{ ou}$$

$$\text{tang.}\, k - \text{tang.}\, k \ \text{tang.}\, u \ \text{tang.}\, z = \text{tang.}\, u + \text{tang.}\, z.$$

Substituant dans cette équation la valeur de tang. u tirée de la première, nous aurons

$$\text{tang.}\, k - a \ \text{tang.}\, k \ \text{tang.}\, z^2 = (a+1) \ \text{tang.}\, z, \text{ ou}$$

$$\text{tang.}\, z^2 + \text{tang.}\, z \ \frac{a+1}{a \ \text{tang.}\, k} - \frac{1}{a} = 0;$$

d'où l'on tire

$$\text{tang.}\, z = -\frac{a+1}{2a \ \text{tang.}\, k} \pm \sqrt{\left(\frac{a+1}{2a \ \text{tang.}\, k}\right)^2 + \frac{1}{a}}.$$

Ce qu'il falloit trouver.

D'après la théorie des quantités linéo-angulaires, la racine positive donne le point D compris dans l'angle $E\hat{A}F$ conformément à l'hypothèse sur laquelle le raisonnement a été établi, et la racine négative donne le point D' pris dans l'angle supplémentaire $F'\hat{A}E'$.

Mais il est clair que si l'on mène le diamètre $\overline{DD''}$, et par le point D'' la tangente $\overline{E''F''}$, elle remplira la condition du problême aussi bien que $\overline{EF}$ à laquelle elle est parallèle et égale; et par la même raison, si par le point D' on mène le diamètre $\overline{DD'''}$, et que par le point D''' on mène la tangente $\overline{E'''F'''}$, elle remplira encore la condition du problême aussi bien que $\overline{E'F'}$.

Ces quatre solutions sont toutes renfermées dans l'équation trouvée; puisque tang. z répond aux deux arcs z et $2\varpi + z$ (ϖ exprimant l'angle droit), et donne par conséquent les deux points D, D'' par sa racine positive, et D', D''', par sa racine négative.

Mais le problême a encore quatre autres solutions non comprises dans l'équation, en effet, soit pris sur la circonférence dans l'angle $B\hat{A}C'$ (fig. 117) un point d tel que menant par ce point une tangente qui coupe aux points e, f, les diamètres donnés, $\overline{de}$ soit à $\overline{df}$ dans la raison donnée; il est clair qu'au terme de l'énoncé du problême, le point d satisfait à la condition proposée, et qu'il doit se trouver un semblable point d'' à l'extrémité du diamètre mené par le point d. Mais ces solutions ne sont point renfermées dans l'équation trouvée ci-dessus. Pour les obtenir, il faut établir le calcul sur la nouvelle hypothèse, c'est-à-dire, qu'on aura alors, non pas comme ci-devant $k = u + z$, mais $k = z - u$. Les deux équations seront donc tang. $u = a$ tang. z et $k = z - u$. D'où tirant tang. z par le même procédé que ci-dessus, on aura

$$\text{tang.}\, z = \frac{1 - a}{2a \,\text{tang.}\, k} \pm \sqrt{\left(\frac{1 - a}{2a \,\text{tang.}\, k}\right)^2 - \frac{1}{a}}.$$

On peut réunir toutes ces solutions en une seule et même formule comme il suit,

$$\text{tang.}\, z = -\frac{a \pm 1}{2a\,\text{tang.}\, k} \pm \sqrt{\left(\frac{a \pm 1}{2a\,\text{tang.}\, k}\right)^2 \pm \frac{1}{a}},$$

le signe supérieur de 1 ayant lieu pour le premier cas examiné, et le signe inférieur pour le second.

PROBLÈME XXX.

313. *Deux circonférences* MBm, NCn. (fig. 118) *étant tracées dans un même plan, mener d'un point* H *pris à volonté sur la ligne des centres, une droite* BC *entre les deux circonférences, qui soit divisée au point* H *en raison donnée.*

Prenons pour inconnue la droite $\overline{CH}$, et supposons

l'inconnue $\overline{CH}$ = ... x

le rapport donné $\dfrac{\overline{BH}}{\overline{CH}}$ = ... a

le rayon $\overline{MB}$ = ... R

le rayon $\overline{NC}$ = ... r

la droite connue $\overline{MH}$ = ... m

la droite connue $\overline{NH}$ = ... n

Les deux triangles MBH, NCH ayant un angle égal en H, nous devons avoir (206)

$$(\overline{MH}^2 + \overline{BH}^2 - \overline{MB}^2)\overline{CH}.\overline{NH} = (\overline{NH}^2 + \overline{CH}^2 - \overline{NC}^2)\overline{BH}.\overline{MH}, \text{ ou}$$

$$(m^2 + a^2x^2 - R^2)\,nx = (n^2 + x^2 - r^2)\,amx, \text{ ou}$$

$$x^2(na^2 - am) = amn^2 - m^2n + nR^2 - amr^2;$$

d'où l'on tire

$$x = \sqrt{\frac{amn^2 - m^2n + nR^2 - amr^2}{na^2 - am}}.$$

Ce qu'il falloit trouver.

Je supprime le double signe, parce que la racine négative est insignifiante, à moins qu'on ne veuille la regarder comme l'indication d'une autre solution qu'on trouve en effet évidemment, en prenant de l'autre côté de la droite $\overline{MN}$ sur la circonférence dont le centre est N, un autre point C' à la même distance que le point C, puisque la figure est symétrique. Mais rien ne prouve que cette seconde solution soit relative à ce signe négatif, les droites $\overline{CH}$, $\overline{C'H}$, n'étant point prises en sens contraires l'une de l'autre.

PROBLÈME XXXI.

314. *Par deux points pris à volonté sur une circonférence donnée, mener deux cordes qui se coupent sous un angle donné, et qui soient entre elles en raison donnée.*

Soit ABDC (fig. 54) la circonférence proposée, A et B les deux points pris à volonté sur cette circonférence, et desquels doivent être menées les deux cordes $\overline{AD}$, $\overline{BC}$, qui doivent former un angle donné $A\hat{E}C$ et se trouver en raison donnée.

Je mène les droites $\overline{AB}$, $\overline{AC}$, et je prends pour inconnues les deux angles $B\hat{A}D$, $C\hat{A}D$; cela posé, faisons

l'angle cherché $B\hat{A}D$ = ... m

l'angle cherché $C\hat{A}D$ = ... n

l'angle donné $A\hat{E}C$ = ... k

la droite connue $\overline{AB}$ = ... a

le rapport donné de $\overline{AD}$ à $\overline{BC}$ ou $\dfrac{\overline{AD}}{\overline{BC}}$ = ... b

le rayon donné du cercle = ... R

Par le problème XXI (178) nous avons (formule 27) $a = 2\text{R}.\sin.(k+n)$; (A), et en divisant la 28e par la 25e formule, nous avons $b = \dfrac{\sin.(k+n-m)}{\sin.(m+n)}$, ou

$$b\sin.(m+n) = \sin.(k+n-m);\ (\text{B})$$

il s'agit donc de tirer m et n de ces deux équations.

En développant la première, j'ai

$$a = 2\text{R} \sin.k \cos.n + 2\text{R} \sin.n \cos.k; \text{ ou}$$
$$a - 2\text{R} \sin.k \cos.n = 2\text{R} \sin.n \cos.k;$$

élevant au carré, j'ai

$$a^2 - 4a\text{R}\sin.k\cos.n + 4\text{R}^2\sin.k^2\cos.n^2 = 4\text{R}^2\cos.k^2 - 4\text{R}^2\cos.k^2\cos.n^2$$

ou à cause de $\sin.k^2 + \cos.k^2 = 1$

$$4\text{R}^2\cos.n^2 - 4a\text{R}\sin.k \cos.n + a^2 - 4\text{R}^2\cos.k^2 = 0;$$

d'où l'on tire

$$\cos.n = \frac{a\sin.k}{2\text{R}} \pm \frac{\cos.k}{2\text{R}}\sqrt{4\text{R}^2 - a^2}, \text{ et par conséquent,}$$

$$\sin.n = \frac{a\cos.k}{2\text{R}} \pm \frac{\sin.k}{2\text{R}}\sqrt{4\text{R}^2 - a^2}.$$

Voilà donc déjà n trouvée; il reste à trouver m. Pour cela, je développe l'équation (B) : elle me donne

$$b\sin.m\cos.n + b\sin.n\cos.m = \sin.(k+n)\cos.m - \sin.m\cos.(k+n),$$

ou

$$\sin.m\,(b\cos.n + \cos.(k+n)) = \cos.m\,(\sin.(k+n) - b\sin.n);$$

d'où l'on tire

$$\frac{\sin.m}{\cos.m}, \text{ ou } \text{tang}.m = \frac{\sin.(k+n) - b\sin.n}{b\cos.n + \cos.(k+n)}.$$

Mais l'équation (A) donne $\sin.(k+n) = \frac{a}{2\text{R}}$, et par conséquent $\cos.(k+n) = \frac{1}{2\text{R}}\sqrt{4\text{R}^2 - a^2}$; substituant ces valeurs de $\sin.(k+n)$ et $\cos.(k+n)$ dans la valeur trouvée ci-dessus pour $\text{tang}.m$, nous aurons, $\text{tang}.m = \frac{a - 2b\text{R}\sin.n}{2b\text{R}\cos.n + \sqrt{4\text{R}^2 - a^2}}$.

Or nous avons trouvé ci-dessus les valeurs de $\sin.n$ et de $\cos.n$; donc $\text{tang}.m$ est connue. Ce qu'il falloit trouver.

PROBLÈME XXXII.

315. *D'un point* E *pris à volonté dans le plan d'un cercle donné, tracer deux cordes orthogonales* $\overline{AD}$, $\overline{BC}$, *qui soient entre elles en raison donnée.*

Soit L le centre du cercle proposé, et menons la droite $\overline{LE}$ au point donné E. Je prends pour inconnues les deux cordes cherchées $\overline{AD}$, $\overline{BC}$, et je suppose

l'inconnue $\overline{AD}$ = ... x

l'inconnue $\overline{BC}$ = ... y

le rapport donné de x à y, ou $\frac{x}{y}$ = ... a

le rayon donné du cercle = ... r

la droite connue $\overline{LE}$ = ... b

Nous aurons donc, par la condition du problême, $x = ay$. De plus, on a $x^2 + y^2 = 8r^2 - 4b^2$. Substituant dans cette équation la valeur de x tirée de la première, on aura $y^2(1 + a^2) = 8r^2 - 4b^2$, ou $y = \sqrt{\frac{8r^2 - 4b^2}{1 + a^2}}$, et par conséquent $x = a\sqrt{\frac{8r^2 - 4b^2}{1 + a^2}}$.

J'ai supprimé le double signe devant le radical, parce que la seconde solution est évidemment insignifiante. Cependant il est aisé de voir que le problême a réellement deux solutions effectives (fig. 120); la première exprimée par $\overline{AD}$, $\overline{BC}$, la seconde par $\overline{A'D'}$, $\overline{B'C'}$, qui forment deux figures absolument semblables. On voit donc, comme nous l'avons déjà plusieurs fois observé, que l'analyse donne tantôt des racines surabondantes et inutiles, qui ne sont que de simples formes algébriques; tantôt quelques-unes seulement de celles qui peuvent satisfaire à la question proposée.

La corde $\overline{AD}$ étant connue, le problême se réduit à mener par le point donné E la corde connue $\overline{AD}$ dans le cercle donné, ce qui est facile : car si d'un point pris à volonté sur la circonférence, on porte sur elle une autre corde $\overline{ad} = \overline{AD}$; qu'ensuite du centre L et du rayon $\overline{LE}$ on décrive un arc qui coupe $\overline{ad}$ au point e; il est clair qu'à cause de l'uniformité de courbure du cercle, on aura $\overline{ED} = \overline{ed}$; ainsi $\overline{ed}$ étant trouvée par la construction précédente, on aura $\overline{ED}$, qu'on portera de E qui est donné au point cherché D.

La même solution s'applique évidemment au cas où le point donné E seroit pris hors de l'aire du cercle; mais il est clair qu'alors le problême devient impossible, lorsque $4b^2$ devient plus grand que $8r^2$, ou $br > r\sqrt{2}$.

On trouveroit également par la même propriété des cordes, la solution du problême, si au lieu du rapport des cordes cherchées, on connoissoit leur somme, ou leur différence, ou leur produit, &c.

PROBLÊME XXXIII.

316. *D'un point pris à volonté au-dedans ou au-dehors d'une sphère donnée, mener trois cordes perpendiculaires entre elles, et qui soient en raisons données.*

Prenons pour inconnues les trois cordes cherchées, et supposons

l'une de ces cordes = ... x
l'une des deux autres = ... y
la troisième = ... z
le rayon donné de la sphère = ... r
la distance du centre au point donné où doivent se croiser les trois cordes cherchées = ... b
le rapport donné $\frac{x}{z}$ = ... a
le rapport donné $\frac{y}{z}$ = ... c

Nous aurons donc, par les conditions du problême $x = az$,

y

$y = cz$; de plus (135), on a $x^2+y^2+z^2 = 12r^2 - 8b^2$. Substituant dans cette équation, pour x, y, leurs valeurs tirées des deux premières, on aura $z^2(1+a^2+c^2) = 12r^2 - 8b^2$. Donc

$$z = \sqrt{\frac{12r^2-8b^2}{1+a^2+c^2}}, y=c\sqrt{\frac{12r^2-8b^2}{1+a^2+c^2}}, x=a\sqrt{\frac{12r^2-8b^2}{1+a^2+c^2}}.$$

Ce qu'il falloit trouver.

J'ai supprimé le double signe devant le radical, parce que les valeurs négatives sont ici insignifiantes. Mais le problême a une infinité de solutions : car si ayant trouvé x, par exemple, on imagine par le point donné où doivent se croiser les trois perpendiculaires un diamètre, il est clair que toutes les cordes passant par le même point donné, et faisant le même angle que x avec ce diamètre, seront égales et pourront être prises pour cette inconnue. On peut rendre le problême déterminé, en prescrivant pour condition que x doit se trouver dans tel ou tel grand cercle passant par le point donné. Alors le problême aura six solutions, puisqu'on peut évidemment substituer l'une à l'autre de toutes les manières possibles les trois inconnues x, y, z, ce qui fait six combinaisons différentes. Ainsi l'équation, quoique du second degré seulement, ou plutôt du premier, puisqu'elle n'a point de second terme, n'en donne pas moins les six solutions effectives dont le problême est susceptible.

La solution précédente s'applique évidemment au cas où le point donné seroit pris hors du volume de la sphère, mais alors la quantité radicale devient imaginaire, si l'on a $8b^2 > 12r^2$, ou $b > r\sqrt{\frac{3}{2}}$.

PROBLÊME XXXIV.

317. *D'un point pris à volonté au-dedans ou au-dehors d'une sphère ; mener trois plans perpendiculaires entre eux, tels que les aires des trois cercles formant les intersections de ces plans avec la sphère, soient en raisons données.*

Prenons pour inconnues les rayons des trois cercles cherchés, les aires de ces cercles seront comme les carrés de ces rayons. Supposons donc

l'un de ces rayons $=$ x
l'un des deux autres $=$ .... y
le troisième $=$ .... z
le rapport de l'aire du cercle dont le rayon est x à celle du cercle dont le rayon est z ou $\frac{x^2}{z^2} =$ .... a
le rapport de l'aire du cercle dont le rayon est y à celle du cercle dont le rayon est z ou $\frac{y^2}{z^2} =$ c
le rayon de la sphère donnée $=$ .... r
la distance du centre de la sphère au point donné d'où doivent partir les trois plans perpendiculaires $=$ .... b

Nous aurons donc, par les conditions du problême $x^2 = az^2$, $y^2 = cz^2$; de plus (135), on a $x^2+y^2+z^2 = 3r^2 - b^2$. Substituant dans cette équation les valeurs de x, y, tirées des deux premières, on aura $z^2(1+a+c) = 3r^2 - b^2$; donc

$$z = \sqrt{\frac{3r^2 - b^2}{1+a+c}} \quad y = \sqrt{c\frac{3r^2 - b^2}{1+a+c}} \quad x = \sqrt{a\frac{3r^2 - b^2}{1+a+c}}.$$

Ce qu'il falloit trouver.

On doit ici faire les mêmes observations sur les racines que dans le problême précédent.

PROBLÊME XXXV.

318. *Connoissant les angles d'un triangle* ABC (fig. 121) *et les distances de chacun de ses côtés à un point donné* D *pris dans le même plan, trouver les trois côtés de ce triangle.*

Désignons par A, B, C, les trois angles donnés du triangle; par a, b, c, les côtés respectivement opposés; et par a', b', c' les perpendiculaires données abaissées du point D sur ces côtés respectivement.

Du point donné D, je mène des droites aux angles A, B, C;

il est évident que l'aire du triangle proposé ABC est la somme des aires des deux triangles ABD, ACD, moins l'aire du triangle BCD; c'est-à-dire, qu'on a

$$\overline{\overline{\mathrm{ABC}}} = \overline{\overline{\mathrm{ABD}}} + \overline{\overline{\mathrm{ACD}}} - \overline{\overline{\mathrm{BCD}}}.$$

Mais $\overline{\overline{\mathrm{ABC}}} = \frac{1}{2}\overline{\mathrm{AB}}.\overline{\mathrm{AC}}.\sin.\mathrm{BAC} = \frac{1}{2}bc \sin.\mathrm{A}$

$$\overline{\overline{\mathrm{ABD}}} = \tfrac{1}{2}\overline{\mathrm{AB}}.c' = \tfrac{1}{2}cc', \ \overline{\overline{\mathrm{ACD}}} = \tfrac{1}{2}bb', \ \overline{\overline{\mathrm{BCD}}} = \tfrac{1}{2}aa'.$$

Donc l'équation ci-dessus devient

$$bc \sin.\mathrm{A} = bb' + cc' - aa'.$$

Or, par la proportionnalité des sinus avec les côtés, le triangle ABC donne $b = a\frac{\sin.\mathrm{B}}{\sin.\mathrm{A}}$, $c = a\frac{\sin.\mathrm{C}}{\sin.\mathrm{A}}$. Substituant ces valeurs dans l'équation précédente, et divisant par sin. B sin. C, on aura

$$a = \frac{b'\sin.\mathrm{B} + c'\sin.\mathrm{C} - a'\sin.\mathrm{A}}{\sin.\mathrm{B}\sin.\mathrm{C}},$$ et par la même raison,

$$b = \frac{b'\sin.\mathrm{B} + c'\sin.\mathrm{C} - a'\sin.\mathrm{A}}{\sin.\mathrm{A}\sin.\mathrm{C}}$$

$$c = \frac{b'\sin.\mathrm{B} + c'\sin.\mathrm{C} - a'\sin.\mathrm{A}}{\sin.\mathrm{A}\sin.\mathrm{B}}.$$

Ce qu'il falloit trouver.

Si le point D étoit placé sur l'aire même du triangle a' deviendroit inverse, et par conséquent il faudroit en changer le signe dans les formules précédentes.

Il est facile de résoudre ce problême sans calcul, en commençant par construire, comme nous l'avons indiqué (193), une figure semblable à la figure cherchée.

Il est également facile d'étendre cette solution au cas où au lieu d'un triangle, ce seroit un autre polygone quelconque qui seroit proposé.

PROBLÊME XXXVI.

319. *Connoissant les perpendiculaires abaissées de chacun des angles d'un triangle sur le côté opposé, trouver les angles et les côtés de ce triangle.*

Soit ABC (fig. 122) le triangle proposé. Désignons par A, B, C les trois angles cherchés; par a, b, c, les côtés opposés aussi cherchés; et par a', b', c', les perpendiculaires données respectivement abaissées des angles A, B, C.

Par les propriétés du triangle, nous avons $\cos. A = \frac{b^2+c^2-a^2}{2bc}$.

De plus, on sait aussi que les perpendiculaires abaissées des angles sur les côtés opposés, sont en raison inverse de ces côtés. Donc nous avons $a : b :: b' : a'$, ou $b = \frac{aa'}{b'}$, et pareillement $c = \frac{aa'}{c'}$. Substituant ces valeurs de b et de c dans l'équation précédente, on aura,

$$\cos. A = \frac{(a'b')^2+(a'c')^2-(b'c')^2}{2\,a'^2\,b'c'},$$

$$\text{ou } \cos. A = \frac{b'}{2c'} + \frac{c'}{2b'} - \frac{b'c'}{2a'a'}.$$

On aura pareillement,

$$\cos. B = \frac{a'}{2c'} + \frac{c'}{2a'} - \frac{a'c'}{2b'b'}, \quad \cos. C = \frac{a'}{2b'} + \frac{b'}{2a'} - \frac{a'b'}{2c'c'}.$$

Ainsi nous avons déjà les trois angles cherchés : il nous reste à trouver chacun des côtés.

Or le triangle rectangle ABH donne $\overline{AH} : \overline{AB} :: \sin. B : 1$; donc

$$c = \frac{a'}{\sin. B} = \frac{a'}{\sqrt{1-\cos. B^2}};$$

mais a' est donné, et nous venons de trouver cos. B. Donc c est connu. On aura pareillement a et b, par ces deux autres équations $a = \frac{b'}{\sqrt{1-\cos. C^2}}$, $b = \frac{c'}{\sqrt{1-\cos. A^2}}$. Ce qu'il falloit trouver.

PROBLÊME XXXVII.

320. *Un triangle* FGH *étant donné* (fig. 125), *lui circonscrire un autre triangle* ABC *tel qu'en abaissant de chacun des*

angles de ce dernier une perpendiculaire sur son côté opposé, ces perpendiculaires tombent précisément aux points F, G, H, *qui sont les sommets du premier.*

Soient $\overline{AH}$, $\overline{BG}$, $\overline{CF}$, les perpendiculaires menées des angles A, B, C, sur les côtés opposés $\overline{BC}$, $\overline{AC}$, $\overline{AB}$; il faut donc que le triangle ABC soit tel que ces perpendiculaires tombent respectivement aux points H, G, F, qui sont les sommets du triangle donné FGH.

Le tableau formé, probl. XVI (167) nous donne $F\hat{H}G = 2\varpi - 2A$, ou $A = \varpi - \frac{1}{2} F\hat{H}G$, (form. 28), et de même (form. 29, 30), $B = \varpi - \frac{1}{2} F\hat{G}H$, $C = \varpi - \frac{1}{2} G\hat{F}H$. Les trois angles du triangle ABC sont donc connus.

Pour exécuter la construction, on remarquera de plus, que le même tableau donne (form. 16, 17, 18), $B\hat{H}F = A$, $B\hat{F}H = C$, $C\hat{G}H = B$; il n'y a donc qu'à mener par le sommet donné H une droite $\overline{BC}$ qui fasse avec la droite donnée $\overline{FH}$ l'angle $B\hat{H}F = \varpi - \frac{1}{2} F\hat{H}G$, par le sommet F, une autre droite $\overline{AB}$ qui fasse avec $\overline{FH}$ l'angle $B\hat{F}H = \varpi - \frac{1}{2} G\hat{F}H$, et enfin par le point G, une troisième droite $\overline{AC}$ qui fasse avec $\overline{GH}$ l'angle $C\hat{G}H = \varpi - \frac{1}{2} F\hat{G}H$. Ces trois droites $\overline{AB}$, $\overline{AC}$, $\overline{BC}$ seront les trois côtés du triangle cherché. Ce qu'il falloit trouver.

PROBLÈME XXXVIII.

321. *Une corde* $\overline{BC}$ (fig. 124) *étant tracée à volonté dans un cercle donné, trouver sur la circonférence de ce cercle un point* A, *tel qu'en menant les cordes* $\overline{AB}$, $\overline{AC}$, *les perpendiculaires* $\overline{AH}$, $\overline{BG}$, $\overline{CF}$, *sur ces trois cordes et la droite* $\overline{FG}$, *l'angle* $A\hat{l}E$ *formé par cette droite et la perpendiculaire* $\overline{AH}$ *soit égal à un angle donné.*

Le problème XVI (167) montre (form. 31) que l'angle $A\hat{l}F$ donné par hypothèse, est égal à $\varpi - (C - B)$; c'est-à-dire, qu'on a $A\hat{l}F = \varpi - C + B$. De plus, l'angle A est connu, puisqu'il est appuyé sur la corde donnée $\overline{BC}$. Or $2\varpi = A + B + C$; ajoutant cette équation à la précédente, on aura

$$2\varpi + A\hat{l}F = \varpi + A + 2B.$$

Donc $B = \frac{\varpi + A\hat{l}F - A}{2}$, et de même $C = \frac{3\varpi - A\hat{l}F - A}{2}$. Ce qu'il falloit trouver.

Cet exemple et celui du problème précédent montrent qu'il est souvent avantageux d'opérer immédiatement sur les angles, au lieu d'employer les quantités linéo-angulaires, car l'intervention de celles-ci dans ces exemples, pourroit mener à une analyse assez compliquée; et il est aisé de multiplier les cas semblables.

PROBLÊME XL.

322. *Dans un quadrilatère donné, inscrire un carré.*

Soit ABCD le quadrilatère proposé (fig. 125); $mnpq$ le carré cherché qui doit être inscrit dans ce quadrilatère.

Le quadrilatère étant donné, j'en connois les angles, et je vois facilement que si en outre je connoissois un seul d'entre ceux qui sont déterminés par les positions respectives du quadrilatère et du carré, $B\hat{m}n$, par exemple, tous les autres se trouveroient de suite par de simples additions et soustractions. Les angles trouvés, il n'y auroit plus à chercher que la valeur absolue du côté du carré, ce qu'on obtiendroit visiblement par le principe de la proportionnalité des côtés dans les triangles, avec les sinus des angles opposés. Je prends donc pour inconnues, le côté $\overline{mn}$, et l'angle $B\hat{m}n$, et je suppose

l'inconnue $\overline{mn}$ = ... y

l'inconnue $B\hat{m}n$ = ... z

les quatre angles du quadrilatère proposé .... A, B, C, D,

$\overline{AB}, \overline{BC}, \overline{CD}, \overline{AD}$ les côtés de ce même quadrilatère m, n, p, q

l'angle droit = ... ϖ

Cela posé, je cherche d'abord tous les angles de la figure.

A cause de l'angle droit $q\hat{m}n$, j'ai évidemment $A\hat{m}q = \varpi - z$; ensuite $A\hat{q}m = \varpi - A + z$; puis $D\hat{q}p = A - z$; puis $D\hat{p}q = 2\varpi - D - A + z$.

Pareillement $m\hat{n}B = 2\varpi - B - z$, $p\hat{n}C = B + z - \varpi$, $n\hat{p}C = 3\varpi - B - C - z$.

Voilà tous les angles trouvés en valeurs de z. Il est facile maintenant de calculer les lignes de la figure.

Le triangle Bmn donne

$$\overline{Bn} : \overline{mn} :: \sin. Bmn : \sin. mBn, \text{ ou } \overline{Bn} = \frac{y \cdot \sin. z}{\sin. B},$$

$$\text{et } Bm = \frac{y \cdot \sin. (B+z)}{\sin. B}.$$

De même, le triangle Amq donne $\overline{Am} = \frac{y \cos. (A-z)}{\sin. A}$;

et le triangle npC donne $\overline{nC} = -\frac{y \cos. (B+C+z)}{\sin. C}$.

Substituant ces valeurs de $\overline{Am}, \overline{Bm}, \overline{Bn}, \overline{nC}$, dans les équations suivantes qui sont évidentes; savoir,

$\overline{AB}$, ou $m = \overline{Am} + \overline{Bm}$, $\overline{BC}$, ou $n = \overline{Bn} + \overline{nC}$; on aura

$$m = \frac{y \cdot \cos. (A-z)}{\sin. A} + \frac{y \cdot \sin. (B+z)}{\sin. B} \quad \text{(A)}$$

$$n = \frac{y \cdot \sin. z}{\sin. B} - \frac{y \cos. (B+C+z)}{\sin. C} \quad \text{(B)}.$$

Multipliant ces deux équations en croix, pour faire disparoître y, nous aurons

$$m \sin. A \sin. C \sin. z - m \sin. A \sin. B \cos. (B+C+z)$$
$$= n \sin. B \sin. C \cos. (A-z) + n \sin. A \sin. C \sin. (B+z).$$

Développant les quantités cos. $(B+C+z)$, cos. $(A-z)$, sin. $(B+z)$, pour séparer z des quantités A, B, C; on aura

$$\sin. z\left(\begin{array}{l} m \sin. A \sin. C + m \sin. A \sin. B \sin. [B+C] \\ -n \sin. A \sin. B \sin. C - n \sin. A \sin. C \cos. B \end{array}\right)$$

$$= \cos. z\left(\begin{array}{l} n \sin. A \sin. B \sin. C + n \sin. B \sin. C \cos. A \\ + m \sin. A \sin. B \cos. [B+C]. \end{array}\right).$$

Divisant par cos. z, et observant que $\frac{\sin. z}{\cos. z} = \text{tang. } z$, on aura, en dégageant l'inconnue tang. z,

$$\text{tang. } z = \frac{n \sin. A \sin. B \sin. C + n \sin. B \sin. C \cos. A + m \sin. A \sin. B \cos. (B+C)}{m \sin. A \sin. C + m \sin. A \sin. B \sin. (B+C) - n \sin. A \sin. B \sin. C - n \sin. A \sin. C \cos. B}.$$

Ce qu'il falloit trouver.

323. Cette équation du premier degré n'indique qu'une solution. Il est vrai qu'à tang. z répondent deux arcs différens; mais comme la différence de ces deux arcs est 2ϖ, la seconde solution se trouve identique avec la première.

Cependant le problême pris dans sa généralité a trois solutions; car le calcul a été établi dans l'hypothèse que le point m doit se trouver placé entre A et B; mais il pourroit se trouver sur le prolongement soit au-delà de A, soit au-delà de B; ce qui fait trois cas. On dira peut-être que ces trois cas font trois problêmes différens, et non une seule et même question : mais on pourroit dire la même chose de toutes les autres questions qui ont plusieurs solutions; car ces solutions ont toujours quelques particularités qui les distinguent les unes des autres. Les trois cas dont il s'agit ici s'expriment par des équations qui ne diffèrent entre elles que par les signes qui affectent les quantités qui y entrent, et peuvent être ramenées à une forme identique par de simples transformations algébriques; enfin, l'on passe d'un systême à l'autre par mutation insensible; ce sont donc bien véritablement trois solutions différentes d'une même question; et la question pourroit conduire à une équation du troisième degré, si l'on choisissoit d'autres inconnues. Mais par le choix que

que nous avons adopté, les trois racines se trouvent rationnelles, et c'est ce qui fait que l'équation est seulement du premier degré.

PROBLÊME XLI.

324. *Dans un triangle donné, inscrire un autre triangle donné.*

Soit ABC (fig. 126) le triangle dans lequel doit être inscrit le triangle abc, de manière que les angles a, b, c, du second se trouvent respectivement placés sur les côtés $\overline{BC}$, $\overline{AC}$, $\overline{AB}$ du premier, ou sur leurs prolongemens.

Les deux triangles étant donnés, je connois tous leurs angles, et je vois d'abord que si j'en connoissois de plus un seul de ceux qui naissent de la position respective de ces deux triangles, $A\hat{b}c$ par exemple, tous les autres me seroient facilement connus par de simples additions et soustractions, sans faire intervenir dans le calcul, les quantités linéo-angulaires. Je prends donc pour inconnue cet angle $A\hat{b}c$ que je nomme z; je nomme de plus A, B, C les trois angles du triangle ABC, A', B', C', les côtés du même triangle respectivement opposés à ces angles; a, b, c, les angles du triangle abc, a', b', c', les côtés de ce même triangle respectivement opposés à ces angles, et enfin ϖ l'angle droit. Cela posé,

La somme des trois angles du triangle Abc, étant 2ϖ, j'ai $A\hat{c}b = 2\varpi - A - z$.

La somme des trois angles formés autour du point b étant également 2ϖ, j'ai $C\hat{b}a = 2\varpi - b - z$.

Pareillement, la somme des trois angles formés autour du point c valant 2ϖ, j'ai $B\hat{c}a = 2\varpi - c - A\hat{c}b$, ou $B\hat{c}a = A - c + z$.

La somme des trois angles du triangle Bac valant 2ϖ, j'ai $B\hat{a}c = 2\varpi - B - B\hat{c}a$, ou $B\hat{a}c = 2\varpi - A - B + c - z$.

Enfin, la somme des trois angles du triangle Cba valant 2ϖ, j'ai $C\hat{a}b = 2\varpi - C - C\hat{b}a = b - C + z$.

Voilà tous les angles trouvés : il sera facile maintenant d'avoir tous les segmens $\overline{Ab}$, $\overline{Ac}$, $\overline{Ba}$, $\overline{Bc}$, $\overline{Ca}$, $\overline{Cb}$, par le seul principe de la proportionnalité des côtés avec les sinus des angles opposés. Par exemple :

Le triangle Acb donne $\overline{Ac} : \overline{cb} :: \sin. Abc : \sin. cAb$, ou $\overline{Ac} = \frac{a \sin. z}{\sin. A}$.

De même, le triangle cBa donne $\overline{cB} : \overline{ca} :: \sin. caB : \sin. cBa$, ou $\overline{cB} = \frac{b \sin. (A+B-c+z)}{\sin. B}$.

Ajoutant ces deux équations, on aura $\overline{Ac} + \overline{cB}$, ou $\overline{AB}$, ou $C = \frac{a \sin. z}{\sin. A} + \frac{b \sin. (A+B-c+z)}{\sin. B}$, ou multipliant tout par $\sin. A \sin. B$,

$$C \sin. A \sin. B = a \sin. B \sin. z + b \sin. A \sin. (A+B-c+z) \qquad (A)$$

je développe la valeur de $\sin. (A+B-c+z)$, et j'ai

$$\sin. (A+B-c+z) = \sin. (A+B-c) \cos. z + \cos. (A+B-c) \sin. z.$$

Substituant dans l'équation (A), on aura, à cause de $\cos. z = \sqrt{1 - \sin. z^2}$.

$$C \sin. A \sin. B - [a \sin. B + b \sin. A \cos. (A+B-c)] \sin. z$$
$$= b \sin. A \sin. (A+B-c) \sqrt{1 - \sin. z^2}.$$

Elevant tout au carré, transposant et ordonnant par rapport à $\sin. z$ nous aurons

$$\sin. z^2 - \sin. z \frac{2C \sin. A \sin. B [a \sin. B + b \sin. A \cos. (A+B-c)]}{[a \sin. B + b \sin. A \cos. (A+B-c)]^2 + b^2 \sin. (A+B-c)^2}$$
$$= \frac{b^2 \sin. (A+B-c)^2 - C^2 \sin. A^2 \sin. B^2}{[a \sin. B + b \sin. A \cos. (A+B-c)]^2 + b^2 \sin. (A+B-c)^2},$$

équation du second degré qui donne la valeur cherchée de $\sin. z$.

Quoique l'équation précédente ne soit que du second degré, elle donne quatre solutions ; c'est-à-dire, quatre valeurs différentes pour z; parce que chacune des deux valeurs de sin. z répond elle-même à deux angles différens supplémens l'un de l'autre.

PROBLÈME XLII.

325. *Sur une droite donnée* $\overline{MN}$ (fig. 127), *trouver un point* A *dont les distances* $\overline{AB}$, $\overline{AC}$ *à deux points donnés* B, C *soient en raison donnée.*

Soit a le rapport donné de $\overline{AB}$ à $\overline{AC}$, c'est-à-dire, $\frac{\overline{AB}}{\overline{AC}} = a$ par les points donnés B, C, je mène la droite indéfinie $\overline{BCH'}$. Je divise l'intervalle $\overline{BC}$ dans la raison donnée au point H, c'est-à-dire que je fais $\frac{\overline{BH}}{\overline{CH}} = a$, ou $\overline{BH} : \overline{CH} :: a : 1$, ou $\overline{BH}+\overline{CH} : \overline{BH} :: a+1 : a$; ce qui donne $\overline{BH} = \overline{BC}\,\frac{a}{a+1}$.

Je détermine pareillement sur le prolongement de $\overline{BC}$ un autre point H', tel que $\overline{BH'}$, $\overline{CH'}$, soient aussi dans la raison donnée; c'est-à-dire, qu'on ait $\overline{BH'} : \overline{CH'} :: a : 1$, ou $\overline{BH'} - \overline{CH'} : \overline{BH'} :: a-1 : a$, ce qui donne $\overline{BH'} = \overline{BC}\,\frac{a}{a-1}$.

Alors sur $\overline{HH'}$ comme diamètre, je décris un cercle. Cela posé, la circonférence de ce cercle coupera la droite proposée $\overline{MN}$ en deux points A, A', qui l'un et l'autre satisferont à la question proposée.

Car (199) la circonférence HAA'H' est le lieu géométrique de tous les points dont les distances aux points B, C sont dans la raison donnée a, ou de $\overline{BH}$ à $\overline{CH}$.

Si l'on veut avoir l'expression analytique du diamètre $\overline{HH'}$, ou celle du rayon $\overline{DA}$, on remarquera que $\overline{HH'}^2 = \overline{BH'}.\overline{CH'} -$

$\overline{BH}.\overline{CH}$ (197). Or nous avons déjà trouvé $\overline{BH} = \overline{BC}\frac{a}{a+1}$ $BH' = \frac{a}{a-1}$; et de même, on voit que $\overline{CH} = \overline{BC}\frac{1}{a+1}$, $\overline{CH'} = \overline{BC}\frac{1}{a-1}$. Donc l'équation ci-dessus devient

$$\overline{HH'}^2 = \overline{BC}^2\left(\frac{a}{(a-1)^2} - \frac{a}{(a+1)^2}\right) = 4a^2\overline{BC}^2.$$

Donc $\overline{HH'} = 2a\overline{BC}$, et par conséquent le rayon $\overline{DA} = a\overline{BC}$. Donc $1 : a :: \overline{BC} : \overline{DA}$.

Puisque la circonférence HAA'H' est le lieu géométrique de tous les points dont les distances aux points B, C sont dans la raison donnée ; il suit que l'on résoudroit de la même manière la question, si au lieu d'une ligne droite $\overline{MN}$, c'étoit une circonférence, ou toute autre courbe donnée, sur laquelle il faudroit trouver un point A dont les distances $\overline{AB}$, $\overline{AC}$, aux deux points donnés B, C, seroient en raison donnée ; les points ou la circonférence HAH' couperoit la courbe proposée satisferoient à la question.

326. Si l'on proposoit cette autre question : *trois points* B, H, C *étant pris à volonté sur une ligne droite, trouver sur une autre droite donnée* $\overline{MN}$ *un point* A, *tel qu'en menant de ce point aux trois points donnés* B, H, C *trois droites, les deux angles* $B\hat{A}H$, $C\hat{A}H$ *soient égaux*. On la résoudroit de même, en cherchant un point H' tel qu'on ait $\overline{BH} : \overline{CH} :: \overline{BH'} : \overline{CH'}$, et décrivant sur $\overline{HH'}$ comme diamètre une circonférence, les points A, A' où cette circonférence couperoit la droite donnée $\overline{MN}$, satisferoient à cette question. Car nous avons vu (199) que la circonférence HAH' est aussi le lieu géométrique de tous les points qui sont tels, qu'on a toujours $B\hat{A}H = C\hat{A}H$.

Il en seroit évidemment de même, si au lieu de la droite $\overline{MN}$

on donnoit une autre circonférence, ou une ligne courbe quelconque.

327. Si l'on proposoit cette autre question : *quatre points*, B, H, C, D, *étant pris à volonté sur une droite donnée* (fig. 128), *trouver hors de cette droite un point* A, *tel qu'en menant les quatre droites* $\overline{AB}$, $\overline{AH}$, $\overline{AC}$, $\overline{AD}$, les trois angles $B\hat{A}H$, $H\hat{A}C$, $C\hat{A}D$ *soient égaux*. Il faudroit, comme ci-dessus, chercher sur cette droite un point H' tel qu'on eût $\overline{BH} : \overline{CH} :: \overline{BH'} : \overline{CH'}$; puis un second C', tel qu'on eût $\overline{HC} : \overline{DC} :: \overline{HC'} : \overline{DC'}$. Ensuite sur $\overline{HH'}$ et $\overline{CC'}$ comme diamètres, décrire deux circonférences. Le point d'intersection A de ces deux circonférences seroit le point cherché ; car (199) la circonférence HAH' est le lieu géométrique de tous les points qui sont tels, qu'on a toujours $B\hat{A}H = C\hat{A}H$; et la circonférence CAC' est le lieu géométrique de tous les points qui sont tels, qu'on a toujours $C\hat{A}H = C\hat{A}D$. Donc au point d'intersection A de ces deux circonférences, on a, $B\hat{A}H = C\hat{A}H = C\hat{A}D$. Ce qu'il falloit trouver. Comme il y a un second point d'intersection, le problême a évidemment une seconde solution.

PROBLÊME XLIII.

328. *Connoissant les trois angles d'un triangle, et les distances de leurs trois sommets à un point donné dans le même plan, trouver les trois côtés de ce triangle.*

Soit ABC (129) le triangle proposé, et D le point donné. On connoît donc les trois angles A, B, C, et leurs distances $\overline{AD}$, $\overline{BD}$, $\overline{CD}$ au point D. Il s'agit de trouver les côtés $\overline{BC}$, $\overline{AC}$, $\overline{AB}$, que je désigne par a, b, c, respectivement.

Les angles A, B, C étant donnés, les rapports des côtés sont déjà connus, puisque ces côtés sont entre eux comme les sinus de ces angles donnés : il ne s'agit donc plus que de trouver la valeur absolue de l'un quelconque d'entre eux, pour les avoir tous.

Je commence donc par construire une figure semblable à la proposée, en traçant d'abord un triangle abc semblable au triangle cherché ABC; ce qui est facile, puisque les trois angles sont donnés. Je cherche ensuite un point d qui soit placé dans la nouvelle figure, comme le point D l'est dans la première; et je mène les droites $\overline{ad}$, $\overline{bd}$, cd. Les triangles ABD, abd, seront donc semblables; donc les distances $\overline{ad}$, $\overline{bd}$, sont entre elles comme $\overline{AD}$, $\overline{BD}$; mais ces deux dernières lignes sont données; donc leur rapport est connu, donc $\overline{ad}$, $\overline{bd}$ sont en raison donnée. Décrivant donc (325) la circonférence qui est le lieu géométrique de tous les points dont les distances aux points a, b sont dans la raison donnée de $\overline{AD}$ à $\overline{BD}$, cette circonférence passera par le point d.

Pareillement, si l'on décrit la circonférence qui est le lieu géométrique de tous les points dont les distances aux points a, c sont dans la raison donnée de $\overline{AD}$ à $\overline{CD}$, cette autre circonférence passera aussi par le point d, donc le point d sera l'intersection des deux circonférences tracées. Donc on aura la figure $abcd$ semblable à la figure cherchée ABCD; donc pour avoir la valeur absolue de $\overline{AB}$, par exemple, nous n'aurons que cette proportion à faire $\overline{AB} : \overline{AD} :: \overline{ab} : \overline{ad}$, dans laquelle les trois derniers termes sont connus. On aura de même les deux autres côtés AC, BC par ces autres proportions $\overline{AC} : \overline{AD} :: \overline{ac} : \overline{ad}$; $\overline{BC} : \overline{AD} :: \overline{bc} : \overline{ad}$. Ce qu'il falloit trouver.

On voit que le problême a deux solutions, puisque les circonférences tracées se coupent en deux points. Nous traiterons ce problême d'une manière différente (332).

Par la même marche, on résoudroit cette autre question; *connoissant tous les angles que font deux à deux les six arêtes d'une pyramide triangulaire, et les distances de ses quatre sommets à un point quelconque de l'espace, trouver toutes les dimensions de cette pyramide.*

PROBLÊME XLIV.

329. *Deux circonférences* AFBG, ACBD, *étant données* (fig. 112), *et une corde* $\overline{FG}$ *étant tracée au-dedans de l'une d'entre elles ; tracer dans l'autre une corde* $\overline{CD}$ *de grandeur donnée, et telle que les quatre extrémités* F, G, C, D, *de ces deux cordes se trouvent toutes placées sur une même circonférence.*

Menez la corde $\overline{AB}$, et par le point K où elle coupe la corde $\overline{FG}$ menez dans le cercle ACBD une corde $\overline{CD}$ de la grandeur donnée. Cette construction est une suite évidente de ce qui a été dit (306).

PROBLÊME XLV.

330. *Inscrire dans un cercle donné un triangle* abc (fig. 130), *dont les trois côtés passent respectivement par trois points* A, B, C, *donnés dans le même plan.*

Ce problême passe pour difficile, et il a fixé l'attention de plusieurs grands géomètres. Castillon en donna le premier la solution dans les Mémoires de l'Académie de Berlin an 1776. Cette solution est synthétique et fort ingénieuse, mais compliquée. Lagrange en donna aussi-tôt une autre très-belle entièrement analytique insérée dans le même volume. Sur l'invitation d'Euler, Lexell donna dans le quatrième volume des nouveaux Mémoires de Pétersbourg, la construction de la formule trouvée par Lagrange. Il dit qu'il avoit essayé de l'appliquer au quadrilatère inscrit, et qu'il n'y avoit pas réussi; mais cela lui fournit l'occasion de découvrir une propriété très-intéressante des quadrilatères inscrits. Oltajano, à l'âge de 16 ans, trouva non-seulement une solution synthétique extrêmement élégante de ce problême, mais il lui donna toute la généralité possible, en l'appliquant aux polygones inscrits d'un nombre quelconque de côtés : cette solution se trouve dans le quatrième volume des Mémoires de la Société italienne. Malfatti donna dans le même volume une autre solution synthétique du même problême ainsi généralisé.

La solution suivante est mixte et tient principalement de celle de Lagrange. Je crois seulement avoir simplifié la mise en équation, par l'usage d'une propriété très-familière des triangles ; et j'ai fait voir comment on peut l'étendre aux polygones inscrits d'un nombre quelconque de côtés. La méthode étant la même pour tous ces polygones que pour le simple triangle, je me proposerai tout de suite la question dans toute sa généralité, comme il suit.

Inscrire dans un cercle donné un polygone abcde (fig. 131), *dont tous les côtés passent respectivement par autant de points* A, B, C, D, E, *donnés dans le même plan.*

Soit K le centre du cercle proposé; de ce centre, soient menées des droites $\overline{KA}$, $\overline{KB}$, $\overline{KC}$, $\overline{KD}$, $\overline{KE}$, à tous les points donnés A, B, C, D, E. Et des rayons, $\overline{Ka}$, $\overline{Kb}$, $\overline{Kc}$, $\overline{Kd}$, $\overline{Ke}$, à tous les points cherchés a, b, c, d, e.

Nommons r le rayon donné du cercle, a, b, c, d, e, les droites données $\overline{AK}$, $\overline{BK}$, $\overline{CK}$, $\overline{DK}$, $\overline{EK}$; a', b', c', d', e', les angles donnés $A\hat{K}B$, $B\hat{K}C$, $C\hat{K}D$, $D\hat{K}E$, $E\hat{K}A$. Prenons enfin pour inconnues les angles $A\hat{K}a$, $B\hat{K}b$, $C\hat{K}c$, $D\hat{K}d$, $E\hat{K}e$, et nommons-les respectivement t, u, x, y, z.

Cela posé, considérons successivement les triangles AKb, BKc, CKd, DKe, EKa, et appliquons à chacun d'eux cette propriété familière des triangles : la somme de deux côtés est à leur différence, comme la tangente de la demi-somme des angles qui leur sont opposés est à la tangente de leur demi-différence.

En vertu de cette proposition, le premier AKb de ces triangles donnera

$$\overline{AK}+\overline{bK} : \overline{AK}-\overline{bK} :: \text{tang.}\tfrac{1}{2}(AbK+bAK) : \text{tang.}\tfrac{1}{2}(AbK-bAK).$$

Or $A\hat{b}K+b\hat{A}K = \text{sup.}\, A\hat{K}b = \text{sup.}\,(AKB+BKb) = \text{sup.}\,(a'+u)$; ce qui donne $\text{tang.}\tfrac{1}{2}(AbK+bAK) = \text{cot.}\tfrac{1}{2}(a'+u) = \dfrac{1}{\text{tang.}\tfrac{1}{2}(a'+u)}$;

et

et de plus, $A\hat{b}K - b\hat{A}K = b\hat{a}K - b\hat{A}K = A\hat{K}a = t$; ce qui donne tang. $\frac{1}{2}(AbK - bAK) = \frac{1}{2}t$; la proportion deviendra donc

$$a+r : a-r :: \frac{1}{\text{tang.}\,\frac{1}{2}(a'+u)} : \text{tang.}\,\tfrac{1}{2}t,$$

$$\text{ou } \frac{a-r}{a+r} = \text{tang.}\,\tfrac{1}{2}t \cdot \text{tang.}\,\tfrac{1}{2}(a'+u),$$

$$\text{ou } \frac{a-r}{a+r} = \text{tang.}\,\tfrac{1}{2}t\,\frac{\text{tang.}\,\frac{1}{2}a' + \text{tang.}\,\frac{1}{2}u}{1 - \text{tang.}\,\frac{1}{2}a'\,\text{tang.}\,\frac{1}{2}u};$$

d'où l'on tire

$$\text{tang.}\,\tfrac{1}{2}t = \frac{\frac{a-r}{a+r} - \frac{a-r}{a+r}\,\text{tang.}\,\frac{1}{2}a' \cdot \text{tang.}\,\frac{1}{2}u}{\text{tang.}\,\frac{1}{2}a' + \text{tang.}\,\frac{1}{2}u}.$$

Or il est clair que chacun des côtés du polygone doit nous donner une équation pareille à la précédente. Donc nous aurons pour résoudre le problême, les équations suivantes en nombre égal à celui des côtés du polygone, ou des points donnés A, B, C, D, E, en commençant par celle que nous venons de trouver; savoir,

$$\text{tang.}\,\tfrac{1}{2}t = \frac{\frac{a-r}{a+r} - \frac{a-r}{a+r}\,\text{tang.}\,\frac{1}{2}a'\,\text{tang.}\,\frac{1}{2}u}{\text{tang.}\,\frac{1}{2}a' + \text{tang.}\,\frac{1}{2}u}$$

$$\text{tang.}\,\tfrac{1}{2}u = \frac{\frac{b-r}{b+r} - \frac{b-r}{b+r}\,\text{tang.}\,\frac{1}{2}b'\,\text{tang.}\,\frac{1}{2}x}{\text{tang.}\,\frac{1}{2}b' + \text{tang.}\,\frac{1}{2}x}$$

$$\text{tang.}\,\tfrac{1}{2}x = \frac{\frac{c-r}{c+r} - \frac{c-r}{c+r}\,\text{tang.}\,\frac{1}{2}c'\,\text{tang.}\,\frac{1}{2}y}{\text{tang.}\,\frac{1}{2}c' + \text{tang.}\,\frac{1}{2}y}$$

$$\text{tang.}\,\tfrac{1}{2}y = \frac{\frac{d-r}{d+r} - \frac{d-r}{d+r}\,\text{tang.}\,\frac{1}{2}d'\,\text{tang.}\,\frac{1}{2}z}{\text{tang.}\,\frac{1}{2}d' + \text{tang.}\,\frac{1}{2}z}$$

$$\text{tang.}\,\tfrac{1}{2}z = \frac{\frac{e-r}{e+r} - \frac{e-r}{e+r}\,\text{tang.}\,\frac{1}{2}e'\,\text{tang.}\,\frac{1}{2}t}{\text{tang.}\,\frac{1}{2}e' + \text{tang.}\,\frac{1}{2}t}.$$

Avec ces équations qui sont en même nombre que les inconnues, on obtiendra facilement celle que l'on voudra. Supposons, par exemple, qu'on veuille obtenir x, on prendra la troisième équation, qui donne x en valeurs de y. On substituera donc dans celle-ci, pour y, sa valeur en z que donne la quatrième équation, et l'on aura ainsi une équation entre x et z; on substituera dans cette nouvelle équation, pour z, sa valeur en t, tirée de la cinquième ci-dessus; ce qui donnera une équation entre x et t, on substituera dans celle-ci la valeur de t en u que donne la première ci-dessus, et l'on aura une équation en x et u; enfin dans celle-ci, on substituera la valeur de u en valeur de x que fournit la seconde ci-dessus, et l'on aura une équation qui ne renfermera plus d'autre inconnue que x. Il ne s'agira donc plus que de résoudre cette dernière équation pour avoir l'inconnue cherchée.

Quoique ce calcul paroisse un peu long, la symétrie des formules le rend facile, et montre de suite qu'en quelque nombre que soient les points donnés A, B, C, D, &c. l'équation finale ne peut jamais monter qu'au second degré.

En effet, supposons, pour abréger, tang. $\frac{1}{2}t = t'$, tang. $\frac{1}{2}u = u'$ &c. les équations trouvées seront évidemment toutes de cette forme:

$$t' = \frac{A + Bu'}{C + Du'}$$

$$u' = \frac{A' + B'x'}{C' + D'x'}$$

$$x' = \frac{A'' + B''y'}{C'' + D''y'}$$

$$y' = \frac{A''' + B'''z'}{C''' + D'''z'}$$

$$z' = \frac{A^{iv} + B^{iv}t'}{C^{iv} + D^{iv}t'}.$$

Or en substituant dans la première de ces équations, pour u', sa valeur tirée de la seconde, il est clair que la nouvelle équation sera encore de cette même forme $t' = \frac{A^{v} + B^{v}x'}{C^{v} + D^{v}x'}$.

Pareillement, en substituant dans celle-ci, pour x', sa valeur tirée de la troisième, on aura encore une équation de cette même forme entre t' et y', ainsi de suite. De sorte qu'en poussant jusqu'à la dernière, on aura une équation de cette même forme, où t sera seule inconnue; savoir, $t'=\frac{M+Nt'}{P+Qt'}$, dans laquelle M et N seront des quantités connues, et qui par conséquent ne montera qu'au second degré, quel que soit le nombre des points donnés, et à cause de la symétrie des équations, la construction ne sera jamais que la répétition successive d'opérations de même genre. Ce qui fait que ce problême qui paroît d'abord compliqué, finit par conduire à des constructions fort simples et fort élégantes. Mais comme ces constructions sont connues, je ne m'étendrai pas davantage sur ce sujet, d'ailleurs fort curieux.

PROBLÊME XLVI.

331. *De ces six choses, savoir les quatre côtés d'un quadrilatère et ses deux diagonales, cinq quelconques étant données, trouver la sixième.*

Soit ABDC (fig. 132) le quadrilatère proposé; je désigne par m, n, p, q, les quatre côtés $\overline{AB}$, $\overline{AC}$, $\overline{BD}$, $\overline{CD}$, et par r, s, les deux diagonales $\overline{AD}$, $\overline{BC}$. Il s'agit donc de trouver une équation entre ces six quantités m, n, p, q, r, s, de manière que cinq quelconques d'entre elles étant données, on puisse en tirer la sixième.

Soient x, y, z les trois angles $B\hat{D}C$, $A\hat{D}C$, $A\hat{D}B$; nous aurons par conséquent $x=y+z$. Donc

$$\cos.x=\cos.y\cos.z-\sin.y\sin.z,$$
$$\text{ou } \sin.y\sin.z=\cos.y\cos.z-\cos.x,$$

et en élevant au carré,

$\sin.y^2.\sin.z^2=\cos.y^2\cos.z^2+\cos.x^2-2\cos.x\cos.y\cos.z$, ou
$(1-\cos.y^2)(1-\cos.z^2)=\cos.y^2\cos.z^2+\cos.x^2-2\cos.x\cos.y\cos.z$,

$$\text{ou } 1 - \cos. y^2 - \cos. z^2 + \cos. y^2 \cos. z^2$$
$$= \cos. y^2 \cos. z^2 + \cos. x^2 - 2 \cos. x \cos. y \cos. z,$$
$$\text{ou } 1 + 2 \cos. x \cos. y \cos. z = \cos. x^2 + \cos. y^2 + \cos. z^2 \quad (A).$$

Cela posé, les trois triangles BDC, ADC, ADB, donnent

$$\cos. x = \frac{p^2 + q^2 - s^2}{2pq}, \quad \cos. y = \frac{q^2 + r^2 - n^2}{2qr}, \quad \cos. z = \frac{p^2 + r^2 - m^2}{2pr}.$$

Substituant ces valeurs de cos. x, cos. y, cos. z, dans l'équation (A); et multipliant par $4p^2q^2r^2$ pour faire disparoître le dénominateur, on aura

$$4p^2q^2r^2 + (p^2 + q^2 - s^2)(q^2 + r^2 - n^2)(p^2 + r^2 - m^2)$$
$$= r^2(p^2 + q^2 - s^2)^2 + p^2(q^2 + r^2 - n^2)^2 + q^2(p^2 + r^2 - m^2)^2 \quad (B).$$

Cette équation doit résoudre la question proposée, puisqu'elle ne renferme plus que les six quantités m, n, p, q, r, s. Développons donc ces termes, en exécutant les opérations indiquées. Nous aurons, en transposant et réduisant,

$$\begin{aligned} &(m^2q^4 + q^2m^4 + n^2p^4 + p^2n^4 + r^2s^4 + s^2r^4) \\ + &(m^2n^2s^2 + m^2p^2r^2 + n^2q^2r^2 + p^2q^2s^2) \\ - &\left(\begin{aligned} &m^2n^2p^2 + m^2n^2q^2 + m^2p^2q^2 + m^2q^2r^2 + m^2q^2s^2 + m^2r^2s^2 \\ &+ n^2p^2q^2 + n^2p^2r^2 + n^2p^2s^2 + n^2r^2s^2 + p^2r^2s^2 + q^2r^2s^2 \end{aligned}\right) = 0. \end{aligned}$$

Ce qu'il falloit trouver.

La loi suivant laquelle les quantités comparées entrent dans cette formule, est facile à saisir; car 1°. les six premiers termes sont les carrés de ces six côtés, multipliés chacun par la quatrième puissance du côté opposé (en regardant les deux diagonales comme côtés opposés l'un à l'autre; ce qui est vrai, si l'on considère les points dans l'ordre A, B, C, D). 2°. Les quatre termes suivans sont les produits des carrés des trois côtés de chacun des quatre triangles ABC, ABD, BCD, ACD, qui ont leurs sommets aux points A, B, C, D. 3°. Enfin, les douze derniers termes sont les produits des carrés des côtés combinés trois à trois, de chacun des trois quadrilatères ABDC, ABCD, ACBD. La somme de ces douze derniers termes est donc égale à la somme des dix premiers, l'équation ayant en tout vingt-deux termes.

Dans cette formule les six quantités m, n, p, q, r, s, ne se trouvent élevées chacune qu'aux second et quatrième degrés ; le premier et le troisième ne s'y trouvent pas. D'où il suit, 1°. que cinq quelconques de ces quantités étant données, on aura la sixième par une équation du quatrième degré soluble à la manière de celles du second ; 2°. que cette formule ne contenant que des quantités élevées au carré, est applicable sans aucun changement de signes (46) à tous les systêmes corrélatifs possibles ; c'est-à-dire, aux trois espèces de quadrilatères dont nous avons parlé (103) (fig. 132, 133, 134).

La formule précédente est conforme à celles qu'ont trouvées Lexell et Euler, qui se sont l'un et l'autre occupés de cette question dans les Mémoires de l'Académie de Pétersbourg. On peut y parvenir de plusieurs manières, particulièrement par le théorême II (196), sans faire intervenir les quantités linéo-angulaires dans le calcul : mais j'ai choisi la démonstration qui m'a paru la plus courte. Cette formule est susceptible d'un grand nombre d'applications.

332. Proposons-nous, par exemple, cette question que nous avons déjà traitée (328), *les trois angles d'un triangle et les distances de leurs trois sommets à un quatrième point quelconque pris dans le même plan étant donnés, trouver les trois côtés de ce triangle.*

Soit ABC le triangle cherché (fig. 135), D le point donné, ABCD sera un quadrilatère dans lequel on connoîtra les trois côtés $\overline{AD}$, $\overline{BD}$, $\overline{CD}$, et de plus, les rapports des trois autres côtés entre eux, puisqu'ils composent un triangle dont les trois angles sont connus.

Supposons donc $\overline{AB}=m$, $\overline{AC}=n$, $\overline{BC}=s$, $\overline{BD}=p$, $\overline{CD}=q$ $\overline{AD}=r$. La formule trouvée ci-dessus sera applicable à ce quadrilatère. De plus, on a

$$\overline{AB}:\overline{BC}::\sin.C:\sin.A, \text{ ou } m=s\frac{\sin.C}{\sin.A},$$

et pareillement $n=s\dfrac{\sin.B}{\sin.A}$.

Substituant les valeurs de m, n, dans cette formule, elle ne renfermera plus d'inconnues que s. Il ne s'agira donc que de dégager cette inconnue; ce qui est facile, parce que l'équation, quoique du quatrième degré, est soluble à la manière des équations du second.

333. Proposons-nous cette autre question. *Connoissant les quatre côtés d'un quadrilatère et le produit des deux diagonales, trouver ces diagonales.*

Soit ABDC (fig. 132) le quadrilatère proposé. Soient m, n p, q, les quatre côtés donnés $\overline{AB}$, $\overline{AC}$, $\overline{BD}$, $\overline{CD}$, r, s, les deux diagonales inconnues $\overline{AD}$, $\overline{BC}$, et k leur produit donné par hypothèse.

Nous aurons donc, $rs = k$, ou $s = \frac{k}{r}$, $s^2 = \frac{k^2}{r^2}$. Substituant cette valeur de s^2 dans la formule trouvée, et multipliant tout par r^2, nous aurons

$$r^4(k^2+m^2p^2+n^2q^2-m^2q^2-n^2p^2)+r^2(m^2q^4+q^2m^4+n^2p^4+p^2n^4-m^2n^2p^2-m^2n^2q^2-m^2p^2q^2-m^2k^2-n^2p^2q^2-n^2k^2-p^2k^2-q^2k^2)+(k^4+m^2n^2k^2+p^2q^2k^2-m^2q^2k^2-n^2p^2k^2)=0.$$

Equation du quatrième degré, qui se résoud comme celles du second. r étant connu, on aura s par l'équation $s = \frac{k}{r}$. Ce qu'il falloit trouver.

334. Proposons-nous encore cette autre question : *trois circonférences étant tracées dans un même plan, trouver une quatrième circonférence qui soit tangente aux trois autres.*

Soient A, B, C, (fig. 136) les centres des trois circonférences données; D celui de la circonférence cherchée. Nommons a, b, c les rayons des trois circonférences données, x celui de la circonférence cherchée; et enfin, m, n, p, q, r, s, les six droites $\overline{AB}$, $\overline{AC}$, $\overline{BD}$, $\overline{CD}$, $\overline{AD}$, $\overline{BC}$: les trois quantités m, n, s, sont données par hypothèse, et quand on aura trouvé x, on aura les trois autres p, q, r, par ces équations $p = b+x$, $q = c+x$,

$r = a + x$; il reste donc à trouver x, mais ABDC est un quadrilatère : on peut donc lui appliquer la formule trouvée ci-dessus (131), c'est-à-dire, qu'il n'y aura qu'à substituer dans cette formule, au lieu des trois quantités p, q, r, les trois $b+x$, $c+x$, $a+x$; alors cette formule ne renfermera plus d'autre inconnue que x, et se réduira au second degré.

Je n'effectue pas ce calcul parce que ce problème a été résolu d'une manière plus simple par des géomètres de premier ordre, tels que Viete, Newton, Euler, et que la seule synthèse en fournit plusieurs solutions très-élégantes. Mon objet a été seulement de faire voir que la formule trouvée ci-dessus est susceptible d'un grand nombre d'applications. Je me propose de l'étendre ci-après au calcul des polygones, soit plans, soit gauches, soit tracés sur la surface d'une sphère, ainsi qu'aux polyèdres d'un nombre quelconque de côtés.

PROBLÊME XLVII.

334. *Connoissant les quatre côtés et les deux diagonales d'un quadrilatère, trouver les segmens de ces diagonales, et ceux qui sont formés par les côtés prolongés jusqu'à leurs rencontres respectives* (fig. 137).

Il suffit que cinq de ces six choses, les quatre côtés et les deux diagonales, soient données, pour que tout le reste soit déterminé : mais comme par le problême précédent on trouve la sixième, nous les regarderons ici comme données toutes six.

Soient H le point d'intersection des deux diagonales, F celui des côtés $\overline{AB}$, $\overline{CD}$, prolongés, et G celui des côtés $\overline{AC}$, $\overline{BD}$, aussi prolongés. Il s'agit donc de trouver, 1°. les quatre segmens $\overline{AH}$, $\overline{BH}$, $\overline{CH}$, $\overline{DH}$, formés sur les diagonales; 2°. les huit segmens $\overline{AF}$, $\overline{BF}$, $\overline{CF}$, $\overline{DF}$; $\overline{AG}$, $\overline{BG}$, $\overline{CG}$, $\overline{DG}$, formés sur les côtés prolongés.

Nommons x, y, les deux segmens $\overline{BH}$, $\overline{CH}$, de la diagonale $\overline{BC}$; u, v, les deux segmens $\overline{AH}$, $\overline{DH}$, de la diagonale $\overline{AD}$; et de plus, comme dans le problême précédent, $\overline{AB}=m$, $\overline{AC}=n$, $\overline{BD}=p$, $\overline{CD}=q$, $\overline{AD}=r$, $\overline{BC}=s$.

Les triangles ABC, BDC, coupés respectivement par les transversales $\overline{AH}$, $\overline{DH}$, donneront (196),

$$u^2s = m^2y+n^2x - sxy$$
$$v^2s = p^2y+q^2x - sxy.$$

Otant ces deux équations l'une de l'autre, et observant que $v^2-u^2=(v+u)(v-u)=r(v-u)$, on aura $sr(v-u)=y(p^2-m^2)+x(q^2-n^2)$. Par la même raison, on a $sr(y-x)=u(q^2-p^2)+v(n^2-m^2)$.

Mais $v=r-u$, $y=s-x$; substituant ces valeurs de v, y; dans les équations précédentes, et réduisant, elles deviendront

$$s(m^2+r^2-p^2)-2sru = x(m^2+q^2-n^2-p^2)$$
$$r(m^2+s^2-n^2)-2srx = u(m^2+q^2-n^2-p^2);$$

équations qui sont l'une et l'autre du premier degré.

Eliminant u entre ces deux équations, nous aurons

$$x=\frac{s(m^2+r^2-p^2)(m^2+q^2-n^2-p^2)-2sr^2(m^2+s^2-n^2)}{(m^2+q^2-n^2-p^2)^2-(2sr)^2};$$

les trois autres segmens y, v, u, se trouveront de même; d'où l'on voit que les côtés et diagonales d'un quadrilatère quelconque étant donnés, chacun des quatre segmens formés par ces diagonales s'obtient par une équation du premier degré.

Il en est de même de chacun des huit segmens formés sur les côtés prolongés jusqu'à leurs communes intersections. On les obtient, soit par un calcul semblable au précédent, soit en établissant la corrélation des figures d'après ce qui a été dit (101).

Enfin ayant trouvé, comme on vient de voir, ceux des diagonales, on peut en déduire ceux des côtés comme il suit.

Le triangle ABH coupé par la transversale $\overline{CF}$ me donnera (218) $\overline{AF}.\overline{DH}.\overline{BC}=\overline{BF}.\overline{AD}.\overline{CH}$. Donc à cause de $\overline{BF}=\overline{AF}-\overline{AB}$, on aura

$$\overline{AF}.\overline{DH}.\overline{BC}=\overline{AF}.\overline{AD}.\overline{CH}+\overline{AB}.\overline{AD}.\overline{CH},$$

et

et par conséquent

$$\overline{AF} = \frac{\overline{AB}.\overline{AD}.\overline{CH}}{\overline{DH}.\overline{BC} - \overline{AD}.\overline{CH}};$$

formule dont le dernier membre ne contient plus que des quantités connues. Il en est de même de chacun des sept autres segmens. Ce qu'il falloit trouver.

Cette formule n'est encore applicable qu'à la figure sur laquelle le raisonnement a été établi; mais par le tableau général de corrélation formé (102) entre les quadrilatères de toutes les formes possibles, on voit que pour appliquer cette formule aux figures 63 et 64, il n'y a aucun changement à faire, puisque d'après ce tableau, aucune des quantités m, n, p, q, r, s, u, ou $\overline{AB}$, $\overline{AC}$, $\overline{CD}$, $\overline{BD}$, $\overline{AD}$, $\overline{BC}$, $\overline{AH}$ qui entrent dans l'équation précédente, ne devient inverse, excepté $\overline{CD}$, qui n'entre dans la formule qu'au carré. Il est donc facile d'appliquer cette formule aux quadrilatères de figure quelconque.

PROBLÊME XLVIII.

336. *Connoissant les quatre côtés et les deux diagonales d'un quadrilatère* ABCD, *trouver la transversale* $\overline{PQ}$ *menée entre deux points* PQ *pris à volonté sur les côtés opposés* $\overline{AB}$, $\overline{CD}$ (fig. 138).

Je mène les quatre droites $\overline{AQ}$, $\overline{BQ}$, $\overline{CP}$, $\overline{DP}$. Cela posé, nous avons (196) dans le triangle PDC coupé par la transversale PQ,

$$\overline{PQ}^2.\overline{DC} = \overline{PD}^2.\overline{CQ} + \overline{PC}^2\,\overline{DQ} - \overline{DC}.\overline{DQ}.\overline{CQ}.$$

Or $\overline{DC}$, $\overline{DQ}$, $\overline{CQ}$ sont données par hypothèse; il reste donc à trouver $\overline{PD}^2$, $\overline{PC}^2$.

Mais par le même principe, le triangle ADB coupé par la transversale $\overline{DP}$, donne

$$\overline{PD}^2\,\overline{AB} = \overline{BD}^2.\overline{AP} + \overline{AD}^2.\overline{BP} - \overline{AB}.\overline{AP}.\overline{BP};$$

et pareillement, le triangle ACB coupé par la transversale $\overline{CP}$, donne

$$\overline{PC}^2.\overline{AB} = \overline{AC}^2.\overline{BP} + \overline{BC}^2.\overline{AP} - \overline{AB}.\overline{AP}.\overline{BP};$$

équations dont les seconds membres ne renferment que des quantités données. Tirant donc de ces équations les valeurs de $\overline{PD}^2$, $\overline{PC}^2$, et les substituant dans la première, on aura

$$\overline{PQ}^2 = \frac{\overline{AP}.\overline{CQ}.\overline{BD}^2 + \overline{BP}.\overline{CQ}.\overline{AD}^2 - \overline{AB}.\overline{AP}.\overline{BP}.\overline{CQ}}{\overline{AB}.\overline{DC}}$$
$$+ \frac{\overline{BP}.\overline{DQ}.\overline{AC}^2 + \overline{AP}.\overline{DQ}.\overline{BC}^2 - \overline{AB}.\overline{AP}.\overline{BP}.\overline{DQ}}{\overline{AB}.\overline{DC}}$$
$$- \frac{\overline{AB}.\overline{DC}.\overline{CQ}.\overline{DQ}}{\overline{AB}.\overline{DC}}.$$

Ce qu'il falloit trouver.

PROBLÊME XLIX.

337. *Résoudre le quadrilatère complet avec ses trois diagonales, dans tous les cas possibles.*

On se rappellera que je nomme quadrilatère complet, l'assemblage de quatre droites tracées dans un même plan; que ce quadrilatère complet renferme trois quadrilatères simples de trois formes différentes ayant chacun deux diagonales, lesquelles six diagonales se réduisent à trois. Cela posé, les quatre droites proposées et ces trois diagonales, font sept droites, qui indéfiniment prolongées, forment ce que j'appelle quadrilatère complet avec ses trois diagonales, et comprennent cinquante-une choses à considérer; savoir, trente droites, et vingt-un angles. Mais de ces cinquante-une choses, cinq quelconques indépendantes les unes des autres étant données, tout le reste est déterminé; c'est-à-dire, qu'on peut trouver les quarante-six autres. Or c'est ce problême qui est celui de la *quadrigonométrie* ou *tétragonométrie*, considérée dans sa plus grande généralité, qu'il faut résoudre.

Pour cela, nous procéderons, comme nous l'avons fait (146 et suiv.), pour la trigonométrie; c'est-à-dire, qu'ayant pris à volonté pour termes de comparaison, cinq des cinquante-une choses qui sont à considérer dans le système, nous réduirons la question à former le tableau général des parties de ce système, toutes exprimées en valeurs de ces cinq premières, prises pour termes de comparaison.

Cela posé, soit (fig. 84) AFDG le quadrilatère complet proposé avec ses trois diagonales $\overline{AD}$, $\overline{FG}$, $\overline{BC}$, toutes ces droites étant indéfiniment prolongées.

Prenons donc, par exemple, pour les cinq données ou termes de comparaison en valeur desquelles toutes les autres parties du système doivent être exprimées, les cinq segmens $\overline{AF}$, $\overline{FB}$, $\overline{BH}$, $\overline{HC}$, $\overline{CG}$ formés sur les trois côtés du triangle ABC; on aura d'abord le sixième (3e form. 228).

Les six segmens ainsi connus, on trouvera les trois transversales $\overline{AH}$, $\overline{BG}$, $\overline{CF}$, par la proposition énoncée (196).

Cela fait, on considérera le triangle ABH, par exemple, coupé par la transversale $\overline{CF}$, et l'on aura (1ere form. 228) $\overline{AF}.\overline{BC}.\overline{DH} = \overline{BF}.\overline{HC}.\overline{AD}$. De plus, on a évidemment $\overline{AH} = \overline{AD} + \overline{DH}$. Donc $\overline{AH}$ étant trouvée par ce qui vient d'être dit, on aura en combinant les deux équations précédentes, $\overline{AD}$ et $\overline{DH}$; on trouvera de même $\overline{BD}$, $\overline{DG}$, $\overline{CD}$, $\overline{FD}$.

Toutes ces lignes étant trouvées, on obtiendra $\overline{AK}$ et $\overline{DK}$ par la proportion suivante, $\overline{AK} : \overline{DK} :: \overline{AH} : \overline{DH}$ (4e form. 228), en la combinant avec l'équation évidente $\overline{AD} = \overline{AK} + \overline{DK}$, dans laquelle $\overline{AD}$ est connue par ce qui précède.

Ensuite on trouvera par la proposition énoncée (196), les droites $\overline{FG}$, $\overline{FK}$, $\overline{GK}$.

Après quoi on aura $\overline{LF}$ par cette proportion (4e form. 228), $\overline{LF} : \overline{LG} :: \overline{FK} : \overline{GK}$, ou $\overline{LF} : \overline{LF} + \overline{FG} :: \overline{FK} : \overline{GK}$, dans laquelle tout est connu par ce qui précède, excepté $\overline{LF}$. On trouvera évidemment $\overline{LG}$ par la même proportion.

Quant à $\overline{LB}$, $\overline{LC}$, on les aura par la proportion de même genre que la précédente, $\overline{LB} : \overline{LC} :: \overline{BH} : \overline{CH}$, combinée avec l'équation $\overline{LC} = \overline{LB} + \overline{BC}$.

Ainsi l'on aura déjà toutes les parties linéaires de la figure proposée exprimées en valeurs des cinq prises pour termes de comparaison. Il reste donc à trouver les angles.

Mais puisque la figure est toute décomposée en triangles, et qu'on connoît maintenant les trois côtés de chacun d'eux, on aura les cosinus de tous les angles par ce seul principe connu, que dans tout triangle, le carré de chacun des côtés est égal à la somme des carrés des deux autres côtés, moins deux fois le produit de ces mêmes côtés, multiplié par le cosinus de l'angle qu'ils comprennent. Par exemple, toutes les quantités linéaires étant trouvées par hypothèse, on aura l'angle $B\hat{A}H$ par cette équation $\overline{BH}^2 = \overline{AB}^2 + \overline{AH}^2 - 2\overline{AB}.\overline{AH}.\cos.BAH$, dans laquelle il n'y a plus d'autre inconnue que cos. BAH. Ainsi des autres.

Voilà donc le tableau général formé de toutes les parties de la figure proposée, exprimées en valeurs de cinq, qui ont été prises pour termes de comparaison; et à l'aide de ce tableau, on résoudra le quadrilatère dans tous les cas possibles, comme nous l'avons vu pour le triangle (160 et suiv.). Ce qu'il falloit trouver.

Il est à remarquer qu'on peut faire entrer, si l'on veut, dans le tableau général les aires des triangles, ou autres parties intégrantes de la figure proposée.

Le tableau général une fois formé pour la figure primitive (fig. 184), prise pour terme de comparaison, on fera, d'après les principes développés dans la première section, le tableau général de corrélation de toutes les figures susceptibles d'être traitées par les mêmes formules, modifiées seulement par les signes.

PROBLÈME L.

338. *Résoudre le problème général de la polygonométrie, c'est-à-dire, résoudre dans tous les cas possibles un polygone quelconque tracé dans un plan, avec toutes ses diagonales, et supposant que les côtés et ces diagonales soient tous indéfiniment prolongés, de manière qu'ayant parmi les choses qui sont à considérer dans la figure, un nombre de données suffisant pour que tout le reste soit déterminé, on puisse trouver toutes les autres.*

Il est clair, par ce qui a été dit ci-dessus, que la question se réduit à former le tableau général des quantités qui entrent dans la composition du système proposé, toutes exprimées en valeurs de quelques-unes seulement d'entre elles, prises en nombre suffisant pour que tout le reste soit déterminé; c'est-à-dire, en supposant n le nombre des côtés de ce polygone, que toutes les quantités tant linéaires qu'angulaires qui entrent dans sa composition, devront être exprimées en valeurs de $2n-3$ d'entre elles prises pour termes de comparaison.

Cela posé, soit ABCDEF (fig. 139), le polygone proposé. Je prends pour terme de comparaison, l'un quelconque des côtés comme $\overline{AB}$; et de plus, les distances $\overline{CA}$, $\overline{CB}$, $\overline{DA}$, $\overline{DB}$, &c. de tous les autres angles aux premiers A, B; ce qui fera, en effet, le nombre $2n-3$ de données ou termes de comparaison, comme cela doit être.

Maintenant, considérons successivement les quadrilatères ABCD, ABDE, ABEF, ABCE, &c. ayant pour base commune $\overline{AB}$, et chacun un seul des côtés non compris parmi les termes de comparaison.

En appliquant à chacun de ces quadrilatères les formules du problême précédent, on trouvera tous les côtés, diagonales, segmens, et angles de ce quadrilatère. On fera la même chose pour tous, et l'on aura le tableau général cherché des parties de la figure proposée, toutes exprimées en valeurs des $2n-3$ qui ont été prises pour termes de comparaison. Ce tableau une fois formé, il répondra, en changeant à volonté les termes de comparaison comme on l'a expliqué pour la trigonométrie (160 et suiv.), à toutes les questions qui pourront être proposées sur la résolution du polygone. Ce qu'il falloit trouver.

Le problême se simplifie beaucoup, lorsque le polygone est considéré sans ses diagonales; car alors il n'y a jamais que trois inconnues à trouver, et par conséquent, trois équations à former entre ces inconnues et les données. Or ces trois équations sont fournies comme pour le triangle par cette propriété, que dans tout polygone, chacun des côtés est égal à la somme de tous les autres, multipliés chacun par le cosinus de l'angle qu'il forme avec le premier. En conséquence, il n'y a qu'à prendre successivement pour bases trois quelconques des côtés du polygone proposé, et appliquer à chacun d'eux la proposition précédente. Il en résultera trois équations, dont la combinaison donnera les trois inconnues cherchées.

Quoiqu'on soit maître de prendre à volonté ces bases successives parmi tous les côtés du polygone, le choix que l'on peut faire de l'un ou de l'autre dans chaque cas, peut simplifier plus ou moins le calcul. Lorsque tous les angles sont donnés hors un, ce calcul s'abrège naturellement, puisque l'angle inconnu s'obtient d'abord par une simple addition ou soustraction; et qu'ensuite il n'y a plus à former que deux des trois équations dont nous avons parlé ci-dessus, pour obtenir les deux autres inconnues. Mais ces détails m'entraîneroient hors des bornes que je me suis prescrites; ils font l'objet spécial, quant au quadrilatère, des deux belles dissertations de Lexell, insérées dans les Mémoires de l'Académie de Pétersbourg dont j'ai déjà parlé. Et quant aux polygones en général, ils sont traités dans la polygonométrie de Simon Lhuilier. L'un et l'autre sont partis de principes un peu différens du mien : je me contenterai ici, de faire voir sur un cas particulier, comment on peut toujours en partant de ce dernier, former dans chaque cas particulier les trois équations nécessaires à la solution du problême.

Soit donc, par exemple, ABCDE (fig. 139 *bis*) un pentagone dans lequel tout est donné, excepté les deux côtés $\overline{AB}$, $\overline{BC}$, et l'angle compris $A\hat{B}C$.

J'ai d'abord cet angle $A\hat{B}C$ par cette propriété générale des polygones, que la somme des angles est égale à autant de fois deux angles droits qu'il y a de côtés, moins quatre angles droits; c'est-à-dire, qu'en nommant ϖ le quart de circonférence, on aura $A+B+C+D+E=6\varpi$. D'où je tire de suite l'angle cherché $B=6\varpi-(A+C+D+E)$.

B étant connu, il ne nous reste plus que deux équations à former par la propriété énoncée ci-dessus entre les données et les inconnues $\overline{AB}$, $\overline{BC}$; nommons-les x et y, et prenons-les successivement pour bases. J'aurai donc

$$x=\overline{AE}.\cos.\overline{AB}\hat{\ }\overline{AE}+\overline{ED}.\cos.\overline{AB}\hat{\ }\overline{ED}+\overline{DC}.\cos.\overline{AB}\hat{\ }\overline{DC}+y.\cos.\overline{AB}\hat{\ }\overline{CB}$$

$$y=x.\cos.\overline{BC}\hat{\ }\overline{BA}+\overline{AE}.\cos.\overline{BC}\hat{\ }\overline{AE}+\overline{ED}.\cos.\overline{BC}\hat{\ }\overline{ED}+\overline{DC}.\cos.\overline{BC}\hat{\ }\overline{DC}.$$

Mais 1°. on a $\overline{AB}\hat{\ }\overline{AE}=A$. 2°. Si l'on prolonge $\overline{AB}$ et $\overline{DE}$ jusqu'à ce qu'ils se rencontrent en m, on aura

$$\overline{AB}\hat{\ }\overline{ED}=A\hat{m}E=A+E-2\varpi.$$

3°. Pareillement, $\overline{AB}\hat{\ }\overline{DC}=4\varpi-(A+E+D)$. 4°. Enfin $\overline{AB}\hat{\ }\overline{CB}=B$. Donc la première des deux équation ci-dessus devient

$$x=\overline{AE}.\cos.A-\overline{ED}.\cos.(A+E)+\overline{DC}.\cos.(A+E+D)+y\cos.B.$$

On verra par le même raisonnement, que la seconde devient

$$y=x\cos.B-\overline{AE}.\cos.(B+A)+\overline{ED}.\cos.(B+A+E)+\overline{DC}.\cos.C.$$

De ces deux équations du premier degré, où tout est connu, excepté x et y, il sera facile de tirer chacune de ces inconnues: ce qu'il falloit trouver. On traitera de même tous les autres cas, en quelque nombre que soient les côtés du polygone plan, considéré sans ses diagonales; et c'est à cette question particulière qu'on restraint ordinairement ce que l'on nomme polygonométrie. Elle est envisagée dans le problème précédent sous une acception plus générale : j'y considère le polygone avec toutes ses diagonales et ses côtés indéfiniment prolongés, et j'y comprends les polygones gauches, auxquels convient bien également le principe énoncé ci-dessus, mais pour lesquels il est insuffisant.

PROBLÈME LI.

339. *De ces six choses, savoir les trois angles formés à l'un des sommets d'une pyramide triangulaire, par les trois arêtes qui s'y réunissent prises deux à deux, et les trois angles formés de même à l'un quelconque des trois autres sommets par les arêtes qui s'y réunissent prises aussi deux à deux ; de ces six choses, dis-je, cinq quelconques étant données, trouver la sixième.*

Soit DBCA (fig. 140) la pyramide triangulaire proposée. Je compare les sommets D, B, et je cherche le rapport qui doit exister entre les trois angles $B\hat{D}C$, $A\hat{D}C$, $A\hat{D}B$, formés au sommet D par les trois arêtes $\overline{DB}$, $\overline{DC}$, $\overline{DA}$ qui s'y réunissent prises deux à deux, et les trois angles $D\hat{B}C$, $A\hat{B}C$, $D\hat{B}A$, formés au sommet B par les trois arêtes $\overline{BD}$, $\overline{BC}$ $\overline{BA}$ qui s'y réunissent aussi prises deux à deux ; de manière que cinq quelconques de ces six angles étant donnés, on puisse trouver le sixième.

Je suppose, $B\hat{D}C = a$, $A\hat{D}C = b$, $A\hat{D}B = c$, $D\hat{B}C = a'$ $A\hat{B}C = b'$, $D\hat{B}A = c'$.

Le triangle DCA me donne $\overline{CA}^2 = \overline{DC}^2 + \overline{DA}^2 - 2\overline{DC}.\overline{DA} \cos. CDA$

et le triangle BCA........ $\overline{CA}^2 = \overline{BC}^2 + \overline{BA}^2 - 2\overline{BC}.\overline{BA}.\cos. CBA$,

Otant cette dernière équation de la première, on aura

$$\left(\overline{DC}^2 - \overline{BC}^2\right) + \left(\overline{DA}^2 - \overline{BA}^2\right) - 2\overline{DC}.\overline{DA} \cos. CDA + 2\overline{BC}.\overline{BA}.\cos. CBA = 0.$$

Mais par le principe de la proportionnalité des sinus avec les côtés dans les triangles ABC, ABD, nous avons

BD

$$\overline{BD} : \overline{BC} :: \sin.DCB : \sin.BDC$$

$$\overline{BD} : \overline{DC} :: \sin.DCB : \sin.DBC$$

$$\overline{BD} : \overline{BA} :: \sin.DAB : \sin.BDA$$

$$\overline{BD} : \overline{DA} :: \sin.DAB : \sin.DBA$$

Tirant de ces quatre proportions les valeurs de $\overline{BC}$, $\overline{DC}$, $\overline{BA}$, $\overline{DA}$, et substituant dans l'équation trouvée ci-dessus en divisant tout par BD, nous aurons

$$\frac{\sin.DBC^2}{\sin.DCB^2} - \frac{\sin.BDC^2}{\sin.DCB^2} + \frac{\sin.DBA^2}{\sin.DAB^2} - \frac{\sin.BDA^2}{\sin.DAB^2} =$$

$$2\cos.CDA\frac{\sin.DBC.\sin.DBA}{\sin.DCB.\sin.DAB} - 2\cos.CBA\frac{\sin.BDC.\sin.BDA}{\sin.DCB.\sin.DAB} \ldots (A)$$

Cette équation renferme encore les deux angles $D\hat{C}B$, $D\hat{A}B$, qui n'entrant point dans le rapport cherché, doivent être éliminés, ce qui est facile; car les trois angles de tout triangle valant deux droits, on a par les triangles DBC, DBA,

$$\sin.DCB = \sin.(BDC+DBC), \quad \sin.DAB = \sin.(BDA+DBA)$$

Substituant donc ces valeurs dans l'équation (A), en mettant pour chacun des six angles considérés, la quantité prise ci-dessus pour la représenter, on aura

$$\frac{\sin.a'^2}{\sin.(a+a')^2} - \frac{\sin.a^2}{\sin.(a+a')^2} + \frac{\sin.c'^2}{\sin.(c+c')^2} - \frac{\sin.c^2}{\sin.(c+c')^2} =$$

$$2\cos.b\frac{\sin.a'\sin.c'}{\sin.(a+a')\sin.(c+c')} - 2\cos.b'\frac{\sin.a\sin.c}{\sin.(a+a')\sin.(c+c')}; \quad (B)$$

équation qui ne renferme plus que les six quantités cherchées.

Pour faire disparoître les dénominateurs, il n'y a qu'à multiplier par $\sin.(a+a')\sin.(c+c')$, et l'on aura

$$(\sin.a'^2 - \sin.a^2)\sin.(c+c')^2 + (\sin.c'^2 - \sin.c^2)\sin.(a+a')^2 =$$
$$2\sin.(a+a')\sin.(c+c')(\sin.a'\sin.c'\cos.b - \sin.a\sin.b\cos.b')$$

Mais (123) on a $\sin.a'^2 - \sin.a^2 = \sin.(a'+a)\sin.(a'-a)$; $\sin.c'^2 - \sin.c^2 = \sin.(c'+c)\sin.(c'-c)$.

Substituant les valeurs de $\sin.a'^2 - \sin.a^2$, et de $\sin.c'^2 - \sin.c^2$ dans l'équation précédente, et divisant tout par $\sin.(a'+a)$ $\sin.(c'+c)$, la formule se réduira à

$$\sin.(a'+a)\sin.(c'-c)+\sin.(c'+c)\sin.(a'-a)$$
$$=\sin.a'\sin.c'\cos.b-\sin.a\sin.c\cos.b', \quad (C),$$

Ce qu'il falloit trouver.

340. Si l'arête $\overline{DB}$ devient perpendiculaire au plan BCA, l'angle $C\hat{A}B$ sera la projection de l'angle $C\hat{D}A$; les angles $D\hat{B}C$, $D\hat{B}A$ seront droits ; et par conséquent, en nommant ϖ le quart de circonférence, on aura $a'=\varpi$, $c'=\varpi$; donc l'équation (C) deviendra $\cos.a\cos.c=\cos.b-\sin.a\sin.c\cos.b'$; (D) équation qui donne l'angle de projection b', lorsqu'on connoît les trois angles a, b, c formés au sommet D de cet angle.

Comme dans ce cas, l'angle $B\hat{D}C$ ou a, est le complément de l'angle $B\hat{C}D$ d'inclinaison de la droite $\overline{BC}$ sur le plan de projection BCA, et $D\hat{B}A$ ou c, le complément de l'angle d'inclinaison de la droite $\overline{DA}$ sur le même plan; l'équation précédente peut être mise sous cette forme :

$$\sin.DCB.\sin.DAB=\cos.CDA-\cos.DCB\cos.DAB.\cos.CAB, \text{ ou}$$

$$\cos.CAB=\frac{\cos.CDA-\sin.DCB\sin.DAB}{\cos.DCB\cos.DAB}. \quad (E)$$

Formule qui donne l'angle de projection $C\hat{A}B$ d'un angle connu $C\hat{D}A$ en valeur des angles d'inclinaison $D\hat{C}B$, $D\hat{A}B$.

341. La formule (D) trouvée ci-dessus renferme dans ses développemens toutes celles de la trigonométrie sphérique; car si l'on regarde (fig. 140 et 141), D comme le centre d'une sphère ; les angles $B\hat{D}C$, $C\hat{D}A$, $B\hat{D}A$, ou a, b, c, seront les trois côtés du triangle sphérique formés sur la surface de la sphère par les intersections que forment sur elle les plans $B\hat{D}C$, $C\hat{D}A$, $B\hat{D}A$, et l'angle $C\hat{B}A$, ou b' ; c'est-à-dire, celui qui est formé par les

deux plans, BDC, BDA, sera l'angle opposé au côté b. Donc en nommant a, b, c, les trois côtés de ce triangle sphérique, A, B, C, les angles respectivement opposés : on aura $b' = \text{B}$, $a' = \text{A}$, $c' = \text{C}$, l'équation (D) trouvée ci-dessus appliquée au triangle sphérique en question, deviendra.

$\cos a \cos . c = \cos . b - \sin . a \sin . c \cos . \text{B}$; et par la même raison, on aura
$\cos . b \cos . c = \cos . a - \sin . b \sin . c \cos . \text{A}$
$\cos . a \cos . b = \cos . c - \sin . a \sin . b \cos . \text{C}$. (F)

Nous aurons donc ces trois équations entre les six choses à considérer dans le triangle sphérique, et par conséquent, trois quelconques d'entre elles étant données, on en tirera les trois autres.

342. Si au lieu de déduire, comme nous le venons de faire, les équations précédentes d'un principe plus général, on veut les chercher directement, on y parviendra par un calcul fort simple, en suivant la même marche.

En effet, soit ABC (fig. 142) le triangle sphérique proposé, D le centre de la sphère. Menons les trois rayons $\overline{\text{DA}}$, $\overline{\text{DB}}$, $\overline{\text{DC}}$, et par le sommet A, les deux tangentes $\overline{\text{AB}'}$, $\overline{\text{AC}'}$, aux arcs $\widehat{\text{AB}}$, $\widehat{\text{AC}}$, il est clair qu'on aura

$$\text{B}'\hat{\text{A}}\text{C}' = \text{A},\ \text{B}\hat{\text{D}}\text{C} = a,\ \text{C}\hat{\text{D}}\text{A} = b,\ \text{C}\hat{\text{D}}\text{B} = c.$$

Or les triangles AB'C', DB'C', appuyés sur la base commune $\overline{\text{B}'\text{C}'}$, donnent

$$\overline{\text{B}'\text{C}'}^2 = \overline{\text{AB}'}^2 + \overline{\text{AC}'}^2 - 2\,\overline{\text{AB}'}.\overline{\text{AC}'} \cos . \text{B}'\text{AC}'.$$

$$\overline{\text{B}'\text{C}'}^2 = \overline{\text{B}'\text{D}}^2 + \overline{\text{C}'\text{D}}^2 - 2\,\overline{\text{B}'\text{D}}.\overline{\text{C}'\text{D}}.\cos . \text{B}'\text{DC}'.$$

Otant ces deux équations l'une de l'autre, et supposant le rayon de la sphère représenté par 1 ; on aura à cause des triangles B'AD, C'AD, rectangles en A,

$$\overline{\text{B}'\text{D}}^2 - \overline{\text{AB}'}^2 = 1,\ \overline{\text{C}'\text{D}'}^2 - \overline{\text{AC}'}^2 = 1;$$

et par conséquent, en divisant tout par 2,

$$1 + \overline{\text{AB}'}.\overline{\text{AC}'}.\cos . \text{A} - \overline{\text{B}'\text{D}}.\overline{\text{C}'\text{D}}.\cos . a = 0,$$

ou à cause de $\overline{AB'} = \text{tang.}\,c$,

$$\overline{AB'} = \frac{\sin.\,c}{\cos.\,c},\quad \overline{AC'} = \frac{\sin.\,b}{\cos.\,b},\quad \overline{B'D} = \frac{1}{\cos.\,c},\quad \overline{C'D} = \frac{1}{\cos.\,b},$$

$$1 + \frac{\sin.\,b\,.\,\sin.\,c}{\cos.\,b\,.\,\cos.\,c}\cos.\,A - \frac{1}{\cos.\,b\,.\,\cos.\,c}\cos.\,a = 0, \text{ ou}$$

$\cos.\,b\,\cos.\,c = \cos.\,a - \sin.\,b\,\sin.\,c\,\cos.\,A$, comme ci-dessus.

343. On peut remarquer que cette équation se trouve immédiatement par ce qui a été dit (243); car il est clair que AB'C'D est un quadrilatère gauche qui donne d'après le principe énoncé (259),

$$\overline{AB'}^2 + \overline{AC'}^2 - 2\overline{AB'}\,\overline{AC'}\cos.B'AC' = \overline{DB'}^2 + \overline{DC'}^2 - 2\overline{DB'}\,\overline{DC'}\cos.B'DC,$$

qui est la même chose que celle qu'on vient de trouver.

On voit, tant par la nature de cette démonstration que par l'analogie des formules, que celle-ci est pour les triangles sphériques, ce qu'est pour le triangle rectiligne dont les côtés sont a, b, c, et les angles opposés A, B, C, l'équation $\cos.\,A = \frac{b^2 + c^2 - a^2}{2bc}$.

Si dans les équations trouvées ci-dessus (F), on prend pour inconnues $\cos.\,a$, $\cos.\,b$, $\cos.\,c$, et qu'on en tire sa valeur par les règles ordinaires de l'algèbre, on aura

$$\begin{aligned}\cos.\,A\,.\,\cos.\,C &= \cos.\,B + \cos.\,b\,.\,\sin.\,A\,.\,\sin.\,C\\ \cos.\,A\,.\,\cos.\,B &= \cos.\,C + \cos.\,c\,.\,\sin.\,A\,.\,\sin.\,B\\ \cos.\,B\,.\,\cos.\,C &= \cos.\,A + \cos.\,a\,.\,\sin.\,B\,.\,\sin.\,C.\end{aligned}$$

Equations qui sont de même forme que les premières, et qu'on tire de celle-ci, en substituant les lettres minuscules aux lettres majuscules, et réciproquement, et changeant de plus le signe de chacun des cosinus; ce qui se démontre également par les triangles supplémentaires.

PROBLÊME LII.

344. *Les trois côtés d'un triangle sphérique* ABC (fig. 143), *étant donnés, et la base* $\overline{BC}$ *étant divisée en deux segmens* $\overline{B}$…

volonté au point H, *trouver l'arc transversal* $\widehat{AH}$ *mené du sommet* A *au point* H.

Soient A, B, C les trois angles du triangle sphérique proposé, a, b, c, les côtés respectivement opposés ; a', a'', les deux segmens connus $\widehat{BH}$, $\widehat{CH}$, b' l'arc cherché $\widehat{AH}$.

Les deux triangles ABC, ABH, nous donneront par le problême précédent (form. F)

$$\cos. B = \frac{\cos. b - \cos. a \cos. c}{\sin. a \sin. c}, \quad \cos. B = \frac{\cos. b' - \cos. a' \cos. c}{\sin. a' \sin. c}.$$

Egalant ces deux valeurs de cos. B, et dégageant cos. b', nous aurons

$$\cos. b' = (\cos. b - \cos. a \cos. c)\frac{\sin. a'}{\sin. a} + \cos. a' \cos. c.$$

Ce qu'il falloit trouver. Cette formule est analogue à celle que nous avons trouvée pour les triangles rectilignes (196).

Si l'on multiplie tout par sin. a, on aura

$$(\cos. b' - \cos. a' \cos. c) \sin. a = (\cos. b - \cos. a \cos. c) \sin. a'.$$

PROBLÊME LIII.

345. *Les trois côtés d'un triangle sphérique* ABC (fig. 143) *étant donnés, et les deux côtés* $\widehat{BA}$, $\widehat{BC}$ *étant l'un et l'autre partagés à volonté en deux segmens chacun par les points* G, H, *trouver l'arc transversal* $\widehat{GH}$.

Soient A, B, C, les trois angles du triangle proposé, a, b, c, les côtés respectivement opposés ; a', a'', les deux segmens connus $\widehat{BH}$, $\widehat{CH}$; c', c'', les deux segmens connus $\widehat{BG}$, $\widehat{AG}$; b'', l'arc transversal cherché $\widehat{GH}$.

Les deux triangles ABC, GBH, donneront (341, form. F)

$$\cos. B = \frac{\cos. b - \cos. a \cos. c}{\sin. a \sin. c}, \quad \cos. B = \frac{\cos. b' - \cos. a' \cos. c'}{\sin. a' \sin. c'}.$$

Egalant ces deux valeurs de cos. B, et dégageant l'inconnue cos. b', on aura

$$\cos. b' = \frac{(\cos. b - \cos. a \cos. c) \sin. a' \sin. c'}{\sin. a \sin. c} + \cos. a' \cos. c'.$$

Ce qu'il falloit trouver. Cette formule est analogue à celle que nous avons trouvée (298) pour les triangles rectilignes.

En faisant disparoître le dénominateur, on a

$$(\cos. b' - \cos. a' \cos. c') \sin. a \sin. c = (\cos. b - \cos. a \cos. c) \sin. a' \sin. c'.$$

PROBLÊME LIV.

346. *De ces six choses, savoir, les quatre côtés d'un quadrilatère sphérique et ses deux diagonales; cinq quelconques étant données, trouver la sixième.*

Soit ABDC (fig. 144) le quadrilatère sphérique proposé, $\widehat{AD}$, $\widehat{BC}$, les deux diagonales.

Je nomme A l'angle $\widehat{BAC}$, A' l'angle $\widehat{BAD}$, et A'' l'autre angle $\widehat{CAD}$; m, n, p, q, les quatre côtés $\widehat{AB}$, $\widehat{AC}$, $\widehat{BD}$, $\widehat{CD}$, respectivement, r, s, les deux diagonales $\widehat{AD}$, $\widehat{BC}$; m', n', p', q', r', s', les sinus des arcs m, n, p, q, r, s, et m'', n'', p'', q'', r'', s'', leurs cosinus.

Puisque l'angle A est la somme des deux angles A', A'', nous aurons

$$1 + 2 \cos. A \cos. A' \cos. A'' = \cos. A^2 + \cos. A'^2 + \cos. A''^2 \ldots (A)$$

Cela posé (341, form. F), les triangles BAC, BAD, CAD, donnent

$$\cos. A = \frac{\cos. s - \cos. m \cos. n}{\sin. m \sin. n}, \quad \cos. A' = \frac{\cos. p - \cos. m \cos. r}{\sin. m . \sin. r},$$

$$\cos. A'' = \frac{\cos. q - \cos. n \cos. r}{\sin. n . \sin. r}.$$

Substituant dans l'équation (A), et multipliant tout par $\sin. m^2 \sin. n^2 \sin. r^2$, pour faire disparoître les dénominateurs, nous aurons

$$\sin. m^2 \sin. n^2 \sin. r^2 + 2 (\cos. p - \cos. m \cos. r)$$
$$(\cos. q - \cos. n \cos. r) (\cos. s - \cos. m \cos. n) =$$
$$\sin. m^2 (\cos. q - \cos. n \cos. r)^2 + \sin. n^2 (\cos. p - \cos. m \cos. r)^2$$
$$+ \sin. r^2 (\cos. s - \cos. m \cos. n)^2.$$

Equation qui ne renferme plus que les six quantités dont on demande la relation.

Si dans cette équation, à la place du carré de chacun des sinus, on substitue l'unité moins le carré du cosinus, et qu'on exécute ensuite les opérations indiquées, on aura la formule suivante :

$$
\begin{aligned}
&1 - (\cos.m^2 + \cos.n^2 + \cos.p^2 + \cos.q^2 + \cos.r^2 + \cos.s^2) \\
&+ (\cos.m^2 \cos.q^2 + \cos.n^2 \cos.p^2 + \cos.r^2 \cos.s^2) \\
&+ \left(\begin{array}{l} 2\cos.m\cos.n\cos.s + 2\cos.m\cos.p\cos.r + 2\cos.n\cos.q\cos.r \\ + 2\cos.p\cos.q\cos.s \end{array}\right) \\
&- \left(\begin{array}{l} 2\cos.m\cos.n\cos.p\cos.q + 2\cos.m\cos.q\cos.r\cos.s \\ + 2\cos.n\cos.p\cos.r\cos.s \end{array}\right) = 0.
\end{aligned}
$$

Ce qu'il falloit trouver.

347. Cette formule est analogue à celle que nous avons trouvée (331) pour le quadrilatère rectiligne ; et la loi de sa formation est facile à saisir. Elle a lieu entre les cosinus seulement des angles comparés, et chacun d'eux se trouve par une équation du second degré, lorsque les cinq autres sont donnés.

Ce problême, comme l'on voit, peut s'énoncer ainsi, *des six angles que forment entre elles deux à deux les quatre arêtes qui répondent au sommet d'une pyramide quadrangulaire, cinq quelconques étant donnés, trouver le sixième.*

PROBLÊME LV.

348. *Des six angles que forment entre elles deux à deux les faces d'une pyramide triangulaire, cinq quelconques étant donnés, trouver le sixième.*

Soit ABC (fig. 145) la base de la pyramide proposée : je développe la surface de cette pyramide sur le plan de cette base, et je suppose que les triangles ADB, ADC, BDC, représentent les trois autres faces. Je désigne chacune d'elles par la lettre majuscule qui est écrite au-dedans entre parenthèses : c'est-à-dire, que je fais $\overline{\overline{BCD}} = A$, $\overline{\overline{ACD}} = B$, $\overline{\overline{ABD}} = C$, $\overline{\overline{ABC}} = D$.

De plus, je désigne les angles compris entre ces faces deux à deux par la lettre minuscule écrite près de la droite qui leur est commune, ou de l'arête que forme leur intersection; c'est-à-dire que je fais, $\overline{\overline{ABD}}\hat{\ }\overline{\overline{ABC}}$, ou $C\hat{\ }D = m$, $B\hat{\ }D = n$, $A\hat{\ }D = r$, $B\hat{\ }C = s$, $A\hat{\ }C = p$, $A\hat{\ }B = q$.

Cela posé, nous avons vu (254) que dans toute pyramide triangulaire, l'aire de chacune des bases est égale à la somme de toutes les autres, multipliées chacune par le cosinus de l'angle compris. Donc nous avons les quatre équations suivantes :

$$\begin{aligned} A &= B \cos.q + C \cos.p + D \cos.r \\ B &= A \cos.q + C \cos.s + D \cos.n \\ C &= A \cos.p + B \cos.s + D \cos.m \\ D &= A \cos.r + B \cos.n + C \cos.m. \end{aligned}$$

Eliminant de ces quatre équations du premier degré trois quelconques des quantités A, B, C, D, la quatrième disparoîtra d'elle-même comme facteur commun à tous les termes; et l'équation deviendra

$$(1 - \cos.m^2 - \cos.p^2 - \cos.r^2 - 2\cos.m\cos.p\cos.r)$$
$$(1 - \cos.m^2 - \cos.n^2 - \cos.s^2 - 2\cos.m\cos.n\cos.s)$$
$$-\left(\begin{array}{l}\cos.m\cos.n\cos.p + \cos.m\cos.r\cos.s + \cos.n\cos.r \\ + \cos.p\cos.s - \cos.m^2\cos.q + \cos.q\end{array}\right)^2 = 0,$$

Effectuant les opérations indiquées, et divisant tout par $1 - \cos.m^2$, on obtiendra l'équation suivante :

$$1 - (\cos.m^2 + \cos.n^2 + \cos.p^2 + \cos.q^2 + \cos.r^2 + \cos.s^2)$$
$$+ (\cos.m^2\cos.q^2 + \cos.n^2\cos.p^2 + \cos.r^2\cos.s^2)$$
$$-\left(\begin{array}{l}2\cos.m\cos.n\cos.s + 2\cos.m\cos.p\cos.r + 2\cos.n\cos.q\cos.r \\ + 2\cos.p\cos.q\cos.s\end{array}\right)$$
$$-\left(\begin{array}{l}2\cos.m\cos.n\cos.p\cos.q + 2\cos.m\cos.q\cos.r\cos.s \\ + 2\cos.n\cos.p\cos.r\cos.s\end{array}\right) = 0.$$

Ce qu'il falloit trouver.

Il est à remarquer que dans cette équation de condition entre les six angles formés par les faces d'une pyramide triangulaire entre elles, les cosinus seuls se trouvent, et n'y sont élevés qu'au second degré : d'où il suit que cinq quelconques d'entre eux

eux étant donnés, on aura le sixième par une simple équation du second degré.

349. Supposons, par exemple, que les trois faces A, B, C soient perpendiculaires entre elles; on aura donc $\cos.p = 0$, $\cos.q = 0$, $\cos.s = 0$: donc l'équation se réduira à $1 = \cos.m^2 + \cos.n^2 + \cos.r^2$, ainsi qu'on l'a déjà démontré.

Si l'on suppose que la hauteur de la pyramide devienne infinie; les angles m, n, r, deviendront droits, et leurs cosinus 0 : de plus, les angles s, p, q, se confondront avec ceux du triangle ABC, c'est-à-dire, qu'on aura $s = A$, $p = B$, $q = C$; donc la formule deviendra.

$$1 - 2\cos.A\cos.B\cos.C - \cos.A^2 - \cos.B^2 - \cos.C^2 = 0.$$

Propriété qui appartient, en effet, comme on le sait, aux angles de tout triangle.

350. D'un point quelconque pris au-dedans de la pyramide, concevons une perpendiculaire abaissée sur chacune des faces. Il est évident que ces lignes formeront deux à deux des angles qui seront les supplémens de ceux que forment entre elles les faces de la pyramide; c'est-à-dire qu'en désignant ces perpendiculaires par A', B', C', D', savoir par A' celle qui tombe sur la face A; par B', celle qui tombe sur la face B, &c., et par ϖ, l'angle droit : on aura

$$A'\hat{}B' = 2\varpi - A\hat{}B,\ A'\hat{}C' = 2\varpi - A\hat{}C,\ \&c.$$

donc si l'on désigne ces angles par m', n', p', q', r', s', c'est-à-dire qu'on fasse $C'\hat{}D' = m'$, $B'\hat{}D' = n'$, &c., on aura

$$m = 2\varpi - m',\ n = 2\varpi - n',\ \&c.$$

Substituant donc les valeurs de m, n, p, &c. dans la formule trouvée ci-dessus, elle nous donnera la relation qui existe entre ces angles m', n', p', &c. or les équations ci-dessus donnent; $\cos.m = -\cos.m'$, $\cos.n = -\cos.n'$, &c.

Donc la nouvelle équation sera de la même forme de la première, à cela près que le signe du quatrième terme qui est $-$, deviendra $+$, c'est-à-dire, que si d'un point quelconque pris au-dedans d'une pyramide triangulaire, on mène des perpendiculaires sur les quatre faces de cette pyramide, et qu'on désigne par m, n, p, q, r, s, les six angles formés deux à deux par ces perpendiculaires; de manière qu'en distinguant ces perpendiculaires par 1ere, 2e, 3e, 4e, m soit prise pour représenter l'angle compris entre la 1ere et la 2e; n, l'angle compris entre la 1ere et la 3e; p, l'angle compris entre la 2e et la 4e; q, l'angle compris entre la 3e et la 4e; r, l'angle compris entre la 1ere et la 4e; s, l'angle compris entre la 2e et la 3e, on aura la formule suivante,

$$\begin{aligned}
&1-(\cos.m^2+\cos.n^2+\cos.p^2+\cos.q^2+\cos.r^2+\cos.s^2)\\
&\quad+(\cos.m^2\cos.q^2+\cos.n^2\cos.p^2+\cos.r^2\cos.s^2)\\
&+\left(\begin{matrix}2\cos.m\cos.n\cos.s+2\cos.m\cos.p\cos.r+2\cos.n\cos.q\cos.r\\+2\cos.p\cos.q\cos.s\end{matrix}\right)\\
&-\left(\begin{matrix}2\cos.m\cos.n\cos.p\cos.q+2\cos.m\cos.q\cos.r\cos.s\\+2\cos.n\cos.p\cos.r\cos.s\end{matrix}\right)=0.
\end{aligned}$$

Et comme la direction des faces de la pyramide est supposée quelconque, cette formule est applicable aux six angles que forment entre elles deux à deux quatre droites menées d'un même point dans l'espace suivant des directions quelconques. Cette formule est donc applicable aux six angles que forment deux à deux entre elles les quatre arêtes du sommet d'une pyramide quadrangulaire; et par conséquent aussi, aux quatre côtés et aux deux diagonales d'un quadrilatère sphérique; ce qui s'accorde avec ce que nous avons déjà trouvé par une méthode différente dans le problême précédent.

351. Supposons que de quatre arêtes ou lignes droites partant d'un même point il y en ait trois qui soient perpendiculaires entre elles; par exemple, la première, la deuxième et la troisième, les trois angles m, n, s, seront donc droits, leur cosinus sera o, et l'équation trouvée ci-dessus se réduira à

$$\cos.p^2+\cos.q^2+\cos.r^2=1.$$

C'est-à-dire, qu'en général *si trois droites quelconques sont perpendiculaires entre elles, la somme des carrés des cosinus des angles qu'elles forment avec une même quatrième droite, est égale au carré du sinus total.* Et par conséquent, *la somme des carrés des sinus des mêmes angles est double de ce carré du sinus total.*

352. Si l'on imagine un plan perpendiculaire à cette quatrième droite, les angles que formeront les trois autres avec ce plan, seront les complémens des angles qu'elles forment avec la quatrième droite; donc *si trois droites quelconques sont perpendiculaires entre elles, la somme des carrés des sinus des angles qu'elles forment avec un plan quelconque transversal, est égale au carré du sinus total, et la somme des carrés des cosinus des mêmes angles est double de ce carré du sinus total.*

Cette proposition est, comme on le voit, applicable aux angles formés par les arêtes d'une pyramide triangulaire avec la base de cette pyramide, lorsque ces trois arêtes sont perpendiculaires entre elles.

On peut arriver à ces mêmes propositions par une autre méthode que je crois utile d'exposer.

353. Soit $\hat{AKB}$ (fig. 146) un angle quelconque. Traçons dans le plan de cet angle deux axes $\overline{FF'}$ $\overline{GG'}$ perpendiculaires entre eux, des points A, B, K, abaissons sur ces axes les perpendiculaires $\overline{Aa'}$, $\overline{Aa''}$, $\overline{Bb'}$, $\overline{Bb''}$, $\overline{Kk'}$, $\overline{Kk''}$; et menons la droite $\overline{AB}$.

Cela posé, je nomme A, B, les deux droites $\overline{KA}$, $\overline{KB}$, k l'angle qu'elles comprennent, a', a'', les projections respectives de A sur les axes $\overline{FF'}$, $\overline{GG'}$.

Le triangle AKB me donnera

$$\overline{AB}^2 = \overline{KA}^2 + \overline{KB}^2 - 2\overline{KA}.\overline{KB}\cos.AKB \qquad (A);$$

mais il est clair que $\overline{AB}$ est l'hypothénuse d'un triangle rectangle qui auroit pour petits côtés $\overline{a'b'}$, $\overline{a''b''}$. Donc

$$\overline{AB}^2 = \overline{a'b'}^2 + \overline{a''b''}^2 = (a'k' - b'k')^2 + (b''k'' - a''k'')^2$$
$$= (a'-b')^2 - (b''-a'')^2 = a'^2 + b'^2 + a''^2 + b''^2 - 2a'b' - 2a''b''.$$

Pareillement, on voit que $\overline{AK}$ étant l'hypothénuse d'un triangle rectangle qui auroit pour petits côtés $\overline{a'k'}$, $\overline{a''k''}$, on doit avoir $\overline{KA}^2 = a'^2 + a''^2$, et de même, $\overline{KB}^2 = b'^2 + b''^2$.

Substituant dans les trois premiers termes de l'équation (A) les valeurs de $\overline{AB}$, $\overline{KA}$, $\overline{KB}$, et dans le dernier terme, A, B, k, pour $\overline{KA}$, $\overline{KB}$, $A\hat{K}B$, on aura, en réduisant

$$A.B.\cos.k = a'b' + a''b'' \qquad (B);$$

c'est-à-dire, qu'en général,

Si deux droites données forment un angle quelconque, et si dans le plan de cet angle on mène deux axes quelconques perpendiculaires entre eux, le produit des deux droites données par le cosinus de l'angle qu'elles comprennent, sera égal au produit des projections de ces deux droites sur le premier de ces axes; plus, le produit des projections des deux mêmes droites sur le second.

Nommons α' α'' les angles formés par $\overline{KA}$ respectivement avec les axes $\overline{F'F}$, $\overline{GG'}$; β', β'', les angles formés par $\overline{KB}$ avec ces mêmes axes; il est aisé de voir qu'on aura $\overline{a'k'} = \overline{AK}\cos.\alpha$ ou $a' = A\cos.\alpha$, et pareillement, $a'' = A\cos.\alpha''$, $b' = B\cos.\beta'$, $b'' = B\cos.\beta''$. Substituant ces valeurs de a', a'', b', b'', dans l'équation (B) trouvée ci-dessus, nous aurons, en divisant tout par A.B, $\cos.k = \cos.\alpha'\cos.\beta' + \cos.\alpha''\cos.\beta''$ . . . . . (C); c'est-à-dire, que,

Si deux droites données forment un angle quelconque, et si dans le plan de cet angle on mène deux axes quelconques perpendiculaires entre eux, le cosinus de l'angle compris entre les deux droites données, sera égal au produit des cosinus des angles que forme chacune d'elles avec le premier de ces axes; plus, le produit des cosinus des angles que forme chacune d'elles avec le second.

354. Cette théorie s'étend au cas où au lieu de rapporter l'angle proposé à deux axes tracés dans le même plan, on le

rapporte à trois axes quelconques perpendiculaires entre eux.

En effet, regardons le point H où se coupent les deux axes $\overline{FF'}$, $\overline{GG'}$, comme la projection d'un troisième axe perpendiculaire aux deux premiers, et les points A, B, K, également comme les projections des véritables points qu'ils représentent : Nous aurons toujours, comme ci-dessus, l'équation

$$\overline{AB}^2 = \overline{AK}^2 + \overline{BK}^2 - 2\,\overline{AK}.\overline{BK}.\cos.k \qquad (A).$$

Ces droites exprimant les véritables valeurs des distances entre les points A, B, K, et non leurs projections.

Mais il est clair que dans ce cas $\overline{AB}$ est la diagonale d'un parallélipipède rectangle qui auroit pour côtés les trois projections de cette droite sur les trois axes, et que par conséquent son carré $\overline{AB}^2$ doit être égal à la somme des carrés de ces trois projections. C'est-à-dire, qu'en désignant par a''', b''', les projections de $\overline{KA}$, $\overline{KB}$ sur le nouvel axe, on aura

$$\overline{AB}^2 = (a' - b')^2 + (b'' - a'')^2 + (a''' - b''')^2,$$

ou $\overline{AB}^2 = a'^2 + b'^2 + a''^2 + b''^2 + a'''^2 + b'''^2 - 2a'b' - 2a''b'' - 2a'''b'''$.

Pareillement, on aura,

$$\overline{KA}^2 = a'^2 + a''^2 + a'''^2, \text{ et } \overline{KB}^2 = a'^2 + b''^2 + b'''^2.$$

Substituant ces valeurs dans les trois premiers termes de l'équation, et réduisant, on aura

$$A.B.\cos.k = a'b' + a''b'' + a'''b''' \qquad (B);$$

c'est-à-dire, qu'en général,

335. *Si deux droites données formant un angle quelconque dans l'espace, on en fait les projections sur trois axes perpendiculaires entre eux, le produit des deux droites données par le cosinus de l'angle qu'elles comprennent est égal au produit des projections de ces deux côtés sur le premier axe, plus au produit de ces mêmes côtés sur le second axe, plus au produit de ces mêmes côtés sur le troisième axe.*

Nommons α', α'', α''', les angles formés par $\overline{KA}$ respectivement avec les trois axes ; $\beta', \beta'', \beta'''$, les trois angles formés par $\overline{KB}$ avec les mêmes axes. Il est aisé de voir que la projection de $\overline{KA}$ sur le premier axe sera A cos. α' ; c'est-à-dire, qu'on aura $a' = A \cos. \alpha'$, et pareillement, $a'' = A \cos. \alpha''$, $a''' = A \cos. \alpha'''$, $b' = B \cos. \beta'$, $b'' = B \cos. \beta''$, $b''' = B \cos. \beta'''$. Substituant ces valeurs dans l'équation (A), et réduisant, on aura

$$\cos. k = \cos. \alpha' \cos. \beta' + \cos. \alpha'' \cos. \beta'' + \cos. \alpha''' \cos. \beta''' \qquad (B);$$

c'est-à-dire, que

Si deux droites données formant un angle quelconque dans l'espace, on en fait les projections sur trois axes quelconques perpendiculaires entre eux, le cosinus de l'angle compris entre ces deux droites sera égal à la somme des produits des cosinus des angles formés par chacun des axes avec les deux côtés de l'angle proposé.

Si l'on suppose que l'angle k se réduise à zéro, on aura $\cos. k = 1$, $\alpha' = \beta'$, $\alpha'' = \beta''$, $\alpha''' = \beta'''$; donc l'équation se réduira à $\cos. \alpha'^2 + \cos. a''^2 + \cos. a'''^2 = 1$; ce qui est le même principe que celui qui a été démontré ci-dessus (351).

Soient menés dans une sphère trois rayons perpendiculaires entre eux, et nommons R la valeur de chacun d'eux. Imaginons de plus un quatrième rayon mené suivant une direction quelconque, en regardant celui-ci comme deux rayons qui forment entre eux un angle nul, et lui appliquant la formule (B), nous aurons, A = R, B = R, &c. $\cos. k = 1$, $a' = b'$, $a'' = b''$, $a''' = b'''$. Donc l'équation se réduira à, $a'^2 + a''^2 + a'''^2 = 1$; c'est-à-dire, que

Si dans une sphère on mène trois rayons perpendiculaires entre eux, et que de leurs extrémités qui sont sur la surface de la sphère on mène des perpendiculaires sur un quatrième rayon quelconque, la somme des carrés des parties de ce rayon interceptées entre ces perpendiculaires et le centre, est toujours la même, quelle que soit la direction de ce quatrième rayon, et égale au carré de ce même rayon ; d'où il suit aussi que la somme des carrés de ces perpendiculaires sera double du carré de ce même rayon.

Si l'on imagine un plan perpendiculaire à ce quatrième rayon, les angles que formeront les trois autres avec ce plan, seront les complémens des angles qu'elles forment avec la quatrième droite, donc *la somme des carrés des projections de trois rayons d'une sphère, perpendiculaires entre eux sur un plan quelconque, est toujours double du carré du rayon.*

PROBLÈME LVI.

356. *Trois circonférences quelconques, que ce soient de grands ou de petits cercles, étant tracées sur la surface d'une sphère, trouver une quatrième circonférence qui soit tangente aux trois autres.*

Soient A, B, C, (*fig.* 147) les centres, ou plutôt les pôles des trois cercles proposés; D celui du cercle cherché. Joignons les quatre points A, B, C, D, par des grands arcs de cercle. Il est clair que les trois arcs $\widehat{DA}$, $\widehat{DB}$, $\widehat{DC}$, qui partent du point D, passeront par les points de contingence a, b, c de la circonférence cherchée avec les trois cercles donnés A, B, C.

Cela posé je désigne par a, b, c les rayons curvilignes des trois cercles donnés, c'est-à-dire, les arcs de cercle $\widehat{Aa}$, $\widehat{Bb}$, $\widehat{Cc}$, compris entre leurs pôles respectifs et leurs points de contingence avec le cercle cherché; et par x, le rayon circulaire, $\widehat{Da}$, ou $\widehat{Db}$, ou $\widehat{Dc}$ de ce cercle cherché.

Soient de plus $\widehat{AB} = m$, $\widehat{AC} = n$, $\widehat{BD} = p$, $\widehat{CD} = q$, $\widehat{AD} = r$, $\widehat{BC} = s$.

Nous aurons donc (346) la formule suivante,

$$1 - (\cos. m^2 + \cos. n^2 + \cos. p^2 + \&c.) + \&c.$$

Mais on a évidemment $r = a + x$, $p = b + x$, $q = c + x$. Substituant ces valeurs dans l'équation précédente au lieu de r, p, q, il viendra une autre équation qui ne renfermera plus d'inconnues que x, il ne s'agira donc plus que de dégager cette inconnue. Ce qu'il falloit trouver.

PROBLÊME LVII.

357. *Quatre sphères étant données dans l'espace, trouver une cinquième sphère qui soit tangente aux quatre autres.*

Soient (fig. 148) A, B, C, D les centres des quatre sphères données, a, b, c, d, leurs rayons, E le centre de la sphère cherchée ; R, son rayon ; m, n, p, q, r, s, les six droites connues $\overline{AB}$, $\overline{AC}$, $\overline{BD}$, $\overline{CD}$, $\overline{AD}$, $\overline{BC}$; m', n', p', q', r', s', les six angles inconnus $A\hat{E}B$, $A\hat{E}C$, &c. qui ayant leurs sommets au point E, sont appuyés respectivement sur les droites m, n, p, &c. nous aurons donc les six équations suivantes

$$\cos. m' = \frac{\overline{AE}^2 + \overline{BE}^2 - \overline{AB}^2}{2\,\overline{AE}.\overline{BE}},$$

ou parce que $\overline{AB} = m$, et que de plus on a évidemment $\overline{AE} = a+R$, $\overline{BE} = b+R$, on aura

$$\cos. m' = \frac{(a+R)^2+(b+R)^2-m^2}{2\,(a+R)\,(b+R)},$$ et par la même raison,

$$\cos. n' = \frac{(a+R)^2+(c+R)^2-n^2}{2\,(a+R)\,(c+R)}.$$

$$\cos. p' = \frac{(b+R)^2+(d+R)^2-p^2}{2\,(b+R)\,(d+R)}$$

$$\cos. q' = \frac{(c+R)^2+(d+R)^2+q^2}{2\,(c+R)\,(d+R)}$$

$$\cos. r' = \frac{(a+R)^2+(d+R)^2+r^2}{2\,(a+R)\,(d+R)}$$

$$\cos. s' = \frac{(b+R)^2+(c+R)^2+s^2}{2\,(b+R)\,(c+R)}$$

De plus, entre les six angles m', n', p', q', r', s', on a (346) l'équation de condition

$$1 + (\cos. m'^2 + \cos. n'^2 + \&c.) + \&c.$$

Substituant dans cette équation les valeurs de $\cos. m'$, $\cos. n'$, $\cos. p'$, &c. trouvées ci-dessus chacune en valeurs de R et des quantités

quantités données, il viendra une équation où il n'y aura plus que R d'inconnue, et qui, à ce que je présume, ne sera que du second degré. Mais le calcul étant fort long, quoique sans aucune difficulté, je me contente de l'indiquer.

PROBLÊME LVIII.

358. *Résoudre le problême général de la quadrigonométrie sphérique, c'est-à-dire, résoudre dans tous les cas possibles un quadrilatère composé de quatre grands arcs de la sphère.*

Il est clair que la question se réduit à former le tableau général des parties du quadrilatère sphérique proposé, toutes exprimées en valeurs de quelques-unes seulement d'entre elles, prises pour termes de comparaison, en nombre suffisant pour que tout le reste soit déterminé.

Ce problême est analogue à celui que nous avons résolu (357) pour le quadrilatère rectiligne, et comme les propriétés sur lesquelles nous avons établi cette solution appartiennent également avec de légères modifications, au quadrilatère sphérique, on suivra la même marche pour la formation du tableau général relatif à ce dernier. Ce qu'il falloit trouver.

Par la même raison, l'on peut appliquer à la résolution des polygones sphériques, c'est-à-dire, composés de grands arcs de la sphère, la méthode que nous avons suivie (338) pour la résolution des polygones rectilignes.

PROBLÊME LIX.

359. *Des dix droites qui joignent deux à deux cinq points quelconques pris à volonté dans l'espace, neuf quelconques étant données, trouver la dixième.*

Soient A, B, C, D, E, (fig. 149), les cinq points proposés, soient les dix droites qui joignent ces points deux à deux.

$\overline{AB} = m$, $\overline{AC} = n$, $\overline{AD} = r$, $\overline{BC} = s$, $\overline{BD} = p$, $\overline{CD} = q$,
$\overline{AE} = u$, $\overline{BE} = x$, $\overline{CE} = y$, $\overline{DE} = z$.

Il s'agit donc de trouver une équation entre les dix quantités

$m, n, p, q, r, s, u, x, y, z$, de manière que neuf quelconques d'entre elles étant données, on puisse trouver la dixième.

Pour trouver cette équation, je considère, par exemple, les six angles qui ont leur sommet commun au point E, et pour bases, les six droites m, n, p, q, r, s, et je nomme ces angles, m', n', p', q', r', s', respectivement. J'aurai donc (346) entre les cosinus de ces six angles, l'équation suivante,

$$1-(\cos. m'^2+\cos. n'^2+ \&c.) + \&c.$$

Pour avoir l'équation cherchée, il ne reste donc plus qu'à substituer à chacun de ses cosinus, son expression en valeurs des dix quantités m, n, p, q; &c. or cela est facile, car nous avons les six équations suivantes,

$$\cos. m' = \frac{x^2+u^2-m^2}{2xu}$$

$$\cos. n' = \frac{u^2+y^2-n^2}{2yu}$$

$$\cos. p' = \frac{x^2+z^2-p^2}{2xz}$$

$$\cos. q' = \frac{y^2+z^2-q^2}{2yz}$$

$$\cos. r' = \frac{u^2+z^2-r^2}{2uz}$$

$$\cos. s' = \frac{x^2+y^2-s^2}{2xy}.$$

Substituant donc ces valeurs de $\cos. m'$, $\cos. n'$, &c. dans la formule ci-dessus, on aura l'équation cherchée entre les dix quantités $m, n, p, q, r, s, u, x, y, z$; ce qu'il falloit trouver.

Il est à remarquer que cette équation ne renferme aucuns radicaux, et que quelle que soit l'inconnue, elle sera toujours soluble à la manière du second degré; car il est évident qu'elle doit être symétrique entre les dix quantités $m, n; p, q$, &c. qui joignent deux à deux les points proposés : donc si l'on prouve que dans un cas seulement elle est soluble comme celles du second degré, elle le sera dans tous les cas. Or si l'on suppose que x, par exemple, soit l'inconnue, il est clair que tout le reste étant donné, on trouvera facilement les points B, E, avec la règle et le compas : mais on sait que toute construction qui s'opère avec la règle et le compas peut s'exprimer par une équation ou une suite d'équations toutes du second degré. Donc on aura, en effet x, par une suite d'équations successives toutes solubles comme celles du second degré. Donc la même chose aura lieu pour toute autre des dix quantités m, n, p, &c. qui entrent dans l'équation générale.

PROBLÊME LX.

360. *Résoudre le polyèdre dans tous les cas possibles*, ou ce qui revient au même, *un polyèdre quelconque étant proposé, former le tableau général des parties tant linéaires qu'angulaires qui entrent dans sa composition, toutes exprimées en valeurs de quelques-unes seulement d'entre elles, prises pour termes de comparaison, en nombre suffisant pour que tout le reste soit déterminé.*

En nommant n le nombre des angles solides ou sommets du polyèdre proposé, il est aisé de voir que le nombre des choses indépendantes les unes des autres, qui doivent être connues pour que tout le reste soit déterminé, est $3(n-2)$. Ce nombre est donc celui des quantités qui doivent être prises pour termes de comparaison, et en valeurs desquelles toutes les autres doivent être exprimées pour former le tableau demandé. Cela posé,

Soient A, B, C, D, E, F (fig. 150), les sommets du polyèdre proposé. Je prends pour termes de comparaison les trois côtés du triangle ABC, dont les trois sommets A, B, C, sont au nombre de ceux du polyèdre, et de plus, les distances $\overline{AD}$, $\overline{BD}$, $\overline{CD}$, $\overline{AE}$, $\overline{BE}$, $\overline{CE}$, &c. de tous les autres angles aux premiers A, B, C; ce qui fera, en effet, le nombre $3(n-2)$ de données ou termes de comparaison, comme cela doit être.

Maintenant considérons successivement tous ces points cinq à cinq, en comprenant toujours dans ces cinq, les trois A, B, C;

ces systêmes de points pris cinq à cinq seront donc A, B, C, D, E; A, B, C, D, F; A, B, C, E, F. Et dans chacun de ces systêmes, il n'y aura par hypothèse qu'une seule inconnue : dans le premier, ce sera la droite $\overline{DE}$; dans le second, la droite $\overline{DF}$; dans le troisième, la droite $\overline{EF}$. Donc par le problême (331), nous aurons successivement chacune de ces lignes inconnues.

Nous avons maintenant à trouver les angles, qui sont de deux sortes; savoir, les angles formés par ces droites entre elles, et ceux qui sont formés par les plans qui contiennent ces droites deux à deux.

Or comme la figure est toute décomposée en triangles, il est clair qu'on aura chacun des angles de ces triangles, et par conséquent, chacun des angles formés par toutes les droites du systême deux à deux, par ce seul principe connu; que dans tout triangle, le cosinus de chacun des angles est égal à la somme des carrés des côtés adjacens moins le carré du troisième côté; le tout divisé par le double du produit de ces deux côtés adjacens à l'angle cherché. Par exemple, on aura l'angle $A\hat{E}C$ par cette équation $\cos.AEC = \frac{\overline{AE}^2 + \overline{CE}^2 - \overline{AC}^2}{2\,\overline{AE}.\overline{CE}}$; ainsi des autres.

Il reste donc à trouver les angles formés par les plans deux à deux; mais c'est ce qu'on obtient facilement par la trigonométrie sphérique, dont le principe fondamental a été exposé (341). Car en considérant quatre à quatre tous les sommets du polyèdre proposé, ces quatre sommets pourront être considérés comme ceux d'une pyramide triangulaire, dont toutes les arêtes viennent d'être calculées, ainsi que les angles que ces arêtes forment entre elles deux à deux à chacun des sommets. Considérant donc en particulier chacun de ces sommets, comme le centre d'une sphère, les trois faces de la pyramide réunies à ce même sommet formeront sur la surface de la sphère un triangle sphérique dont les trois côtés seront connus, et dont les angles sont précisément ceux que forment ces faces deux à deux; c'est-à-dire, les angles cherchés. Donc on aura tous ces angles formés entre les plans du système par ce seul principe, que, dans tout triangle sphérique, le cosinus de l'un quelconque des angles est égal au cosinus du côté opposé, moins le produit des cosinus des deux autres côtés, le tout divisé par le produit des sinus de ces autres côtés.

Par exemple, dans la pyramide ABCE, l'angle formé au sommet E par les deux faces EAB, EBC, se trouvera par cette équation,

$$\cos.\overline{\overline{EAB}}\hat{\ }\overline{\overline{EBC}} = \frac{\cos.AEC - \cos.AEB.\cos.BEC}{\sin.AEB.\sin.BEC};$$ ainsi des autres.

361. Lorsque tous les points A, B, C, D, &c. se trouvent *dans un même plan*, le polyèdre se réduit à un polygone. Ainsi la solution précédente s'applique comme cas particulier, aux polygones quelconques : cas, que nous avons déjà traité (337). De plus, il est clair que ce qui a lieu pour des points considérés comme sommets des angles d'un polygone ou d'un polyèdre, peut s'entendre de tout système de points placés, soit dans un même plan, soit dans des plans différens. Ainsi la théorie précédente s'applique à un système quelconque de points imaginés dans l'espace, quels que soient leur nombre et leur position respective ; c'est-à-dire, qu'au moyen de cette théorie, on peut former le tableau général de toutes les parties, tant linéaires qu'angulaires, qui entrent dans la composition d'un système quelconque de points, joints deux à deux par des lignes droites ; toutes exprimées en valeurs de quelques-unes seulement d'entre elles, prises en nombre suffisant, pour qu'étant supposées connues, tout le reste soit déterminé : et ce tableau est, à proprement parler, celui de toutes les propriétés de ce même système (145). Le problême précédent peut donc être considéré comme le problême général de la géométrie des lignes droites et surfaces planes prise dans sa plus grande universalité.

362. La formation des tableaux expliquée dans le cours de cet ouvrage, est aussi bien applicable aux procédés de la géomé-

trie dite analytique, qu'à ceux de la trigonométrie. Pour les appliquer, par exemple, à la recherche des propriétés de la pyramide par les procédés de la géométrie analytique, on imaginera dans l'espace, trois plans quelconques perpendiculaires entre eux. Alors supposant que x, y, z, soient les trois coordonnées de l'un des sommets, x', y', z', celles d'un des autres, &c., on se proposera d'exprimer toutes les quantités tant linéaires qu'angulaires, qui entrent dans le système de cette pyramide; en valeur des seules quantités x, y, z, x', y', z', y'', x'', z'', &c. et de toutes ces expressions, on composera le tableau cherché.

Il est clair qu'il ne faut que six choses pour déterminer la pyramide; et cependant le nombre des quantités x, y, z, x', y', &c. est de douze. Mais il faut observer que sur ces douze il y en a six d'arbitraires, qu'on peut déterminer, soit immédiatement, soit par des conditions quelconques; parce que la position des trois plans auxquels on rapporte le système étant arbitraire, il faut, pour la déterminer, fixer à volonté six des quantités x, y, z, &c. qui expriment les distances des sommets de la pyramide à ces plans.

Dans les résultats des calculs, c'est-à-dire, dans les formules générales qu'on en tire, les quantités arbitraires dont on vient de parler, se trouvent ordinairement des facteurs communs à tous les termes, et disparoissent ainsi d'eux-mêmes, sans qu'il soit besoin de leur attribuer des valeurs déterminées. Mais il est aussi des cas où l'on simplifie le calcul, en déterminant ces valeurs convenablement à l'objet qu'on se propose. Je suis convaincu que la formation des tableaux ainsi combinée avec les procédés de la géométrie analytique, seroit extrêmement féconde en résultats curieux et utiles; et je pense, comme je l'ai déjà manifesté, que la théorie dont on trouve ici un essai, peut être appliquée avec un succès égal à toutes les branches des sciences mathématiques et physico-mathématiques.

SECTION VI.

De la détermination d'un point dans l'espace, et du changement de ses coordonnées.

363. Toute ligne courbe peut être considérée comme la trace que décrit un point, mu suivant une certaine loi quelconque dans l'espace. L'expression de cette loi ou des conditions auxquelles le mouvement de ce point est assujetti, est ce qu'on nomme *équation de la courbe*. Le but de cette équation est de rapporter la courbe à d'autres objets déjà connus et fixes pris pour servir de termes de comparaison. Ainsi, suivant le choix de ces objets fixes, l'équation doit avoir différentes formes.

Comme les objets les plus simples que nous connoissions, et sur lesquels nous puissions opérer, sont des points, des lignes droites, des surfaces planes; ce sont eux ordinairement qu'on prend pour termes de comparaison, et auxquels on rapporte à chaque instant la position du point mobile qui décrit la courbe. Les distances de ces objets fixes entre eux, se nomment *constantes*, de même que toutes les quantités qui sont des fonctions quelconques de ces mêmes distances, parce qu'elles restent toujours les mêmes, malgré le changement de position du mobile: mais les distances de ce mobile à ces mêmes objets fixes, changent à chaque instant, et on les nomme *variables*, ainsi que les fonctions qui les renferment, soit seules, soit mêlées avec des constantes.

Entre les divers moyens qu'on a imaginés, pour rapporter une courbe tracée sur un plan à des objets fixes, celui qui a paru être généralement le plus simple, est de tracer à volonté dans ce plan deux droites ou axes fixes, ordinairement perpendiculaires entre eux, et de chercher la relation qui, en vertu de la loi suivant laquelle se meut le point décrivant, doit constamment exister entre les distances de ce point aux deux axes.

Cependant cet usage de rapporter la courbe qu'on veut examiner à deux axes fixes, n'est point exclusif; et souvent il est plus avantageux de choisir d'autres objets fixes, pour servir de termes de comparaison. Par exemple, on prend quelquefois pour ces termes de comparaison deux points fixes, et l'on cherche la relation qui, en vertu de la loi suivant laquelle se meut le point décrivant, doit constamment exister entre les deux distances de ce point décrivant aux deux points fixes : ou bien, on cherche la relation qui existe entre la distance du point décrivant à un point fixe et la distance de ce même point à une ligne fixe; ou la relation qui existe entre la distance de ce point décrivant à un point ou pôle fixe, et l'angle que fait cette distance avec une ligne fixe. Enfin il est évident qu'on peut imaginer une multitude de manières différentes, d'exprimer ainsi la nature de la courbe, par une équation entre deux variables. Ces deux variables sont ce qu'on nomme, en général, les coordonnées. Lorsqu'on rapporte la courbe à deux axes fixes, comme nous l'avons dit ci-dessus, on appelle, comme l'on sait, l'un d'eux axe des abscisses, et l'autre axe des ordonnées ou des appliquées. La distance du point mobile ou décrivant à l'axe des ordonnées, s'appelle abscisse, et sa distance à l'axe des abscisses, s'appelle ordonnée ou appliquée. Mais lorsqu'on veut envisager la nature de cette courbe sous ses différens aspects, on ne se borne point à cette manière de l'exprimer : on prend successivement divers autres termes de comparaison, et l'on cherche pour chacun de ces systêmes d'objets fixes, l'équation de la courbe, c'est-à-dire, la relation qui existe entre les deux variables ou coordonnées choisies; c'est ce qu'on appelle changer le systême des coordonnées.

364. L'art de trouver les propriétés des courbes, est, à proprement parler, l'art de changer le systême des coordonnées, prises dans le sens général dont on vient de parler. Car par ce moyen l'équation qui en exprime la nature, prend autant de formes différentes qu'il se fait de changemens; et chacune de ces formes

formes est une nouvelle manière de comparer cette courbe aux objets fixes pris successivement pour lui servir de termes de comparaison.

On change le système des coordonnées d'une courbe, en exprimant celles qui entrent dans l'équation qu'on a, et qu'on veut transformer, en valeurs de celles qu'on veut introduire à leur place dans le calcul et de constantes, et en substituant ces valeurs à la place de ces coordonnées qu'on veut éliminer.

Chacune des équations qu'on obtient ainsi, fait, par sa forme, c'est-à-dire, par le nombre de ses termes, leurs signes, leurs coëfficiens, l'exposant des variables, connoître les affections de la courbe, c'est-à-dire, ses branches infinies, ses points singuliers, la somme des racines de chacune des coordonnées correspondantes à chaque point, celle de leurs carrés, de leurs cubes, de leurs produits deux à deux, trois à trois, &c. Ensuite l'analyse infinitésimale employée sous une forme quelconque, fait connoître les tangentes, les normales, les rayons de courbure, les quadratures, &c. et toutes ces nouvelles quantités changeant graduellement avec le point décrivant, sont autant de variables qui, deux à deux, peuvent être prises pour coordonnées.

365. Je suppose que l'équation d'une courbe n'étant pas encore connue on prenne pour coordonnées deux quelconques de ces variables correspondantes au point décrivant, considéré dans une position quelconque. En regardant ces coordonnées comme des quantités connues, il est clair qu'on pourra exprimer toutes les autres variables correspondantes au même point, en valeurs de ces deux premières seules et de constantes; et si l'on en forme un tableau, il sera facile, quand l'équation de la courbe sera trouvée, de changer comme on voudra le système de ces premières coordonnées, c'est-à-dire, d'en substituer deux autres quelconques à la place de celles dont la relation est exprimée par l'équation proposée.

En effet, je suppose que les deux coordonnées entre lesquelles existe l'équation qui exprime la nature de la courbe soient X,

Y; que le tableau dont nous venons de parler donne toutes les autres variables correspondantes au point décrivant chacune séparément en valeurs de ces deux premières et de constantes, et qu'on veuille substituer aux coordonnées X, Y, deux autres coordonnées x, y, prises parmi les variables portées au tableau.

On prendra dans ce tableau les deux valeurs de x, y, exprimées par hypothèse chacune en X, Y; de ces deux équations, on tirera réciproquement les valeurs de X, Y, en valeurs de x, y, puis on les substituera dans l'équation qui est donnée entre X et Y; celles-ci se trouveront éliminées, et il restera l'équation cherchée en x et y. Ce qu'il falloit trouver.

366. Supposons maintenant que l'équation soit donnée entre x et y, c'est-à-dire, entre deux quelconques des variables portées au tableau, et qu'on veuille changer le système des coordonnées en y substituant deux autres variables quelconques x', y' également portées au tableau, où par hypothèse elles sont toutes exprimées en valeurs des seules variables X, Y et de constantes.

On cherchera dans ce tableau les quatre valeurs de x, y, x', y', exprimées chacune comme on vient de le dire en X, Y; des deux dernières équations, c'est-à-dire, celles qui donnent x', y', en X et Y, on tirera réciproquement X, Y en valeurs de x', y'; puis on substituera ces valeurs dans les deux premières équations, c'est-à-dire, celles qui donnent x, y, en valeurs de X, Y, et l'on aura x, y chacune en valeurs de x', y'; il ne restera donc plus pour avoir l'équation cherchée en x', y', qu'à substituer dans celle qui par hypothèse est donnée en x, y, les valeurs qu'on vient de trouver pour ces dernières en x', y'.

367. Si de nouvelles variables non comprises au tableau, étoient exprimées en valeurs de celles qui s'y trouvent, il seroit aisé de les y comprendre; car il n'y auroit qu'à substituer pour ces dernières leurs valeurs, telles qu'elles sont portées au tableau, dans l'expression de ces nouvelles variables.

Pour ajouter, par exemple, au tableau où plusieurs variables, sont exprimées toutes en valeurs de X, Y, les carrés, les cubes, les puissances ou racines quelconques de ces variables, leurs produits deux à deux, trois à trois, &c., leurs quotients, en un mot, les fonctions quelconques d'une ou plusieurs d'entre elles, il n'y a qu'à mettre dans ces fonctions, à la place de chacune des quantités qui y entrent, son expression en valeurs de X et Y, telle qu'elle est portée au tableau.

Par exemple encore, la soutangente, la normale, le rayon de courbure, l'aire de la courbe, &c. sont au nombre des variables. Je suppose donc qu'on ait l'expression de chacune d'elles en valeurs des deux coordonnées quelconques X et Y, par lesquelles toutes les autres variables sont déjà exprimées; on pourra les ajouter de suite au tableau; mais si elles sont exprimées seulement en valeurs de deux autres variables x, y portées au tableau, il faudra commencer par substituer dans ces expressions des nouvelles quantités qu'on veut porter au tableau, au lieu de x et y leurs valeurs en X, Y; par ce moyen, ces nouvelles variables se trouveront exprimées immédiatement en X, Y, et pourront par conséquent être portées au tableau.

368. Supposons enfin que x'', y'' soient deux nouvelles variables, qu'elles soient exprimées en valeurs de deux quelconques x', y', de celles qui sont portées au tableau, et qu'ayant l'équation entre deux autres x, y également portées au tableau, on veuille avoir l'équation en x'', y'', on pourra opérer comme il suit.

On tirera d'abord des valeurs de x'', y'', données par hypothèse en valeurs de x', y', celles de x', y', en valeurs de x'', y''; cela fait, on cherchera au tableau les valeurs de x, y, x', y' en valeurs de X, Y; de ces deux dernières expressions, on tirera réciproquement X, Y, en valeurs de x', y', et l'on substituera ces valeurs dans les deux premières; c'est-à-dire, dans les expressions de x, y, en X, Y; par ce moyen, on aura x, y en valeurs de x', y'; on les substituera dans l'équation de la courbe, qui se trouvera ainsi avoir lieu entre x', y'; mais on a commencé par trouver les valeurs des variables x', y', en x'', y''; substituant donc les valeurs dans l'équation en x', y', qu'on vient d'obtenir, on aura celle qu'on cherche en x'', y'', ce qu'il falloit trouver.

369. L'imperfection de l'analyse ne permet pas toujours d'exécuter les opérations qu'on vient d'indiquer; ni par conséquent, d'exprimer chacune des variables, en valeurs des coordonnées qu'on a choisies, pour servir de termes de comparaison à toutes les autres variables. Alors on est obligé de se borner à une équation non résolue entre les deux coordonnées prises pour servir de termes de comparaison, et celle qu'on voudroit porter au tableau. Souvent même on est obligé de se contenter d'une équation différentielle, où ces trois variables se trouvent combinées d'une manière quelconque.

Si, par exemple, la courbe étant rapportée à deux axes perpendiculaires entre eux, et les coordonnées étant x, y, on vouloit former un tableau où diverses autres variables fussent toutes exprimées chacune en valeurs de x, y; il pourroit se faire que l'une de ces variables comme z, ne pût être trouvée en valeurs de x, et y, sans qu'on eût à résoudre une équation d'un degré supérieur, ou sans qu'on eût à intégrer une équation différentielle qui échape aux méthodes connues d'intégration : alors il n'est pas possible de porter z au tableau. On se contentera donc, dans ce cas, de porter au tableau l'équation supérieure ou différentielle qui exprime le rapport de x, y, z. C'est ce qui arrive, par exemple, lorsqu'on veut comprendre dans ce tableau les tangentes, les normales, les rayons de courbure, les surfaces des courbes, &c. dont nous avons parlé ci-dessus; puisqu'on ne peut en avoir l'expression générale en valeurs des coordonnées x, y, que par des formules différentielles.

370. Supposons que le tableau général soit formé; il appartiendra indistinctement à toutes les courbes possibles, puisqu'il est formé avant que l'équation de celle qu'on veut examiner en particulier soit connue. Maintenant, pour en faire l'application à telle ou telle courbe proposée; prenons son équation : on pourra en tirer l'une quelconque des deux coordonnées en valeur de l'autre et de constantes.

On pourra donc éliminer à volonté l'une des deux du tableau, en substituant à sa place son expression en valeur de l'autre et de constantes. Ce tableau donnera donc alors toutes les variables du *systême* exprimées chacune en valeurs d'une seule des coordonnées et de constantes. Il sera donc facile, en prenant cette coordonnée pour terme de comparaison entre toutes les autres variables, de comparer celles-ci deux à deux, ou de trouver l'équation qui existe entre elles; c'est-à-dire, de les prendre pour nouvelles coordonnées.

371. Soit (fig. 152) une courbe quelconque; M le point mobile qui est supposé la décrire : prenons à volonté dans le plan de cette courbe un point A pour origine des coordonnées; traçons une droite quelconque $\overline{AB}$ pour axe des abscisses; et du point décrivant M, abaissons sur $\overline{AB}$ la perpendiculaire $\overline{MP}$. $\overline{AP}$ sera donc l'abscisse correspondante au point M, et $\overline{MP}$ l'appliquée. Ce sont donc déjà deux variables, dont la relation rendue algébriquement, peut exprimer la nature de la courbe.

Maintenant concevons par le point M une tangente. Cette tangente, la soutangente, la normale, le rayon de courbure, correspondans au même point M, seront également autant de variables, qui deux à deux pourront être prises pour coordonnées, au lieu de l'abscisse et de l'appliquée. Car la nature de la courbe est aussi complètement définie par l'équation qui existe, par exemple, entre la normale et le rayon de courbure, que par celle qui existe entre l'abscisse et l'appliquée.

Menons de plus, du point fixe A le rayon vecteur $\overline{AM}$; ce rayon vecteur, et l'angle $M\hat{A}B$ seront de nouvelles variables, qui, ainsi que les premières, pourront être prises pour coordonnées.

Prenons encore à volonté sur $\overline{AB}$ un second point fixe, pôle ou foyer B; et menons $\overline{BM}$, les angles $M\hat{B}A$, $P\hat{M}B$, $A\hat{M}B$, la droite $\overline{PB}$, les aires $\overline{\overline{AMP}}$, $\overline{\overline{BMP}}$, $\overline{\overline{AMB}}$, seront encore autant de nouvelles variables correspondantes au même point M; lesquelles avec les premières, pourront également, deux à deux, être prises pour coordonnées.

Enfin concevons que par les points A, B, M, on fasse passer la circonférence d'un cercle, qu'on prolonge $\overline{MP}$ jusqu'à cette circonférence en H, qu'on mène les deux droites $\overline{AH}$, $\overline{BH}$ puis les perpendiculaires $\overline{AG}$, $\overline{BF}$ sur $\overline{MB}$, $\overline{MA}$, et qui se croisent au point D, de l'appliquée $\overline{MP}$, que du point M on mène un diamètre $\overline{MH'}$ au cercle, puis une droite $\overline{MH''}$ qui coupe l'angle $A\hat{M}B$ en deux parties égales; qu'on fasse la même chose aux angles A, B, H, &c. les angles, les droites et leurs segmens qui résulteront de ces diverses constructions, seront autant de variables correspondantes au même point M, et dont les relations exprimées, en les comparant deux à deux, donneront autant d'équations propres à exprimer chacune en particulier, la nature de la courbe, aussi bien que celle qui existe entre l'abscisse et l'appliquée.

372. Il est évident qu'on peut augmenter indéfiniment par de nouvelles constructions, le nombre de ces variables correspondantes au même point M, et par conséquent le nombre des équations par lesquelles on peut exprimer, d'une manière équivalente, la nature de la même courbe : or c'est ce passage de l'une de ces équations à l'autre, qu'on nomme en général la transformation des coordonnées, prise dans le sens le plus étendu. Chacune de ces équations, quoique implicitement la même que chacune des autres, peut en différer assez par la forme, pour que l'identité soit difficile à appercevoir; alors elles expriment ce que l'on nomme les diverses propriétés de la courbe. Ainsi l'art de découvrir les propriétés des courbes, n'est proprement, comme on l'a déjà dit, que l'art de changer le système des coordonnées. Je me propose d'appliquer ici à quelques exemples, les principes que j'ai exposés ci-dessus, sur les moyens d'opérer ce changement suivant les différens cas.

D'après l'usage établi de rapporter le plus souvent les courbes à des axes fixes, en prenant pour coordonnées les droites qu'on nomme abscisses et appliquées, le problême qui se présente le plus naturellement à résoudre, et offre en effet les résultats les plus importans est celui-ci, dont la solution est très-connue, et dont je ne parlerai qu'autant qu'il sera nécessaire, pour démontrer quelques nouvelles conséquences que je dois en déduire.

PROBLÊME LXI.

373. *Une courbe étant supposée rapportée à deux axes fixes, par une équation entre les abscisses et des appliquées respectivement parallèles à ces axes; transformer ce systême de coordonnées, de manière que la nouvelle équation ait lieu entre des abscisses et des appliquées, respectivement parallèles à deux nouveaux axes donnés.*

Soit M (fig. 153) le point décrivant, A l'origine des premières coordonnées, $\overline{AP}$ l'abscisse, $\overline{MP}$ l'appliquée, a l'origine des nouvelles coordonnées, $\overline{ap}$ la nouvelle abscisse, $\overline{Mp}$ la nouvelle appliquée.

Je prolonge au besoin les deux axes des abscisses $\overline{AP}$, $\overline{ap}$, jusqu'à ce qu'ils se coupent au point Q, et les appliquées $\overline{MP}$, $\overline{Mp}$, jusqu'à ce qu'elles coupent aussi ces axes des abscisses en R, r, respectivement : cela posé ;

Je commence par distinguer les variables des constantes. Il est clair d'abord que $\overline{AP}$, $\overline{MP}$, $\overline{ap}$, $\overline{Mp}$, dépendent de la position du point décrivant M, et sont par conséquent variables; qu'au contraire, les directions des quatre axes, savoir les deux premiers et les deux nouveaux, étant toutes indépendantes de la position de ce même point M, sont ce qu'on nomme constantes. Que par conséquent, les quatre angles du quadrilatère MPQp sont tous constans, ainsi que les angles $M\hat{R}Q$, $M\hat{r}Q$. Par la même raison, puisque les positions des points A, a, sont indépendantes de la position du point M, aussi bien que les directions des axes $\overline{AQ}$, $\overline{aQ}$, les deux droites $\overline{AQ}$, $\overline{aQ}$, sont aussi des constantes. Supposons donc,

l'abscisse $\overline{AP}$ = ... X
l'appliquée $\overline{MP}$ = ... Y
la nouvelle abscisse $\overline{ap}$ = ... x
la nouvelle appliquée $\overline{Mp}$ = ... y
la constante $\overline{AQ}$ = ... A
la constante $\overline{aQ}$ = ... a
l'angle constant $M\hat{P}Q$ = ... P
l'angle constant $M\hat{p}Q$ = ... p
l'angle constant $M\hat{R}Q$ = ... R
l'angle constant $M\hat{r}Q$ = ... r
l'angle constant $P\hat{Q}p$ = ... q

Puisque dans tout quadrilatère chacun des côtés est égal à la somme des trois autres côtés, multipliés chacun par le cosinus de l'angle qu'il forme avec le premier, nous aurons ces deux équations pour le quadrilatère MPQp :

$$\left.\begin{array}{l}\overline{PQ}\text{ ou }\overline{AQ}-\text{AP ou A}-\text{X}=\text{Y}.\cos.\text{P}+y.\cos.r+(x-a)\cos.q\\ \text{et} \ldots\ldots\ldots\ldots\ x-a=y.\cos.p+\text{Y}.\cos.\text{R}+(\text{A}-\text{X})\cos.q\end{array}\right\}(\text{A});$$

Equations dans lesquelles X, Y, x, y, ne montent toutes qu'au premier degré : c'est-à-dire, ne sont ni élevées à un degré supérieur au premier, ni multipliées l'une par l'autre. Donc si j'en tire les valeurs de X, Y, en x, y, et constantes ; elles seront de cette forme :

$$\text{X} = fx+gy+h\ ;\quad \text{Y} = f'x+g'y+h'.$$

f, g, h, f', g', h', étant des constantes faciles à déterminer, en effectuant le calcul ci-dessus indiqué.

Donc

Donc quelle que puisse être l'équation de la courbe en X, Y; lorsqu'elle me sera donnée, je la transformerai conformément aux conditions du problême, en une autre en x, y, par la substitution des valeurs trouvées ci-dessus pour ces variables X, Y, dans l'équation qui me sera donnée entre ces mêmes variables. Ce qu'il falloit trouver.

Il n'est pas nécessaire, pour mon objet, que le calcul indiqué ci-dessus soit effectué; il me suffit que par le résultat trouvé, il soit évident que l'équation transformée, ne montera pas à un degré plus élevé que l'équation donnée : et c'est ce qu'on voit, puisque les deux équations finales qui donnent X, Y, en x, y, ne sont l'une et l'autre que du premier degré.

Il est à remarquer que des quatre angles constans P, p, R, r, trois quelconques étant donnés, le quatrième est déterminé; car les triangles PQR, pQr, ayant un angle égal Q, on a, $P - R = p - r$; au moyen de cette équation de condition entre P, R, p, r, on pourra éliminer des formules (A) trouvées ci-dessus, celui des quatre qu'on voudra.

374. Soit entre les coordonnées x, y, une équation du degré m; il est évident qu'on pourra la mettre sous cette forme $Fx^m + Gy^m + Z + K = 0$, F, G, étant des constantes, Z l'assemblage de tous les termes où x et y se trouvent élevées chacune à un degré moindre que m, et K le terme tout constant.

Cela posé, je cherche ce que devient l'équation lorsque $x = 0$. Il est clair que le premier terme s'anéantit, ainsi que tous les termes compris dans Z, où entre cette variable. L'équation restante ne contient donc plus que y d'inconnue, et Z ne contient plus que des termes où x n'entre pas, et où y est élevée à des degrés inférieurs à m. Donc l'équation pourra être mise sous cette forme $y^m + \frac{Z'}{G} + \frac{K}{G} = 0$, dans laquelle Z' exprime la collection de tous les termes de l'équation proposée, où x n'entre pas, et qui renferment les puissances de y, inférieures à y^m. Donc par la théorie générale des équations, la valeur absolue du produit de toutes les racines de y, c'est-à-dire, de toutes les appliquées qui répondent à $x=0$, ou à l'origine des coordonnées, est $\frac{K}{G}$.

Par un raisonnement semblable, on voit qu'à cette même origine des coordonnées, la valeur absolue du produit de toutes les abscisses est $\frac{K}{F}$; donc à l'origine des coordonnées, le produit des appliquées est au produit des abscisses, comme $\frac{K}{G}$ est à $\frac{K}{F}$, ou comme F est à G; c'est-à-dire, en raison inverse des coëfficiens qui multiplient les puissances respectives de ces coordonnées, marquées par le degré de l'équation.

375. Supposons maintenant, que sans changer la direction des axes, on transporte seulement l'origine en un autre point quelconque du plan où est tracée la courbe : cela s'exécutera, d'après ce qui a été dit ci-dessus, en mettant simplement dans l'équation, $x'+s$, à la place de x, et $y'+t$, à la place de y; s et t étant des constantes. Mais par cette substitution dans l'équation $Fx^m+Gy^m+Z+K=0$; il est évident qu'elle devient $Fx'^m+Gy'^m+Z''+K'=0$; F et G restant les mêmes que dans l'équation proposée, Z et K pouvant seuls changer. Or de cette nouvelle équation, on déduira, comme ci-dessus, que le produit des appliquées est à celui des abscisses comme F est à G. Donc ce rapport ne change pas, quoiqu'on transporte ailleurs l'origine des coordonnées, pourvu que leurs directions restent les mêmes; c'est-à-dire toujours parallèles à leurs premières positions : principe connu et très-important dont nous avons déjà parlé.

376. Maintenant (fig. 154) menons dans le plan d'une courbe un axe quelconque $\overline{AA'}$ des abscisses, et diverses appliquées toutes parallèles entre elles, mais coupant l'axe des abscisses sous un angle quelconque. Nommons *abscisses naturelles* correspondantes au point P, les segmens $\overline{aP}$, $\overline{a'P}$, $\overline{a''P}$, &c. interceptés sur cet axe, entre la courbe et l'appliquée qui croise la ligne des abscisses au point P; pareillement, *abscisses*

naturelles correspondantes au point p, les segmens $\overline{ap}$, $\overline{a'p}$, $\overline{a''p}$, &c.; tandis que les abscisses proprement dites correspondantes aux points P, p, sont simplement $\overline{AP}$, $\overline{Ap}$; A étant l'origine des coordonnées, qui est prise à volonté. Cela posé, nous pourrons exprimer comme il suit, le principe démontré ci-dessus.

Dans toute courbe géometrique, les produit des abscisses naturelles sont entre eux comme les produits des appliquées correspondantes.

Car nous avons prouvé, qu'en prenant successivement P, p, pour origine des coordonnées, les produits des abscisses correspondantes à ces deux origines respectivement, sont entre eux comme les produits des ordonnées correspondantes.

377. Les mêmes raisonnemens pouvant s'appliquer à toute surface courbe, nous pouvons en conclure, que

Si ayant une surface courbe quelconque géométrique, on prend à volonté, dans l'espace, deux points A, B; *qu'on mène par ces points deux droites ou transversales parallèles entre elles; puis deux autres transversales aussi parallèles entre elles, mais différentes des premières : les produits des segmens respectivement interceptés entre les points* A, B, *par la surface courbe sur les deux premières transversales, sont entre eux comme les produits des segmens interceptés sur les autres transversales, entre les mêmes points et la surface courbe.*

Car si par les points A, B on mène une nouvelle droite, les produits des segmens de cette droite respectivement interceptés entre la surface courbe et ces points A, B, seront entre eux, d'une part, comme les premiers produits dont nous avons parlé ci-dessus, et de l'autre, comme les seconds. Donc ces premiers produits seront entre eux comme les seconds. Ce qu'il falloit prouver.

378. Soit (fig. 155) une courbe quelconque géométrique tracée dans un plan; prenons à volonté, dans ce plan, trois

points A, B, C, et joignons ces points deux à deux par des droites indéfiniment prolongées. Cela posé, représentons par (A'B') le produit des segmens interceptés sur $\overline{AB}$ entre le point A et les différentes branches de la courbe, par (B'A') celui des segmens interceptés sur cette même droite, entre le point B et les différentes branches de cette courbe; pareillement, par (A'C'), les produits des segmens interceptés sur $\overline{AC}$, entre le point A et les branches de la courbe; par (C'A'), le produit des segmens interceptés sur la même ligne entre le point C et les branches de la courbe; enfin, par (B'C') le produit des segmens interceptés sur $\overline{BC}$, entre le point B et les branches de la courbe, et par (C'B'), le produit des segmens interceptés sur la même ligne $\overline{BC}$, entre le point C et les branches de la courbe. Je dis qu'on aura

$$(A'B')\,(B'C')\,(C'A') = (B'A')\,(C'B')\,(A'C').$$

Pour le prouver, menons par l'angle A, par exemple, la transversale $\overline{AK}$ parallèle à $\overline{BC}$, et nommons, d'après le même principe de notation que ci-dessus, (A'K') le produit des segmens, interceptés sur $\overline{AK}$ entre le point A et les différentes branches de la courbe. Nous aurons, par la proposition établie précédemment (375);

$$(A'B') : (B'A') :: (A'K') : (B'C')$$
$$(C'A') : (A'C') :: (C'B') : (A'K').$$

Multipliant ces deux proportions, et effaçant de part et d'autre les deux termes (A'K') qui se détruisent, on aura

$$(A'B')\,(B'C')\,(C'A') = (A'C')\,(B'A')\,(C'B').$$

Ce qu'il falloit prouver.

Ce résultat, auquel nous sommes déjà parvenus (235), par une marche très-différente, a cela de très-remarquable, qu'il ne suppose absolument rien de fixe dans les objets, c'est-à-dire dans les points et les lignes droites auxquels on rapporte la courbe, et que par conséquent, l'équation de cette courbe ainsi exprimée, ne doit renfermer aucune arbitraire, mais seulement les paramètres qui déterminent la forme de la courbe, et non sa position dans l'espace absolu; il en est de même du théorême suivant, qui n'est que ce même principe exprimé d'une manière plus générale.

THÉORÊME XXXVIII.

379. *Un polygone quelconque* ABCDE (fig. 156) *étant tracé dans le plan d'une courbe quelconque géométrique, et ses côtés indéfiniment prolongés, soient désignés par* (A′B′), (B′A′), *les produits des segmens interceptés sur la droite* $\overline{AB}$ *entre chacun des points* A, B *respectivement, et les différentes branches de la courbe; par* (B′C′), (C′B′), *les produits des segmens interceptés sur* $\overline{BC}$ *entre chacun des points* B, C *respectivement, et les différentes branches de la courbe, par* (C′D′), (D′C′), &c., *on aura*

$$(A'B')\,(B'C')\,(C'D')\,(D'E')\,(E'A') = (B'A')\,(C'B')\,(D'C')\,(E'D')\,(A'E').$$

En effet, par la proposition précédente, si l'on mène les diagonales $\overline{AC}$, $\overline{AD}$, &c. et que d'après le système de notation adopté, on nomme (A′C′), (C′A′), les produits des segmens interceptés sur $\overline{AC}$ entre chacun des points A, C respectivement, et les différentes branches de la courbe (A′D′), (D′A′), les produits des segmens interceptés sur $\overline{AD}$, &c., on aura

$$(A'B')\,(B'C')\,(C'A') = (B'A')\,(C'B')\,(A'C')$$
$$(A'C')\,(C'D')\,(D'A') = (C'A')\,(D'C')\,(A'D')$$
$$(A'D')\,(D'E')\,(E'A') = (D'A')\,(E'D')\,(A'E').$$

Multipliant toutes ces équations, et effaçant les facteurs qui se détruisent, on aura la formule donnée par l'énoncé de la proposition. Ce qu'il falloit démontrer.

380. Les mêmes raisonnemens ont lieu pour une surface courbe géométrique quelconque, le polygone ABCDE étant

plan ou gauche, et d'un nombre quelconque de côtés. Nous pouvons donc établir la proposition suivante.

THÉORÊME XXXIX.

Si ayant une surface courbe quelconque géométrique, on décrit dans l'espace un polygone quelconque plan ou gauche ABCDE, *et qu'ayant prolongé ses côtés indéfiniment, on désigne par* (A′B′), (B′A′), *les produits des segmens interceptés sur* $\overline{AB}$ *entre chacun des points* A, B *respectivement, et les différentes régions de la surface courbe, par* (B′C′), (C′B′) *les produits*, &c. *on aura*

$$(A'B')\ (B'C')\ (C'D')\ (D'E')\ (E'A'), \\ = (B'A')\ (C'B')\ (D'C')\ (E'D')\ (A'E').$$

381. Lorsque les côtés du polygone, ou quelques-uns d'entre eux deviennent tangens à la courbe ou à la surface courbe, les segmens formés sur les côtés du polygone devenus tangens, se trouvent égaux deux à deux. Supposons, par exemple, qu'il s'agisse d'une section conique $fghik$ (fig. 157), et que cette courbe soit inscrite dans un polygone quelconque, de manière que les points de contingence soient f, g, h, i, k; on aura, d'après le système de notation établi ci-dessus, $(A'B') = \overline{Af}^2$, $(B'A') = \overline{Bf}^2$, $(B'C') = (\overline{Bg}^2)$, $(C'B') = \overline{Cg}^2$, &c. Donc l'équation deviendra, en tirant la racine carrée de chacun des deux membres, $\overline{Af}.\overline{Bg}.\overline{Ch}.\overline{Di}.\overline{Ek} = \overline{Ak}.\overline{Ei}.\overline{Dh}.\overline{Cg}.\overline{Bf}$. Nous pouvons donc établir la proposition suivante.

THÉORÊME XL.

Si dans le plan d'une ligne du second ordre, on décrit un polygone quelconque, dont tous les côtés soient tangens à la courbe, le produit de la moitié des tangentes, c'est-à-dire des segmens interceptés sur les côtés du polygone, entre la courbe et les angles de ce polygone, comme facteurs, est égal au produit de toutes les autres, en les prenant alternativement pour chaque produit, c'est-à-dire de manière qu'il n'en entre jamais deux dans le même, qui aient pour extrémités un point commun.

382. La même chose a lieu évidemment pour les tangentes du volume de la surface de révolution formée par la rotation d'une section conique, et qui formeroient par leur assemblage, un polygone quelconque, plan ou gauche.

383. Si le nombre des côtés du polygone se réduit à trois ; c'est-à-dire, si la section conique fgh (fig. 158) se trouve inscrite dans un triangle ABC : en menant de chacun des angles A, B, C, de ce triangle, une droite au point de contingence opposé, on aura par le théorême précédent, $\overline{Af}.\overline{Bh}.\overline{Cg} = \overline{Ag}.\overline{Bf}\,\overline{Ch}$. Donc ces trois transversales $\overline{Ah}$, $\overline{Bg}$, $\overline{Cf}$, se croiseront toutes en un même point D (224). Proposition que nous avons déjà démontrée (237), et de laquelle il suit qu'on peut appliquer aux sections coniques les nombreuses propriétés que nous avons trouvées appartenir à un quadrilatère complet.

Par exemple, en menant $\overline{fg}$, et supposant que cette droite coupe $\overline{Ah}$ au point H, on aura (225) $\overline{AH} : \overline{DH} :: \overline{Ah} : \overline{Dh}$. En prolongeant $\overline{gf}$ jusqu'à la rencontre de BC au point l, on aura $\overline{Bl} : \overline{Cl} :: \overline{Bh} : \overline{Ch}$. Ainsi des autres.

PROBLÊME XLI.

384. *L'équation d'une courbe étant donnée entre l'abscisse* $\overline{AP}$ *ou* $\overline{Mp}$ (fig. 159), *et l'appliquée* $\overline{MP}$ *ou* $\overline{Ap}$ *prise parallèlement à deux axes* $\overline{AP}$, $\overline{Ap}$ *donnés de position ; transformer ce système de coordonnées, en prenant pour coordonnées nouvelles, les deux segmens* $\overline{MQ}$, $\overline{Mq}$ *formés par le point décrivant* M, *sur une transversale* $\overline{Qq}$, *menée sous un angle constant* $A\hat{Q}q$ *entre les deux axes proposés* $\overline{AP}.\overline{Ap}$.

Supposons l'abscisse $\overline{AP}$ = ... x
l'appliquée $\overline{MP}$ = ... y
la nouvelle coordonnée $\overline{MQ}$ = ... u
la nouvelle coordonnée $\overline{Mq}$ = ... v
l'angle donné $P\hat{A}p$ = ... a
l'angle donné $A\hat{Q}q$ = ... Q
l'angle par conséquent aussi connu $A\hat{q}Q$. . . . . q

Il s'agit donc d'exprimer la nature de la courbe par une équation entre u, v; au lieu de celle qu'on a entre x, y.

Dans le triangle PQM, nous avons

$\overline{MP} : \overline{MQ} :: \sin. PQM : \sin. QPM$, ou $y : u :: \sin. Q : \sin. a$.

Donc $y. \sin. a = u. \sin. Q$. Pareillement, le triangle pMq donne $v. \sin. q = x. \sin. a$. De ces deux équations, nous tirons $x = \frac{v. \sin. q}{\sin. a}$, $y = \frac{u. \sin. Q}{\sin. a}$.

Donc pour opérer la transformation demandée, il n'y a qu'à substituer dans l'équation donnée entre x et y, leurs valeurs qu'on vient de trouver en u et v. Ce qu'il falloit trouver.

Cette transformation des coordonnées, ainsi qu'on le voit, ne change point le degré de l'équation. Par conséquent, si la ligne considérée est droite, l'équation entre les nouvelles coordonnées $\overline{MQ}$, $\overline{Mq}$, sera du premier degré; elle sera du second degré, si c'est une section conique, &c.

Au lieu de prendre pour coordonnées $\overline{MQ}$, $\overline{Mq}$, on pourroit prendre $\overline{QM}$, $\overline{Qq}$. Pour cela, nommons z cette nouvelle coordonnée $\overline{Qq}$, nous aurons $z = u + v$, ou $v = z - u$; il n'y a donc qu'à substituer dans la valeur trouvée ci-dessus pour v, sa valeur $z - u$; ce qui donnera, au lieu des valeurs trouvées ci-dessus pour x et y, en u et v, les suivantes en u et z,

$$x = (z - u)\frac{\sin. q}{\sin. a}, \quad y = u\frac{\sin. Q}{\sin. a}.$$

Cette

Cette manière de considérer les courbes, en les rapportant à deux axes fixes, et prenant les coordonnées sur une même transversale toujours parallèle à elle-même, et comprise entre ces deux axes, au lieu de les prendre sur deux droites différentes respectivement parallèles à ces mêmes axes, peut être avantageuse dans plusieurs cas, parce qu'au lieu d'un quadrilatère à considérer, elle n'offre qu'un triangle, et qu'il en résulte la facilité d'appliquer aux courbes les règles familières de la trigonométrie. On en a un exemple dans l'hyperbole ordinaire rapportée à ses asymptotes.

PROBLÈME LXIII.

385. *Une courbe étant rapportée à deux axes fixes* $\overline{AB}$, $\overline{AC}$ (*fig.* 160), *au moyen des abscisses et des appliquées menées de chaque point parallèlement à ces axes; soient pris à volonté sur ces axes, deux points fixes quelconques* B, C, *et de ces points fixes, soient menées par le point décrivant* M, *deux droites* $\overline{BG}$, $\overline{CF}$, *qui coupent respectivement en* G *et* F *les axes* $\overline{AC}$, $\overline{AB}$. *Cela posé, on demande que le système des premières coordonnées soit changé, et que les nouvelles coordonnées soient* $\overline{AF}$, $\overline{AG}$, *de manière que la nouvelle équation ait lieu entre ces deux nouvelles coordonnées et les constantes.*

Menons $\overline{Mp}$ parallèle à $\overline{AB}$; $\overline{Mq}$ parallèle à $\overline{AC}$: $\overline{Ap}$ ou $\overline{Mq}$ sera l'abscisse, et $\overline{Aq}$ ou $\overline{Mp}$, l'appliquée dans le premier système des coordonnées. Supposons donc

l'abscisse $\overline{Ap}$ = ... x
l'appliquée $\overline{Mp}$ = ... y
la nouvelle coordonnée $\overline{AF}$ = ... u
la nouvelle coordonnée $\overline{AG}$ = ... v
la droite donnée $\overline{AB}$ = ... b
la droite donnée $\overline{AC}$ = ... c

Les triangles semblables BAG, BqM donneront

$$\overline{qM} : \overline{Bq} :: \overline{AG} : \overline{BA}, \text{ ou } x : b - y :: v : b.$$

Donc $bx = bv - vy$. Par la même raison, on a par les triangles semblables CAF, CpM,

$$cy = cu - ux.$$

Tirant de ces deux équations les valeurs de x et y, on aura,

$$x = \frac{bcv - cuv}{bc - uv}$$

$$y = \frac{bcu - buv}{bc - uv}.$$

Substituant donc dans l'équation donnée entre x, y, leurs valeurs en u et v qu'on vient de trouver, on aura l'équation cherchée entre ces nouvelles coordonnées u, v. Ce qu'il falloit trouver.

Si au lieu de prendre $\overline{AF}$, $\overline{AG}$ pour coordonnées, on veut prendre $\overline{BF}$, $\overline{CG}$ en faisant $\overline{BF} = t$, $\overline{CG} = z$, on aura $\overline{AF} = \overline{AB} - \overline{BF}$, $\overline{AG} = \overline{AC} - \overline{CG}$, ou $u = b - t$, $v = c - z$. Mettant ces valeurs de u et v dans celles trouvées ci-dessus pour x, y, on aura

$$x = \frac{c^2t - ctz}{ct + bz - tz}$$

$$y = \frac{b^2z - btz}{bz + ct - tz}.$$

PROBLÈME LXIV.

386. *Une courbe étant tracée dans un plan, prenons à volonté dans ce plan, trois points fixes* A, B, C, *et joignons ces points deux à deux par des droites pour former le triangle* ABC (160). *Du point décrivant* M *soit menée à chacun des angles de ce triangle, une transversale prolongée jusqu'à la rencontre du côté opposé. Cela posé, la nature de la courbe étant exprimée par une équation entre les distances* $\overline{AF}$, $\overline{AG}$, *de l'un*

des angles aux intersections F, G, *des côtés* $\overline{AB}$, $\overline{AC}$ *adjacens à cet angle avec les transversales* $\overline{CF}$, $\overline{BG}$, *menées des angles opposés, changer ce système des coordonnées, en y substituant pour nouvelles coordonnées, les distances* $\overline{BF}$, $\overline{BH}$, *de l'un* B *des autres angles aux points d'intersections* F, H.

Nous avons d'abord évidemment ces trois équations,

$$\overline{AF} = \overline{AB} - \overline{BF},\ \overline{CG} = \overline{AC} - \overline{AG},\ \overline{CH} = \overline{BC} - \overline{BH} \quad \text{(A)}.$$

De plus (224), nous avons

$$\overline{AF}.\overline{BH}.\overline{CG} = \overline{AG}.\overline{BF}.\overline{CH} \quad \text{(B)}.$$

Mettant dans cette dernière équation les valeurs de $\overline{AF}$, $\overline{CG}$, $\overline{CH}$ tirées des premières, on aura

$$(\overline{AB} - \overline{BF})\,\overline{BH}\,(\overline{AC} - \overline{AG}) = \overline{AG}.\overline{BF}\,(\overline{BC} - \overline{BH}) \quad \text{(C)}.$$

Cette équation, jointe à la première des équations (A), résout la question proposée ; car elles ne contiennent que les deux premières coordonnées $\overline{AF}$, $\overline{AG}$, combinées avec les deux nouvelles $\overline{BF}$, $\overline{BH}$ et des constantes ; et par conséquent, elles donnent les premières en valeurs des dernières et des constantes. Ces valeurs sont, comme on le voit,

$$\overline{AF} = \overline{AB} - \overline{BF},$$

$$\overline{AG} = \frac{(\overline{AB} - \overline{BF})\,\overline{BH}.\overline{AC}.}{\overline{AB}.\overline{BH} - \overline{BC}.\overline{BF}}$$

Il n'y a donc, pour opérer la transformation demandée, qu'à substituer dans l'équation proposée, pour les coordonnées $\overline{AF}$, $\overline{AG}$, les valeurs qu'on vient de trouver en $\overline{BF}$, $\overline{BH}$ qui sont les nouvelles coordonnées, et les constantes $\overline{AB}$, $\overline{AC}$, $\overline{BC}$. Ce qu'il falloit trouver.

PROBLÈME LXV.

387. *Un triangle* ABC (fig. 161) *étant donné, concevons une courbe* BMC ; *telle qu'ayant abaissé du point décrivant* M

une perpendiculaire MP *sur le côté* BC *du triangle proposé, et prolongé cette perpendiculaire jusqu'à ce qu'elle coupe les deux autres côtés de ce triangle aux points* q, r *respectivement, on ait* MP *moyenne proportionnelle entre* Mq *et* Mr. *Cela posé, on demande l'équation de cette courbe en la rapportant à la droite* $\overline{\text{BC}}$ *comme axe des abscisses; et prenant le point* B *pour origine des coordonnées* (1).

Les coordonnées entre lesquelles existe l'équation actuelle de la courbe, sont $\overline{\text{MP}}$, et $\overline{\text{M}q}.\overline{\text{M}r}$, ou plus généralement $\text{A}.\overline{\text{M}q}.\overline{\text{M}r}$, A étant une constante, et ce produit $\text{A}.\overline{\text{M}q}.\overline{\text{M}r}$ étant considéré comme ne faisant qu'une seule et même variable. Il s'agit donc de changer ce système de coordonnées $\overline{\text{MP}}$, $\text{A}.\overline{\text{M}q}.\overline{\text{M}r}$; et de lui substituer celui des deux variables $\overline{\text{BP}}$, $\overline{\text{MP}}$, dont l'une $\overline{\text{MP}}$ est commune aux deux systêmes.

J'observe d'abord, que la courbe quelle qu'elle soit, a nécessairement pour tangentes aux points B, C respectivement, les deux côtés $\overline{\text{AB}}$, $\overline{\text{AC}}$ du triangle proposé. Car au point où la courbe rencontre $\overline{\text{AB}}$, le segment $\overline{\text{M}q}$ devient o. Donc $\overline{\text{MP}}^2$ devient aussi o; donc le point M est dans la ligne $\overline{\text{BC}}$; donc il est le point d'intersection de $\overline{\text{AB}}$ et $\overline{\text{BC}}$; donc B est ce point d'intersection. De plus, de l'équation $\overline{\text{MP}}^2 = \text{A}.\overline{\text{M}q}.\overline{\text{M}r}$, on tire $\frac{\overline{\text{M}q}}{\overline{\text{MP}}} = \frac{\overline{\text{MP}}}{\text{A}.\overline{\text{M}r}}$; donc la dernière raison de $\overline{\text{M}q}$ à $\overline{\text{MP}}$ est o.

(1) Ce problême n'est qu'un cas particulier de celui que l'on connoît sous le nom de *Problême de Pappus*, résolu par Descartes (*voyez* sa Géométrie, livre II, partie II). Ce problême, fameux autrefois par sa difficulté, n'en a plus aujourd'hui : je ne le donne que comme exemple du changement des coordonnées, et parce que j'ai à en tirer diverses conséquences curieuses que je crois n'être pas connues.

Donc non-seulement la courbe passe par le point B ; mais de plus, elle a pour tangente à ce même point B, la droite $\overline{AB}$. On prouveroit par un semblable raisonnement, que la même courbe passe par le point C, et y a pour tangente $\overline{AC}$. Cela posé, faisons

l'abscisse $\overline{BP}$ = ... x

l'appliquée $\overline{MP}$ = ... y

la constante $\overline{BC}$ = ... a

l'angle constant $A\hat{B}C$ = ... b

l'angle constant $A\hat{C}B$ = ... c

J'ai donc par les conditions du problème $yy = A.\overline{Mq}.\overline{Mr}$, ou à cause de $\overline{Mq} = \overline{Pq} - y$, $\overline{Mr} = \overline{Pr} - y$, j'ai

$$yy = A.(\overline{Pq} - y)\ (\overline{Pr} - y), \text{ ou}$$

$$(1 - A)yy + A.(\overline{Pq} + \overline{Pr})\,y - A.\overline{Pq}.\overline{Pr} = 0. \qquad (A).$$

Il reste donc à trouver $\overline{Pq}$, $\overline{Pr}$.

Le triangle qBp donne $\overline{Pq} = \overline{Bp}.\text{tang}.\,qBp$, ou $\overline{Pq} = x.\text{tang}.\,b$; et par la même raison, $\overline{Pr} = (a - x)\,\text{tang}.\,c$. Substituant ces valeurs de $\overline{Pq}$, $\overline{Pr}$, dans l'équation (A) trouvée ci-dessus, on aura

$$(1 - A)\,yy + A.[x.\text{tang}.\,b + (a - x)\,\text{tang}.\,c]\,y$$
$$- A.x.\text{tang}.\,b.(a - x)\,\text{tang}.\,c = 0.$$

Équation qui étant du second degré, appartient en général aux sections coniques. On peut donc en tirer diverses propriétés particulières à ces courbes.

En effet, il suit d'abord que dans toute section conique, si l'on mène deux tangentes $\overline{AB}$, $\overline{AC}$, à deux quelconques de ces points B, C; et qu'on joigne ces points de contingence par une corde $\overline{BC}$, toute transversale perpendiculaire à $\overline{BC}$ sera telle, que le carré de son segment $\overline{\text{MP}}$ intercepté entre cette corde $\overline{\text{BC}}$ et la courbe, sera en raison donnée, avec le produit des segmens $\overline{\text{BD}}$, $\overline{\text{CD}}$, interceptés entre le même point de la courbe et les deux tangentes; car nous venons de voir qu'on peut toujours tracer une section conique qui satisfasse à cette condition. Mais on ne peut tracer qu'une seule section conique qui soit tangente des deux droites $\overline{\text{AB}}$, $\overline{\text{AC}}$, aux points B, C, et qui passe en même temps par le point décrivant M; donc c'est la section conique effectivement tracée, qui seule satisfait à cette condition.

388. Si la transversale $\overline{rq\text{P}}$, au lieu d'être perpendiculaire à $\overline{\text{BC}}$, avoit une toute autre direction, chacun des nouveaux segmens interceptés sur cette transversale, seroit en raison donnée, avec celui qui avoit lieu lorsque la transversale étoit perpendiculaire; donc, dans ce cas, le carré du segment intercepté entre $\overline{\text{BC}}$ et la courbe, seroit encore en raison donnée, avec le produit des segmens interceptés entre la courbe et chacune des deux tangentes. Donc en général,

THÉORÊME XLI.

Dans toute section conique, si l'on mène à volonté une transversale sous une direction donnée, le carré de la portion de cette transversale interceptée entre la courbe et une corde quelconque fixe, est en raison donnée avec le produit des deux portions de cette transversale interceptées entre le même point de la courbe et les deux tangentes menées aux extrémités de la corde.

389. Soient menées par les points B, C, deux nouvelles cordes à un autre point D : la même propriété aura lieu pour chacune d'elles. Donc si l'on nomme Y, Y', Y'', les segmens de la transversale interceptés entre la courbe et les cordes $\overline{\text{BC}}$, $\overline{\text{BD}}$, $\overline{\text{CD}}$, respectivement, Z, Z', Z''; les segmens interceptés

sur la même transversale entre la courbe et les tangentes $\overline{BA}$, $\overline{CA}$, $\overline{DG}$, respectivement, on aura

$$Y.Y = KZZ', \; Y'Y' = K'ZZ'', \; Y''Y'' = K''Z'Z'';$$

K, K', K'' étant trois constantes; multipliant ces trois équations, et tirant la racine carrée, on aura

$$Y.Y'.Y'' = Z.Z'Z''\sqrt{K.K'.K''};$$

c'est-à-dire, que le produit des trois segmens interceptés sur la transversale, entre le point décrivant et chacun des trois côtés du triangle inscrit à la section conique, et en raison donnée avec le produit des trois segmens interceptés sur la même transversale, entre le point décrivant et chacun des côtés du triangle circonscrit, AIK.

390. Soit pris sur la courbe un nouveau point E, et joignons deux à deux les quatre points B, C, D, E, par des droites. Menons de plus, une tangente à chacun de ces points; il en résultera d'abord un quadrilatère inscrit BDEC avec ses diagonales; et un autre quadrilatère circonscrit AIGH, ayant ses points de contingence aux angles du quadrilatère inscrit.

Cela posé, ces nouvelles cordes et ces nouvelles tangentes auront toutes les mêmes propriétés que celles qui composoient le triangle ABC. Donc si l'on nomme Y, Y', Y'', Y''', les segmens interceptés sur la transversale entre le point décrivant M et les côtés $\overline{BC}$, $\overline{DE}$, $\overline{BD}$, $\overline{CE}$ du quadrilatère inscrit respectivement; Z, Z', Z'', Z''', les segmens interceptés sur la même transversale entre le point décrivant M et les tangentes $\overline{AB}$, $\overline{AC}$, $\overline{GI}$, $\overline{GH}$ respectivement, on aura

$$Y.Y = K.Z.Z', \; Y'.Y' = K'.Z''.Z''', \; Y''.Y'' = K''.Z.Z'',$$
$$Y'''.Y''' = K'''.Z'.Z''';$$

K, K', K'', K''' étant quatre constantes. Multipliant ces quatre équations et tirant la racine carrée; on aura

$$Y.Y'.Y''.Y''' = Z.Z'.Z''.Z'''\sqrt{K.K'.K''.K'''};$$

c'est-à-dire, que le produit des quatre segmens interceptés entre le point décrivant M, et chacun des quatre côtés du quadrilatère inscrit, est en raison donnée avec le produit des quatre segmens interceptés sur la même transversale, entre le point décrivant et chacun des quatre côtés du quadrilatère circonscrit.

Enfin, il est évident que le même raisonnement qui vient d'être fait sur les triangles et les quadrilatères inscrits et circonscrits à la section conique, est applicable à deux autres polygones quelconques, l'un inscrit, l'autre circonscrit, et ayant ses points de contingence aux angles du premier. Donc en général,

THÉORÊME XLII.

391. *Dans toute section conique, si l'on inscrit un polygone quelconque, et qu'on en circonscrive un autre d'un même nombre de côtés, qui ait ses points de contingence aux angles du polygone inscrit; qu'ensuite on mène une transversale quelconque sous une direction donnée, c'est-à-dire parallèlement à un axe fixe, le produit de tous les segmens interceptés sur cette transversale, entre le point décrivant et chacun des côtés du polygone inscrit, est en raison donnée, avec le produit de tous les segmens interceptés sur la même transversale, entre le point décrivant et chacun des côtés du polygone circonscrit.*

Cette théorie fournit aussi plusieurs conséquences particulières. Par exemple; nous avons trouvé (389) pour le quadrilatère inscrit

$Y.Y = K.Z.Z'$, $Y'.Y' = K'.Z''.Z'''$, $Y''.Y'' = K''.Z.Z''$, $Y'''.Y''' = K'''.Z'.Z''$.

Multiplions d'une part les deux premières, et de l'autre, les deux dernières de ces quatre équations, nous aurons

$$Y.Y.Y'.Y' = K.K'.Z.Z'.Z''.Z''';$$
$$Y''.Y''.Y'''.Y''' = K''.K'''.Z.Z'.Z''.Z'''.$$

Divisant ces deux nouvelles équations l'une par l'autre, tirant la racine carrée, et mettant en proportion, nous aurons

$$Y.Y' : Y''Y''' :: \sqrt{K.K'} : \sqrt{K''.K'''};$$

c'estc'est-à-dire, que dans le quadrilatère BDEC, inscrit à la section conique, le produit Y.Y′ des segmens interceptés sur une transversale quelconque parallèle à un axe fixe, entre le point décrivant M, et les deux côtés opposés $\overline{BC}$, $\overline{DE}$, est en raison donnée avec le produit Y″.Y‴ des segmens interceptés sur la même transversale entre le point décrivant et les deux autres côtés $\overline{BD}$, $\overline{CE}$, du quadrilatère. Propriété connue, mais qu'on peut étendre, ainsi qu'on va le voir, à des polygones d'un plus grand nombre de côtés.

392. Soit un polygone quelconque ABCDEF, (fig. 162) d'un nombre pair de côtés, inscrit dans une section conique. Menons parallèlement à un axe donné, une transversale $\overline{MN}$, qui coupe cette courbe et tous les côtés de ce polygone, prolongés s'il est nécessaire; prenons l'un de ces côtés $\overline{AB}$, par exemple, pour premier; $\overline{BC}$ pour second; $\overline{CD}$ pour troisième, &c. en suivant le périmètre du polygone, soit enfin M un des points où la courbe est coupée par la transversale. Cela posé, je dis que le produit de tous les segmens interceptés sur la transversale, entre le point M et chacun des côtés pairs du polygone, est au produit de tous les segmens interceptés entre ce même point M et les côtés impairs, en raison donnée; c'est-à-dire dans un rapport qui reste toujours le même, quel que soit le point M, tant que la transversale reste parallèle à elle-même ou à l'axe fixe.

En effet, je suppose que le polygone soit de six côtés: je mène la diagonale $\overline{AD}$ de manière que ABCD, AFED soient deux quadrilatères: représentons par (MA′B′) le segment intercepté sur la transversale entre le point M et le côté $\overline{AB}$, (MB′C′) le segment intercepté entre le point M et le côté $\overline{BC}$, &c.

Il suit de la proposition précédente, qu'on a

$$(MA'B')\,(MC'D' = K\,(MB'C')\,(MA'D'),$$
$$\text{et } (MA'F')\,(MD'E') = K'\,(ME'F')\,(MA'D')$$

K et K' étant deux constantes. Multipliant en croix ces deux équations, on aura

$$K' (MA'B') (MC'D') (ME'F')$$
$$= K (MB'C') (MA'F') (MD'E')$$

ce qu'il falloit prouver.

Le principe étant prouvé par l'hexagone, se démontrera de même pour l'octogone, en le décomposant par une diagonale en deux polygones, dont l'un soit un hexagone, et l'autre un quadrilatère. Donc en général :

THÉORÊME XLIII.

393. *Si l'on inscrit dans une section conique un polygone quelconque, d'un nombre pair de côtés, et qu'on mène une transversale parallèle à un axe fixe, laquelle coupe cette courbe et chacun des côtés du polygone prolongés au besoin : le produit de tous les segmens comme facteurs, interceptés entre un des points où la courbe est coupée par la transversale, et chacun des côtés pairs du polygone, est en raison donnée avec le produit de tous les segmens comme facteurs, interceptés entre le même point de la courbe et chacun des côtés impairs.*

394. Si le nombre des côtés du polygone étoit impair, on pourroit appliquer la proposition précédente, en regardant l'un quelconque des angles de ce polygone, comme un côté infiniment petit. Ce côté infiniment petit, seroit l'élément du périmètre, et par conséquent sa direction seroit la tangente de la courbe à ce point.

395. Il est à remarquer que toutes ces propositions s'appliquent aux polygones pris dans le sens le plus général; c'est-à-dire, par exemple, au quadrilatère pris dans l'acception générale que nous lui avons attribuée (99), et qu'il en est de même de tous les autres polygones considérés avec leurs diagonales.

396. La proposition précédente est féconde en conséquences curieuses.

Soient par exemple, six points A, B, C, D, E, F, pris à volonté sur le périmètre d'une section conique (fig. 165) quelconque. Joignons ces points pour former l'hexagone ABCDEF. Prolongeons les côtés $\overline{AB}$, $\overline{AF}$ adjacens à l'angle A, et les côtés $\overline{DC}$, $\overline{DE}$ adjacens à l'angle opposé D, jusqu'à leurs rencontres respectives avec les premiers en M, N; et menons les deux diagonales $\overline{BE}$, $\overline{FC}$; je dis que ces deux diagonales et la droite $\overline{MN}$, se croiseront toutes en un même point R.

En effet, soient p, q les deux points d'intersection de $\overline{MN}$ avec le périmètre de la courbe proposée. Soit menée à $\overline{MN}$ une parallèle quelconque $\overline{mn}$ qui coupe ce périmètre en f, g; les deux droites $\overline{AM}$, $\overline{AN}$, en m, n; les deux droites $\overline{DM}$, $\overline{DN}$, en s et t, et les deux diagonales $\overline{BE}$, $\overline{FC}$, en r et r'. D'après la remarque précédente (394), ABEDCFA, formera un nouvel hexagone, et l'on aura (392) $\overline{fm}.\overline{ft}.\overline{fr'} = K.\overline{fr}.\overline{fs}.\overline{fn}$, K étant une constante.

Concevons maintenant que $\overline{mn}$ se meuve parallèlement à elle-même, et vienne se confondre avec $\overline{MN}$; les points s et m se confondront avec M; les points t et n avec N, et l'équation se réduira par conséquent à $\overline{PR'} = K.\overline{PR}$, en supposant que r, r' deviennent R, R'.

Par la même raison, l'autre intersection q de $\overline{MN}$ avec la circonférence, donnera $\overline{qR'} = K.\overline{qR}$. Multipliant en croix ces deux équations, nous aurons $\overline{pR'}.\overline{qR} = \overline{pR}.\overline{qR'}$. Supposons donc $\overline{RR'} = x$, nous aurons $\overline{pR'} = \overline{pR} + x$, $\overline{qR'} = \overline{qR} - x$. Substituant ces valeurs de $\overline{pR'}$, $\overline{qR'}$ dans l'équation précédente, elle deviendra $\overline{pR}.\overline{qR} + \overline{qR}.x = \overline{pR}.\overline{qR} - \overline{pR}.x$, ou $x(\overline{pR} + \overline{qR}) = 0$, ou $x = 0$; c'est-à-dire, que $\overline{rr'} = 0$, ou que les points R, R' se confondent. Donc, en effet, les trois droites

$\overline{MN}$, $\overline{BE}$, $\overline{FC}$, se croisent toutes trois en un même point. Ce qu'il falloit prouver.

397. Concevons maintenant que les points A, B, C, D, E, F, se meuvent à volonté sur le périmètre de la courbe, et que l'ordre dans lequel ils étoient d'abord rangés vienne à être interverti d'une manière quelconque, la propriété n'en subsistera pas moins dans chacun des systêmes corrélatifs; c'est-à-dire, qu'en général,

THÉORÊME XLIV.

Si sur le périmètre d'une section conique quelconque, on prend à volonté six points A, B, C, D, E, F, *qu'on prolonge au besoin les droites* $\overline{AB}$, $\overline{AF}$, *jusqu'à ce qu'elles rencontrent les droites* $\overline{DC}$, $\overline{DE}$, *en* M, N *respectivement; les trois droites* MN, BE, FC *se croiseront toutes en un même point.*

398. Supposons, par exemple, que les six points en question prennent la position indiquée (fig. 164), les droites $\overline{BE}$, $\overline{CF}$, qui étoient diagonales, deviendront côtés, et les points M, N, R restent toujours en ligne droite; nous en pourrons conclure, que

THÉORÊME XLV.

Dans tout hexagone inscrit à une section conique quelconque, les trois points de concours des côtés opposés se trouvent toujours sur une même ligne droite.

399. Supposons que les trois côtés $\overline{AF}$, $\overline{DC}$, $\overline{BE}$, pris alternativement se réduisent à o. Ces côtés prolongés deviendront des tangentes, et les trois autres formeront un triangle, dont en vertu de la proposition précédente, les côtés concourront avec les tangentes qui passent par les angles opposés, en trois points qui se trouveront en ligne droite; c'est-à-dire que

THÉORÊME XLVI.

Si à une section conique on inscrit un triangle, et qu'on lui en circonscrive un autre dont les points de contingence soient placés aux sommets du premier triangle, les trois points de concours des côtés du triangle inscrit avec les côtés respectivement opposés du triangle circonscrit seront toujours sur une même ligne droite. Cette remarque a déjà été faite ci-devant en particulier pour le cercle.

400. Supposons que dans l'hexagone (fig. 165), deux côtés seulement, comme $\overline{CF}$, $\overline{BE}$, deviennent 0; la figure se réduira à un quadrilatère inscrit. Les côtés $\overline{BE}$, $\overline{CF}$ prolongés, deviendront les tangentes des points B, C. Donc en supposant que R soit le point de concours de ces deux tangentes, M celui des côtés $\overline{AB}$, $\overline{CD}$; N celui des côtés $\overline{AC}$, $\overline{BD}$, les trois points M, N, R devront se trouver sur une même ligne droite.

Par la même raison, si R′ est le point de concours des tangentes menées par les extrémités de l'autre diagonale $\overline{AD}$, le point R′ devra se trouver sur la même droite que les points M, N. Donc les points M, N, R, R′, sont tous quatre placés sur une même ligne droite. C'est-à-dire qu'en général,

THÉORÊME XLVII.

Si à une section conique on inscrit un quadrilatère, et qu'on en circonscrive un autre, dont les points de contingence soient placés aux quatre sommets du quadrilatère inscrit : les deux points de concours des côtés opposés du quadrilatère inscrit, et les deux points de concours des côtés du quadrilatère circonscrit, se trouvent toujours placés tous quatre sur une même ligne droite.

401. Menons les deux diagonales AD, $\overline{BC}$ du quadrilatère inscrit, et les deux diagonales $\overline{ad}$, $\overline{bc}$ du quadrilatère circons-

crit: je dis que ces quatre diagonales se croiseront toutes quatre en un même point K.

En effet, au lieu du quadrilatère ABDC, considérons le quadrilatère ABCD, qui a les mêmes sommets d'angles que le premier, mais qui est formé des deux triangles opposés par le sommet ABK, CDK, la proposition précédente appliquée au cas présent, prouvera que les quatre points b, c, K, M, doivent se trouver sur une même ligne droite; de même que les quatre points a, d, K, N. Donc

THÉORÊME XLVIII.

Si à une section conique, on inscrit un quadrilatère, et qu'on en circonscrive un autre dont les points de contingence soient placés aux quatre sommets du quadrilatère inscrit, les quatre diagonales de ces deux quadrilatères se croiseront toutes en un même point.

402. D'où suit évidemment (fig. 165), que si à une section conique on circonscrit un quadrilatère $abdc$, les deux diagonales de ce quadrilatère, et les deux droites menées par les points de contingence des côtés opposés, se croiseront toutes quatre en un même point.

403. Cette théorie des points de concours dans les quadrilatères inscrits ou circonscrits aux sections coniques, s'étend avec facilité aux polygones d'un nombre quelconque de côtés. Soit, par exemple (166), un octogone ABCDEFGH. En menant les deux diagonales $\overline{BD}$, $\overline{FH}$, j'en tire l'hexagone ABDEFH, et de même, en menant les diagonales $\overline{BH}$, $\overline{DF}$, j'en tire l'hexagone BCDFGH. Donc, d'après ce qui a été dit ci-dessus (396), si l'on mène les deux diagonales $\overline{BF}$, $\overline{DH}$, et qu'on prolonge tous les côtés jusqu'à leurs points de concours M, N, P, Q, comme le montre la figure; 1°. les trois droites $\overline{BF}$, $\overline{DH}$, $\overline{MN}$, se croiseront au même point; 2°. les trois droites $\overline{BF}$, $\overline{DH}$, $\overline{PQ}$, se croise-

ront aussi au même point. Donc les droites $\overline{MN}$, $\overline{PQ}$ se croiseront au même point que les deux droites $\overline{BF}$, $\overline{DH}$; donc les quatre droites $\overline{BF}$, $\overline{DH}$, $\overline{MN}$, $\overline{PQ}$, se croiseront toutes quatre au même point; et comme la même chose doit constamment avoir lieu, quelles que soieut les positions respectives des huit points A, B, C, D, E, F, G, H sur le périmètre, on peut conclure qu'en général, si sur le périmètre d'une section conique, on prend à volonté huit points A, B, C, D, E, F, G, H rangés dans quel ordre on voudra, qu'on prolonge $\overline{AB}$ et $\overline{DE}$ jusqu'à leur rencontre en un point M; $\overline{AH}$ et $\overline{EF}$, jusqu'à leur rencontre en un point N; $\overline{CD}$ et $\overline{GF}$, jusqu'à leur rencontre en un point P; $\overline{CB}$, $\overline{GF}$, jusqu'à leur rencontre en un point Q; et qu'enfin on mène les droites $\overline{BF}$, $\overline{DH}$, prolongées au besoin, les quatre droites $\overline{BF}$, $\overline{DH}$, $\overline{MN}$, $\overline{PQ}$ se croiseront toutes quatre en un seul et même point.

D'après la notation que nous avons indiquée (81), cette proposition peut s'exprimer simplement comme il suit.

THÉORÈME XLIX.

Huit points quelconques A, B, C, D, E, F, G, H *étant placés à volonté sur la circonférence d'un cercle, on aura*

$$\overline{BF}\cdot\overline{DH} \mathrel{+\!\!\!\!=} \overline{\overline{AB}\cdot\overline{DE}\quad\overline{AH}\cdot\overline{EF}}\cdot\overline{\overline{CD}\cdot\overline{FG}\quad\overline{BC}\cdot\overline{GH}}.$$

404. Tout ce qu'on vient de dire sur les sections coniques en général, est applicable au cercle comme cas particulier; ce qui fournit une série de nouvelles propositions infiniment curieuses à la géométrie élémentaire.

405. La même théorie est également applicable comme cas particulier, à l'assemblage de deux lignes droites, considérées comme asymptotes d'une hyperbole, ou comme une hyperbole même infiniment alongée. Par exemple, si ayant tracé dans un

plan deux droites MN, PQ (167), qui se coupent au même point R, on prend à volonté un certain nombre de points, comme A, A′, A″ sur l'une, et autant de points correspondans B, B′, B″ sur l'autre ; qu'ensuite on mène les droites $\overline{AB}$, $\overline{BA'}$, $\overline{A'B'}$, $\overline{B'A''}$, $\overline{A''B''}$, $\overline{B''A}$, l'assemblage de ces droites formera un polygone AB A′B′ A″B″ inscrit dans la figure composée des droites $\overline{MN}$, $\overline{PQ}$, considérées comme une hyperbole. Donc si l'on mène une transversale $\overline{ab}$ qui coupe la première de ces droites en a, la seconde en b, et les côtés du polygone prolongés au besoin en c, c', c'', c''', c^{IV}, c^{V}, on aura

$$\overline{ac}.\overline{ac''}.\overline{ac^{\text{IV}}} : \overline{ac'}.\overline{ac'''}.\overline{ac^{\text{V}}} :: \overline{bc}.\overline{bc''}.\overline{bc^{\text{IV}}} : \overline{bc'}.\overline{bc'''}.\overline{bc^{\text{V}}},$$

ainsi des autres, quels que soient le nombre des côtés du polygone et la position de la transversale.

De même de ce qui a été dit (396), on peut conclure que le point de concours des droites $\overline{AB}$, $\overline{B'A''}$; celui des droites $\overline{BA'}$, $\overline{A''B''}$, et celui des droites $\overline{A'B'}$, $\overline{B''A}$, doivent se trouver tous trois sur une même ligne droite.

406. Il suit visiblement de ce qu'on vient de dire (405), que si ayant un quadrilatère ABCD avec deux de ses diagonales $\overline{AD}$, $\overline{BC}$, on mène une transversale quelconque $\overline{mp}$ qui coupe $\overline{AB}$ en m, $\overline{AC}$ en p, $\overline{BD}$ en q, $\overline{CD}$ en n, $\overline{BC}$ en L, $\overline{AD}$ en K, on aura

$$\overline{Km}.\overline{Kn} : \overline{Lm}.\overline{Ln} :: \overline{Kp}.\overline{Kq} : \overline{Lp}.\overline{Lq} ;$$

c'est-à-dire que

THÉORÈME L.

Un quadrilatère, avec deux de ses diagonales, étant coupé par une transversale quelconque, les produits des segmens interceptés

ceptés sur cette transversale entre l'une des diagonales et les côtés opposés pris deux à deux, sont entre eux comme les produits des segmens interceptés sur cette même transversale, entre l'autre diagonale, et ces mêmes côtés respectivement opposés.

Cette proposition est une généralisation de celle qui est énoncée (225); cette dernière étant pour le cas particulier où la transversale $\overline{mp}$ se confondroit avec la troisième diagonale $\overline{FG}$ du quadrilatère proposé ABDC.

407. De ce qui a été dit (405), nous pouvons encore conclure cette autre proposition très-curieuse, que pour abréger, je me contenterai d'exprimer symboliquement au moyen de la notation proposée dans la seconde section.

THÉORÊME LI.

Cinq droites quelconques indéfinies, désignées par a, b, c, d, e, *étant tracées dans un même plan, les six droites suivantes se croiseront toutes en un même point, savoir :*

1°. a

2°. $\overline{\overline{b}\cdot\overline{c}\;\;\overline{d}\cdot\overline{e}}$

3°. $\overline{\overline{e}\cdot\overline{\overline{a}\cdot\overline{b}\;\;\overline{c}\cdot\overline{d}}\quad\overline{c}\cdot\overline{\overline{b}\cdot\overline{e}\;\;\overline{a}\cdot\overline{d}}}$

4°. $\overline{\overline{e}\cdot\overline{\overline{b}\cdot\overline{d}\;\;\overline{c}\cdot\overline{a}}\quad\overline{b}\cdot\overline{\overline{e}\cdot\overline{c}\;\;\overline{d}\cdot\overline{a}}}$

5°. $\overline{\overline{d}\cdot\overline{\overline{a}\cdot\overline{b}\;\;\overline{c}\cdot\overline{e}}\quad\overline{c}\cdot\overline{\overline{d}\cdot\overline{b}\;\;\overline{a}\cdot\overline{e}}}$

6°. $\overline{\overline{d}\cdot\overline{\overline{a}\cdot\overline{c}\;\;\overline{b}\cdot\overline{e}}\quad\overline{b}\cdot\overline{\overline{d}\cdot\overline{c}\;\;\overline{a}\cdot\overline{e}}}$.

Formules qui subsistent, quelque substitution qu'on fasse des lettres a, b, c, d, e, les unes à la place des autres.

La première représente, comme on voit, la droite désignée par a; la seconde, celle qui joint le point de concours des deux droites b, c, avec le point de concours des droites d, e; la troisième celle qui joint le point de concours de la droite e, et de la droite $\overline{a\ b\ c\ d}$, avec le point de concours de la droite c, et de la droite $\overline{b\ e\ a\ d}$; ainsi des autres.

Au surplus, toutes ces propositions peuvent se démontrer directement et plus simplement même, sur un système de lignes droites, sans considérer ces droites comme des sections coniques, et je ne les ai déduites du principe énoncé (393) que par occasion, et pour montrer la fécondité de ce principe.

PROBLÊME LXVI.

408. *Une courbe quelconque tracée dans un plan, étant rapportée à deux axes perpendiculaires entre eux, par une équation entre l'abscisse et l'appliquée, former le tableau des principales variables correspondantes au point décrivant, toutes exprimées en valeurs de ces deux coordonnées et de constantes.*

Les principales variables correspondantes au point décrivant d'une courbe; outre l'abscisse et l'appliquée sont, comme on le sait, le rayon vecteur, l'angle formé par ce rayon, et l'axe des abscisses, l'angle formé par la tangente et les appliquées; la soutangente, la normale, le rayon de courbure, &c. Cette énumération peut être étendue indéfiniment, car, ainsi qu'on l'a déjà vu par les exemples précédens, il est beaucoup d'autres quantités dépendantes de la position du point décrivant, et qui varient avec elle. Je me bornerai dans le tableau suivant, à comprendre celles qu'on vient de mentionner, et quelques-unes des autres que je vais indiquer.

Soit donc M le point décrivant d'une courbe quelconque (fig. 169), A l'origine des coordonnées, $\overline{AP}$ l'abscisse, $\overline{MP}$ l'appliquée; et par conséquent, $\overline{AM}$ le rayon vecteur, et $\widehat{MAP}$ l'angle formé par ce rayon vecteur et l'axe des abscisses; $\overline{MQT}$ la tangente, $\overline{TP}$ la soutangente, $\overline{AQ}$ la perpendiculaire abaissée de l'origine des abscisses sur la tangente; $\overline{MN}$ la normale, $\overline{MR}$ le rayon de courbure.

Prenons de plus à volonté sur cet axe un point B, formons le triangle MAB, et des angles M, A, B, soient abaissées des perpendiculaires sur les côtés opposés de ce triangle. Je me borne à cette construction à laquelle il est facile d'ajouter tant d'autres lignes qu'on voudra. Cela posé, il est évident qu'à mesure que le point décrivant M changera de position, les droites $\overline{MA}$, $\overline{MB}$, $\overline{MT}$, $\overline{MN}$, $\overline{MP}$, $\overline{AQ}$, $\overline{MR}$, &c. ainsi que leurs segmens $\overline{AK}$, $\overline{MK}$, $\overline{RK}$, &c. et les angles $\widehat{MAB}$, $\widehat{AMB}$, $\widehat{AKB}$, &c. changeront de valeurs. Ce sont donc autant de variables qu'on peut prendre deux à deux pour les coordonnées de la courbe. Le tableau que je me propose de former comprendra donc ces variables, et celles dont nous avons parlé ci-dessus. Mais on sait que parmi celles-ci, plusieurs, telles que la soutangente, le rayon de courbure, &c. ne peuvent être exprimées d'une manière générale que par des formules infinitésimales qui deviennent finies par l'application qu'on en fait à chaque cas particulier: nous sommes donc obligés d'en user ainsi, et nous emploierons pour cela les formules différentielles ordinaires, comme le mode le plus simple de comparer les quantités infinitésimales. Supposant donc

l'abscisse $\overline{AP}$ = ... x

l'appliquée $\overline{MP}$ = ... y

la distance $\overline{AB}$ de l'origine A des coordonnées au point B pris arbitrairement sur l'axe des abscisses = ... a

et laissant à chacune des autres variables sa désignation indiquée par les lettres de la figure, je me propose de les exprimer toutes en valeurs des seules premières x, y, a. Cela posé, le tableau demandé sera tel qu'il suit:

Tableau des principales variables correspondantes au point décrivant d'une courbe plane quelconque, exprimées en valeurs de l'abscisse, de l'appliquée et d'une droite comprise sur l'axe des abscisses, entre l'origine et un autre point pris à volonté sur cette ligne.

VALEURS DES ANGLES.

1e. tang. AMP $= \ldots\ldots \frac{x}{y}$

2e. tang. BMP $= \ldots\ldots \frac{a-x}{y}$

3e. tang. AMB $= \ldots\ldots \frac{ay}{y^2 - x(a-x)}$

4e. tang. BAK $= \ldots\ldots \frac{a-x}{y}$

5e. tang. MAK $= \ldots\ldots \frac{y^2 - x(a-x)}{ay}$

6e. tang. MAB $= \ldots\ldots \frac{y}{x}$

7e. tang. ABK $= \ldots\ldots \frac{x}{y}$

8e. tang. MBK $= \ldots\ldots \frac{y^2 - x(a-x)}{ay}$

9e. tang. MBA $= \ldots\ldots \frac{y}{a-x}$

10e. tang. AKP $= \ldots\ldots \frac{y}{a-x}$

11e. tang. BKP $= \ldots\ldots \frac{y}{x}$

12e. tang. AKB $= \ldots\ldots \frac{ay}{x(a-x) - y^2}$

13e. tang. MTP $= \ldots\ldots \frac{dy}{dx}$

14e. tang. TMA $= \ldots\ldots \frac{ydx - xdy}{xdx + ydy}$

VALEURS DES LIGNES.

15^e. $\overline{AB}$ = ... a

16^e. $\overline{AP}$ = ... x

17^e. $\overline{MP}$ = ... y

18^e. $\overline{BP}$ = ... $a-x$

19^e. $\overline{KP}$ = ... $\dfrac{x.(a-x)}{y}$

20^e. $\overline{KG}$ = ... $\dfrac{x.[y^2-x(a-x)]}{y.\sqrt{x^2+y^2}}$

21^e. $\overline{KH}$ = ... $\dfrac{(a-x)[y^2-x(a-x)]}{y\ \sqrt{(a-x)^2+y^2}}$

22^e. $\overline{AM}$ = ... $\sqrt{x^2+y^2}$

23^e. $\overline{BM}$ = ... $\sqrt{(a-x)^2+y^2}$

24^e. $\overline{AH}$ = ... $\dfrac{ay}{\sqrt{(a-x)^2+y^2}}$

25^e. $\overline{BG}$ = ... $\dfrac{ay}{\sqrt{x^2+y^2}}$

26^e. $\overline{MK}$ = ... $\dfrac{y^2-x(a-x)}{y}$

27^e. $\overline{AK}$ = ... $\dfrac{x}{y}\sqrt{y^2+(a-x)^2}$

28^e. $\overline{BK}$ = ... $\dfrac{a-x}{y}\sqrt{y^2+x^2}$

29^e. $\overline{MG}$ = ... $\dfrac{y^2-x(a-x)}{\sqrt{x^2+y^2}}$

30^e. $\overline{AG}$ = ... $\dfrac{ax}{\sqrt{x^2+y^2}}$

31^e. $\overline{MH}$ = ... $\dfrac{y^2-x(a-x)}{\sqrt{(a-x)^2+y^2}}$

32e. $\overline{BH} = \ldots\ldots \dfrac{a.(a-x)}{\sqrt{(a-x)^2+y^2}}$

33e. $\overline{GH} = \ldots\ldots \dfrac{a.[y-x(a-x)]}{\sqrt{(x^2+y^2)[(a-x)^2+y^2]}}$

34e. $\overline{GP} = \ldots\ldots x\sqrt{\dfrac{y^2+(a-x)^2}{x^2+y^2}}$

35e. $\overline{HP} = \ldots\ldots (a-x)\sqrt{\dfrac{x^2+y^2}{(a-x)^2+y^2}}$

36e. $\overline{TP} = \ldots\ldots y\dfrac{dx}{dy}$

37e. $\overline{TQ} = \ldots\ldots \dfrac{xdxdy-ydx^2}{\sqrt{dx^2+dy^2}}$

38e. $\overline{PN} = \ldots\ldots y\dfrac{dy}{dx}$

39e. $\overline{MT} = \ldots\ldots y\sqrt{\dfrac{dx^2}{dy^2}+1}$

40e. $\overline{AQ} = \ldots\ldots \dfrac{xdy-ydx}{\sqrt{dx^2+dy^2}}$

41e. $\overline{MN} = \ldots\ldots y\sqrt{1+\dfrac{dy^2}{dx^2}}$

42e. $\overline{MR} = \ldots\ldots \dfrac{-dy}{d.\dfrac{dx}{\sqrt{dx^2+dy^2}}}$

Valeurs des aires.

43e. $\overline{\overline{AMB}} = \frac{1}{2}ay$

44e. $\overline{\overline{AMP}} = \frac{1}{2}xy$

45e. $\overline{\overline{BMP}} = \frac{1}{2}(a-x)y$

46e. $\overline{\overline{AKB}} = \dfrac{ax(a-x)}{2y}$

$47^e.\ \overline{\overline{AKP}} = \frac{x^2(a-x)}{2y}$

$48^e.\ \overline{\overline{BKP}} = \frac{x(a-x)^2}{2y}$

$49^e.\ \overline{\overline{AMK}} = \frac{x[y^2-x(a-x)]}{2y}$

$50^e.\ \overline{\overline{BMK}} = \frac{1}{2}a(a-x).$

409. Le nombre des variables de ce tableau est de cinquante, y compris l'arbitraire a; et il est clair qu'on peut l'augmenter indéfiniment; mais ce nombre suffit pour montrer l'avantage qu'on peut tirer de ces sortes de tableaux, dans la recherche des propriétés des courbes.

Chacune des formules donne l'une des variables exprimée en valeurs des coordonnées x, y, ou seulement de l'une d'entre elles : c'est par conséquent en général une équation entre trois variables. Mais de ces équations premières à trois variables chacune, on peut en déduire autant du même genre qu'il est possible de combiner trois à trois les cinquante variables qui y entrent; car pour chercher celle qui doit exister entre trois quelconques prises à volonté parmi ces cinquante, il n'y a qu'à chercher la valeur de chacune d'elles au tableau; on aura ainsi trois équations qui renfermeront ces trois variables dont on cherche la relation, les deux coordonnées x, y, et l'arbitraire a. Éliminant donc ces deux coordonnées par la combinaison de ces trois équations, il en restera une qui ne contiendra plus que ces trois nouvelles variables.

On voit par-là quelle immense quantité de formules peuvent se déduire du petit nombre seulement de celles qui sont portées au tableau. Mais comme les rapports des cinquante variables qui s'y trouvent portées, prises deux à deux, de même que leurs produits ou des fonctions quelconques où elles seroient combinées ainsi deux à deux, et ensuite trois à trois, quatre à quatre, seroient autant de nouvelles variables, toutes exprimées comme les premières, en valeurs des mêmes coordonnées

x, y, et de l'arbitraire a, on voit qu'il n'y a aucunes bornes aux diverses formules ou résultats qu'on peut ainsi obtenir.

410. On voit également comment il est possible de changer d'une infinité de manières le système des coordonnées. Car si aux coordonnées x, y, on veut en substituer deux autres quelconques prises parmi les cinquante variables portées au tableau, il n'y aura qu'à chercher dans ce tableau ces nouvelles coordonnées qui s'y trouvent exprimées en x, y; de ces deux formules, on tirera réciproquement x, y, en valeurs des nouvelles coordonnées, et on substituera ces valeurs dans toutes les autres formules.

La même chose auroit lieu, si au lieu de deux quelconques de ces variables, on vouloit prendre pour coordonnées deux fonctions quelconques de ces mêmes *quantités* combinées deux à deux, trois à trois, &c.

411. Supposons maintenant que l'équation de la courbe soit donnée, entre deux autres coordonnées quelconques prises parmi les cinquante variables portées au tableau, on l'aura de suite, si l'on veut en x et y. Puisqu'ayant en effet chacune de ces cinquante variables exprimée en valeurs de x et y, il n'y aura qu'à substituer dans l'équation donnée ces valeurs des coordonnées qui y entrent.

Ayant ainsi l'équation en x, y, on pourra de chacune des formules éliminer au moyen de cette équation en x, y, celle de ces deux variables qu'on voudra. Chacune des cinquante formules ne contiendra donc plus que deux variables avec l'arbitraire a et de la même manière que ci-dessus. De ces cinquante premières formules à deux variables, on pourra en tirer autant d'autres de même genre qu'il y a de manières de combiner les cinquante quantités deux à deux.

On pourra ainsi introduire encore dans le calcul, une nouvelle classe de variables, savoir la somme des racines de ces premières variables, la somme de ces racines multipliées deux à deux, trois à trois, &c., puisque les quantités sont déterminées par la forme

forme des équations ; et de même, la somme des carrés de ces racines, celle des cubes, et généralement de toutes leurs fonctions symétriques. Appliquons ces réflexions générales à quelques exemples particuliers.

PROBLÊME LXVII.

412. *L'équation de la courbe étant donnée entre l'abscisse* $\overline{AB}$ (fig. 169) *et l'appliquée* $\overline{MP}$, *trouver l'équation de la même courbe entre le rayon vecteur* $\overline{AM}$, *et l'angle* $M\hat{A}B$ *pris pour nouvelles coordonnées.*

Soient t, z, ces nouvelles coordonnées, c'est-à-dire le rayon vecteur $= t$, et l'angle formé par ce rayon vecteur et l'axe des abscisses $= z$.

Les formules 6 et 22 donneront $\text{tang.}\, z = \frac{y}{x}$, $t = \sqrt{x^2+y^2}$. Il n'y a donc pour avoir l'équation cherchée, qu'à tirer de ces deux formules les valeurs de x, y en valeurs de z et t, et substituer dans l'équation donnée entre x et y.

Or en tirant de ces formules x, et y, on a $x = t.\cos. z$, $y = t.\sin. z$, comme il est d'ailleurs évident que cela doit être. Ce sont donc les valeurs qu'il faut substituer pour x, y dans l'équation donnée, afin d'avoir celle qu'on cherche entre t, z, ce qu'il falloit trouver.

PROBLÊME LXVIII.

413. *L'équation d'une courbe* AMB (fig. 169) *étant donnée entre l'abscisse* $\overline{AP}$ *et l'appliquée* $\overline{MP}$, *supposées perpendiculaires entre elles ; changer ce système de coordonnées, de manière que la nouvelle équation ait lieu entre les deux variables* $\overline{AP}$, $\overline{KP}$, *dont la première* $\overline{AP}$ *est la même abscisse que ci-dessus, et la seconde* $\overline{KP}$, *est la perpendiculaire abaissée sur l'axe* $\overline{AB}$ *des abscisses, du point* K *où se croisent les perpendiculaires, menées des points* A, B, *sur* $\overline{BM}$, $\overline{AM}$, *respectivement.*

Ou ce qui revient au même, *trouver le lieu géométrique de tous les points K où se croisent les trois perpendiculaires menées des angles du triangle* MAB *sur les côtés opposés.*

Faisons la nouvelle coordonnée $\overline{KP} = z$, et la droite donnée $\overline{AB} = a$, nous aurons par la 19ᵉ form. du tableau, $z = \frac{x.(a-x)}{y}$, ou $y = \frac{x.(a-x)}{z}$. Substituant cette valeur de y dans l'équation donnée de la courbe, dont le point décrivant est M, on aura l'équation cherchée entre x et z. Ce qu'il falloit trouver.

414. Supposons, par exemple (fig. 170), que la courbe dont M est le point décrivant, soit une ellipse dont $\overline{AB}$ soit le grand axe : nommant b le petit axe de cette ellipse, l'équation de la courbe sera $yy = \frac{bb}{aa}(ax - xx)$. Substituant dans cette équation la valeur de y trouvée ci-dessus en x et z ; c'est-à-dire $\frac{x.(a-x)}{z}$, on aura $x^2.(a-x)^2 = z^2.\frac{bb}{aa}(ax - xx)$. Divisant tout par $x.(a-x)$, et multipliant par $\frac{aa}{bb}$, on aura

$$z^2. = \frac{aa}{bb}(ax - xx);$$

c'est-à-dire que le lieu géométrique cherché est une nouvelle ellipse ayant pour petit axe $\overline{AB}$, et pour grand axe, la quatrième proportionnelle $\frac{aa}{b}$ aux deux b, a, de l'ellipse proposée, ou le paramètre de son petit axe.

PROBLÈME LXIX.

415. *L'équation étant donnée entre les angles* $\hat{MAB}$, $\hat{MBA}$, (fig. 169) *pris pour coordonnées, trouver l'équation de la même courbe entre l'abscisse* $\overline{AP}$ *et l'appliquée* $\overline{MP}$, *prises pour nouvelles coordonnées.*

Nommons u, v, les coordonnées $M\hat{A}B$, $M\hat{B}A$; nous aurons par les formules 6 et 9 du tableau $\text{tang.}\, u = \frac{y}{x}$, $\text{tang.}\, v = \frac{y}{a-x}$; il n'y a donc qu'à substituer ces valeurs de u et v dans l'équation proposée, pour obtenir celle qu'on cherche entre les nouvelles coordonnées x, y, ce qu'il falloit trouver.

416. Supposons, par exemple, que l'équation proposée de la courbe, entre u et v soit $u+v=m$, m étant une constante. En transposant v, on a $u=m-v$, ou $\text{tang.}\, u = \frac{\text{tang.}\, m - \text{tang.}\, v}{1+\text{tang.}\, m \,.\, \text{tang.}\, v}$, ou

$$\text{tang.}\, u + \text{tang.}\, m \;\text{tang.}\, u \;\text{tang.}\, v = \text{tang.}\, m - \text{tang.}\, v.$$

Mettant donc dans cette équation pour tang. u, et tang. v leurs valeurs trouvées ci-dessus ; c'est-à-dire, $\frac{y}{x}$, $\frac{y}{a-x}$, on aura, après avoir transposé et réduit

$$x^2 \,\text{tang.}\, m + y^2 \,\text{tang.}\, m - ax \,\text{tang.}\, m + ay = 0.$$

Equation au cercle.

417. Supposons que l'équation entre les coordonnées u, v soit $u-v=m$, ou $u=m+v$, on aura donc,

$$\text{tang.}\, u = \frac{\text{tang.}\, m + \text{tang.}\, v}{1 - \text{tang.}\, m \;\text{tang.}\, v}, \text{ ou}$$

$$\text{tang.}\, u - \text{tang.}\, m \;\text{tang.}\, u \;\text{tang.}\, v = \text{tang.}\, m + \text{tang.}\, v.$$

Mettant donc dans cette équation pour tang. u et tang. v, leurs valeurs trouvées ci-dessus, c'est-à-dire, $\frac{y}{x}$, $\frac{y}{a-x}$, on aura, après avoir transposé et réduit,

$$x^2 \,\text{tang.}\, m - y^2 \,\text{tang.}\, m - ax \,\text{tang.}\, m + ay = 0 ;$$

équation à l'hyperbole ; ce que nous avons déjà vu (105) lorsque l'angle m est droit.

418. Si au contraire l'équation étoit donnée entre x, y, et qu'il fallût la trouver entre u, v, pris pour nouvelles coordonnées ; il n'y auroit qu'à tirer des équations trouvées ci-

dessus (415) les valeurs de x, y, en valeurs de u, v, et substituer dans l'équation donnée. On auroit donc

$$x \text{ tang. } u = y,\ a \text{ tang. } v - x \text{ tang. } v = y,$$

ce qui donne

$$x = \frac{a \text{ tang. } v}{\text{tang. } u + \text{tang. } v},\quad y = \frac{a.\text{tang. } u.\text{tang. } v}{\text{tang. } u + \text{tang. } v}.$$

Ce sont donc ces valeurs qu'il faudroit substituer dans l'équation donnée entre x, y, pour avoir l'équation cherchée entre u et v.

Si l'on cherchoit, par exemple, l'équation de la ligne droite supposée décrite par le point M, en la rapportant à deux points fixes A, B, et prenant pour coordonnées les angles $M\hat{A}B$, $M\hat{B}A$, (fig. 171), on auroit pour l'équation de cette ligne entre x, y, $y = m + nx$, m, n étant deux constantes. Substituant donc dans cette équation les valeurs de x, y, trouvées ci-dessus en valeurs de u et v, on auroit

$$a.\text{tang. } u \text{ tang. } v = m \text{ tang. } u + m.\text{tang. } v + na.\text{tang. } v, \text{ ou}$$

$$\text{tang. } u \text{ tang. } v = \frac{m}{a} \text{ tang. } u - \frac{m+na}{a} \text{ tang. } v = 0;$$

c'est-à-dire, que l'équation de la ligne droite rapportée à deux points fixes quelconques pris dans le même plan, et prenant pour coordonnées, les angles formés entre la ligne qui joint ces deux points fixes et leurs distances au point décrivant, est en général de cette forme, tang. u tang. v + A tang. u + B tang. $v = 0$; A et B étant deux quantités constantes.

419. On voit par cet exemple, que telle ligne, dont l'équation est d'un certain degré en prenant tel ou tel système de coordonnées, peut devenir d'un degré plus élevé, en la rapportant à tel ou tel autre système; l'équation de la ligne droite n'est que du premier degré, en la rapportant à deux axes fixes, par ses abscisses et ses appliquées; elle devient du second, en la rapportant à deux points fixes A B, et prenant pour système de coordonnées les angles $M\hat{A}B$, $M\hat{B}A$; réciproquement, l'équa-

tion du cercle est du second degré, en la rapportant à deux axes fixes par ses abscisses et ses appliquées, et n'est plus que du premier, comme on le vient de voir (416), en la rapportant à deux points fixes A, B, pris sur sa circonférence, en prenant pour coordonnées les angles $M\hat{A}B$, $M\hat{B}A$. Il en est de même de l'hyperbole équilatère, comme on l'a vu ci-dessus. Il en est de même encore pour toutes les sections coniques, dont l'équation est du second degré, en les rapportant à deux axes fixes quelconques, et qui n'est plus que du premier, quand on les rapporte à leurs foyers, en prenant pour système des coordonnées les distances du point décrivant à ces deux points fixes; ou lorsqu'on les rapporte à un de leur foyer et à leur directrice; en prenant pour coordonnées les distances du point décrivant à ce point, et à cette droite. Il est une infinité d'autres cas semblables, tels que ceux de la conchoïde et de la cissoïde dont les équations sont du quatrième degré, en les rapportant à deux axes fixes, et ne sont plus que du premier, en prenant pour coordonnées celles qu'on emploie ordinairement à leurs constructions. On n'a donc pas toujours l'équation d'une courbe dans sa plus grande simplicité, en la rapportant à deux axes fixes. Ce mode est, ce me semble, le meilleur terme de comparaison entre les courbes en général, mais non pas toujours le moyen le plus facile de trouver les propriétés de chacune d'elles en particulier.

PROBLÊME LXX.

420. *L'équation de la courbe étant donnée entre les droites* $\overline{MA}$, $\overline{MB}$ (fig. 169), *prises pour coordonnées, trouver l'équation de la même courbe entre l'abscisse* $\overline{AP}$ *et l'appliquée* $\overline{MP}$ *prises pour nouvelles coordonnées.*

Nommons u, v, les coordonnées $\overline{MA}$, $\overline{MB}$, nous aurons par les formules, 22, 23,

$$u = \sqrt{x^2+y^2}, \quad v = \sqrt{(a-x)^2+y^2}.$$

Il n'y a donc qu'à substituer les valeurs de u et v dans l'équation donnée, pour obtenir celle qu'on cherche entre les nouvelles coordonnées x, y. Ce qu'il falloit trouver.

Supposons, par exemple, que l'équation proposée entre les coordonnées u, v, soit $u = mv$, m étant une constante quelconque, l'équation entre x, y, sera donc

$$\sqrt{x^2+y^2} = m\sqrt{(a-x)^2+y^2},$$

ou élevant tout au carré,

$$x^2+y^2 = m^2(a-x)^2+m^2y^2, \text{ ou}$$

$$x^2(1-m^2)+y^2(1-m^2)+2max-m^2a^2 = 0.$$

Equation au cercle.

PROBLÊME LXXI.

421. *L'équation de la courbe étant donnée entre les coordonnées* $\overline{AG}$, $\overline{BG}$ (fig. 169), *trouver celle qui doit avoir lieu entre* $\overline{AP}$, $\overline{MP}$ *prises pour nouvelles coordonnées.*

Soient u, v, les coordonnées $\overline{AH}$, $\overline{BG}$, nous aurons par les 24e et 25e formules du tableau

$$u = \frac{ay}{\sqrt{(a-x)^2+y^2}},\ v = \frac{ay}{\sqrt{x^2+y^2}}.$$

Il n'y a donc qu'à substituer ces valeurs de u, v, dans l'équation proposée, pour avoir l'équation cherchée entre les nouvelles coordonnées de x, y. Ce qu'il falloit trouver.

PROBLÊME LXXII.

422. *L'équation de la courbe étant donnée entre les aires* $\overline{\overline{AMK}}$, $\overline{\overline{BMK}}$ (fig. 169), *prises pour coordonnées, trouver celle qui doit avoir lieu entre* $\overline{AP}$, $\overline{MP}$, *prises pour coordonnées nouvelles.*

Soient u, v, les coordonnées $\overline{\overline{AMK}}$, $\overline{\overline{BMK}}$, nous aurons par les 49e et 50e formules du tableau

$$u = \frac{[xy^2-x(a-x)]}{2y};$$

$$v = \tfrac{1}{2}a(a-x).$$

Les derniers membres de ces deux équations sont donc les expressions qu'il faut substituer pour u, v, dans l'équation proposée entre ces deux variables, pour obtenir celle qui doit avoir lieu entre x, y. Ce qu'il falloit trouver.

PROBLÊME LXXIII.

423. *L'équation de la courbe étant donnée entre les coordonnées* $\overline{MA}$, $\overline{MB}$, *trouver celle qui doit avoir lieu entre les angles* $M\hat{A}B$, $M\hat{B}A$, *pris pour nouvelles coordonnées* (fig. 169).

Nommons t, u, les coordonnées $\overline{MA}$, $\overline{MB}$; z, v, les nouvelles coordonnées $M\hat{A}B$, $M\hat{B}A$.

Les formules 22, 23, 6, 9, donnent

$$t = \sqrt{x^2+y^2}$$
$$u = \sqrt{(a-x)^2+y^2}$$
$$\text{tang.}\, z = \frac{y}{x}$$
$$\text{tang.}\, v = \frac{y}{a-x}.$$

Éliminant au moyen de ces équations les variables x, y, on aura deux équations entre t, u, z, v; on en tirera les deux valeurs de t, u; ce seront celles qu'il faudra substituer dans l'équation donnée, entre ces deux variables, pour obtenir celle qu'on cherche entre z, v. Cette opération donne

$$t = \frac{a\ \text{tang.}\, v \cdot \text{séc.}\, z}{\text{tang.}\, z + \text{tang.}\, v} \quad u = \frac{a\ \text{tang.}\, z\ \ \text{séc.}\, v}{\text{tang.}\, z + \text{tang.}\, v}.$$

Telles sont donc les quantités à substituer pour t, u, dans l'équation proposée. Ce qu'il falloit trouver.

PROBLÊME LXXIV.

424. *L'équation de la courbe étant donnée entre le rayon vecteur* $\overline{AM}$, *et le rayon de courbure* $\overline{MR}$ *pris pour coordon-*

nées, trouver celle qui doit avoir lieu entre l'abscisse $\overline{AP}$, *et l'appliquée* $\overline{MP}$, *prises pour nouvelles coordonnées* (fig. 169).

Soit t le rayon vecteur, et r le rayon de courbure, l'équation étant donc donnée entre t et r; il s'agit de la trouver entre x, y.

Or les formules 22ᵉ et 42ᵉ du tableau, donnent

$$t = \sqrt{x^2+y^2}, \quad r = -\frac{dy}{d.\frac{dx}{\sqrt{dx^2+dy^2}}}.$$

Il n'y a donc qu'à substituer, dans l'équation donnée, les valeurs de t, r, pour avoir l'équation cherchée entre x, y, ou leurs différentielles. Ce qu'il falloit trouver.

PROBLÊME LXXV.

425. *L'équation de la courbe étant donnée entre les deux produits* $\overline{AP}.\overline{MB}$, $\overline{BP}.\overline{MA}$ *considérés chacun comme une seule variable et pris pour coordonnées, trouver l'équation de cette courbe, en prenant pour nouvelles coordonnées, l'abscisse* $\overline{AP}$ *et l'appliquée* $\overline{MP}$ (fig. 169).

Soient u, v les deux produits $\overline{AP}.\overline{MB}$, $\overline{BP}.\overline{MA}$, pris pour coordonnées actuelles. Les formules 16, 22, 17, 23, donnent

$$u = x\sqrt{(a-x)^2+y^2}, \quad v = y\sqrt{x^2+y^2}.$$

Les seconds membres de ces équations sont donc les expressions qu'on doit substituer à u et v, ou $\overline{AP}.\overline{MB}$, $\overline{BP}.\overline{MA}$ dans l'équation proposée pour obtenir celles qu'on cherche entre x, y. Ce qu'il falloit trouver.

426. Les exemples précédens suffisent pour faire juger que rien n'est plus important dans la théorie des courbes, que la transformation des coordonnées prise dans l'acception la plus générale; c'est-à-dire, en comprenant sous cette expression de coordonnées, non pas seulement deux droites menées du point décrivant de la courbe parallèlement à deux axes donnés; mais en

en général, deux variables quelconques dépendantes de la position de ce même point.

Cependant il est une observation essentielle ; c'est que de quelque manière qu'on transforme le systême des coordonnées, en rapportant la courbe, soit à des points, soit à des axes fixes, on fait nécessairement entrer dans l'équation, des considérations qui sont étrangères à la nature de cette courbe ; car la nature de cette courbe consiste dans sa forme ou la position respective de ses points, et non dans leur position absolue à l'égard des objets fixes de l'espace. Or quand on rapporte cette courbe à des axes fixes, les équations que l'on trouve donnent la position absolue de ces points ; elles font donc entrer dans l'expression des conditions ou des propriétés de la courbe, des arbitraires, et par conséquent des considérations qui ne tiennent pas essentiellement à sa nature ; et pour pouvoir ramener l'expression de ces propriétés à ce qu'elles sont en elles-mêmes ; il faudroit pouvoir en éliminer ces rapports superflus. Mais puisque la ligne droite est essentiellement le terme de comparaison auquel on est obligé de rapporter toutes ces courbes ; il est clair que parmi ces rapports, on ne peut chasser les unes sans en admettre d'autres successivement, et c'est précisément cette comparaison successive de la courbe à divers objets fixes qu'on nomme changement des coordonnées, et qui constitue ce qu'on nomme les propriétés de la courbe.

427. On peut cependant dégager la courbe des objets fixes pris dans l'espace ; c'est en considérant ces objets fixes comme devenus eux-mêmes mobiles, et ne composant plus qu'un seul systême avec la courbe elle-même. Par exemple, lorsqu'une courbe est rapportée à deux axes fixes pris dans l'espace, on peut supposer que ces axes deviennent inhérens à la courbe et mobiles avec elle : mais dans ce cas, la première difficulté est remplacée par une autre ; c'est qu'à la vérité, le nouveau systême est débarrassé de la considération des objets fixes qui déterminoient sa position dans l'espace absolu, mais que le nouveau systême lui-même est plus compliqué que ne l'exige la nature

de la question ; car le système à considérer réellement, est la courbe seule isolée, et l'adjonction des deux axes inhérens en fait un système complexe.

428. Mieux on réussit à dégager l'équation d'une courbe des arbitraires, qu'y fait entrer sa position à l'égard des axes fixes dans l'espace ou inhérens à cette courbe, moins cette équation est restreinte dans sa forme. Par exemple, la propriété des cordes qui se coupent dans le cercle, présente la nature de cette courbe sous un point de vue plus général, que son équation à l'égard de deux axes fixes pris arbitrairement dans le même plan; car les distances de ces axes au centre, devant entrer dans cette équation, les propriétés qu'elle exprime donnent bien le moyen de comparer cette courbe successivement à tous les axes possibles, en attribuant successivement à ces distances diverses, des valeurs arbitraires; mais non pas avec tous ces mêmes axes simultanément; au lieu que la propriété des cordes est indépendante d'aucune position d'axe ou de point fixe, et se trouve même dégagée du paramètre qui est le rayon.

429. Par la même raison, les propriétés connues (376) des abscisses naturelles comparées aux appliquées correspondantes, sont plus générales que celles des abscisses prises dans le sens ordinaire ; c'est-à-dire, à partir d'un point fixe, comparées à leurs appliquées ; car les premières sont dégagées de la considération du point fixe, et par conséquent, des arbitraires que cette considération introduit dans l'équation, en prenant les abscisses dans le sens ordinaire.

Mais quoique la position de l'origine des coordonnées n'entre pour rien dans l'équation entre les abscisses naturelles et les appliquées correspondantes, la direction de ces axes reste toujours la même ; et par conséquent, il faut que l'équation renferme encore quelque chose d'arbitraire pour exprimer cette direction ; la forme de ces équations n'est donc pas encore aussi indépendante qu'elle pourroit l'être.

C'est pour faire disparoître les arbitraires qu'entraîne cette direction ou ce parallélisme constant des coordonnées, que j'ai établi les théorêmes (377, 378). Ainsi ces propositions expriment les propriétés des courbes d'une manière encore plus générale.

430. Les axes, les points, ou autres objets fixes, pris additionnellement au systême qu'on veut considérer, ne sont que des moyens auxiliaires, qu'on prend momentanément pour terme de comparaison, et qu'on doit éliminer ensuite pour avoir les rapports immédiats qu'on veut obtenir. Ces termes de comparaison servent à décomposer les questions compliquées en questions simples, et leur emploi est souvent indispensable; mais il ne faut pas oublier que ce ne sont que des auxiliaires, et qu'il seroit toujours plus élégant, si on le pouvoit, d'opérer directement sur les quantités même qu'on veut comparer.

431. Dans toute courbe, il existe pour chaque point une certaine ligne qui ne dépend d'aucune hypothèse particulière, d'aucun terme de comparaison pris dans l'espace absolu; c'est le rayon de courbure, qui est uniquement déterminé par la forme de la courbe. La soutangente, la normale, le rayon vecteur n'ont point cet avantage, puisqu'ils dépendent de la direction des axes et du point pris pour origine des coordonnées.

S'il existoit pour chaque point une seconde variable du même genre que le rayon de courbure; c'est-à-dire, indépendante comme lui, d'aucun axe ou point fixe pris pour servir de terme de comparaison, on pourroit, ce semble, exprimer la nature de la courbe de la manière la plus générale, en prenant cette nouvelle variable et le rayon de courbure pour coordonnées. Le périmètre de la courbe paroîtroit pouvoir remplir cet objet; mais il laisse encore quelque chose de fixe, c'est le point duquel il faudroit commencer à compter ce périmètre.

432. Je crois cependant qu'il est possible de trouver diverses variables qui auroient la condition demandée. Je proposerois, par exemple, l'angle que forme au point décrivant la tangente avec la droite qui partage en deux parties égales les sécantes

infiniment petites menées dans la courbe, parallèlement à cette tangente.

Imaginons par le point décrivant M (fig. 172) une tangente $\overline{MT}$, et une sécante $\overline{mm'}$ qui lui soit parallèle. Du point M, et par le point milieu n de cette sécante, imaginons la droite indéfinie $\overline{MF}$: concevons maintenant que $\overline{mm'}$ se rapproche continuellement de $\overline{MT}$ et finisse par se confondre avec elle. Cela posé, c'est la dernière valeur ou la limite de l'angle $T\hat{M}F$ que je proposerois de prendre pour seconde coordonnée; en prenant pour première le rayon de courbure.

Il est clair que cet angle est indépendant de tout point ou axe fixe qui pourroit être pris dans le plan de la courbe; et que si l'on avoit l'équation qui doit exister entre ces deux coordonnées, savoir cet angle et le rayon de courbure, la nature de la courbe seroit exprimée par cette équation d'une manière indépendante de toute hypothèse. On pourroit également prendre l'angle $K\hat{M}F$ compris entre cette droite $\overline{MF}$ et le rayon de courbure. De même, si de l'extrémité K du rayon de courbure, on menoit $\overline{KF}$ perpendiculaire à $\overline{MF}$; on pourroit prendre pour coordonnées les droites $\overline{MF}$, $\overline{KF}$, perpendiculaires entre elles, ou $\overline{MK}$, $\overline{MF}$; ou $\overline{MK}$, $\overline{KF}$; toutes ces quantités étant autant de variables uniquement dépendantes de la figure de la courbe, abstraction faite de tout objet fixe.

Soit r le rayon de courbure répondant au point m; z l'angle $T\hat{M}F$, et supposons une équation quelconque entre r, z; ce seroit cette équation qui exprimeroit la nature de la courbe.

Dans la parabole, par exemple, si l'on nomme p le paramètre, n la normale, on aura, comme l'on sait,

$$r = \frac{4n^3}{p^2}, \text{ et cot. } z = -2\sqrt{\frac{x}{p}}, \text{ ou à cause de } n = \sqrt{y^2 + \tfrac{1}{4}p^2},$$

$$r = \frac{4(y^2 + \frac{1}{4}p^2)^{\frac{3}{2}}}{p^2}, \quad \text{cot. } z = -2\sqrt{\frac{x}{p}}.$$

Tirant de ces deux équations les valeurs de x, y, et substituant dans l'équation de la courbe $yy = px$, on aura l'équation cherchée entre r et z, qui se trouve être $r = \frac{1}{2}p \cdot \text{coséc.}\, z^3$.

Si l'on avoit ainsi l'équation de chaque courbe, et qu'on voulût revenir à celle qui existe entre l'abscisse et l'appliquée, il faudroit chercher les valeurs des coordonnées r, z en valeurs de x, y, et les substituer dans l'équation donnée. On connoît déjà celle de r, qui est $r = -\dfrac{dy}{d.\dfrac{dx}{\sqrt{dx^2 + dy^2}}}$. Il resteroit donc à trouver celle de z également en x, y, ou leurs différentielles; c'est ce que je me suis proposé dans le problème suivant.

PROBLÊME LXXVI.

433. *Trouver l'angle que forme la tangente d'une courbe, avec la droite qui partant du point de contingence, divise en deux parties égales la corde infiniment petite, menée parallèlement à cette tangente; trouver, dis-je, cet angle exprimé en valeurs de l'abscisse et de l'appliquée, supposées perpendiculaires entre elles.*

Soient $\overset{\frown}{mMm'}$ (fig. 172) une portion infiniment petite de la courbe proposée; M le point décrivant, $\overline{TP}$ l'axe des abscisses, $\overline{MP}$ l'appliquée, $\overline{MT}$ la tangente, $\overline{mm'}$ une corde infiniment petite parallèle à $\overline{MT}$; $\overline{MF}$ la droite qui divise cette corde $\overline{mm'}$ en deux parties égales au point n; o le point où cette même corde est coupée par l'appliquée $\overline{MP}$; $\overline{mp}$, $\overline{m'p'}$ les appliquées correspondantes aux points m, m'; g, h, les points d'intersection de ces appliquées avec la tangente $\overline{MT}$; $\overline{mrr''}$ la droite menée perpendiculairement du point m à $\overline{MP}$, et à $\overline{m'p'}$; $\overline{Mr'}$ la perpendiculaire menée du point M sur $\overline{m'p'}$; enfin $\overline{MK}$ le rayon de courbure.

Nous aurons évidemment,

$\overline{mr} = dx$, $\overline{Mr} = dy$, $\overline{Mr'} = dx + ddx$, $\overline{r'm'} = dy + ddy$,

$\overline{mr''} = 2dx + ddx$, $\overline{m'r''} = 2dy + ddy$.

Cela posé, les triangles semblables mro, Mrh, donnent

$$\overline{mr} : \overline{ro} :: \overline{Mr'} : \overline{r'h}, \text{ ou } \overline{mr} : \overline{ro} :: \overline{Mr'} - \overline{mr} : \overline{r'h} - \overline{ro},$$

$$\text{ou } dx : dy - \overline{Mo} :: ddx : \left(\overline{r'm'} + \overline{m'h}\right) - \left(\overline{Mr} - \overline{Mo}\right),$$

ou à cause de $\overline{m'h} = \overline{Mo}$,

$$dx : dy - \overline{Mo} :: ddx : ddy + 2\,\overline{Mo}. \text{ Donc}$$

$$dx\ ddy + 2dx\ \overline{Mo} = dy\ ddx - ddx.\overline{Mo}.$$

Négligeant le dernier terme comme infiniment petit par rapport aux autres, nous aurons $Mo = \dfrac{dy\ ddx - dx\ ddy}{2\,dx}$, (A)

Maintenant, je cherche $\overline{mn}$ ou $\frac{1}{2}\overline{mm'}$. Or dans le triangle rectangle $mm'r''$, j'ai

$$\overline{mm'}^2 = \overline{mr''}^2 + \overline{m'r''}^2 = (2\,dx + ddx)^2 + (2\,dy + ddy)^2,$$

ou en négligeant les infiniment petits de l'ordre supérieur,

$$\tfrac{1}{4}\overline{mm'}^2 \text{ ou } \overline{mn}^2 = dx^2 + dy^2 + dx\ ddx + dy\ ddy. \qquad \text{(B)}$$

De plus, le triangle rectangle mro donne

$$\overline{mo}^2 = \overline{dx}^2 + \overline{ro}^2 = \overline{dx}^2 + \left(\overline{Mr} - \overline{Mo}\right)^2,$$

$$\text{ou } \overline{mo}^2 = dx^2 + dy^2 - 2\,dy.\overline{Mo}. \qquad \text{(C)}$$

Retranchons cette valeur de $\overline{mo}^2$, de celle trouvée ci-dessus (B) pour $\overline{mn}^2$, nous aurons

$$\overline{mn}^2 - \overline{mo}^2 \text{ ou } \left(\overline{mn} + \overline{mo}\right)\left(\overline{mn} - \overline{mo}\right) = dx\,ddx + dy\,ddy + 2dy\,\overline{Mo}.$$

Mettant donc dans cette équation la valeur de $\overline{Mo}$ trouvée (A), nous aurons, à cause de $\overline{mn} - \overline{mo} = \overline{no}$,

$$\left(\overline{mn} + \overline{mo}\right)\overline{no} = \frac{ddx\,(dx^2 + dy^2)}{dx}.$$

Divisant par $(\overline{mn}+\overline{mo})$, qui en négligeant les infiniment petits des ordres supérieurs, est évidemment $2\sqrt{dx^2+dy^2}$, on aura

$$\overline{no}=\frac{ddx}{2dx}\sqrt{dx^2+dy^2}. \qquad (D)$$

A présent que nous avons $\overline{on}$, nous parviendrons facilement à la valeur de l'angle cherché $T\widehat{M}n$.

En effet, le triangle Mno donne $\overline{Mo} : \overline{no} :: \sin. Mno : \sin. nMo$,

ou $\overline{Mo} : \overline{no} :: \sin. TMn : \sin. (TMn - TMo)$, ou

$\overline{Mo} : \overline{no} :: \sin. TMn : (TMm \cos. TMo) - \sin. (TMo \cos. TMn)$; donc

$$\overline{no}.\sin.TMn = \overline{Mo}.\sin.TMn.\cos.TMo - \overline{Mo}.\sin.TMo \cos.TMn.$$

Divisant tout par sin. TMn, et observant que $\frac{\cos.TMn}{\sin.TMn} = \cot.TMn$, on aura

$$\overline{no} = \overline{Mo}.\cos.TMo - \overline{Mo}.\sin.TMo.\cot.TMn,$$

$$\text{ou } \overline{Mo}.\sin.TMo.\cot.TMn = \overline{Mo}.\cos.TMo - \overline{no},$$

$$\text{ou } \cot.TMn = \cot.TMo - \frac{\overline{no}}{\overline{Mo}.\sin.TMo}.$$

Mettant dans cette équation les valeurs de $\overline{no}$, $\overline{Mo}$ trouvées ci-dessus, et observant que $\sin. TMo = \frac{dx}{\sqrt{dx^2+dy^2}}$.........

$\cos. TMo = \frac{dy}{\sqrt{dx^2+dy^2}}$..... $\cot. TMo = \frac{dy}{dx}$, on aura

$$\cot. TMn = \frac{dy}{dx} + \frac{ddx.(dx^2+dy^2)}{dx^2.d.\frac{dy}{dx}},$$

$$\text{ou } \cot. TMn = \frac{dy}{dx} + \frac{ddx.(dx^2+dy^2)}{dx^2(dx\ ddy - dy\ ddx)}. \qquad (E)$$

434. Dans le cercle, par exemple, pour que $\overline{mm'}$ soit parallèle, comme on le suppose à la tangente $\overline{MT}$, il faut que les arcs $\overline{mM}$, $\overline{m'T}$ soient égaux, ou que $dds = 0$.

Différentiant donc l'équation $ds^2 = dx^2 + dy^2$, on aura

$$ds\ dds = dx\ ddx + dy.ddy.$$

Donc puisque $dds = 0$, on aura aussi, $dx\ ddx + dy\ ddy = 0$; ce qui donne $ddy = -\frac{dx\ ddx}{dy}$. Substituant cette valeur de ddy dans la formule (E), on aura

$$\cot.\mathrm{TM}n = \frac{dy}{dx} + \frac{ddx\ (dx^2+dy^2)}{dx.\left(-\frac{dx^2\ ddx - dy^2\ ddx}{dy}\right)},$$

$$\text{ou } \cot.\mathrm{TM}n = \frac{dy}{dx} - \frac{dy\ (dx^2+dy^2)}{dx\ (dx^2+dy^2)},$$

$$\text{ou } \cot.\mathrm{TM}n = \frac{dy}{dx} - \frac{dy}{dx} = 0.$$

CONCLUSION.

435. Quoique les vérités mathématiques soient toutes d'une certitude parfaite, elles n'ont pas toutes le même degré d'évidence : ce sont sur-tout les notions premières qu'il est difficile de porter au point de clarté desirable; mais on seroit arrêté dans la carrière, dès les premiers pas, si parce que certains principes fondamentaux restent enveloppés de quelque obscurité, on refusoit d'aller plus avant. Ainsi les anciens, parce qu'ils n'avoient pu parvenir à éclaircir entièrement la théorie des parallèles, n'ont point été pour cela retardés dans leurs recherches.

Ainsi, quoique la notion de l'infini présentât aux modernes des difficultés, ils n'ont pas laissé de donner à l'analyse infinitésimale tout le développement qu'on pouvoit attendre de leur sagacité. Ainsi, enfin l'obscurité dans laquelle est restée la notion des

des quantités négatives, n'a nullement entravé la marche des algébristes. Aussi, disoit d'Alembert, à quelqu'un qui se plaignoit des nuages que certaines démonstrations avoient laissés dans son esprit : *allez en avant, et la foi vous viendra.* Cela n'a pas empêché d'Alembert lui-même, de s'occuper plus peut-être qu'aucun autre géomètre de la métaphysique des sciences. Il a successivement travaillé particulièrement sur les trois questions dont nous venons de parler ; la théorie des parallèles, la notion de l'infini, et celle des quantités négatives ; et s'il n'a pas toujours rempli complètement son objet, il a au moins jeté par-tout des traits de lumière extrêmement précieux. Ses réflexions ont excité l'esprit de recherche des Géomètres qui l'ont suivi. Bertrand et Legendre ont donné, chacun à leur manière, une théorie lumineuse des parallèles (1). D'autres, et particulièrement Simon Lhuillier, ont éclairci la notion des quantités infinitésimales. Il restoit celle des quantités négatives, que peu de personnes ont essayé d'approfondir, et qui cependant le mérite, d'autant plus, qu'elle sert de base à toutes les opérations de l'algèbre, et que celles de ces notions qui sont admises ordinairement sans examen, sont non-seulement obscures en elles-mêmes, mais fausses et capables d'induire en erreur. C'est donc ce point de doctrine que j'ai entrepris de discuter, et les idées que cette discussion m'a fait naître ont produit, par leur développement, l'ouvrage que je soumets au public. J'ai tâché d'y mettre dans tout son jour l'inutilité de ces fausses notions et de faire voir

(1) La théorie des parallèles tient à une notion première qui me paroît être à-peu-près du même ordre de clarté que celle de l'égalité parfaite ou de la superposition ; c'est la notion de *similitude*. Il me semble qu'on peut regarder comme un principe de première évidence, que ce qui existe en grand, comme une boule, une maison, un dessin, peut être fait en petit et réciproquement ; que par conséquent, quelque figure qu'on veuille imaginer, il est possible d'en imaginer d'autres de toutes grandeurs et semblables à la première, c'est-à-dire dont toutes les dimensions aient entre elles les mêmes proportions que celles de la première. Cette notion une fois admise, il est facile d'établir la théorie des parallèles, sans recourir à la notion de l'infini.

qu'en excluant cette métaphysique obscure dont on a coutume de les étayer, toutes les difficultés s'évanouissent d'elles-mêmes, sans que rien soit changé aux procédés ordinaires du calcul.

En donnant plus d'étendue à ces réflexions, et cherchant à expliquer les propriétés de la mutation des signes + et — dans les formules, j'ai vu que leur véritable emploi, sous ce point de vue, devoit être de rapporter à une même figure primordiale, sur laquelle on suppose que les raisonnemens ont été établis et les formules trouvées, toutes les figures de même genre, c'est-à-dire, dont la construction est essentiellement la même, et qui n'en diffèrent que par la transposition d'une ou plusieurs de leurs parties correspondantes. C'est sur cela qu'est fondé ce que j'ai nommé *corrélation des figures*, qui fait l'objet de l'essai que je publiai l'année dernière sur cette matière. Celui-ci n'en est que l'extension : j'y ai non-seulement considéré les rapports des figures entre elles, mais encore les propriétés particulières de la figure primitive, c'est-à-dire, de celle qui est prise pour servir de terme de comparaison; et j'ai cherché à représenter ces propriétés par un tableau général qui les renfermât toutes implicitement, et qui modifié suivant les principes de la corrélation dont on vient de parler, fût successivement applicable à toutes les figures de même genre. De tout cela enfin, j'ai formé, ou plutôt ébauché, un corps de doctrine que je nomme *Géométrie de position.*

La géométrie de position ou par tableaux, proposée dans cet ouvrage, me paroît devoir être, lorsqu'elle sera perfectionnée, un moyen fécond d'obtenir des résultats, les uns curieux, les autres utiles. Chaque ligne d'un tableau est, comme je l'ai déjà observé ailleurs, un théorême tout rédigé en formules; il ne s'agit que de les ordonner de manière à pouvoir retrouver au besoin chacune d'elles. De ces formules primitives, il est également aisé d'en tirer une quantité innombrable, d'autres souvent très-simples, en les combinant de manière à ce que les quantités qui y entrent se détruisent en partie les unes par les autres; opérations que le seul rapprochement de ces formules et leur distribution en tableaux facilitent infiniment. On a vu (128 et suiv.) quelques exemples de ce procédé, et les applications peuvent en être multipliées autant qu'on le veut. Il seroit certainement impossible et inutile de comprendre toutes ces propositions particulières dans un cours de géométrie, encore moins d'en surcharger sa mémoire; mais il ne pourroit être que très-utile et très-agréable pour les élèves, de s'exercer à en trouver eux-mêmes un certain nombre, de former le tableau analytique d'une figure tracée par eux, d'y rapporter les figures corrélatives, et de comparer toutes ces formules pour en déduire des conséquences particulières, qui leur offriroient souvent des résultats extrêmement piquans dont ils seroient les créateurs.

De ce genre, sont les propositions que les anciens appeloient *porismes*. Privés du secours de l'analyse, ils tiroient un grand avantage de ces propositions qui souvent leur fournissoient des solutions aussi simples qu'élégantes de problêmes très-difficiles pour ces temps-là, et qui le sont même encore aujourd'hui. Cette géométrie des anciens paroît être plus en faveur chez les Anglais que parmi nous. Robert Simson a démontré les porismes recueillis par Pappus, et en a généralisé plusieurs dans son livre intitulé *Opera quædam reliqua*, &c. Mathews Stewart en a inventé un grand nombre, la plupart très-curieux, qu'il a publiés dans deux ouvrages intitulés l'un, *Propositiones geometricæ more veterum demonstratæ*. L'autre, *Some general theorems of considerable use in the higher parts of mathematics*. Ces ouvrages, très-peu connus en France, et que le hasard m'a fait tomber dernièrement dans les mains, mériteroient d'être soigneusement traduits, et même commentés, au moins le dernier; parce que l'auteur y a seulement énoncé ses propositions sans les démontrer. Les démonstrations de plusieurs d'entre elles en seroient en effet souvent fort longues et fort difficiles, si l'on s'en tenoit aux principes de la géométrie ordinaire; mais en employant la théorie des centres de moyennes distances ou de gravité, on en vient facilement à bout; ce qui prouve, ainsi que je l'ai dit, combien il est important de ramener à la géométrie cette branche de science qu'on a coutume de renvoyer à la mécanique.

La formation des tableaux que j'ai proposée dans cet ouvrage, donne un moyen extrêmement facile d'obtenir une infinité de ces porismes; j'en ai donné un grand nombre, j'en ajouterai encore deux ici pour exemples, que je tirerai comme cas particuliers des principes énoncés (218 et 392).

1ere. *Soit* ABC *un triangle inscrit au cercle* (fig. 173), *et dont les côtés* $\overline{AB}$, $\overline{AC}$, $\overline{BC}$, *prolongés au besoin soient coupés respectivement aux points* m, n, p, *par une transversale quelconque* $\overline{mnp}$. *Nommons* m', n', p', *les tangentes qui seroient menées des points* m, n, p, *à la circonférence; je dis qu'on aura*

$$m'n'p' = \overline{An}.\overline{Bm}.\overline{Cp} = \overline{Am}.\overline{Bp}.\overline{Cn}.$$

2e. *Soit une circonférence* AmBm' (fig. 174). *Menons une corde quelconque* $\overline{AB}$, *par ses extrémités* A, B, *deux tangentes* $\overline{Ap}$, $\overline{Bq}$; *et enfin une transversale quelconque* $\overline{pqmm'}$ *que je suppose couper la circonférence en* m, m', *et la corde* $\overline{AB}$ *au point* K : *je dis qu'on aura* $\overline{mk}^2 : \overline{m'k}^2 :: \overline{mp}.\overline{mq} : \overline{m'p}.\overline{m'q}$.

Si les points p, q se confondoient au point o où se coupent les tangentes; la proportion précédente se réduiroit à

$$\overline{mk} : \overline{m'k} :: \overline{mo} : \overline{m'o},$$

qui est un des porismes démontrés par Robert Simson.

Je ne pense pas qu'il soit nécessaire de démontrer toutes les propositions de cette classe à la manière des anciens. Quelques-unes sont susceptibles à la vérité d'être prouvées fort simplement, et même découvertes par la seule synthèse; mais puisqu'on possède dans l'algèbre un moyen plus facile d'arriver aux mêmes résultats, il est convenable de s'en servir. Je crois qu'on ne doit point faire un étalage inutile d'analyse, qu'on ne doit employer le calcul qu'au besoin, et non pour démontrer péniblement ce qui peut se déduire facilement des premiers principes, parce que la synthèse a toujours quelque chose de plus lumineux et de plus satisfaisant que l'analyse, toutes choses égales d'ailleurs. Mais il ne faut pas se priver par une affectation déplacée, des secours bien supérieurs que fournit ordinairement la méthode analytique.

Je terminerai cet ouvrage par quelques réflexions, sur le mode que j'ai proposé dans la section seconde pour établir la corrélation des figures.

On sait combien il est plus facile, en général, de saisir une proposition un peu compliquée, et de l'appliquer à chaque cas particulier, lorsqu'elle est rédigée en formule algébrique, que lorsqu'elle est seulement énoncée en langage ordinaire : cependant les caractères algébriques ne représentent que les valeurs absolues des quantités ; et quant à ce qui regarde leurs positions respectives ou autres relations non susceptibles d'être directement traduites par des équations, on y supplée par le langage ordinaire. Or il me semble que de même qu'on exprime par la notation algébrique les rapports des valeurs absolues des quantités, on pourroit, par une autre notation, exprimer leurs rapports de position, et qu'il devroit en résulter un nouvel avantage, c'est-à-dire, une nouvelle facilité à saisir et appliquer les formules. C'est le but de la notation que j'ai proposée dans la seconde section et dont je me suis servi dans le reste de l'ouvrage : cette notation pourroit être étendue davantage pour éviter encore un grand nombre de circonlocutions ; mais j'ai cru devoir m'arrêter, quant à présent, à ce que j'en ai dit, parce que ces expressions n'étant pas familières, peuvent ne point obtenir l'assentiment des Géomètres. Je me bornerai donc à quelques développemens sur ce que j'ai déjà dit à ce sujet.

J'appelle *formule technique* une expression quelconque symbolique, propre à exprimer la position respective de plusieurs quantités, tandis que les *formules algébriques* expriment leurs rapports de grandeur.

Une formule peut exprimer tout-à-la-fois les rapports de grandeur et les rapports de position. Alors elle est en même temps technique et algébrique. Telles sont celles que nous avons données (228). Il seroit aisé d'y ramener de même toutes celles qui ont été trouvées dans les problêmes XVI, XVII, XVIII, &c. Pour rendre techniques, par exemple, celles du problême XVI, il n'y auroit qu'à l'énoncer comme il suit.

Soit un triangle quelconque ABC; *de chacun des angles soit abaissée une perpendiculaire sur le côté opposé ; et supposons* $B\hat{A}C = A$, $A\hat{B}C = B$, $A\hat{C}B = C$, *le rayon du cercle circonscrit* $= R$, *le point de concours des trois perpendiculaires* $\mathrel{+\!\!=} D$

$\overline{AD}\cdot\overline{BC} \mathrel{+\!\!=} H$, $\overline{BD}\cdot\overline{AC} \mathrel{+\!\!=} G$, $\overline{CD}\cdot\overline{AB} \mathrel{+\!\!=} F$, $\overline{BC}\cdot\overline{FG} \mathrel{+\!\!=} L$, $\overline{AC}\cdot\overline{FH} \mathrel{+\!\!=} M$, $\overline{AB}\cdot\overline{GH} \mathrel{+\!\!=} N$, $\overline{AH}\cdot\overline{FG} \mathrel{+\!\!=} l$, $\overline{BG}\cdot\overline{FH} \mathrel{+\!\!=} m$ $\overline{CF}\cdot\overline{GH} \mathrel{+\!\!=} n$, on aura

1°...... $B\hat{A}C = A$

2°...... $A\hat{B}C = B$

&c., &c.

C'est-à-dire les 101 formules rapportées à l'art. 167.

L'avantage de cette forme technique est que si je veux appliquer ces 101 formules ou quelques-unes d'entre elles à un autre triangle quelconque, comme XYZ, il me sera facile de le faire; parce qu'il ne sera question que d'établir la corrélation de construction entre les deux figures; ou de reconnoître leurs points correspondans. Or prenant par exemple, X pour correspondre à A, Y pour correspondre à B, Z pour correspondre à C; je trouverai tout de suite les points correspondans à D, H, G, F, L, &c. au moyen des équipollences contenues dans l'énoncé. Ainsi le point correspondant à D sera le point de concours des trois perpendiculaires abaissées des points X, Y, Z, sur les côtés opposés du triangle XYZ. Nommons-le V, on aura pour le point correspondant à H, $\overline{XV}\cdot\overline{YZ}$, pour le point correspondant à G, $\overline{YV}\cdot\overline{XZ}$, &c. Ainsi on aura bientôt la corrélation totale de construction, et l'application des formules sera pour lors sans difficulté. Or cette difficulté, quoique purement matérielle, ne laisse pas d'être considérable dans les figures un peu compliquées, pour peu que les positions respectives des points fondamentaux dans les deux figures comparées soient différentes; tellement même, que les deux figures, quoique essentiellement les mêmes, paroissent souvent n'avoir aucune liaison; d'où suit qu'on rapporte quelquefois à différens principes ce qui réellement ne dépend que d'un seul. C'est ce qu'on voit, par exemple, dans le cas fort simple des sécantes au cercle (fig. 6 et 7). Car les deux figures sont essentiellement les mêmes, et cependant elles paroissent si différentes au premier aspect, que l'usage est de diviser la proposition, c'est-à-dire, d'en faire deux propositions presque étrangères l'une à l'autre.

L'usage des formules techniques n'empêche pas celui des formules algébriques ordinaires; leur objet, au contraire, est de faciliter l'application de celles-ci aux cas particuliers qui en sont susceptibles. Car pour appliquer à une figure une formule trouvée par des raisonnemens établis sur une autre de même genre, mais qui en diffère sensiblement par ses modifications, il faut commencer par reconnoître quelles sont les parties qui se correspondent dans l'une et dans l'autre, afin de leur appliquer les mêmes dénominations. Or cette opération n'est pas toujours facile, et je crois que l'emploi des formules techniques peut souvent la rendre plus aisée. Le procédé consiste à substituer d'abord dans la formule algébrique proposée, au lieu des lettres qui représentent les quantités, les lettres qui déterminent ces quantités sur la figure elle-même. Ainsi, par exemple, les quatre côtés d'un quadrilatère ABDC étant exprimés dans la formule algébrique par m, n, p, q, et les angles par r, s, t, u, on remettra à leurs places les quantités géométriques $\overline{AB}$, $\overline{AC}$, $\overline{DB}$, $\overline{DC}$, $B\hat{A}C$, $A\hat{B}D$, $A\hat{C}D$, $C\hat{D}B$, qu'elles représentent. Alors il sera facile d'appliquer la formule à tout autre quadrilatère, comme MNPQ; puisqu'il suffira d'établir la correspondance des points ou corrélation de construction comme il suit:

A B D C
M N P Q,

ou de toute autre manière, par exemple,

A B C D
N Q M P.

Car cette corrélation établie, on reconnoît tout de suite les quantités correspondantes, et qui par conséquent, dans le nouveau système, doivent être représentées par les quantités algébriques *m*, *n*, *p*, *q*, *r*, *s*, *t*, *u*.

On dira peut-être, qu'il est facile de faire cette application sans recourir à la corrélation des figures. J'en conviens pour une figure aussi simple que le quadrilatère ordinaire comparé à un autre quadrilatère ordinaire. Mais il n'en est pas ainsi, lorsque la figure est compliquée, et pour s'en convaincre, il n'y a seulement qu'à comparer ce quadrilatère ordinaire avec un quadrilatère à angle rentrant, ou mieux encore, avec un quadrilatère de la troisième espèce; c'est-à-dire, composé de deux triangles opposés au sommet; on trouvera qu'il faut déjà de l'attention pour ne pas se tromper, en cherchant à reconnoître les parties correspondantes. Mais si on achève ensuite de part et d'autre la construction pour rendre les quadrilatères complets, les deux figures, quoique composées alors seulement de sept lignes droites, fournissent chacune cinquante choses à considérer, et entre lesquelles, si l'on veut se donner la peine d'examiner, on verra qu'il n'est point aisé d'appercevoir directement la correspondance; mais cette correspondance s'établira facilement, si l'on ramène tous les nouveaux points qui résultent du croisement des lignes dans les figures respectives aux points fondamentaux correspondans A, B, C, D, d'une part, et M, N, P, Q, de l'autre, au moyen des équipollences dont nous avons donné la notion.

Une figure est souvent comparable avec elle-même, considérée sous un autre aspect; alors pour peu que cette figure soit compliquée, il est très-difficile d'éviter la confusion, lorsqu'on veut appliquer une formule donnée à tous les aspects de la même figure qui en sont susceptibles. Au lieu que par les formules techniques, l'opération se réduit ordinairement à un simple

changement

changement d'ordre dans les lettres qui désignent les points fondamentaux de la figure, ou les lignes fondamentales comme dans l'article 407, qui fournit un exemple sensible de la complication où l'on tomberoit si l'on vouloit exprimer la proposition en langage ordinaire.

Je n'étendrai pas davantage ces réflexions, dont l'habitude seule peut faire sentir l'utilité; j'observerai seulement, en finissant, qu'une même proposition peut s'exprimer de diverses manières par des formules techniques, et qu'elles sont susceptibles de transformations aussi bien que les formules algébriques; transformations qui leur sont propres et dont la recherche seroit assez curieuse. Ces transformations consistent dans des transpositions de lettres, qui, si les règles étoient une fois établies, deviendroient un pur mécanisme fort analogue à l'analyse algébrique. En voici un exemple simple. Je suppose que quatre droites a, b, c, d, concourent en un même point, on aura par les règles de la notation proposée, section seconde, $\overline{a}\cdot\overline{b} \mathrel{\text{⧧}} \overline{c}\cdot\overline{d}$ et, $\overline{a}\cdot\overline{c} \mathrel{\text{⧧}} \overline{b}\cdot\overline{d}$; ces deux équipollences disent la même chose quant au fond, savoir que a, b, c, d se croisent toutes quatre en un même point. L'une est donc la conséquence de l'autre, ou sa transformation; c'est-à-dire, que si l'on rencontre dans un calcul l'équipollence $\overline{a}\cdot\overline{b} \mathrel{\text{⧧}} \overline{c}\cdot\overline{d}$, on en pourra conclure celle-ci, $\overline{a}\cdot\overline{c} \mathrel{\text{⧧}} \overline{b}\cdot\overline{d}$; donc on pourra établir ce principe. *Si l'on a l'équipollence* $\overline{\mathrm{a}}\cdot\overline{\mathrm{b}} \mathrel{\text{⧧}} \overline{\mathrm{c}}\cdot\overline{\mathrm{d}}$, *on pourra substituer la troisième lettre* c, *à la seconde* b, *sans que l'équipollence cesse d'avoir lieu.* On peut juger par-là quelle seroit la nature des règles de cette nouvelle espèce de mécanisme analytique, et comment on pourroit l'étendre aux autres branches des mathématiques.

FIN.

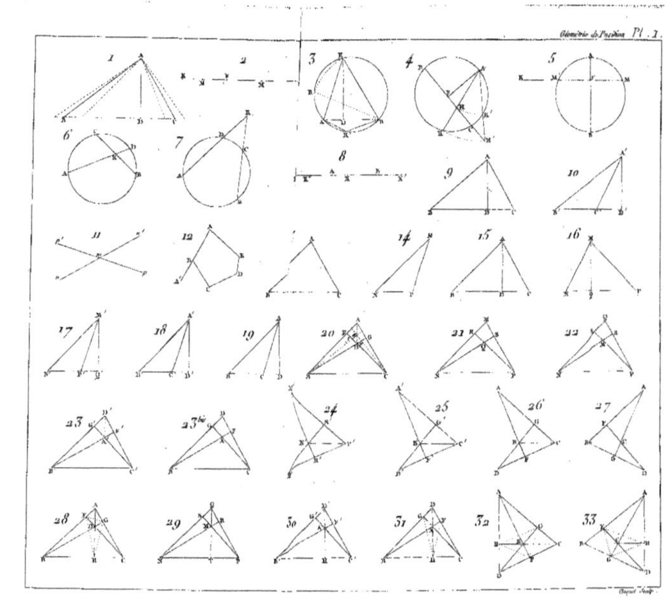

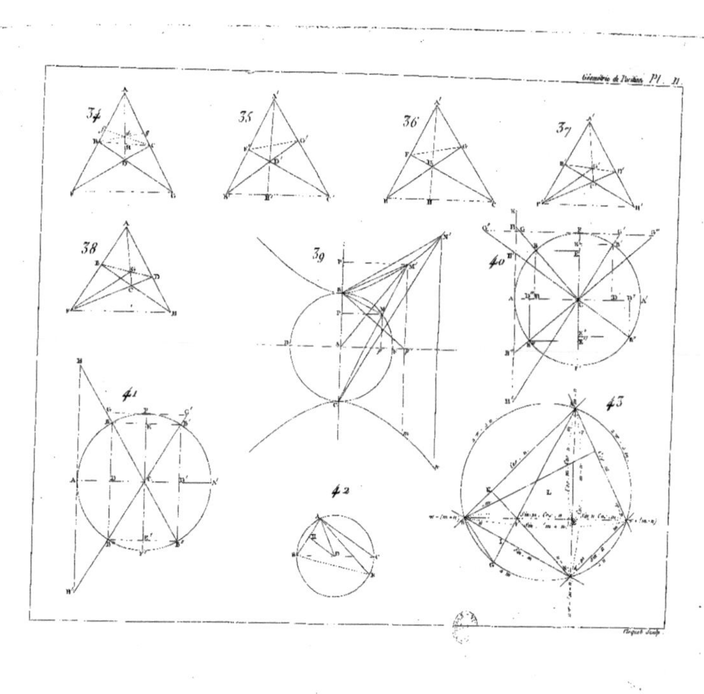
34
35
36
37
38
39
40
41
42
43

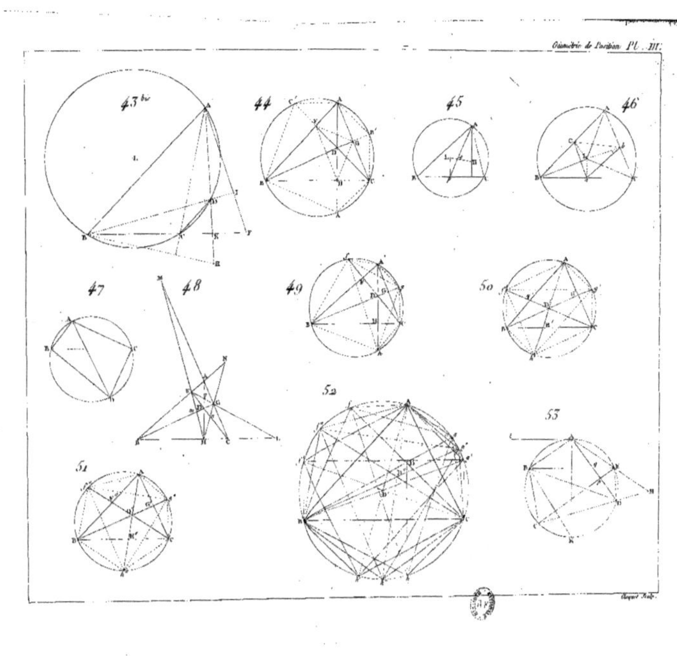
43 bis
44
45
46
47
48
49
50
51
52
53

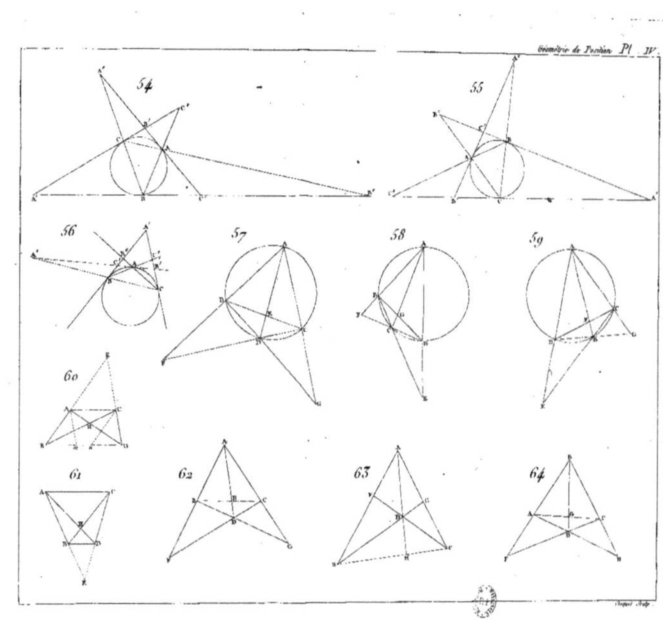

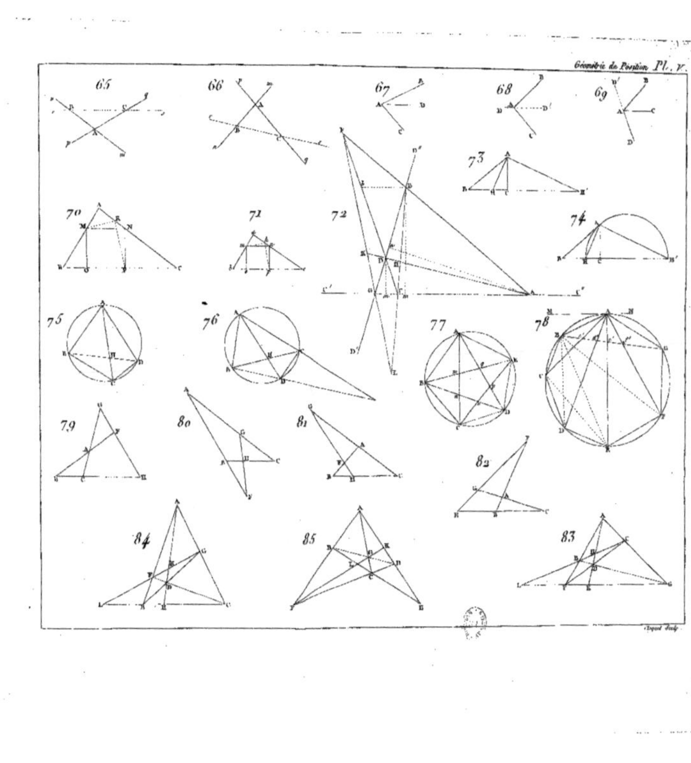
65
66
67
68
69
70
71
72
73
74
75
76
77
78
79
80
81
82
83
84
85

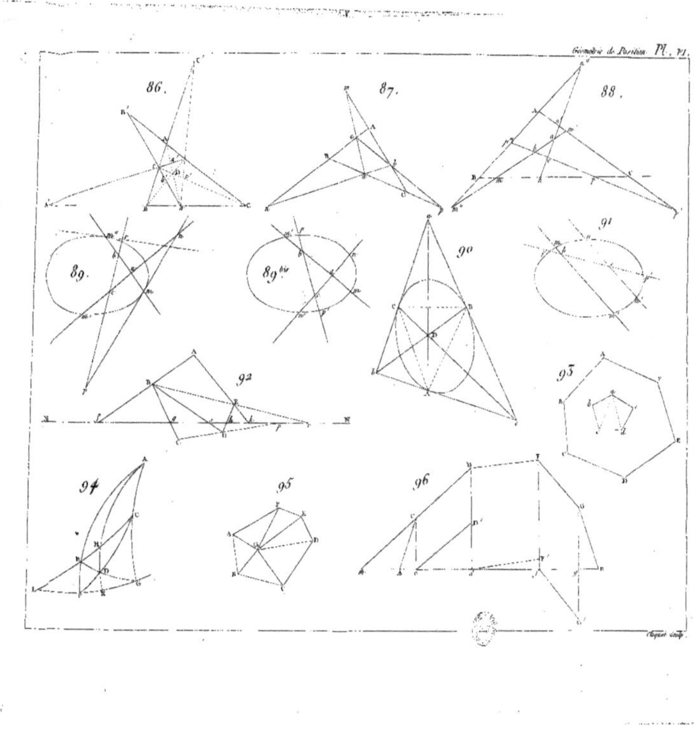
86.
87.
88.
89.
89 bis.
90
91
92
93
94
95
96
Choquet sculp.

Géométrie de Position. Pl. VII.

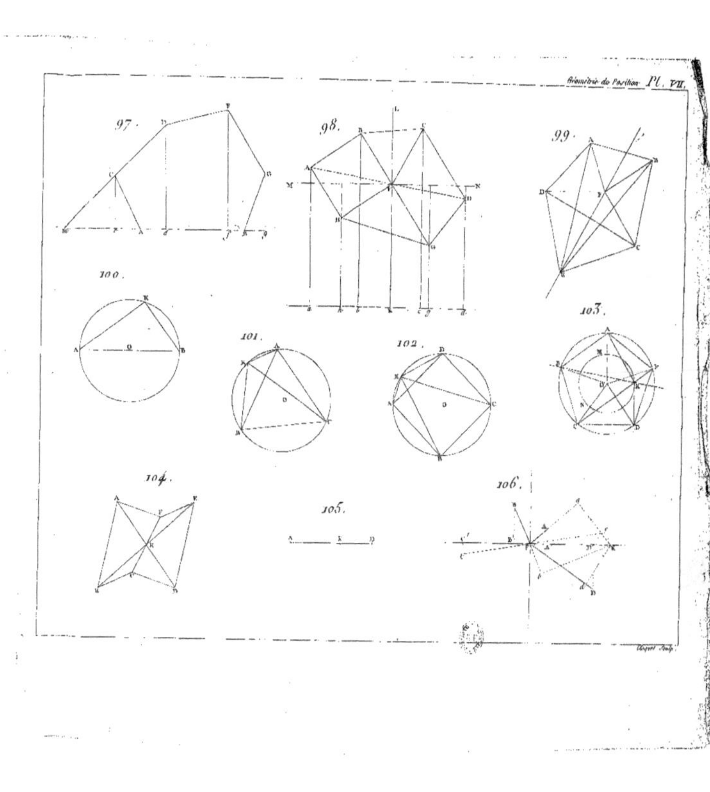

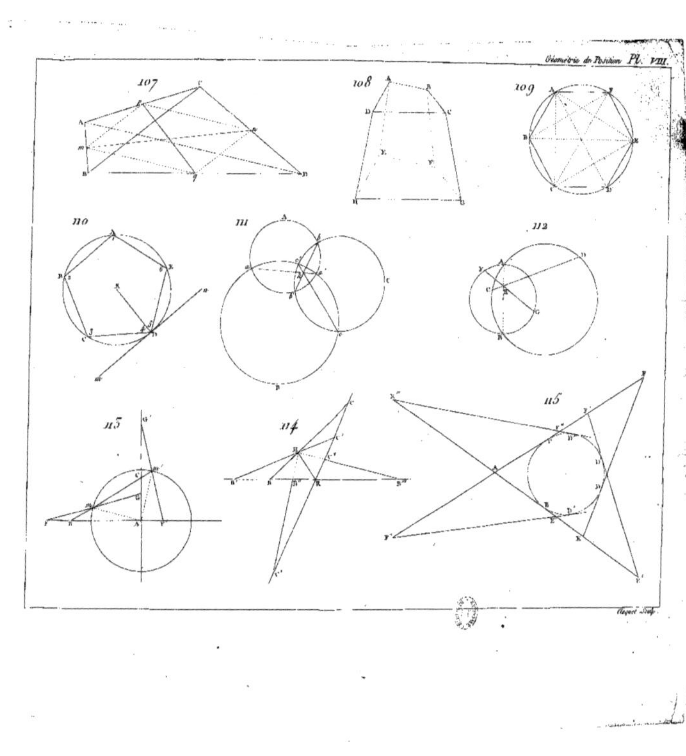

Caquet Sculp.

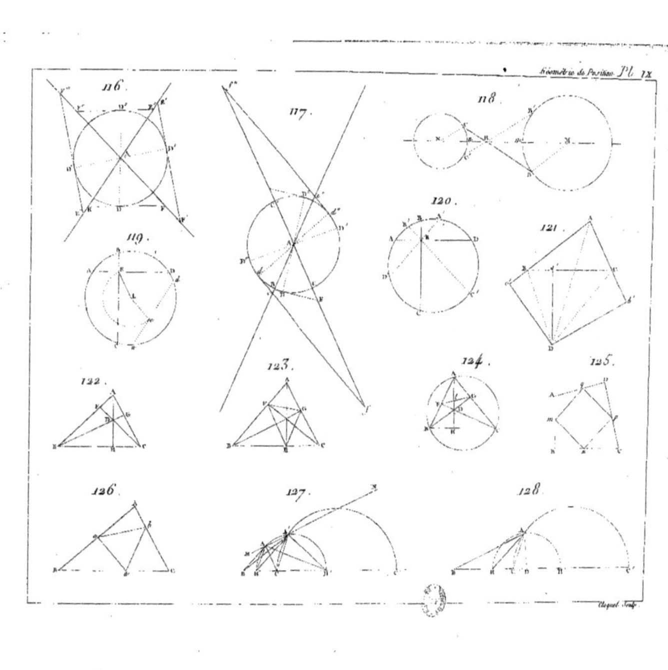
116.
117.
118.
119.
120.
121.
122.
123.
124.
125.
126.
127.
128.
Choquet Sculp.

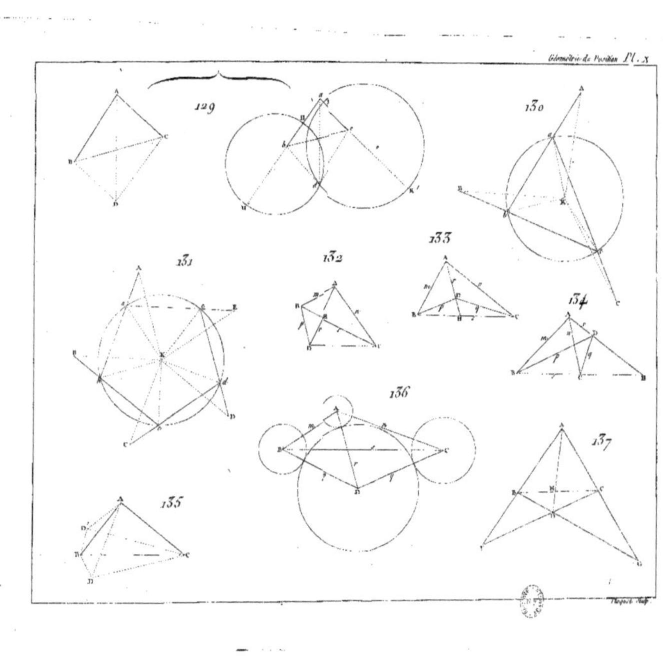

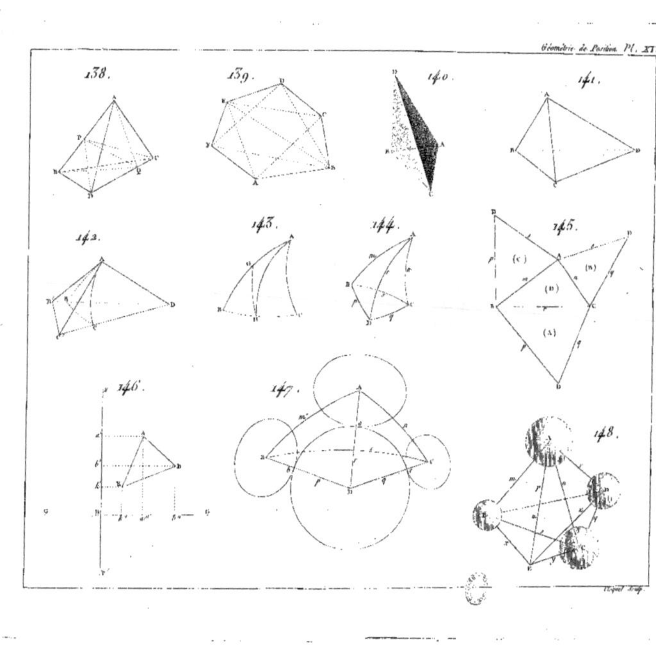
138.
139.
140.
141.
142.
143.
144.
145.
146.
147.
148.

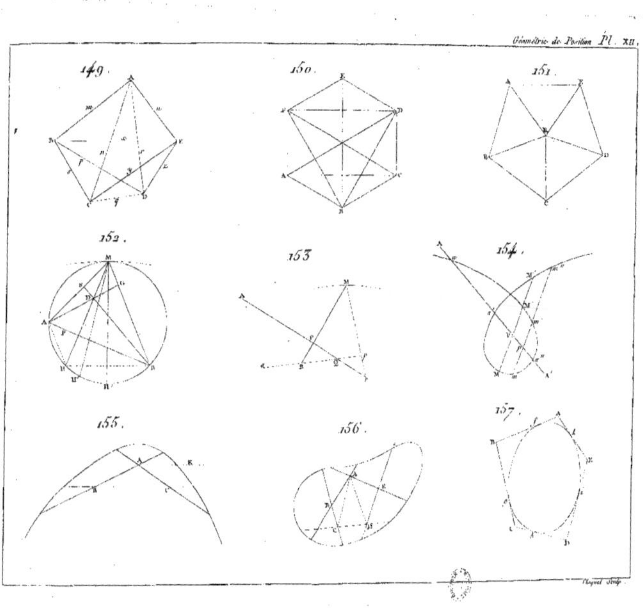
149.
150.
151.
152.
153
154.
155.
156.
157.
Plaquet Sculp.

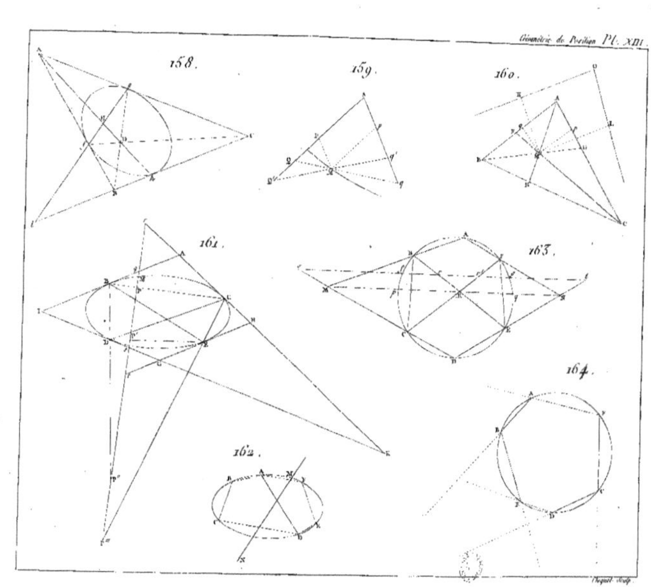
Géométrie de Position Pl. XIII.
158.
159.
160.
161.
162.
163.
164.

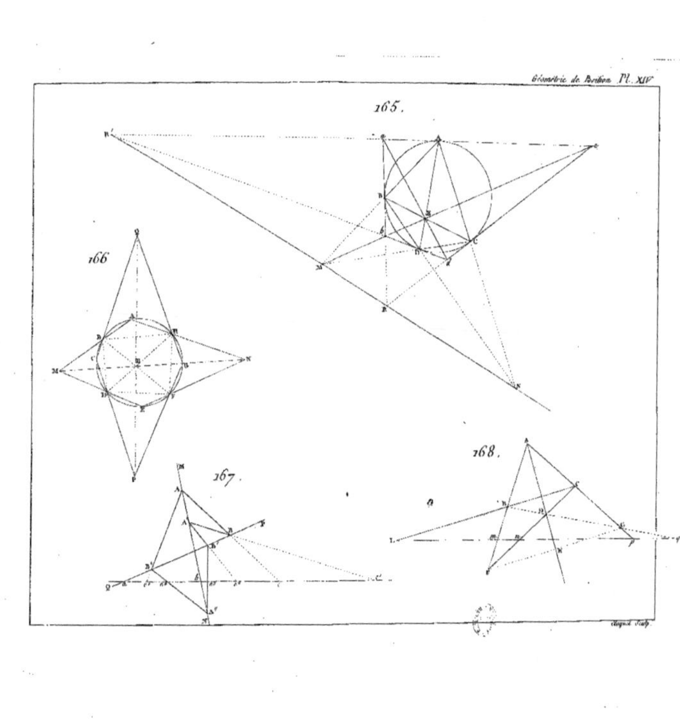
165.
166
167.
168.

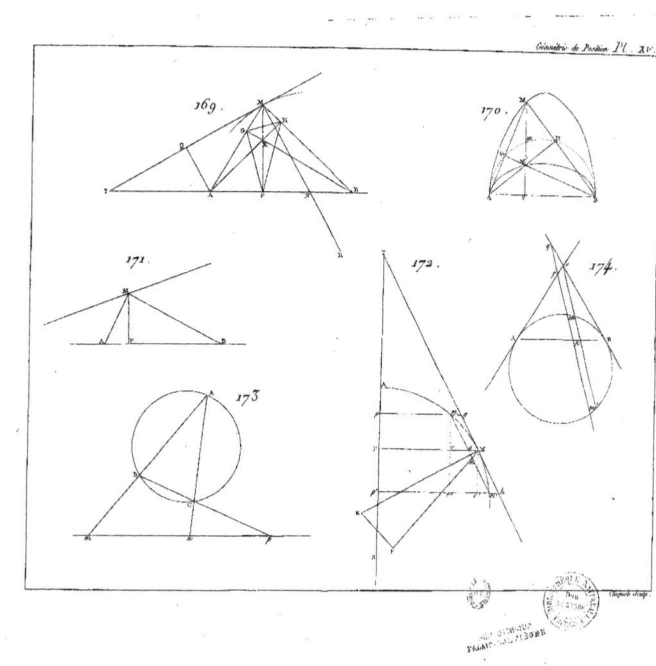

Cloquet Sculp.

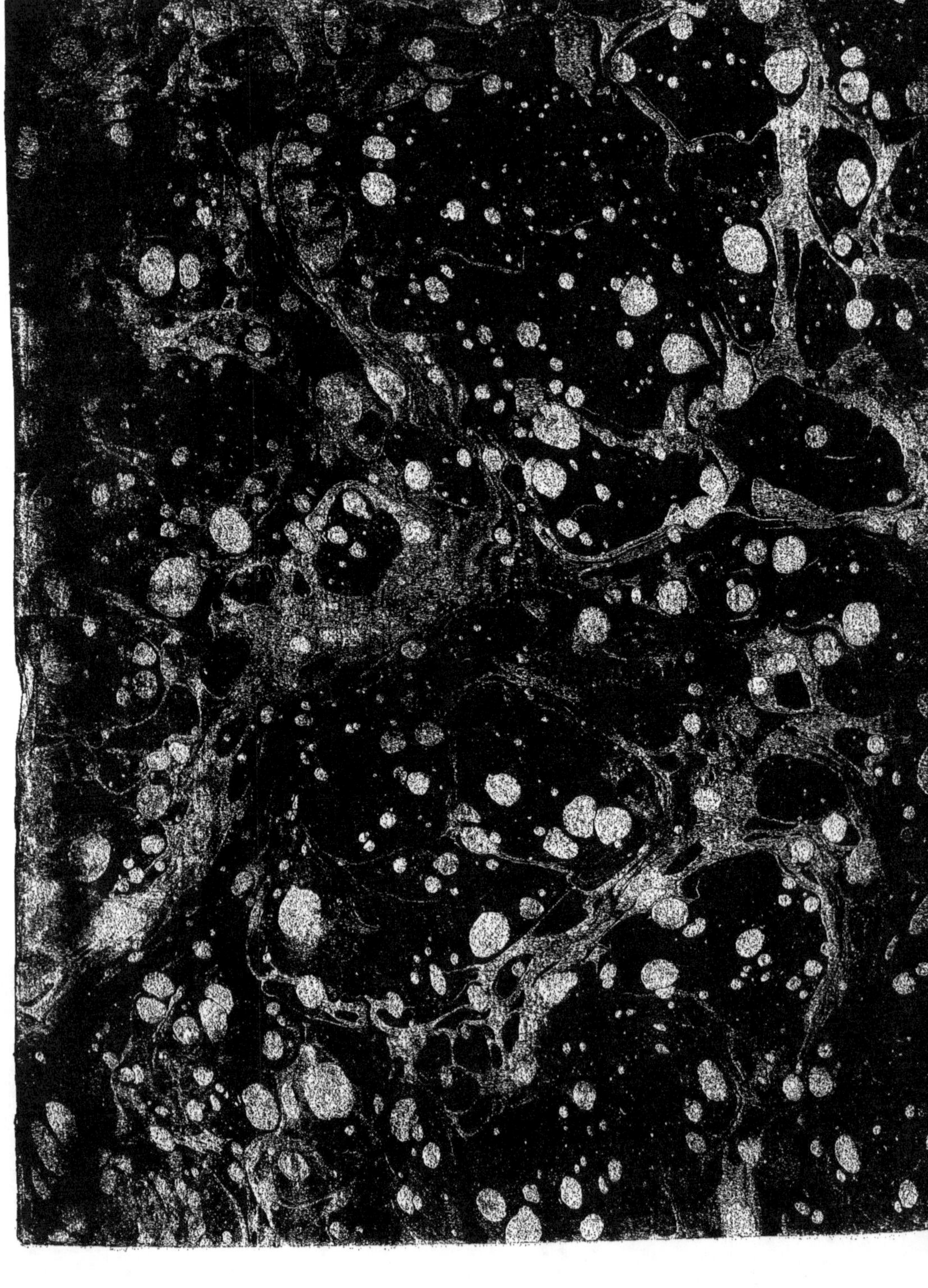

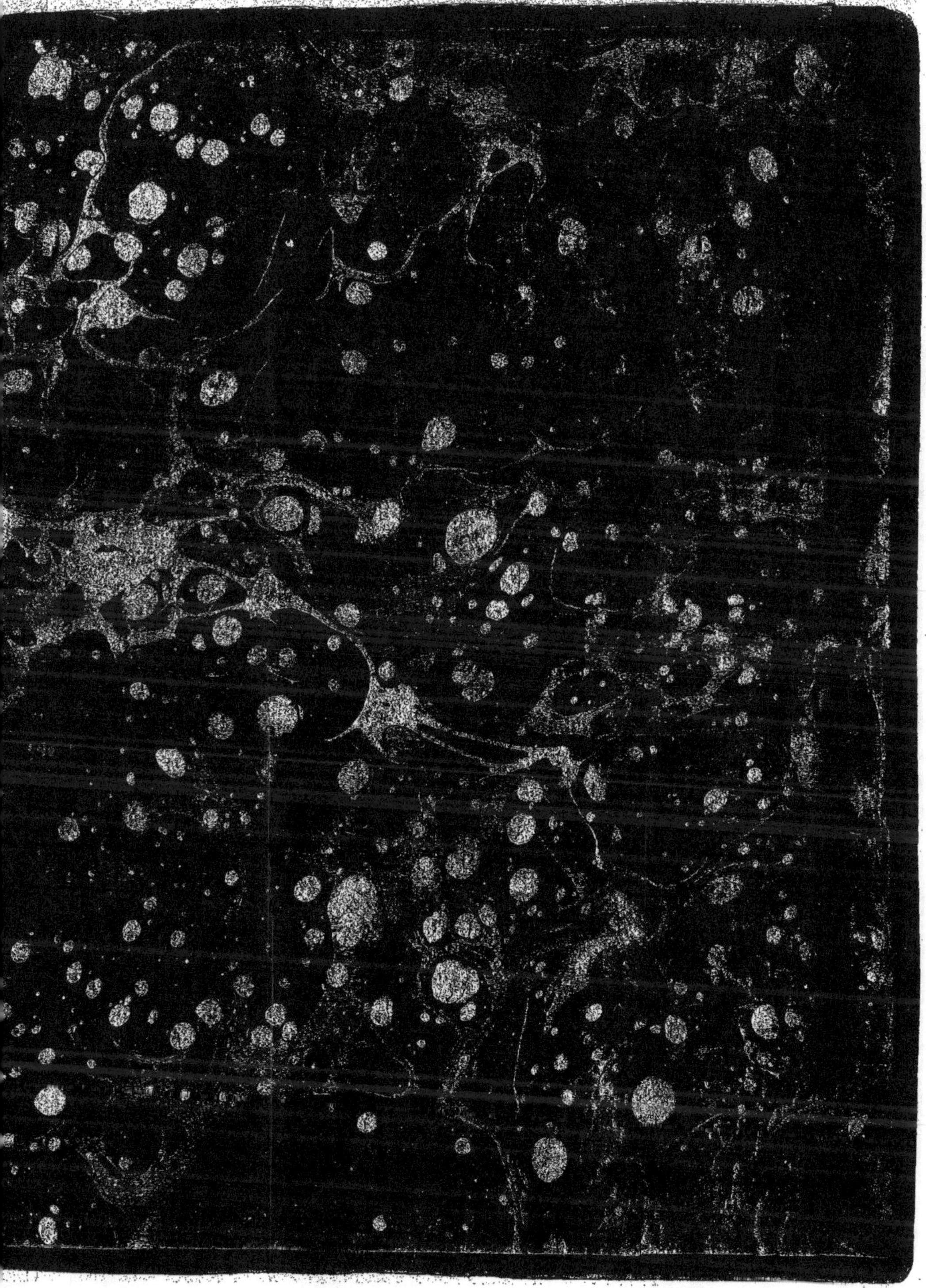

www.ingramcontent.com/pod-product-compliance
Lightning Source LLC
Chambersburg PA
CBHW031345210326
41599CB00019B/2653
* 9 7 8 2 0 1 1 2 9 5 9 0 3 *